机械设计禁忌 1000 例

（第 3 版）

吴宗泽　主编

机 械 工 业 出 版 社

本书是作者多年从事机械设计工作的经验和收集资料的总结。在上一版的基础上，新增了200例。书中的螺旋传动和机械制图的内容为本次修订新增内容。本书从机械结构设计遇到的主要问题入手，从42个方面介绍了1000个机械设计应注意的问题。用正误对比、图文并茂的方法，深入分析机械结构设计的多样性和复杂性，给出正确的设计例子，对广大机械设计人员有很高的参考价值。

图书在版编目（CIP）数据

机械设计禁忌1000例/吴宗泽主编．—3版．—北京：机械工业出版社，2011.7（2022.1重印）
ISBN 978-7-111-35159-7

Ⅰ．①机… Ⅱ．①吴… Ⅲ．①机械设计 Ⅳ．①TH122

中国版本图书馆CIP数据核字（2011）第124130号

机械工业出版社（北京市百万庄大街22号 邮政编码100037）
策划编辑：曲彩云 责任编辑：王春雨
版式设计：霍永明 责任校对：李秋荣
封面设计：姚 毅 责任印制：常天培
北京机工印刷厂印刷
2022年1月第3版第8次印刷
130mm×184mm·15.75印张·496千字
20 501—22 500册
标准书号：ISBN 978-7-111-35159-7
定价：69.00元

电话服务 网络服务
客服电话：010-88361066 机 工 官 网：www.cmpbook.com
010-88379833 机 工 官 博：weibo.com/cmp1952
010-68326294 金 书 网：www.golden-book.com
封底无防伪标均为盗版 机工教育服务网：www.cmpedu.com

前　　言

本书自1996年第1版（500例）和2006年第2版（800例）与读者见面以来，受到广大读者的欢迎和关心。作者也经常考虑如何进一步改进本书，以满足读者的需要。经过调查研究、参阅资料以及与周围关心本书的人讨论，征求多方意见，决定按以下原则修订：

1. 在保持原书特点的基础上，调整其系统并适当增加新内容，对于读者学习机械结构设计有更大的启发性和引导作用。

2. 把每一章的内容归纳为几个方面的问题，以便于理解掌握，触类旁通。各章的归纳方法不求统一，这样可以提供给读者更多的思路。

3. 增加两章螺旋传动结构设计、避免机械制图方面的错误)，扩大了本书涉及的范围。

4. 使用了新资料，本书的参考文献中，2006年及以后出版的约占2/3。

5. 各章适当增加一些内容，总条目数增加了25%，使其更加丰富。

6. 改进原有内容的文图，使其便于阅读和理解。

参加本书编写的有：张卧波（第9~13章），王忠祥（第15章），卢颂峰（第25，28~35章）、冼建生（第36~39章），李平林根据他多年从事机械设计的经验，编写了几十个很好的实例，此外还有黄永珍、高秀环、陈永莲分别参加编写了第37~42章新增条目，由吴宗泽编写其余各章，并担任主编。

以上的改进措施只是作者的想法，是否适当，请读者提出宝贵意见。

编　者

目　录

前言
第 1 章　机器总体结构设计 ………………………… 1
概述 ………………………………………… 1
1.1　精心确定设计任务书 ……………………… 1
1.2　慎重确定机器的主要参数 ………………… 2
1.3　简化机器的动作要求 ……………………… 3
1.4　避免原理性错误 …………………………… 4
1.5　正确选择原动机 …………………………… 6
1.6　注意使用条件、生产条件的限制和国家的有关规定 ……… 7
1.7　在设计任务要求中寻找解决问题的途径 ……… 10
第 2 章　提高强度和刚度的结构设计 ……………… 14
概述 ………………………………………… 14
2.1　减小机械零件受力 ………………………… 14
2.2　减小机械零件的应力 ……………………… 21
2.3　提高变应力下的强度 ……………………… 23
2.4　提高受振动、冲击载荷零件的强度 ………… 27
2.5　减小变形 …………………………………… 28
2.6　正确选择材料 ……………………………… 30
第 3 章　提高耐磨性的结构设计 …………………… 31
概述 ………………………………………… 31
3.1　保证润滑剂布满摩擦面 …………………… 31
3.2　选用耐磨性高的材料组合 ………………… 33
3.3　避免研磨颗粒或有害物质进入摩擦表面之间 ……… 34
3.4　加大摩擦面尺寸 …………………………… 36
3.5　设置容易更换的易损件 …………………… 36
3.6　减少零件间的相对运动或减小各接触点之间的速度差、压力差 ……… 37

3.7　减小磨损的不利影响 …… 38
3.8　正确选用润滑剂 …… 41
第4章　提高精度的结构设计 …… 42
概述 …… 42
4.1　注意各零部件误差的合理配置 …… 42
4.2　消除产生误差的原因，减小或消除原理误差 …… 45
4.3　利用误差均化原理 …… 47
4.4　避免变形、受力不均匀引起的误差 …… 48
第5章　提高人机学的结构设计 …… 50
概述 …… 50
5.1　操作者工作场所的合理设计 …… 51
5.2　仪表面板和布置的合理设计 …… 57
5.3　操作手柄和旋钮的合理设计 …… 62
5.4　避免对人身的伤害 …… 68
第6章　绿色结构设计 …… 69
概述 …… 69
6.1　减少废物的排出 …… 69
6.2　减少能源和材料的消耗，避免污染环境 …… 70
6.3　加强材料回收利用，产品容易拆卸、分离 …… 71
6.4　减小加工裕量，缩短加工时间 …… 72
第7章　考虑发热、腐蚀等的结构设计 …… 74
概述 …… 74
7.1　减少发热，控制机器的温度 …… 74
7.2　减小热变形的影响 …… 78
7.3　避免产生腐蚀的结构 …… 80
7.4　设置容易更换的易腐蚀件 …… 82
第8章　降低噪声的结构设计 …… 83
概述 …… 83
8.1　减少振动、冲击或碰撞 …… 83
8.2　减少受冲击零件的振幅 …… 84
8.3　隔离振动和噪声 …… 86

8.4　减少选用机械结构不合理引起的振动 …… 88
第9章　铸造件结构设计 …… 90
概述 …… 90
9.1　制造木模方便 …… 90
9.2　便于造型的铸件结构设计 …… 92
9.3　考虑砂芯问题的铸件结构设计 …… 94
9.4　便于合模的铸件结构设计 …… 97
9.5　便于浇注的铸件结构设计 …… 97
9.6　铸件材料选择 …… 102
9.7　有利于铸件强度和刚度的结构设计 …… 103
9.8　熔模铸件结构设计的注意事项 …… 106
9.9　压铸件结构设计注意事项 …… 107
第10章　锻造件结构设计 …… 110
概述 …… 110
10.1　自由锻件结构设计注意事项 …… 110
10.2　模锻件结构设计注意事项 …… 112
第11章　冲压件结构设计 …… 114
概述 …… 114
11.1　冲裁件结构设计 …… 114
11.2　弯曲件结构设计 …… 116
11.3　拉深件结构设计 …… 118
11.4　成型件结构设计 …… 119
第12章　焊接件结构设计 …… 122
概述 …… 122
12.1　焊接件不可简单模仿铸件或锻件 …… 123
12.2　尽量简化焊接件结构 …… 124
12.3　减小焊接件应力集中 …… 126
12.4　减小焊缝受力 …… 128
12.5　避免焊缝汇集 …… 132
12.6　减小焊接件的变形 …… 132
12.7　减少焊缝 …… 134

12.8　节约材料 …… 135
第 13 章　粉末冶金件结构设计 …… 136
概述 …… 136
13.1　避免脆弱的结构 …… 137
13.2　避免截面尺寸沿轴向变化太快 …… 137
13.3　避免深孔 …… 138
13.4　避免斜齿 …… 139
13.5　避免简单模仿机械加工件 …… 140
第 14 章　粘接件结构设计 …… 141
概述 …… 141
14.1　减少粘接接头受力 …… 141
14.2　对粘接接头采用增强或应力均匀化等措施 …… 142
14.3　设法扩大粘接接头 …… 144
第 15 章　工程塑料件结构设计 …… 146
概述 …… 146
15.1　工程塑料件的材料选择 …… 147
15.2　避免翘曲变形 …… 147
15.3　避免制造困难的复杂结构 …… 153
15.4　避免局部变形、裂纹和接缝 …… 157
15.5　保证强度和避免失稳 …… 159
15.6　采用组合件和嵌件 …… 162
15.7　利用塑料特性设计特殊的结构，避免简单地模仿金属件的结构 …… 165
第 16 章　陶瓷件和橡胶件结构设计 …… 167
概述 …… 167
16.1　考虑模具形状设计陶瓷件结构 …… 168
16.2　考虑制造工艺设计陶瓷件结构 …… 168
16.3　避免陶瓷件有薄弱部分 …… 170
16.4　避免温度应力 …… 172
16.5　橡胶零件和陶瓷零件应尽量选择标准件 …… 172
16.6　避免橡胶件的损伤 …… 173

16.7　考虑橡胶件制造方便 …… 174

16.8　保证橡胶件与有关零件的可靠嵌合 …… 175

第17章　热处理和表面处理件结构设计 …… 177

概述 …… 177

17.1　合理选择热处理方法 …… 178

17.2　考虑材料的淬透性 …… 179

17.3　避免和减少热处理引起的变形和裂纹 …… 180

17.4　表面处理零件结构设计 …… 182

第18章　机械加工件结构设计 …… 184

概述 …… 184

18.1　节约材料的零件结构设计 …… 185

18.2　减少机械加工工作量的结构设计 …… 185

18.3　减少手工加工或补充加工的结构设计 …… 188

18.4　简化被加工面的形状和要求 …… 189

18.5　便于夹持、测量的零件结构设计 …… 193

18.6　避免刀具切削工作处于不利条件 …… 194

18.7　正确处理轴与孔（内外表面）的结构 …… 197

第19章　考虑装配的结构设计 …… 199

概述 …… 199

19.1　零件便于装入预定位置 …… 199

19.2　避免错误安装 …… 203

19.3　安装不影响正常工作 …… 204

19.4　减少安装时的手工操作 …… 205

19.5　自动安装时零件容易夹持和输送 …… 206

19.6　避免试车时出现事故 …… 207

第20章　考虑维修的结构设计 …… 208

概述 …… 208

20.1　尽量用标准件 …… 208

20.2　合理划分部件 …… 209

20.3　易损件容易拆卸 …… 211

20.4　避免零件在使用中碰坏 …… 217

20.5 注意用户的维修水平 …… 218
20.6 设计零件时应考虑到维修时修复该零件的可能 …… 218
第 21 章 螺纹连接结构设计 …… 219
概述 …… 219
21.1 合理选择螺纹连接的型式 …… 220
21.2 螺纹连接件合理设计 …… 222
21.3 被连接件合理设计 …… 227
21.4 螺栓或螺栓组合理布置 …… 232
21.5 考虑装拆的设计 …… 234
21.6 螺纹连接防松结构设计 …… 237
第 22 章 键连接和花键连接结构设计 …… 240
概述 …… 240
22.1 正确选择键的型式和尺寸 …… 240
22.2 合理设计被连接轴和轮毂的结构 …… 243
22.3 合理布置键的位置和数目 …… 248
22.4 考虑装拆的设计 …… 251
第 23 章 定位销和销连接结构设计 …… 252
概述 …… 252
23.1 避免销钉布置在不利的位置 …… 253
23.2 避免不易加工的销孔 …… 254
23.3 避免不易装拆的销钉 …… 255
23.4 注意使销钉受力合理 …… 256
第 24 章 过盈连接结构设计 …… 258
概述 …… 258
24.1 避免装拆困难的过盈配合结构 …… 259
24.2 注意影响过盈配合性能的因素 …… 262
24.3 锥面过盈配合设计应注意的问题 …… 264
第 25 章 传动系统结构设计 …… 265
概述 …… 265
25.1 机构必须有确定运动 …… 266
25.2 注意机构死点问题及其利用 …… 266

25.3 改善机构的运动性能 …… 270
25.4 传动件的选择和布置 …… 275
第 26 章 带传动结构设计 …… 280
概述 …… 280
26.1 合理选择带传动型式 …… 280
26.2 正确确定带传动主要参数 …… 281
26.3 带传动布置设计 …… 283
26.4 带传动张紧装置设计 …… 286
26.5 带轮结构设计 …… 288
第 27 章 链、绳传动结构设计 …… 290
概述 …… 290
27.1 链传动合理布置 …… 291
27.2 保持链传动正常运转的措施 …… 293
27.3 绳传动的布置 …… 294
27.4 保证绳传动正常运转的措施 …… 294
27.5 绳传动装置结构设计 …… 295
第 28 章 齿轮传动结构设计 …… 298
概述 …… 298
28.1 齿轮传动的合理布置和参数选择 …… 298
28.2 齿轮的合理结构设计 …… 300
28.3 齿轮在轴上的安装 …… 305
28.4 保持齿轮传动正常运转的措施 …… 307
第 29 章 蜗杆传动结构设计 …… 309
概述 …… 309
29.1 正确选择蜗杆传动的主要参数 …… 309
29.2 注意发挥蜗杆传动的优点，避免缺点 …… 311
29.3 合理设计蜗杆、蜗轮的结构和选择材料 …… 315
第 30 章 螺旋传动结构设计 …… 317
概述 …… 317
30.1 正确选择螺纹类型 …… 317
30.2 合理选择螺旋机构的型式 …… 318

30.3 提高螺旋强度、刚度和耐磨性的设计 …… 319
30.4 提高螺旋精度的设计 …… 320
30.5 滚珠螺旋设计应注意的问题 …… 323
第31章 减速器结构设计 …… 325
概述 …… 325
31.1 减速器总体设计和选型 …… 325
31.2 非标准减速器合理设计 …… 326
31.3 减速器箱体设计 …… 330
31.4 减速器润滑和散热 …… 332
第32章 变速器结构设计 …… 337
概述 …… 337
32.1 参数选择和总体布置 …… 338
32.2 变速器传动件结构设计 …… 342
32.3 摩擦轮和摩擦无级变速器结构设计 …… 346
第33章 轴系结构设计 …… 353
概述 …… 353
33.1 提高轴的疲劳强度 …… 353
33.2 加工方便的轴系设计 …… 362
33.3 安装方便的轴系设计 …… 364
33.4 轴上零件应可靠固定 …… 366
33.5 保证轴的运动稳定可靠 …… 369
第34章 联轴器、离合器、制动器结构设计 …… 371
概述 …… 371
34.1 联轴器类型选择 …… 371
34.2 联轴器结构设计 …… 376
34.3 离合器类型选择 …… 379
34.4 离合器结构设计 …… 382
34.5 制动器类型选择 …… 384
第35章 滑动轴承结构设计 …… 387
概述 …… 387
35.1 必须保证良好的润滑 …… 388

35.2 避免严重磨损和局部磨损 …… 394
35.3 保证较大的接触面积 …… 398
35.4 拆装、调整方便 …… 399
35.5 轴瓦、轴承衬结构合理设计 …… 400
35.6 合理选用轴承材料 …… 404
35.7 特殊要求的轴承设计 …… 405
第 36 章 滚动轴承结构设计 …… 408
概述 …… 408
36.1 滚动轴承的类型选择 …… 408
36.2 轴承组合的布置和轴系结构 …… 416
36.3 轴承座结构设计 …… 420
36.4 保证轴承装折方便 …… 427
36.5 滚动轴承润滑设计 …… 428
36.6 钢丝滚道轴承设计 …… 432
第 37 章 密封结构设计 …… 434
概述 …… 434
37.1 密封垫片选择和接触面设计 …… 434
37.2 密封圈的选择和设计 …… 437
37.3 填料密封的设计 …… 439
37.4 活塞环的设计 …… 443
第 38 章 油压和管道结构设计 …… 445
概述 …… 445
38.1 管道系统设计 …… 445
38.2 管道结构设计 …… 449
38.3 管道运转中的问题及避免的措施 …… 452
第 39 章 机架结构设计 …… 455
概述 …… 455
39.1 机架必须有足够的强度和刚度 …… 455
39.2 机架应该有良好的工艺性 …… 458
39.3 节约材料 …… 462
第 40 章 导轨结构设计 …… 463

概述 …… 463
40.1 导轨合理选型 …… 463
40.2 保证导轨的强度、刚度和耐磨性 …… 464
40.3 保证导轨的精度 …… 465
40.4 保证导轨的运动灵活性 …… 467
40.5 提高导轨的工艺性 …… 469
第 41 章 弹簧结构设计 …… 473
概述 …… 473
41.1 弹簧类型选择 …… 473
41.2 正确确定弹簧参数 …… 474
41.3 螺旋弹簧结构设计应注意的问题 …… 475
41.4 其他弹簧结构设计 …… 477
第 42 章 避免机械制图方面的错误 …… 479
概述 …… 479
42.1 机械装置的全部图样要有总体规划 …… 479
42.2 机械制图要符合国家标准 …… 480
42.3 保证图样的正确性 …… 481
42.4 注意图样的审查和修改 …… 482
42.5 标注尺寸、公差、表面粗糙度应注意的问题 …… 484
参考文献 …… 486

第1章 机器总体结构设计

概述

设计一台机械设备一般包括以下几个主要阶段：①明确任务；②原理方案设计；③技术设计；④编制技术文件。本章主要讨论第二阶段遇到的问题，但是有时不得不涉及第一、三阶段的有关内容。

在设计机器总体结构时需要注意的问题，本书归纳为以下几个方面：

1）精心确定设计任务书。

2）慎重确定机器的主要参数。

3）简化机器的动作要求。

4）避免原理性错误。

5）正确选择原动机。

6）注意使用条件、生产条件的限制和国家的有关规定。

7）在设计任务要求中寻找解决问题的途径。

1.1 精心确定设计任务书

设计应注意的问题	说　明
1.1.1 没有经过充分调查研究制定的设计任务书，会导致设计失败 合理　　不合理	左图是冲压薄钢板的曲柄冲床，右图是一种新型的冲压机床，考虑用以代替原有的冲床。设计时主要考虑原来的冲床单立柱受拉伸和弯曲的综合作用对强度不利，改为双立柱，受力情况改善，可以减轻机床的重量。但是原结构可以由三个方面送进钢板，钢板的尺寸可以很大，改变以后只能放入窄的条形钢板，原料尺寸受到限制，影响了机床的使用范围，而这一点在确定设计任务时没有经过仔细的分析、比较与市场调查，设计失败

（续）

设计应注意的问题	说　明
1.1.2　设计要有明确的目的和强烈的创新意识	中华世纪坛是北京市为迎接21世纪的重要建筑。其坛体尺寸和质量都很大（转动部分的质量达3200t，直径47m）。是否要求坛体能够转动，在确定方案时就是一个反复讨论的重要问题。它的转动体现了“天行健，君子以自强不息”的创意。但是，是否能够实现转动，风险较大。经过了反复的计算、实验和讨论，最后决定采用转动坛体的方案

1.2　慎重确定机器的主要参数

设计应注意的问题	说　明
1.2.1　确定机械设备的主要参数应经过慎重的研究 某数控钻床，因设计转速范围较低，不适用于用户钻制铝合金零件的要求而失败	设备的性能必须切合使用者的要求，例如设计机床，必须首先确定机床加工零件的尺寸范围、精度、材料的硬度、转速变化范围和级数、自动化程度等。这些参数必须经过对用户的调研和统计，并与已有的产品进行比较后才能确定，使所设计的产品具有特色和竞争能力
1.2.2　机器的适用尺寸范围与其结构复杂程度要相适应	某中型光学计量仪器，设计时采用了许多大型仪器的结构，如双目镜等复杂结构，在提高了使用舒适性的同时，也提高了成本，但因为测量范围小而失去竞争力，设计失败

1.3 简化机器的动作要求

设计应注意的问题	说　明
1.3.1 仔细研究工作要求，简化机器的动作 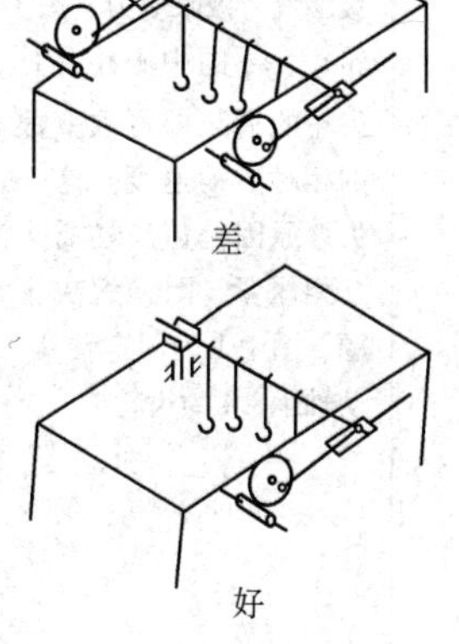 差 好	小型电镀零件常悬挂在一个杆上放入电镀槽。为了提高镀层质量和电镀速度，需要将杆晃动。上图所示为两边各设一个曲柄滑块机构使杆前后晃动，结构复杂。下图只使杆摆动，杆左端在支点的滑槽中沿杆的轴向滑动，支点还可以在杆的作用下，按杆的方向任意转动，结构简单
1.3.2 对机构的运动性能允许一定误差 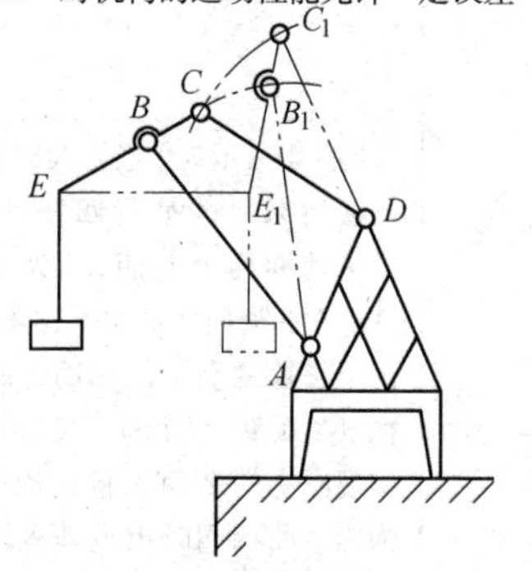 起重机变幅机构	图示起重机变幅机构，要求重物水平移动时，不可有上下运动，而采用的双摇杆机构不能完全保证这一要求。因此，要求设计者，用优化设计方法设计各杆尺寸，使重物的上下运动距离不超过一定范围

1.4 避免原理性错误

设计应注意的问题	说　明
1.4.1 防止互相干涉 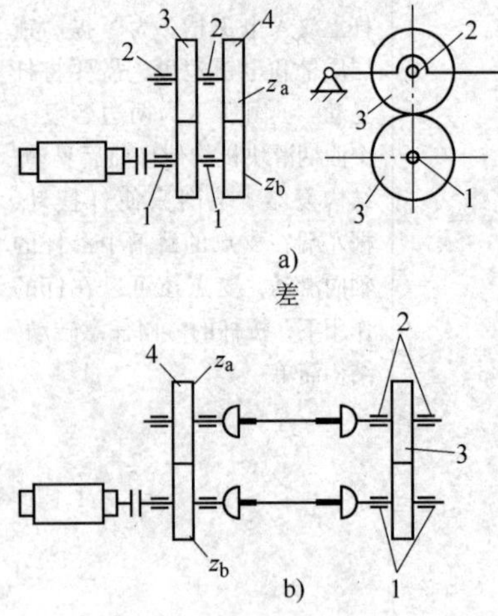 a) 差 b) 好 1—固定轴承　2—摆动轴承 3—滚子　4—齿轮	图 a 中所示为一滚子接触疲劳试验机，用于试验各种材料在不同接触应力和滑动速度下的接触疲劳极限应力。滚子 3 和齿轮 z_a、z_b 的中心距相同，改变齿轮的齿数即可改变滚子之间的相对滑动速度。这一设计的失败原因是齿轮妨碍了滚子的互相压紧。图 b 解决了这一问题。图中 1 为固定轴承，2 为摆动轴承，4 为齿轮
1.4.2 防止平行四杆机构反转 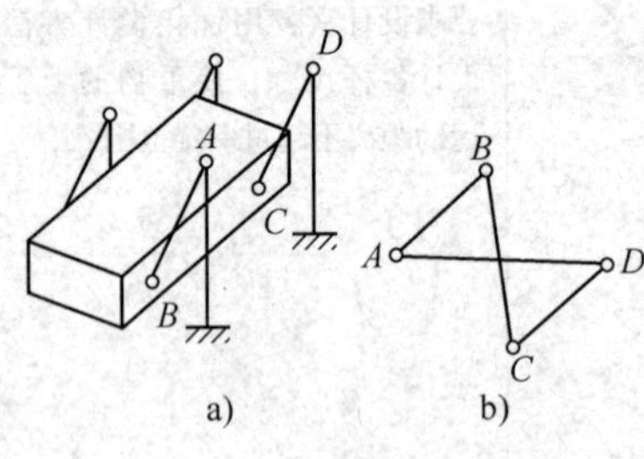 a)　　b)	图 a 中所示为大型游戏机——飞毯所采用的平行四杆机构，其中前面两个曲柄 *AB* 为主动件。在曲柄回转到水平位置时，由于飞毯的重量使无动力的曲柄发生反转（图 b），飞毯不能实现原来的平面平行运动。改为四个曲柄同时由电动机转动（须保证同步）解决了此问题（参见 25.2.1）

（续）

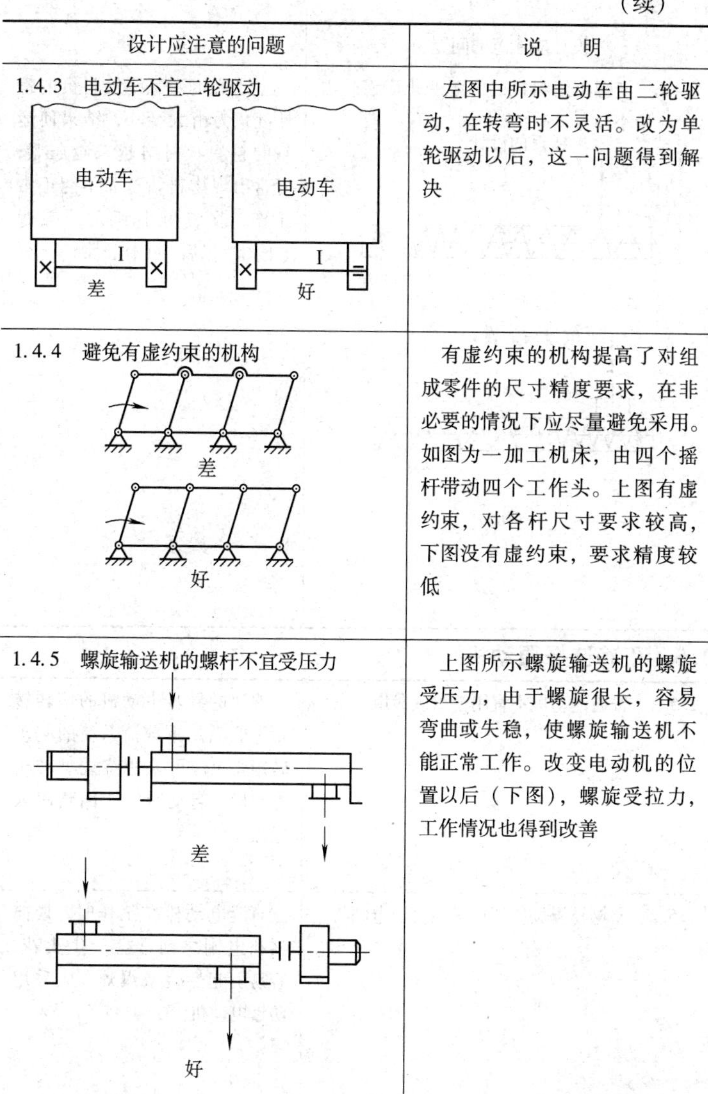

设计应注意的问题	说　明
1.4.3　电动车不宜二轮驱动 电动车　I　差 电动车　I　好	左图中所示电动车由二轮驱动，在转弯时不灵活。改为单轮驱动以后，这一问题得到解决
1.4.4　避免有虚约束的机构 差 好	有虚约束的机构提高了对组成零件的尺寸精度要求，在非必要的情况下应尽量避免采用。如图为一加工机床，由四个摇杆带动四个工作头。上图有虚约束，对各杆尺寸要求较高，下图没有虚约束，要求精度较低
1.4.5　螺旋输送机的螺杆不宜受压力 差 好	上图所示螺旋输送机的螺旋受压力，由于螺旋很长，容易弯曲或失稳，使螺旋输送机不能正常工作。改变电动机的位置以后（下图），螺旋受拉力，工作情况也得到改善

（续）

设计应注意的问题	说　明
1.4.6　变螺距给料机的螺距变化应该是由小到大 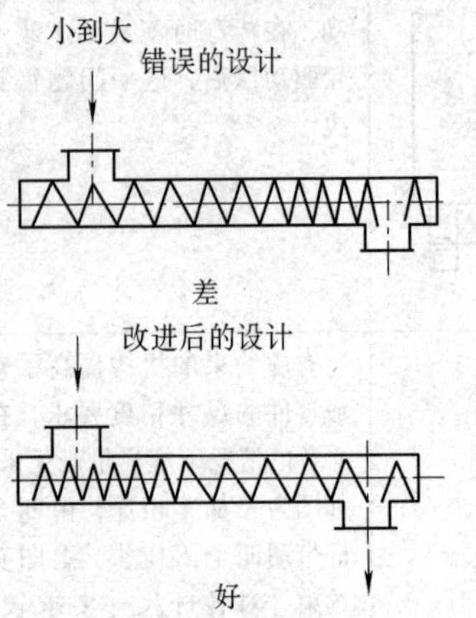 	上图所示变螺距给料机的螺距变化为由大变小，结果使运输的粉块状材料越来越压紧，经常出现物料堵塞而不能正常工作。改成由小到大的螺距（下图）以后，工作正常

1.5　正确选择原动机

1.5.1　普通电动机不宜用于重载荷启动	普通的异步电动机的堵转转矩不能满足重载荷系荷的起动转矩要求。可采用绕线型转子电动机，起动时转子回路串入电阻
1.5.2　易燃易爆场所不可采用直流电动机	直流电动机在工作时，换向器和电刷之间常会产生火花，容易引起燃烧或爆炸。应采用防爆电动机

1.6 注意使用条件、生产条件的限制和国家的有关规定

设计应注意的问题	说　明
1.6.1 有易燃物品的场合应注意防火 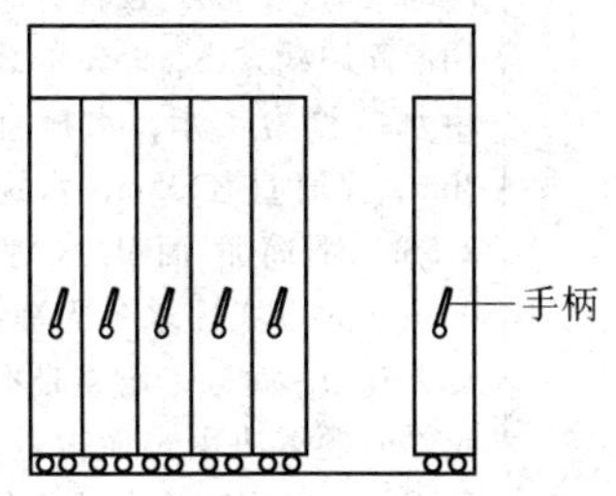 手动密集书架 注：如这些资料放在低处（如地下室内）还应考虑防水问题	放置图书资料或档案的图书馆和资料室中，常有密集式书架，即各书架密集安放在钢轨上面，只在二个书架之间留有取用资料的间隙，其余书架互相靠近。取用资料时，摇动手柄，使书架在导轨上面移动，人员可以进入书架之间。有人看到此项工作完全是手动的，设计了电动机构，以减轻工作人员的劳动，但是没有考虑电气引起的火灾隐患，制定总体方案时，没有提出有效的防火措施。使用者认为，这些资料图书都是十分珍贵的，而且使用频率不高，防火最重要，设计不予采用，设计失败
1.6.2 注意国家或地区对机械产品的规定和要求	机械产品的使用必须符合国家或地区的有关法律或规定。如电动自行车，其速度比汽车慢而比自行车快，因而在快行或慢行路上行驶都会因速度不同而成为有危险的因素。为此它在某些城市和地区不允许使用。而它依靠其本身的优点，在其他不少地方又得到使用和推广

（续）

设计应注意的问题	说　明
1.6.3　室外工作的机械设备要避免用大量的水 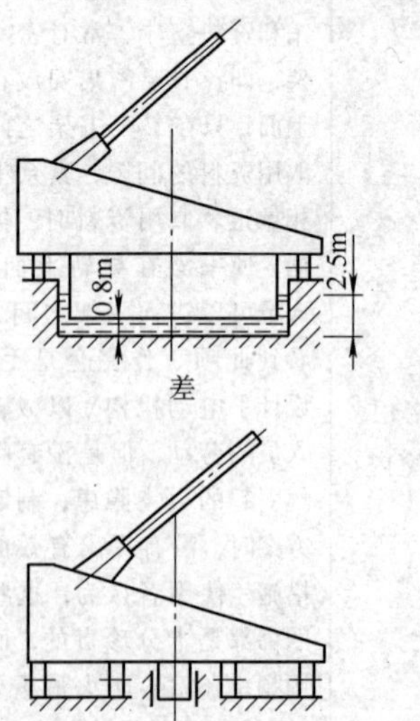 	中华世纪坛的坛体每4~12h转动一周。上图的设计方案采用浮筒卸载方案，95%的载荷由水的浮力支承，水槽直径36m，浮筒直径35m，水深约2.5m，浮筒底面距水池底0.8m。此方案因水冬天冻冰，夏天有味，腐蚀，地震时不稳定等问题解决困难而被否定。采用了下面用滚轮支承，电动机经减速器驱动的方案
1.6.4　不应把危险性高的机器设备集中安放在一起	有些机器设备供多人使用，如大型游戏机，它常常是游人集中的场所。在它的周围不应有人群众多或容易产生事故的场合，如交通要道、大型桥梁、商业中心等。这些场合应各自成为中心，相互之间应有一定安全距离
1.6.5　必须考虑客观条件对机械设计的要求	不考虑客观条件对设计的要求，则设计会失败。如随着石油价格的不断提高，用户将更加重视汽车的耗油量。随着高层建筑的增加，用户对电梯的速度、安全和舒适性等会提出更多的要求等

（续）

<table>
<tr><th>设计应注意的问题</th><th>说　明</th></tr>
<tr><td>1.6.6 室外工作的大型机械设计要注意环境的影响</td><td>室外工作的大型游戏机、建筑用起重机、矿山机械等，其高度可达数十米，甚至百米以上。必须考虑风力，日光照射，雨、雪、雾、冰、霜等情况的影响，并有防雷措施</td></tr>
<tr><td>1.6.7 室外工作的大型机械设计要注意环境的影响</td><td>风力等级表
<table>
<tr><td>风级</td><td>0</td><td>1</td><td>2</td><td>3</td><td>4</td></tr>
<tr><td>名称</td><td>无风</td><td>轻风</td><td>轻风</td><td>微风</td><td>和风</td></tr>
<tr><td>风速/(m/s)</td><td>0～0.2</td><td>0.3～1.5</td><td>1.6～3.3</td><td>3.4～5.4</td><td>5.5～7.9</td></tr>
<tr><td>物象</td><td>烟直上</td><td>烟示风向</td><td>感觉有风</td><td>旌旗展开</td><td>吹起尘土</td></tr>
</table>
<table>
<tr><td>风级</td><td>5</td><td>6</td><td>7</td><td>8</td></tr>
<tr><td>名称</td><td>劲风</td><td>强风</td><td>疾风</td><td>大风</td></tr>
<tr><td>风速/（m/s）</td><td>8～10.7</td><td>10.8～13.8</td><td>13.9～17.1</td><td>17.2～20.7</td></tr>
<tr><td>物象</td><td>小树摇摆</td><td>电线有声</td><td>步行困难</td><td>折毁树枝</td></tr>
<tr><td>风级</td><td>9</td><td>10</td><td>11</td><td>12</td></tr>
<tr><td>名称</td><td>烈风</td><td>狂风</td><td>暴风</td><td>飓风</td></tr>
<tr><td>风速/（m/s）</td><td>20.8～24.4</td><td>24.5～28.4</td><td>28.5～32.6</td><td>>32.7</td></tr>
<tr><td>物象</td><td>小损房屋</td><td>拔起树木</td><td>损毁普遍</td><td>破坏巨大</td></tr>
</table>
注：表中风速（m/s）指离平地上离地10m处的风速</td></tr>
<tr><td>1.6.8 新设计大型的机械设备，应有必要的储备能力和应急预案</td><td>新设计的重要的大型设备，由于经验和资料不足，载荷、阻力等难以准确估计，以及可能增加的附加要求，应该在最初设计时保留必要的储备能力。有些重要参数，如工作阻力等，应作必要的实验。对应力最大的部位应该采用必要的监控措施，当现有结构不能满足要求时，在设计时应该留有应急预案，迅速补救。以上设计思想在中华世纪坛旋转圆坛设计中有较好的经验，可供参考（参考文献［53］第6卷第52篇）</td></tr>
</table>

1.7 在设计任务要求中寻找解决问题的途径

设计应注意的问题	说　明
1.7.1 根据工作台工作要求，设计了单层导轨 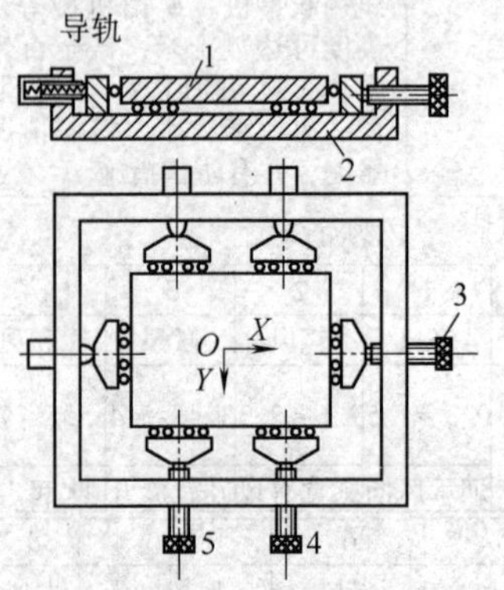 单层多自由度导轨 1—工作台 2—底座 3、4、5—手轮	设计者根据设计要求： 1. 工作台沿 x、y 方向移动范围各为 ±3mm，在 xOy 平面内转动 ±3° 2. 工作台的运动速度很低，用手动调整其位置。 3. 工作台受力极小，可忽略不计。 设计者根据以上工作条件没有采用一般机架的三层导轨，而设计图示结构。 转动手轮 3，工作台在 X 方向移动。同时转动手轮 4、5，工作台在 Y 方向移动。以不同转速或（方向）转动手轮 4、5，工作台在 X、Y 平面内转动
1.7.2 利用被处理对象的特点，设计整理猪毛的机器 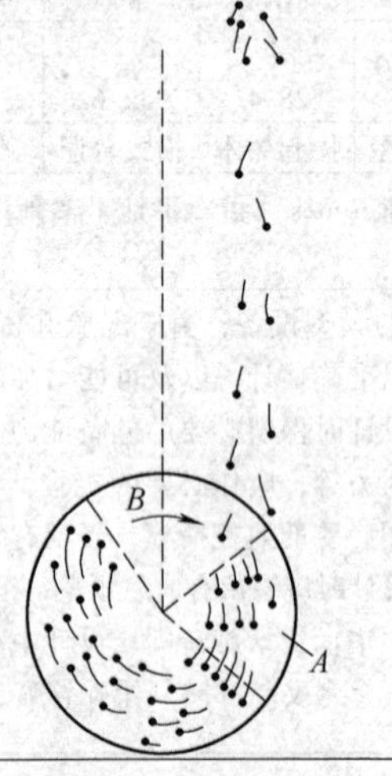 	设计要求：把已清理干净而排列杂乱的猪毛理顺。 设计者利用猪毛生长在猪皮内的端较粗、重，而末梢较轻的特点，使其由高约 3m 处自由、分散地落下。 在下落过程中，由于重力及空气阻力的作用，使猪毛自动变换位置为“大头在下”。使这些猪毛落在直径约 2.5m 的在水平面内旋转的圆盘的 A 区内。在猪毛与圆盘开始接触时，由于盘的转动，使猪毛沿同一方向倒下，至 B 区收集起来即可。 此设计的成功在于利用了猪毛下落时“大头在下”的特性

（续）

设计应注意的问题	说　明
1.7.3　光学仪器目镜螺纹专用车床设计	某光学仪器厂机加工车间，根据该厂产品中目镜调节螺纹的螺距多是 $P=1.5\text{mm}$，线数有2、4、6、8等几种，所以设计制造了专用车床。圆柱凸轮2转一周车床左右移动一次，若主轴转速为 n_1、凸轮转速为 n_2 则有：$$\frac{n_1}{n_2}=\frac{Z_2Z_4}{Z_1Z_3}$$ 凸轮推程 h 与工件导程 P_h 的关系有 $n_1P_h=n_2h$。若要自动加工多线螺纹应该有：$$\frac{n_1}{n_2}=a+\frac{1}{Z}$$ 式中　a——整数；Z——螺纹线数。根据以上关系确定 P_h、h 及各轮齿数则可以保证车削一条螺纹线以后，自动进入下一条螺纹线，直到加工完成

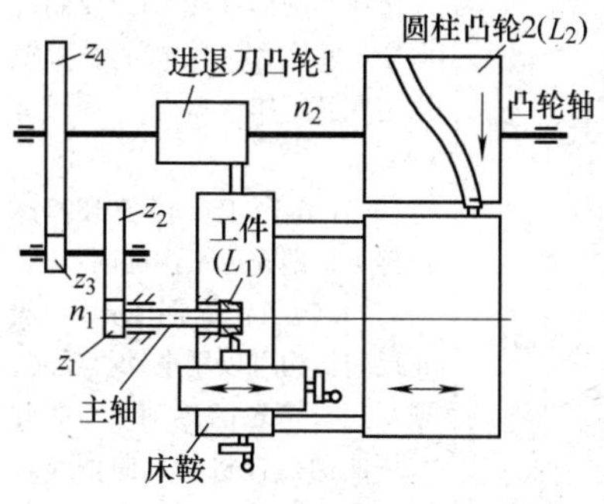

多线螺纹半自动车床传动简图

螺纹线数	螺距 P/mm	螺纹导程 P_h/mm	z_1	z_2	z_3	z_4
2	1.5	3	24	96	24	147
4	1.5	6	24	48	24	147
6	1.5	9	24	48	36	147
8	1.5	12	36	36	24	147

注：凸轮推程 $h=73.5\text{mm}$

提示：对品种有限的批量生产的零件，可以不用通用的普通机床，而采用简单经济、可调整的专用机床。

（续）

设计应注意的问题	说　明
1.7.4　棱镜端部磨圆旋转装置 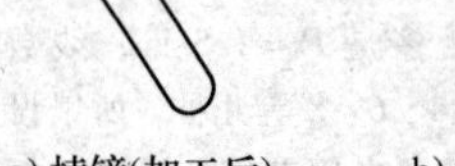 a) 棱镜(加工后)　　b) 棱镜(加工前) 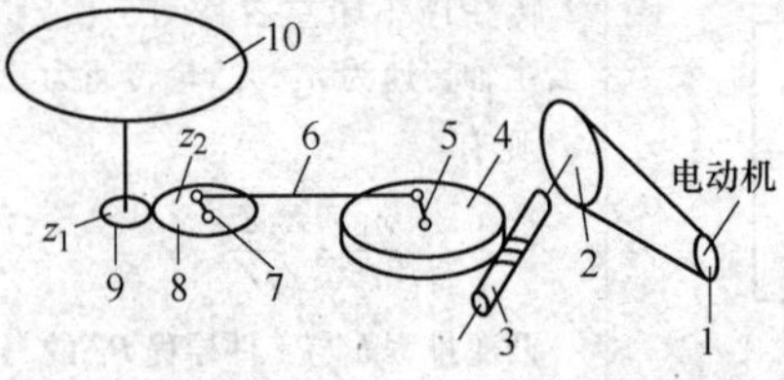 a）棱镜（加工后）　b）棱镜（加工前）　c）棱镜端部磨圆旋转装置 1、2—带轮　3—蜗杆　4—蜗轮 5—曲柄　6—连杆　7—摇杆 8、9—齿轮　10—工作台	为了把直角棱镜（图 b）两端磨成半圆形（图 a），要制造一个旋转装置（图 c），把棱镜固定在其工作台 10 上，完成磨削要求： 1）工作台正反转各 180°然后停下，即完成一次磨削 2）每次工作周期 20s。一般正反转机构可以用电动机反转，或采用有惰轮的传动，而在此采用曲柄摇杆机构，曲柄 5 转动一周，摇杆 7 正反向摆动各 $\theta°$，齿轮传动的齿数符合 $\frac{\theta°}{180°}=\frac{Z_1}{Z_2}$则达到要求 此例利用了工作台不要求严格的等速转动，用曲柄摇杆实现了反复转动，简化了机构
1.7.5　液体动压滑动轴承在起动和停车时摩擦大，可以用液体静压轴承解决	液体动压滑动轴承可以自动产生压力油膜托起轴颈，摩擦磨损极小。但是在重载下起动和停车时，不能建立油膜，产生磨损。因此设计了动静压联合轴承，在起动和停车时用油泵把润滑油压入，建立油膜，在达到稳定运转后去掉油压，可以长期作为液体动压轴承运转 这是根据两种轴承的特点，互相补偿，达到理想的效果

（续）

设计应注意的问题	说　明
1.7.6　带式输送机起动时须增大张紧力	对于负载起动的带式输送机，由于要克服惯性力，所需摩擦力大，要增大张紧力。但是正常运转时，应减小张紧力，以保证较长的带寿命

[讨论]　以上举出的几个设计实例都是仔细研究设计任务的要求，不但要考虑要求什么，而且要研究使用要求中不要求什么，在使用不同阶段（如起重、运转、停车）要求有何不同，由具体问题的特点找出合理的设计方案。

第 2 章　提高强度和刚度的结构设计

概述

为了使机械零件能够正常工作，在设计时必须保证它有足够的强度和刚度。保证强度和刚度的措施可以归纳为减小载荷和提高承载能力两个方面。对于重要的零件应进行强度和刚度计算，正确选择材料和热处理，必要时进行载荷和零件承载能力测定和试验，对于要求较高的工艺（如焊接、粘接），还要进行工艺试验，合理选择安全系数，规定变形要求等。通过计算和试验可以更准确可靠地确定最佳结构设计方案。

在考虑强度和刚度设计机械结构时，应注意以下几个方面的问题：

1）减小机械零件受力。

2）减小机械零件的应力。

3）提高变应力下的强度。

4）提高受振动、冲击载荷零件的强度。

5）减小变形。

6）正确选择材料。

2.1　减小机械零件受力

设计应注意的问题	说　明
2.1.1　不要忽略工作载荷可以产生的有利作用 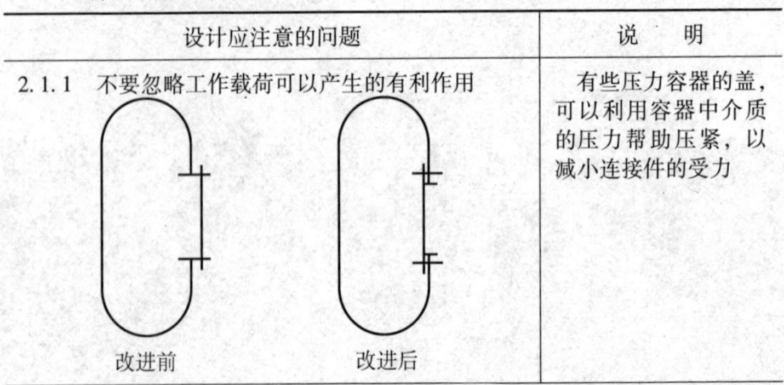 	有些压力容器的盖，可以利用容器中介质的压力帮助压紧，以减小连接件的受力

（续）

设计应注意的问题	说　明
2.1.2　不应忽略在工作时零件变形对于受力分布的影响 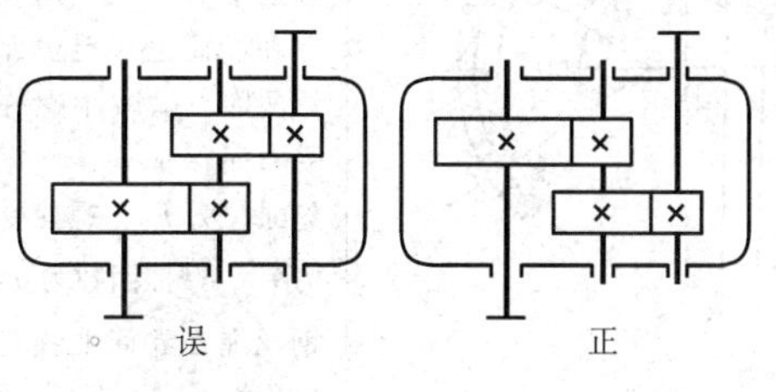 	有些零件空载的接触情况与负载后的接触情况不同。如图示齿轮减速箱，负载运转时，由于轴弯曲变形齿轮接触不良发生偏载，但右图中高速级齿轮轴的扭转变形可以补偿弯曲产生的偏载，而左图则不能
2.1.3　避免机构中的不平衡力 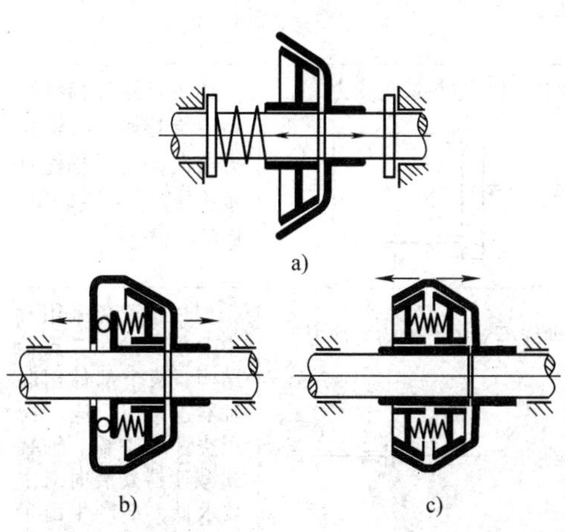 	在设计机构方案时，应考虑各有关零件受力相互平衡。如图中圆锥离合器：图 a 不能平衡轴向推力。图 b 轴向推力化为离合器内力，轴不受推力。图 c 轴向压力互相平衡。改进方案受力合理，但结构复杂，适合传递转矩较大的离合器

（续）

设计应注意的问题	说　明
2.1.4　起重时钢丝绳与卷筒连接处要留有余量 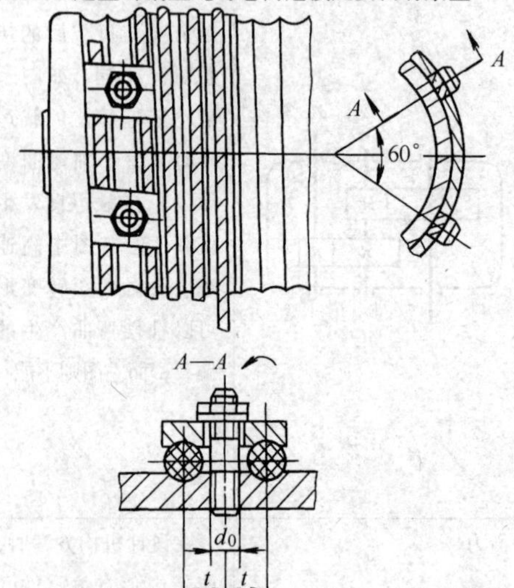	起重钢丝绳的端部一般用螺柱固定在卷筒上。当起重吊钩下降至最低点时，钢丝绳在卷筒上应至少保留两圈，以减小螺柱受力而保证安全。钢丝绳拉力 F_1，螺栓受力 F_2，摩擦因数为 μ，钢丝绳在卷筒上缠绕包角为 α 时，有： $F_1 = F_2 e^{\mu\alpha}$ 若保留两圈时则 $\alpha = 4\pi$，取 $\mu = 0.3$，得 $F_2 = F_1/43.4$
2.1.5　可以不传力的中间零件应尽量避免受力 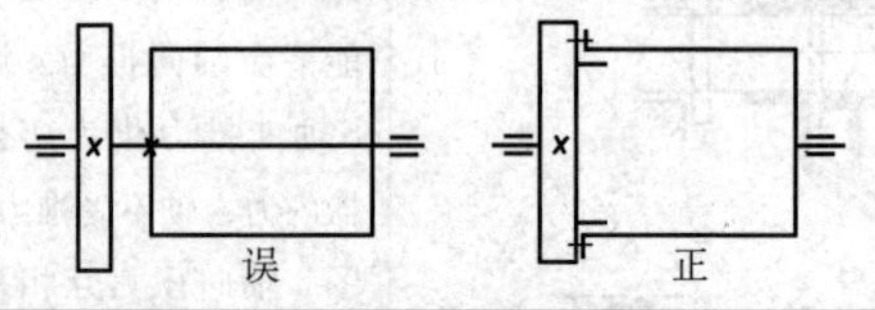	如齿轮经过轴将转矩传给卷筒，则轴受力较大。改用螺栓直接连接，轴不受转矩，则结构较合理
2.1.6　尽量避免安装时轴线不对中产生的附加力 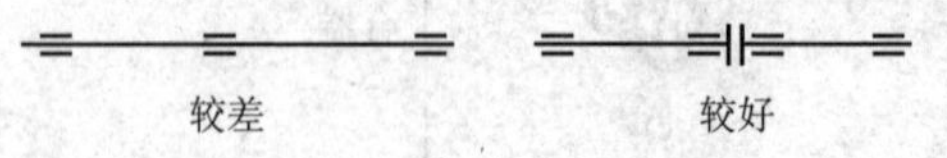	如尽量避免采用对中要求高的三支点轴结构。两个部件用联轴器连接时，应考虑用挠性联轴器。轴装式减速器安装时对中要求低，不产生由于不对中产生的附加力，是一种较好的结构

（续）

设计应注意的问题	说　明
2.1.7　尽量减小作用在地基上的力 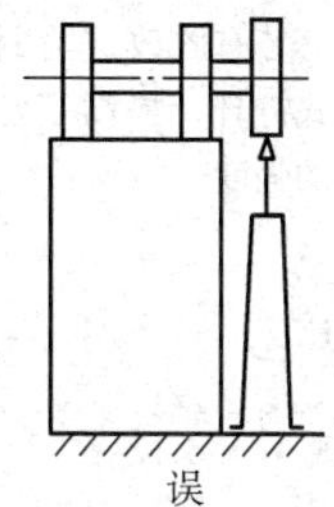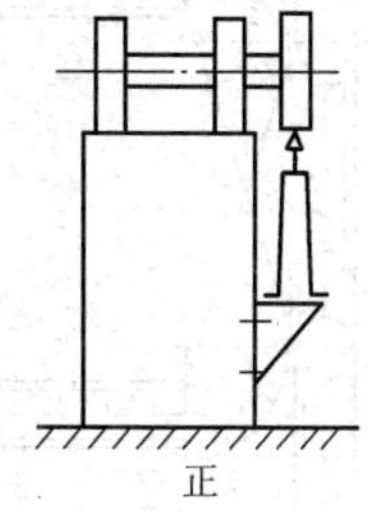	地基一般由混凝土制成，承载能力较低，尽可能不要把加力机构的力作用在地基上。如图为一轴承实验台，用油压千斤顶加载，如把千斤顶放在地面上，则地基受力很大。如果把油压千斤顶放在一个用螺栓直接固定在实验台底座上的角形支架上面，则地基不承受油压千斤顶的推力
2.1.8　使用拱形构件以提高其承载能力时，应注意拱的支点 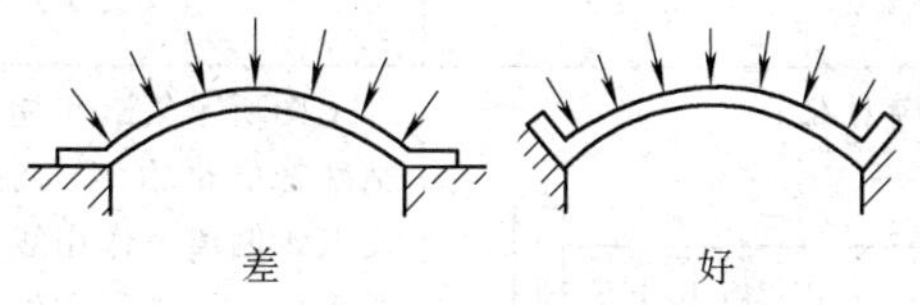	左图的拱形件受上面的均匀承压，而由于支点的方向它的作用只相当于曲梁。右图支持面沿支点处曲面的法线方向，拱在各截面只受压力，提高了强度
2.1.9　避免只考虑单一的传力途径 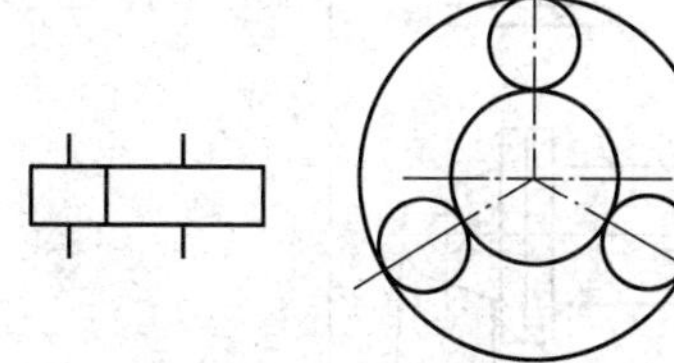	对大功率传动，利用分流可以减小体积，如普通轮系改为行星轮系，靠多个行星轮传动，可以减小体积

（续）

设计应注意的问题	说　明
2.1.10　避免零件受弯曲应力 1 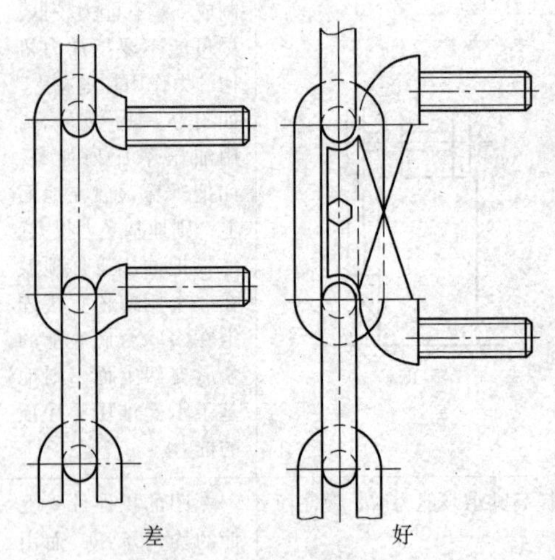 	左图中为环形链斗式提升机的链条，链环除受拉力以外还受弯曲应力，很容易损坏。右图改进为封闭式链环，提高了链环的强度
2.1.11　避免零件受弯曲应力 2 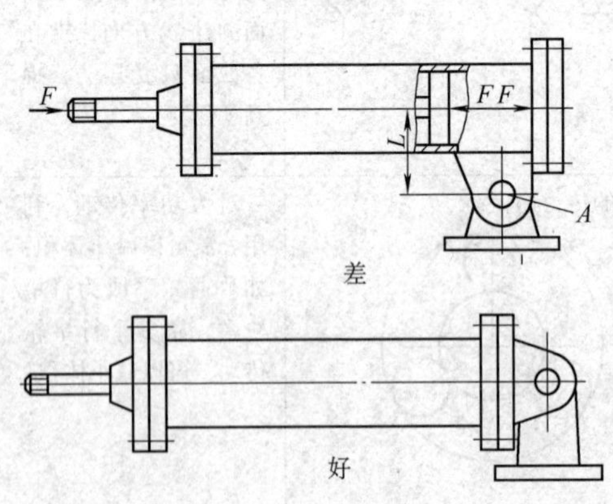 	上图所示气缸左端活塞杆受推力 F，而支点 A 偏离力作用线距离为 L，由此产生弯矩 FL，使阀杆弯曲。改为下图结构使强度提高，避免失效

（续）

设计应注意的问题	说　明
2.1.12　避免零件受弯曲应力3 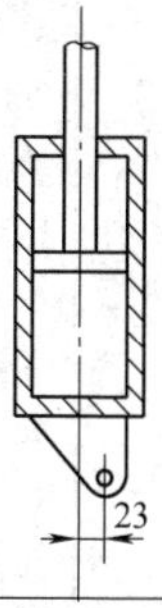	图示游戏机座椅安全液压缸。由于支点偏移23mm，使阀杆受弯曲应力而折断，导致安全装置失效，发生事故（详见参考文献［54］297～299页）
2.1.13　减小汽车起重机在工作时轮胎所承受的载荷	汽车起重机在起吊重物时，常在一个位置，不须移动汽车，因此用螺旋起重器支持四个支臂承受地面的支承力。不但减轻了轮胎的负载，而且提高了起重机的稳定性。
2.1.14　用安全离合器避免过载 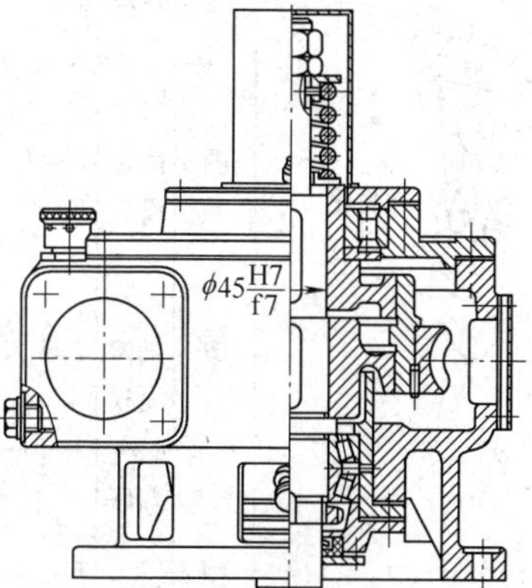	图示蜗杆减速器用于曳引装置的传动系统。在过载时摩擦安全离合器打滑以避免失效。此时蜗杆可带动蜗轮轮缘转动，而蜗轮轮缘与轮芯的圆锥形外缘有相对滑动，蜗轮轴不能转动，避免传动系统损坏。 在此，双圆锥使轴向压力互相平衡，使弹簧压力不作用在轴承上

（续）

设计应注意的问题	说　明
2.1.15　避免各零件受力不均匀引起的严重载荷 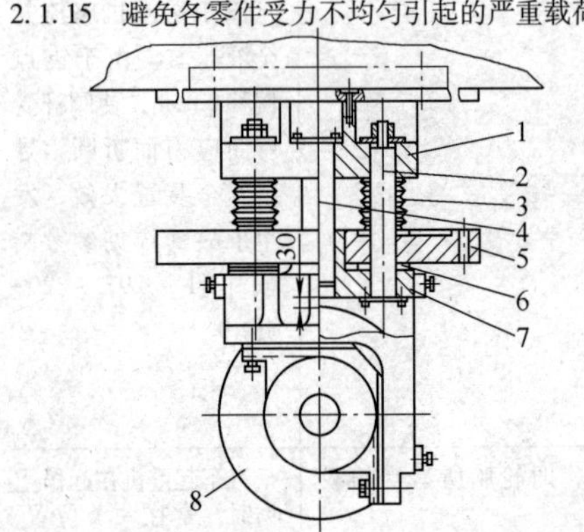 1—上座　2—导杆　3—碟形弹簧　4—导柱 5—调整板　6—调整垫片　7—下座　8—车轮	中华世纪坛的旋转圆坛直径超过 40 m，重量 3000 t 以上。由 192 个直径 600 mm 的钢制车轮 8 支持。为了使各轮受力均匀；在车架上设置了碟形弹簧 3。并根据每个车轮载荷测定结果（在导轨上贴电阻片测量），改变调整垫片 6 的厚度使各轮载荷均匀
2.1.16　改变滑轮机构，减小钢丝绳拉力 F 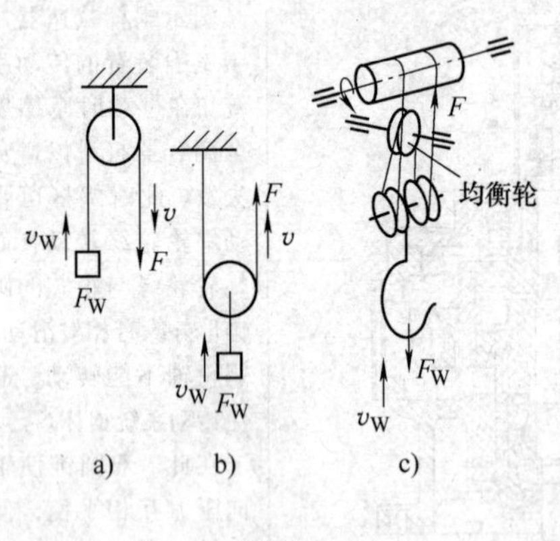 	见下表

	结构特点	钢丝绳拉力 F	钢丝绳速度 v
图 a	一个固定滑轮	$F=F_w$	$v=v_w$
图 b	一个动滑轮	$F=F_w/2$	$v=2v_w$
图 c	双联复式滑轮组	$F=F_w/4$	$v=2v_w$

2.2 减小机械零件的应力

设计应注意的问题	说　明
2.2.1 避免细杆受弯曲应力 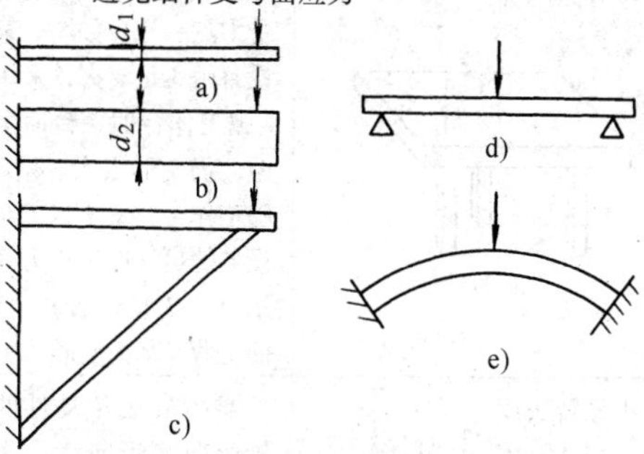 d_1　a)　d_2　b)　c)　d)　e)	细杆受弯曲应力（图a）时，承载能力很小，变形很大。可以改变杆的截面尺寸（图b）和形状以提高其抗弯能力，更有效的是采用桁架式支架（图c），把悬臂安装改为简支（图d）或采用拱形支架（图e）
2.2.2 避免影响强度的局部结构相距太近 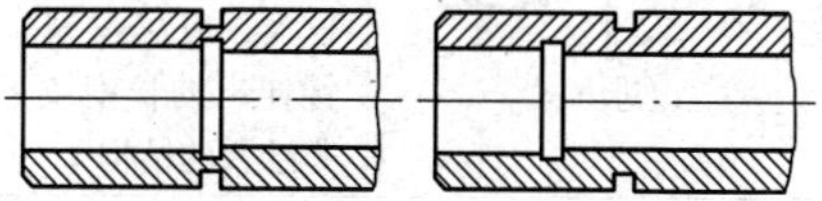 误　正	图示圆管外壁上有螺纹退刀槽，内壁有镗孔退刀槽，如二者距离太近，对管道强度影响较大，宜分散安排
2.2.3 避免铸铁件受大的拉伸应力 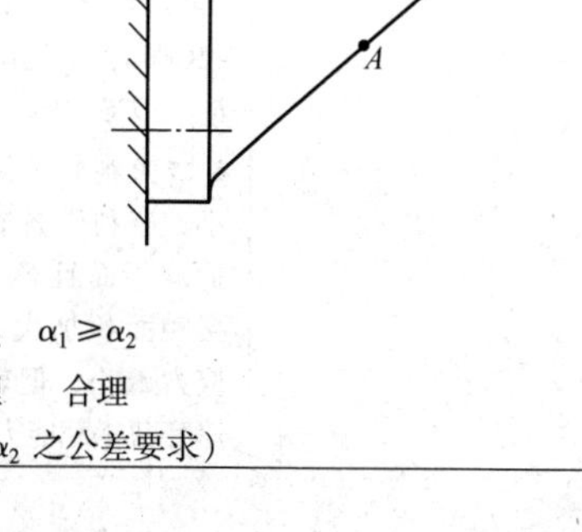 α_2　α_1　A $\alpha_1 < \alpha_2$　$\alpha_1 \geqslant \alpha_2$ 不合理　合理 （α_1、α_2 之公差要求）	灰铸铁的抗压强度明显高于抗拉强度，因此应尽量避免受拉。如图中角形支座固定在互相垂直的壁上，支座夹角 α_1，与两壁夹角 α_2，名义值都是 90°，但考虑制造公差时应使 $\alpha_1 \geqslant \alpha_2$，以免在拧紧螺栓后在 A 处产生拉应力

(续)

设计应注意的问题	说　明
2.2.4　避免受力点与支持点距离太远 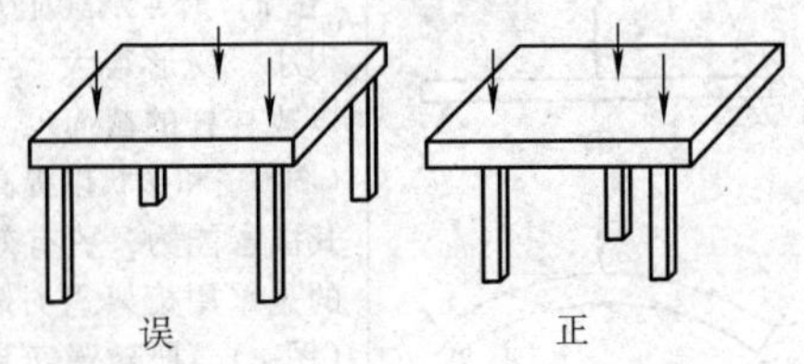 	尽量设计成支持点与受力点一致。如图，某设备由3足支撑，采用4腿工作台时，台面虽厚，仍变形很大。用3腿工作台，每个腿正对设备的足（图中用力表示设备3足位置），台面虽薄，却无变形
2.2.5　避免悬臂结构或减小悬臂长度 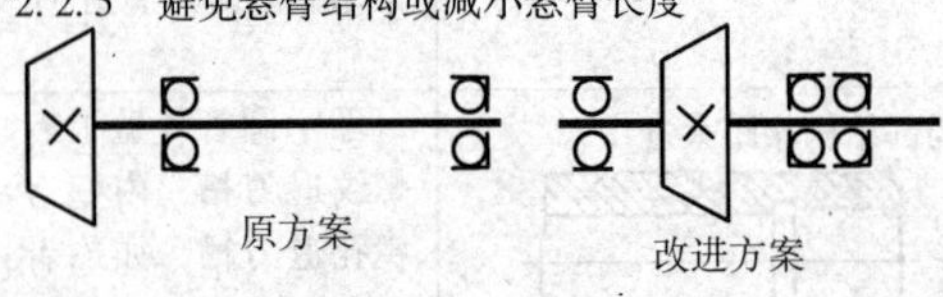 	悬臂安装传动件的轴弯曲变形较大，靠近锥齿轮的轴承受力也大，应尽量减小悬臂伸出的长度或采用非悬臂的结构
2.2.6　注意协调强度条件的要求 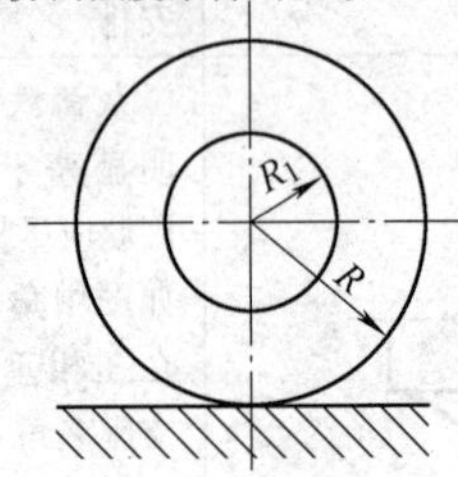 	大型浮吊的回转机构普遍采用钢轮支持，数量可达数百个。采用空心钢轮以增加其径向柔度和承载能力。其空心度 K = 内半径 R_1/外半径 R。取 R = 250mm，载荷 F = 5000N/mm，材料42CrMo，下屈服强度 R_{eL} = 930MPa。空心度 K 增大则轮的刚度减小，有利于各轮间载荷均衡而且轮与钢轨接触面积加大，接触应力减小，但轮的壁厚变薄承载能力下降。

（续）

<table>
<tr><th>设计应注意的问题</th><th>说　明</th></tr>
<tr><td></td><td>经计算分析，当空心度<60%时，钢轮强度由接触应力控制，当空心度>68%时，钢轮强度由轮的曲梁应力控制，综合计算结果如下表： | 空心度	0%	60%	68%	72%
载荷 F/(N/mm)	9.295	11.222	10.038	7.822 |</td></tr>
</table>

2.3 提高变应力下的强度

<table>
<tr><th>设计应注意的问题</th><th>说　明</th></tr>
<tr><td>2.3.1　受变应力零件表面应避免有残余拉应力</td><td>表面的残余拉应力使零件的疲劳强度降低。宜采用表面淬火、喷丸等强化方法使零件表面产生残余压应力，以提高其疲劳强度</td></tr>
<tr><td>2.3.2　受变应力零件应避免或减小应力集中</td><td>尖锐缺口、尺寸突变、凹槽、螺纹等结构因素，对变应力条件下工作的零件强度有很大影响，应尽量避免，或改善其形状以减小应力集中。最近已开始将有限元、优化、CAD等技术结合，研究形状优化设计方法，设计出最优的零件几何形状，以减小应力集中</td></tr>
</table>

（续）

设计应注意的问题	说　明
2.3.3　受变应力零件避免表面过于粗糙或有划痕	受变应力零件一般容易由表面开始产生裂纹，逐渐扩展，表面粗糙或划痕可以导致裂纹的产生和扩展，因此必须使受变应力零件的表面光滑
2.3.4　钢丝绳的滑轮与卷筒直径不能太小 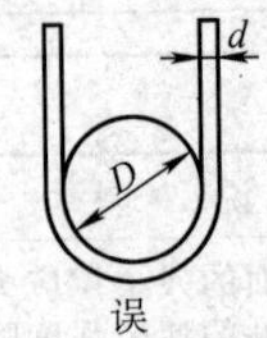 误 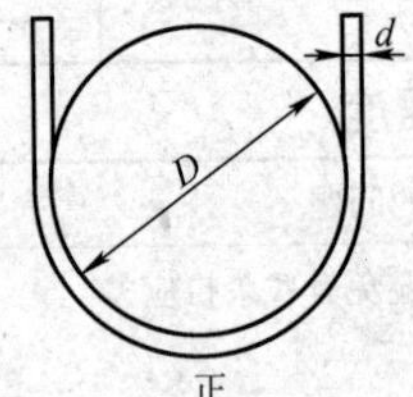 正	钢丝绳绕过滑轮或卷筒时，由于钢绳弯曲产生较大的弯曲应力，设计中要保持滑轮或卷筒直径 D 与钢丝绳直径 d 的比值 D/d 不得小于设计规范的规定值，否则将显著降低钢丝绳寿命
2.3.5　避免钢丝绳弯曲次数太多，特别注意避免反复弯曲 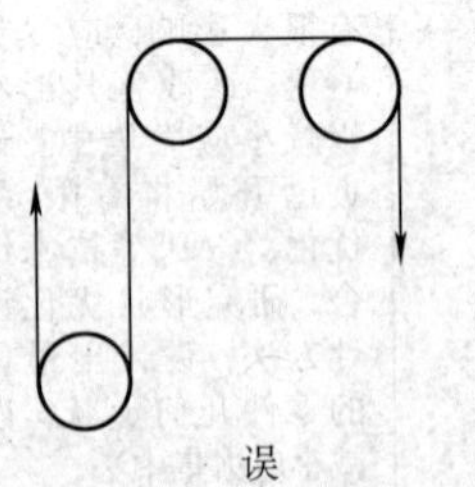 误 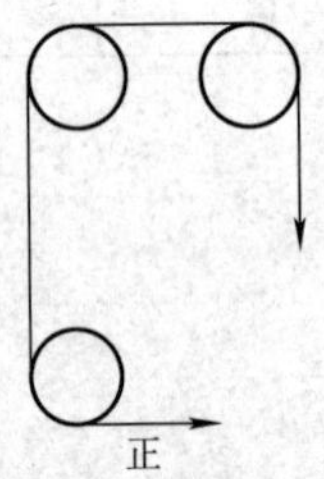 正	钢丝绳经过滑轮数愈多，则其弯曲次数愈多，寿命愈低。尤其是向不同方向的弯曲，更使其寿命显著降低

（续）

设计应注意的问题	说　明
2.3.6　提高轴的疲劳强度有时减小应力集中比采用较高强度的材料更有效 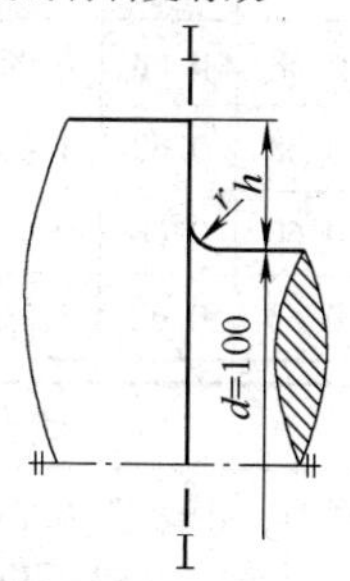 	如图所示的轴，材料为45钢，圆角 $r=2$，强度不够，计算得安全系数0.91。改用40Cr材料，虽然材料强度高，但应力集中系数也大，疲劳强度反而降低（安全系数0.88）。加大圆角，则可满足强度要求

［附］　轴的安全系数计算

钢的牌号	σ_b /MPa	σ_{-1} /MPa	σ_0 /MPa	τ_{-1} /MPa	τ_0 /MPa	ψ_σ	ψ_τ
45	650	293	527	169	325	0.112	0.04
40 Cr	1 000	450	810	260	500	0.111	0.04

弯曲作用下的安全系数 S_σ 和扭转作用下的安全系数 S_τ 的计算公式为

$$S_\sigma=\frac{\sigma_{-1}}{\dfrac{k_\sigma}{\beta\varepsilon_\sigma}\cdot\sigma_a+\psi_\sigma\sigma_m},\quad S_\tau=\frac{\tau_{-1}}{\dfrac{k_\tau}{\beta\varepsilon_\tau}\cdot\tau_a+\psi_\tau\tau_m}$$

综合安全系数 S 计算公式为

$$S=\frac{1}{\sqrt{\left(\dfrac{1}{S_\sigma}\right)^2+\left(\dfrac{1}{S_\tau}\right)^2}}\geqslant[S]=1.3$$

上式中过渡圆角的有效应力集中系数 k_σ，k_τ，加工表面的表面状态系数β和绝对尺寸系数ε_σ，ε_r可分别查得并列入下表。代入上述公式后，计算结果亦列入下表：

钢的牌号	过渡圆角半径/mm	k_σ	k_τ	β	ε_σ	ε_τ	S_σ	S_τ	S
45	2	2.43	1.59	0.82	0.68	0.68	0.96	2.92	0.91
	8	1.58	1.22	0.82	0.68	0.68	1.48	3.79	1.38
40 Cr	2	3.10	1.81	0.73	0.60	0.68	0.91	3.52	0.88
	8	1.64	1.31	0.73	0.60	0.68	1.72	4.85	1.62

设计应注意的问题	说　明
2.3.7　加大圆角半径提高齿轮轴疲劳强度 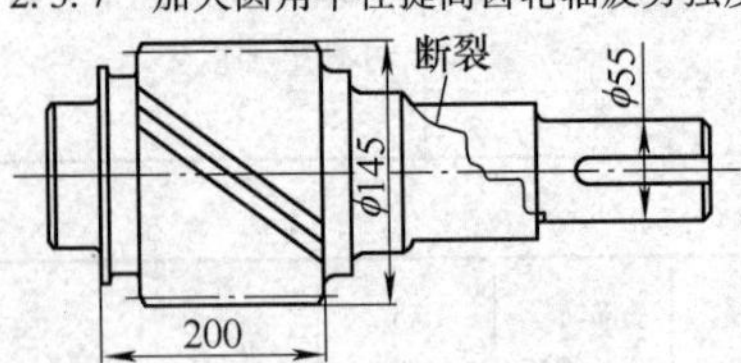 	图示为齿轮减速器中的齿轮轴，材料17CrNiMo6，经渗碳淬火低温回火处理，要求硬度59~62HRC。使用后断裂。经检查由图示断裂处首先出现裂纹，然后逐渐扩展直到断裂。热处理不当，硬度只有35~38HRC。决定采用以下措施：①加大过渡圆角半径；②提高冷加工质量，减小表面粗糙度数值；③提高热处理质量。取得了满意的效果
2.3.8　螺纹牙底圆角半径R对螺栓疲劳强度有很大的影响	图示为影响螺栓强度的主要因素。给出了比较具体、细致的数据 按GB/T 3934—2003规定 8.8级及以上螺纹，牙底圆弧半径$R_{min}=0.125P$ 低于8.8级螺纹，牙底圆弧半径$R_{min}=0.14434P$ 式中　P—螺距

（续）

设计应注意的问题	说　　明
	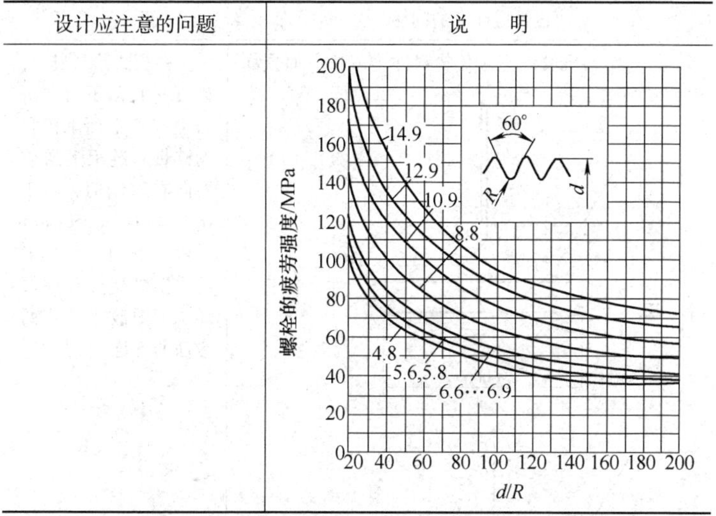

2.4　提高受振动、冲击载荷零件的强度

设计应注意的问题	说　　明
2.4.1　受冲击载荷零件避免刚度过大 d_a	受冲击载荷零件刚度太大时吸收冲击能的能力较低，因此应适当降低其刚度。常用全部钉杆有螺纹或 d_a = 螺纹小径
2.4.2　受振动载荷的零件避免用摩擦传力 较差　　较好	利用摩擦传力的结构在振动载荷下容易松脱，宜采用靠零件形状传力的结构。如把连接两板的螺栓由普通螺栓改为铰制孔螺栓（两板受拉力）

（续）

设计应注意的问题	说　明
2.4.3　给料机设计应避免物料冲击或挤压而损坏机器 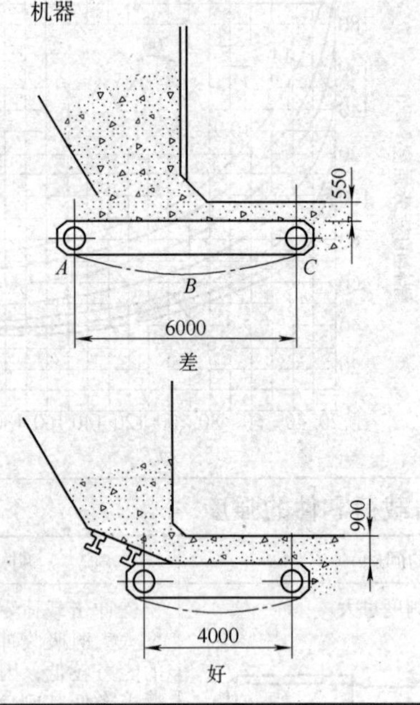 	上图板式给料机中，矿石垂直落下时冲击力会损坏下面承接它的链板。链板运送矿石向右移动时，由于出口高度（550mm）不够，物料挤压、卡滞，使机器传动件损坏。下图改正了这两方面的不足

2.5　减小变形

设计应注意的问题	说　明
2.5.1　避免预变形与工作负载产生的变形方向相同 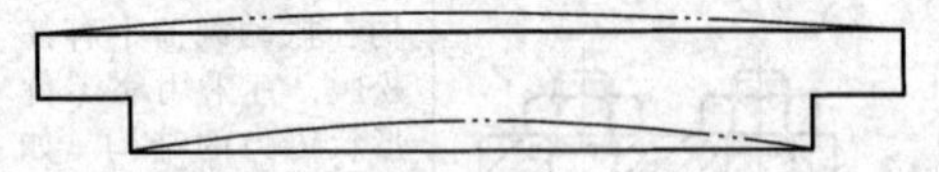	采用与工作负载产生变形方向相反的预变形，可以提高机械零件的承载能力。如桥式起重机的横梁，由于工作负载使横梁下凹。设计时使横梁加工时预先有一定的上凸变形，可以减小工作时横梁的下凹量

（续）

设计应注意的问题	说　明
2.5.2　在截面积相同时，空0心轴比实心轴刚度高 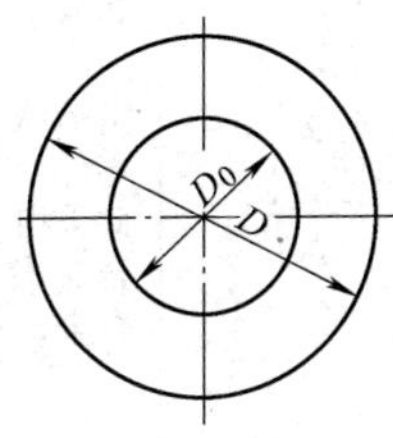 截面积相同的受转矩空心轴与实心轴强度比和刚度比 <table><tr><td>D_0/D</td><td>0.1</td><td>0.2</td><td>0.4</td><td>0.6</td><td>0.8</td><td>0.9</td></tr><tr><td>W_0/W</td><td>1.01</td><td>1.06</td><td>1.27</td><td>1.70</td><td>2.73</td><td>4.15</td></tr><tr><td>I_0/I</td><td>1.01</td><td>1.08</td><td>1.38</td><td>2.12</td><td>4.55</td><td>9.46</td></tr></table>	由下表可知当D_0/D = 0.9 时，空心轴的抗扭强度为实心轴的 4.15 倍，刚度为相同截面积空心轴的 9.46 倍 表中：W——实心轴截面系数 W_0——空心轴截面系数 I——实心轴截面惯性矩 I_0——空心轴截面惯性矩
2.5.3　有缺口的空心轴抗扭刚度（和强度）显著降低 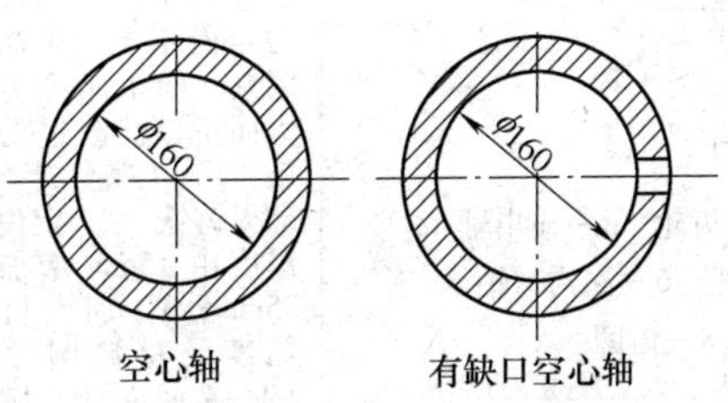 空心轴　　有缺口空心轴	左图空心轴外径 ϕ196mm，若令其抗扭惯性矩为 1，则右图外径与左图相同，其抗扭惯性矩为 0.013。

2.6 正确选择材料

设计应注意的问题	说　明
2.6.1 注意强度较低的材料不应采用强度较弱的形状 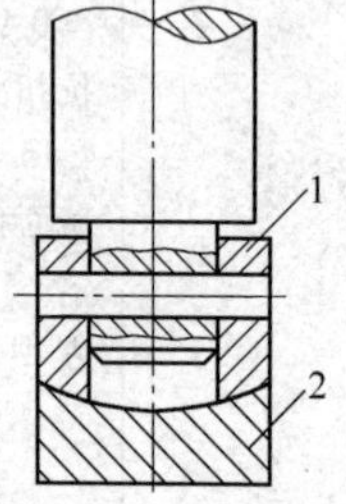 	图示为轧机压下螺杆头部结构。为提高其耐磨性，二零件采用钢 - 铜合金组合。由形状来看，下面的零件 2 强度较好。因此采用 1 - 钢，2 - 铜合金较好，若 1 - 铜合金，2 - 钢则较差
2.6.2 用球墨铸铁代替灰铸铁（本例综合采用几种措施） 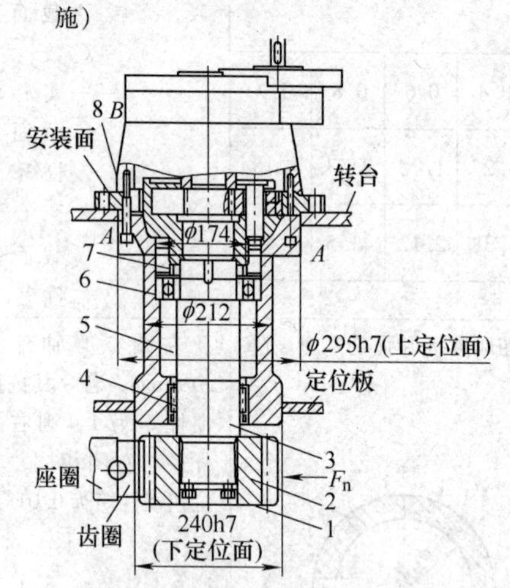 1—压板　2—输出小齿轮　3—输出轴 4—滚针轴承　5—机座　6—深沟球轴承 7—圆螺母　8—齿圈	图示为塔式起重机回转机构小齿轮及轴承装置。使用中发现多个机座在上部外圆锥面与中部圆柱面的过渡部分（*A—A* 截面）断裂。经测试发现，断裂机座的下定位面 ϕ240h7 处，机座与定位板的间隙都超过 0.6mm，而没有断裂的机座此间隙在 0.1mm 左右。这说明由于间隙大，小齿轮上作用的圆周力（88.7kN）对灰铸铁机座产生较大的弯曲力矩而不受定位面的限制，使机座应力过大而折断。改进的措施：1，机座材料改为球墨铸铁；2，定位板厚度由 15mm 增加到 35mm；3，加大机座厚度及过渡圆角处（*A—A* 截面处）圆角半径。

第 3 章　提高耐磨性的结构设计

概述

很多情况下，磨损是缩短机械寿命使机械零件报废的主要原因，据对 500 种大型机械零件的调查，其中因磨损报废的占 80%。磨损还会导致其他失效或工作能力降低，如齿轮的齿磨损变薄，产生弯曲折断；内燃机气缸磨损使其输出功率降低；机床零件磨损降低精度等。

在考虑提高耐磨性设计机械结构时，本书提示注意以下几个方面的问题：

1）保证润滑剂布满摩擦面。

2）选用耐磨性高的材料组合。

3）避免研磨颗粒或有害物质进入摩擦表面之间。

4）加大摩擦面尺寸。

5）设置容易更换的易损件。

6）减少零件间的相对运动或减小各接触点之间的速度差、压力差。

7）减小磨损的不利影响。

8）正确选用润滑剂。

3.1　保证润滑剂布满摩擦面

设计应注意的问题	说　　明
3.1.1　润滑剂供应充分，布满工作面 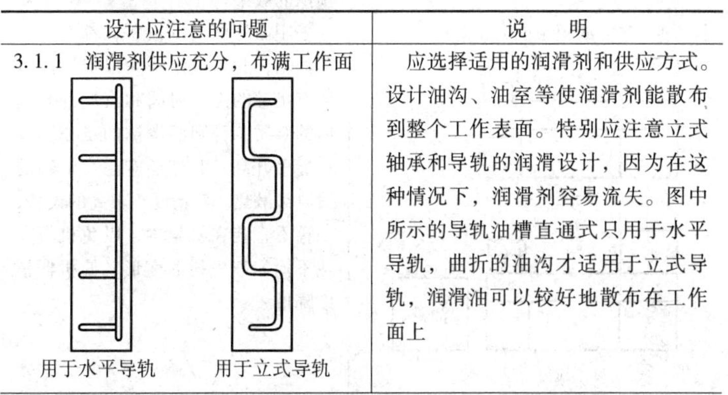 用于水平导轨　　用于立式导轨	应选择适用的润滑剂和供应方式。设计油沟、油室等使润滑剂能散布到整个工作表面。特别应注意立式轴承和导轨的润滑设计，因为在这种情况下，润滑剂容易流失。图中所示的导轨油槽直通式只用于水平导轨，曲折的油沟才适用于立式导轨，润滑油可以较好地散布在工作面上

（续）

设计应注意的问题	说　明
3.1.2　滑动轴承的油沟尺寸、位置、形状应合理 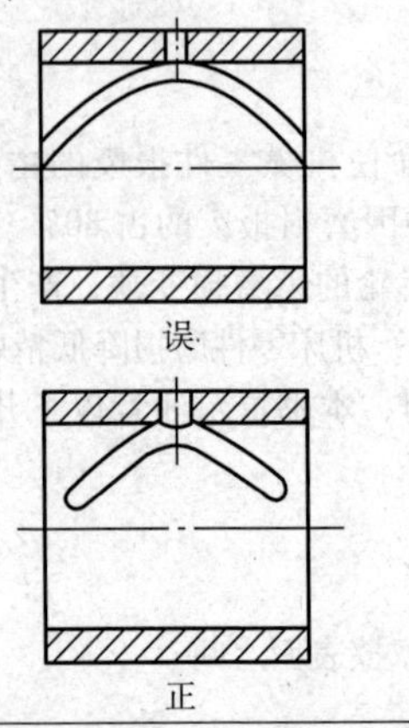 	向心滑动轴承的油沟应开在非承载区，两端不应开通以免润滑油泄漏而导致油膜压力降低。油沟边缘应有足够大的圆角，以利于油的流动
3.1.3　勿使过滤器滤掉润滑剂中的添加剂	为改善润滑剂的性能，在其中加入添加剂。但循环供油系统中的过滤网孔如果太小，则可能将添加剂滤掉（如 MoS_2 的颗粒可达几个μm），因而使润滑剂达不到设计者预期的效果
3.1.4　润滑油箱不能太小 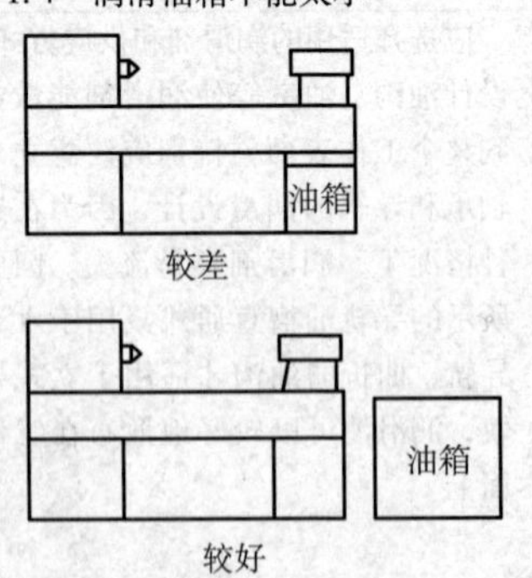 	采用循环润滑的设备，都有一个贮油箱，此箱应足够大以保证润滑油有足够的冷却时间和沉淀混入油内的杂质，否则润滑油的工作温度将显著升高。此外还应注意油箱的通风和散热。对精度要求高的设备，油箱不宜装在机架内，以免机架受热不均匀产生扭曲变形，使机器精度降低

（续）

设计应注意的问题	说　明
3.1.5　滚动轴承中加入润滑脂量不宜过多	滚动轴承中润滑脂量过多，导致发热过多，因此加脂量不应超过轴承空间的1/3～1/2

3.2　选用耐磨性高的材料组合

设计应注意的问题	说　明
3.2.1　避免相同材料配成滑动摩擦副	当相互摩擦表面由同一材料制成时，其抗磨性很差，容易磨损。常采用的配对材料如钢—青铜，钢—白合金等
3.2.2　避免白合金耐磨层厚度太大	当轴瓦表面贴附的一层白合金厚度太大时，由于白合金强度差，易产生疲劳裂纹，使轴瓦失效，如内燃机曲轴的轴承，轴承合金的厚度常取0.2～0.5mm
3.2.3　避免为提高零件表面耐磨性能而提高对整个零件的要求 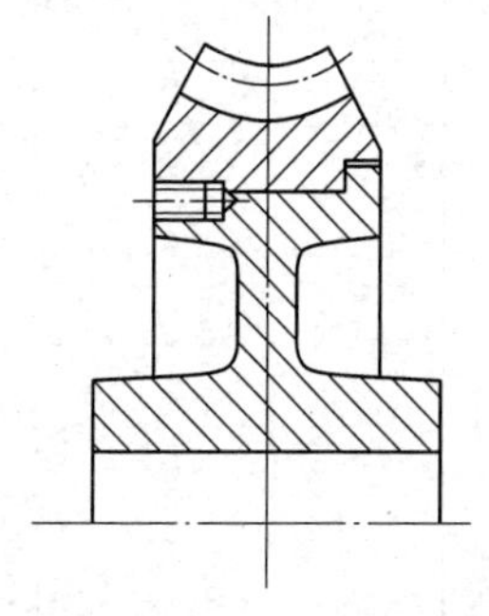	为提高零件的耐磨性，常采用铜合金、白合金等耐磨性好的材料，但它们都属于非铁材料，价格昂贵。因此，对较大的零件，只在接近工作面的部分局部采用非铁材料，如蜗轮轮缘用铜合金，轮芯用铸铁或钢；滑动轴承座用铸铁或钢制造，用铜合金做轴瓦等

3.3 避免研磨颗粒或有害物质进入摩擦表面之间

设计应注意的问题	说　明
3.3.1 必须考虑被输送介质对零件的磨损作用 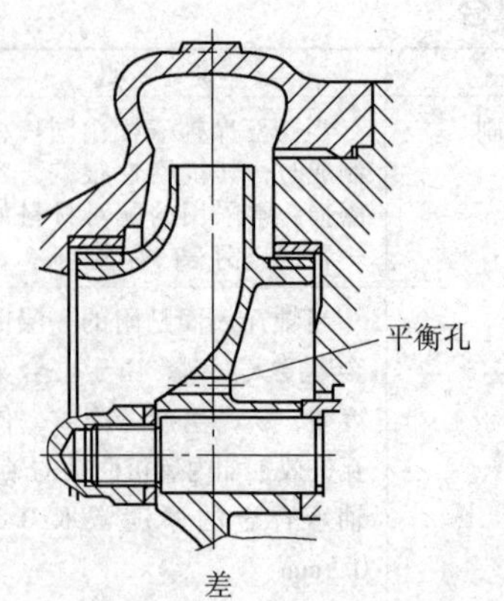 差 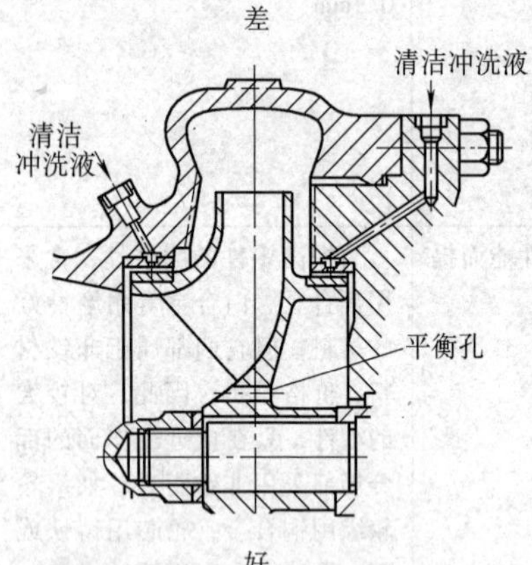 好	上图所示为一输送含焦炭颗粒的润滑油叶轮泵的滑动轴承。轴承的间隙较小，半径间隙0.25～0.3mm。输送的焦炭颗粒进入轴承间隙后，很快产生严重磨损。下图在机座上面开孔，输入冲洗液进行冲洗。冲洗液压力比润滑油入口压力高0.05～0.2MPa，延长了使用寿命

（续）

设计应注意的问题	说　明
3.3.2　避免气蚀磨损 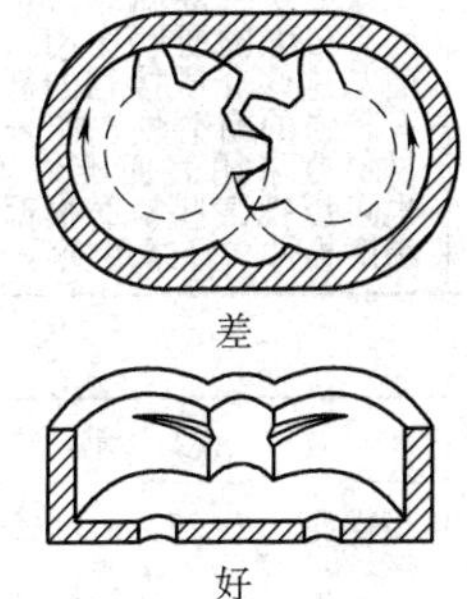 差 好	上图中的齿轮泵，在两齿轮间的容积与输出侧连通的瞬间，润滑油因回流而产生气泡。由于气穴的作用产生气蚀。在下图中泵体上面开出逐渐缩小的沟槽，可以使气泡慢慢消失，避免气蚀，减少噪声
3.3.3　避免机械零件被磁化 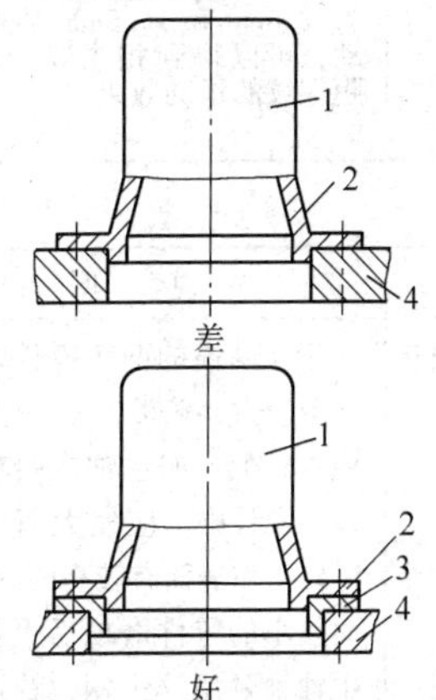 差 好	上图中1为一磁选机的传动装置（摆线针轮减速器），4为磁选机的横梁。由于磁选机的磁性作用，使减速器中的零件2等具有磁性，使润滑油中的铁屑吸附在运动件的工作表面产生磨损。下图夹垫隔磁铜板3避免了磁化
3.3.4　采用防尘装置防止磨粒磨损 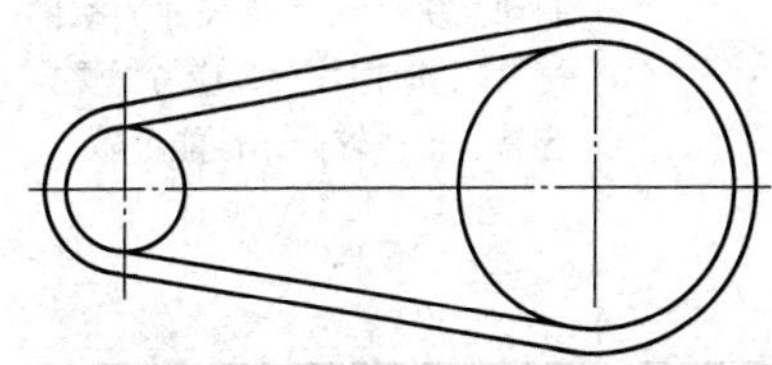	对于在多尘条件下工作的机械应注意防尘和密封，以免异物进入摩擦面，产生磨粒磨损，如链条加防尘罩，导轨为防止切屑进入摩擦面产生严重磨损，也应加防护罩

(续)

设计应注意的问题	说　明
3.3.5　对易磨损部分应予以保护	有些气体或液体中混有粉末、颗粒或块状的固体，对零件表面有很强的研磨作用。零件表面与这些介质接触的部分应具有较强的耐磨性，如采用耐磨材料或采用表面堆焊等措施。也可以把某些易磨损部分作成易磨损件，经常更换

3.4　加大摩擦面尺寸

设计应注意的问题	说　明
为了提高螺纹的耐磨性，不宜采用螺距很小的螺纹	螺距为 0.25mm 和 0.5mm 的螺纹尺寸很小，耐磨性不足。为了提高螺纹的磨损寿命，对于要求使用螺距很小的螺纹时，可以采用差动螺纹。如用螺距为 1.5mm 和 1.25mm 的螺纹差动，可以得到相当 0.25mm 螺距螺纹的运动效果

3.5　设置容易更换的易损件

设计应注意的问题	说　明
避免大零件局部磨损而导致整个零件报废 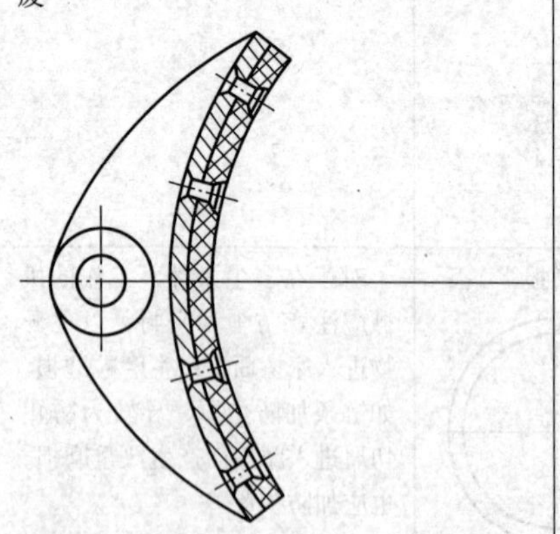	相互摩擦的两个零件，往往一个较大、较贵，另一个较小，成本较低，如主轴或曲轴与轴瓦。设计中，应使大而复杂的零件工作表面有较高的耐磨性，而较小的零件磨损后更换。如主轴轴颈用淬火钢，轴瓦用铜合金。对于易磨损件，如轴瓦、制动瓦块（或瓦块表面的耐磨材料）、摩擦片等，应考虑更换容易、价格较低，性能可靠

3.6 减少零件间的相对运动或减小各接触点之间的速度差、压力差

设计应注意的问题	说　明
3.6.1 同一接触面上各点之间的速度、压力差应该小 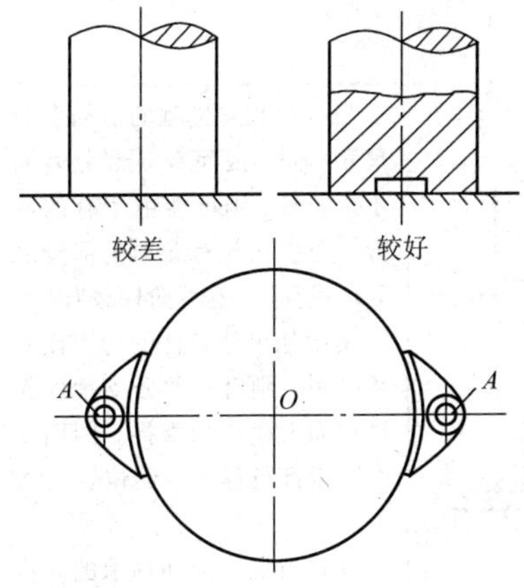 	图示的推力轴承中心与边缘处滑动速度差别很大，边缘磨损比中心严重得多，因而中心处压强增大。所以一般端面摩擦面多做成环形，把中间部分去掉，内外径的差别不宜太大以保证磨损较均匀。此外，应使摩擦表面各处接触压强相等，以免产生不均匀的磨损，这就要求零件有足够的刚度和精度，以保证接触均匀。如图中的制动瓦块，应有足够的厚度，并保证安装瓦块的轴 A，与制动轮轴 O 平行等，使瓦块和制动轮均匀地接触
3.6.2 避免电线的磨损	有些设备的移动部件，如立体仓库或起重机的移动部件，需要有电源线供电。在部件移动和制动时，电源线产生晃动，晃动的电源线与机器相摩擦，使电线表面的绝缘层因磨损而破坏。应将电源线适当固定，避免晃动

3.7 减小磨损的不利影响

设计应注意的问题	说　明
3.7.1 对易磨损件可以采用自动补偿磨损的结构	零件磨损后，尺寸发生变化，如不能及时改变其位置，则不能实现原来的功能，如2.1.3中图c的圆锥摩擦离合器，弹簧不但将离合器压紧，而且补偿磨损
3.7.2 避免形成阶梯磨损 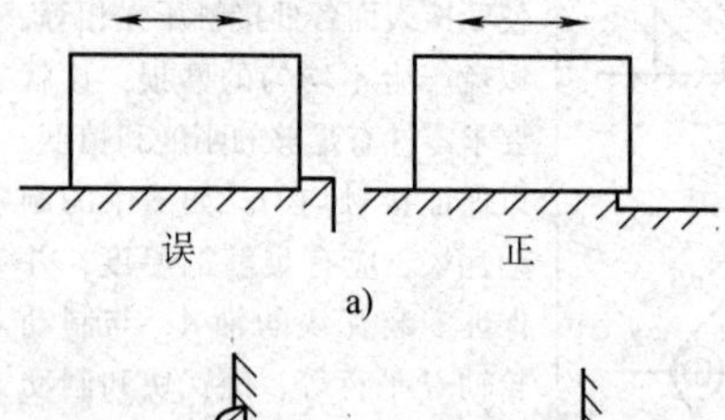 a) 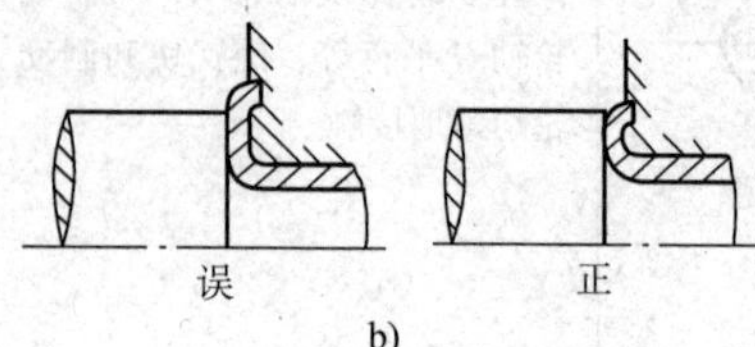 b) 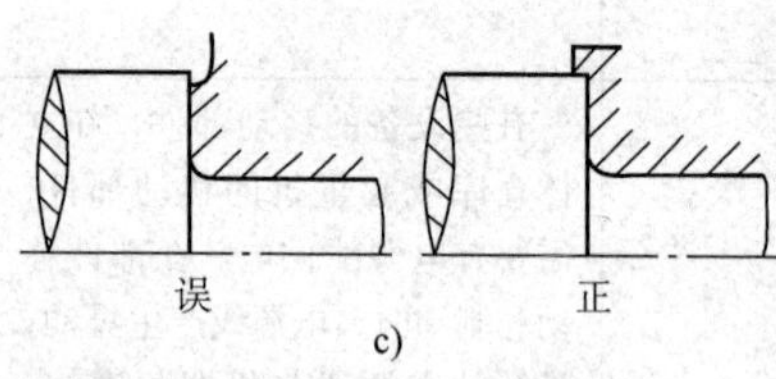 c)	当一对相互接触的滑动表面尺寸不同，因而有一部分表面不接触时，则可能由于有的部分不磨损而与有磨损的部分之间形成台阶，称为阶梯磨损 图中如果移动件的行程比支承件短，则有一部分支承件无磨损而发生阶梯磨损。因而要合理设计行程终端的位置（图a） 轴肩与推力滑动轴承的止推端面尺寸很难达到完全一致，一般应采用磨损量较大的一侧全面磨损（如铜轴瓦），另一侧为钢轴肩磨损量很小，阶梯磨损效果不显著（图b）。如果两侧摩擦面都有明显的磨损，则令较易修复的一面出现阶梯磨损较合理（轴肩比轴瓦端面难修）（图c）

（续）

设计应注意的问题	说　明
3.7.3　对于零件的易磨损表面，应增加一定的磨损裕量 较差 较好	开式齿轮的齿面磨损后，轮齿变薄，齿根弯曲强度降低，不能满足强度要求。因而适当加大齿轮模数（加大 10% ~ 15%），以保证齿轮有一定寿命。机床导轨，未使用时如正好平直，使用时则由于磨损，精度不断降低。如做成一定的上凸则可在较长时间内保持精度
3.7.4　注意零件磨损后的调整 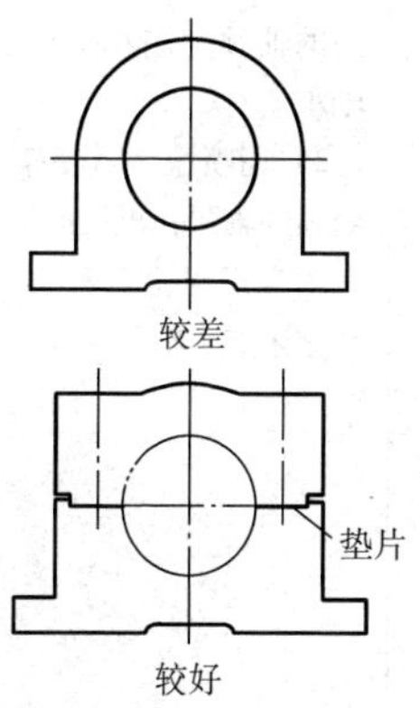 较差 较好	有些零件在磨损后丧失原有的功能，采用适当的调整方法，可部分或全部恢复原有的功能。如图中整体式圆柱轴承磨损后调整困难，图中的剖分式轴承可以在上盖和轴承座之间预加垫片，磨损后间隙变大，减少垫片厚度可调整间隙，使之减小到适当的大小

（续）

设计应注意的问题	说　明
3.7.5　滑动轴承不能用接触式密封 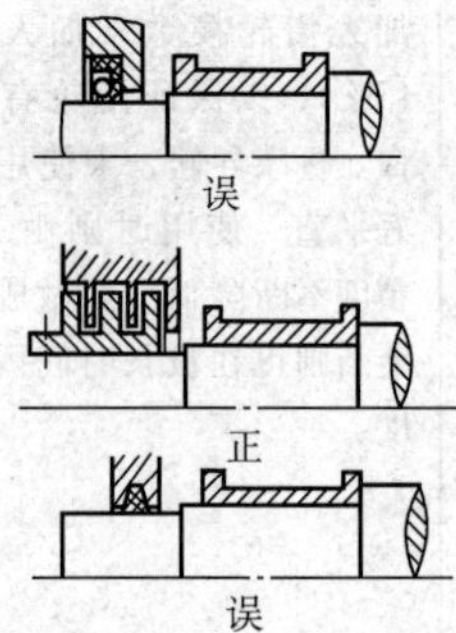	毡圈密封、皮圈密封等接触式密封适用于滚动轴承但不适用于滑动轴承。当轴承间隙和磨损量较小时可以考虑采用间隙式或径向曲路密封。这是因为滑动轴承比滚动轴承间隙大，而且当滑动轴承磨损后，轴中心位置有较大的变化
3.7.6　零件磨损后，采用适当的工艺方法修复 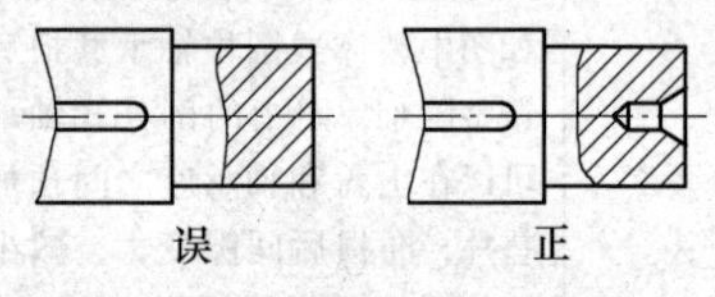 （保留原来加工轴颈时，两端的顶尖孔）	轴磨损后修复方法有两类： 1）原设计轴颈适当加大，磨损后在磨床上重磨轴颈，按减小的轴颈配制相应内径的滑动轴承 2）用喷涂、刷镀等方法加大磨损的轴颈，再机械加工 为实现以上两种方法都要保留原来加工轴颈的顶尖孔

3.8 正确选用润滑剂

设计应注意的问题	说　明
同一机械装置中，工作条件有较大差别的各种零部件，不应采用同一润滑剂 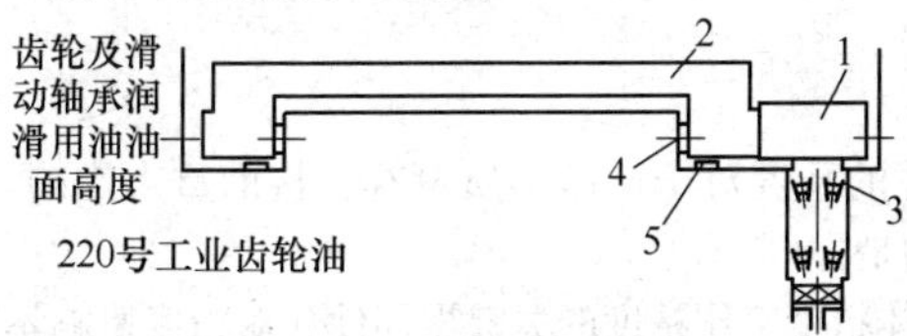 a) 全部采用220号工业齿轮油 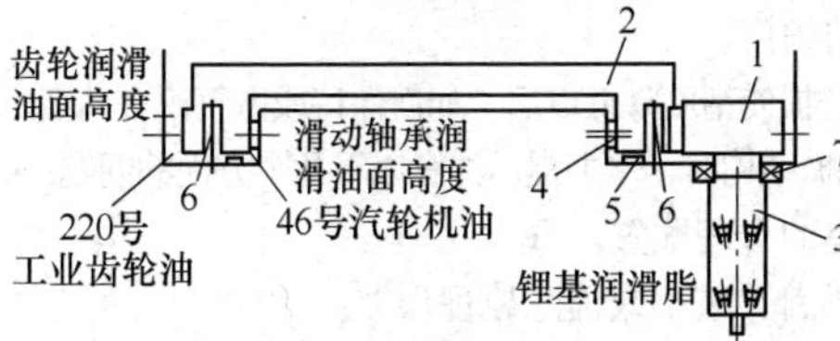 b) 分别采用220号工业齿轮油、49号汽轮机油和锂基润滑脂 1—主动小齿轮　2—从动大齿轮　3—滚动轴承组合　4—径向滑动轴承　5—推力滑动轴承　6—环形隔油圈　7—密封油圈	图a是一立式大型齿轮传动装置，主动小齿轮材料为合金钢，它的轴系的支承装置采用了滚动轴承组合，从动大齿轮材料为球墨铸铁，它的径向和推力支承装置采用了动压滑动轴承。由于齿轮、滚动轴承和液体动压滑动轴承的工况不同，受载不同，摩擦磨损的条件也不同。经过设计分析，齿轮副应该采用220号工业齿轮油进行润滑；液体动压滑动轴承应该采用46号汽轮机油进行润滑，以保证形成动压油膜；两种油的粘度相差4~5倍。而经过设计计算，滚动轴承应该采用锂基润滑脂进行润滑 图a的传动系统，只从节省和工艺操作方便考虑，就用220号工业齿轮油以浸油润滑方式对齿轮、滚动轴承、液体动压滑动轴承进行润滑，这样做对于轴承是不合适的。在运转中，滑动轴承副过热、阻力偏大，个别轴瓦呈现了焦黄颜色，由于润滑油过于粘稠，和大齿轮连成一体的工作台（未表示）受到推力轴承的动压影响，抬起过高，油中的铸铁齿轮磨削成为研磨剂，更使轴承受到非正常的研磨磨损 图b的传动系统中的齿轮副、滚动轴承组合，以及液体动压滑动轴承分别按照不同的设计要求采用了三种不同的润滑剂。为了使润滑剂不互相混淆，对于液体动压滑动轴承和齿轮，则采用了环形隔油圈隔开两种不同的润滑剂也防止了两种润滑剂的飞溅混淆；对于滚动轴承组合和齿轮则采用了密封油圈，以防止齿轮润滑油渗入到滚动轴承中去，既符合轴承的润滑要求，又保证了工作质量

第 4 章　提高精度的结构设计

概述

组成机械产品各零件的精度对于产品的质量有直接的重大影响。提高精度结构设计的目的是：

1）找出影响机械总体精度工作精度的关键零部件和对精度影响不大的零部件对它们提出不同的精度要求。

2）合理配置各零件的精度。

3）考虑在工作中产生磨损使精度降低以后，如何保持或恢复原有精度。

在考虑提高精度设计机械结构时，本书提示注意以下几个方面的问题：

1）注意各零部件误差的合理配置。

2）消除产生误差的原因，减小或消除原理误差。

3）利用误差均化原理。

4）避免变形，受力不均匀引起的误差。

4.1　注意各零部件误差的合理配置

设计应注意的问题	说　明
4.1.1　避免磨损量产生误差的互相叠加 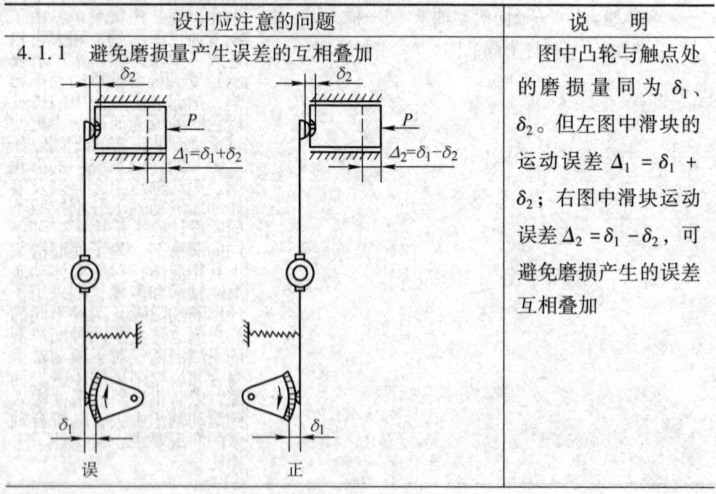	图中凸轮与触点处的磨损量同为 δ_1、δ_2。但左图中滑块的运动误差 $\Delta_1=\delta_1+\delta_2$；右图中滑块运动误差 $\Delta_2=\delta_1-\delta_2$，可避免磨损产生的误差互相叠加

（续）

设计应注意的问题	说　明
4.1.2　避免加工误差与工作变形的互相叠加	如起重机大车梁工作时因负载而下凹，制造时要求有一定上凸，避免二者叠加形成过大的变形
4.1.3　要求运动精度的减速传动链中，最后一级传动比应该取最大值 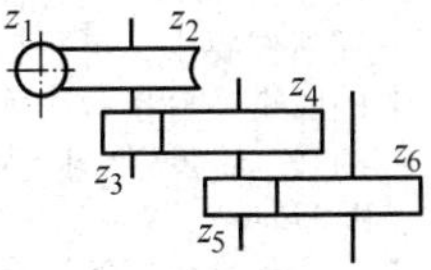 z_1 z_2 z_3 z_4 z_5 z_6 误 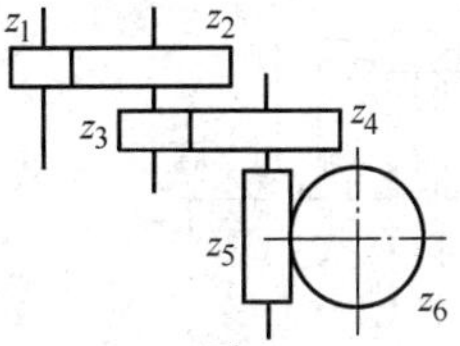　　z_1 z_2 z_3 z_4 z_5 z_6 正	设三级传动的传动比为 i_1、i_2、i_3 运动误差为 δ_1、δ_2、δ_3（$i_1=z_2/z_1$、$i_2=z_4/z_3$、$i_3=z_6/z_5$） 最后输出的传动系统总误差 $\Delta=\dfrac{\delta_1}{i_2 i_3}+\dfrac{\delta_2}{i_3}+\delta_3$ 当 i_3 为最大值时传动系统总误差最小（一般最后一级用蜗杆传动）。此时其他各级传动误差影响很小
4.1.4　避免轴承精度的不合理搭配 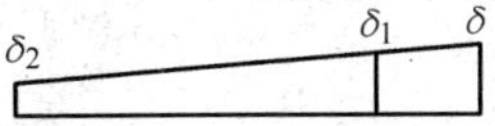 δ_2 δ_1 δ 误  δ_2 δ_1 δ 正	对悬臂轴轴端有跳动精度要求时，接近悬臂端的前轴承精度应高于后轴承 δ_1—前轴承回转误差 δ_2—后轴承回转误差 δ—轴端回转误差

（续）

设计应注意的问题	说　明
4.1.5　避免轴承径向振摆的不合理配置 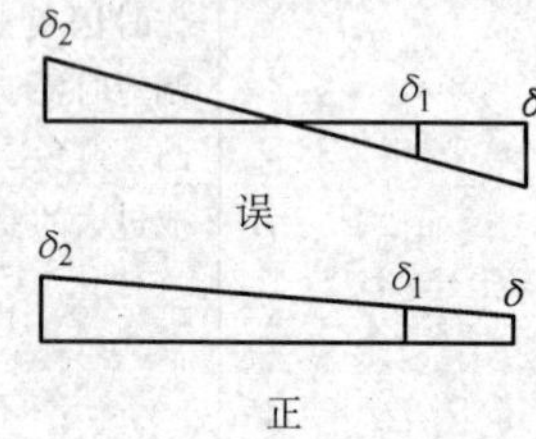	前后轴承的最大径向振摆应在同一方向。如果相反地安装在相距180°的方向，则悬臂轴端的误差较大
4.1.6　避免只从提高零部件加工精度的角度来达到精度要求 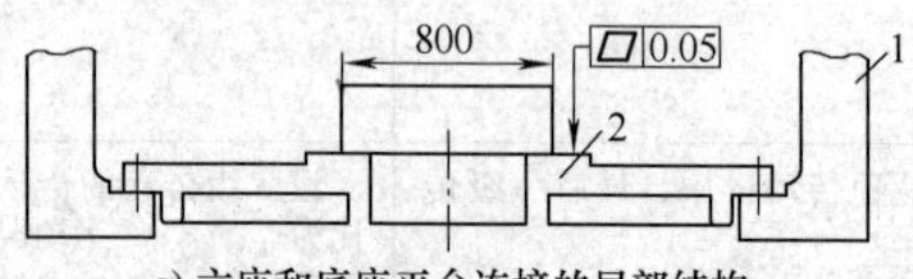 a) 立座和底座平台连接的局部结构 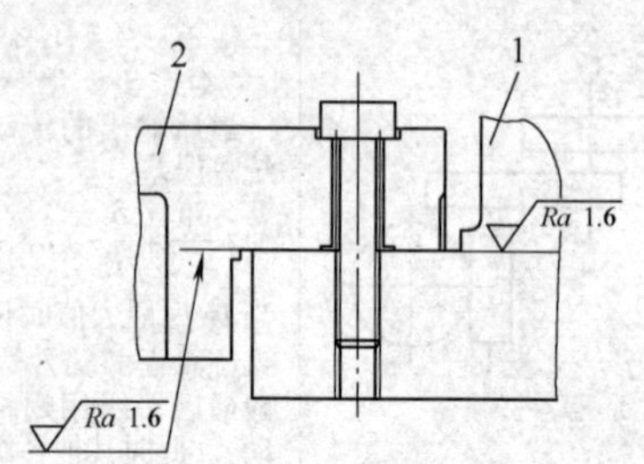 b) 依靠提高接触面加工精度达到平面度要求 1—立座　2—底座平台　3—螺纹微动调整装置 4—球面垫圈	对于大型零件的精度设计，如果只从加工要求着手，可能会不经济，而且又不易达到要求，图b和图c表示出在立座下部装有带传动装置的底座平台，传动装置的尺寸为800mm，为保证工作要求，组装后的底座平台接触表面的平面度要求为0.05mm 图b是将底座平台用螺纹连接直接锁紧在3个立座上，组装后的传动装置接触表面的平面度要求，要依靠立座的支承面和底座平台的加工精度来保证，由于零件尺寸较大，3个立座及底座平台分别精加工，但加工尺寸的准确度很难保证完全一致，因而增加了加工的难度

（续）

设计应注意的问题	说　　明
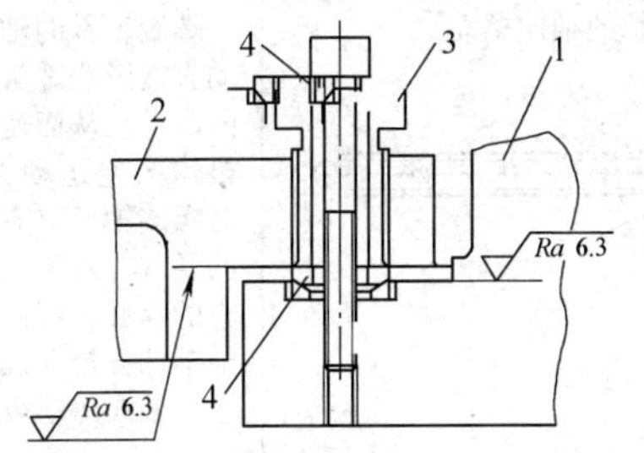 c) 采用螺纹微动调整方法达到平面度要求 1—立座　2—底座平台　3—螺纹微动调整装置 4—球面垫圈	图 c 是将底座平台用螺纹调整装置锁紧在 3 个立座上，在锁紧前，可以用螺纹微动调整的方法使底座平台的 3 点有所升降，以达到接触表面的平面度限制要求。锁紧连接还采用了球面垫圈，以减少螺纹零件的偏载，更减少了对平面度的影响。因而降低了相关零件加工要求，并且容易保证质量

4.2　消除产生误差的原因，减小或消除原理误差

设计应注意的问题	说　　明
4.2.1　避免基础变形影响其上安装零件的位置精度 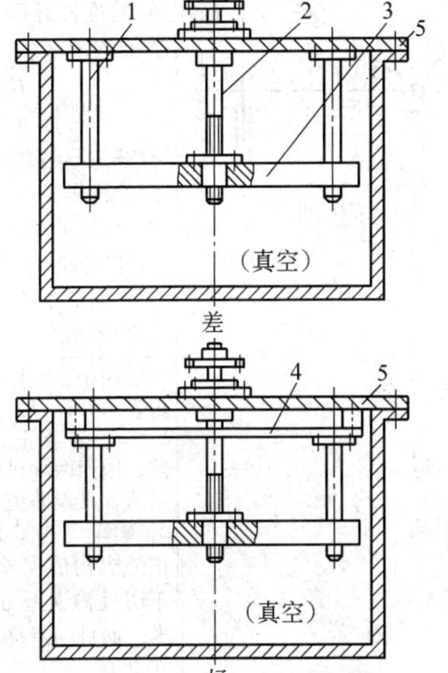	上图所示为一真空室，其中有一水平板 3，靠螺旋 2 旋转推动它上下移动，移动时由四个圆导轨 1 导向。在真空室未抽气时，水平板上下移动灵活、但是在真空室中的空气被抽掉以后，其上面的板 5 凹陷变形，使安装在其上的圆导轨偏斜，使水平板上下移动时受到很大的摩擦阻力。下图中增加金属板 4，使圆导轨不受板 5 变形的影响，水平板移动灵活

（续）

设计应注意的问题	说　明
4.2.2　必须严格限制螺旋轴承的轴向窜动 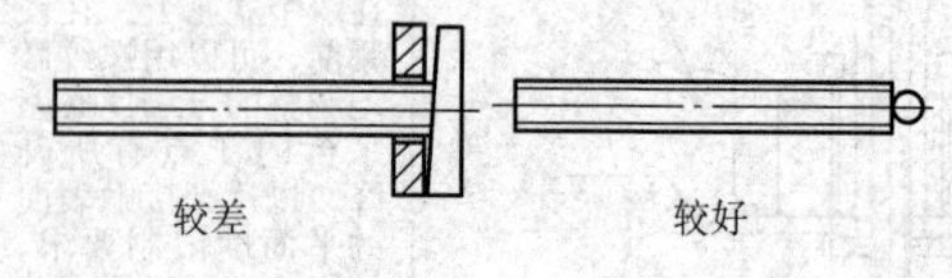 	螺旋轴承的轴向窜动直接影响螺旋的轴向窜动，从而使螺旋机构产生运动误差。对螺旋轴承应有较高的要求。对于受力较小的螺旋，可以用一个钢球支持在螺旋中心，轴向窜动极小
4.2.3　当推杆与导路之间间隙太大时，宜采用正弦机构，不宜采用正切机构 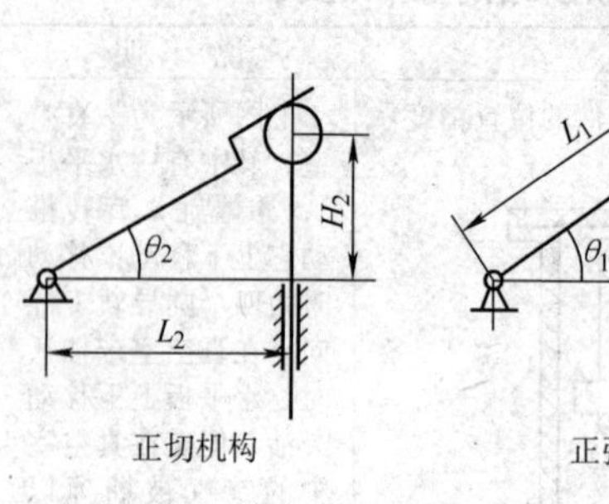 	正弦机构摆杆转角 θ_1 与推杆升程 H_1 之间的关系式为 $$\sin\theta_1=\frac{H_1}{L_1}$$ 正切机构摆杆转角 θ_2 与推杆升程 H_2 之间的关系式为 $$\tan\theta_2=\frac{H_2}{L_2}$$ 推杆与导路之间的间隙使推杆晃动，导致尺寸 L_2 改变，因此对正切机构引起误差，而对正弦机构精度影响很小
4.2.4　正弦机构精度比正切机构高 $\Delta_1=\theta-\sin\theta$ $=\theta-\left(\theta-\frac{\theta^3}{3!}+\cdots\right)$ $=\theta^3/6$ $\Delta_2=\theta-\tan\theta$ $=\theta-(\theta+\theta^3/3+\cdots)$ $=-\theta^3/3$	实用中，常用摆杆转角表示升程 H，而 H 与 L 之正弦或正切成比例，因而两种机构都有误差，其误差值分别为 Δ_1 及 Δ_2。由计算可知正弦机构的误差 Δ_1 是正切机构误差 Δ_2 的一半，而且误差符号相反

（续）

设计应注意的问题	说　明
4.2.5　尽量不采用不符合阿贝（Abbe）原则的结构方案 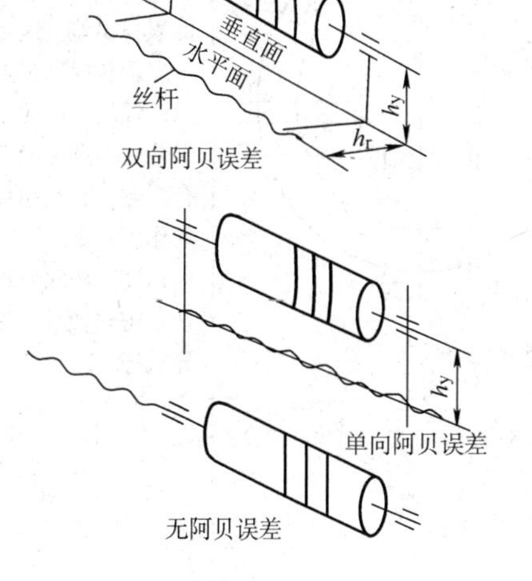 	阿贝原则是读数线尺应位于被测尺寸的延长线上。机械结构符合阿贝原则可避免导轨误差对测量精度的影响。此原则可用于各种机械，例如加工螺纹的车床或磨床，被加工螺纹与传动丝杆之间应符合阿贝原则，即二者应在一条直线上。但实际上往往在水平与垂直方向都与被加工丝杆有一定距离，消除这一距离可提高设备精度，但是会增加机床长度

4.3　利用误差均化原理

设计应注意的问题	说　明
4.3.1　测量用螺旋的螺母扣数不宜太少 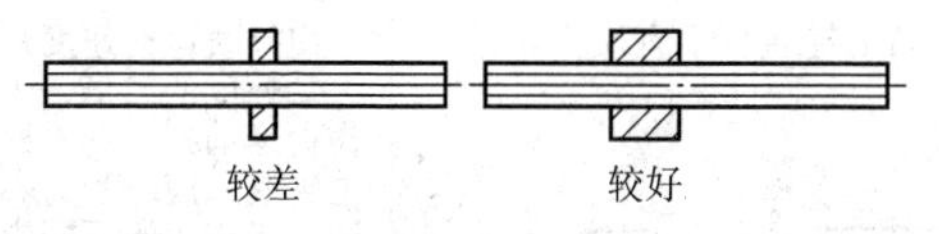 	因为螺母各扣与螺旋接触情况不同，对螺旋的螺距误差引起的运动误差有均匀化作用。测量螺杆得到的螺杆累积误差，大于螺杆与螺母装配后螺杆运动的累积误差、就是螺母产生的均匀化作用。当螺母扣数过少时，均匀化效果差

（续）

设计应注意的问题	说　明
4.3.2　设计精密机构可以使用误差均化原理 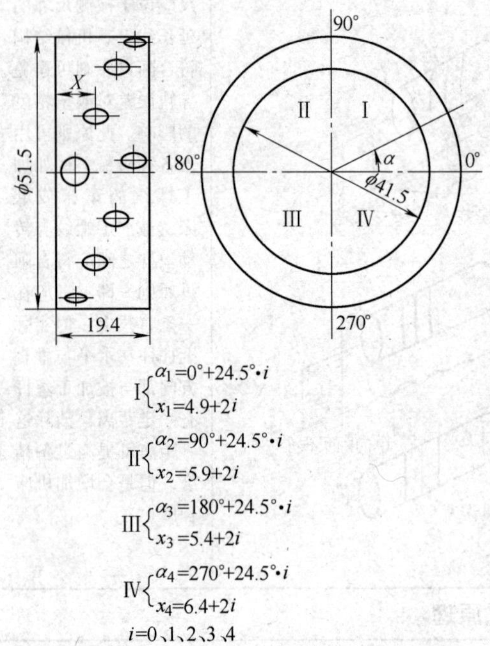 	试验研究证明，螺旋螺母组成的螺旋机构累积误差常小于组成它的螺旋零件单独的累积误差。这是由于螺旋和螺母多点接触，螺旋机构的累积误差受多点接触的综合影响，有互相牵掣的作用，提高了机构的精度。按此原理设计了密珠轴承、密珠导轨等

4.4　避免变形、受力不均匀引起的误差

设计应注意的问题	说　明
4.4.1　对于要求精度较高的导轨，不宜用少量滚珠支持 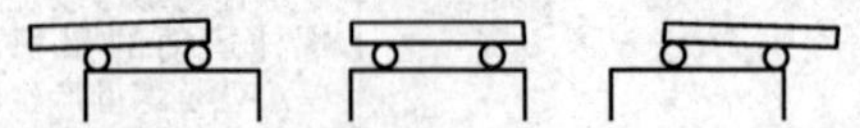	由导轨运动速度是滚动速度的二倍，工作台运动到左右不同位置时，滚珠受力不同，工作台向不同方向倾斜，产生误差 宜增加滚珠数目或采用滚子支承（滚柱刚度显著大于滚珠，而摩擦阻力也较大）

（续）

设计应注意的问题	说　明
4.4.2　避免紧定螺钉影响滚动导轨的精度 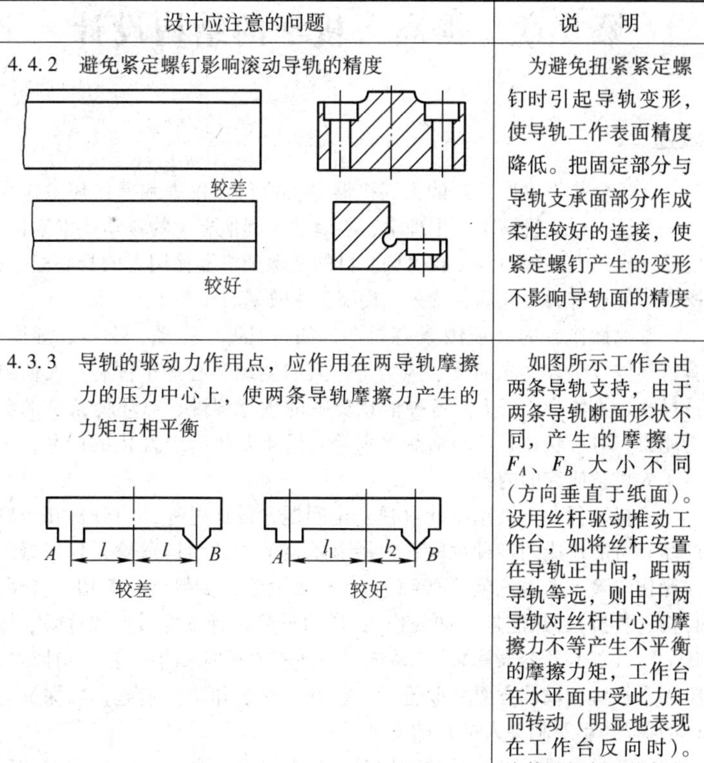 	为避免扭紧紧定螺钉时引起导轨变形，使导轨工作表面精度降低。把固定部分与导轨支承面部分作成柔性较好的连接，使紧定螺钉产生的变形不影响导轨面的精度
4.3.3　导轨的驱动力作用点，应作用在两导轨摩擦力的压力中心上，使两条导轨摩擦力产生的力矩互相平衡	如图所示工作台由两条导轨支持，由于两条导轨断面形状不同，产生的摩擦力 F_A、F_B 大小不同（方向垂直于纸面）。设用丝杆驱动推动工作台，如将丝杆安置在导轨正中间，距两导轨等远，则由于两导轨对丝杆中心的摩擦力不等产生不平衡的摩擦力矩，工作台在水平面中受此力矩而转动（明显地表现在工作台反向时）。应使丝杆与两导轨的距离 l_1、l_2 满足 $l_1F_A=l_2F_B$

第 5 章　提高人机学的结构设计

概述

人机学是把操作机器的人、机器设备或仪器仪表和操作环境作为一个系统，运用机械学、生理学、心理学和其他有关的科学技术知识，使系统中以上几种要素互相协调。目的是保证机器使用者的身心健康，操作方便、省力、准确、持久、提高工作效率。

影响操作者的环境因素有很多，如：温度、振动、噪声、湿度、有害气体、尘埃、光照度、风力等。人的生理和心里条件有：人体测量尺寸、人体力学、人对各种信息反映的敏感程度、对环境条件的耐受能力、对形状和彩色的感受要求等。近年来风行个性化的产品，丰富了人机学研究的内容。

人机工程要求机械设计重视安全问题，设计过程必须分析和识别产品有可能造成的各种危险，包括显示器的误认误读危险、程控器的误操作危险、动力危险（如触电）、机械危险（如撕伤、剪切、挤压、拉伤、骨折）、热危险（如烧伤）、压力危险、有毒物质扩散危险、爆炸危险（如高压容器爆裂）、系统和元件失效所带来的危险等。针对危险因素从机械设计方面采取警示、控制、安全和防护措施，以保证人（包括操作者及相关人员）的安全。

在考虑人机学设计机械结构时，本书提示注意以下几个方面的问题：

1）操作者工作场所的合理设计。

2）仪表面板和布置的合理设计。

3）操作手柄和旋钮的合理设计。

4）避免对人身的伤害。

5.1 操作者工作场所的合理设计

设计应注意的问题	说　明
5.1.1　合理选定操作姿势	设计者必须正确地决定机器或仪器的操作位置和操作姿势，作为设计的一项基本内容。常见的操作姿势为立或坐。立式容易发力，活动范围较大，但对要求精密观察、读数的工作和活动范围较小的手工操作，则以选用坐式为好
5.1.2　合理设计坐椅的尺寸和形状[22] 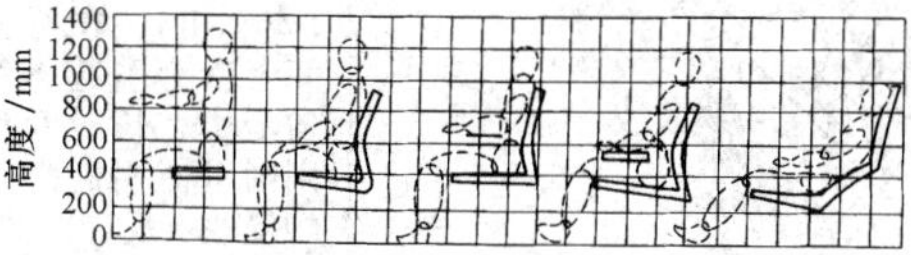 高度/mm：1400、1200、1000、800、600、400、200、0	设计坐椅的尺寸、形状时，既要考虑操作者的舒适性，以免迅速疲劳和出现职业病，又要考虑操作方便，提高工作效率。根据工作性质不同，操作者身高也有差异，可以有多种不同的尺寸和形状
5.1.3　合理设计坐椅的材料和弹性	对于工作环境温度高、湿度大的场合，不宜采用吸热、保温性能强、透气性差的材料作为坐椅面料。对于工作环境温度低的场合，不宜采用传热性好的材料作为坐椅面料。对振动较大的车辆，则应避免坐椅弹簧产生共振，要有好的吸振和阻尼性能

（续）

设计应注意的问题	说　明
5.1.4　设备的工作台高度与人体尺寸比例应采用合理数值	工作台高度不适当，容易引起操作者疲劳。根据一般情况统计，有一系列推荐数值，如站姿用工作台高度为人体高度的10/19，坐姿则为7/17
5.1.5　合理安置调整环节以加强设备的适用性	如目视测量仪器应能按使用者情况调整两个目镜间的目距和视度
5.1.6　尽量避免人的躯体受弯曲和扭转的力矩性载荷  a) 弯腰取物  b) 采用可倾斜和升降的工作台可避免弯腰取物	躯体处于非自然状态，如过度弯腰、反复扭转，使脊柱承受力矩性载荷（弯、扭），在脊椎间盘就会引起不均匀应力，长时间作用则可能引起脊椎的慢性疾病，因此，必须在设计中予以注意 图a是人在没有任何辅助装置条件下弯腰操作，工作对象距身体又远（力臂大），脊柱承受了较大的力矩性载荷 图b是设计了可升降倾斜的辅助工作台，使工作对象抬高并且靠近躯体（力臂小），人就可以避免弯腰操作，减少了力矩性载荷

（续）

设计应注意的问题	说　　明
5.1.7 尽量避免躯体反复扭转，减少脊柱疲劳和受伤的可能性 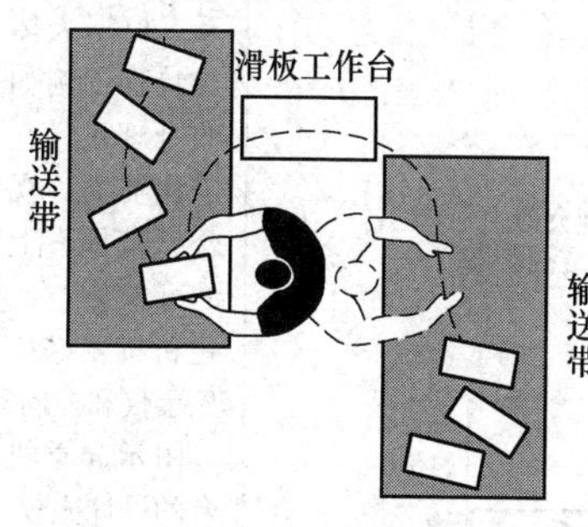 a) 传统的输送带转换装置，操作者需要反复转动 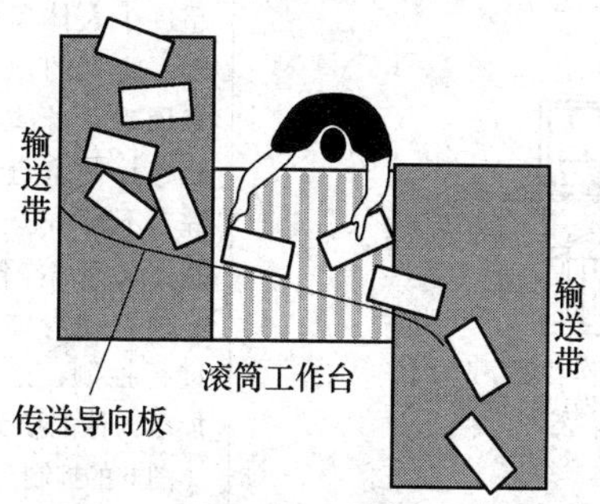 b) 改进的输送带转换装置，操作者不需转动移位	图 a 是传送工作台的不合理设计，操作者要反复转动移位，传递零件。弯曲和扭转使身体承受了较大的力矩性载荷，反复如此，更容易疲劳 图 b 为传送工作台的改进设计。传送要求没有变化，工作面积也无改变，但由于更改了工作台的布置，并且用滚筒工作台取代了滑板工作台。还设置了传送导向板，这不但减轻了载荷负担，而且避免了身体的反复扭动

（续）

设计应注意的问题	说　明
5.1.8　考虑人体尺度，合理安排机械的显示与控制系统 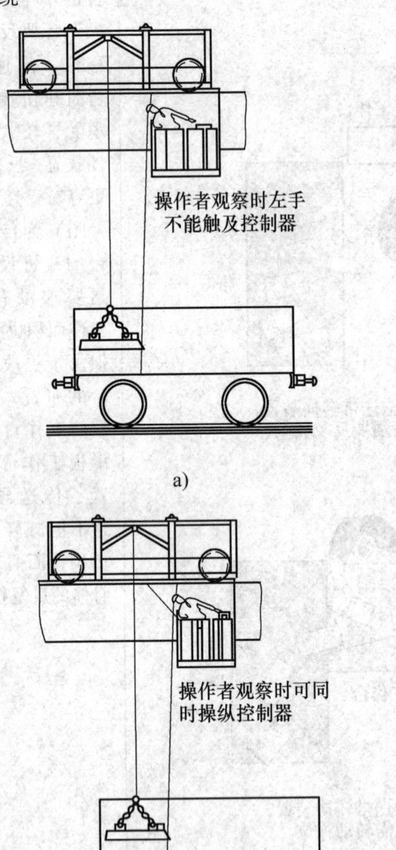 a) b)	人机界面设计的一个重要问题就是要处理好人与机械的显示及控制的关系，根据人体尺度与特征，例如人体的合理尺寸，人的工作姿态，视觉的合适范围，上下肢的可操作空间等问题和布置好机械的显示仪和控制器 图示起重机控制台的设计比较 图 a 设计的控制台，由于台面长度超过了人体尺度范围，给人的观察带来困难，身体必须超越控制室进行跟踪，不够安全，控制器又远离操作者，必须移动身体才能进行控制，这也增加了人体的疲劳 图 b 的控制台经过改进，使操作者能够在台面范围内观察到工作对象，由于台面缩短，控制器离人较近，因而可以同时进行控制

（续）

设计应注意的问题	说　明
5.1.9　尽量避免或减轻振动等引起的不良作业环境影响 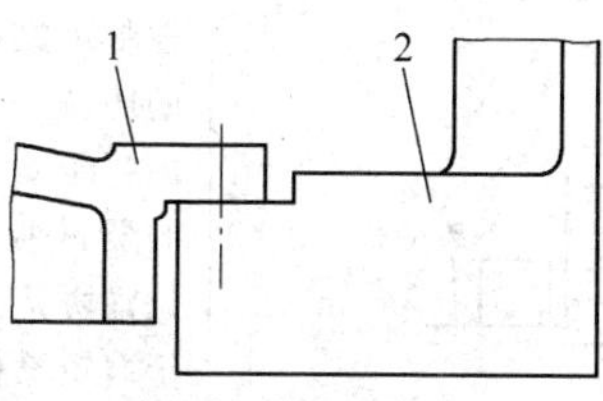 a) 机座没有安装防振垫铁 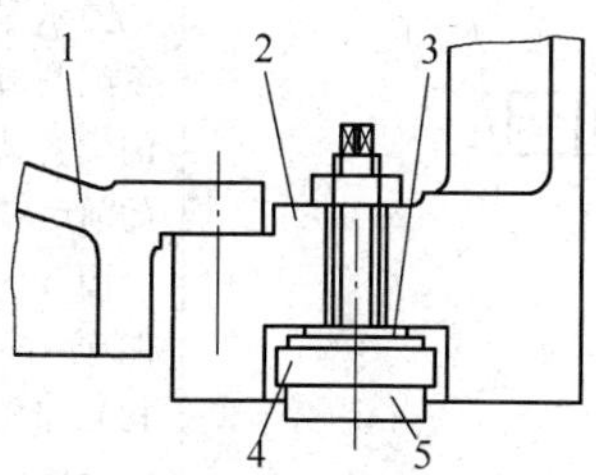 b) 机座下面安装防振垫铁，既隔振，又可调整高低 1—底座平台　2—机座　3—调整垫 4—防护外壳　5—减振橡胶	人机工程设计要考虑环境因素（振动、噪声、眩光、射线、高温等），它常随着机械动作而产生，影响人的身心健康和作业安全。例如当机械振动的频率为 30 ~ 50Hz 时，在此环境下进行作业，会使人体的神经、关节及软组织受到损害。设计应该采取防振措施 图 a 为立式运转机械的机座直接放置在地基上，由于运转的不平衡及多台机械互相干扰，工作时引起了低频振动，使部分操作者感到疲劳、视觉模糊，也影响了机器的工作质量 图 b 为立式运转机械的机座下部安装了防振垫铁，它由调整盘、减振橡胶及防护外壳组成，立式运转机械的工作动载荷通过调整盘传给减振橡胶，有效地减轻了机械振动

（续）

设计应注意的问题	说　明
5.1.10　机械的控制器应该与被控制对象在位置上协调一致 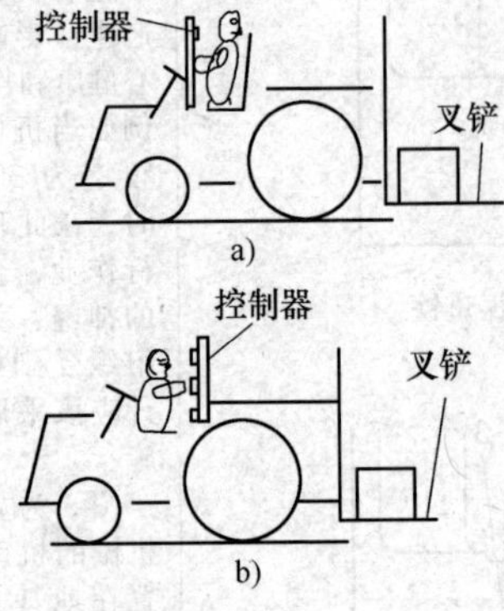 	机械设计应遵循人机工程学的设计原则，使控制器与控制对象在位置上的协调一致，机械的功能动作属于控制器的控制对象，位置协调一致有利于缩短操作者的反应时间和提高信息处理的准确性 图示是叉车控制系统与其功能动作的位置协调性设计的前后对比 图 a 为叉车的功能动作（叉取货物）布置在控制系统及操作者的背后，操作者需要反复转动头颈进行控制。不但容易疲劳，而且容易出错 图 b 为叉车的功能动作与其控制系统都布置在操作者的前方，使其在方向位置上协调一致，使操作者减轻了颈部疲劳，提高了工作效率

5.2 仪表面板和布置的合理设计

设计应注意的问题	说　　明

5.2.1 机械的操纵、控制与显示装置应安排在操作者面前最合理的位置

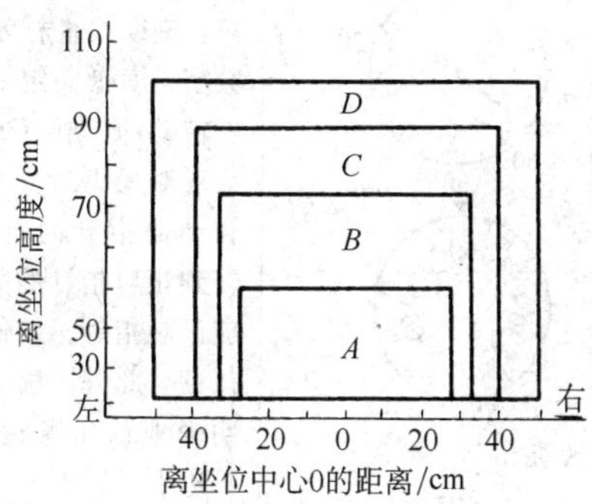

说明：按坐姿考虑，操作者面前的设计布置区域如图所示。对于站姿最下面的横线相当于人体腰部位置

A 区（一般区域）位于一般视觉区内，在这一区内可以布置操作频繁的常用操纵装置

B 区（最佳区域）这一区域内视觉及手操作最佳。在这一区内布置精确调整和认读的装置或应急操作旋钮

C 区（辅助区域）布置次要的辅助操纵装置或指示装置

D 区（最大区域）布置最次要的辅助操纵装置或指示装置

5.2.2 显示装置采用合理的形式

	开窗式	圆　形	半圆形	水平直线	垂直直线
刻度盘类　型					
读数错误率	0.5%	10.9%	16.6%	27.5%	35.5%

说明：刻度盘的示数装置形式，对读数误差率影响很大。由于人眼水平读数运动比垂直方向的快，为了集中读数注意力，读数窗尺寸应小一些

（续）

设计应注意的问题	说　明
5.2.3　仪表盘上的刻字应清楚易读 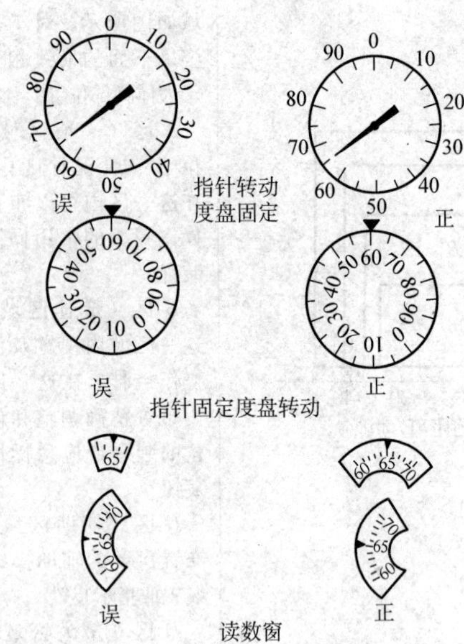 	对刻度线长度、粗细、间隔，字符的字形、尺寸、位置、书写方法等都有一定要求。刻度线上标示的数字，度盘固定而指针转动的，所有的字应正对操纵者；度盘转动而指针固定的，转到正对指针的数字应正对指针，并便于认读。此外，读数应明确地认出哪边大，哪边小
5.2.4　刻度的最小值取 0.6 ~ 1mm 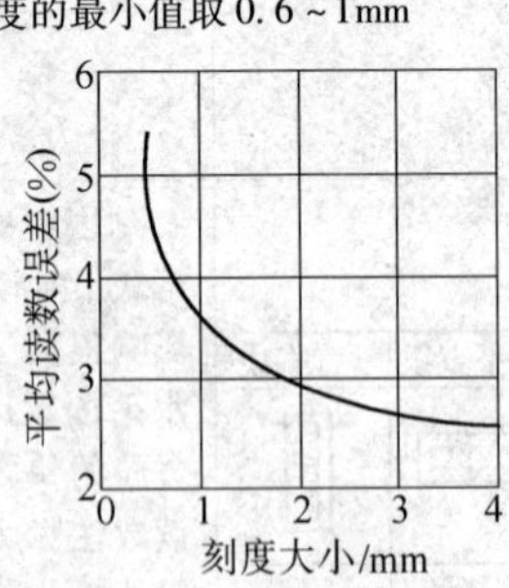 	度盘上刻度线之间的距离称为刻度。刻度的大小对人眼直接读数误差的影响见左图。因此，一般情况下宜取刻度为 1 ~ 2.5mm，必要时可以取 4 ~ 8mm

（续）

设计应注意的问题	说　明
5.2.5　刻度线宽度不宜太宽	刻度线宽度一般取为刻度的 0.05 ~ 0.15 倍，常取（0.1 ± 0.02）mm。远距离观察时，可取为 0.6 ~ 0.8mm 刻度线宽度/刻度的值，由 0.1 增加到 0.3 时，平均读数误差增加约 50%
5.2.6　机械的控制机构或仪表显示应该与控制对象在运动方向上一致 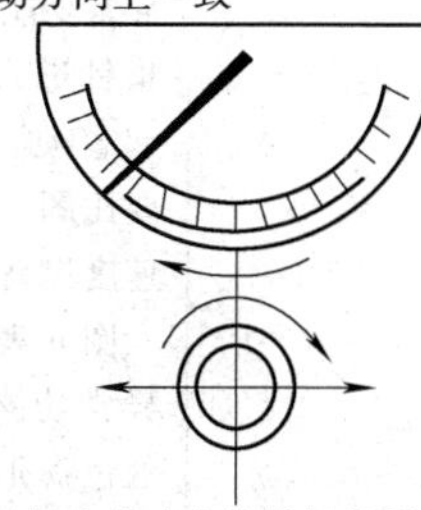 a) 操纵旋钮和仪表盘指针都是顺时针运动，但两者相近点运动方向相反，容易出错。 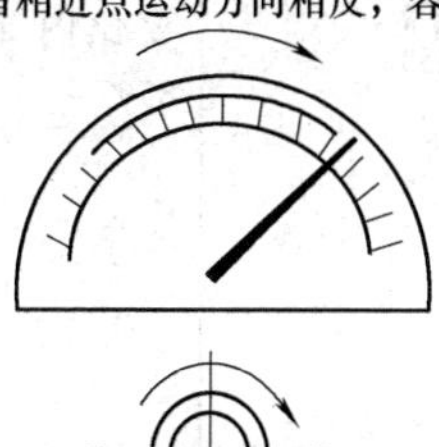 b) 操纵旋钮和仪表盘指针都是顺时针运动，回避了相近点的运动，不易出错	人机工程要求机械的控制器与控制对象在运动方向上的一致性。例如转向盘顺时针旋转，汽车向右转弯。控制杆向上提升，压力机头向上抬高。这有利于信息在人机系统中传递的准确性和可靠性，并且保证安全操作。显示仪是控制器的控制对象，它的设计也必须符合此原则 图示是操纵旋钮和仪表盘（被控对象）的运动协调性设计的前后对比 图 a 的操纵旋钮顺时针向右转动，与旋钮最靠近点的仪表盘指针却顺时针向左转动。两者相逆而行，不符合人接受运动信息的习惯模式，人的认知规律受到干扰，在紧张状况下容易出错 图 b 是将仪表盘旋转 180°，当操作旋钮顺时针向右旋转，仪表盘指针也同样顺时针向右旋转，不出现靠近点的运动方向问题，但二者总体运动方向一致，因而信息处理更快、更准确

（续）

设计应注意的问题	说　明
5.2.7　仪表显示标记应明确、简单，警示区要有明显的标志  a) 无任何标志  b) 红色弧形标志，容易引起警觉，较图a刻度盘的认读速度快25%  c) 红色楔形标志，警示区域更显明，较图a刻度盘的认读速度快85%	图示 3 个仪表盘，在 0 ~ 1 和 9 ~ 10 之间为异常功能区 图 a 表示的仪表在机器处于异常状态时，无任何标志，需要人特别注意 图 b 表示的仪表在异常功能区涂以红色，指针进入该区容易引起警觉，实验表明，要比图 a 仪表的阅读速度提高 25% 图 c 表示的仪表在异常功能区全部涂成红色楔形，人更容易识别，它的阅读速度要比图 a 的仪表快 85%

（续）

设计应注意的问题	说　明
5.2.8　机械操纵控制器要便于识别，特别要防止意外起动 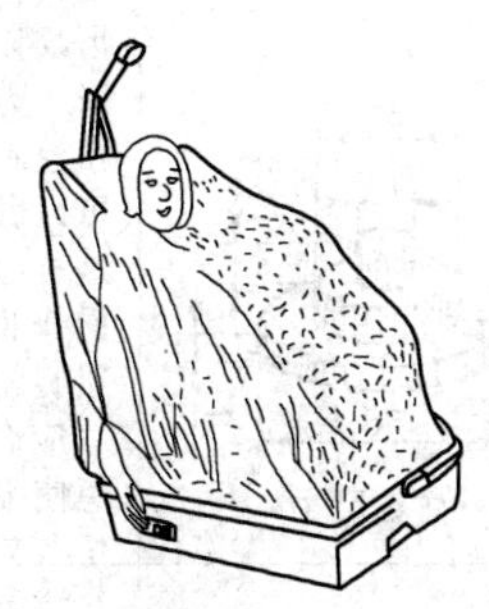 家用蒸汽浴罩 加热旋钮　红　淋浴旋钮　白　蒸汽旋钮　黑 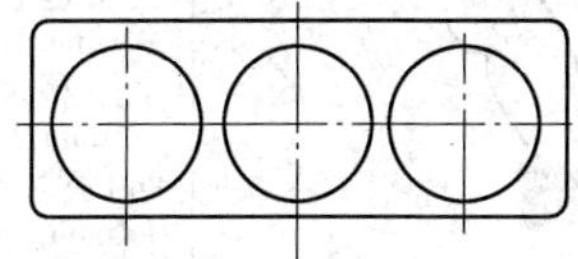 a) 无效识别编码，容易混淆操纵钮 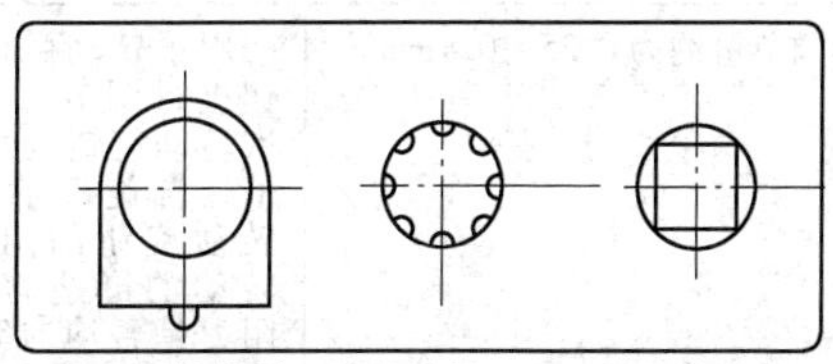 b）编码差别明显，容易识别操纵钮	控制器是人机系统中的重要转换环节，它关系到信息传递的准确性、可靠性和效率。因此要便于识别，防止误操作 家用蒸汽浴罩装置有3个操作旋钮（淋浴、蒸汽、加热），供人在洗浴过程中使用 图a是无效的操作旋钮识别编码，它采用了颜色编码，即红、白、黑3种颜色，但是人在洗浴过程中是看不见的，等于无效识别编码。它们的形状相同，彼此之间又靠得很近，很难识别。人操作要依靠强制记忆 图b的操作旋钮采用了不同的形状（星形、圆形、方形）、位置（三者离开较远）和尺寸（大小不同）识别编码，人控制操作旋钮依靠触觉差异和位置不同接受信息，记忆的信息简单，容易操作和控制。为防止意外加热，加热旋钮还配有防护罩

5.3 操作手柄和旋钮的合理设计

设计应注意的问题	说　明
5.3.1　旋钮大小、形状要合理 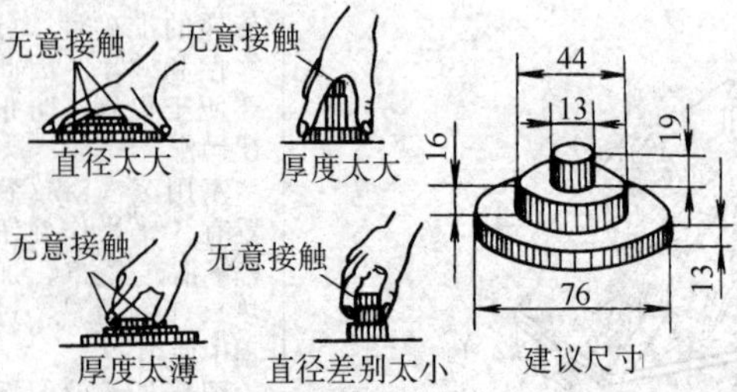 无意接触 无意接触 直径太大 厚度太大 无意接触 无意接触 厚度太薄 直径差别太小 44 13 19 16 76 13 建议尺寸	旋钮多做成圆形，在圆柱面上常做出齿纹以免转动时打滑。为了用一个旋钮控制多个指示器，可以做成多层旋钮，这样既节省位置，操作也方便。对多层旋钮的各旋钮尺寸应合理安排，以免使用时互相干扰
5.3.2　按键应便于操作 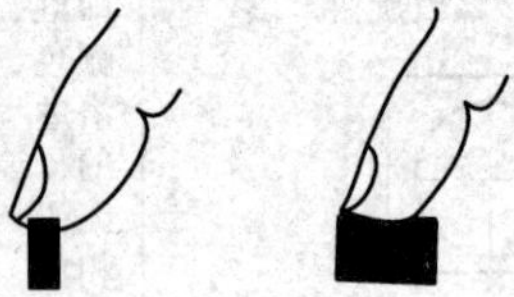	按键在机械中使用很广泛，一般按键尺寸为8~20mm，突出键盘面高度5~12mm，按动时键上下移动距离为3~6mm，键与键之间的距离最小为0.6mm。按键安排位置应合理，便于操作
5.3.3　微调旋钮每次最小调节量约为0.25~0.4mm	用手转动微调旋钮进行调节时，每次转动旋钮的最小值，与旋钮直径、转动旋钮的阻力、转动的舒适程度、阻力是否均匀等许多因素有关。根据作者的经验，对于直径为30~40mm的一般旋钮，转动一周的最多转动次数(即操作者能够感觉的最小转角转动)约为350次，手指最小移动量为0.25~0.4mm

（续）

设计应注意的问题	说　　明
5.3.4　操作手柄所需的力和手的活动范围不宜过大[22]	设计手柄时应注意： 1）手柄有推拉的摆动手柄（杆杆）和转动360°的手柄。推拉手柄的两个极限位置之间的夹角一般为30°～60°（90°），回转360°的手柄长度对于较轻的负荷长度 l 不超过120mm，对于重负荷 l 可达400mm 2）操纵手柄的推力与推动手柄的方向（前后、上下、侧方）、手柄距地面的高度、右手、左手、单手、双手、操作频率等许多因素有关，常用范围是100～150N（40～200N） 3）手柄操作频率不宜太高，对受力不大的手柄可达每1～2s转一转 以上数据设计者使用时宜作一些按实际操作情况的测试
5.3.5　手柄形状便于操作与发力 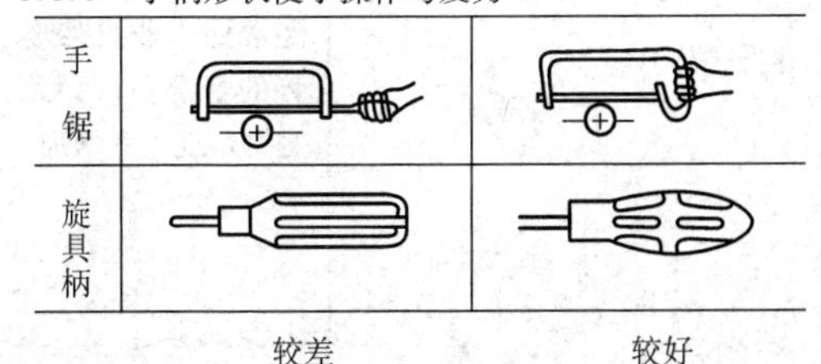 	按人手形状与骨骼构造设计手柄形状，不单便于操作，发力较大，还可以减少操作者的职业病

(续)

<table>
<tr><th>设计应注意的问题</th><th>说　明</th></tr>
<tr><td>5.3.6　设计机械的手动装置应尽量避免手腕关节的弯曲
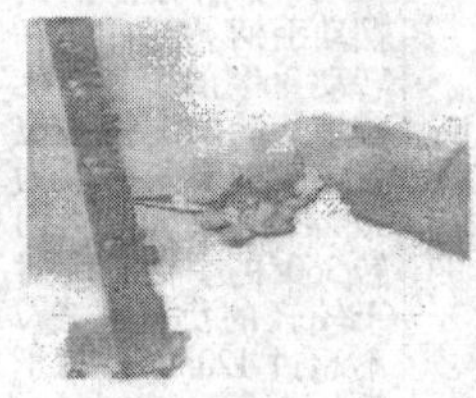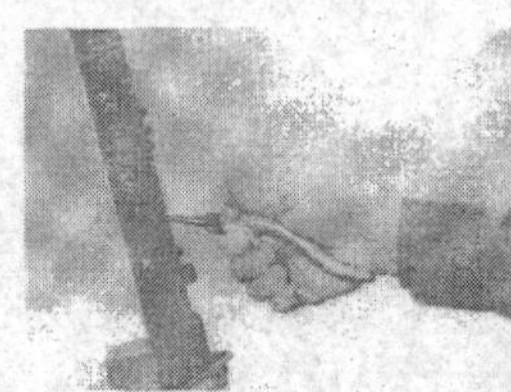

a) 手腕处于非自然姿势
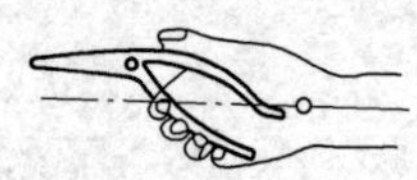
b) 手腕处于自然姿势
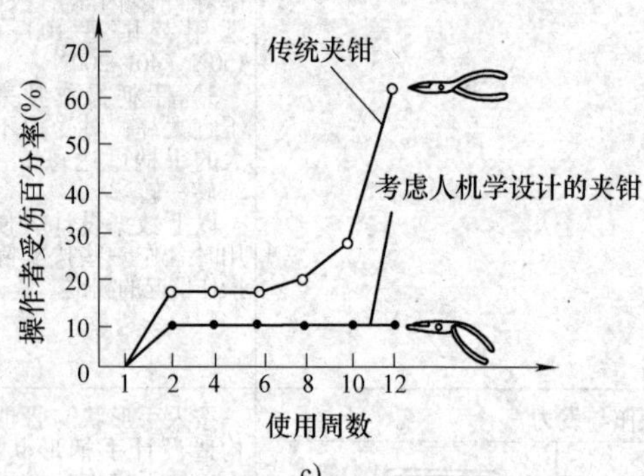

c)</td><td>图示手握夹钳，在工作时应保持手腕的自然姿势，即手腕不要弯曲，否则就会对腕关节引起附加施力力矩，使拇指一侧连接腕关节的肌腱延伸、滑移，会和骨骼有相对摩擦，长期反复作用容易疲劳，甚至产生累积损伤性病变
图 a 为夹钳手柄的不良设计，手腕操作时处于非自然姿势
图 b 为夹钳手柄的改进设计，保持了自然姿势，避免了手腕弯曲引起的附加施力力矩
图 c 说明了手腕经常处于非自然姿势的情况下，导致腱鞘病变人数增加</td></tr>
</table>

（续）

设计应注意的问题	说明
5.3.7 设计机械的操纵装置，应避免肘关节和肩关节在工作时过度抬高，处于紧张的非自然姿势 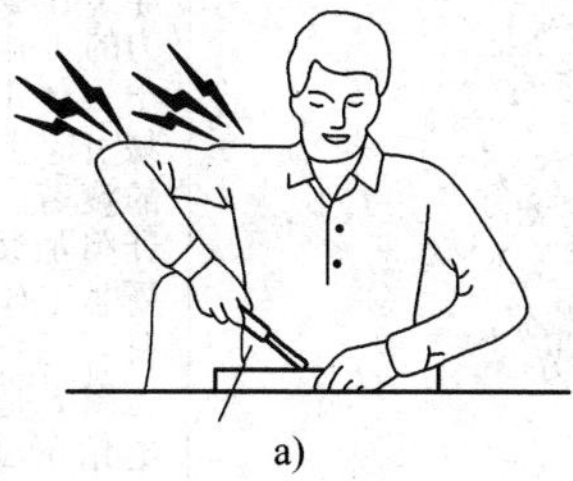 a) a）工作时提肘耸肩，使肩关节和肘关节处于非自然姿势 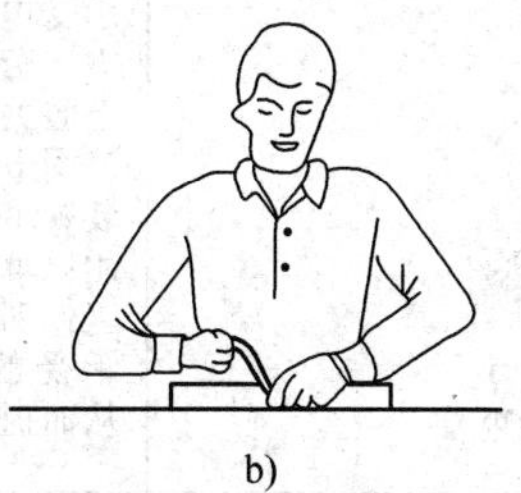 b) b）工作时的肩关节和肘关节处于较松弛的自然姿势	肩关节和肘关节过度抬高，必然会引起这些关节部位承受附加载荷。在工作时保持肩关节和肘关节的自然姿势，有助于降低肩部和肘部的疲劳 图 a 是人使用直柄电烙铁工作的情况，工作时肩关节和肘关节都要抬高，使连接的肌腱总处于紧张状态，而且受到附加弯曲载荷，肌肉极易疲劳 图 b 是人使用弯柄电烙铁工作的情况，肩部和肘部都保持了自然姿势，肩关节下垂，肘关节放松，附加载荷减少，降低了工作强度

（续）

设计应注意的问题	说　明
5.3.8　手施力的操纵装置，应尽量减少上肢各关节承受的工作载荷，以降低上肢的疲劳  a) 手操作承受多种载荷，容易引起上肢疲劳 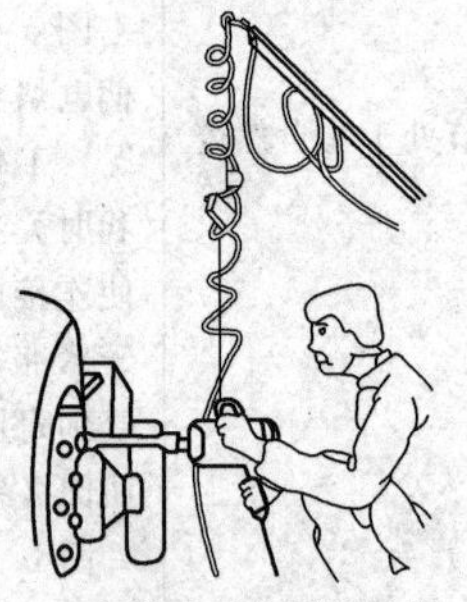 b) 设计平衡吊挂装置，减轻上肢承受的附加重力	用手施力进行工作时，往往有多种非工作载荷伴随施力的工作载荷作用于人体上肢，更容易引起上肢各关节的疲劳。应考虑设计附加装置，以承受非工作的附加载荷 图 a 是人使用手电钻的工作情况，工作时不但要承受水平施加力、电钻旋转振动力，还要承受电钻的垂直重力。劳动强度大，上肢关节容易疲劳 图 b 是在电钻上装置平衡弹性吊索，用以承担电钻重量，工作时减轻了上肢承受的附加载荷，从而提高工作效率
5.3.9　手动装置的操作按钮要避免手指的多次弯曲 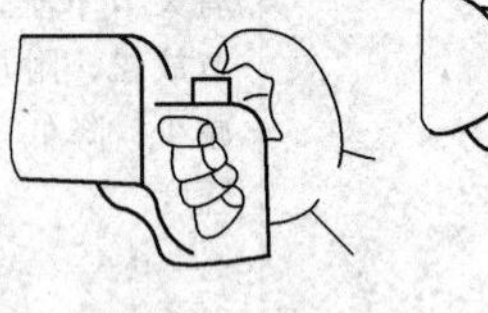 不好 a)拇指弯曲操作 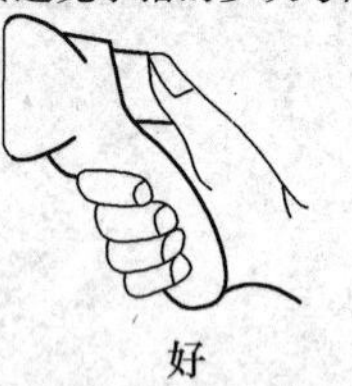 好 b)拇指伸直操作	由于手指的屈肌和伸肌承受力小，又很敏感，多次操作容易疲劳，故设计用手指按压的开关应使手指尽量保持自然的伸直姿态，避免反复弯曲 图 a 是拇指关节弯曲状态按压，容易引起拇指关节疲劳 图 b 是拇指关节保持自然的伸直状态按压

（续）

设计应注意的问题	说　明
5.3.10　机械装置的握持部位应该尽量减轻手掌及手指组织受压 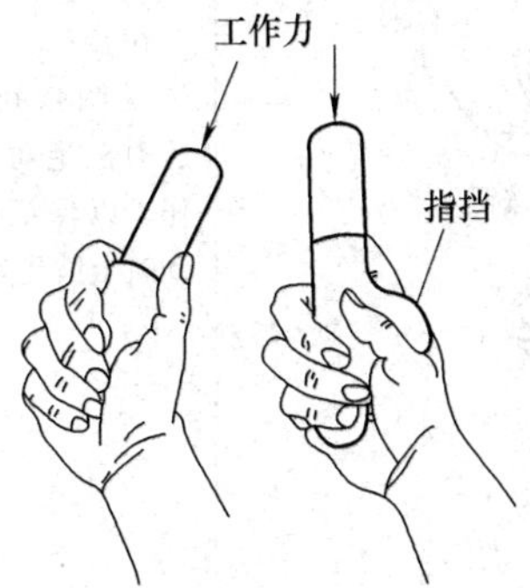 a) 手掌及手指必须用力握紧手柄，增加摩擦阻力，以承受工作力　b) 改进手柄设计了指挡，并增加了手掌的接触面积	机械装置的手持部位多是手用力最大的部位，如果长时间将力集中在手掌和手指上，会导致血流受阻，局部麻木。故设计应使手和握持部位的接触面积加大，并使作用力尽量作用在不敏感的部位 图 a 是操作者在工作力的作用下握持手柄，为避免手柄滑脱，手掌及手指必须用力握紧，尺骨动脉受较大压力，容易疲劳 图 b 是操作者握持改进手柄，指挡使作用力传到食指和拇指之间的非敏感部位，减轻了手指和手掌的负担，同时加长了手柄的尾部，使手掌的接触面积增加

5.4 避免对人身的伤害

设计应注意的问题	说　明
5.4.1 设法消除发生人身事故的可能性 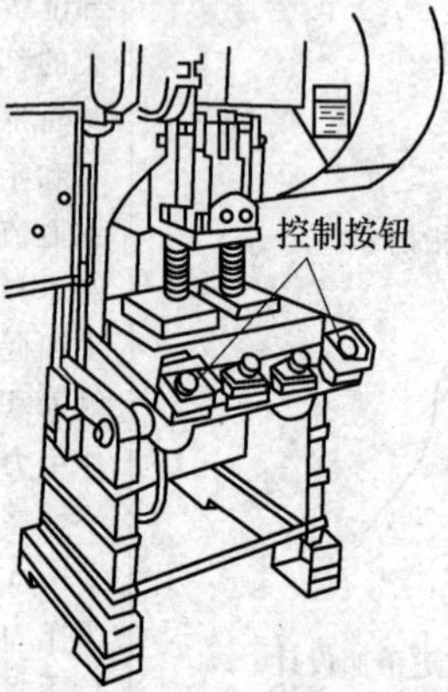 控制按钮 双手安全控制按钮才能起动压力机	如图所示的压力机，采用了双手双按钮进行控制，单手控制按钮起动，压力机绝对不会动作，以保证机器起动时上肢受到伤害
5.4.2 避免使用不慎产生的事故 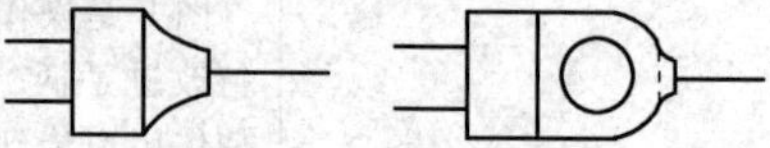 a) 传统插头　　b) 安全插头	图示是机器的动力源插头从安全考虑的设计对比 图 a 为传统设计的插头，插拔时难免摇晃触电 图 b 为改进设计的插头，中间孔便于手指入内施力，也远离导电部位，插拔更为安全

第6章　绿色结构设计

概述

2009年12月在丹麦召开的联合国气候变化大会，表明了减小污染和温室效应的迫切性和重要性。机械产品在生产、使用到报废的整个寿命周期中，需要耗费许多的资源，并产生大量废弃物（如废液、废气、废渣、切屑、废弃设备等），有些废弃物对生态环境和人类健康产生严重影响。

在考虑绿色要求设计机械结构时，除延长产品寿命，产品排出物无害化以外，本书提示注意以下几个方面的问题，并举出实例：

1）减少废物的排出。

2）减少能源和材料的消耗，避免污染环境。

3）加强材料回收利用，产品容易拆卸、分离。

4）减小加工裕量，缩短加工时间。

6.1　减少废物的排出

6.1.1　防止有害物质泄漏	机器中的润滑剂、燃油或其他有害物质泄漏都会对环境造成污染。设计者应采用严密的容器，可靠的密封及其他的防泄漏措施，确保不会发生泄漏
6.1.2　不采用有害的工艺方法	有些机械加工工艺使用或产生有害的物质或材料，如氰化热处理，使用含氰的化合物，有剧毒。即使这种热处理方法有较好效果，也不宜采用氰化处理的零件
6.1.3　气动机构对环境污染小	气动机构泄漏的空气对环境没有什么污染，虽然它与油压机构比较压力较低，平稳性较差等，但仍有一定应用范围

（续）

6.1.4　避免事故，防止污染	化工、石油、农药、核电等工厂有易燃、易爆和严重污染环境的气、液、放射性等物质。要采用各种措施避免这些工厂的设备发生爆炸、燃烧等事故，还要防止事故发生后，有毒的液体流入江河，或大量有毒气体外泄，造成大面积污染
6.1.5　要尽量减少原材料的消耗，尤其是稀有、贵重的原材料，以保护自然环境	减少原材料的消耗，不仅是降低成本问题，更重要的是环境保护的需要，使人类的不可再生资源不致过分消耗，维护生态平衡。例如在可倾瓦动压滑动轴承的设计过程中，最先选择了巴氏合金作为轴承衬，最终的材料选择为氟塑料——聚四氟乙烯，用它来代替较稀有的金属。由于动压油膜将金属运动件与聚四氟乙烯轴承衬隔开，聚四氟乙烯的轴承衬始终正常工作。聚四氟乙烯在使用中没有毒性物质挥发，并且可以回收再循环使用，用它来代替有色金属轴承衬，其成本降低了60%以上

6.2　减少能源和材料的消耗，避免污染环境

设计应注意的问题	说　明
6.2.1　避免采用效率低的传动型式	低效率的传动型式耗费能源，产生热量，产生对环境的污染，提高了运行的费用。尽量避免采用蜗杆传动等低效率的传动型式，尤其是对于长时间连续运转的传动
6.2.2　减小机械的主要尺寸 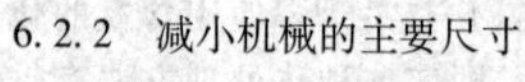 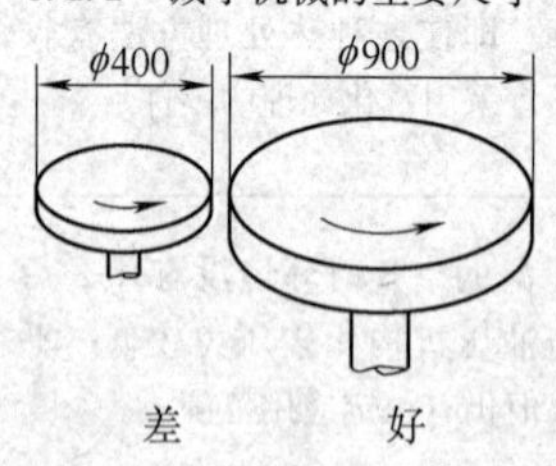	在保证机械的使用性能条件下，尽可能减小其主要尺寸。如一台粗磨机，用于光学玻璃加工，其磨轮直径一般为400~500mm，有一设计取为900mm，尺寸过大。机器整体尺寸大，材料消耗多，占地面积增加，使用效果不好

（续）

设计应注意的问题	说　明
6.2.3　对包装要求适当	机器包装是机械设计的重要组成部分。不良的包装，使机器到用户手中时，生锈、磕碰损坏、精度丧失成为废品。但是也应该避免过度的包装，消耗材料过多，产生大量的废弃包装物，造成浪费和污染
6.2.4　要使所设计的产品在从制造到回收的完整寿命周期内都要减少有害物质的排放，以避免对自然环境造成污染	机械设计的产品从原材料的选择、熔炼、加工、装配、发送、使用、维修、废品回收、再处理的寿命周期各阶段，都有可能排放各种有害物质，污染环境。因此，必须重视每一环节对环境的污染和破坏。例如轻型变速箱体的设计，原始设计所选择的材料为铸铝合金 ZL401（ZAlZn11Si7），表面喷漆处理，喷漆是机械制造的一个环节，但喷漆过程会挥发有毒的物质，影响人体健康，污染自然环境，即使对操作者采取防护措施，也不能避免长期工作所造成的毒害，最终设计将变速箱体材料改为聚丙烯，经过分析强度和刚度足够，工作时没有污染，注塑的表面质量达到要求，不需要再加工，其成本只有铸铝合金的1/2

6.3　加强材料回收利用，产品容易拆卸、分离

设计应注意的问题	说　明
6.3.1　优先采用热塑性塑料	热固性塑料的废料，不能再重新熔铸成型，只能燃烧利用其热量
6.3.2　不在热塑性塑料表面涂油漆或粘贴标签	热塑性塑料可以重新加工成为新的塑料零件，其表面的油漆和粘贴的标签等很难清除干净，并影响零件的质量、色泽等
6.3.3　钢零件与铜零件应容易分离	钢零件熔化后可再利用，但是如果其中含有较多的铜，则影响钢的质量。如蜗轮轮芯与轮缘用螺栓连接容易拆卸

（续）

设计应注意的问题	说　　明
6.3.4　使包装能够重复使用	有些大量生产的产品，其包装设计成可以反复使用，能够节约大量的包装材料和人力而且避免污染
6.3.5　原材料要尽量多选用可再生物质，以利于资源回收和再循环使用	资源回收和再利用是环境保护的重要问题。它不但可以降低自然环境资源的消耗，更重要的是减少对自然环境的污染。例如轻工机械的保护罩零件，原设计的材料选用玻璃纤维增强复合材料，它的隔热及隔音性能都很好，强度和刚度都达到要求。但玻璃纤维无法回收。对环境保护不利，后将材料改为注塑高密度聚乙烯（HDPE），它在使用过程中无毒，对自然环境的污染小，化学稳定性和强度好，经过实践达到使用要求。最显著的特点是回收率和再加工使用率很高

6.4　减小加工裕量，缩短加工时间

设计应注意的问题	说　　明
6.4.1　使毛坯与机械零件的形状尽量接近	切削加工消耗能量和材料，产生的切屑越多，消耗越大，加工产生的污染就越严重。尽量避免用棒料直接加工。应该采用锻造或精密锻造、精密铸造等加工方法，减少切削加工工作量也减少了加工时间
6.4.2　避免不必要的加工要求（1） 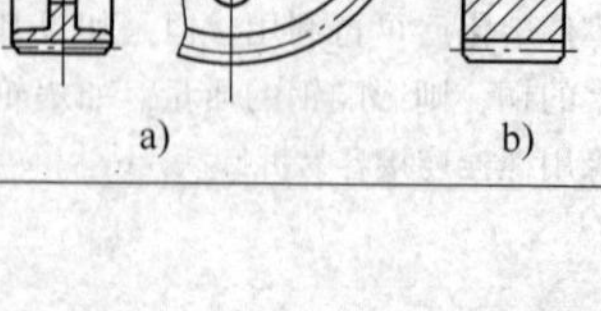 a)　　b)	以前圆柱齿轮多采用辐板式结构（图 a），在很多情况下是用圆盘形毛坯车削而成的，切削工作量很大，消耗较大。近年来出现了实体齿轮（图 b），加工工作量明显减小，而且减小了齿轮的噪声，适用于固定式齿轮传动装置

（续）

设计应注意的问题	说　明
6.4.3　避免不必要的加工要求（2） 切削加工面	大的铸件平面安装螺栓连接，要求把支承螺钉头的表面加工出平面，用凸台或沉头座（鱼眼坑）代替整个平面加工，减小加工表面

第7章　考虑发热、腐蚀等的结构设计

概述

机械设备在使用过程中，由于燃料燃烧、零件之间的互相摩擦、化学反应等产生热量使机器的温度升高，引起材料的强度降低、弹性模量减小、变形加大、润滑油粘度减小、加剧摩擦和磨损。

此外，还应注意温度变化对于精度的影响。若取碳钢的线膨胀系数 $\alpha = 12 \times 10^{-6}℃^{-1}$，则长度为100mm的零件，温度每升高1℃，其尺寸变化就会达到1.2μm。而铜合金、铝合金温度变形会达到钢材的1.5~2倍。这说明对于精密机械、温度对于尺寸的影响是不能忽略的。

长期暴露在室外的机械、在腐蚀性环境下工作的机械，必须考虑腐蚀的问题，这对于化工、石油、船舶、交通、采矿等行业的机械设计是一个十分突出的问题。

在考虑发热、腐蚀等问题设计机械结构时，本书提示注意以下几个方面的问题：

1）减少发热，控制机器的温度。

2）减小热变形的影响。

3）避免产生腐蚀的结构。

4）设置容易更换的易腐蚀零件。

7.1　减少发热，控制机器的温度

设计应注意的问题	说　明
7.1.1　避免采用低效率的机械结构	有些机械结构效率低、发热大，不但浪费了能源，而且所发出的热量引起热变形、热应力、润滑油粘度降低等一系列不良后果。因此，在传递动力较大的装置中，建议尽量采用齿轮传动、滚动轴承，以代替效率较低的蜗杆传动、滑动轴承等

（续）

<table>
<tr><th>设计应注意的问题</th><th>说　　明</th></tr>
<tr><td>7.1.2　润滑油箱尺寸应足够大</td><td>对采用循环润滑的机械设备，应采用尺寸足够大的油箱，以保证润滑油在工作后由机械设备排至油箱时，在油箱中停留的时间足够长。油的热量可以散出，油中杂质可以沉淀，使润滑油再泵入设备时，有较低的温度，含杂质较少，以提高润滑的效果，减小发热</td></tr>
<tr><td>7.1.3　分流系统的返回流体要经过冷却
冷却器
误
冷却器
正</td><td>压缩机、鼓风机等为了控制输出介质量，可以采用分流运转，即把一部分输出介质送回机械中去。这部分送回的介质，在再进入机械以前应经过冷却，以免介质因受反复压缩而导致温度升高</td></tr>
<tr><td>7.1.4　避免高压容器、管道等在烈日下曝晒
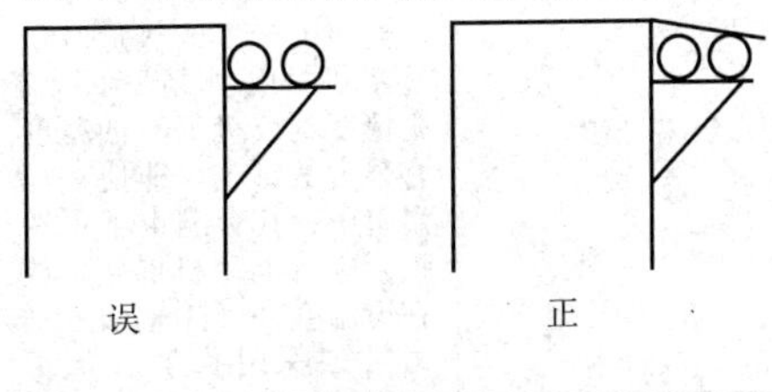
</td><td>室外工作的高压容器、管道等，如果在烈日下长时间曝晒，则可能导致温度升高，运转出现问题，甚至出现严重的事故。对这些设备应加以有效的遮蔽</td></tr>
</table>

（续）

设计应注意的问题	说　明
7.1.5　避免高压阀放气导致的湿气凝结	高压阀长时间连续排气时，由于气体膨胀，气体温度下降，并使零件变冷。空气中的湿气会凝结在零件表面，甚至造成阀门机构冻结，导致操纵失灵
7.1.6　淬硬材料工作温度不能过高	经淬火处理的零件，在高温条件下工作时，零件温度不能超过其回火温度，否则零件表面硬度会降低
7.1.7　零件暴露在高温下的部分，忌用橡胶、聚乙烯塑料等制造	在高温环境中暴露在外的零件，由于热源（包括日光）辐射等作用，长期处于较高的温度。这种情况下，会引起橡胶、塑料等材料变质，或加速老化
7.1.8　精密机械的箱体零件内部不宜安排油箱，以免产生热变形	在精密机械的底座等零件内，常有较大的空间。这些空间内不宜安排作为循环润滑的储油箱等之用。因为由于箱内介质发热，会使机座产生变形，特别是产生不均匀的变形，使机器发生扭曲，导致机械精度显著降低（图3.1.4）
7.1.9　避免电动机发热影响精度	电动机产生的热量对于精密机械（如精密机床，高精度刻线机等）的精度有很大的影响。即使在恒温室中，其影响也不可忽视，应将电动机屏蔽，放在恒温室外（用轴引入动力），或采用手动

（续）

设计应注意的问题	说　明
7.1.10　注意容器内部受热膨胀气体排出 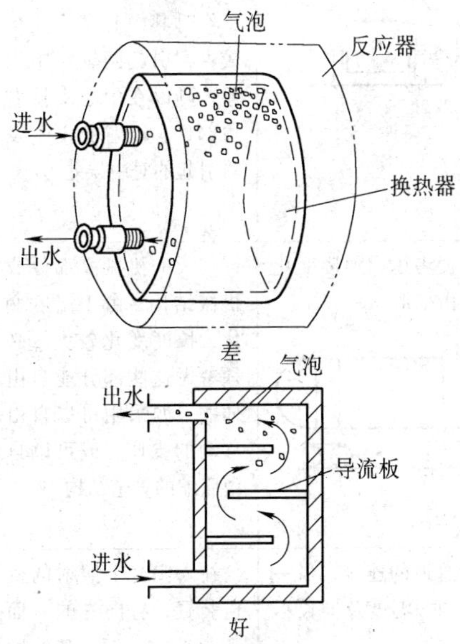 	图中所示为一热交换器，上图中冷水由上面水管进入，由下面水管排出。水中气体受热时膨胀，积于容器上部压力不断增加，导致容器破裂。下图中，由上面排出热水，并且增加了导流板，使气体顺利排出，容器安全
7.1.11　低速下连续工作不宜采用蜗杆减速器	蜗杆减速器效率较低，尤其在低速下工作由于润滑条件较差，效率更低一些。因此，连续工作时耗电多，不宜采用蜗杆减速器

7.2 减小热变形的影响

设计应注意的问题	说　明
7.2.1 热膨胀大的箱体可以在中心支持 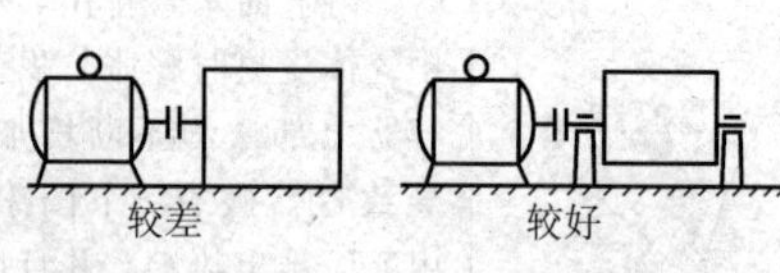 	图中所示的两个部件之间用联轴器连接两轴。由于右边部件发热较大，工作时其中心高度变化较大，引起两轴对中误差。可以在中心支持右边部件，以避免由于发热引起的对中误差
7.2.2 对较长的机械零部件，要考虑因温度变化产生尺寸变化时，能自由变形 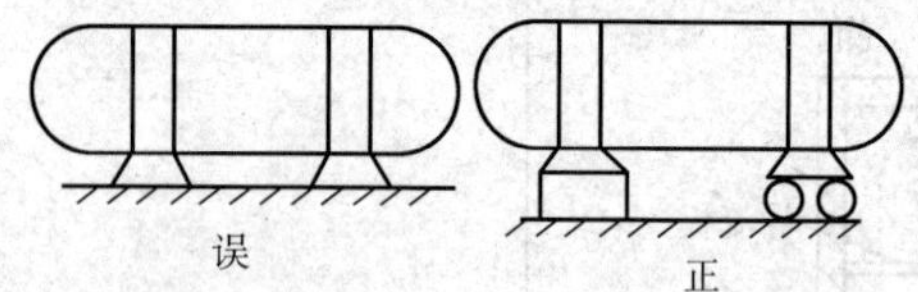 	较长的机械零部件或机械结构，由于温度变化，长度变化较大，必须考虑这些部分能自由伸缩。如采用可以自由移动的支座，或可以自由胀缩的管道结构
7.2.3 用螺栓连接的凸缘作为管道的连接，当一面受日光照射时，由于两面温度及伸长不同，产生弯曲 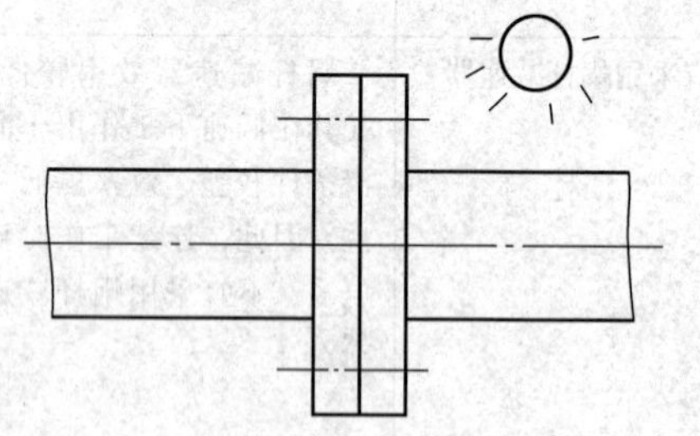	在太阳光下照射的机械装置，有向光的一面和背光的一面，其温度不同，受热后的变形也不同。可能产生管道变形或凸缘泄漏。应加遮蔽，减小螺栓长度以减小热变形

（续）

设计应注意的问题	说　明
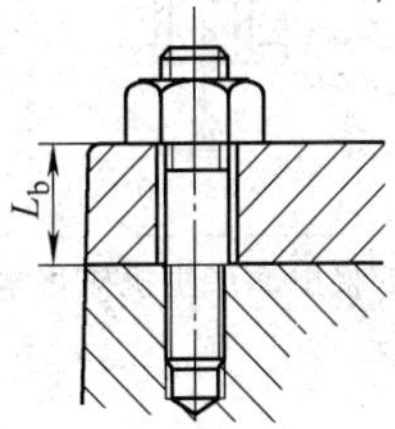 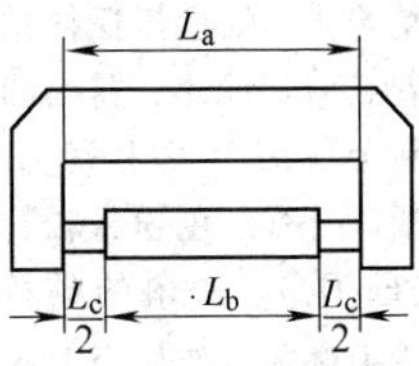 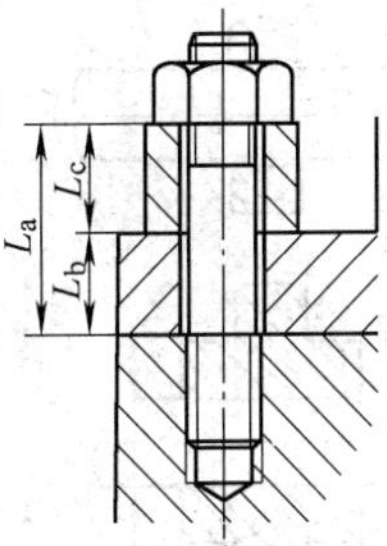 7.2.4　避免热膨胀系数不同对测量或相配合零件的影响 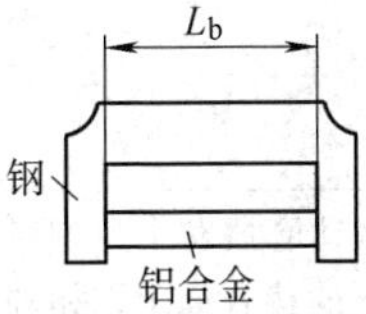 钢　L_b　铝合金 a) L_b b) L_a　$\frac{L_c}{2}$　L_b　$\frac{L_c}{2}$ c) L_a　L_c　L_b d)	材料的热膨胀系数 α 差别较大时，如果用碳钢量具测量铝合金零件，而测量时的温度与使用时的温度不同（图 a），或用碳钢螺栓连接铝合金零件，而装配温度与使用时温度不同（图 b）则会产生温度误差或温度应力。除控制温度以外，可以采用补偿的结构（图 c、d）。补偿件由热膨胀系数很小的锻钢制造，其长度 L 计算公式如下 碳钢 $\alpha_a=(10.6\sim12.2)\times10^{-6}/℃$ 铝合金 2A12（LY12） $\alpha_b=22.2\times10^{-6}/℃$ 殷钢 $\alpha_c=0.9\times10^{-6}/℃$ 补偿件尺寸计算公式 $L_c=L_b\dfrac{(\alpha_b-\alpha_a)}{(\alpha_a-\alpha_c)}$ $L_a=L_b+L_c$

7.3 避免产生腐蚀的结构

设计应注意的问题	说　明
7.3.1 容器内的液体应能排除干净 误　　　　正	必须保证容器中的腐蚀性液体能排放干净，在容器中不应该有起阻隔作用的结构，排放液体的孔应安排在容器的最低处
7.3.2 注意避免轴与轮毂的接触面产生机械化学磨损（微动磨损） 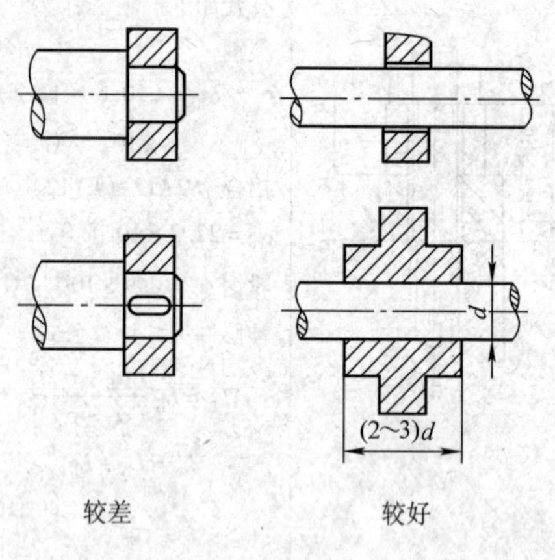 	微动磨损发生在相对静止的接合面上，如轴与轴上零件之间。接触面的粗糙表面峰顶发生粘着。小幅度振摆使粘着点剪切脱落，露出的新金属表面发生氧化，断口处有红色粉状颗粒（Fe_2O_3）。脱落的颗粒成为磨料，使接合面松动。应力较大时，产生疲劳裂纹，裂纹不断扩展，轴断裂。在接合面间采用粘接使轮毂与轴隔开，采用塑料零件，加长轮毂以加大接触面积，在轮毂与轴之间加入有极压添加剂的润滑油或二硫化钼，都可以减小或避免微动磨损

（续）

设计应注意的问题	说　明
7.3.3　与腐蚀性介质接触的结构应避免有狭缝  较差　较好　好	零件的狭缝容易产生腐蚀性介质存留，应使零件相邻两壁之间有足够的空间
7.3.4　避免采用易被腐蚀的螺钉结构 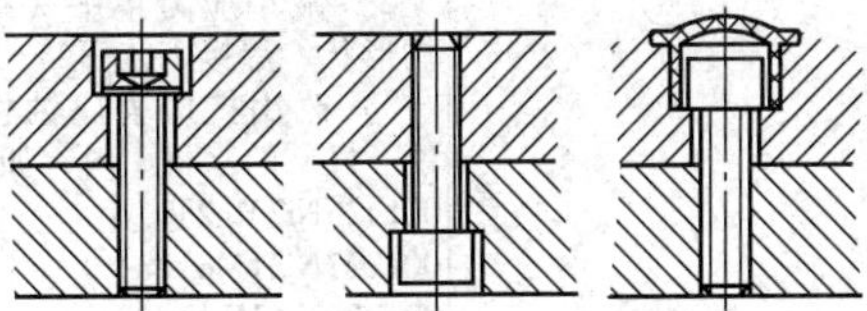 误　正　正	在露天工作的机械设备，螺纹连接处最容易产生腐蚀。尤其是内六角螺栓头部凹坑易腐蚀，宜令钉头朝下，或加塑料保护盖
7.3.5　避免采用易被腐蚀的结构	有些零件表面结构容易被腐蚀，设计中应尽量避免。零件应力集中处，表面粗糙，焊缝咬边、气泡等缺陷容易腐蚀，应妥善处理
7.3.6　注意避免换热器管道的冲击微动磨损	管壳式换热器中，由于管内流体诱导振动，使管子与管板间冲击微动磨损，成为主要的失效原因。解决方法一是选择合理的间隙，间隙在某一定值时磨损最严重。另外，管道表面刷镀 Cr、Ni、W 合金可显著提高抗磨性

（续）

设计应注意的问题	说　明
7.3.7　避免应力腐蚀	在腐蚀介质条件下工作的容器、管道和零件，受较大的应力，本身有应力集中，会产生裂纹并不断扩大，导致失效，称为应力腐蚀失效。常用的避免方法有： 1）避免腐蚀介质与受力件接触，尤其是含有S、Cl^-、NO_3^- 等的介质。合理设计隔热耐磨衬里 2）减小应力集中（结构形状、焊接工艺等） 3）改用抗应力腐蚀性能好的材料如：00Cr25Ni7Mn2Ti、00Cr27Ni31Mo3Cu、00Cr25Ni6Mo3N 等

7.4　设置容易更换的易腐蚀件

钢管与铜管连接时，易产生电化学腐蚀，可安排一段管定期更换 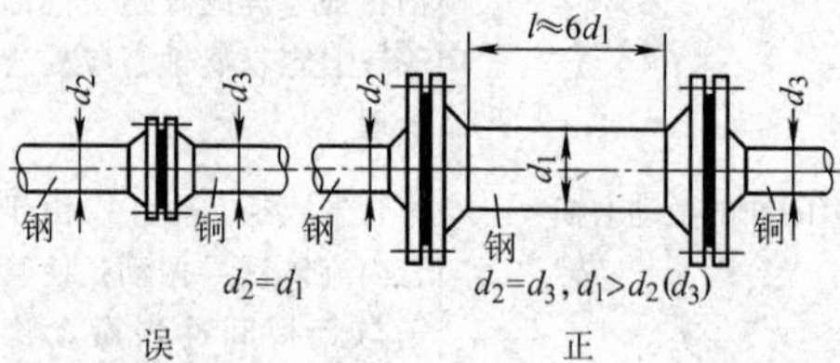 误　　　　正	对于接触腐蚀的零件，可以在结构设计中安排一个易损件，及时更换。如钢管与铜管连接时，由于电化学作用发生腐蚀，可以在两管之间加入一段容易定期更换的管。这段管的材料应采用两种金属中较活泼的金属制造，其直径应比正常管道大一些，以避免更换得太频繁

第 8 章　降低噪声的结构设计

概述

振动会降低机械的精度，甚至导致机械设备失效，由于振动等原因产生的噪声，会造成噪声污染，这正是目前环境治理的重要课题。因此降低噪声的要求迅速提高，在机械结构设计中成为一个受到重视的问题。

在考虑降低噪声设计机械结构时，本书提示注意以下几个方面的问题：

1）减少振动、冲击或碰撞。

2）减少受冲击零件的振幅。

3）隔离振动和噪声。

4）减少选用机械结构不合理引起的振动。

8.1　减少振动、冲击或碰撞

设计应注意的问题	说　明
8.1.1　减少或避免运动部件的冲击和碰撞，以减小噪声	减小机械的冲击和碰撞是减少噪声首先应考虑的措施，如带传动采用无接头带，火车的钢轨采用连续钢轨等，都可以提高运动平稳性
8.1.2　高速转子必须进行平衡	高速转子的重心偏离回转中心线是产生振动和噪声的重要原因，如磨床砂轮经过平衡以后，不但减小噪声而且提高了加工质量。根据经验，必须综合考虑转子与轴承支座整个系统的振动问题

（续）

设计应注意的问题	说　明
8.1.3　液压缸必须能够充分排气 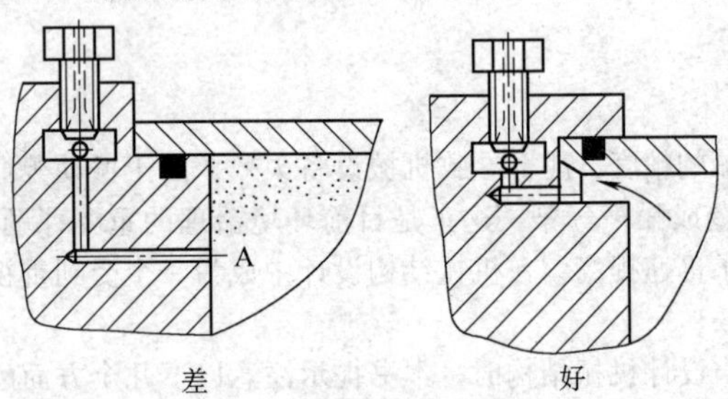 差　　　　　　好	左图所示液压缸的排气孔在缸的中部，活塞运动到A点以后，排气孔被封闭，产生振动和噪声。右图的结构气体可以充分排出，工作效果较好

8.2　减少受冲击零件的振幅

设计应注意的问题	说　明
8.2.1　受冲击零件质量不应太小 等边角钢 50×50×6×50 5次/s 钢板厚6mm, 面积1m² 误 立方体钢 75×75×75 质量3.3kg 5次/s 正	受冲击的挡块，质量轻、厚度小时，受冲击则发出很大的噪声，改为质量大的实体结构时，噪声显著降低
8.2.2　为吸收振动，零件应该有较强的阻尼性 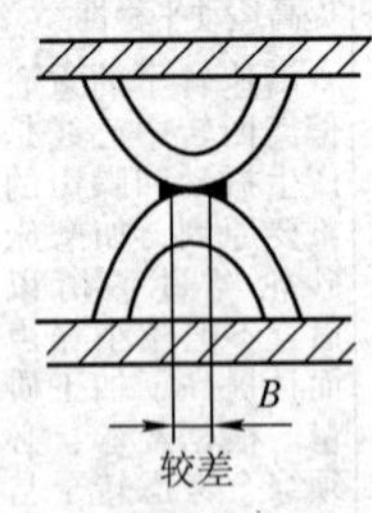 较差 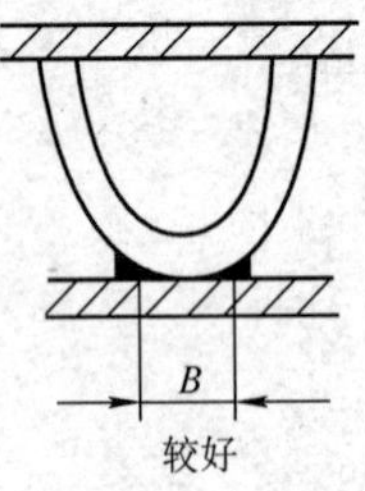 较好	两零件之间应该有较大的接触面积，在零件工作时，由于互相摩擦产生阻尼可以吸收振动和噪声。在零件表面粘贴或喷涂一层有高内阻尼的衬料，也可以阻尼振动减小噪声

（续）

设计应注意的问题	说　明
8.2.3　壳体应该有足够的刚度以避免振动 1 2 一般壁厚 增加厚度并加肋 电动机座断面 差　　　好	左图中电动机 1 装在电动机座 2 上经联轴器带动水泵。由于电动机座刚度不足，振动和噪声很大。右图中增加电动机座的厚度，并在其内部增加了肋，提高了刚度，使振动和噪声显著降低
8.2.4　并联的传动装置不同步时将产生噪声 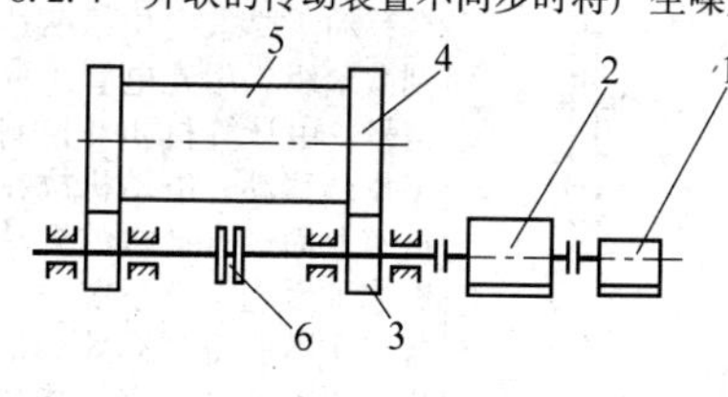 差 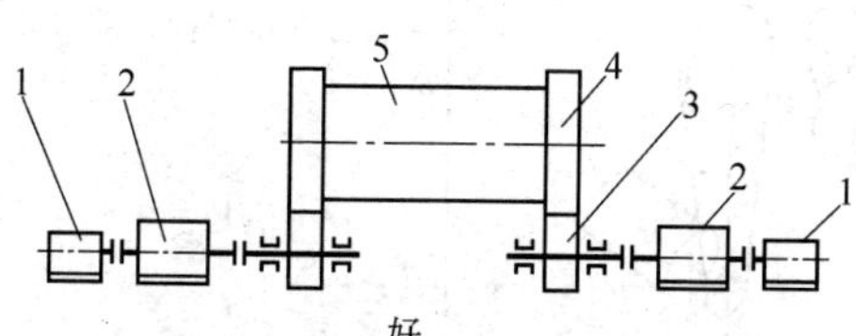 好 1—电动机　2—减速器　3—小齿轮 4—大齿轮　5—卷筒　6—弹性联轴器	上图中电动机 1 经减速器 2 减速，带动小齿轮 3、大齿轮 4 使卷筒 5 转动。上图中两个小齿轮 3 之间用弹性联轴器 6 连接，由于联轴器和轴的扭转变形大，两个小齿轮不同步，产生很大的振动和噪声。改为下图用两个电动机同步转动，得到良好的效果。或者将图中 6 改为刚性联轴器，加大轴直径也可以有明显改进

8.3 隔离振动和噪声

设计应注意的问题	说　明
8.3.1　室内噪声源应该隔离	室内安装产生很大噪声的机械设备，对室内工作产生严重影响时，应该在它的外面建立隔音室，把该设备与室内其他部分隔离。此隔音室的墙壁上面装有隔声材料
8.3.2　电动机产生的振动会影响精密机械的正常工作 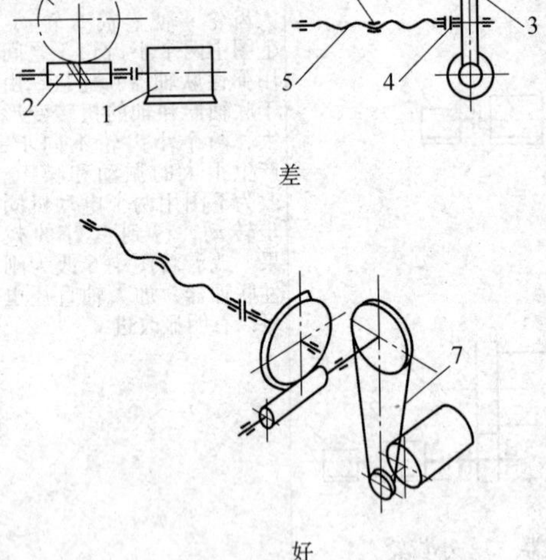 差 好	一台用激光干涉定位的精密机械，用电动机1，蜗杆传动2、3，联轴器4，螺旋5，螺母6，带动工作台移动。要求定位精度达到微米级。用光电管采取信号，由计算机闭环控制工作台移动。电动机放在机座上面，电动机的振动影响了激光干涉系统的正常工作不能得到有效的信号，使该机械一直不能达到要求。把电动机移至机座以外，用丝带传动7连接电动机和蜗杆，即可正常工作

（续）

设计应注意的问题	说　明
8.3.3　冲击很大的机器，应该有单独的地基	重型的锻压机床，如大型锻锤，有很大的冲击力，在工作时产生很大的振动，与其相邻的设备受其影响不能正常工作。应该把它的地基用一定深度的沟槽与周围的地面隔开，减小它的影响
8.3.4　精密光学仪器等产品，运输过程中产生的振动会使它被破坏	有些光学仪器的零件由玻璃制造，如测量光栅，其两片玻璃之间的距离很小，如果在运输中发生相互刮蹭，则该装置不能使用。运输时必须采用很好的防振措施
8.3.5　大型精密零件在运输时产生变形	有些大型机械零件要求精度较高，如直径6～8m，厚度约为400mm的钢制圆环，其直径尺寸误差不得超过0.3mm。在运输过程中由于固定不好及振动影响，变形超差，不得不进行修理
8.3.6　精密仪器和机械应该有适当的隔振措施	有些精密机械或仪器精度很高，外界的振动会严重影响这些设备正常工作。这些设备要求安装在特殊的隔振地基上面，有的机械支承在专门的弹簧支承上面。还有要求更高的设备，如全息摄影要求较长的时间内保持没有振动的影响。可以用大型车辆的内胎充气后作为空气弹簧支承，能够达到预期的要求

8.4 减少选用机械结构不合理引起的振动

<table>
<tr><th>设计应注意的问题</th><th>说　明</th></tr>
<tr><td>8.4.1 为了减小间歇机构噪声，可以用凸轮机构代替槽轮机构
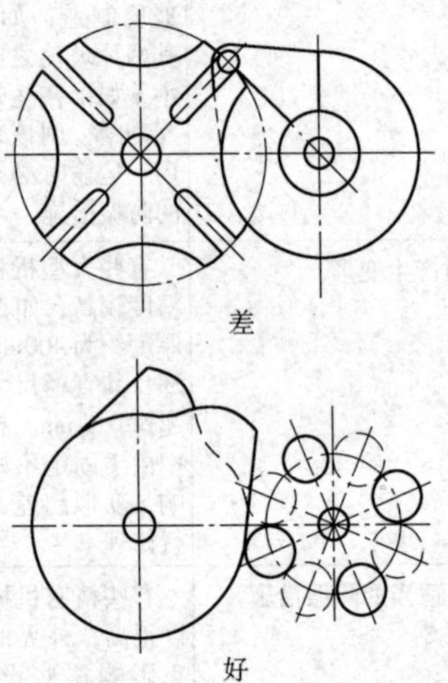
</td><td>槽轮机构间隙较大时，噪声、冲击都比较强烈。为了减小振动和噪声，可以用图示的凸轮机构代替，按工作要求设计凸轮轮廓曲线</td></tr>
</table>

（续）

设计应注意的问题	说　　明
8.4.2　不适当的约束导致机构产生冲击和振动 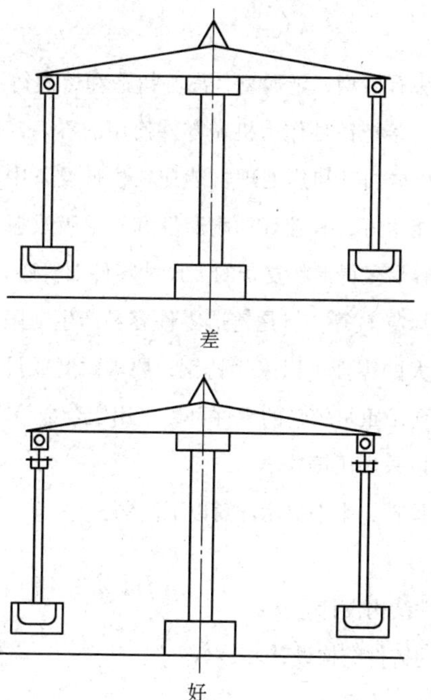 差 好	游戏机的水平支臂上面悬挂着若干个座舱，随着立柱的转动，座舱向外摆动，在吊挂上端有一铰链（上图），但是在起动和制动时，座舱还要沿着圆周运动的切线方向向后或向前摆动，由于运动受到约束而产生冲击和振动。下图增加一个自由度以后，解决了问题

第 9 章　铸造件结构设计

概述

属于铸造的制造方法有砂型、金属型、离心铸造和熔模铸造（失蜡铸造）等制造方法。直接把铸件作为机械零件使用的不多，多数情况下，铸造毛坯，经过机械加工和热处理再装配在机械设备中。铸铁容易切削加工，铸造性能很好，有较好的耐磨性和阻尼吸收振动的性能，经济性能好，比较容易获得形状复杂的大尺寸零件如机座、箱体、支架、内燃机气缸、机床导轨等。但是铸造零件容易产生缺陷，如缩孔疏松等。对于受力较大的零件可以采用铸钢，要求耐磨或尺寸稳定的零件可以采用铸铜，要求重量较轻的零件可以采用铝合金等轻合金。对于大量生产的铸件可以采用压铸件。

对于铸造零件结构设计，本书提示注意以下问题：

1）制造木模方便。

2）便于造型的铸件结构设计。

3）考虑沙芯问题的铸件结构设计。

4）便于合模的铸件结构设计。

5）便于浇注的铸件结构设计。

6）铸件材料选择。

7）有利于铸件强度和刚度的结构设计。

8）熔模铸件结构设计的注意事项。

9）压铸件结构设计注意事项。

9.1　制造木模方便

设计应注意的问题	说　明
9.1.1　分型面力求简单 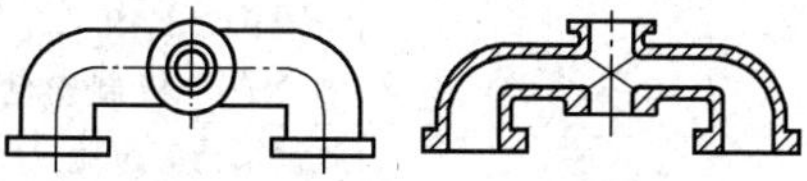 a) 差　b) 好 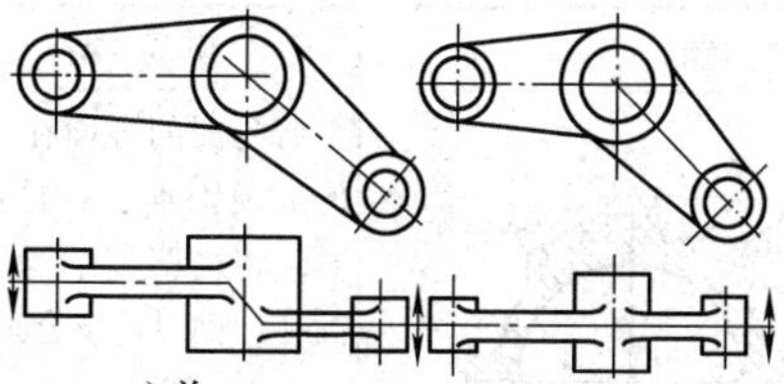 c) 差　d) 好	铸件外形应使分型方便，如三通管各管口最好在一个平面上，图 b 结构较合理。弯曲的分型面难于保证尺寸准确，图 c 改为图 d 时，分型面为平面，较合理
9.1.2　铸件的复杂曲线形状和尺寸必须明确 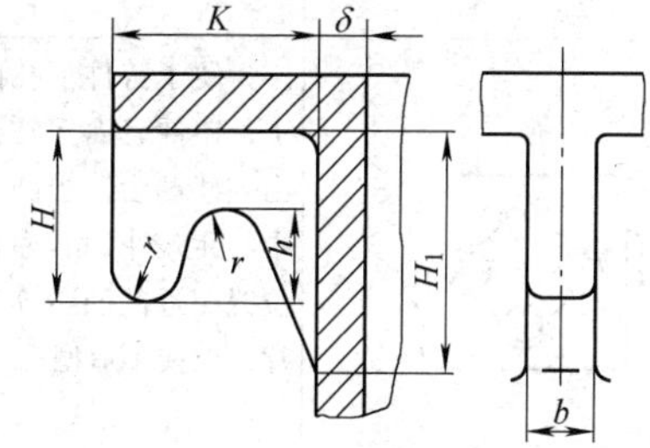 K　δ　H　r　r　h　H_1　b	铸件的优点之一是可以按照设计者的要求制造出形状美观的外形。但它的外形尺寸必须明确标注，以便于制造模型，不可随手绘制。如左图为减速箱的吊耳的形状和尺寸标注
9.1.3　木模形状对称便于制造 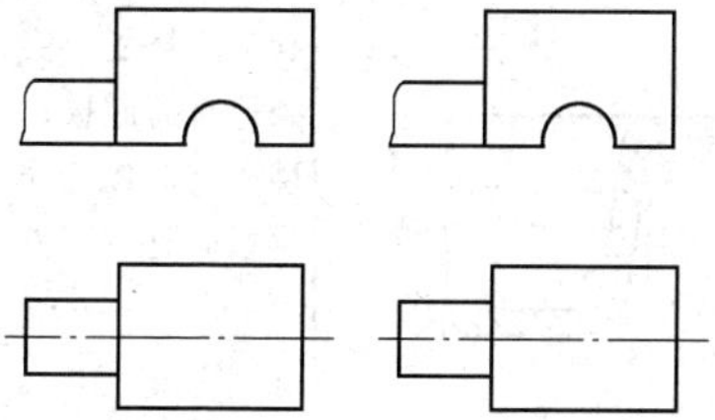 较差　较好	木模形状对称加工方便，而且能避免失误，应尽可能使铸件的形状和尺寸对称

（续）

设计应注意的问题	说　明
9.1.4　尽量减少活块	图9.2.2，9.2.3的左图要求木模制出活块，此种结构应避免

9.2　便于造型的铸件结构设计

设计应注意的问题	说　明
9.2.1　铸件表面避免内凹  误　正	有内凹的表面在造型时取模困难，考虑起模要求将内凹处结构予以改变，则对铸造合理
9.2.2　表面凸台尽量集中 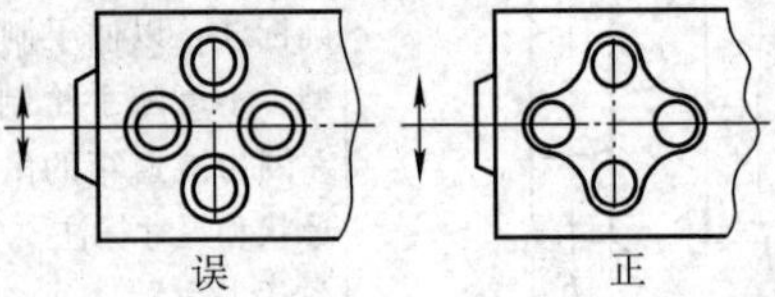 误　正	为便于铸件上孔的加工，铸件表面上常要铸出一些凸台，当凸台的中心距较小时，建议将位置相近的凸台连成一片，以便于造型
9.2.3　改进妨碍起模的结构 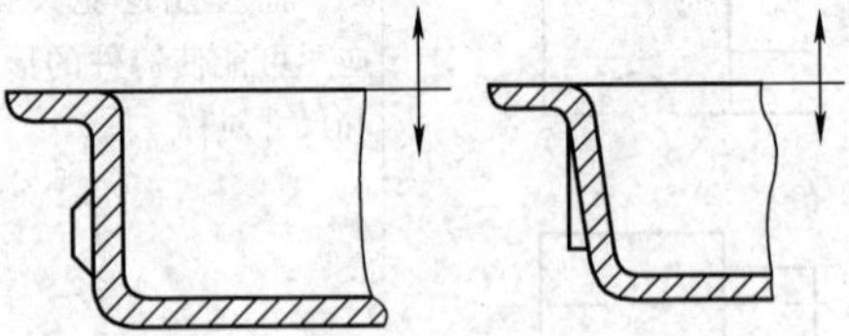 误　正	铸件侧壁上工艺凸台和工艺搭子、突缘、肋条等有碍起模，增加造型和造芯的工作量，应尽量避免

（续）

<table>
<tr><th>设计应注意的问题</th><th>说　明</th></tr>
<tr><td>9.2.4　合理布置加强肋
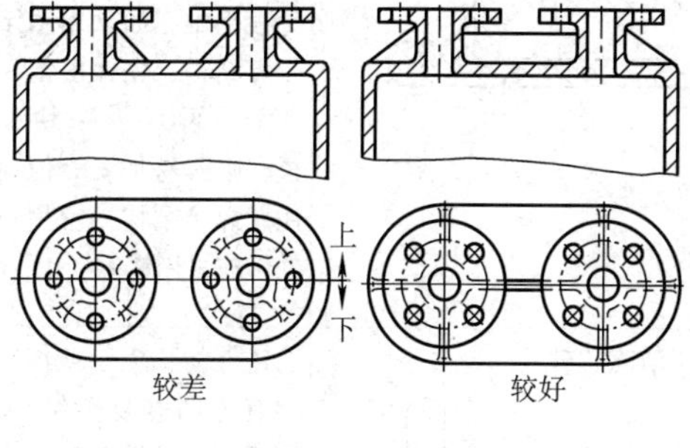</td><td>加强肋可以增加铸件强度和刚度，减轻零件质量，改善结构和节约金属，并能防止铸件的变形和减小收缩等。加强肋的结构设计应合理，否则，不但不能加强铸件，反而会使铸件产生收缩、缩松、内应力或裂纹，有时还会使造型困难
图中所示加强肋应位于造型面上，有利于出模</td></tr>
<tr><td>9.2.5　去掉不必要的圆角
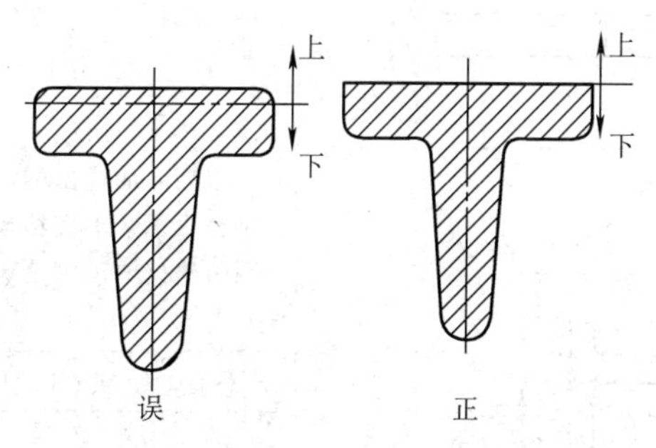</td><td>有些圆角对铸件质量影响不大，但增加造型的困难，为此应将这些圆角取消</td></tr>
</table>

9.3 考虑砂芯问题的铸件结构设计

设计应注意的问题	说　明
9.3.1 采用易于脱芯的结构	图示零件如用整体铸造则铸件型芯要用金属骨架加强，但由于铸件口很小，清除型芯及芯骨很困难，如采用图示铸焊结构，先铸出主要部分，再焊上一块钢板，则容易加工。但应注意焊接结构不宜用铸铁，应采用铸钢
9.3.2 铸件结构应有利于清除芯砂	铸件的孔太小或内腔中有内凹等复杂结构，则不利于清除芯砂，有时甚至无法清除，图中的结构即为不好的结构，若改为图中虚线所示结构则较合理
9.3.3 铸件内腔不得过深 S_1 H_1 H_2 S_2	不用型芯而造出的内腔不可太深，下表给出左图中建议的深度最大值

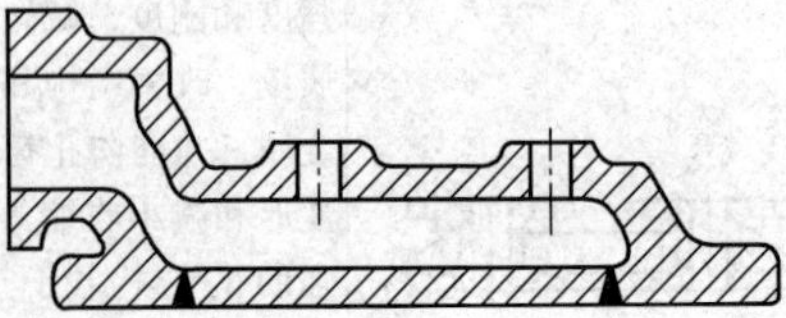

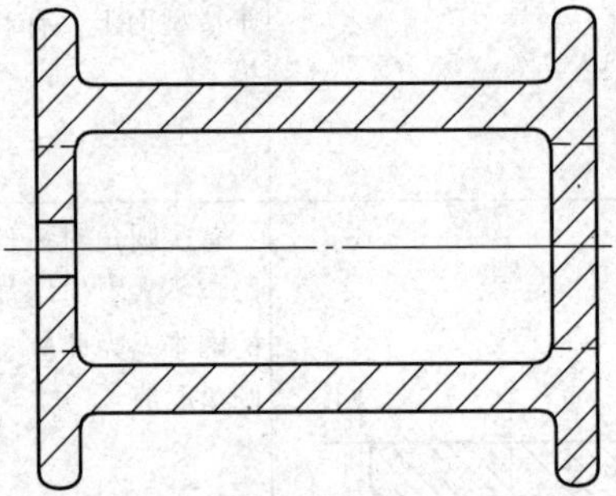

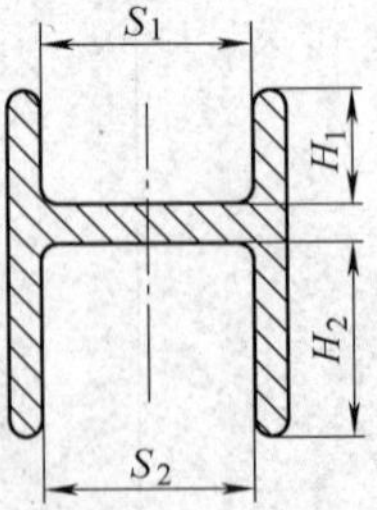

	手工造型	机器造型
上箱	$H_1 \leqslant 0.15S_1$	$H_1 \leqslant 0.5S_1$
下箱	$H_2 \leqslant 0.3S_2$	$H_2 \leqslant S_2$

（续）

设计应注意的问题	说　明
9.3.4　尽量不用型芯 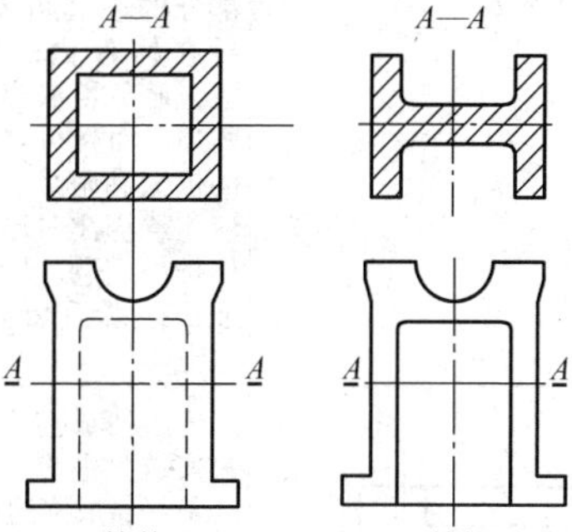 A—A　A—A A　A　A　A 较差　较好	不影响强度和刚度的条件下，改变铸件结构，免去型芯，则该铸件的工艺性得到改善。如图中的零件原设计有矩形空腔，必须用型芯，改为工字型剖面结构，可省去型芯
9.3.5　铸件内腔应使造芯方便 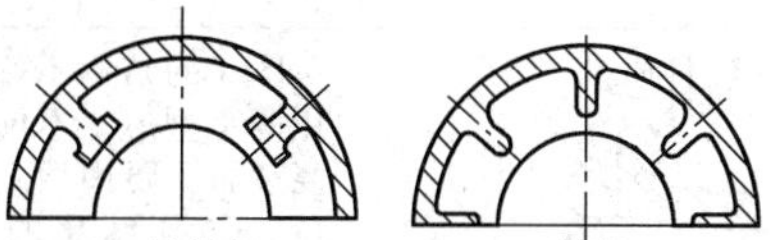 较差　较好	铸件的内腔形状应尽量简单，以简化或减少芯盒
9.3.6　不用或少用型芯撑 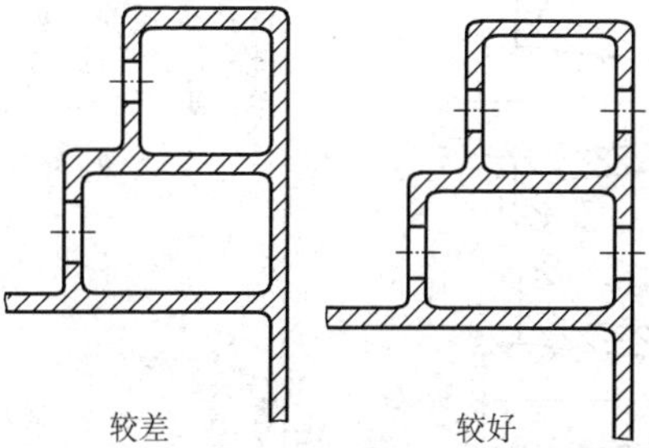 较差　较好	靠型芯撑支持的型芯，在摆放型芯和浇铸时，容易错位或移动，而且比较费时间。因此，应尽量避免，如图示，在箱壁上增加一些型芯支撑孔即可少用或不用型芯撑

（续）

设计应注意的问题	说　明
9.3.7　封腔的铸件要注意气体的排出	大型铸件的一些中空部分的砂芯可不取出，封在铸件内，称为封腔，避免了取出砂芯的麻烦，而且可增加铸件的抗振和阻尼性能，但应注意浇注时砂芯内气体排出问题。因此可以取出砂芯后填充石墨、水泥等
9.3.8　铸件的孔尽可能穿通 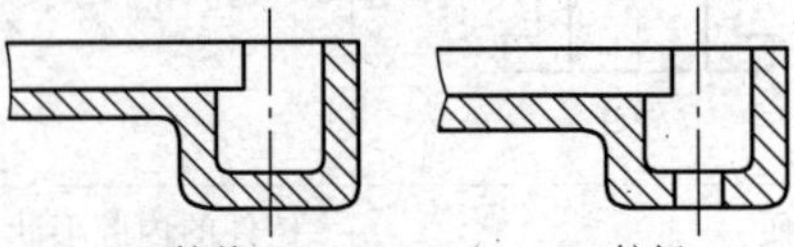 较差　较好	为了使成型方便或容易安放型芯撑，铸件的孔最好做成穿通的结构
9.3.9　型芯设计应有助于提高铸件质量 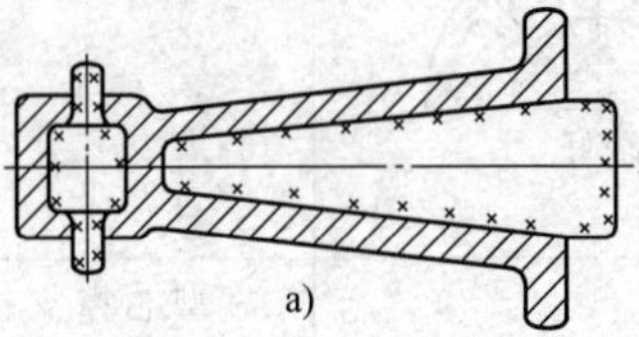 较差 a) 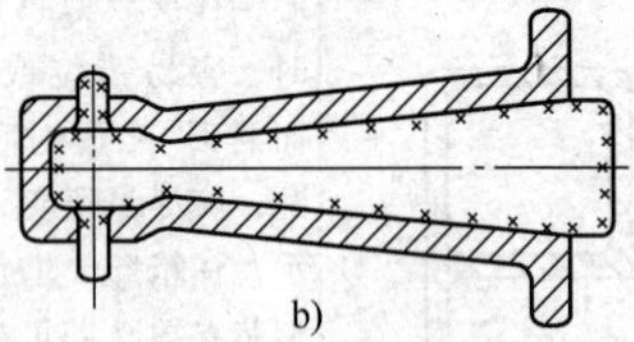 较好 b) 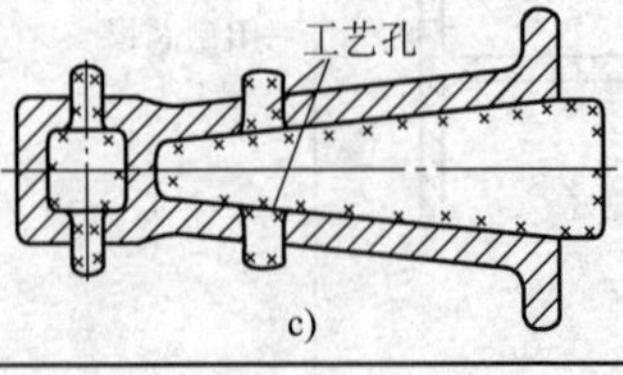 工艺孔 较好 c)	图 a 的结构不好，要用两个型芯，不仅工艺复杂而且要用型芯撑支持。改为图 b 的结构后，可以不用型芯撑，有利于提高铸件质量。若使用要求中间不得打通，可在铸件两侧设工艺孔，使型芯稳定以保证铸件质量，如图 c。此外，铸件的型芯要简单且便于固定

9.4 便于合模的铸件结构设计

设计应注意的问题	说　明
9.4.1 防止合型偏差对外观造成不利影响 误 正	铸型时可能因合型不正而产生凸台与轴孔的偏心，不但影响美观，也产生对中误差。若将凸台改为鱼眼坑（沉孔），则合型偏移不会影响外观
9.4.2 分型面要尽量少 上 中 下 较差 上 下 较好	铸件应尽量减少分型面，以便于保证尺寸的准确性。如图原设计应采用三箱造型，改进后可采用两箱造型

9.5 便于浇注的铸件结构设计

设计应注意的问题	说　明
9.5.1 考虑凝固顺序设计铸件壁厚 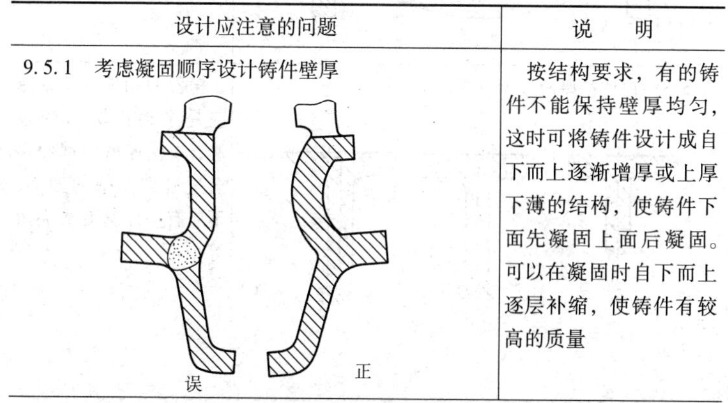	按结构要求，有的铸件不能保持壁厚均匀，这时可将铸件设计成自下而上逐渐增厚或上厚下薄的结构，使铸件下面先凝固上面后凝固。可以在凝固时自下而上逐层补缩，使铸件有较高的质量

（续）

设计应注意的问题	说　明
9.5.2　内壁厚应小于外壁厚 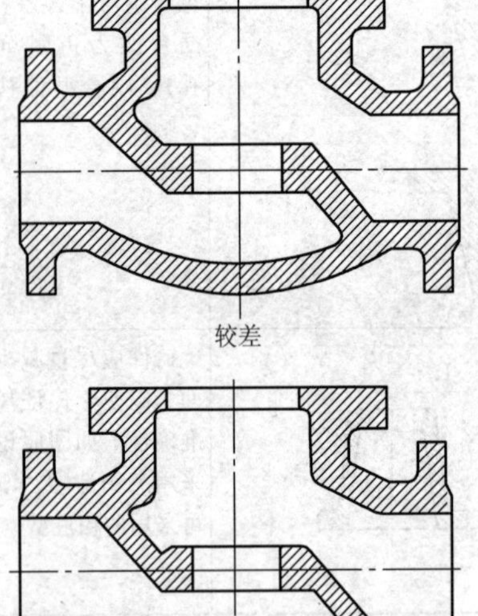 较差 较好	形状较复杂或尺寸较大的铸件，内部壁厚应小于外壁厚。因内壁散热条件较差，所以冷却速度比外壁慢，且当外壁冷却后，内壁不能自由收缩，容易产生内应力或裂纹（上图内部壁厚较厚不合理）
9.5.3　铸件壁厚应逐渐过渡 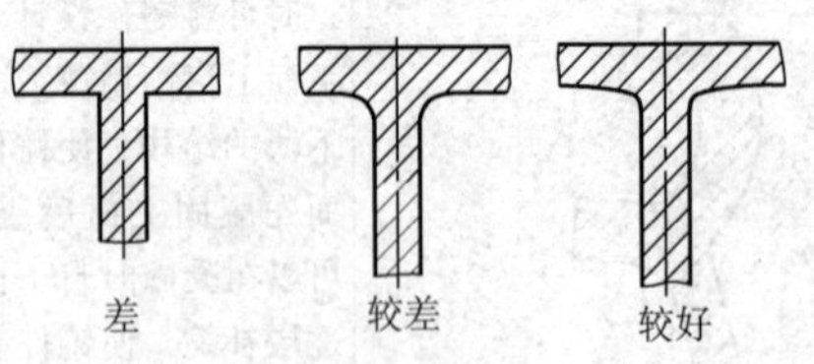 差　较差　较好	铸件两相邻部位壁厚应是平稳而圆滑的过渡，要使厚壁的截面逐渐过渡到薄壁的截面，不应有壁厚突变或尖角等

（续）

设计应注意的问题	说　明
9.5.4　两壁相交时夹角不宜太小 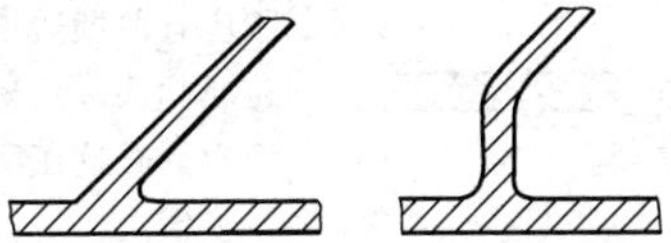 较差　较好	铸件的相邻两壁相交时，特别是小于 75° 的斜向连接，单纯以圆角作为过渡不能满足工艺要求，应有一过渡部分
9.5.5　铸件壁厚力求均匀 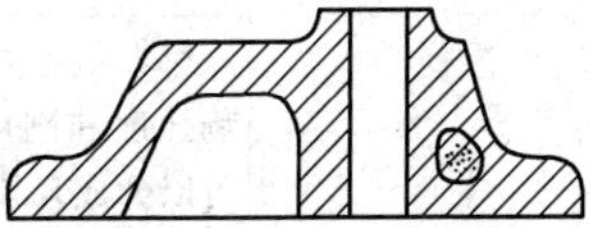 误 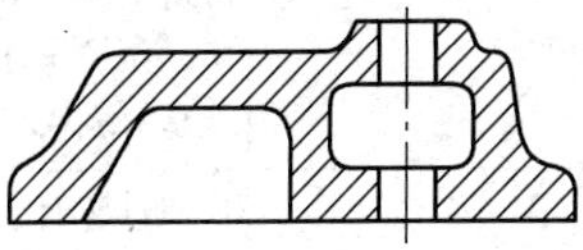 正	均匀的壁厚可以提高铸件的质量，减小铸件中断面厚度大的部分，避免金属聚集以致产生缩孔或缩松
9.5.6　用加强肋使壁厚均匀 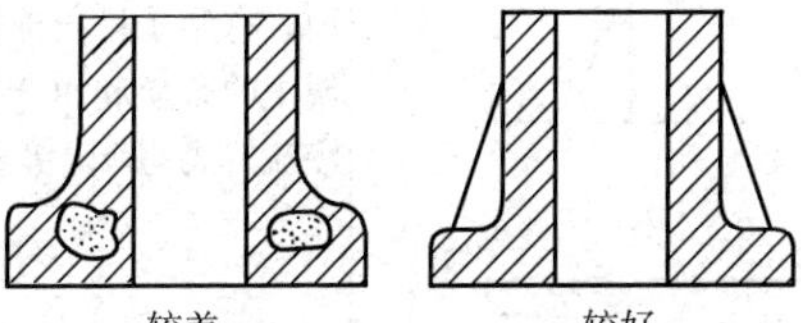 较差　较好	用肋板代替厚壁，可以保证壁原来的刚度，又使壁厚均匀，结构合理，减轻质量

（续）

设计应注意的问题	说　明
9.5.7　大型铸件外表面不应有小的凸出部分 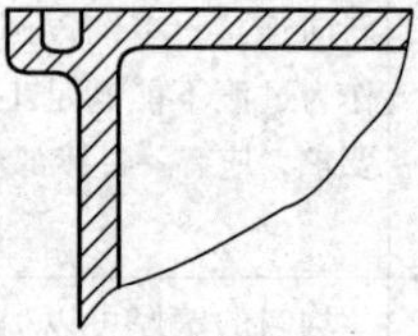 误 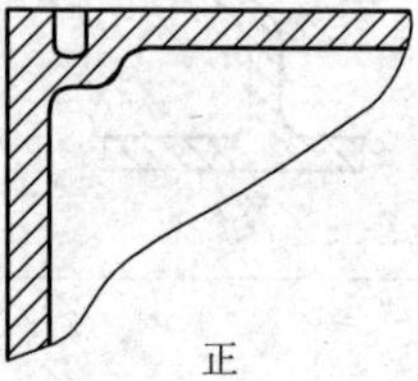　　正	大型铸件外表面上，不应有薄壁边槽，此部位冷却快，容易造成内应力，而且在清理时容易损伤
9.5.8　化大为小，化繁为简	对大型铸件，在不影响强度和刚度情况下，可以分成几块铸造、加工，再装配起来，以便铸造、加工和运输。如16m立式车床的工作台就是分成两半制造的
9.5.9　避免较大又较薄的水平面 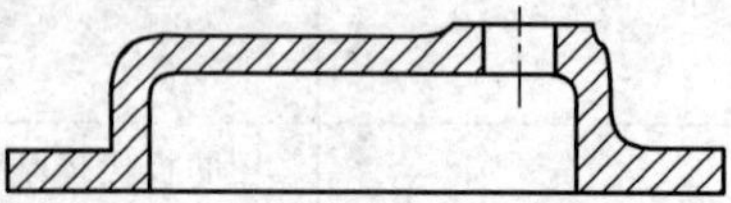 误 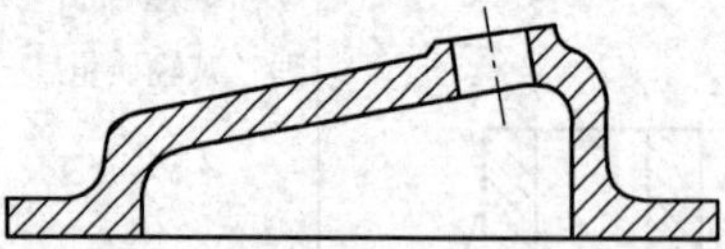 正 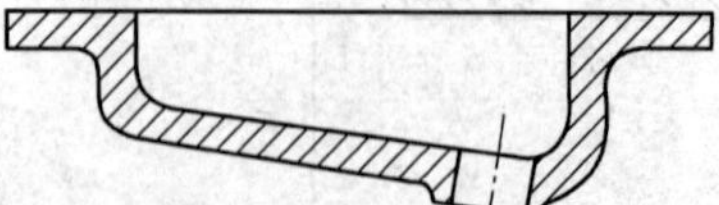 正	薄壁零件，尤其是面积较大的薄壁，不应设计成水平的平面结构。水平平面浇铸时，由于铁液漫流容易造成冷隔或形成气孔、渣眼或夹砂，改为有斜坡的平面，有利于排出液态金属中的杂质和由于铁液漫流造成的冷隔等缺陷

（续）

设计应注意的问题	说　明
9.5.10　铸钢件结构形状不宜复杂	铸钢件在浇铸时流动性差，体积收缩大，对缺口敏感，因此结构形状应力求简单
9.5.11　铸钢件形状应有利于顺序凝固 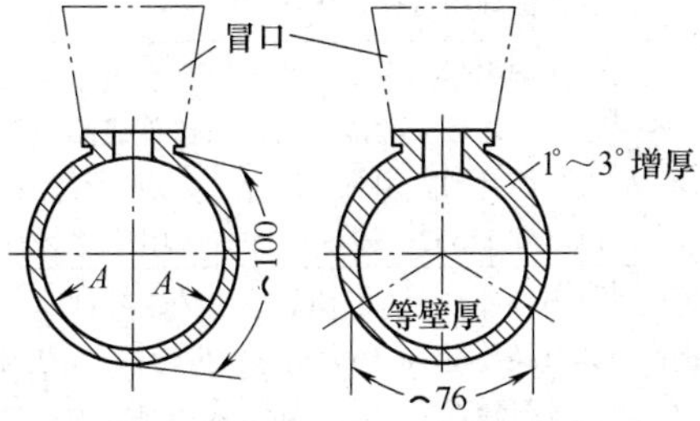 冒口　1°～3°增厚　A　A　~100　等壁厚　~76 不合理　合理	对铸造合金钢等收缩较大的铸件，如果设计成各部分壁厚相同（左图），则由于冷却速度相同，A 以下部分超出冒口的有效作用而产生缩松 右图壁厚向上逐渐增加，有利于顺序凝固和补缩，提高了铸件质量
9.5.12　铸件壁厚不可小于最小壁厚	铸件壁厚太薄则铁液流动不畅而容易冷却，会产生浇注不到，冷隔等缺陷。最小壁厚值可查机械设计手册［14～17］
9.5.13　铸件壁厚不宜大于临界壁厚	超过临界壁厚的铸件中心部分晶粒粗大，常出现缩孔、缩松、偏析等缺陷。砂型铸造临界壁厚值可查［26］。临界壁厚可以按最小壁厚的2～3倍估算

9.6 铸件材料选择

设计应注意的问题	说　明
9.6.1　可锻铸铁不可以锻	可锻铸铁是白口铸铁经石墨化或脱碳处理而得。它在使用时受压、弯可以有一些塑性变形，但是不能经受锻造工艺。黑心可锻铸铁有较高的冲击韧性和适当的强度。白心可锻铸铁强度高，耐磨性好而韧性较差。由于可锻铸铁所需热处理时间长，采用它逐渐减少，由球墨铸铁替代
9.6.2　铸钢应慎用	铸钢多采用电炉，耗电量大。由于它收缩量大，需较大的浇冒口；与铸件成品重量接近，而且切除困难。因此，一般工程用铸钢（GB/T 11352—2009）目前多用球墨铸铁代
9.6.3　大型球墨铸铁件，可以加入适量的铜，以提高其力学性能	替当设计厚大剖断面的球墨铸铁零件时（例如直径超过1m的大型球铁齿轮），往往难以保证机械性能要求。如果采用对大型零件的热处理方式来改善性能，则困难较大，并且零件各部分性能很难均匀。这时，可以采用在球墨铸铁中加入适量的铜（0.5% ~ 0.8%）来提高性能 适量的铜在液态球墨铸铁冷却形成一次结晶时，有促进石墨化和稳定奥氏体的作用，到达共析转变时，则会阻碍进一步石墨化和帮助奥氏体转变为珠光体。使球墨铸铁的珠光体含量增加（可以到达90%以上），铁素体的含量减少，石墨也更为细化。明显提高了强度、硬度和耐磨性，并且使厚大断面组织的性能更为均匀
9.6.4　灰铸铁对应力集中不敏感	灰铸铁中有大量片状石墨，相当于存在许多裂纹，零件形状产生的应力集中还没有这些裂纹严重，所以显示不出

（续）

设计应注意的问题	说　　明
9.6.5　钢、铸钢等的吸振性差	灰铸铁中的石墨破坏了金属的连续性，其吸振性强，有利于做机床床身
9.6.6　不可随意提高铸铁的牌号	如某机架采用灰铸铁 HT200 铸造，如果为了提高产品质量，改用高一些的牌号 HT350，这样做未必是可取的。因为低牌号的灰铸铁组织中的片状石墨比较粗大，有较好的吸收机械振动的能力。随意提高牌号，强度不必要地增大储备，而吸振能力降低

9.7　有利于铸件强度和刚度的结构设计

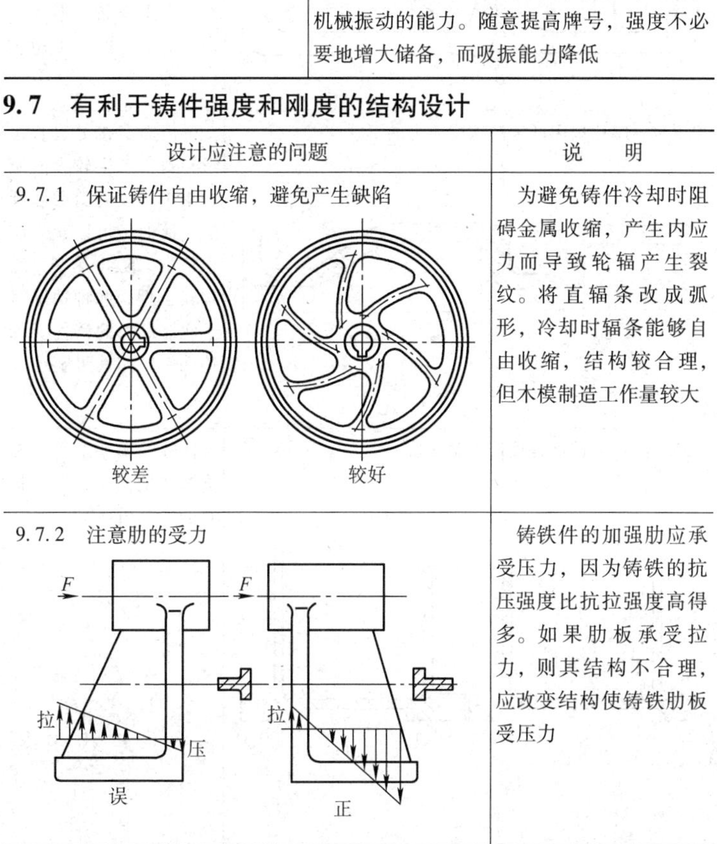

设计应注意的问题	说　　明
9.7.1　保证铸件自由收缩，避免产生缺陷 较差　较好	为避免铸件冷却时阻碍金属收缩，产生内应力而导致轮辐产生裂纹。将直辐条改成弧形，冷却时辐条能够自由收缩，结构较合理，但木模制造工作量较大
9.7.2　注意肋的受力 误　正	铸铁件的加强肋应承受压力，因为铸铁的抗压强度比抗拉强度高得多。如果肋板承受拉力，则其结构不合理，应改变结构使铸铁肋板受压力

（续）

设计应注意的问题	说明
9.7.3 肋的设置要考虑结构稳定性 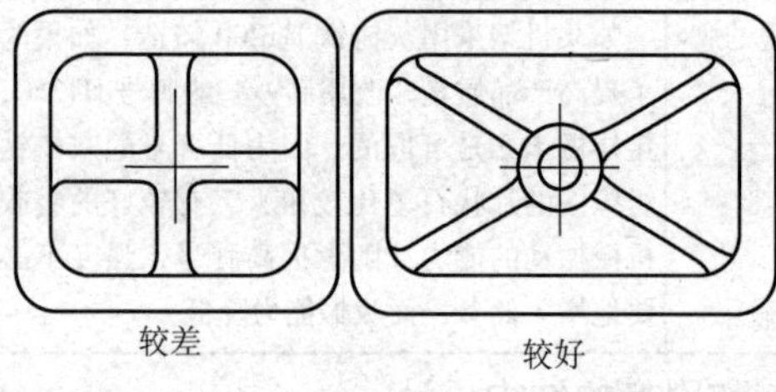 	铸件内部肋的安置应考虑几何原理。图中所示加强肋如按矩形分布，对铸件强度和刚度只有较小的影响，因矩形是不稳定的形状。若按三角形安置，形状稳定，造型较好，结构比较合理
9.7.4 避免采用产生较大内应力的形状 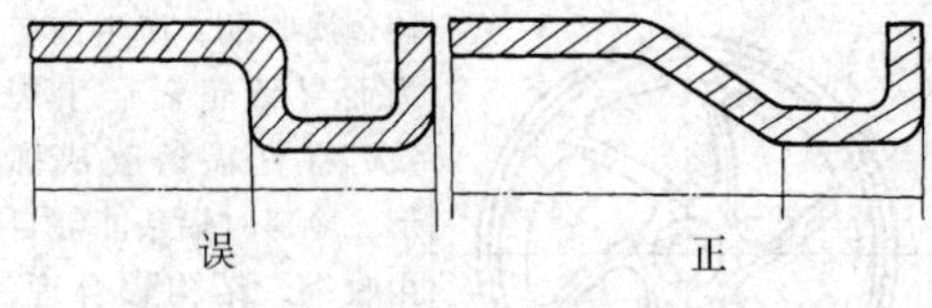 	两截面交接处有直角形转弯，产生较大的应力集中。改为斜面和圆弧过渡时，可以减少应力集中，防止热裂，结构较合理。此种情况对于收缩量大的铸件（如铸钢件）尤其明显
9.7.5 注意铸件合理传力和支持 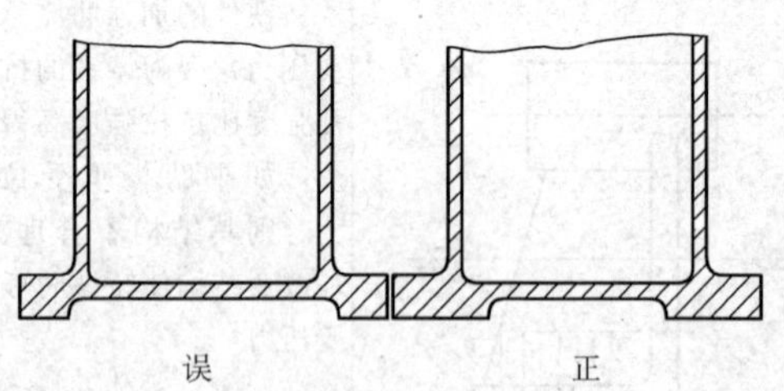 	铸件的箱壁应可靠地支持在地面上，以保持它的强度和刚度

（续）

设计应注意的问题	说　　明
9.7.6　铸件的孔边应有凸台	铸件的孔周围应该有凸台（尤其是当壁较薄时），以免铸孔边缘产生裂纹，可以在壁的一面或两面设置凸台
9.7.7　圆角半径应足够大以免产生大的应力集中 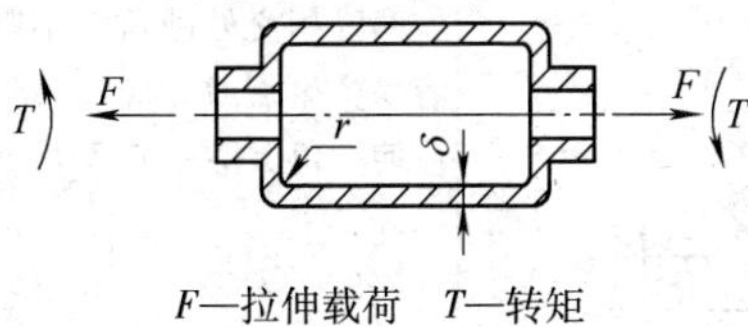 F—拉伸载荷　T—转矩	下图给出不同的圆角半径 r 与壁厚 δ 之比时，铸钢件的应力集中系数 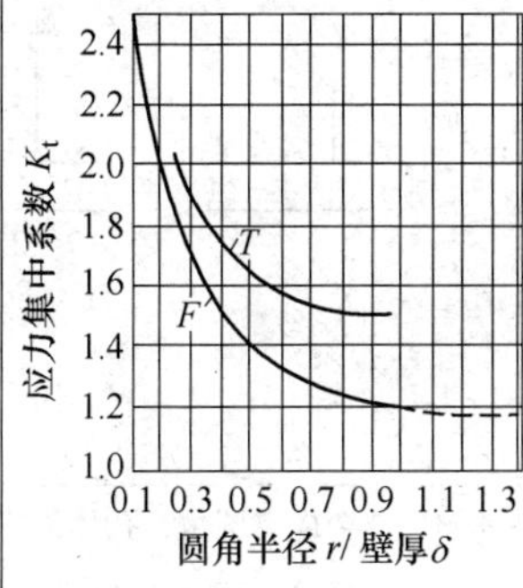
9.7.8　尽量避免铸铁件受拉伸应力 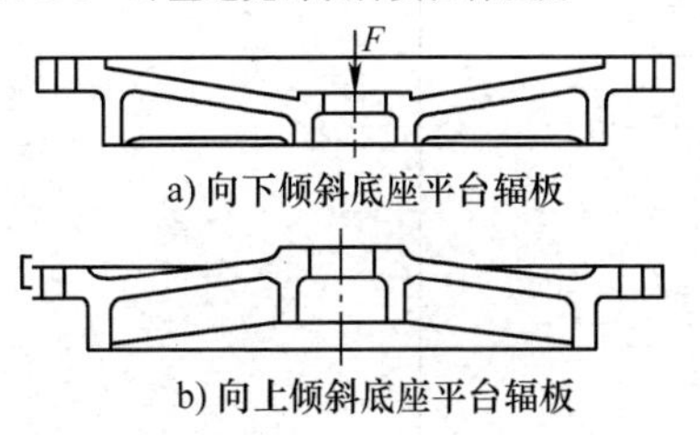 a) 向下倾斜底座平台辐板 b) 向上倾斜底座平台辐板	铸铁的金相组织决定了它的抗压性能要优于抗拉性能 图 a 表示了承受在中心向下载荷的底座平台铸铁件结构，由于底座平台辐板向下倾斜，结构受到了拉伸载荷 图 b 的底座平台辐板向上倾斜，结构则受压缩载荷，有利于发挥铸铁的力学性能。提高了铸件承载能力

9.8 熔模铸件结构设计的注意事项

设计应注意的问题	说　明
9.8.1 在长度方向壁厚度不宜有突变 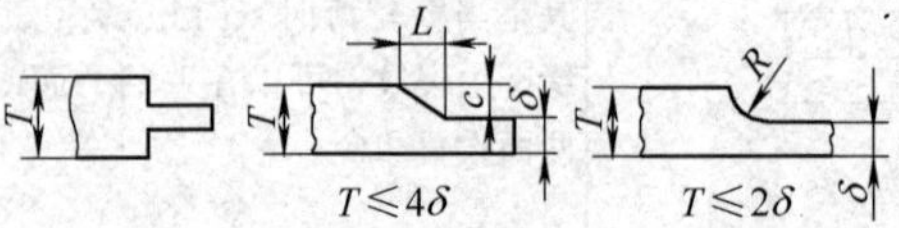 $T\leqslant 4\delta$　$L\geqslant 4c$　$T\leqslant 2\delta$　$R\geqslant 2\delta$ 不合理　合理	壁厚沿零件长度方向的变化应该平稳变化，如有突然变化，则可能因冷却速度差而产生变形或裂纹
9.8.2 两壁相交处避免尖角 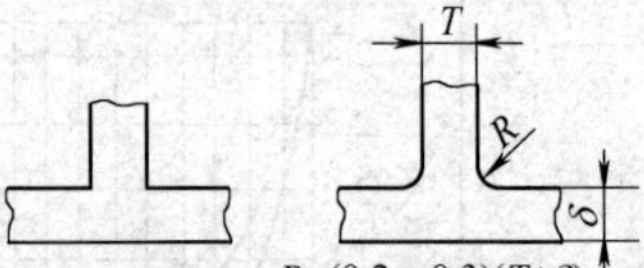 $R=(0.2\sim0.3)(T+\delta)$	两壁相交处圆角太小则容易产生裂纹，应该避免应使圆角保持一定尺寸
9.8.3 凸台应有圆角，孔尽量铸出以减少热节 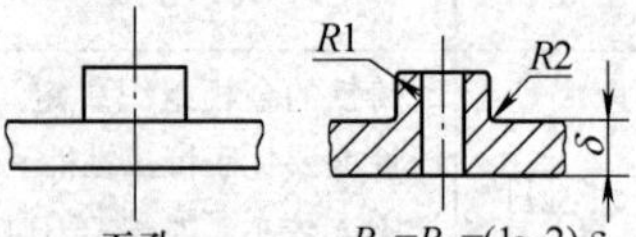 R1　R2　$R_1=R_2=(1\sim2)\delta$ 无孔 不合理　合理	凸角棱角和转角都应该有圆角，孔应尽量铸出，以免零件太厚

（续）

<table>
<tr><th colspan="2">设计应注意的问题</th><th>说　　明</th></tr>
<tr><td>9. 8. 4</td><td>熔模铸件的最小壁厚小于砂模铸件</td><td>熔模铸件的最小壁厚推荐值见下表，最小值比推荐值可小 0. 5 ~ 1. 5mm 尺寸大的减小量可取大值（mm）
<table>
<tr><th rowspan="2"></th><th colspan="5">铸件轮廓尺寸</th></tr>
<tr><th>>10 ~50</th><th>>50 ~100</th><th>>100 ~200</th><th>>200 ~350</th><th>>350</th></tr>
<tr><td>铸铁</td><td>1. 5 ~2</td><td>2 ~ 3. 5</td><td>2. 5 ~4</td><td>3 ~ 4. 5</td><td>4 ~5</td></tr>
<tr><td>铜合金</td><td>2 ~ 2. 5</td><td>2. 5 ~4</td><td>3 ~4</td><td>3 ~5</td><td>4 ~6</td></tr>
<tr><td>铝合金</td><td>2 ~ 2. 5</td><td>2. 5 ~4</td><td>3 ~5</td><td>3. 5 ~6</td><td>4 ~7</td></tr>
<tr><td>碳钢</td><td>2 ~ 2. 5</td><td>2. 5 ~4</td><td>3 ~5</td><td>3. 5 ~6</td><td>4 ~7</td></tr>
</table>
对于局部尖端部位，可铸出的壁厚，比最小值小 30% ~50%</td></tr>
</table>

9.9 压铸件结构设计注意事项

设计应注意的问题		说　　明
9. 9. 1	压铸用于有色金属件制造	据统计压铸件中，铝合金件占 70% ~ 75%，锌合金件占 20% ~25%，铜合金件、镁合金件各 2% 左右，镁合金件增长较快

（续）

<table>
<tr><th>设计应注意的问题</th><th>说　明</th></tr>
<tr><td>9.9.2　压铸件壁厚不宜太薄或太厚</td><td>
<table>
<tr><td rowspan="2">压铸件尺寸（$a \times b$）/cm</td><td colspan="3">合理壁厚/mm</td></tr>
<tr><td>铝合金</td><td>锌合金</td><td>铜合金</td></tr>
<tr><td>≤25</td><td>1～4.5</td><td>0.8～4.5</td><td>1.5～4.5</td></tr>
<tr><td>>25～100</td><td>1.5～4.5</td><td>0.8～4.5</td><td>1.5～4.5</td></tr>
<tr><td>>100</td><td>2.5～4.5</td><td>1.5～4.5</td><td>2.5～4.5</td></tr>
</table>
注：1. 镁合金数据与铝合金相同
2. 根据使用要求 $a \times b > 100\text{cm}^2$ 的零件壁厚可达6mm，必要时允许适当加厚，但强度降低
</td></tr>
<tr><td>9.9.3　压铸件壁厚增大时力学性能明显降低</td><td>
设压铸件壁厚为2.5mm时抗拉强度为 R_m，则壁厚增大时强度为 KR_m，K 由下表查得
<table>
<tr><td rowspan="2">材料</td><td colspan="4">壁厚 δ/mm</td></tr>
<tr><td>2.5</td><td>4</td><td>5</td><td>6</td></tr>
<tr><td>锌合金</td><td>1</td><td>0.93</td><td>0.86</td><td>0.80</td></tr>
<tr><td>铝合金
镁合金</td><td>1</td><td>0.87</td><td>0.76</td><td>0.70</td></tr>
</table>
K 也可由以下公式计算（用于 $\delta = 2 \sim 6\text{mm}$）
锌合金 $K = (106.5 - 1.27\delta - 0.523\delta^2)/100$
铝合金
镁合金 $K = (122.2 - 9\delta + 0.05\delta^2)/100$
</td></tr>
</table>

（续）

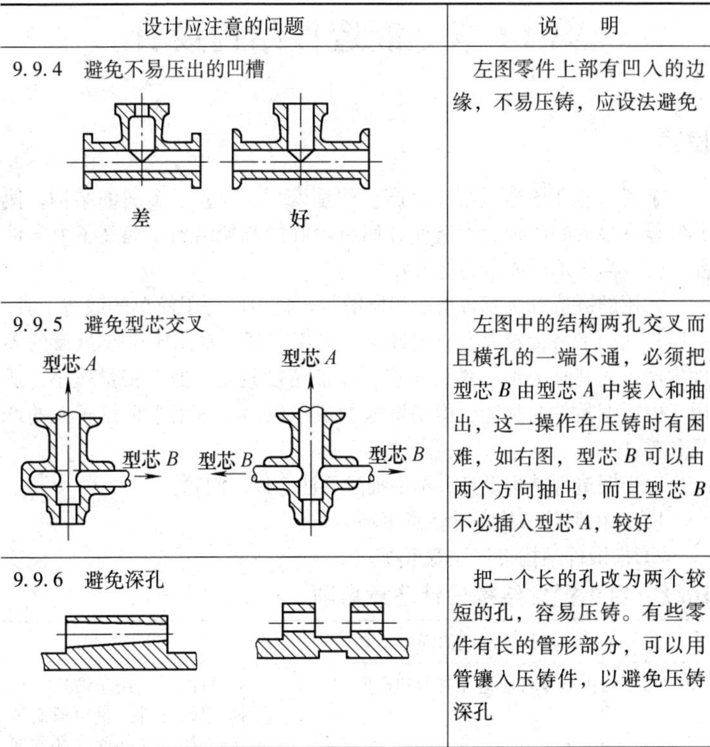

设计应注意的问题	说　明
9.9.4　避免不易压出的凹槽 差　　好	左图零件上部有凹入的边缘，不易压铸，应设法避免
9.9.5　避免型芯交叉 型芯 *A*　型芯 *B*　型芯 *B*　型芯 *A*　型芯 *B*	左图中的结构两孔交叉而且横孔的一端不通，必须把型芯 *B* 由型芯 *A* 中装入和抽出，这一操作在压铸时有困难，如右图，型芯 *B* 可以由两个方向抽出，而且型芯 *B* 不必插入型芯 *A*，较好
9.9.6　避免深孔	把一个长的孔改为两个较短的孔，容易压铸。有些零件有长的管形部分，可以用管镶入压铸件，以避免压铸深孔

第 10 章　锻造件结构设计

概述

金属材料在锻造过程中，产生塑性变形，改善了金属的结构，使其性能有很大的改善。锻造使金属有较好的晶粒结构，提高了力学性能，强度高，承受冲击的能力好。

常用的锻造方法有自由锻和模锻等。自由锻使用简单的锻造工具，锻后机械加工裕量较大，通用性大，应用广泛，常用于中小批量的零件生产，尤其是大型零件的生产。模锻精度较高，加工裕量较小，适用于中小型零件的制造。但是锻模的成本较高，适用于批量较大的产品和零件。

对于锻造件结构设计，本书提醒要注意以下问题：

1）自由锻件结构设计注意事项。

2）模锻件结构设计注意事项。

10.1　自由锻件结构设计注意事项

设计应注意的问题	说　　明
10.1.1　自由锻零件应避免锥形和楔形 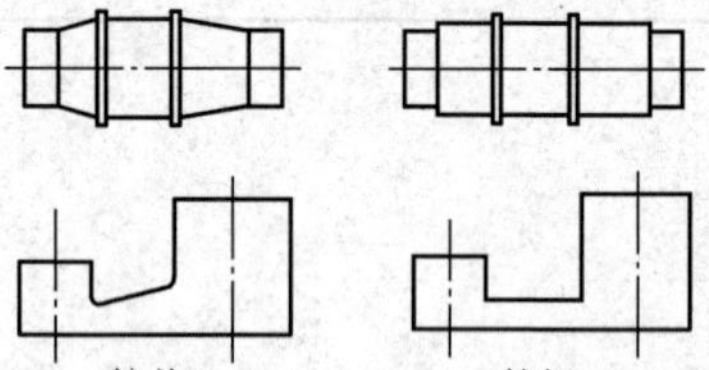 较差　　　　较好	自由锻适用于锻造外形简单的零件。自由锻制造的毛坯，大部或全部表面均需经过切削加工才能达到要求。所以，生产效率低，消耗金属较多，劳动强度大，适用于多品种小批量生产 自由锻不易锻出锥形和楔形，设计时应尽量采用平直结构

（续）

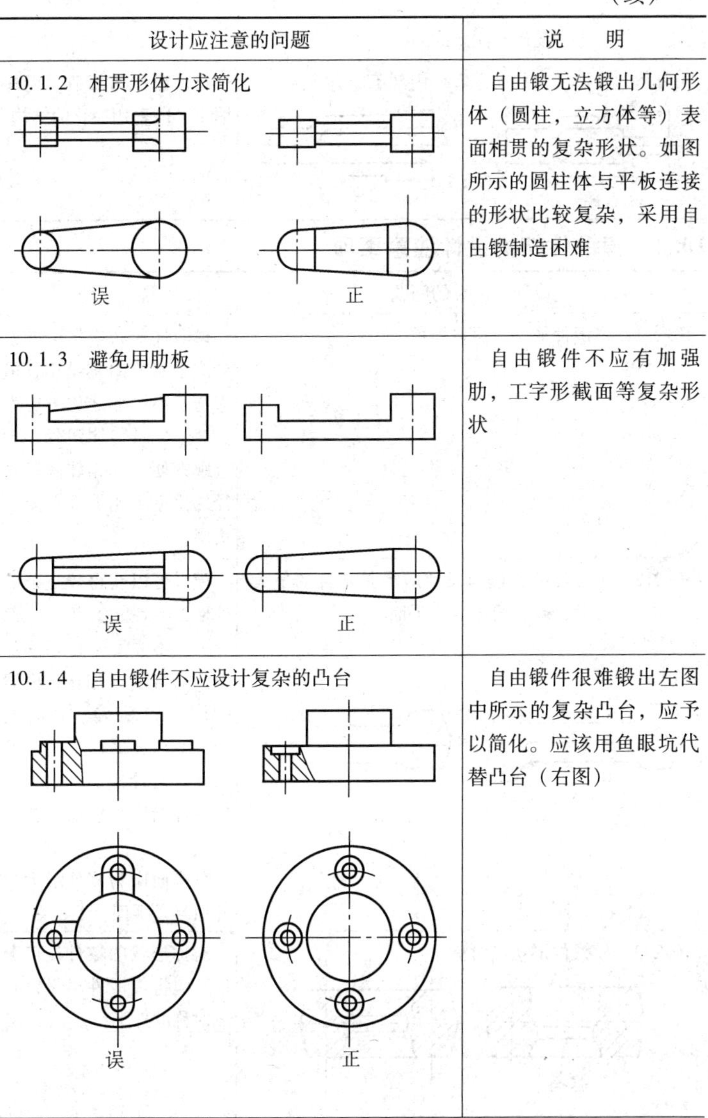

设计应注意的问题	说　　明
10.1.2　相贯形体力求简化	自由锻无法锻出几何形体（圆柱，立方体等）表面相贯的复杂形状。如图所示的圆柱体与平板连接的形状比较复杂，采用自由锻制造困难
10.1.3　避免用肋板	自由锻件不应有加强肋，工字形截面等复杂形状
10.1.4　自由锻件不应设计复杂的凸台	自由锻件很难锻出左图中所示的复杂凸台，应予以简化。应该用鱼眼坑代替凸台（右图）

（续）

设计应注意的问题	说　明
10.1.5　自由锻造的叉形零件内部不应有凸台 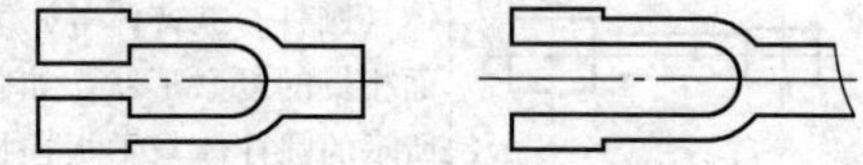 误　　正	自由锻件内部凸台无法锻出，应采用简化的结构

10.2　模锻件结构设计注意事项

设计应注意的问题	说　明
10.2.1　模锻件形状应尽量简单	模锻件形状应尽可能设计成平直或对称结构，最大与最小尺寸之比不应大于2。对回转体锻件，为直观方便，其相邻两段直径之比不应比1∶0.6差得更多
10.2.2　模锻件的分模面尺寸应当是零件的最大尺寸，且分模面应为平面 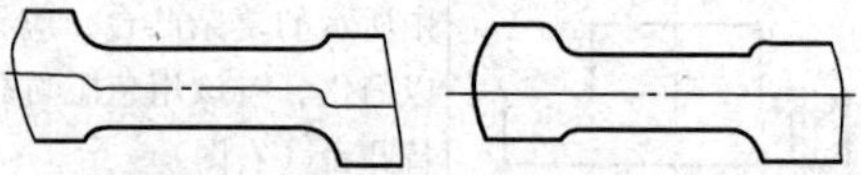 误　　正	模锻可以获得较复杂的外形，毛坯上有相当一部分表面不需要进行切削加工。与自由锻相比，模锻的尺寸较精确，表面光洁，节约金属而且生产率较高。设计模锻件时，应使零件结构与模锻工艺相适应 分模面应为零件最大尺寸而且是平面
10.2.3　模锻件形状应对称 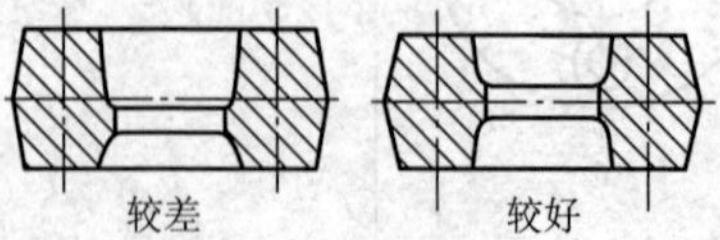 较差　　较好	对称形状的零件便于分模，应将模锻件尽量设计成对称的外形

（续）

设计应注意的问题	说　明
10.2.4　模锻件应有适当的圆角半径 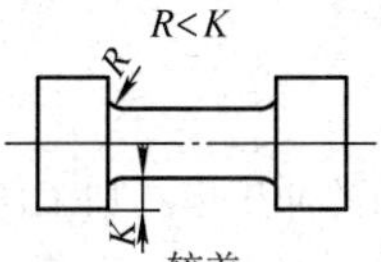 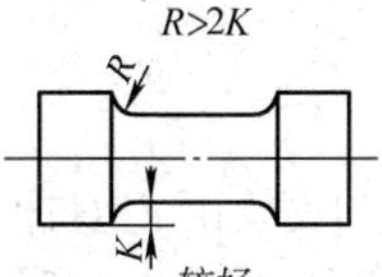 $R<K$　$R>2K$ 较差　较好	模锻件的圆角半径通常应当设计得大一些，既可改善锻造工艺性，又可减小应力集中
10.2.5　模锻件应适于脱模 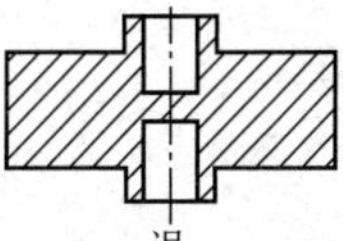 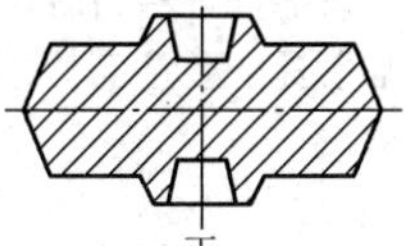 误　正	模锻件形状应便于脱模，内外表面都应有足够的拔模斜度，孔不宜太深，分模面应尽量安排在中间
10.2.6　尽量直接模锻成形	把零件形状设计成可以在模锻后直接使用，不需要或只需少量的机械加工，不但可以提高制造的效率而且会提高质量
10.2.7　复杂结构设计成可以分为几部分锻造	对比较复杂的零件，合理地分为几个部分，锻造后用焊接连接，便于加工

第 11 章　冲压件结构设计

概述

冲压件的加工方法是利用安装在压力机上面的冲压模具加工薄板材料，可以得到各种所需形状的零件。冲压件重量轻、生产率高、利于大量生产，但模具成本高。冲压件的形状应该按其生产特点专门设计，达到既能胜任工作要求，又能保证经济性。

对于冲压件结构设计，本书提醒要注意以下问题：

1）冲裁件结构设计。

2）弯曲件结构设计。

3）拉深件结构设计。

4）成型件结构设计。

11.1　冲裁件结构设计

设计应注意的问题	说　明
11.1.1　凸台和孔的深度和形状应有一定要求 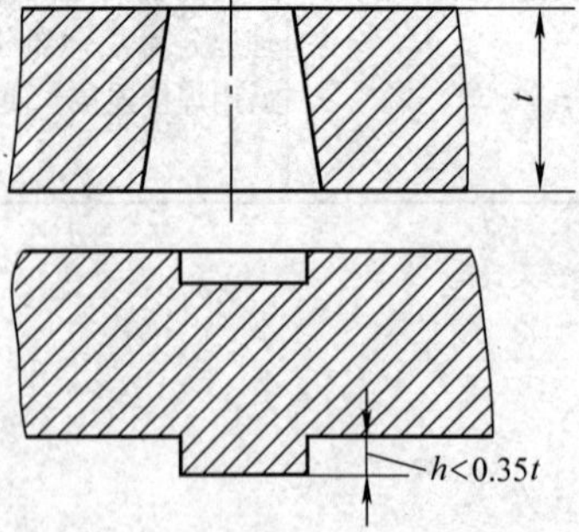 t $h<0.35t$	当冲压板厚 $t \geqslant 4$mm 时，冲孔直径在板厚方向应允许有一定斜度，在板料上要求冲出凸台时，凸台高度 h 不应大于0.35t（t—板厚），否则凸台容易冲脱

（续）

设计应注意的问题	说　明
11.1.2　冲压件设计应考虑节料 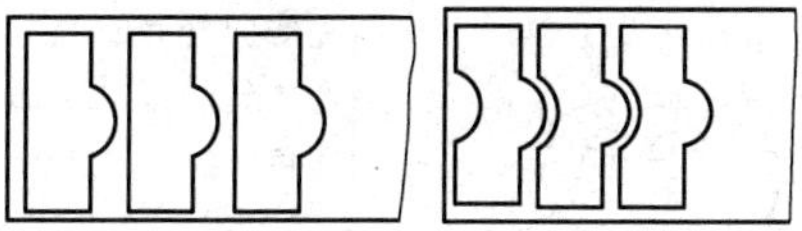 较差　较好	冲压件用板材冲压而成，有些零件形状不能互相嵌入来安排下料，可以在设计中作一些小的修改，不降低零件性能，而节省很多材料
11.1.3　冲压件的外形应尽可能对称，轮廓平滑 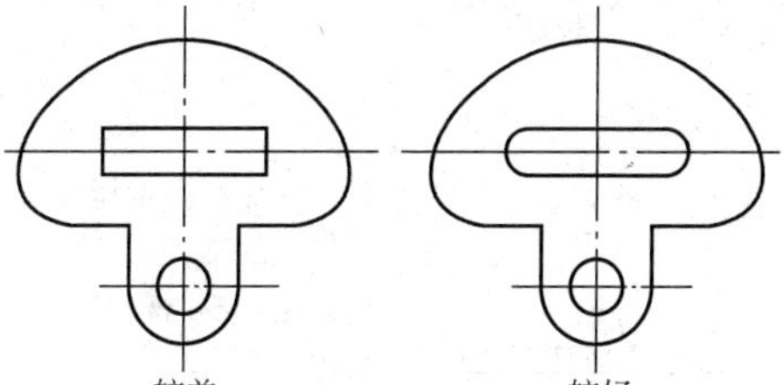 较差　较好	冲压件结构直接关系到质量和成本。为便于冲压，工件外形应对称，轮廓要平滑，孔应是圆的或方的，避免采用窄而长的细孔及单独伸出的细长结构等。满足这些最基本的要求，有利于保证零件的加工质量及模具制造质量
11.1.4　零件的局部宽度不宜太窄 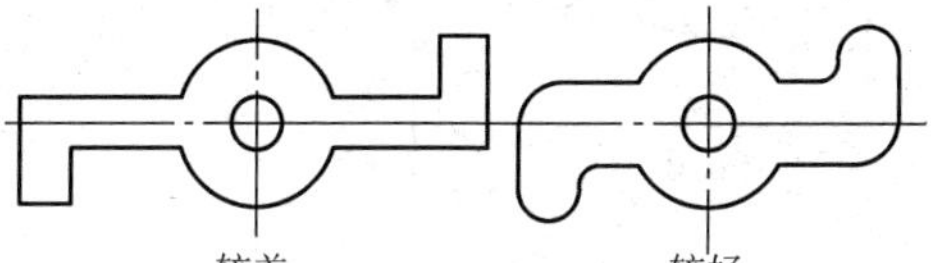 较差　较好	冲压件的每个局部的宽度都不应太小。冲压件中尺寸过窄的部分不仅凹模难于制造，冲出的工件也难于保证质量
11.1.5　冲压件标注尺寸应考虑冲模磨损 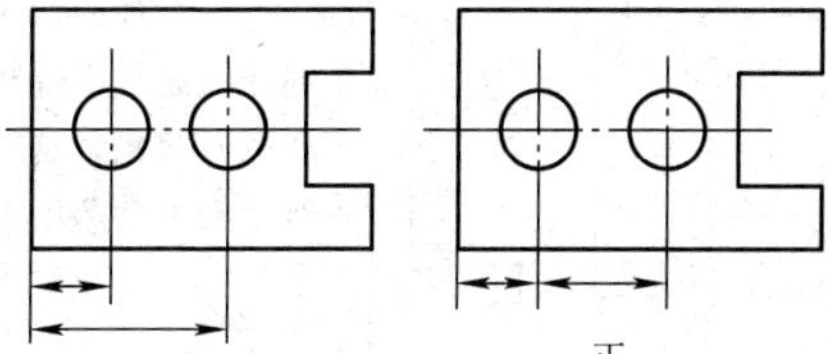 误　正	以零件的一边为基准标注尺寸，当冲模磨损后，两个尺寸的误差都会影响孔间距。如直接注明孔间距要求则能较好地保证两孔之间的距离

11.2 弯曲件结构设计

设计应注意的问题	说　明
11.2.1 弯曲件在弯曲处要避免起皱 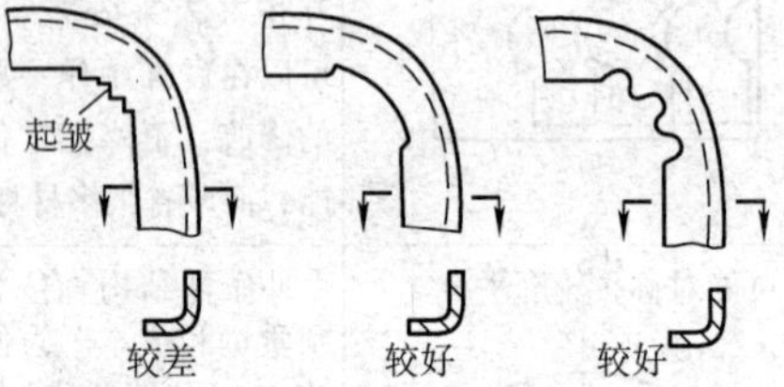 起皱 较差　较好　较好	带竖边的弯曲件为避免弯曲处起皱，可切去弯角处的部分竖边，以避免弯曲处起皱变宽
11.2.2 注意设计斜度 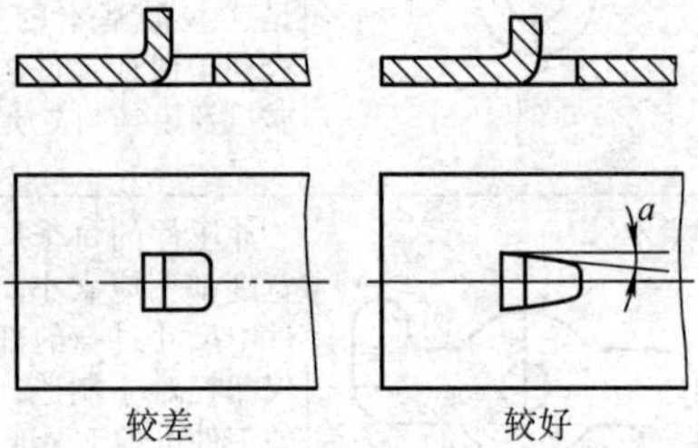 a 较差　较好	局部切口带压弯的零件，舌部应设计斜度，以免舌部与模具之间摩擦
11.2.3 防止孔变形 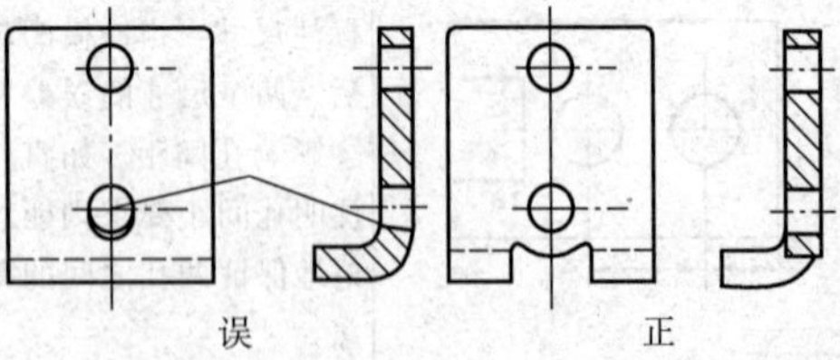 误　正	弯曲带孔的零件时，为避免弯曲时产生孔变形，可在零件的弯折圆角部分的曲线上冲出工艺孔或月牙槽，这样在折弯处就不会影响孔的变形

（续）

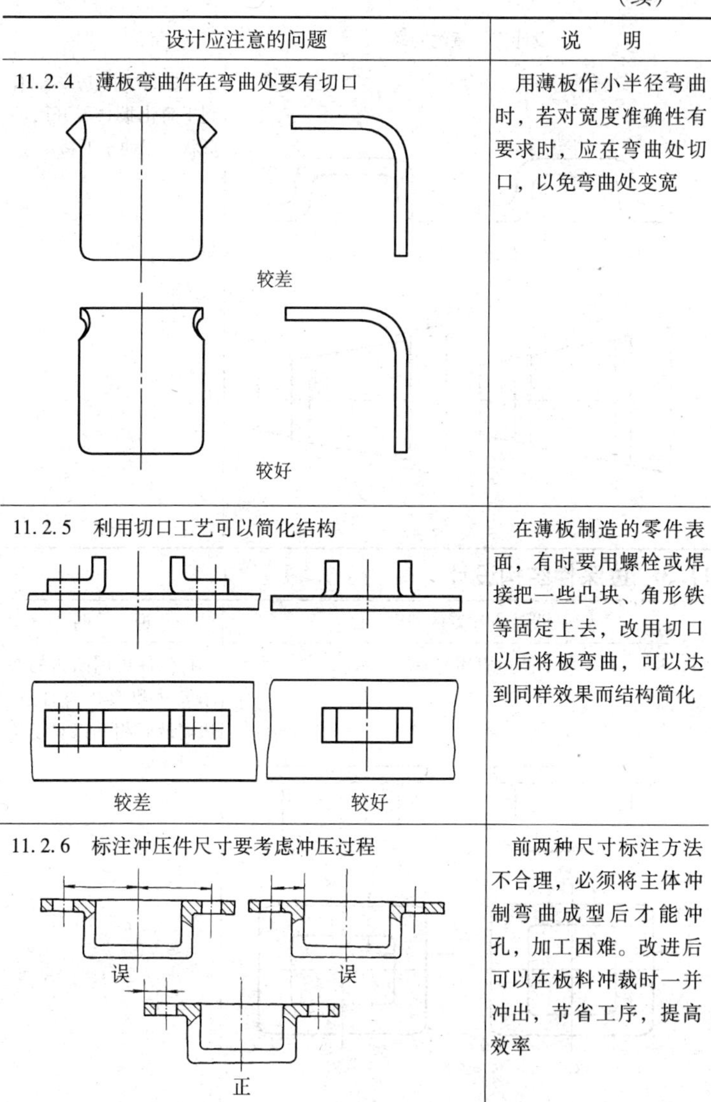

设计应注意的问题	说　　明
11.2.4　薄板弯曲件在弯曲处要有切口	用薄板作小半径弯曲时，若对宽度准确性有要求时，应在弯曲处切口，以免弯曲处变宽
11.2.5　利用切口工艺可以简化结构	在薄板制造的零件表面，有时要用螺栓或焊接把一些凸块、角形铁等固定上去，改用切口以后将板弯曲，可以达到同样效果而结构简化
11.2.6　标注冲压件尺寸要考虑冲压过程	前两种尺寸标注方法不合理，必须将主体冲制弯曲成型后才能冲孔，加工困难。改进后可以在板料冲裁时一并冲出，节省工序，提高效率

（续）

设计应注意的问题	说　明
11.2.7　简化展开图 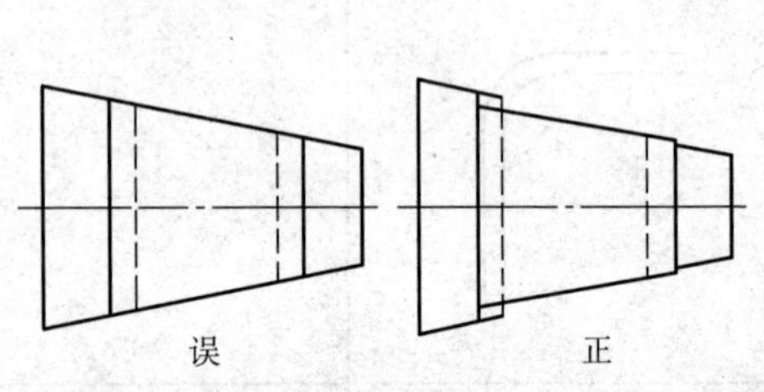 	弯曲件外形应尽量有利于简化板料展开图的形状，以便于下料

11.3　拉深件结构设计

设计应注意的问题	说　明
11.3.1　拉深件的凸边应均匀 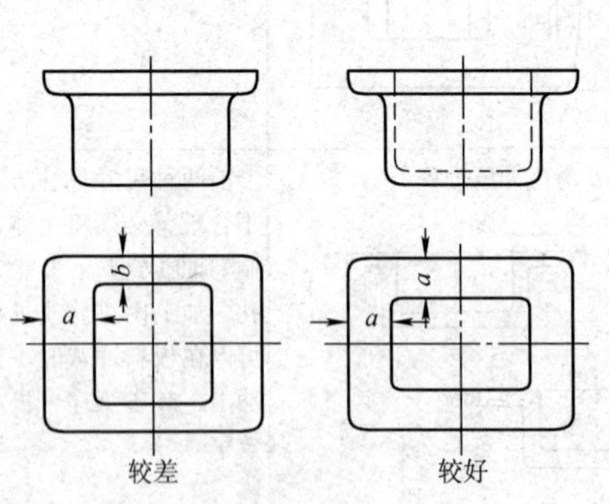 	拉深件周围凸边的大小尺寸和形状要合适，边宽最好相等以利于拉深时夹紧

（续）

设计应注意的问题	说　明
11.3.2　拉深件外形力求简单 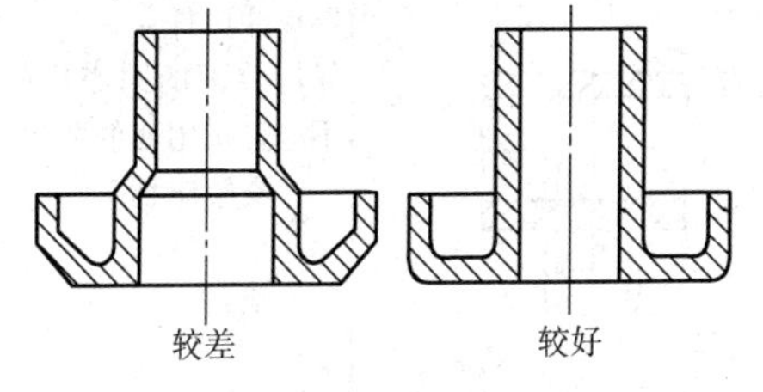 	拉深件的成型过程应尽量减少拉深次数，在满足使用性能的前提下，尽量使结构简单。如图中的实例，改变结构以后，减少了加工工序，节约了金属材料

11.4　成型件结构设计

设计应注意的问题	说　明
11.4.1　压肋能提高刚度但有方向性 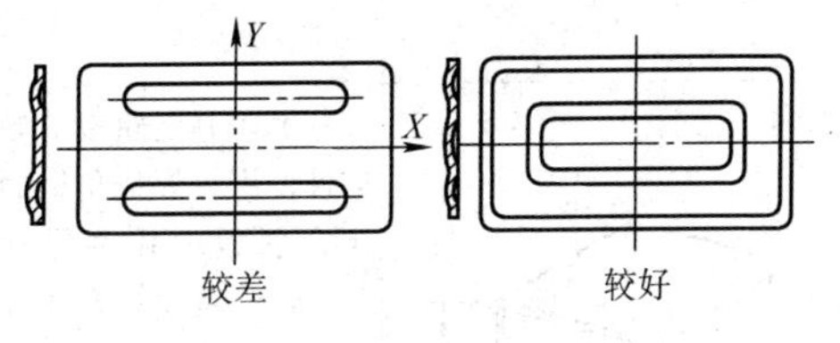 	压制的凸（凹）肋可能在一定方向可提高刚度，另一方向则不能，如较差的图中，其结构只能提高对 Y 轴的弯曲刚度。压肋的形状应尽量与零件外形相近或对称
11.4.2　冲压件外形应避免大的平面 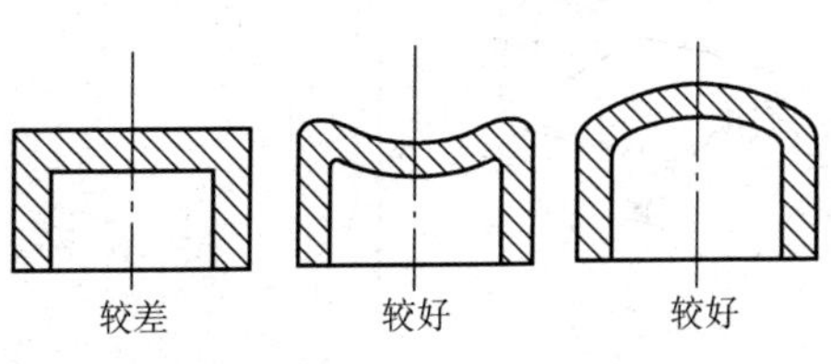 	冲压件外形有大的平面时，制模较难，零件刚度较差。设计成拱形结构会使单位面积压强减小，提高零件的强度和刚度，可减薄壁厚。拱形形状向内或向外拱均可

（续）

设计应注意的问题	说　明
11.4.3　注意支撑不宜太薄 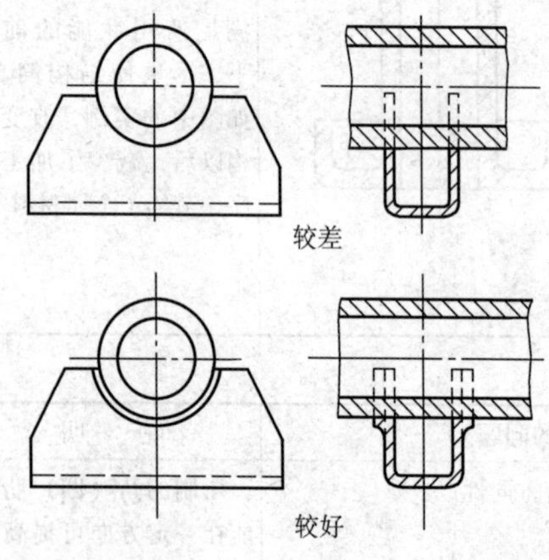 较差 较好	对于管道等零件，用薄板冲压件支持时，为保持装配的同心度等，不应直接用薄的壁边支撑，支架应翻出一些窄边
11.4.4　用冲压件代替点焊件 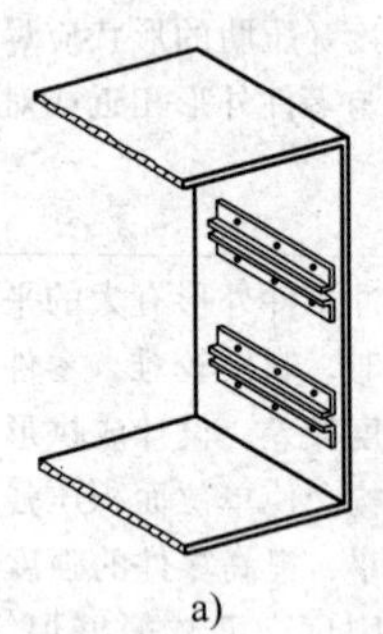 a) 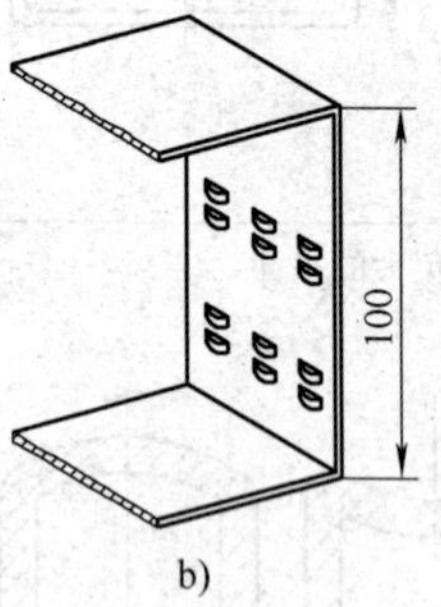 b)	图示印制电路板的导向件，用点焊把角钢固定在底板上作为导轨（图 a）；新设计在机壳上冲压出卷扣，作为导向之用，材料消耗少，加工简单（图 b）

（续）

设计应注意的问题	说　　明
11.4.5　用冲压件代替车削件 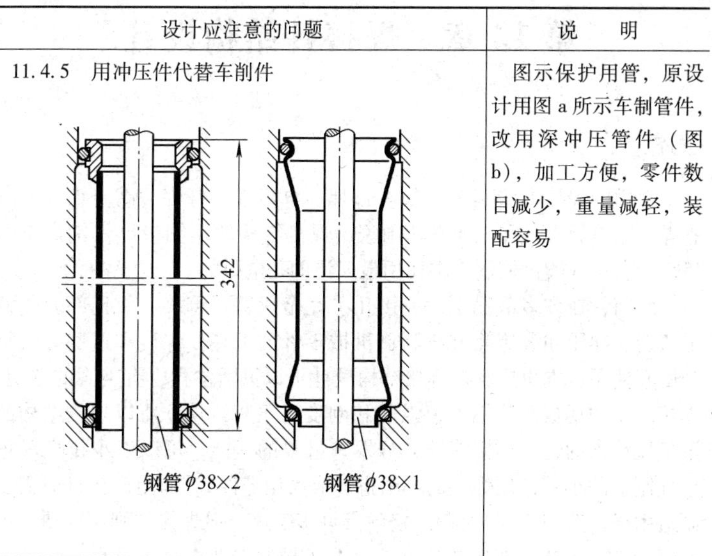 	图示保护用管，原设计用图 a 所示车制管件，改用深冲压管件（图 b），加工方便，零件数目减少，重量减轻，装配容易

第 12 章　焊接件结构设计

概述

常用的焊接方法很多，如电弧焊、电阻焊、钎焊、高能束焊、电渣焊、摩擦焊等。在工业发达国家，焊接结构的用钢量已占钢产量的45%左右。一般机械制造中使用最广泛的是电弧焊。

目前，在许多情况下，焊接几乎完全代替了铆接。而且部分代替了铸造、冲压和锻造等方法制造机械零件的毛坯。焊接和这些方法组合使其使用范围更广泛。焊接结构设计可以灵活多样，有美观的造型，焊接所用的钢板和铸钢件，强度和刚度优于灰铸铁，所以焊接结构的重量比铸铁的轻。焊接能够充分发挥材料的性能，可以以小拼大（把单独制造的小零件用焊接的方法拼焊成大型零件），而生产铸件时需要制造木模、造型（如砂型）、浇注等许多工序，但焊接件则不需要。因此焊接件的生产周期比铸造件短。在机械制造业中，小批量生产的大型机械零件已经广泛使用焊接毛坯。但是焊接件对振动的阻尼性能不如铸铁。

对于焊接件结构设计，本书提醒要注意以下问题：

1）焊接件不可简单模仿铸件或锻件。

2）尽量简化焊接件结构。

3）减小焊接件应力集中。

4）减小焊缝受力。

5）避免焊缝汇集。

6）减小焊接件的变形。

7）减少焊缝。

8）节约材料。

12.1 焊接件不可简单模仿铸件或锻件

设计应注意的问题	说　　明
12.1.1 焊接件不要简单模仿铸件（一） 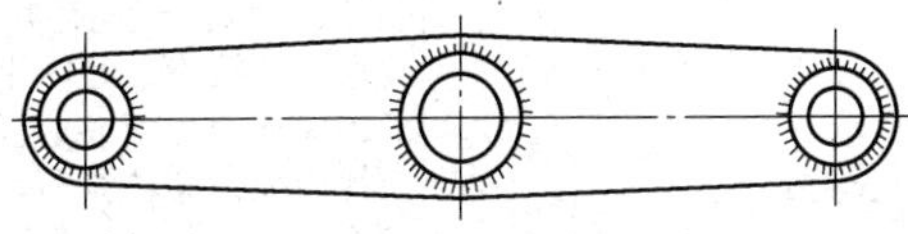 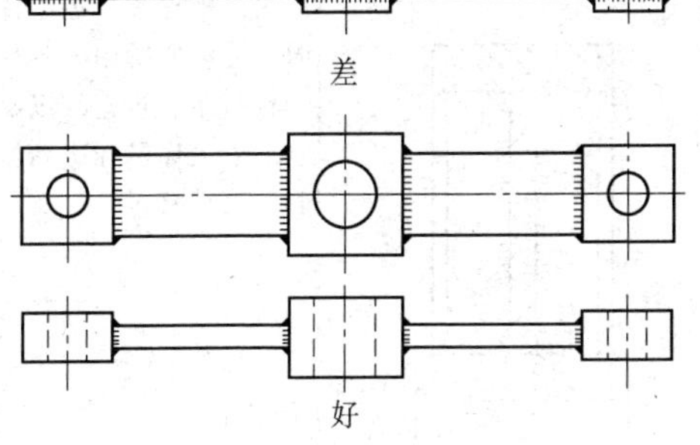 差 好	图示零件原为铸件，改为焊接件后应按焊接工艺的特点，在保证实现原有功能前提下，采用焊接加工方便的结构和尺寸
12.1.2 焊接件不要简单模仿铸件（二） 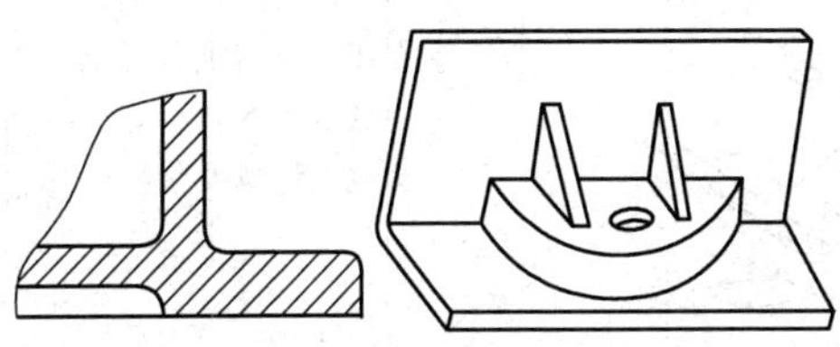	铸件改为焊件时，应保证焊接件的刚度。如图所示机座的地脚部分改为焊件时，由于钢板较铸件壁薄，为保证焊件的刚度，可将凸台设计成双层结构，并增设加强肋

12.2 尽量简化焊接件结构

设计应注意的问题	说　明
12.2.1 合理设计外形	焊接件应尽量采用直线轮廓，以提高焊接工艺性，并使造型简明、美观。其结构最好能用各种标准的型钢或钢板拼焊而成，其种类和尺寸型号也应尽量少。只有必要时，才用铸焊结构
12.2.2 减小焊前切削加工 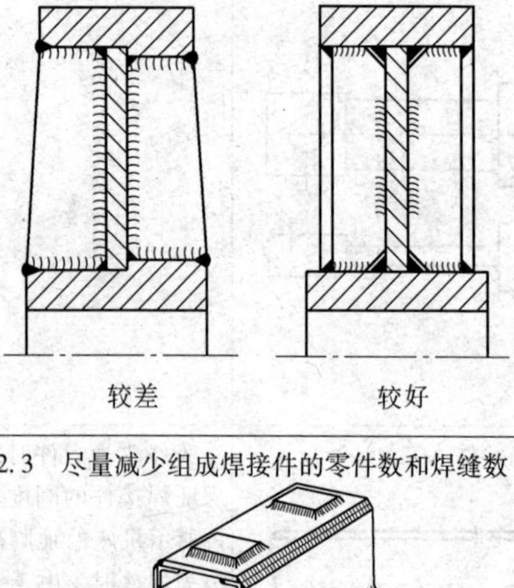 较差　较好	用钢板焊接制造零件时，尽量使所用的零件形状简单、规范，以减少加工工作量和边角废料
12.2.3 尽量减少组成焊接件的零件数和焊缝数 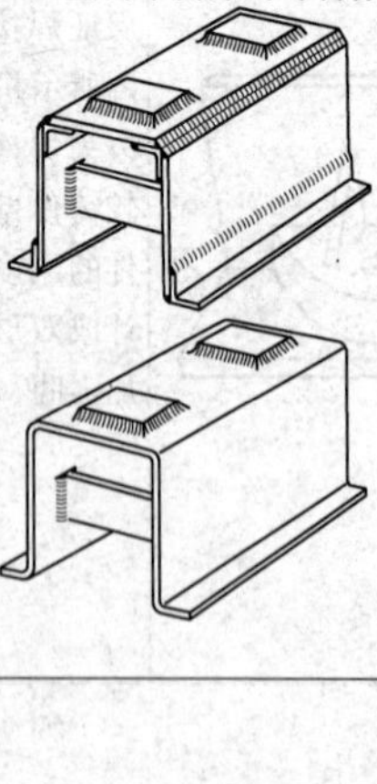	原焊接件由角钢和小平板组成共11件。而采用钢板弯曲件以后，则减少到5件，焊缝数目也大量减少

（续）

设计应注意的问题	说　明
12.2.4　将零件边缘错开，代替开坡口 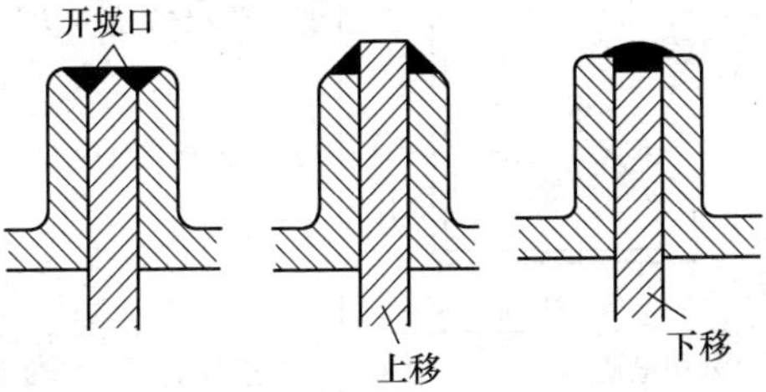 开坡口 上移 下移 a)　b)　c)	图示的三种结构，图a零件边缘平齐，需加工坡口，图b、图c零件边缘错开，可以避免加工坡口的工作
12.2.5　错开零件边缘，留出角焊缝的空间 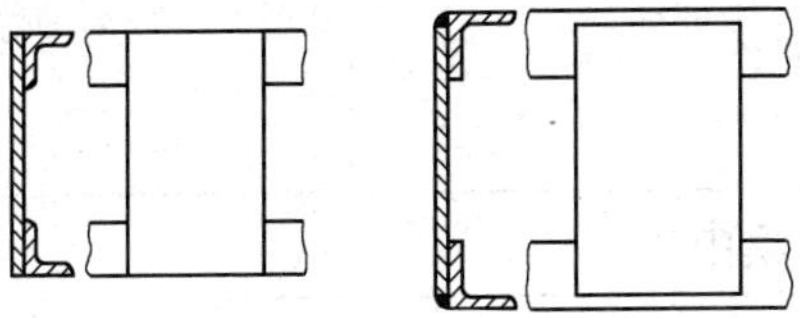 a) 不好　b) 好	图a角钢边缘与其上的搭板边缘平齐，没有留出角焊缝的空间，图b的结构较好
12.2.6　在加工件上开坡口 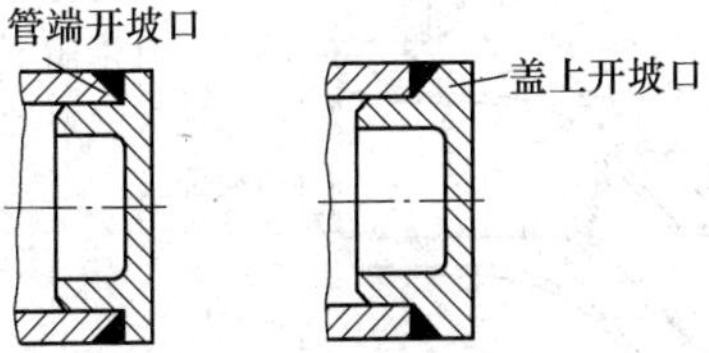 管端开坡口 盖上开坡口 a)　b)	图a在钢管端部开坡口，钢管、端盖都要加工，图b端盖在加工时做出坡口，钢管可避免开坡口工序

（续）

设计应注意的问题	说　明
12.2.7　零件外形应简单 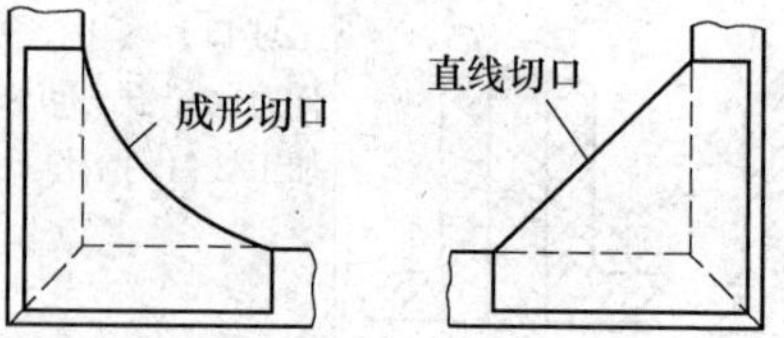 成形切口　直线切口 a)　b)	图 a 中角撑边缘为曲线，图 b 边缘形状为直线，图 b 结构加工方便
12.2.8　中小型焊接件不宜采用电渣焊	电渣焊适用于厚度超过 50mm 的焊件，它不要求开坡口，一次可以焊成，生产率较高。而对中小焊件，电渣焊的优点不易发挥，成本也较高

12.3　减小焊接件应力集中

设计应注意的问题	说　明
12.3.1　注意提高焊接悬臂梁根部的强度 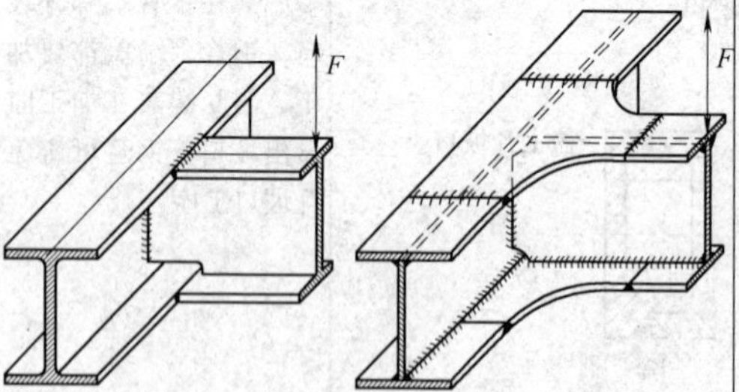 F　F 较差　较好	悬臂梁根部应力最大，是它的薄弱环节，应注意提高该部位的强度，尤其是受变应力的场合，宜采用下图的结构，使焊缝避开最大弯矩截面

（续）

设计应注意的问题	说　　明
12.3.2　焊接接头应力求过渡平缓 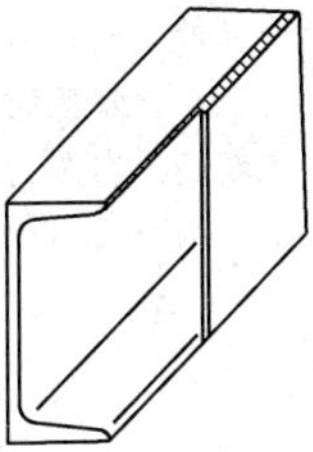 差 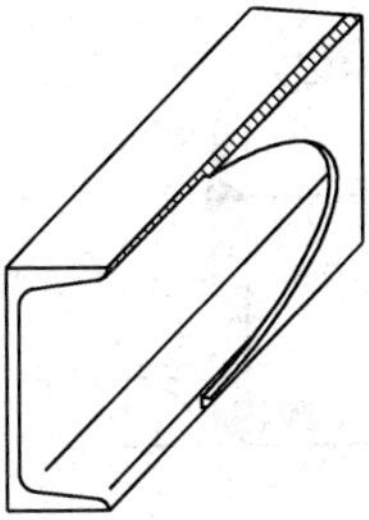　　不好 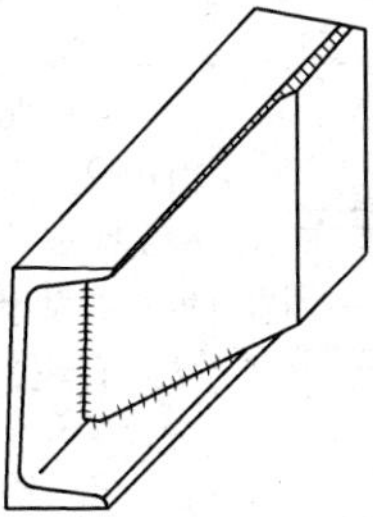 好	在槽钢侧面焊接一个盖板以提高其强度和刚度，应使其各断面的刚度逐渐加大，以避免突变的部位形成薄弱的环节
12.3.3　焊缝的加强肋布置要合理 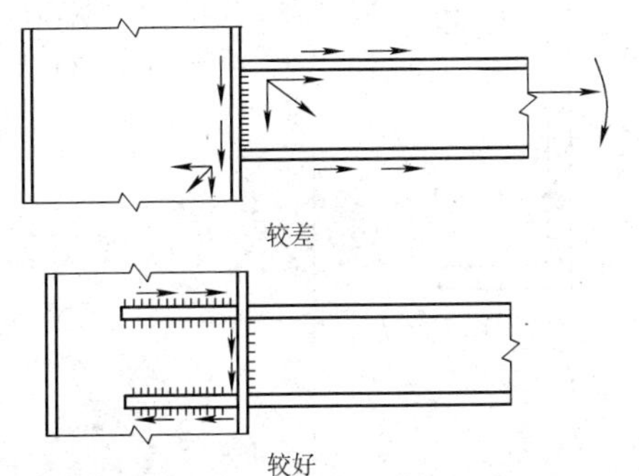 较差 较好	合理布置加强肋可以提高焊接件强度和刚度，若布置不合理，不但不起作用，甚至引起更大的焊接变形。受力集中处的焊缝应增设加强肋以改善焊缝的受力状况，使水平梁上下翼板的力通过隔板传递到立柱两侧

12.4 减小焊缝受力

设计应注意的问题	说　明
12.4.1 焊缝不宜安排在机械加工表面或转折处 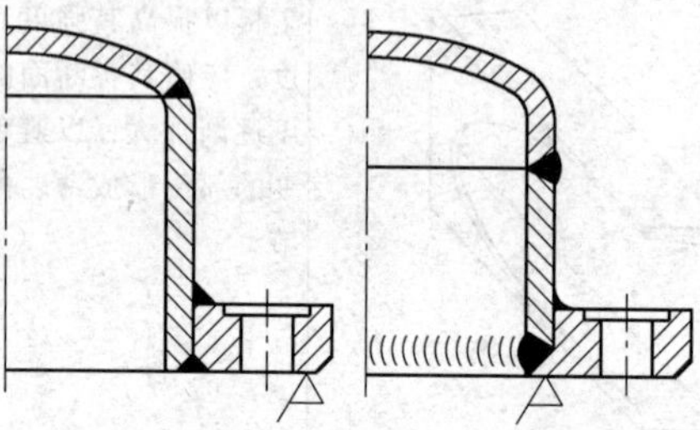 较差　　较好	左图中机械加工后焊缝被切掉一部分，其强度降低，而在转折处受力较大，焊接时操作要求较高。右图为改进后的结构
12.4.2 断面转折处不应布置焊缝 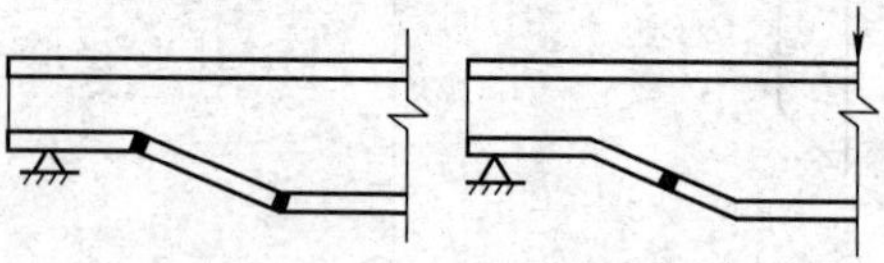 误　　正	一般情况下不应在断面转折处布置焊缝。如确实需要，则焊缝在转折处不应中断，否则容易产生裂纹
12.4.3 避免焊缝底部受拉应力 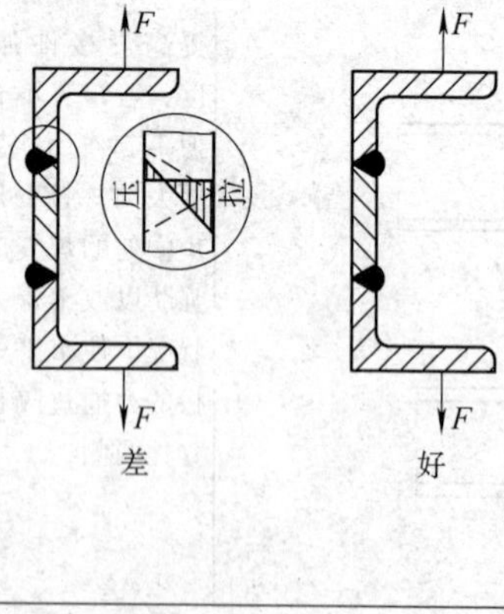 F　F　压　拉　F　F 差　　好	焊缝底部抗拉强度较差，应尽量避免焊缝底部受拉力，为了提高焊缝底部强度，要进行背面补焊

（续）

设计应注意的问题	说　明
12.4.4　截面形状应有利于减少变形和应力集中 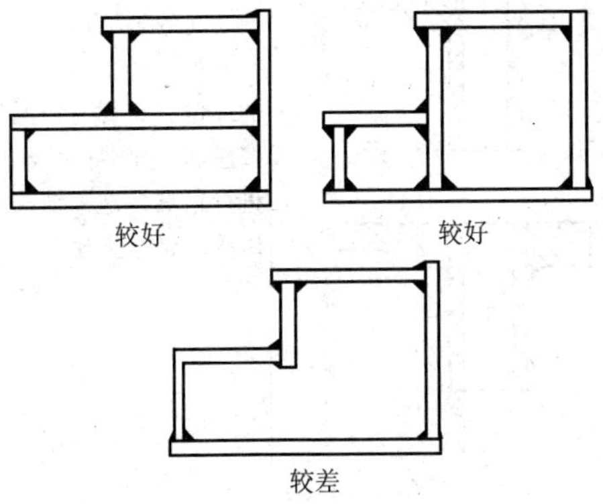 	焊接件设计应具有对称性。焊缝布置与焊接顺序也应对称。这样，就可以利用各条焊缝冷却时的力和变形的互相均衡，使焊件整体的变形较小
12.4.5　正确选择焊缝位置 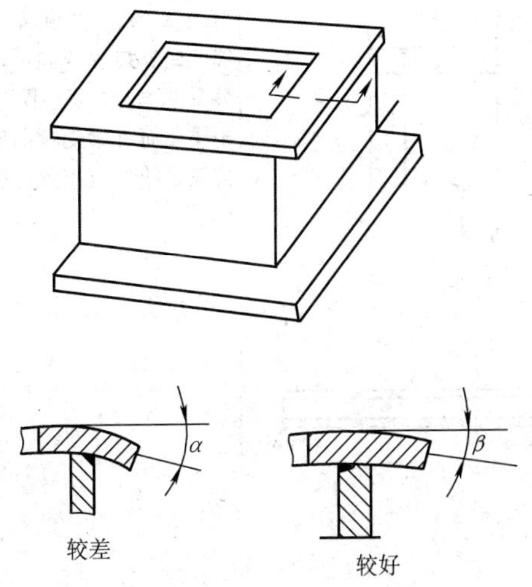 	选择好焊缝位置可以减少变形量。图中底座顶板内侧刚度大，在内侧开坡口，并在内侧焊接可以减小变形量，使顶板比较平直，内侧焊接顶板变形角度为 β，外侧焊接顶板变形角度为 α，而 $\beta<\alpha$

（续）

设计应注意的问题	说　明
12.4.6　减小焊缝的受力 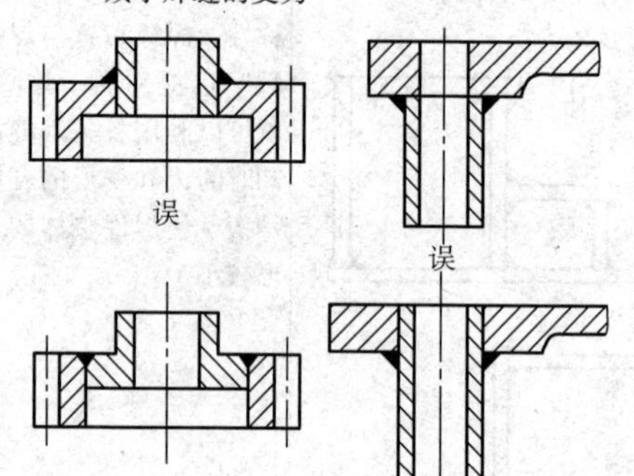	焊缝应安排在受力较小的部位。如轮毂与轮圈之间的焊缝应尽量安排在距回转中心远一些的部位。套管与板的连接应将套管插入板孔，进行角焊，这种结构可以减小焊缝受力
12.4.7　注意焊缝受力 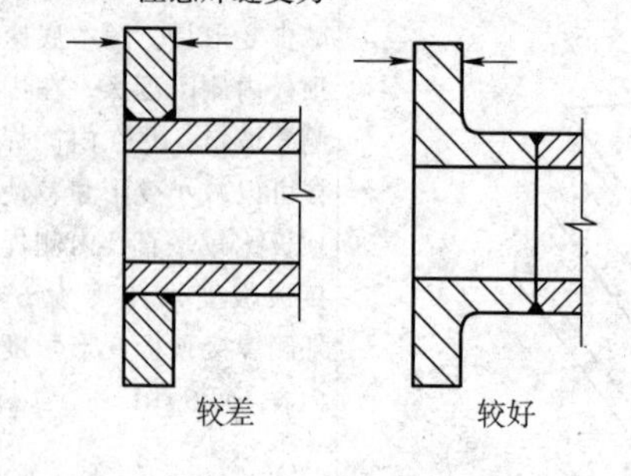 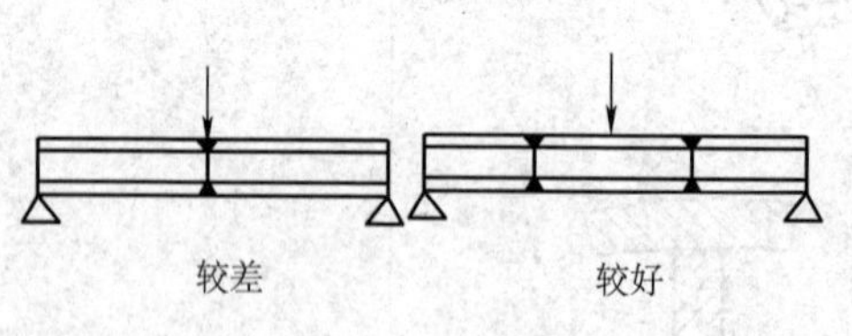	避免焊缝承受剪切力或集中载荷，避免在应力最大的部位布置焊缝。如焊接法兰避免焊缝受剪切力（左图）。不要在简支梁受弯曲应力最大的部位布置焊缝（右图）

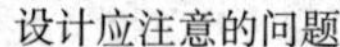
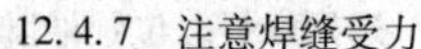

（续）

设计应注意的问题	说　　明
12.4.8　点焊接头不宜受拉力，宜承受剪切 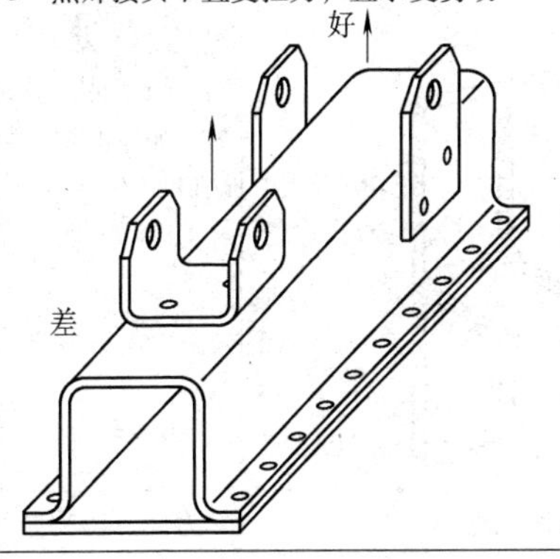 	拉力、弯曲都对点焊有直接拉开的作用，承受能力差，而点焊承受剪切的能力较强
12.4.9　箱形截面的构件用点焊连接时，应把连接处设在中性轴处 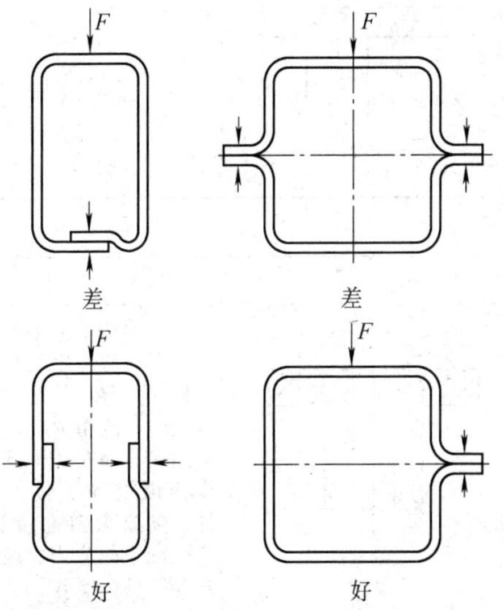 	箱形截面的梁，受弯曲应力时，点焊处不宜安排在承受弯曲应力最大的上下面，而在中性轴处焊接，所受应力较小

12.5 避免焊缝汇集

设计应注意的问题	说　明
12.5.1　避免多条焊缝汇聚 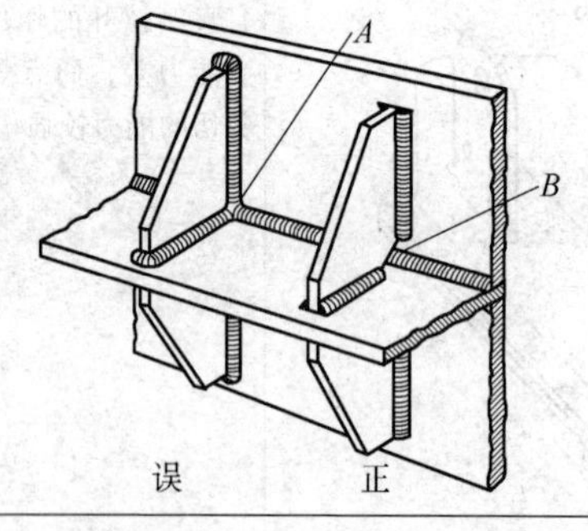 	多条焊缝汇聚时，结构复杂，发热和变形大，强度低，应尽量避免，如在汇聚处 *A* 做出缺口（*B*）
12.5.2　不要让焊接影响区相距太近 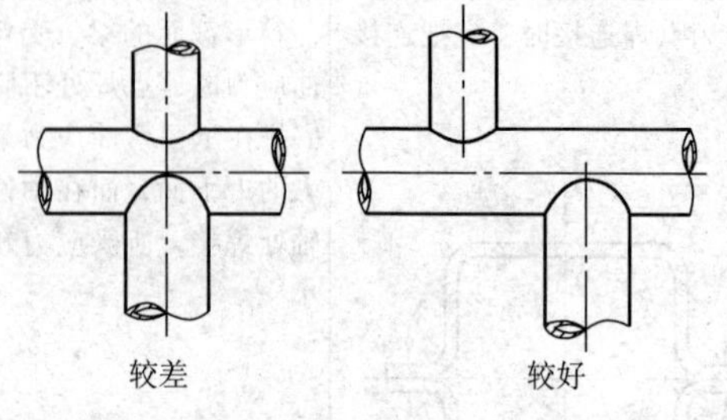 	为使热影响减小，各条焊缝应相互错开，以免影响区相距太近，使变形太大，强度降低

12.6 减小焊接件的变形

设计应注意的问题	说　明
12.6.1　减小热变形 较差　较好	较差的图中为刚性接头，焊接时产生的热应力较大，零件的热变形也较大。改用弹性较大的结构，如在环上开一个槽以增加零件的柔性，则成为弹性接头，可以减小热应力，或使热变形显著减小

（续）

设计应注意的问题	说　　明
12.6.2　考虑气体扩散 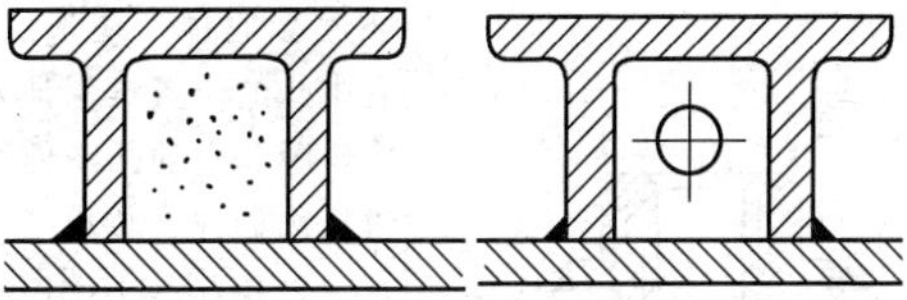 较差　较好	焊接密闭容器时，应考虑焊接时容器中的气体是否能释放出来。较差的图中所示结构气体释放不好，不易焊牢，若预先设计一放气孔，使气体能够释放，则有利于焊接
12.6.3　焊缝应避开加工表面 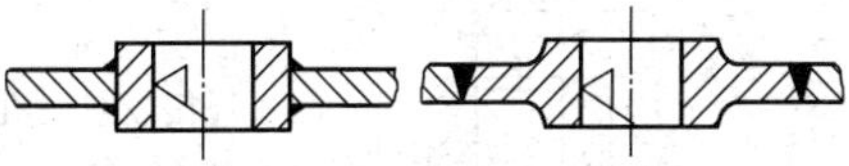 较差　较好	机械加工后焊接的零件，如果加工表面距焊缝太近，则焊缝的热影响区或热变形会对加工面有影响。采用焊接后加工，也是一种避免焊接变形影响的方法
12.6.4　焊缝应远离零件的薄弱部分 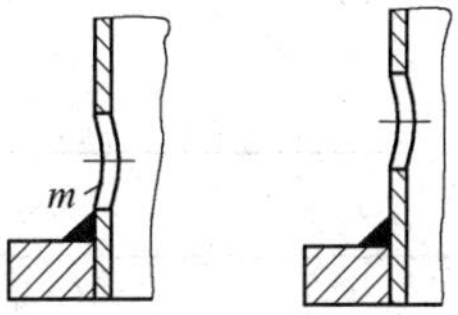 m a)　b)	图示法兰焊在带孔的圆筒上，要求避免孔变形，图 a 焊缝离孔太近，引起孔变形甚至 m 处熔化。图 b 焊缝距孔较远，结构较合理
12.6.5　焊缝应远离零件有螺纹的部分 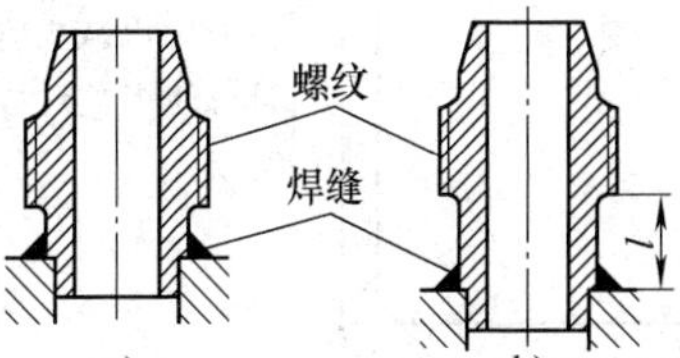 螺纹　焊缝　l a)　b)	图 a 中焊缝距螺纹太近，会使螺纹损坏，图 b 尺寸 l 较大，效果较好

（续）

设计应注意的问题	说　明
12. 6. 6　要求不变形、对中精度高的焊接结构，要有特殊的措施 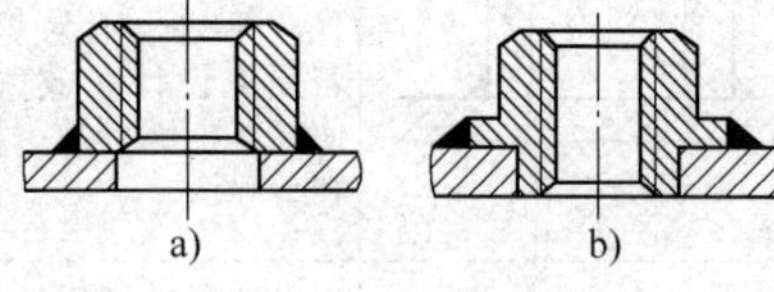 a)　　　b)	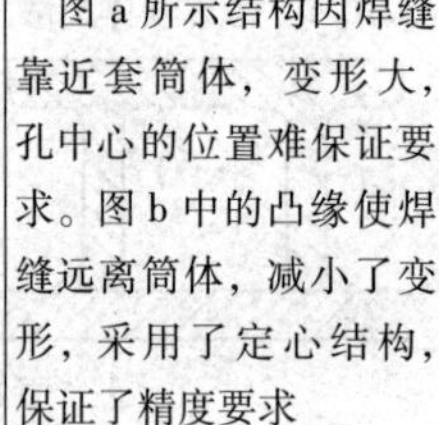 图 a 所示结构因焊缝靠近套筒体，变形大，孔中心的位置难保证要求。图 b 中的凸缘使焊缝远离筒体，减小了变形，采用了定心结构，保证了精度要求
12. 6. 7　避免焊在板上的套形零件孔变形的措施 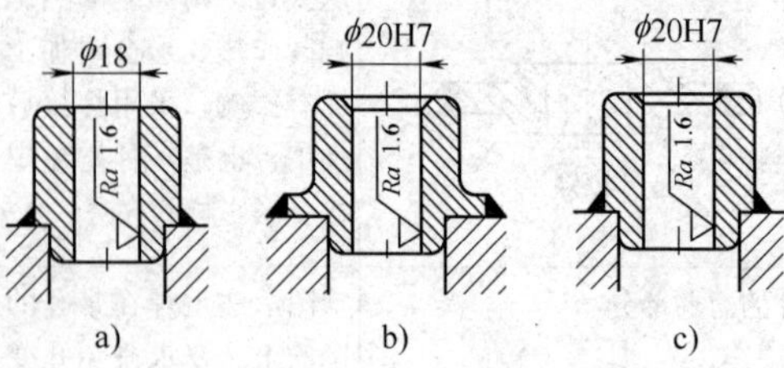 a)　　　b)　　　c)	图 a 焊接发热对孔精度影响较大，图 b 中加凸缘影响较小，图 c 焊后加工内孔精度更高

12. 7　减少焊缝

设计应注意的问题	说　明
12. 7. 1　采用板料弯曲件以减少焊缝 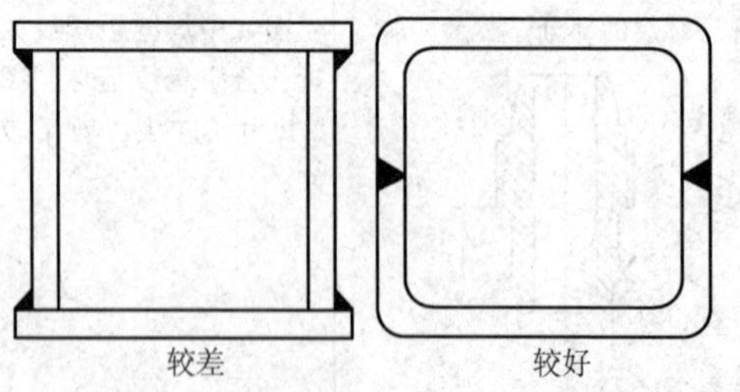 较差　　　较好	用钢板焊接的零件，如改为先将钢板弯曲成一定形状再进行焊接，不但可以减少焊缝，而且可使焊缝对称和外形美观

（续）

设计应注意的问题	说　　明
12.7.2　合理利用型材，减少焊缝 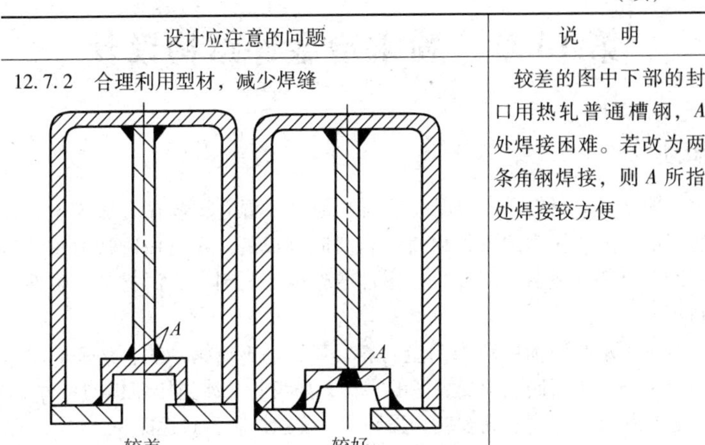 	较差的图中下部的封口用热轧普通槽钢，A处焊接困难。若改为两条角钢焊接，则A所指处焊接较方便

12.8　节约材料

设计应注意的问题	说　　明
12.8.1　采用套料剪裁 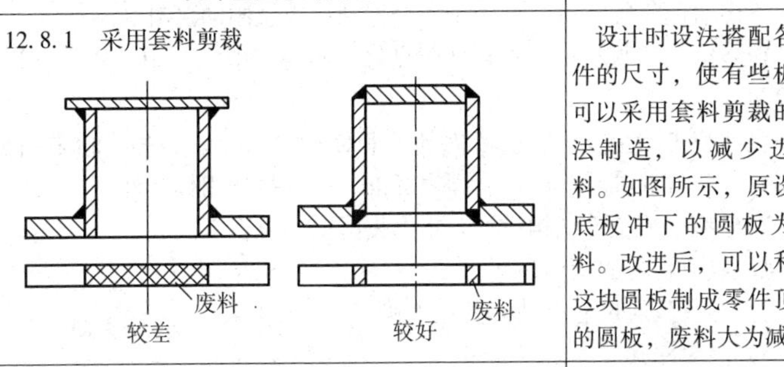 	设计时设法搭配各零件的尺寸，使有些板料可以采用套料剪裁的方法制造，以减少边角料。如图所示，原设计底板冲下的圆板为废料。改进后，可以利用这块圆板制成零件顶部的圆板，废料大为减少
12.8.2　可以用冲压件代替加工件 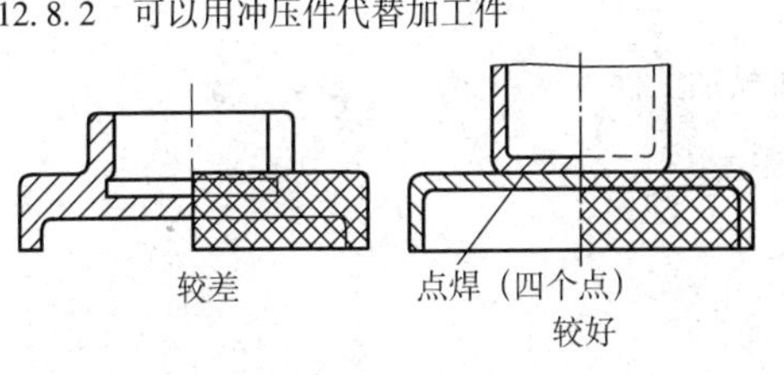 	较差的图所示是棒料经过机加工而成的小手轮（最大直径 ϕ50mm）。若将它分为两个部分，各用拉延方法制造，然后用点焊连接，可以大量节约材料和机加工工作量

第 13 章　粉末冶金件结构设计

概述

粉末冶金材料是用金属粉末与其他材料混合，放在金属模中，在适当的温度、压力之下，保持一定时间制成的。在机械制造业中，粉末冶金材料一般用于制造机械零件或作电工材料、高温材料、磁性材料等。

用于承受载荷的粉末冶金材料，如钢、不锈钢、铁、铜基的粉末冶金零件，用于制造承受载荷的零件，如齿轮、冰箱压缩机的零件等。这类材料有高强度、高硬度、强韧性、耐蚀性和密封性能。

用于作减摩材料的粉末冶金材料，如铜基、铁基含油轴承，其承载能力高、摩擦因数小，噪声低，具有自润滑性能。

粉末冶金摩擦材料具有摩擦因数大、导热性好、耐磨、耐瞬时高温、不伤对偶件等特点，可用于离合器摩擦片、制动材料等。

粉末冶金密封材料的密封性能良好，本身不泄漏，用于热力管道、泵等。

设计粉末冶金零件时应考虑加工和使用的特点。另外，粉末冶金过滤元件、含油轴承等已经有国家标准，应尽量选用标准件。

对于粉末冶金件结构设计，本书提醒要注意以下问题：

1）避免脆弱的结构。

2）避免截面尺寸沿轴向变化太快。

3）避免深孔。

4）避免斜齿。

5）避免简单模仿机械加工件。

13.1 避免脆弱的结构

设计应注意的问题	说　明
13.1.1　孔与零件边缘距离不可太近 a $a<1.5\sim2\text{mm}$ 差　　　　好	为了保证粉末冶金零件和模具的强度，孔与零件边缘应保持一定距离 a，一般不小于 1.5 ~ 2mm
13.1.2　零件不可有尖角 差　　　　好	粉末冶金零件强度较低，有尖锐的角容易损坏，在设计中应尽量避免。圆角半径最小不宜小于0.5 ~ 1mm

13.2 避免截面尺寸沿轴向变化太快

设计应注意的问题	说　明
13.2.1　避免圆锥台大小端尺寸相差过大 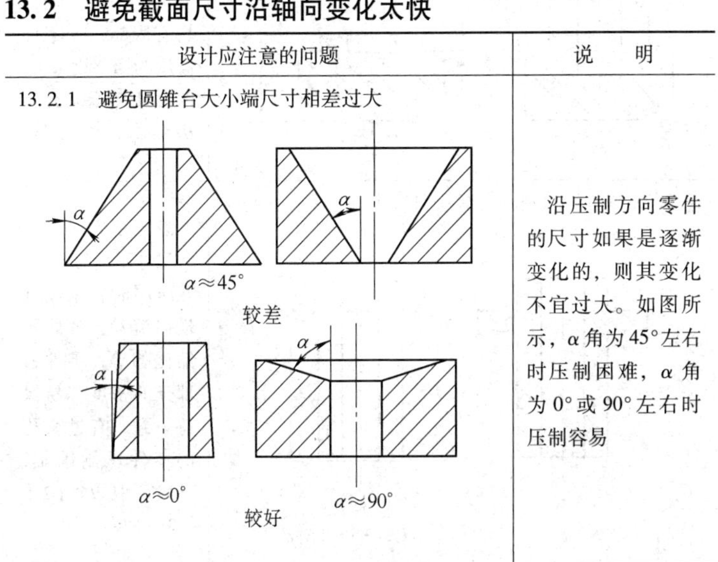 较差 较好	沿压制方向零件的尺寸如果是逐渐变化的，则其变化不宜过大。如图所示，α 角为 45°左右时压制困难，α 角为 0° 或 90° 左右时压制容易

（续）

设计应注意的问题	说　明
13.2.2　球形零件制造困难 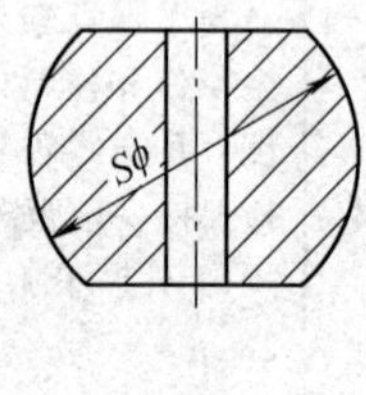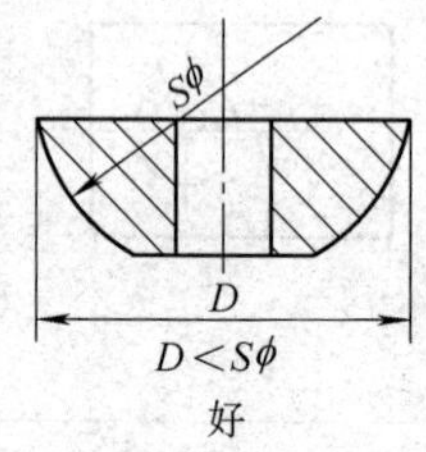	球形零件或球台脱模较难，球的表面易产生皱纹，可以在压制以后用滚压的方法消除。最大直径小于球直径的局部球面压制容易

13.3　避免深孔

设计应注意的问题	说　明
13.3.1　凸台和凹槽尺寸不能过大 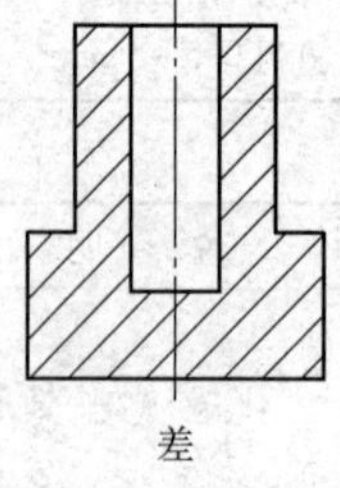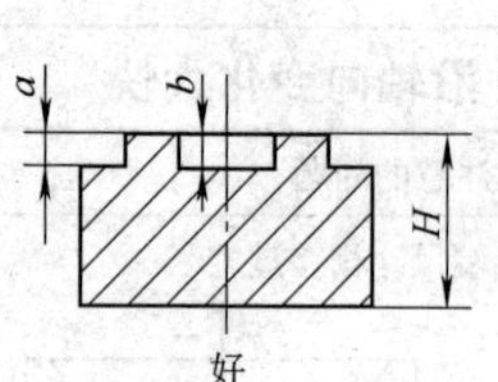	图示零件有凸台及凹槽，凸台的高度 a 和凹槽的深度 b 均有限制，若零件高度为 H，则 a、b 的尺寸都不应大于 $H/5$
13.3.2　零件沿压制方向形状和尺寸不宜变化，避免细长孔 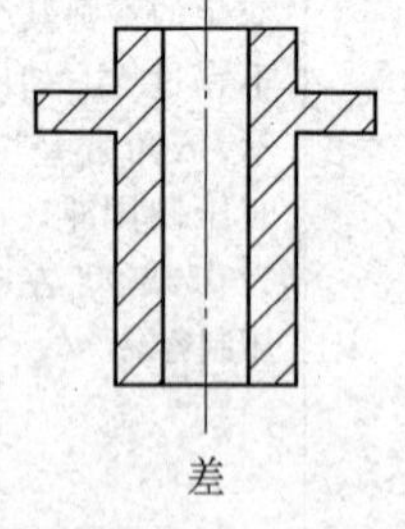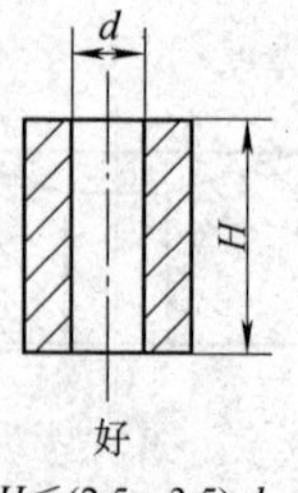 $H \leqslant (2.5\sim3.5)d$	沿压制方向形状和尺寸不变的零件，在压制时粉末没有横向流动，各处压缩比相等，零件各部分的密度容易保持一致。有过长孔的零件压制困难，一般可取 $H \leqslant (2.5\sim3.5)d$

13.4 避免斜齿

设计应注意的问题	说 明
13.4.1 齿轮的螺旋角不宜过大 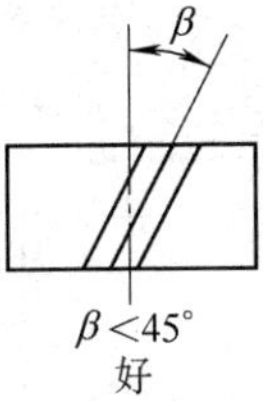 β $\beta<45°$ 好	压制的斜齿圆柱齿轮，螺旋角应小于45°，否则不易压制
13.4.2 滚花不能采用交叉形状 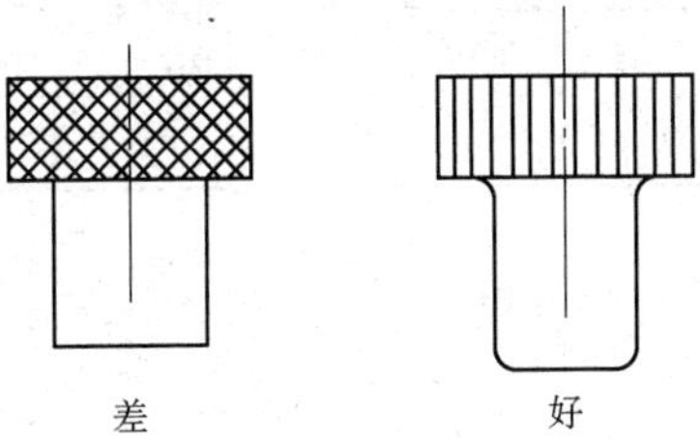 差 好	用粉末冶金材料压制的零件上面如果有滚花，其花纹的方向必须是沿着压力作用的方向。不宜采用交叉网纹等不易压制的形状
13.4.3 复杂形状的零件不可要求直接压出 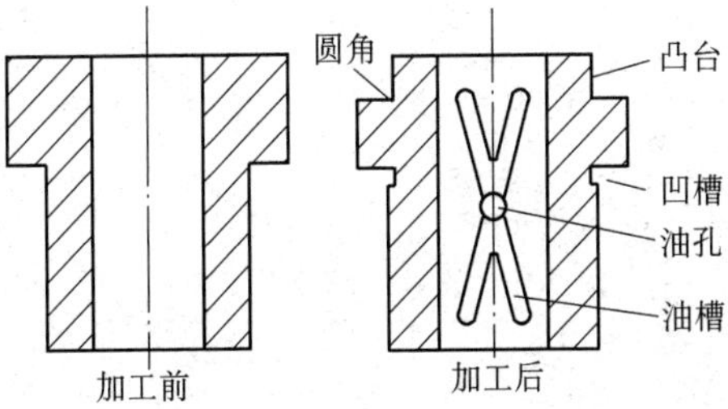 圆角 凸台 凹槽 油孔 油槽 加工前 加工后	右图所示的零件外表面有凸台、圆角、凹槽油孔、油孔，内孔有油槽。这些结构形状复杂，有的尺寸很小，不易压制，应先压制成形毛坯，如左图，然后靠机械加工成形

13.5 避免简单模仿机械加工件

设计应注意的问题	说　明
粉末冶金零件不可简单模仿机械加工件 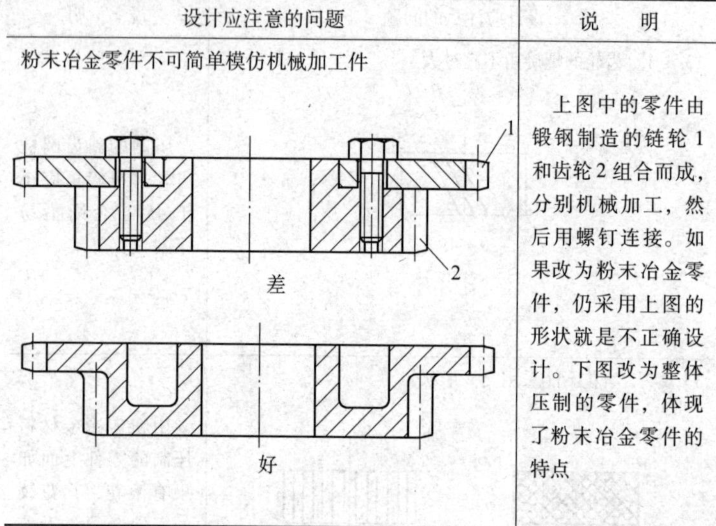 	上图中的零件由锻钢制造的链轮1和齿轮2组合而成，分别机械加工，然后用螺钉连接。如果改为粉末冶金零件，仍采用上图的形状就是不正确设计。下图改为整体压制的零件，体现了粉末冶金零件的特点

第 14 章　粘接件结构设计

概述

粘接是靠合成高分子粘接剂实现连接来制造机械零件的方法。航空工业中使用粘接最为广泛。与铆接、焊接比较，粘接具有以下优点：

1）传力面积较大。

2）应力分布比较均匀，应力集中小，强度高。

3）制造工艺和设备简单。

4）有较好的密封性和绝缘性。

5）容易实现两种不同材料的连接。

粘接的缺点主要有：单位连接面积强度较低，耐热性较差（一般不超过 150℃，个别可以超过 250℃）。在潮湿、紫外线、温度变化条件下会老化，有些胶粘剂污染环境，产生对人有害的气体。

对于粘接件结构设计，本书提醒要注意以下问题：

1）减少粘接接头受力。

2）对粘接接头采用增强或应力均匀化等措施。

3）设法扩大粘接接头。

14.1　减少粘接接头受力

设计应注意的问题	说　　明
改进粘接接头结构，减小粘接面受力 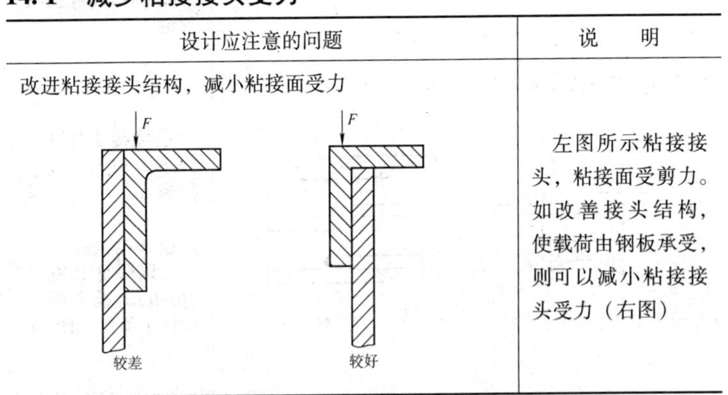 	左图所示粘接接头，粘接面受剪力。如改善接头结构，使载荷由钢板承受，则可以减小粘接接头受力（右图）

14.2 对粘接接头采用增强或应力均匀化等措施

设计应注意的问题	说　明
14.2.1 修复重型零件除粘接外，应加波形键 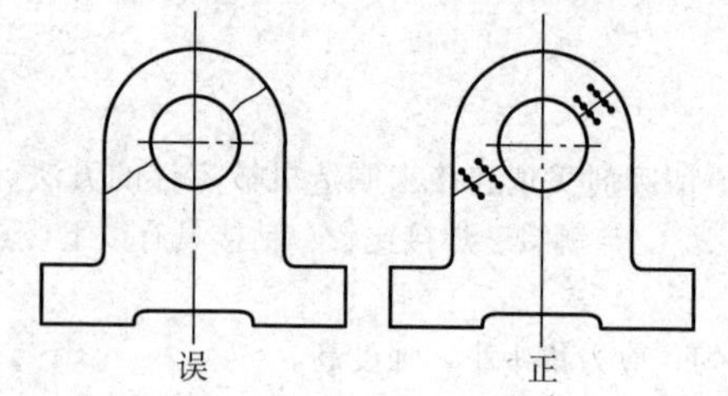 	重型零件（如图示大型轴承座）断裂后，除用胶粘接断口外，应该用波形键连接以增加连接强度 波形键，参见参考文献［15、16、17］
14.2.2 修复产生裂纹的零件除胶粘外，还应采取其他措施 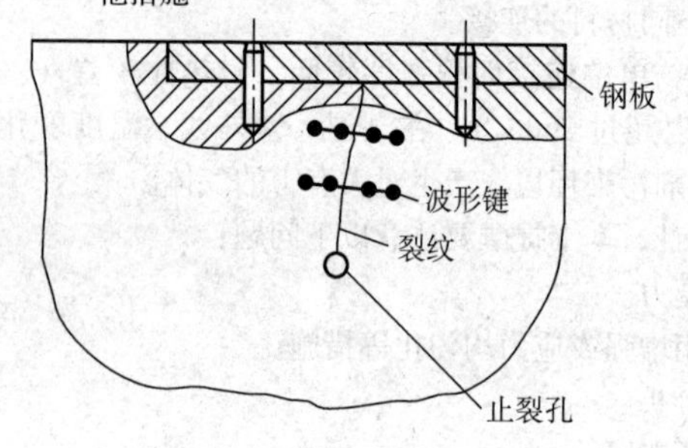 	对于产生裂纹的大型零件，可采取以下综合修复措施： 1. 在裂纹末端钻止裂孔 2. 在零件表面开深 2 ~ 3mm 的槽，嵌入钢板，用销钉固定 3. 沿裂纹开 V 形槽，涂胶加入铁粉填充剂连接 4. 加跨裂缝的波形键
14.2.3 避免粘接接头应力分布不均匀 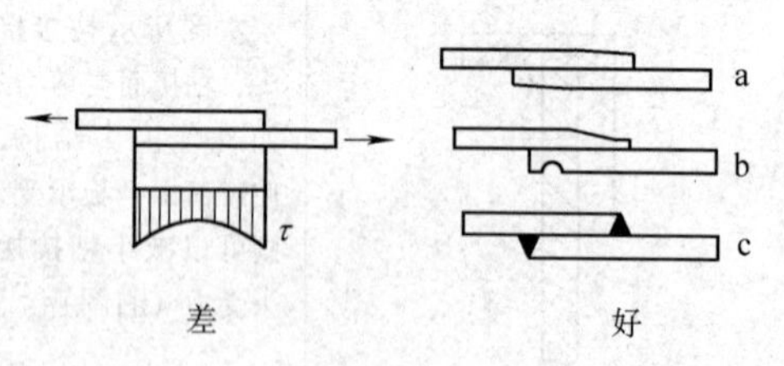 	粘接接头应力 τ 分布不均匀，改进措施如：把板末端做出斜面（图 a），把板末端去掉一部分，以降低其刚度（图 b），板末端内部作出斜角（图 c）

（续）

设计应注意的问题	说　明
14.2.4　粘接接头强度不够时，应采取提高强度措施	可以采用的措施如点焊加固，钢板加固、构织铁丝网、粘贴玻璃布等[15、16、17]
14.2.5　对剥离力较大部分采用增强措施 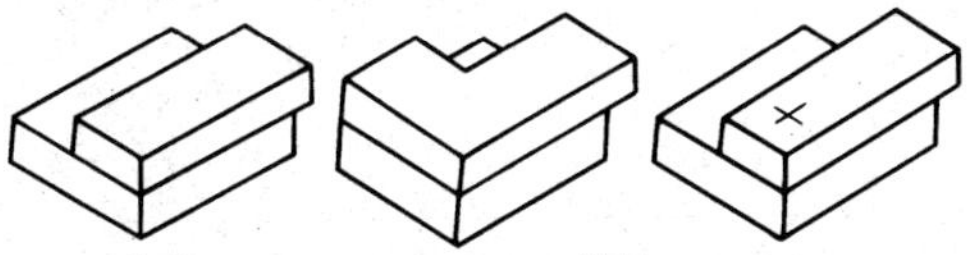 较差　较好	左图所示两个零件连接在一起，端部受力较大，容易损坏。将端部尺寸加大或附加连接螺钉，可提高连接强度
14.2.6　受力很大零件断裂后，不可简单地把原断口粘接，应采用加强的辅助措施 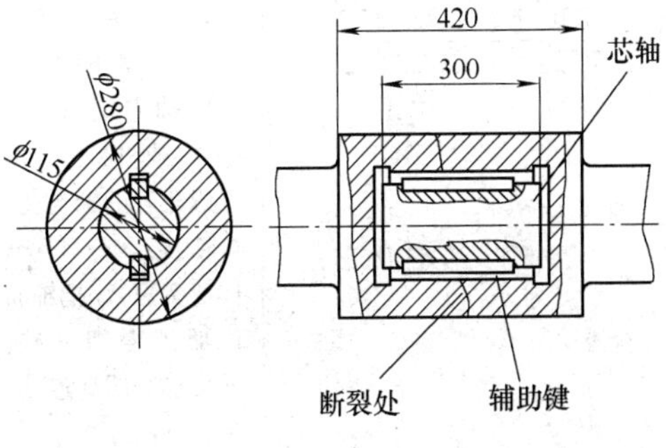 420　300　芯轴　φ280　φ115　断裂处　辅助键	图示为轧铝机主动轧辊，由铸铁制造，直径 ϕ280mm，由于内部缺陷而断裂，在其内部装入钢制心轴和键，再用粘接剂粘连

14.3 设法扩大粘接接头

设计应注意的问题	说　明
14.3.1 粘接结构与铸、焊件有不同特点 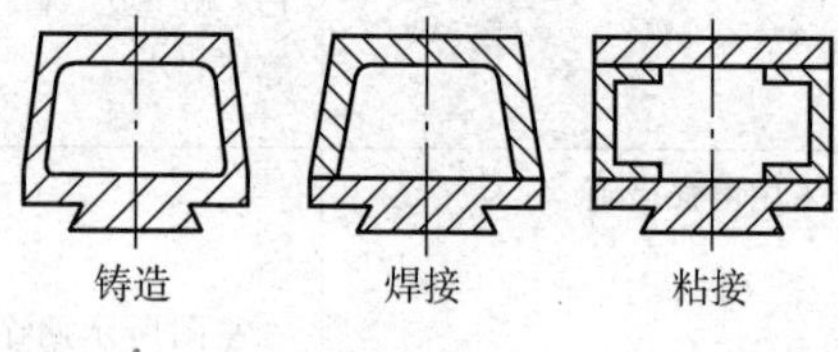 	粘接件由于粘接的强度比焊接低，所以设计时应该有较大的粘接面积，与铸件、焊接件的结构有明显的不同。另外粘接的变形较小，可以简化零件结构
14.3.2 粘接用于修复时不能简单地粘合，要加大粘接面积 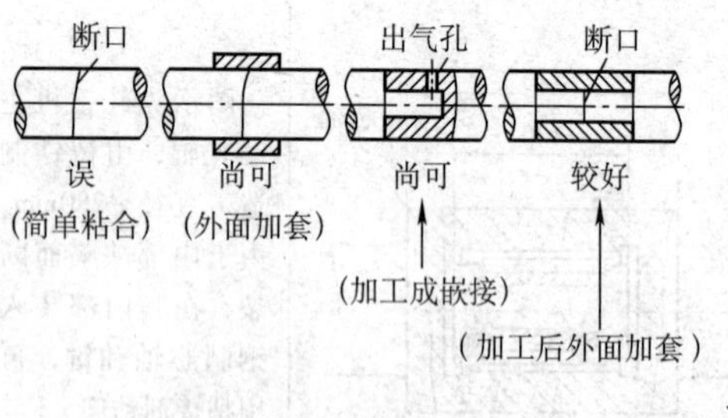 	对于产生裂纹甚至断裂的零件，可以采用粘接工艺修复。如图中所示轴断裂后的连接。采用简单涂胶粘接的方法不能达到强度要求。可在轴外加一个补充的套筒（但轴外形改变了），或将断口处加工成相配的轴与孔，再粘接起来（但轴尺寸变短）。把轴断口加工得细一些，外面加一层套连接，是较好的方法

（续）

设计应注意的问题	说　明
14.3.3　两圆柱对接时，应加套管或内部附加连接柱 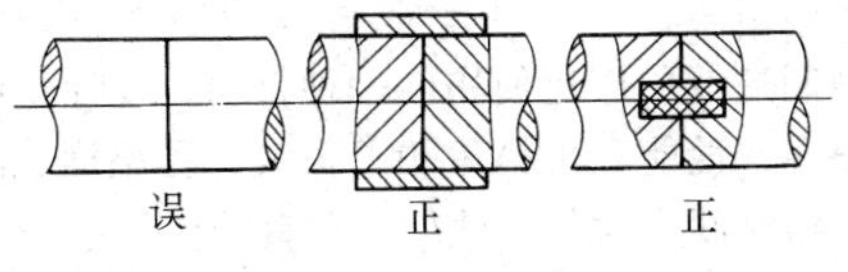 	两圆柱体对接时，接触面积太小，连接强度不够。在连接处，两圆柱外面附加增强的粘接套管或在圆柱体内部钻孔，放入附加连接柱与圆柱体粘接，强度能满足要求

第15章　工程塑料件结构设计

概述

工程塑料是现代机械制造业中广泛使用的一种材料，设计塑料零件应该考虑到它的品种很多，性能和价格等相差很大，受温度、湿度等影响比金属显著，性能随时间变化等。此外，塑料的弹性模量比金属小很多，利用这一特性可以设计出许多金属构件不能实现的结构。还有，塑料的强度和刚度比钢材低很多，但是为了保证它的成型质量，其壁厚不可以太厚，所以一般塑料零件常用于承载能力要求不高的场合。

工程塑料的成分由基料（常用树脂，如聚乙烯、聚氯乙烯、聚酰胺、聚碳酸脂、酚醛树脂和聚砜等）、填充剂、增塑剂和软化剂、固化剂、稳定剂等组成。这些塑料可以在较宽的温度范围内和较长的时间内保持一定的性能。塑料具有质量轻、比强度高、化学稳定性好、有电绝缘性、生产耗能少等优点。

按加热后的性能，塑料可以分为两大类：热固性塑料和热塑性塑料。热固性塑料如酚醛塑料、氨基塑料、硅铜塑料等是把原料加压、加热经过一定时间，原料发生化学变化使其硬化，这种塑料不能重新改制。热塑性塑料如聚乙烯、聚氯乙烯、聚酰胺、聚碳酸脂和聚砜等，受热后发生物态变化，由原来的固态变成软化或粘流体状态，冷却后又变成固体。这一过程可以多次反复，塑料的分子结构不发生变化。

对于工程塑料件结构设计，本书提醒要注意以下问题：

1）工程塑料件的材料选择。

2）避免翘曲变形。

3）避免制造困难的复杂结构。

4）避免局部变形、裂纹和接缝。

5）保证强度和避免失稳。

6）采用组合件和嵌件。

7）利用塑料特性设计特殊的结构，避免简单地模仿金属件的结构。

15.1 工程塑料件的材料选择[47]

设计应注意的问题	说　明
15.1.1 优先选用热塑性塑料	热塑性塑料如聚乙烯、聚氯乙烯、聚酰胺、聚碳酸脂和聚砜等，受热后软化或粘流体状态，冷却后又变成固体。这一过程可以多次反复。这种材料可以回收反复运用，经济性好，污染小。应该优先选用
15.1.2 要求有较好的尺寸稳定性、抗热性、抗化学腐蚀性能和有较大的电阻时采用热固性塑料	酚醛塑料、氨基塑料、硅铜塑料等电性能较好，常用做电器零件等
15.1.3 长期连续使用的工程塑料，按其使用温度不同选择不同的塑料	长期连续使用的工程塑料，按其使用温度不同分为两类：通用工程塑料，长期使用温度在 100 ~ 150℃，如聚酰胺、聚碳酸脂聚甲醛等。特种工程塑料，长期使用温度在 150℃以上，如聚砜、聚苯醚、氟塑料等

15.2 避免翘曲变形

设计应注意的问题	说　明
15.2.1 不同厚度的壁之间应该有过渡部分 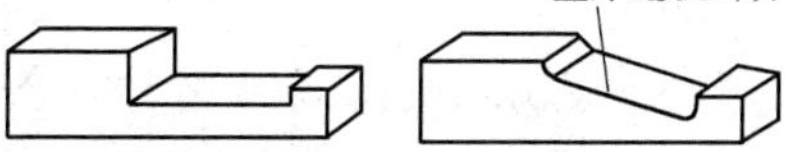 壁厚过渡部分 差　　好	塑料件壁厚不同时，相互连接的不同壁厚部分，应该有足够的过渡连接，以减轻由于冷却速度不同而产生的变形、空洞等缺陷

（续）

设计应注意的问题	说　明
15.2.2　壁厚适当、均匀 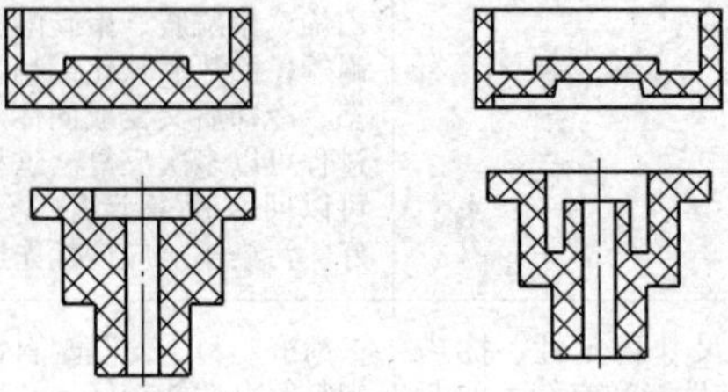 差　好 a) 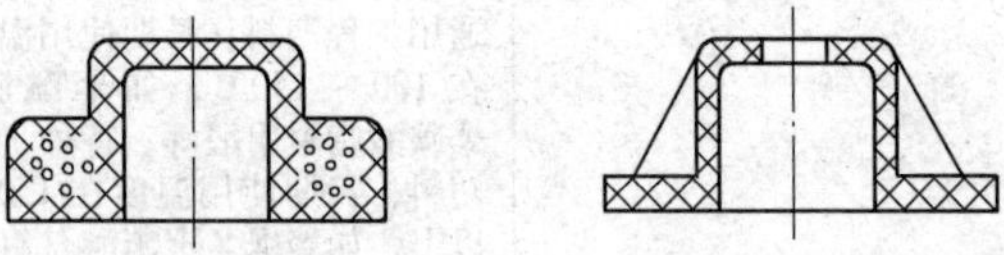 差　好 b)	壁厚不均匀的构件冷却速度不一致，由此可能导致塑料件的翘曲、变形和内部产生空洞等。塑料件中相邻的不同壁厚的比例不应超过1∶3。壁厚过大的地方可以改为中空结构，如图a所示。也可以采用加强肋，以提高强度，如图b所示
15.2.3　表面凹痕的消除或掩盖 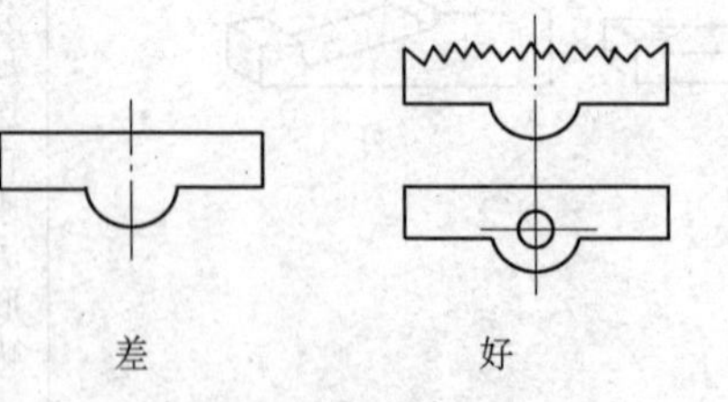 	壁厚不均的塑料件，注射成型后表面易产生凹痕。为了消除或掩盖凹痕，表面采用波纹形式，或在厚壁处开设工艺孔

（续）

设计应注意的问题	说　明
15. 2. 4　减小有拐角零件的变形 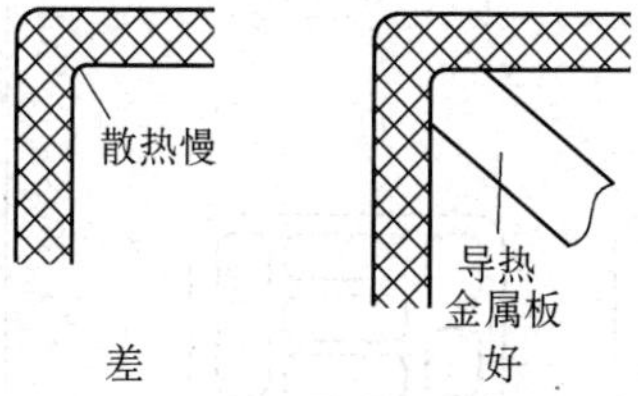 散热慢 导热金属板 差　　好	由于拐角处塑料零件内外表面散热速度的差异，使内部散热速度比外部慢，会产生角度变化。解决的方法可以采用在拐角内部设置导热性能好的冷却附件
15. 2. 5　避免加强肋会聚 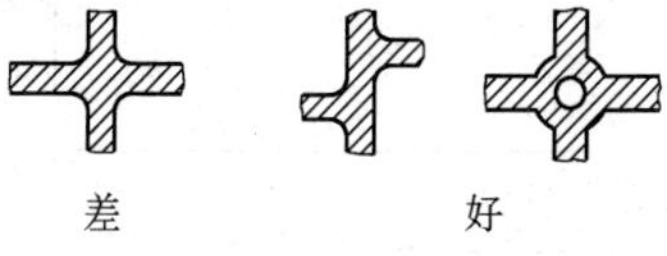 差　　好	加强肋会聚的部位会产生材料的集聚，浪费材料、增加重量、产生缩孔、汽泡、扭曲变形等。解决办法如：错开加强肋的位置，中间节点作成中空等

（续）

设计应注意的问题	说　明
15.2.6　避免大型壳体顶部和底部的变形 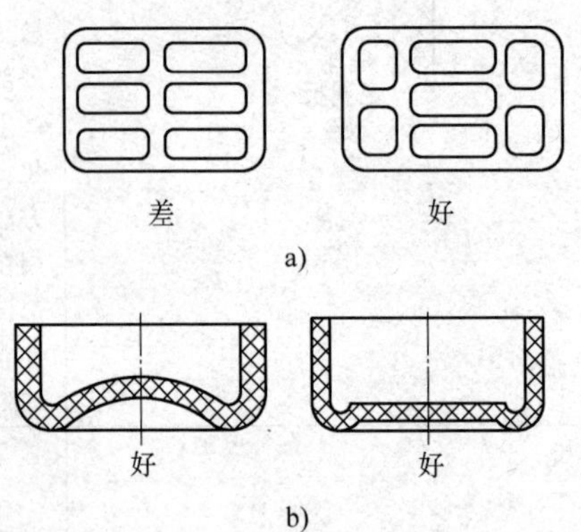	对大型壳体塑料件，由于塑料收缩的异向性，很容易产生翘曲变形，为了提高刚度，减少变形，可以采用加强肋。加强肋应交错排列，如图a所示。也可以制成球面、拱曲面或异型曲面等结构，如图b所示
15.2.7　避免薄壁容器侧壁的变形 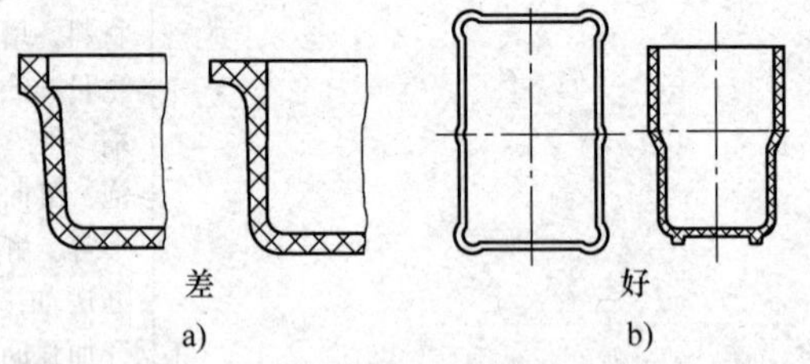	薄壁容器采用软塑料时，注射成型后容易产生内凹变形。为了增加刚性，减少变形，薄壁容器开口边缘部分应设计成有折曲的结构，

（续）

设计应注意的问题	说　明
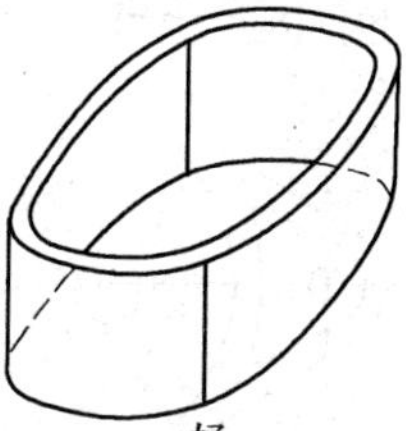 好 c)	如图 a 所示。侧壁可以采用加强肋或半圆形、波形、折线形等截面形状的结构，如图 b 所示。侧壁各边均设计成向外凸出的弧形，使侧壁发生内凹变形后仍能保持矩形结构，如图 c 所示
15.2.8　合理设计凸台（一） 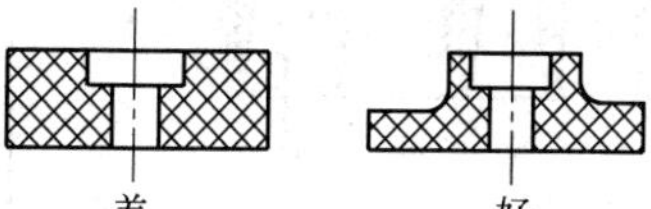 差　　好	设计凸台时，应尽量使凸台的尺寸小一些，避免壁厚不均匀。高度不应超过其直径的 2 倍，并应具有足够的脱模斜度

（续）

设计应注意的问题	说　明
15.2.9　合理设计凸台（二） 差　　　　好	固定用的凸台应有足够的强度，支承面不宜过小，避免转折处突然过渡，并应设置加强肋
15.2.10　合理设计支承面的结构 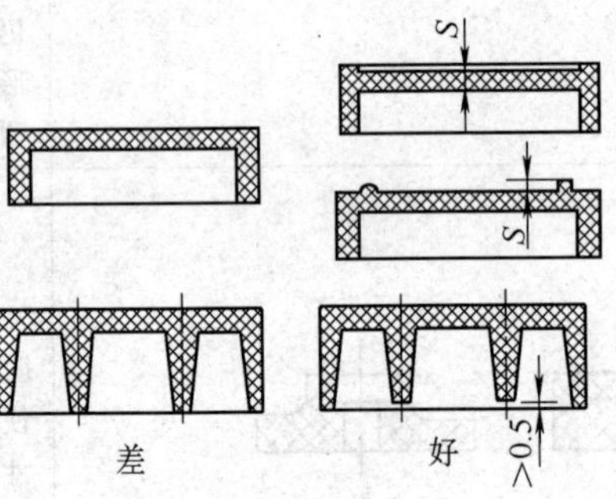 	塑料件需由一个面作支承时，以塑料件的整个底面作为支承面是不合理的，因为塑料件稍许翘曲或变形就会使底面不平。可以采用凸起的支脚（三点或四点）或凸起的边框作支承，图中凸边与凸起的高度 S 常取 0.3～0.5mm。也可以采用由加强肋构成的网格式结构作为支承面，此时加强肋的高度应低于四周高度 0.5～1mm，以保证支承面的平齐

15.3 避免制造困难的复杂结构

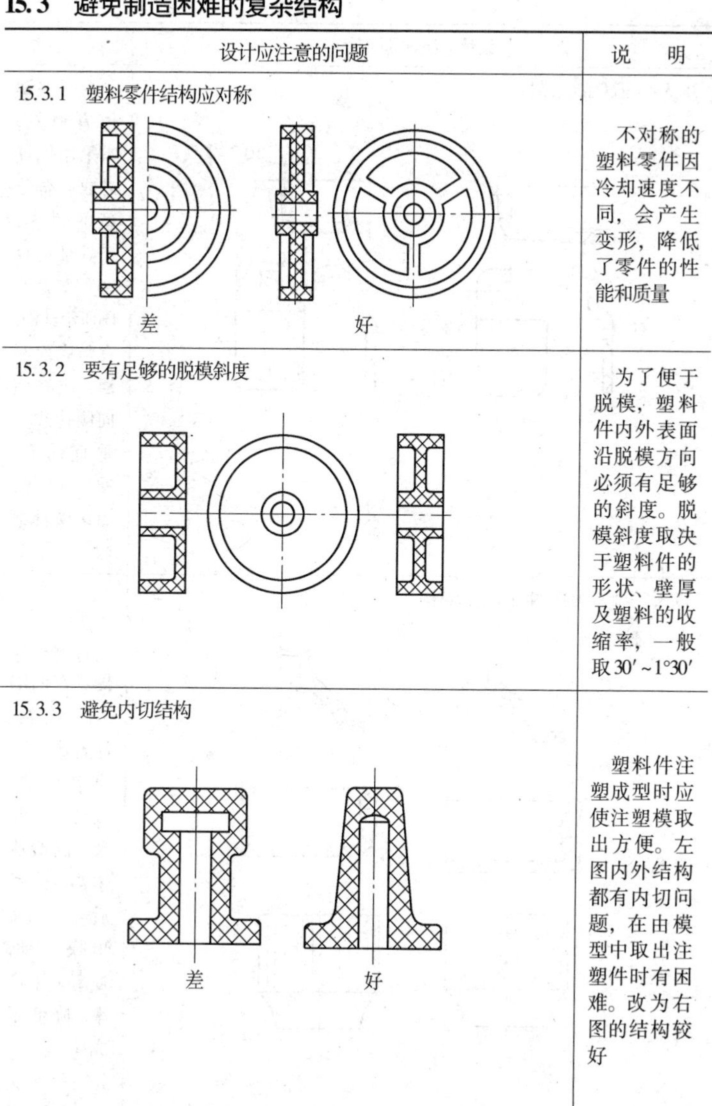

设计应注意的问题	说　明
15.3.1 塑料零件结构应对称	不对称的塑料零件因冷却速度不同，会产生变形，降低了零件的性能和质量
15.3.2 要有足够的脱模斜度	为了便于脱模，塑料件内外表面沿脱模方向必须有足够的斜度。脱模斜度取决于塑料件的形状、壁厚及塑料的收缩率，一般取30′~1°30′
15.3.3 避免内切结构	塑料件注塑成型时应使注塑模取出方便。左图内外结构都有内切问题，在由模型中取出注塑件时有困难。改为右图的结构较好

（续）

设计应注意的问题	说　明
15.3.4　避免侧孔结构 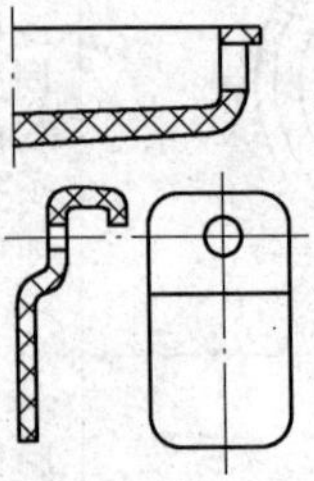 ≥0.2 差 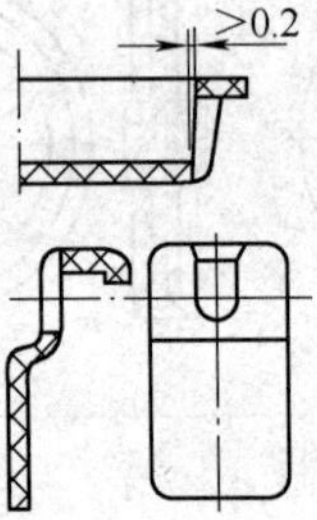　　好	左图注塑件有侧孔，需采用侧抽芯或瓣合分型的模具，模具结构复杂。改为右图所示结构，孔与底面联通，或将横向侧孔改为垂直向孔，便于脱模，简化模具结构
15.3.5　避免侧向凹陷或凸台结构 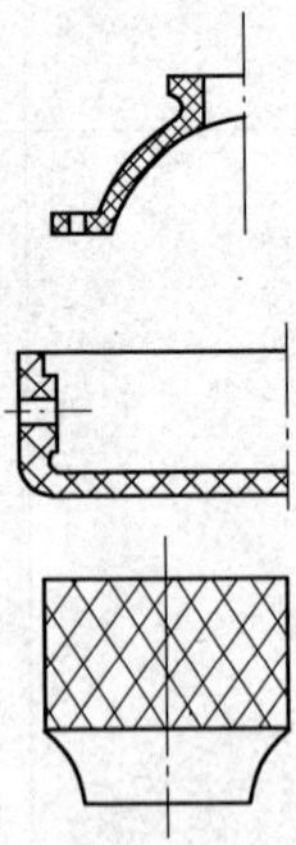 差 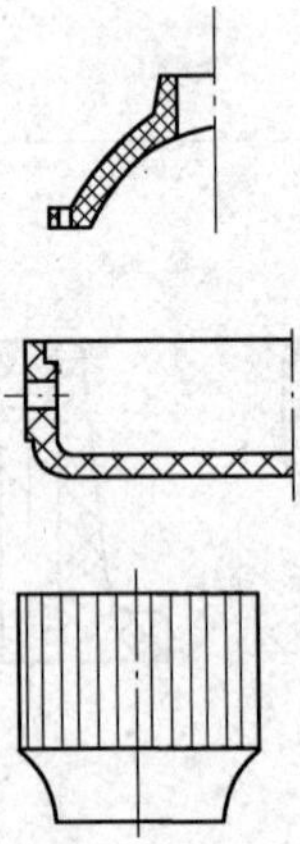　　好	若塑料件侧壁有凹陷或凸台结构，注射成型时出模困难，模具结构复杂，制造成本高，改进后（右图），出模方便，提高了生产率，降低了成本

（续）

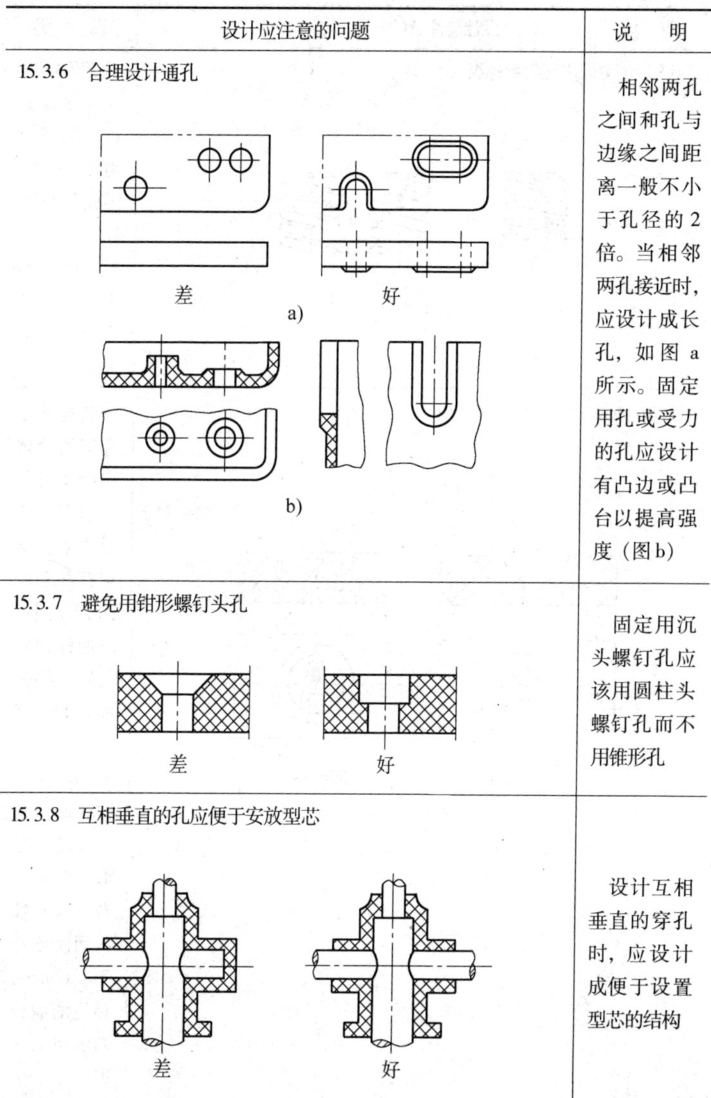

设计应注意的问题	说　明
15.3.6　合理设计通孔 差　好 a) b)	相邻两孔之间和孔与边缘之间距离一般不小于孔径的2倍。当相邻两孔接近时，应设计成长孔，如图a所示。固定用孔或受力的孔应设计有凸边或凸台以提高强度（图b）
15.3.7　避免用钳形螺钉头孔 差　好	固定用沉头螺钉孔应该用圆柱头螺钉孔而不用锥形孔
15.3.8　互相垂直的孔应便于安放型芯 差　好	设计互相垂直的穿孔时，应设计成便于设置型芯的结构

（续）

设计应注意的问题	说　明
15.3.9　避免采用三角形螺纹 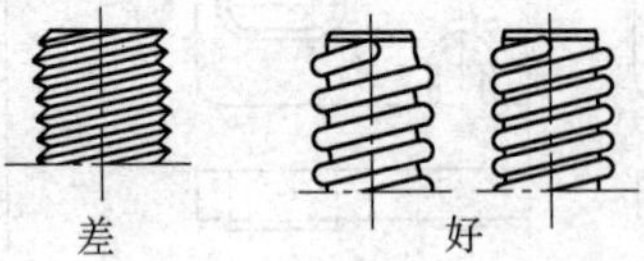 差　好	三角形螺纹有比较尖锐的角，应力集中较大，因此塑料零件宜采用圆螺纹或梯形螺纹，以减小应力集中效应
15.3.10　标记应便于加工和更换 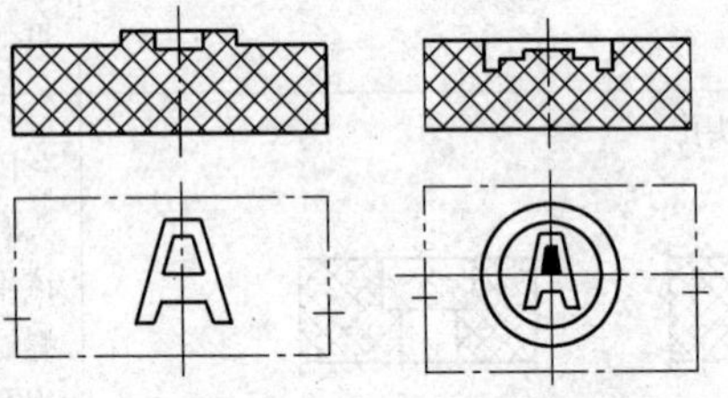 凸形标记　凹形标记	塑料件上标记的设置应使模具加工容易，脱模方便。标记有凸形和凹形两种，凸形标记模具加工容易，成本低。标记的凸出高度不小于0.2mm，线条宽度一般取0.8mm左右，两条线的间距不小于0.4mm，标记的脱模斜度可大于10°

15.4 避免局部变形、裂纹和接缝

设计应注意的问题	说　明
15.4.1 避免倒塌 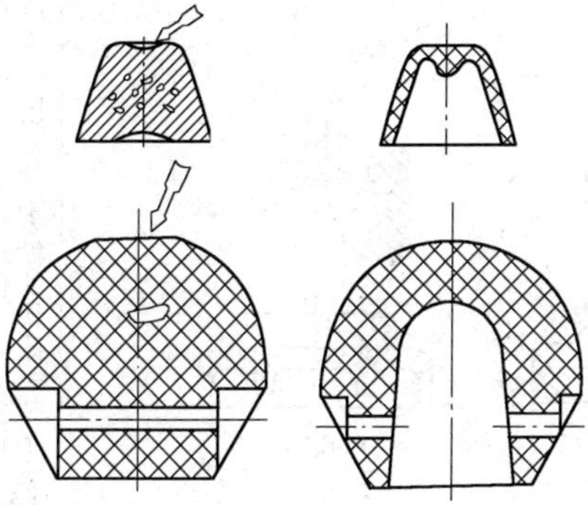 差　好	塑料件在凝固以后产生凹陷，称为倒塌。它不但影响塑料件的表面质量，而且使强度降低。其产生原因主要是由于材料集聚，冷却不均匀，或浇铸塑料溶液时充满不足。可以应用开槽等办法使壁厚均匀，还可以使用加强肋
15.4.2 避免螺钉连接引起表面倒塌 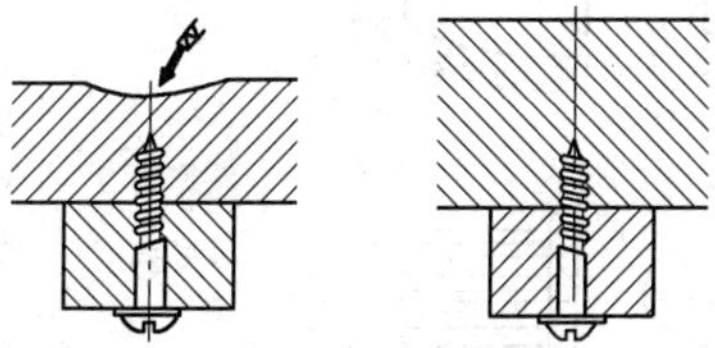 差　好	由于塑料零件弹性模量很小，在有螺纹连接时，其背面会产生表面凹陷的现象。解决办法有：缩短螺钉或加大壁厚，也有的在螺孔处加金属螺母，或采用螺栓连接

（续）

设计应注意的问题	说　明
15.4.3　避免尖锐的棱角 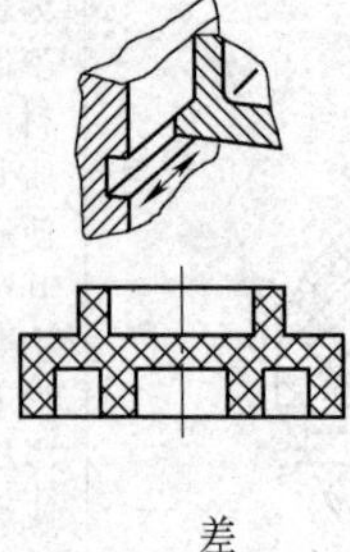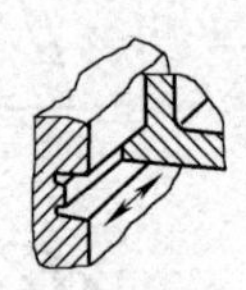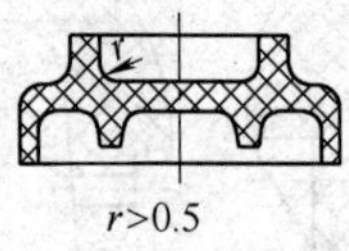 $r>0.5$ 差　　　　好	棱角处有严重的应力集中，容易产生裂纹。由于塑料的强度很低，在有应力集中的部位，裂纹容易在循环变应力的作用下很快扩展，因此必须有平缓的过渡或圆角。圆角半径一般应小于0.5mm，内壁圆角半径可取壁厚的一半，外壁圆角半径可取壁厚的1.5倍
15.4.4　避免表面出现接缝 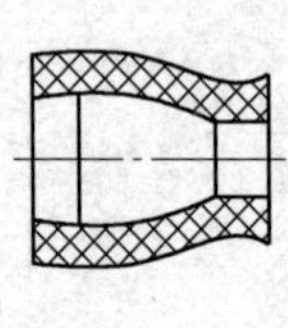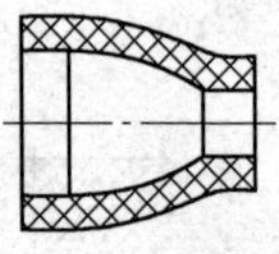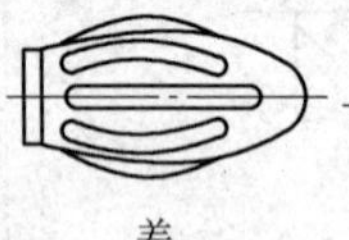 差　　　　好	塑料件外侧面有内凹或外凸曲面时，必须采用瓣合凹模，使模具结构复杂，同时由于分型面有飞边，塑料件表面会留有接缝。改进后（右图），模具分型面在塑料件端面，避免了表面出现接缝

（续）

设计应注意的问题	说　明
15.4.5　避免平面上留有熔接痕 熔接痕　浇口　$a<b$ 差 熔接痕　浇口　$a>b$ 好	平顶塑料件采用侧浇口进料时，为避免平顶面上留有熔接痕，必须保证平面进料畅通，如右图应使 $a>b$

15.5　保证强度和避免失稳

设计应注意的问题	说　明
15.5.1　避免细长杆受压 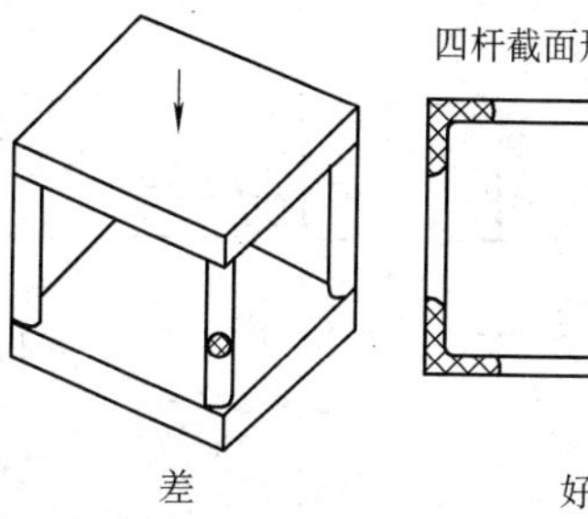 差　好	塑料的弹性模量较小，在细长杆、细长肋受压时容易出现失稳现象，应尽量避免。如把容易失稳的圆形截面改成角形截面

（续）

设计应注意的问题	说　明
15.5.2　利用加强肋提高塑料件的强度和刚度 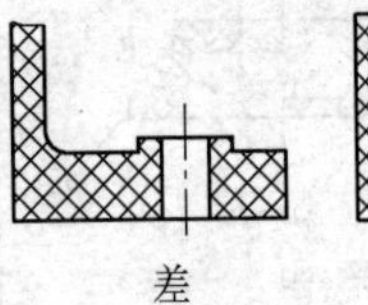 差 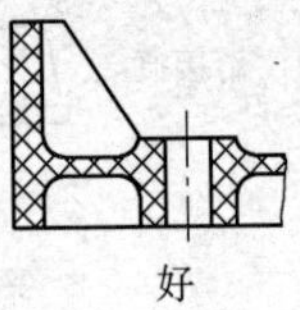 好	单用增加壁厚的办法提高强度是不合理的，可以采用加强肋提高塑料件的强度和刚度如右图所示
15.5.3　加强肋厚度应小于壁厚 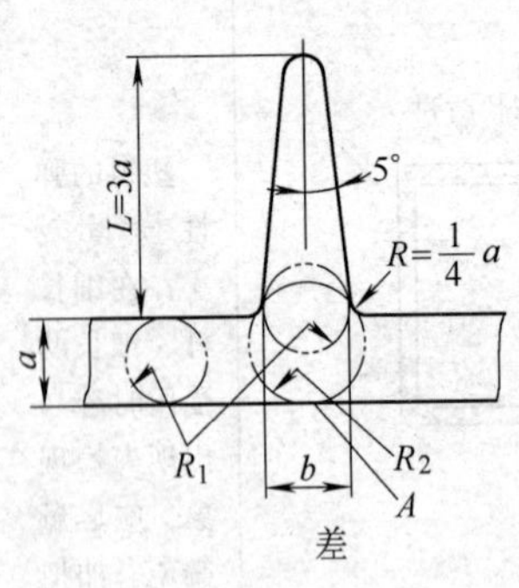 差 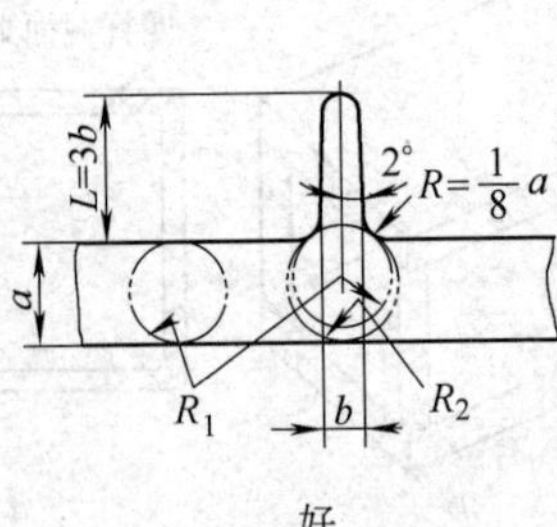 好	对于热塑性塑料件，加强肋的壁厚一般取为相邻塑料件壁厚的 0.6 倍左右，高度为壁厚的 3 倍。相邻两加强肋之间的中心距应大于 2 倍的壁厚。必须有足够的脱模斜度，一般脱模斜度取 1.5° ~2°。底部应有圆弧过渡

（续）

设计应注意的问题	说　明
15.5.4　合理布置加强肋 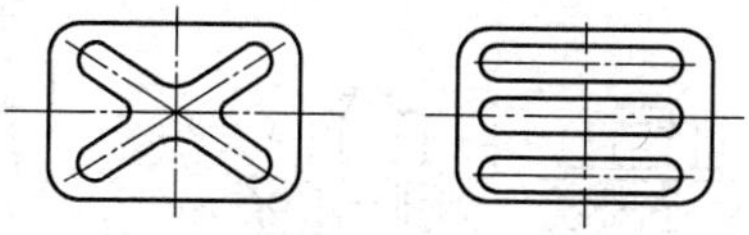 差　好	加强肋的方向应与脱模方向一致，便于脱模。还应与熔料流动方向一致，以利于充模成型。还应与塑料件的收缩方向一致，避免塑料件收缩时在加强肋周围形成内应力
15.5.5　合理设计角撑 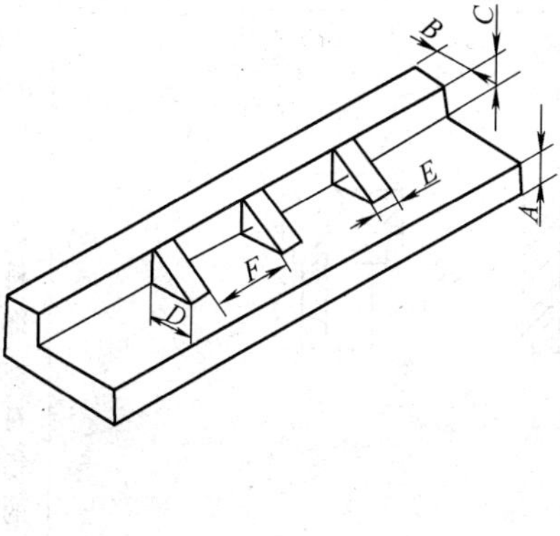	在塑料件边壁转折处，常采用角撑支撑壁面。角撑的结构如图，尺寸一般应取：$B=A$，$C=B$，$E=0.8A$，$D=2B$，$F=2E$

（续）

设计应注意的问题	说　　明
15.5.6　用螺栓连接的塑料零件要加金属套筒 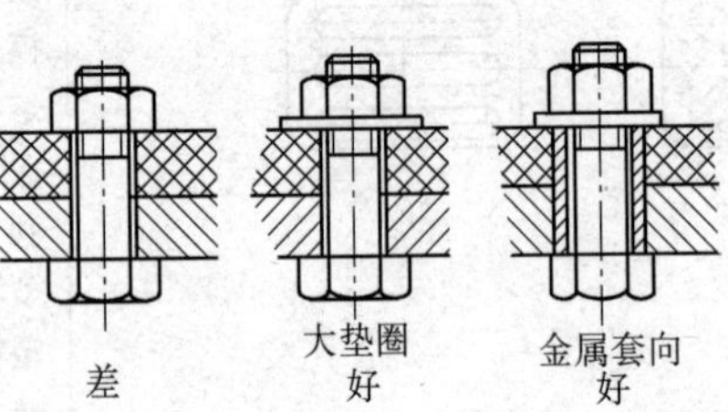	塑料零件的强度低，不能承受螺栓连接拧紧时产生的预紧力，应该用一金属套筒使螺栓有足够大的预紧力，以免松脱。此外螺栓头、螺母与塑料零件接触处应该加较大的垫圈，以免塑料零件表面损坏

15.6　采用组合件和嵌件

设计应注意的问题	说　　明
15.6.1　合理设计嵌件 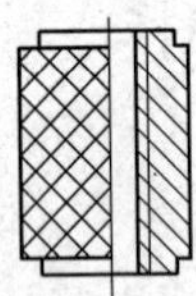 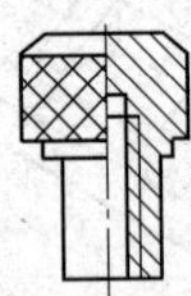	塑料件中的嵌件可增加塑料件的功能、增加强度或对塑料件进行装饰。金属嵌件常用的材料是黄铜或铝等。常见的金属嵌件的结构形式如图所示

（续）

设计应注意的问题	说　明
15.6.2　嵌件在塑料件中的固定应可靠 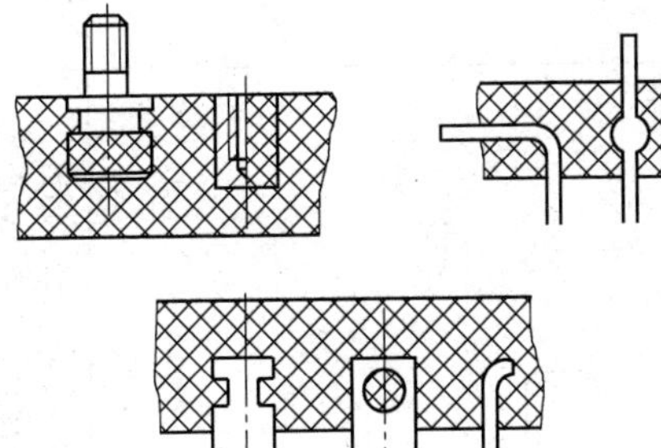	为了防止嵌件受力时在塑料件内转动或被拔出，嵌件表面可采用菱形滚花的形状。嵌件较长时，可采用直纹滚花，并制出环形沟槽。片状嵌件可以用孔眼、切口或局部折弯来固定。针状嵌件可用砸扁其中一段或折弯等方法固定。为了防止带有嵌件的塑料件开裂或嵌件顶部表面出现鼓泡或裂纹，嵌件周围和顶部应有足够厚的塑料层
15.6.3　避免粘合面承受过大的拉应力 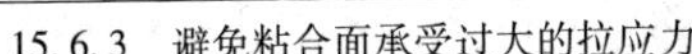 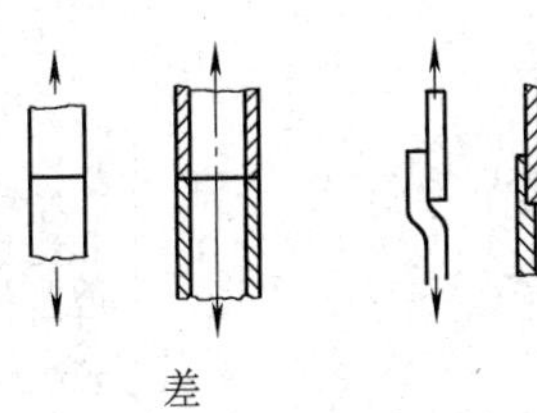 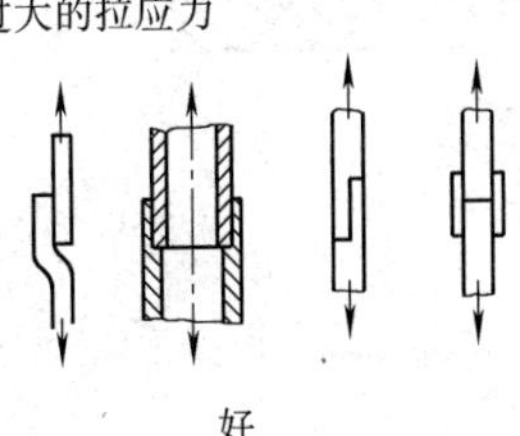 差　　　　　　　好	粘合是塑料构件最常见的装配方式之一。应避免粘合界面承受拉应力。通常采用搭接粘合结构，使粘合界面承受切应力

（续）

设计应注意的问题	说　明
15.6.4　采用组合结构 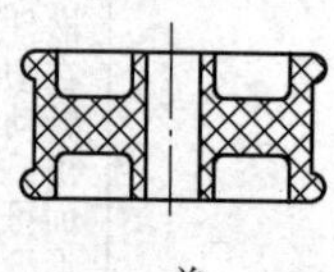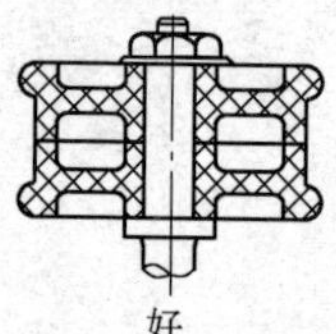 差　　　　好	形状复杂、壁厚过大的塑料件成型困难，可采用组合结构，分别将各部件成型后再组装起来
15.6.5　合理设计螺纹件 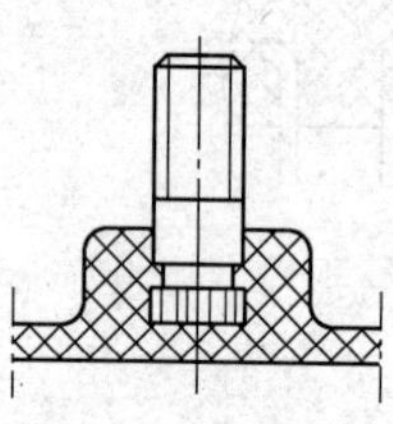 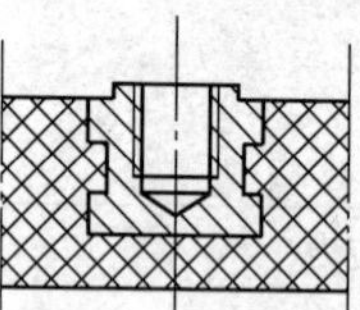	塑料件的机械强度比金属低很多，故塑料件螺纹的直径不宜太小，外螺纹直径不宜小于4mm，内螺纹直径不宜小于2mm。螺纹牙尺寸应大些，不宜选细牙螺纹，一般螺距不应小于0.75mm。成型螺纹的精度一般不高于3级。塑料件螺纹与金属螺纹的配合长度不能太长，一般不大于螺纹直径的1.5～2倍。在经常拆卸和受力较大的地方，应采用金属的螺纹嵌件

15.7 利用塑料特性设计特殊的结构，避免简单地模仿金属件的结构

设计应注意的问题	说 明
15.7.1 减少塑料零件装配时所需的动作 槽 避免：插入需三个方向运动 卡扣 改进：只需单方向运动插入	塑料零件的弹性模量比钢小很多，利用这一特点可以设计出许多钢零件不能实现的结构，减少装配时的动作。这对于自动装配更显示出它的优点。上图的结构在装配时需要三个动作：右推、压下、转动，而下图的结构只有一个压下的动作
15.7.2 利用塑料零件的弹性设计特殊的机构 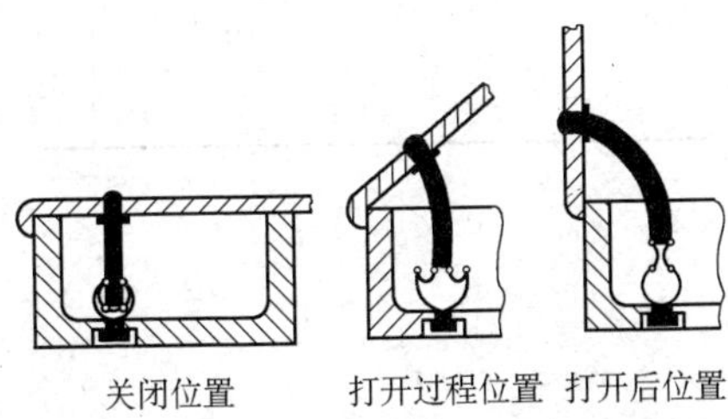 	图中所示为利用塑料零件弹性模量较小的特点，设计的双稳态闭合门

（续）

设计应注意的问题	说　明
15.7.3　切忌简单模仿钢、木制零件的结构 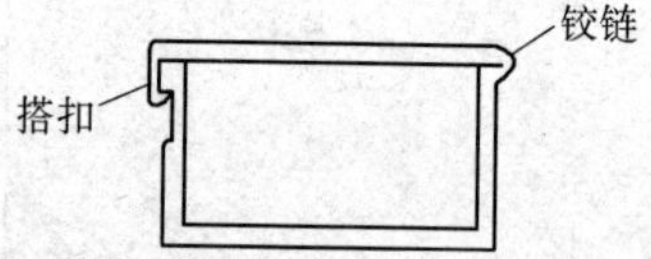 	图示为一塑料制造的工具箱，其箱底、箱盖、铰链、搭扣合为一体
15.7.4　避免直接在塑料零件上面制作螺纹孔 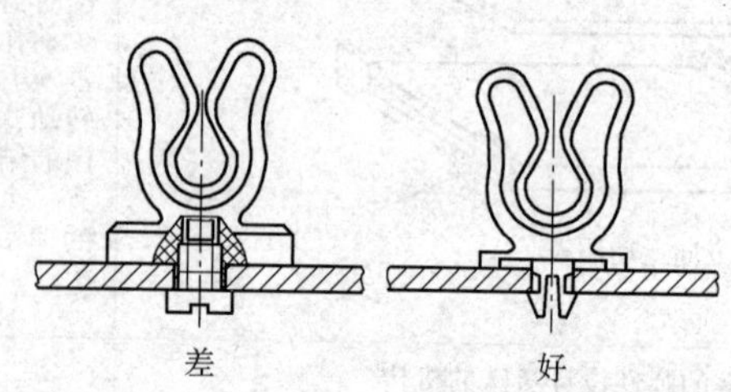 	钢制夹子用螺钉固定在钢板上面。如左图，改用塑料件以后用右图的结构，利用了塑料的弹性，结构简单，装拆方便

第 16 章　陶瓷件和橡胶件结构设计

概述

与金属件相比较，陶瓷零件在机械制造中使用不多，但是由于它坚硬耐磨，绝缘性、耐热性很高，其作用是很难替代的。陶瓷零件的承载能力差，脆性大，不耐冲击，在结构设计中应特别注意。陶瓷零件的生产工艺主要包括三个步骤：压制成形（要使用模具）、烧结、加工。

橡胶的主要成分是生橡胶（天然或合成的），它受热发粘遇冷变硬，不耐磨，不耐溶剂，强度差，必须经过硫化才能制成各种橡胶制品使用。硫化是把硫化剂（如硫磺、过氧化物、有机多硫化物等）加入生胶，加热、保温，使生胶成为具有高弹性的硫化胶。还可以加入各种配合剂以提高其性能，如补强剂、软化剂、填充剂、防老化剂等。

对于陶瓷件和橡胶件的结构设计，本书提醒要注意以下问题：

1）考虑模具形状设计陶瓷件结构。

2）考虑制造工艺设计陶瓷件结构。

3）避免陶瓷件有薄弱部分。

4）避免温度应力。

5）橡胶零件和陶瓷零件应尽量选择标准件。

6）避免橡胶件的损伤。

7）考虑橡胶件制造方便。

8）保证橡胶件与有关零件的可靠嵌合。

16.1 考虑模具形状设计陶瓷件结构

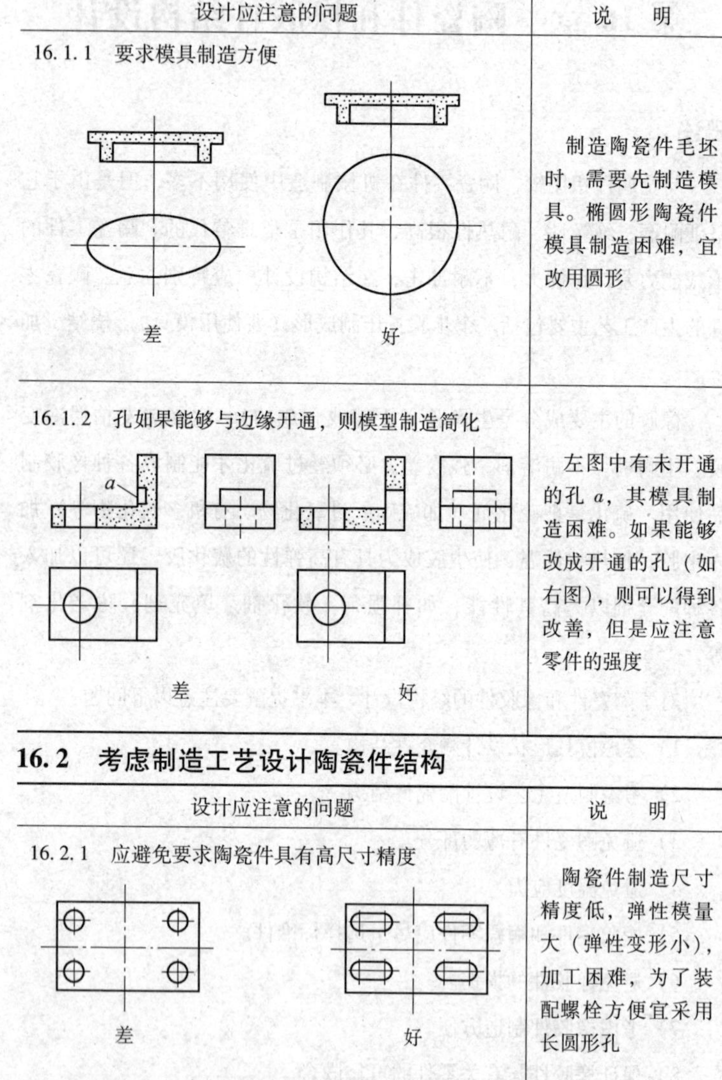

设计应注意的问题	说　明
16.1.1 要求模具制造方便	制造陶瓷件毛坯时，需要先制造模具。椭圆形陶瓷件模具制造困难，宜改用圆形
16.1.2 孔如果能够与边缘开通，则模型制造简化	左图中有未开通的孔 a，其模具制造困难。如果能够改成开通的孔（如右图），则可以得到改善，但是应注意零件的强度

16.2 考虑制造工艺设计陶瓷件结构

设计应注意的问题	说　明
16.2.1 应避免要求陶瓷件具有高尺寸精度	陶瓷件制造尺寸精度低，弹性模量大（弹性变形小），加工困难，为了装配螺栓方便宜采用长圆形孔

（续）

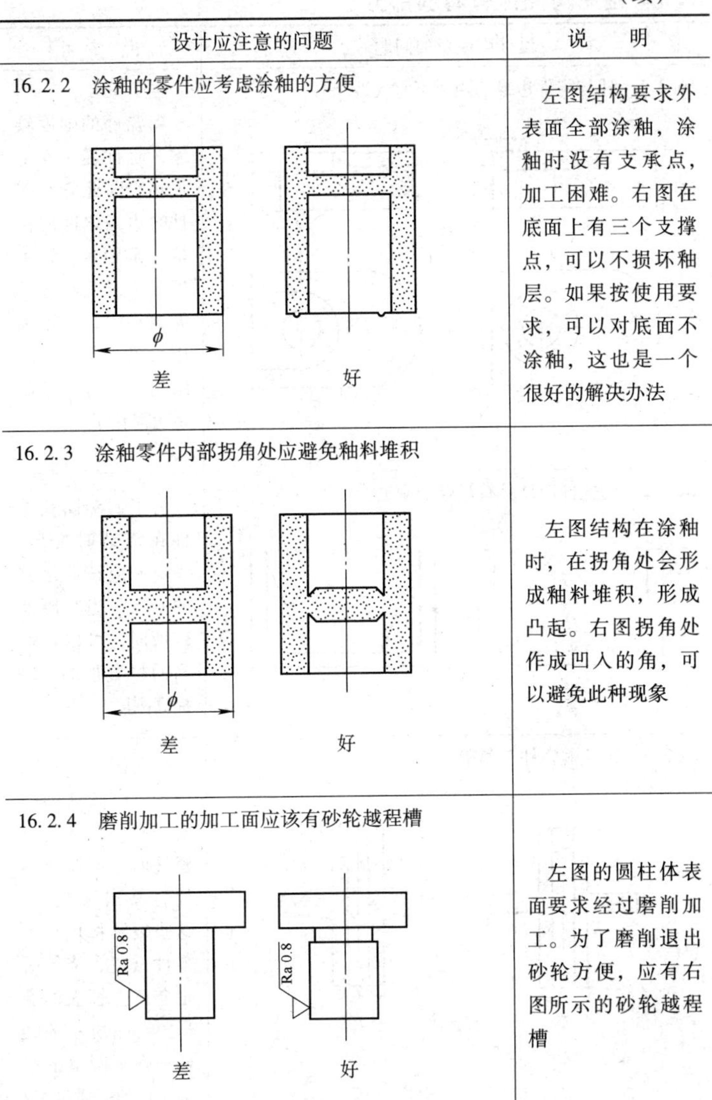

设计应注意的问题	说　明
16.2.2　涂釉的零件应考虑涂釉的方便 差　好	左图结构要求外表面全部涂釉，涂釉时没有支承点，加工困难。右图在底面上有三个支撑点，可以不损坏釉层。如果按使用要求，可以对底面不涂釉，这也是一个很好的解决办法
16.2.3　涂釉零件内部拐角处应避免釉料堆积 差　好	左图结构在涂釉时，在拐角处会形成釉料堆积，形成凸起。右图拐角处作成凹入的角，可以避免此种现象
16.2.4　磨削加工的加工面应该有砂轮越程槽 差　好	左图的圆柱体表面要求经过磨削加工。为了磨削退出砂轮方便，应有右图所示的砂轮越程槽

16.3 避免陶瓷件有薄弱部分

设计应注意的问题	说　明
16.3.1 孔与零件边缘的距离不宜太近 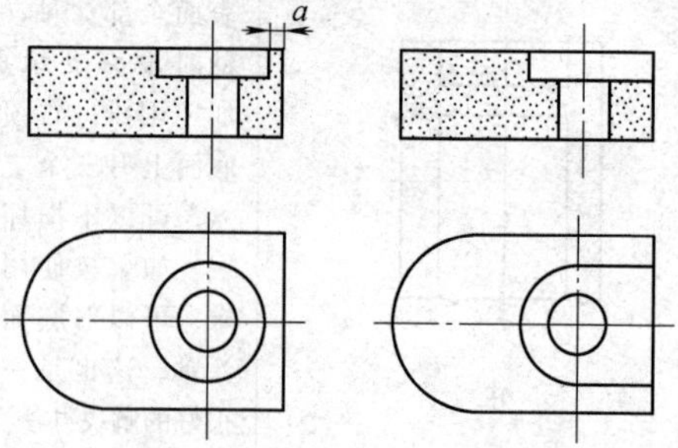 a 差　　好	陶瓷件的强度较差，而且脆，容易损坏。因此它与零件的边缘之间应保持一定距离，以免破损。当此距离不能缩小时，可以采用右图所示的开通结构，此时模型制造也简化了
16.3.2 陶瓷件应该具有足够的刚度 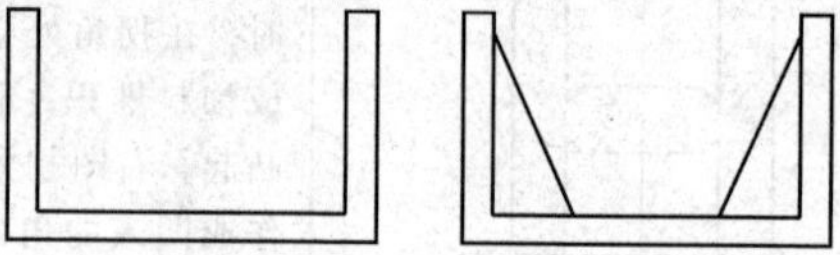 差　　好	为了避免陶瓷零件在烧结时变形，陶瓷件应该有足够的刚度。当其厚度较薄时，可以在适当的位置加肋，以提高刚度
16.3.3 避免陶瓷件有薄壁  差　　好	如左图所示的结构中，有较薄的凸起圆盘，在压制陶瓷件时，壁厚很薄处容易出现裂纹。这些裂纹将使整个零件报废，烧结时也会产生较大的变形。右图所示的结构加强了圆盘的根部，保证了质量

（续）

设计应注意的问题	说　明
16.3.4　陶瓷件应避免各种薄弱的部分 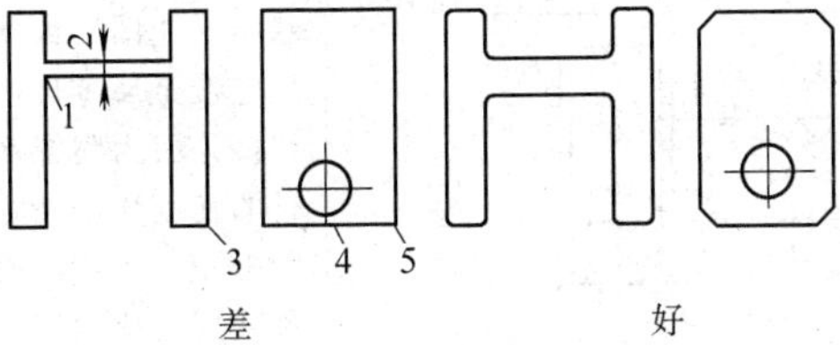 1　2　3　4　5 差　好	左图中有多处不合理结构：①内部拐角处应该有圆角，以减小应力集中；②壁厚太薄；③外部不应有尖锐的棱角，它容易损坏；④孔与边缘距离太小；⑤不应有尖角。为避免损坏，应该有倒角，尤其是经过机械加工的表面（陶瓷件一般采用磨削加工）不应有锐角。右图是改进的结构
16.3.5　陶瓷零件应使用特殊的轴毂连接 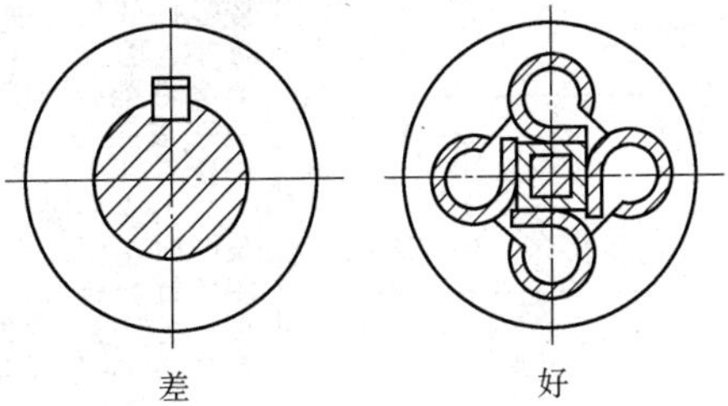 差　好	左图是把用于金属件的键连接，直接用于陶瓷零件连接，这是不合理的，会损坏陶瓷零件。右图是专门用于陶瓷零件的轴毂连接结构
16.3.6　陶瓷零件不能承受拉力 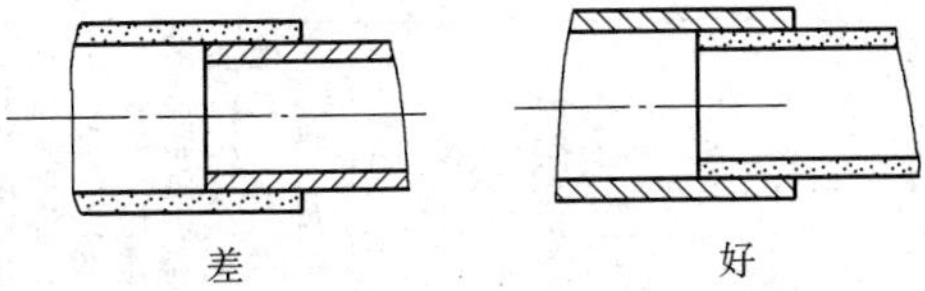 差　好	陶瓷零件承受拉伸载荷的能力很差，尽可能把它安排在承受压力的场合。左图中的过盈配合连接零件，外套受拉力，内套受压力，所以应该把陶瓷零件作为内套使用，如右图

（续）

设计应注意的问题	说　明
16.3.7　陶瓷零件用螺纹连接时应采用大垫圈 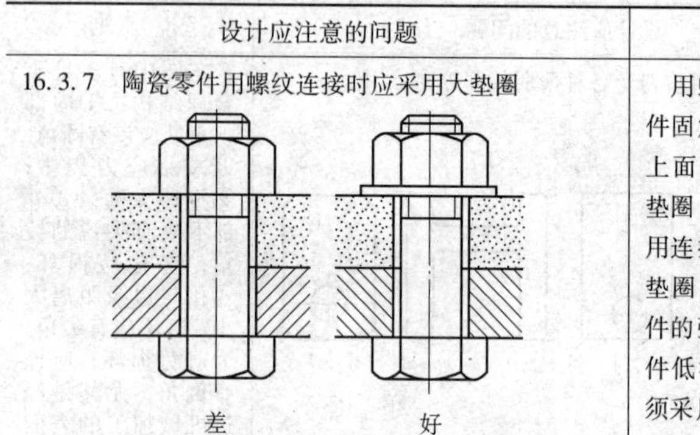 	用螺钉把陶瓷零件固定在金属零件上面时，不能不用垫圈（左图）或使用连接金属零件的垫圈，因为陶瓷零件的强度比金属零件低很多。此时必须采用大垫圈（右图）

16.4　避免温度应力

设计应注意的问题	说　明
避免陶瓷零件的温度应力 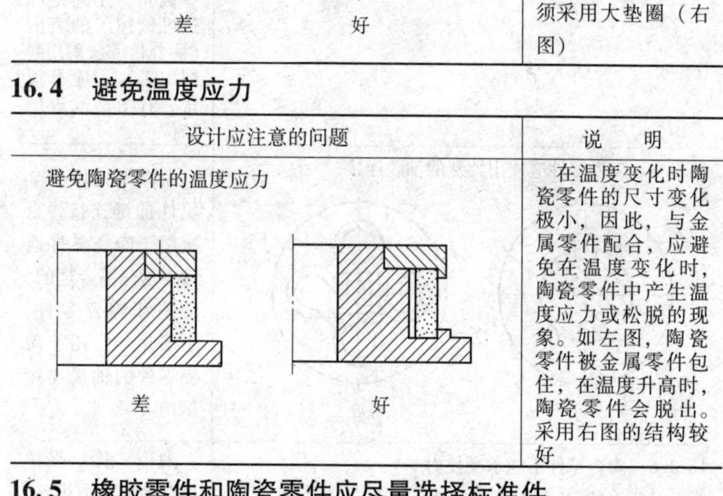 	在温度变化时陶瓷零件的尺寸变化极小，因此，与金属零件配合，应避免在温度变化时，陶瓷零件中产生温度应力或松脱的现象。如左图，陶瓷零件被金属零件包住，在温度升高时，陶瓷零件会脱出。采用右图的结构较好

16.5　橡胶零件和陶瓷零件应尽量选择标准件

设计应注意的问题	说　明
橡胶零件尽量采用标准件	橡胶零件如传动带、运输带、密封件、轮胎等都有由专业厂生产的标准件。在机械设计中应选用标准件，按标准规格设计，否则成本很高，修理和取得配件也十分困难

16.6 避免橡胶件的损伤

设计应注意的问题	说　明
16.6.1 橡胶零件应避免与油接触	橡胶零件在接触油品以后，其寿命将显著降低，在难以避免的情况下，应采用耐油橡胶制造，或改用金属零件
16.6.2 接触橡胶零件的金属零件必须光滑 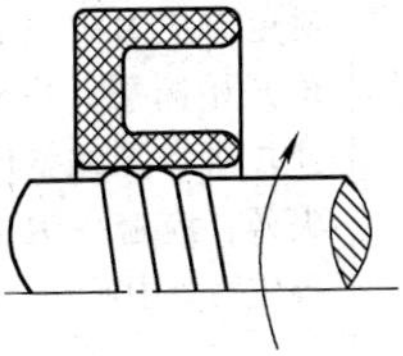 差 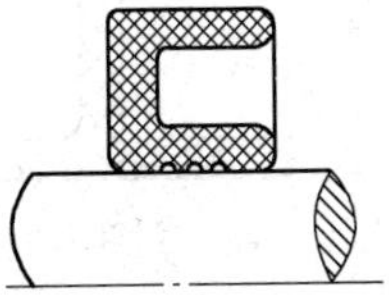　好	左图中为了避免润滑油外泄，把轴的表面制造成螺旋线，使润滑油向反向流动，但是它严重降低了橡胶密封件的寿命。右图中，把轴表面制造成光洁的，在橡胶密封圈表面制造出螺旋线，较为合理
16.6.3 接触橡胶零件的金属零件避免有尖锐棱边	压紧橡胶件的螺纹连接的垫圈边缘如有尖锐棱边，则橡胶零件很快损坏。必须把金属件棱边制造成十分光滑

16.7 考虑橡胶件制造方便

设计应注意的问题	说　明
16.7.1 橡胶零件应有脱模斜度	制造橡胶零件时一般在模中成型，为了脱模方便，应该有脱模斜度。一般取10′~40′
16.7.2 橡胶件壁厚应该均匀，有圆角 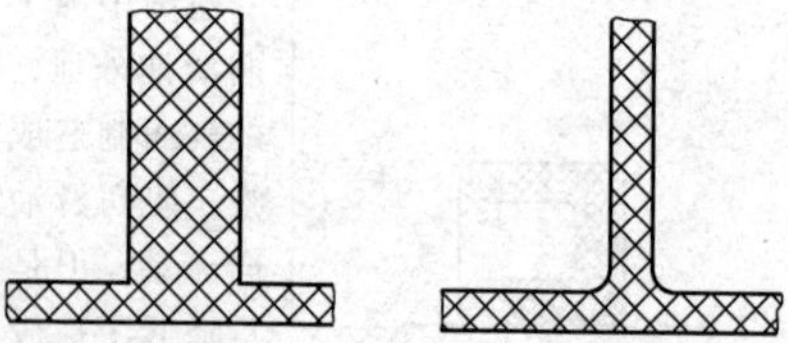 差　　好	为了橡胶件冷却速度一致，弹性均匀，其各部分壁厚应均匀一致。为了避免有应力集中部位开始断裂，并迅速扩展，导致整体失效，应避免尖角等应力集中源
16.7.3 囊状零件口径与腹径不应相差太大 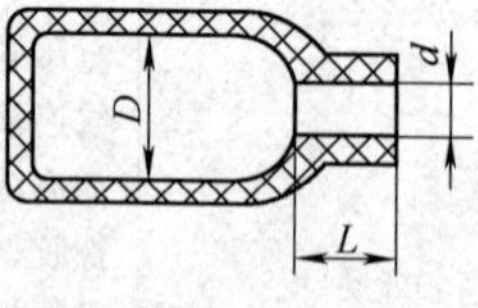 D　d　L	囊状橡胶零件的口径 d 与腹径 D 之比，一般取为 $d/D=1/2\sim1/3$。当橡胶弹性较小、出口部分长度 L 较大，颈部形状较复杂时，d/D 应该取较大的值

（续）

设计应注意的问题	说　　明
16.7.4　镶嵌件上面有内外螺纹时，不应位于模具的分模面上	如果镶嵌件上面有内外螺纹，则其外径应与模具分模面有一定距离。此距离至少为0.1mm
16.7.5　橡胶波纹管的峰谷直径不应相差太大  差 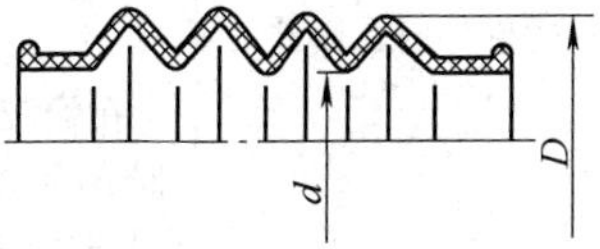 D d 好	橡胶波纹管的峰径 D 与谷径 d 之比值 D/d，不应超过1.3

16.8　保证橡胶件与有关零件的可靠嵌合

设计应注意的问题	说　　明
16.8.1　镶嵌件嵌入深度不可太小	镶嵌件嵌入橡胶件的深度，以保证连接稳定可靠为准。一般被橡胶件包围的嵌入件长度不应小于其外露长度。此外，包围嵌入件的橡胶包层的厚度不能太薄，具体厚度视橡胶的硬度及受力大小而定

（续）

设计应注意的问题	说　明
16.8.2　镶嵌件在模具中位置应该有一定精度	为了嵌入件在模具中的位置准确可靠，嵌入件与模具的相应部位的配合常采用：$\frac{H8}{h7}$、$\frac{H8}{f8}$、$\frac{H9}{h9}$等。其作用还可以避免或减少在模压过程中的溢胶现象
16.8.3　在橡胶件中镶嵌其他材料的嵌件时，嵌件的长度不宜过长	在橡胶件中可以嵌有金属（如钢、铜等）或非金属（如塑料）的镶嵌件。镶嵌件的长度一般不超过其直径或平均直径的5倍

第 17 章　热处理和表面处理件结构设计

概述

热处理是机械零件加工的重要工序。热处理能够改变材料的性质（硬度、强度、伸长率等），不仅能够改变材料的性能使之满足各种使用要求，而且可以使它满足工艺要求。但是热处理，尤其是淬火处理，常会引起机械零件的变形，使其精度降低，产生很大的内应力甚至发生裂纹。为了提高机械零件的质量，必须注意减少热处理引起的内应力和变形。为了消除变形的影响，热处理以后可能还要进行机械加工，以达到要求的精度。

表面处理多用于紧固件（如螺钉、螺母、垫圈）、操作件（如手柄、手轮、旋钮）、标牌、防护板等。对于仪器仪表、精密仪器，应特别注意零件表面处理的选择和设计。经过表面处理以后，零件外形美观，可以防锈，有的还可以避免反光。常用的表面处理方法有：

钢——镀镍、铬、镉、铜、锌，磷化、氧化（发蓝）等。

铜及铜合金——镀镍、铬、镉、锌，氧化等。

铝及铝合金——电化学氧化着色、化学氧化等。

对于热处理和表面处理件结构设计，本书提醒要注意以下问题：

1）合理选择热处理方法。

2）考虑材料的淬透性。

3）避免和减少热处理引起的变形和裂纹。

4）表面处理零件结构设计。

17.1 合理选择热处理方法

设计应注意的问题	说　明
17.1.1 采用局部淬火以减少变形 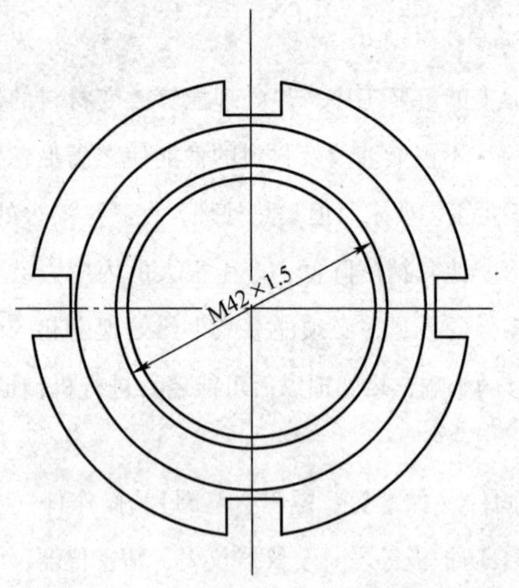 	图中所示圆螺母，容易变形。它只要求四个槽有高硬度（35～40HRC），即可满足使用要求。因而采用槽口高频感应淬火，以减小变形。把螺纹 M42×1.5 留在淬火后加工，可以进一步减小淬火变形
17.1.2 高频感应淬火齿轮块两齿轮间应有一定距离 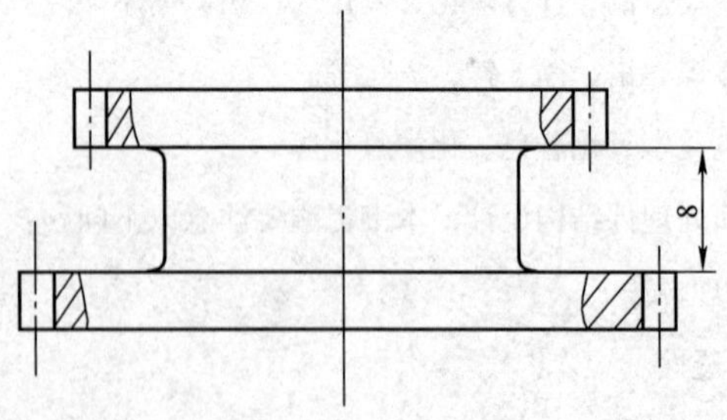 	二联或三联齿轮块，当齿轮外径相近时，两相邻齿轮之间的距离不应小于 8mm。否则由于淬火时相互影响使齿轮硬化层不均匀

（续）

设计应注意的问题	说　明
17.1.3　铸铁件不宜采用发黑处理	铸铁件发黑处理后为黑红色，表面不美观，尤其不宜用于暴露在外的表面。推荐用涂（喷）漆
17.1.4　表面渗碳层应该有足够的厚度，处理后不可大量切削（磨削）加工	钢制零件的表面渗碳层厚度一般在0.5～1.5mm。渗碳、淬火后磨削量如果太大，则会把高硬度层磨掉，露出硬度较低的部分，使其耐磨性、承载能力、耐冲击性显著降低

17.2　考虑材料的淬透性

设计应注意的问题	说　明
要求高硬度的零件（整体淬火处理）尺寸不能太大	直径或厚度很大的零件，冷却速度不可能很快，因而在淬火时不能达到预期硬度。对于这种零件宜采用表面淬火

17.3 避免和减少热处理引起的变形和裂纹

设计应注意的问题	说　明
17.3.1　避免淬火零件结构太复杂 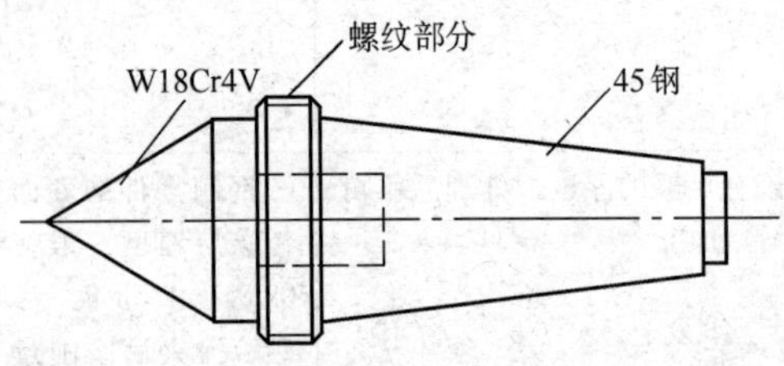 	淬火零件在加热后骤冷，容易产生变形、内应力或裂纹，零件愈复杂，愈难以控制。如图所示磨床顶尖，原设计用合金工具钢W18Cr4V制造，整体淬火，经常出现裂纹。修改后改为组合结构，头部仍用W18Cr4V制造，尾部用45钢制造，用过盈配合连接，不但能避免产生裂纹，而且节约合金钢材
17.3.2　避免零件刚度过低，产生淬火变形 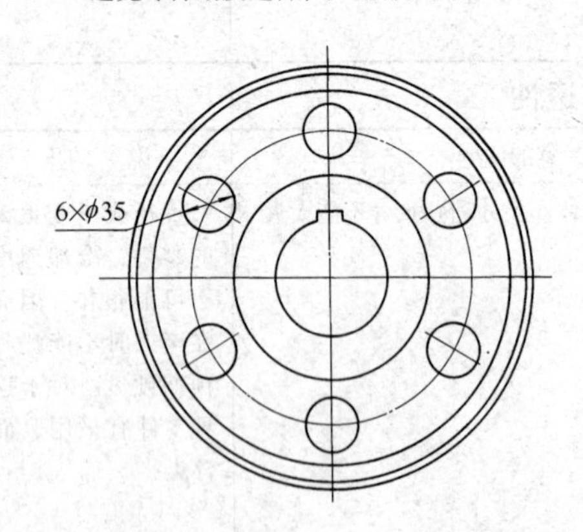 	如图示齿轮高频感应淬火后靠近ϕ35孔处的齿轮轮齿发生下凹。改为高频感应淬火后加工6个ϕ35孔，淬火时齿轮刚度加大，变形减小。因此对一些较薄的轴套等零件，采用表面高频感应淬火，心部硬度较低，可以淬火后再加工孔

（续）

设计应注意的问题	说　明
17.3.3　避免零件各部分壁厚悬殊 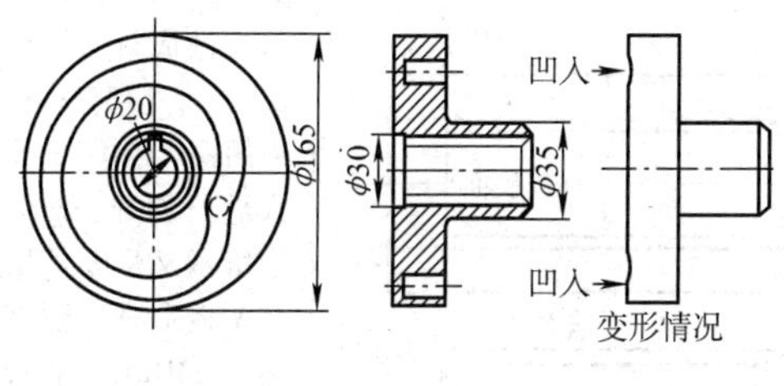 	同一零件各部分如果壁厚相差太多，则在淬火时冷却速度差别很大，因而产生变形、内应力，甚至开裂 如图中所示凸轮，原设计为钢渗碳淬火，要求凹槽硬度59～62HRC，由于凹槽底太薄，淬火后变形向里凹入，加厚槽底可以得到改善
17.3.4　应避免尖角和突然的尺寸改变 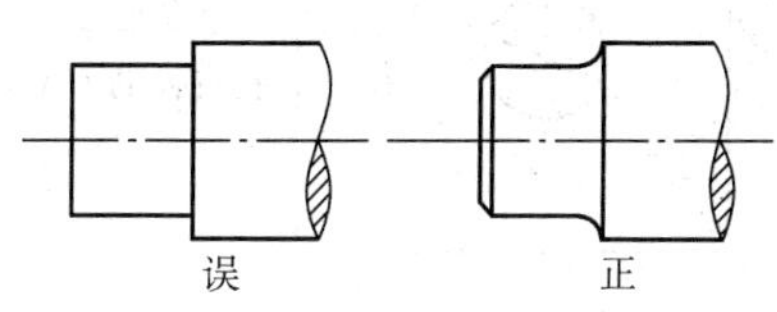 	零件边缘处的尖角和尺寸改变处（如阶梯轴），由于淬火时应力集中容易产生裂纹。这些地方应该有较大的过渡圆角。更应避免阶梯轴相邻两段轴径尺寸变化过大
17.3.5　避免采用不对称的结构 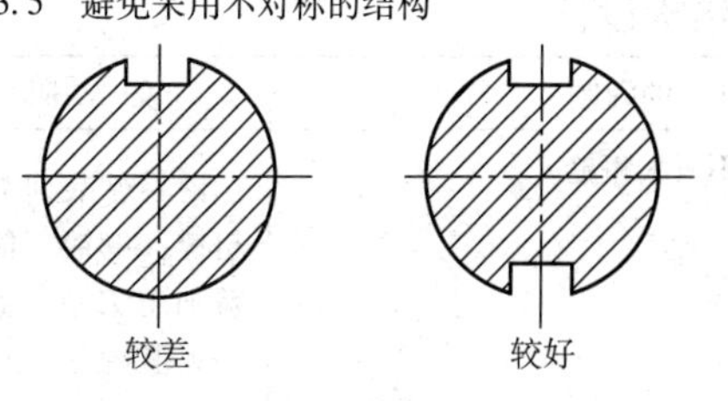 	图中所示长轴断面上有一个键槽，由于形状不对称，淬火时变形较大。改为两个对称布置的键槽时，变形减小

（续）

设计应注意的问题	说　明
17.3.6　避免开口形零件淬火 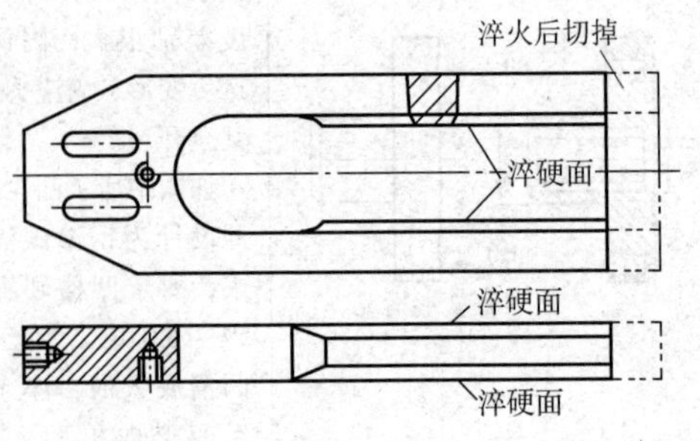	开口形零件淬火变形很大。可在机械加工成形后，开口处做成封闭结构（保留一小部分材料或用铜焊连接），淬火后再切开。如图中所示叉形零件用T8A钢制造，硬度58～62HRC，平行度公差0.15mm，先加工成封闭结构，淬火后再切开
17.3.7　避免孔距零件边缘太近 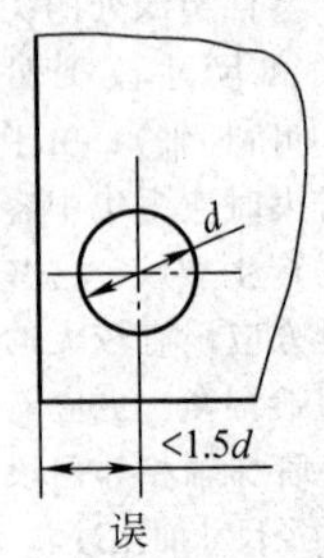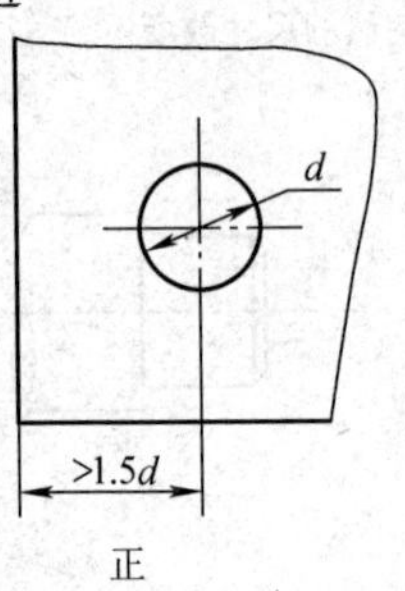 误　　　　正	孔距零件边缘太近时淬火变形很大。应保证孔中心与零件边缘的距离大于孔直径的1.5倍

17.4　表面处理零件结构设计

设计应注意的问题	说　明
17.4.1　电镀钢零件表面不可太粗糙	钢零件表面如太粗糙，电镀不能覆盖加工刀痕，镀后外观很差

（续）

设计应注意的问题	说　明
17.4.2　电镀的相互配合零件在机械加工时应考虑镀层厚度	两个相配的零件，如轴与孔、螺钉与螺母，机械加工尺寸的确定必须考虑镀层厚度，才能保证装配后达到预期的要求
17.4.3　注意电镀零件反光，不适于某些工作条件	有些电镀方法（如镀亮铬）使零件对光线有较强的反射能力，它对于某些零件是不适用的，如有刻度的读数盘。应采用不反光的镀层

第 18 章　机械加工件结构设计

概述

大部分由金属制造的机械零件都要经过机械加工，才能装在机械上使用。机械加工常是机械零件装配前的最后加工工序，因此，机械加工的质量和成本对于机械零件以至整个机器的质量和成本有很大的影响。此外，机械加工工艺复杂，所用的机床、刀具、夹具、量具等形式很多，它们的性能、特点、精度、生产率等各不相同。有些零件还要在机械加工过程中穿插进行热处理、人工时效等。因此，在设计过程中，必须考虑机械加工工艺问题。

尺寸或重量特别大，精度要求特别高，尺寸极小，使用条件十分特殊，生产量特别大等，这些特殊的机械零件的制造工艺往往有很大的特殊性，在设计中应该特别注意考虑。一个零件是否能够制造，可能成为一个设计方案能否采用的决定性因素。

对于机械加工件结构设计，本书提醒要注意以下问题：

1）节约材料的零件结构设计。

2）减少机械加工工作量的结构设计。

3）减少手工加工或补充加工的结构设计。

4）简化被加工面的形状和要求。

5）便于夹持、测量的零件结构设计。

6）避免刀具切削工作处于不利条件。

7）正确处理轴与孔（内、外表面）的结构。

18.1 节约材料的零件结构设计

设计应注意的问题	说　　明
注意减小毛坯尺寸 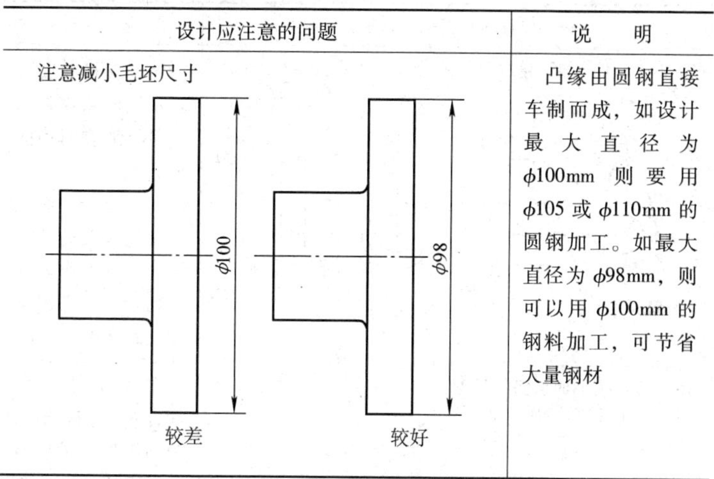 	凸缘由圆钢直接车制而成，如设计最大直径为 φ100mm 则要用 φ105 或 φ110mm 的圆钢加工。如最大直径为 φ98mm，则可以用 φ100mm 的钢料加工，可节省大量钢材

18.2 减少机械加工工作量的结构设计

设计应注意的问题	说　　明
18.2.1　要考虑到铸造误差的影响 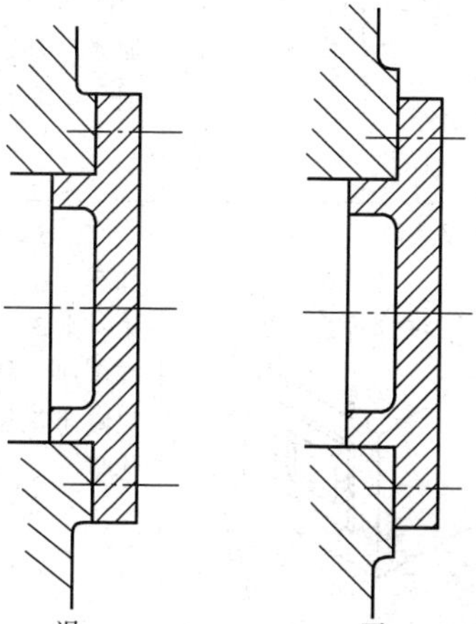 误　　正	铸造零件的误差是比较大的，在设计铸件加工面时必须充分考虑。如轴承端盖与箱体上的凸台相配，但箱体上凸台的位置难以做到十分准确。如端盖凸缘与凸台直径设计成正好相等，则由于铸件误差的影响，往往会出现端盖凸出到凸台以外的情况。因此铸造的凸台直径应该大一些

（续）

设计应注意的问题	说　明
18.2.2　不同加工精度表面要分开 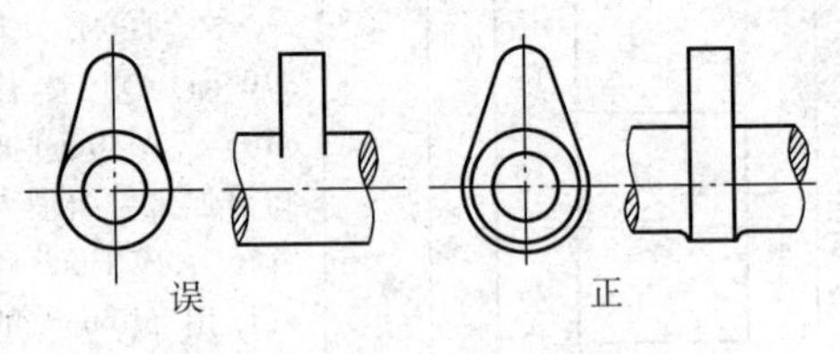 	两表面粗糙度要求不同时，两表面之间必须有明确的分界线。这样，不但加工方便，而且形状美观。如图所示，凸轮工作表面要精加工，必须与轴表面分开
18.2.3　减小加工面的长度 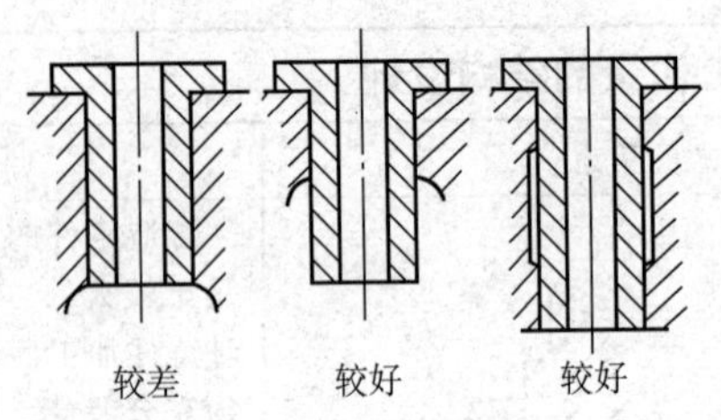 	两表面配合时，配合面应精确加工，为减小加工量应减小配合面长度。如配合面很长，为保证配合件稳定可靠，可将中间孔加大，中间部分不必精密加工。加工方便，配合效果好
18.2.4　加工面与不加工面不应平齐 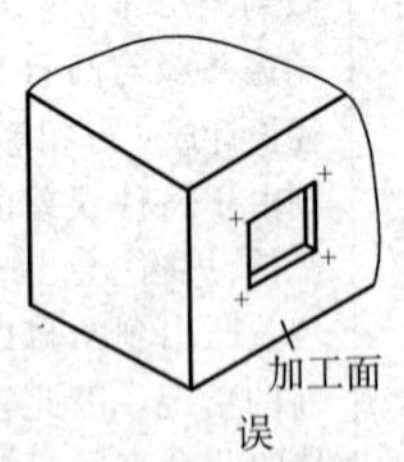 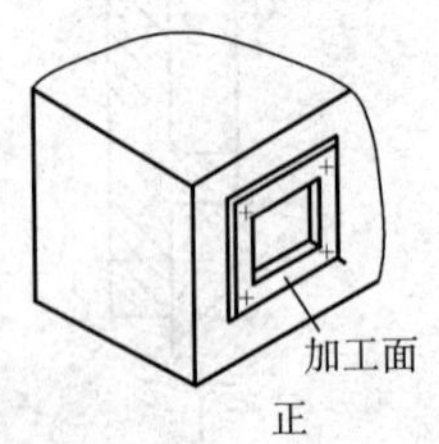 	在一大平面上，如有一小部分要加工，则该面应突出在不加工表面之上，以减小机械加工工作量

（续）

设计应注意的问题	说　明
18.2.5　相对的两个沟槽能在一次走刀中切出 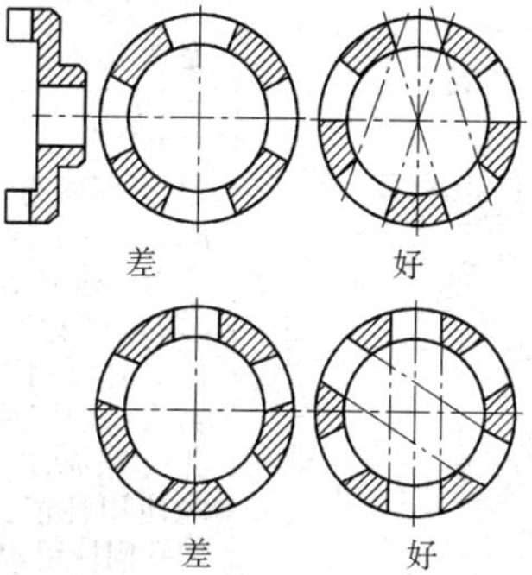 差　好 差　好	图中所示零件上面有4～6个沟槽，相对的两个沟槽如果可以在一次进给中切出，则加工较方便。图示不同结构形状沟槽的优缺点以供比较
18.2.6　减少走刀次数 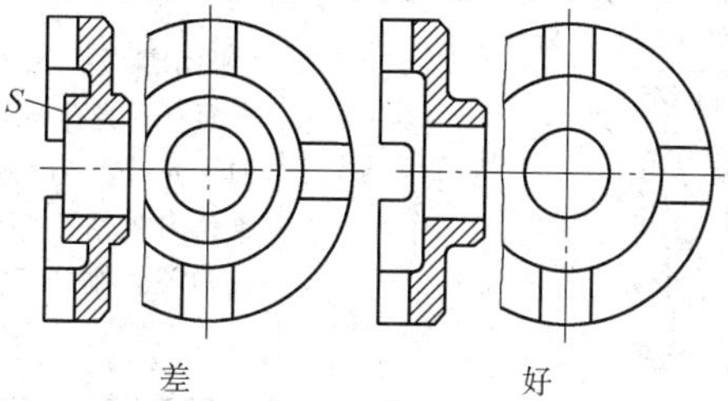 S 差　好	右图所示零件上面有四个沟槽，相对的两个的沟槽可以在一次进给中切出。而左图的零件由于中间的轮毂凸起较高，只能单独加工每一个沟槽
18.2.7　避免加工中的多次固定 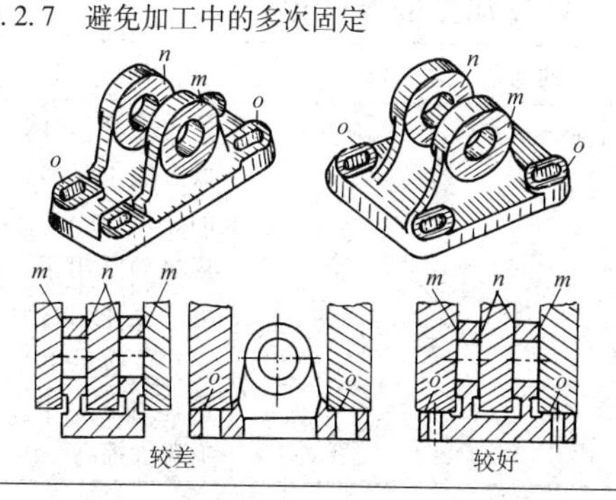 较差　较好	在加工机械零件的不同表面时，应避免多次装夹。希望能在一次固定中加工尽可能多的零件表面。这样，不但可以节约加工时间，而且可以提高加工精度。如图中所示的机座，原设计在加工孔端面以后，要将零件转过90°，才能加工地脚螺钉凸台面。改进后可在一次加工中完成

（续）

设计应注意的问题	说　明
18.2.8　减少加工同一零件所用刀具数（一） 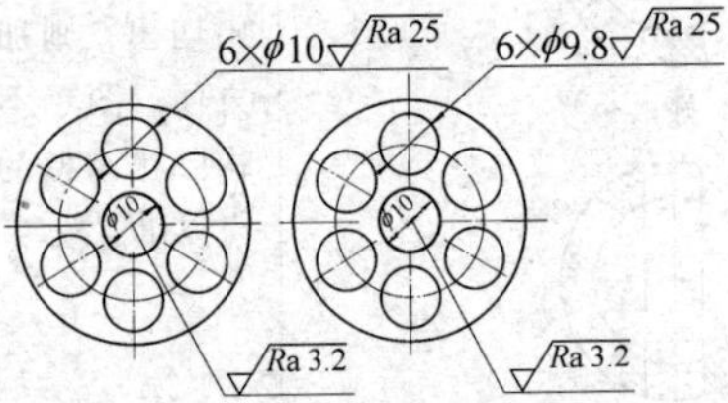 6×ϕ10 Ra 25　6×ϕ9.8 Ra 25　ϕ10　ϕ10　Ra 3.2　Ra 3.2 较差　较好	加工一个零件所用刀具数应少，以提高效率。图示为一阀座，中间孔 ϕ10H7 阀杆与之相配，表面粗糙度 *Ra*3.2μm。周围六孔为液体流动通道，ϕ10 粗糙度 *Ra*25μm。加工时要用不同的钻头。如将周围的孔改为 ϕ9.8，不影响使用性能，则中间孔同样用 ϕ9.8 钻头钻孔后，再铰制即可
18.2.9　减少加工同一零件所用刀具数（二） 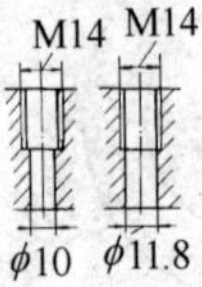 M14　M14　ϕ10　ϕ11.8 较差　较好	图示螺纹孔 M14，下面有一光孔 ϕ10，如将光孔改为与螺纹孔内径钻孔一致（ϕ11.8）则加工方便

18.3　减少手工加工或补充加工的结构设计

设计应注意的问题	说　明
18.3.1　用平面磨代替手工研磨导轨	大型光学计量仪器万能工具显微镜的导轨原设计为圆形导轨，用手工研磨，后修改为平-V导轨，用平面磨床加工，生产率有很大提高

（续）

设计应注意的问题	说　明
18.3.2　用平面磨或精刨代替刮研减速箱分箱面	剖分式减速箱箱体的分箱面，要求平面度较高，原来有些生产单位用手工刮研，工作量大，生产率低，以后多改为用平面磨床加工或精刨

18.4　简化被加工面的形状和要求

设计应注意的问题	说　明
18.4.1　必须避免非圆形零件的止口配合 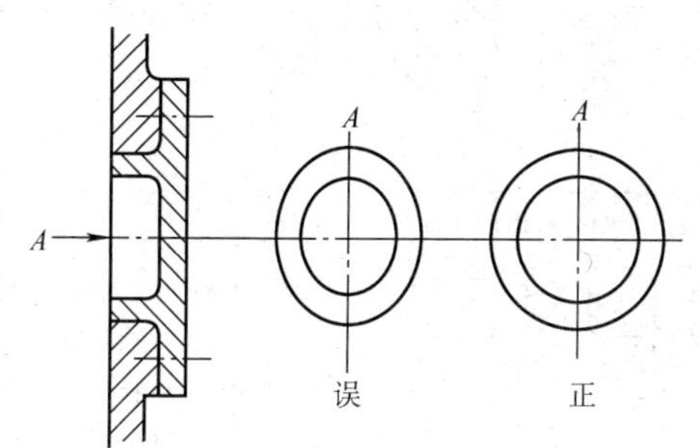 	在箱形零件表面有一凸缘与之相配。为使配上之盖定位准确，除用螺钉固定外，设计有止口配合，此配合孔宜用圆形，不宜用矩形、正方形、椭圆形等其他形状
18.4.2　避免复杂形状零件倒角 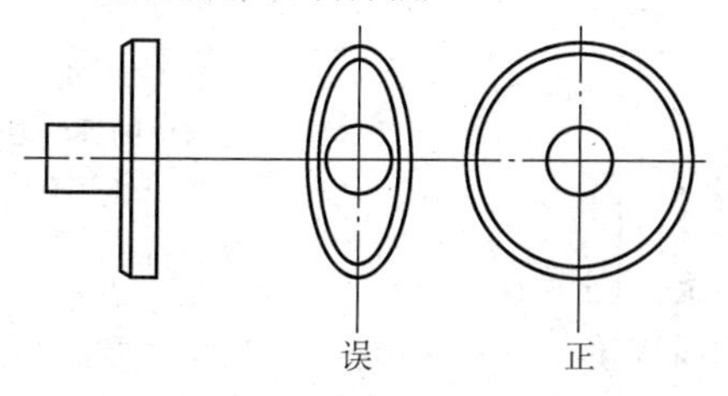 	复杂形状的零件倒角加工困难。如椭圆形等复杂形状，难以用机械加工方法倒角，用手工方法倒角，很难保证加工质量

（续）

设计应注意的问题	说　明
18.4.3　避免采用方形凸缘 差　　好	左图所示凸缘，外形为方形，要求进行切削加工，必须在车削后，在其他机床（如铣床）上加工。右图可以在车床上完成形状的加工
18.4.4　外圆上不宜有凸起 差　　好	左图外圆上有凸起，外圆不能车削加工。使加工效率降低。右图的结构，车削加工比较方便
18.4.5　将形状复杂的零件改为组合件以便于加工（一） 较差　　较好	在一带轴的凸缘上有两个偏心的圆柱形小轴，加工困难。如果把这一零件改为组合件，小轴用装配式结构，可以改善工艺性
18.4.6　将形状复杂零件改为组合件以便于加工（二） 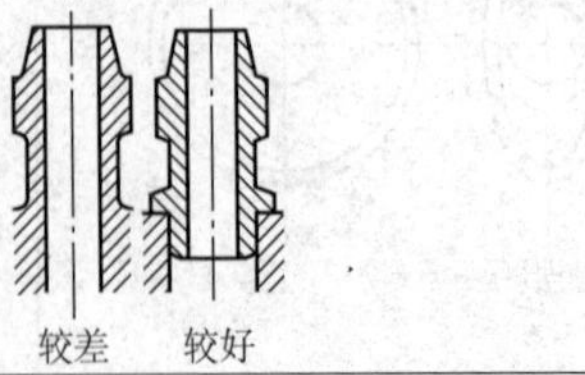 较差　　较好	在较大机座上，有薄壁的管形零件，因与主体部分尺寸差别大，加工不便，改为装配件，另做一个管件安装在机座上较为合理

（续）

设计应注意的问题	说　明
18.4.7　避免多个零件组合加工 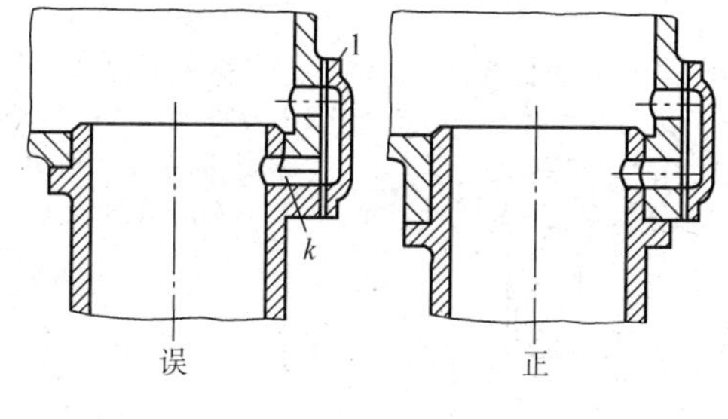 	如图所示，要求在由两个零件组合而成的零件上，钻孔、加工平面，由于在生产中必须配在一起加工、装配，因而不能具有互换性。而改进后则工艺性得到改善 只有在特殊情况下选用组合零件加工才是有利的，如减速箱的剖分式箱体，镶装式蜗轮等
18.4.8　避免不必要的补充加工 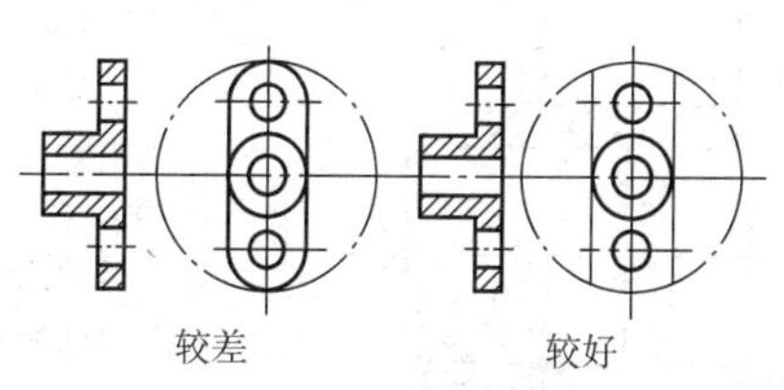 	有些零件的形状变化并不影响其使用性能，在设计时应采用最容易加工的形状。如图中所示的凸缘，是先用车床加工成整圆，切去两边再加工两端圆弧的方法。不进行两端圆弧的补充加工，并不影响使用性能

（续）

设计应注意的问题	说　明
18.4.9　避免采用多个加工工序 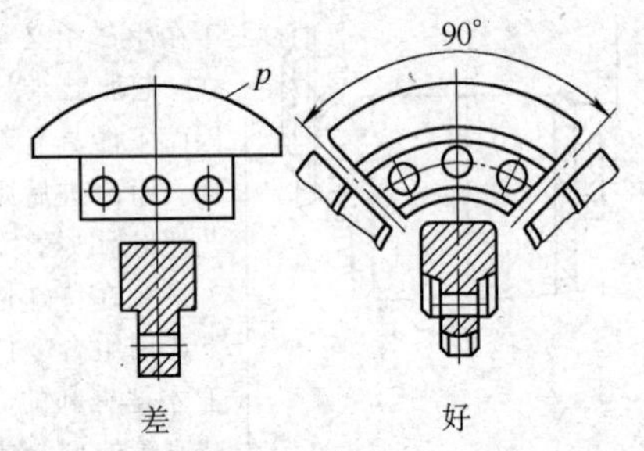 	左图结构要求加工圆弧、平面、圆孔等多种形状，必须采用多个工序，每次只能加工一个零件。右图结构车削后钻孔、切开，一次可以制造四个零件
18.4.10　避免不必要的精度要求 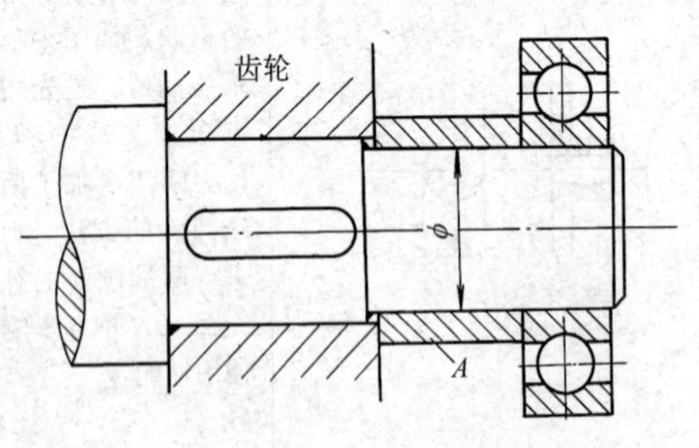 	图中所示的轴系结构中，用套筒 A 在齿轮与滚动轴承之间作为定位套。如将套内径与轴之间取较紧密的配合，则不仅要求套筒两端面平行，而且要求孔与端面垂直。如安排套筒与轴之间有较大间隙的配合，则只要求套筒两端面有足够的平行度即可

18.5 便于夹持、测量的零件结构设计

设计应注意的问题	说　明
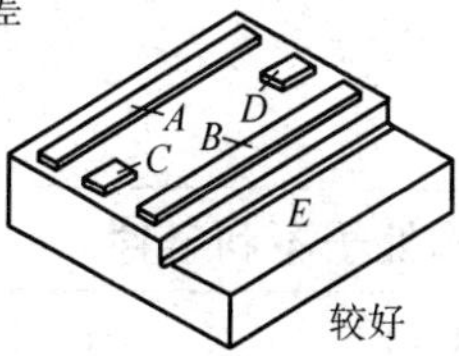 18.5.1 避免无测量基面的零件结构 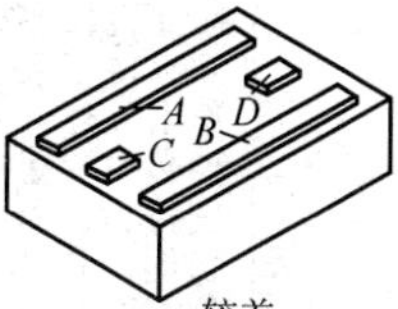 A D C B 较差 A D C B E 较好	零件的尺寸或几何误差要求设计，必须考虑测量时有必要的测量基面。如图中所示铸铁底座，要求 *A*、*B* 两个凸台表面平行（上面安装滚动导轨）。并要求 *C*、*D* 两个凸台等高而且与 *A*、*B* 面平行（上面放丝杠的轴承座）每个面都很窄（宽度都是 20mm）。这些平面的平行度测量困难，如果设置一个测量基面 *E*，则测量大为改善
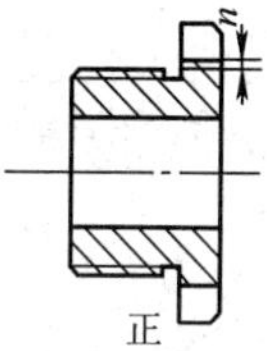 18.5.2 注意使零件有一次加工多个零件的可能性（一） 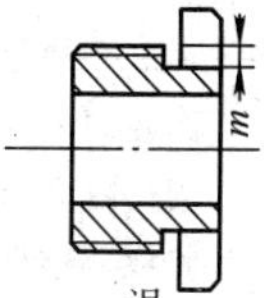 *m* 误 *n* 正	图中所示的螺母，扳手槽底比螺纹顶低一个尺寸 *m*，槽只能用低生产率的加工方法（如插）逐个加工，改用新结构，即可几个串在一起加工
18.5.3 注意使零件有一次加工多个零件的可能性（二） 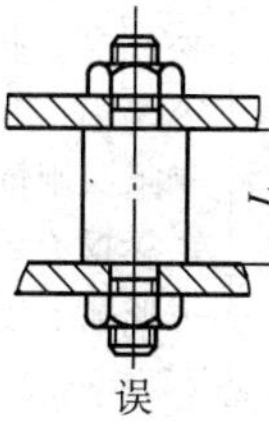 *L* 误 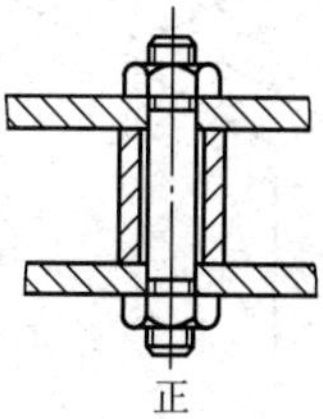 正	图中所示的定位轴，尺寸 *L* 要求准确，如改为把定位套和固定螺柱分为两个，定位套可用平面磨床大量加工

（续）

设计应注意的问题	说　明
18.5.4　避免无法夹持的零件结构 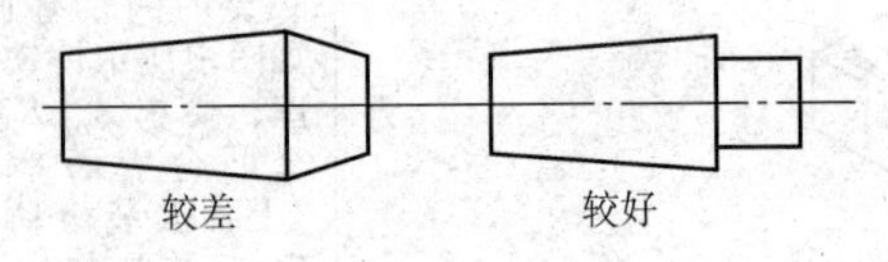 	机械零件在加工时（如车削时）必须夹持在机床上，因此机械零件上必须有便于夹持的部位。另外，夹持零件必须有足够大的支持力，以保证在切削力作用下，零件不会晃动。因此零件应有足够的刚度，以免产生夹持变形

18.6　避免刀具切削工作处于不利条件

设计应注意的问题	说　明
18.6.1　刀具容易进入或退出加工面 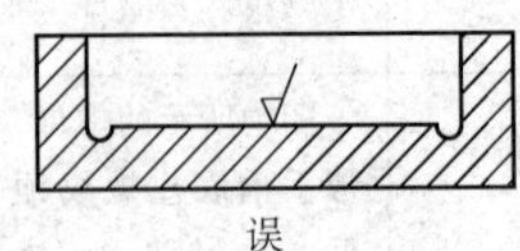 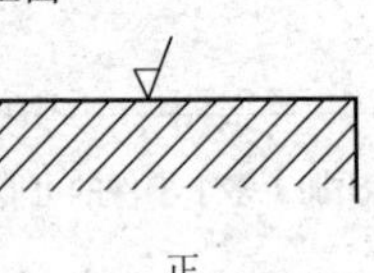 	刀具进入或退出加工面时，都要求有一定的运动空间，设计时应保留足够的间隙
18.6.2　不能采用与刀具形状不适合的零件结构形状 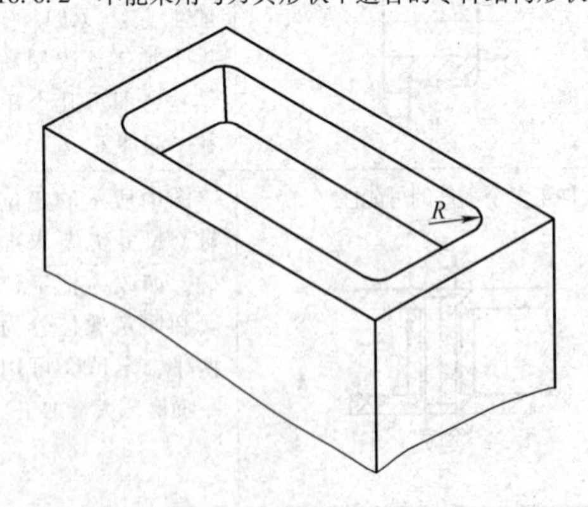 	如图所示的矩形槽；由立铣刀加工而成，槽四角的圆角半径，应等于铣刀半径。如要求的半径很小，则加工速度很慢而且刀具容易损坏。因此，槽越深则圆角半径 R 应越大。凹下的方形孔加工应尽量避免

（续）

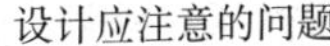

设计应注意的问题	说　　明
18.6.3　避免加工封闭式空间 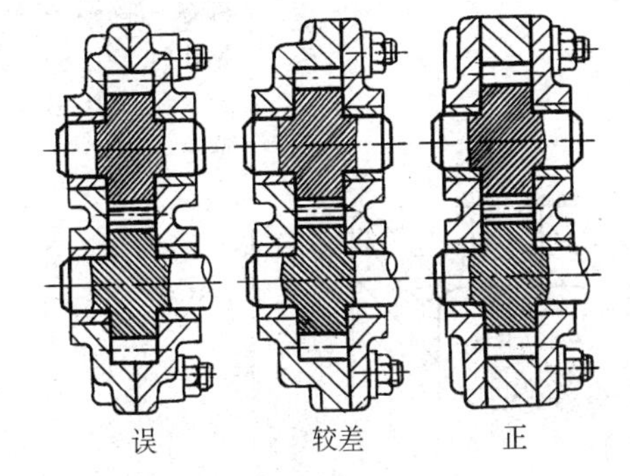	加工出有底的槽形凹空即称为封闭式空间。对这种空间一般只能用立式铣床加工，加工效率低，深度、形状也有较大的限制。尤其当要求加工两个相互对准的形状一致的凹槽时，更加困难，宜采用穿通式结构
18.6.4　避免刀具不能接近工件 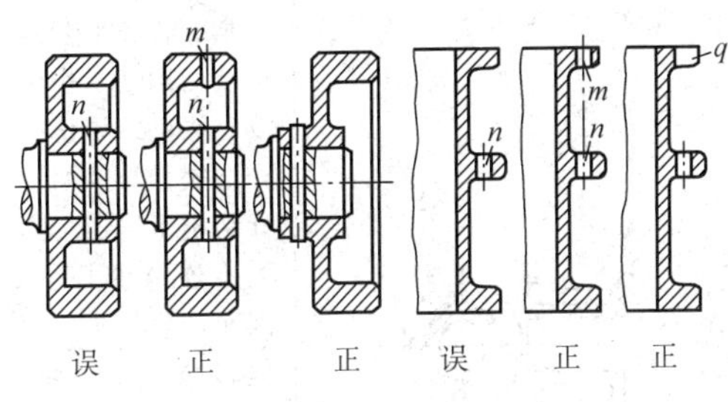	机械加工所用的刀具、机床都有一定的结构和尺寸。加工部位周围如果有长的壁或上下有凸台，都可能妨碍刀具的运动，甚至无法加工。为此应设置必要的工艺孔，槽，或改变结构形状
18.6.5　避免在斜面上钻孔 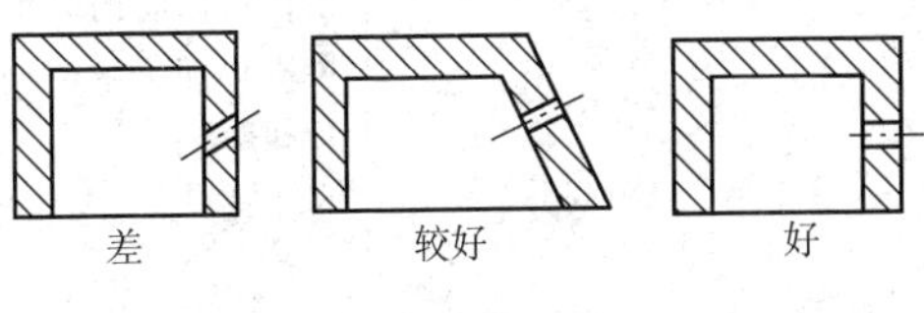	在斜面上钻孔不但位置不准，而且容易损伤刀具，应尽量避免。可用改变孔的位置或改变零件表面形状，使零件表面与孔中心线垂直来解决

(续)

设计应注意的问题	说　明
18.6.6　通孔的底部不要产生局部未钻透 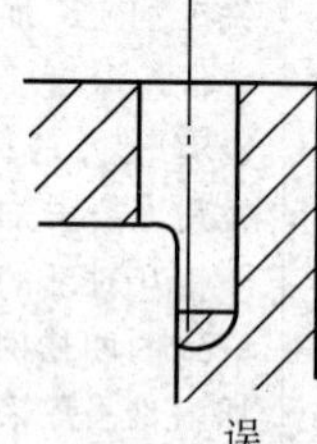 误 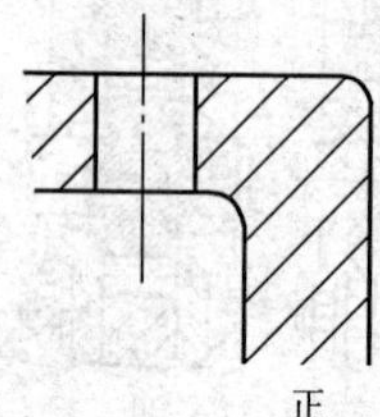 正	如图之通孔，底部有一部分未钻透，钻孔时产生不平衡力，易损坏钻头。应尽量避免
18.6.7　避免加工中的冲击和振动 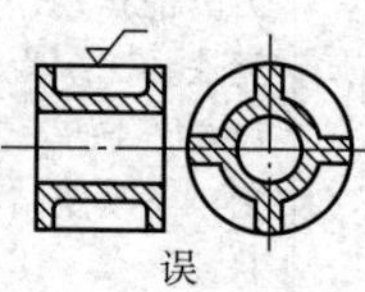 误 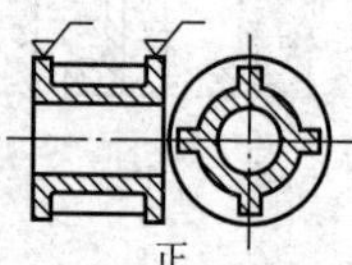 正	车、磨等工艺是连续切削，工作中没有振动，易得到光洁表面。但如设计结构不当，会产生不连续的切削，因而产生振动，不但影响加工质量，而且降低刀具寿命。如图所示的肋在车削外圆时即产生冲击，降低肋的高度可避免加工时的冲击和振动

18.7　正确处理轴与孔（内外表面）的结构

设计应注意的问题	说　　明
18.7.1　复杂加工表面要设计在外表面而不要设计在内表面上 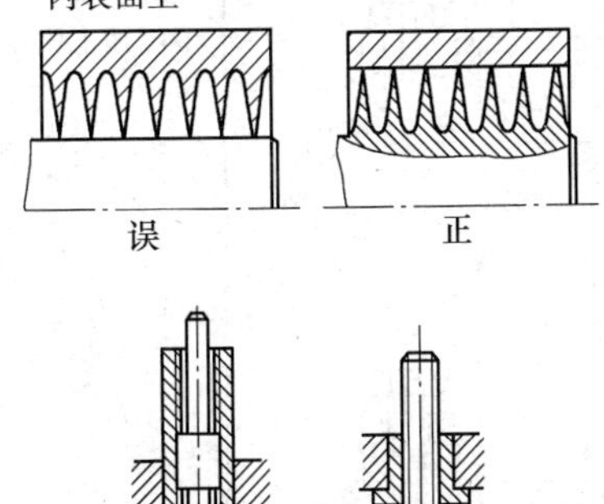 	轴类零件比孔的加工容易。因此当两个轴、孔形状的零件配在一起，它们中间有一些比较复杂的结构时，把这些结构设计在轴上，往往比设计在孔的内表面更好
18.7.2　对中表面直径应小 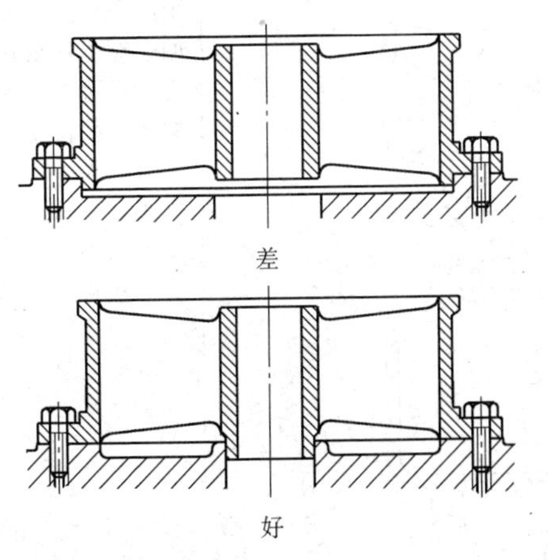 	图示两个零件是用圆柱面对中，给出了两种结构，上图的对中面直径大，而下图的对中面直径小。小直径的孔和轴容易得到较高的精度，所以下图的结构较好

(续)

<table>
<tr><th>设计应注意的问题</th><th>说　明</th></tr>
<tr><td>18.7.3　以外圆和通孔作为对中面好
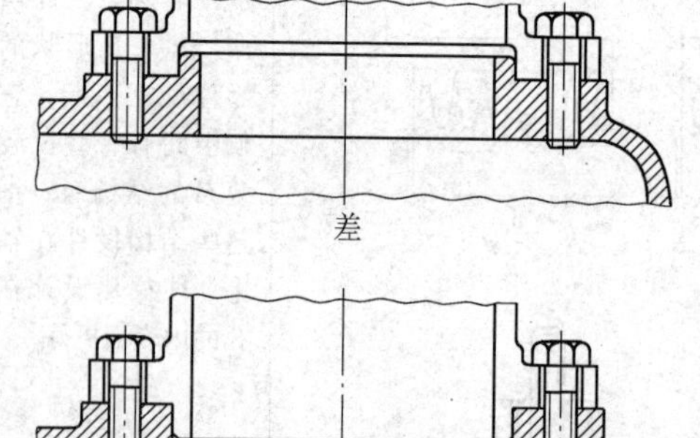
</td><td>上图的对中孔和轴加工较困难，而下图加工比较方便</td></tr>
<tr><td>18.7.4　能够在一次加工中得到的孔作为对中面效果好
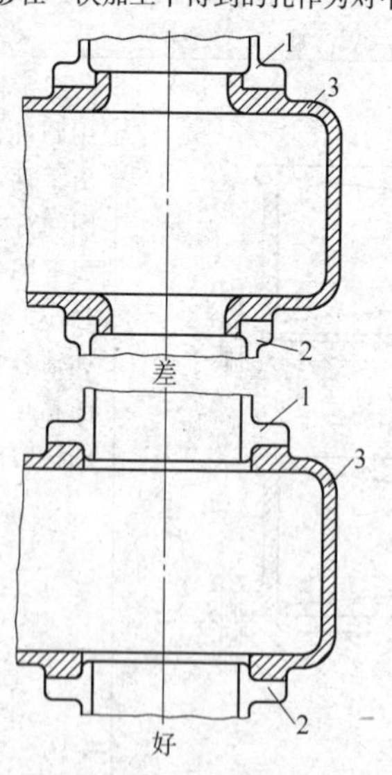
</td><td>零件1、2装在零件3上面。要求1、2的中心线对中。上图零件3上面的两个对中面要从两个方向加工，加工困难，精度低。下图零件3上面的两个孔可以在一次走刀中镗出，加工方便，对中精度较高</td></tr>
</table>

第 19 章　考虑装配的结构设计

概述

装配工作在机械装置制造的全部工作量中占有相当大的比重，而且装配效果对于机器的质量有相当大的影响。

对于考虑装配的结构设计，本书提醒要注意以下问题：

1）零件便于装入预定位置。

2）避免错误安装。

3）安装不影响正常工作。

4）减少安装时的手工操作。

5）自动安装时零件容易夹持和输送。

6）避免试车时出现事故。

19.1　零件便于装入预定位置

设计应注意的问题	说　　明
19.1.1　避免同时装入两个配合面 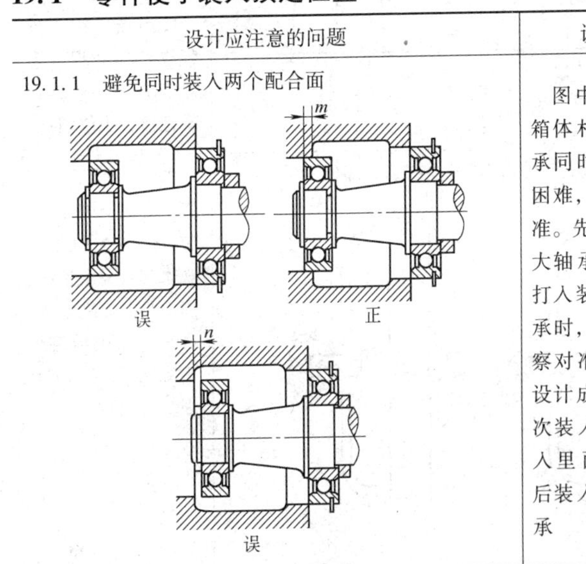	图中所示轴承与箱体相配，两个轴承同时装入，装配困难，不易同时对准。先装入外面的大轴承，则在继续打入装里面的小轴承时，装配很难观察对准情况。应该设计成两个轴承依次装入孔中，先装入里面的小轴承，后装入外面的大轴承

（续）

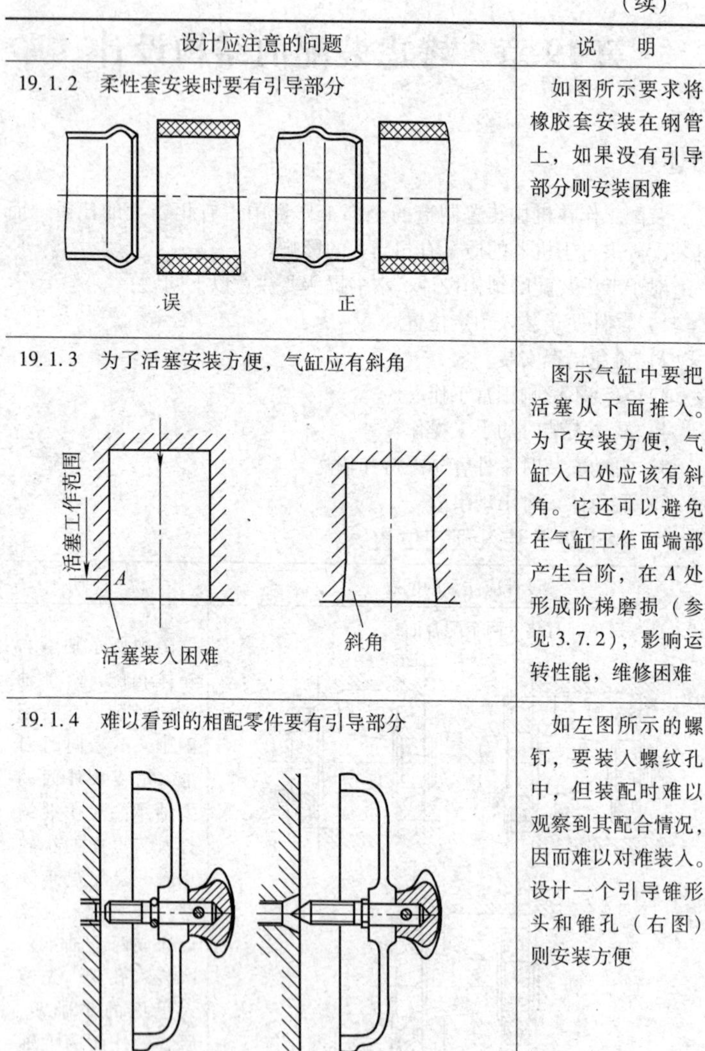

设计应注意的问题	说　明
19.1.2　柔性套安装时要有引导部分 误　　正	如图所示要求将橡胶套安装在钢管上，如果没有引导部分则安装困难
19.1.3　为了活塞安装方便，气缸应有斜角 活塞工作范围　A 活塞装入困难　　斜角	图示气缸中要把活塞从下面推入。为了安装方便，气缸入口处应该有斜角。它还可以避免在气缸工作面端部产生台阶，在 A 处形成阶梯磨损（参见 3.7.2），影响运转性能，维修困难
19.1.4　难以看到的相配零件要有引导部分 误　　正	如左图所示的螺钉，要装入螺纹孔中，但装配时难以观察到其配合情况，因而难以对准装入。设计一个引导锥形头和锥孔（右图）则安装方便

（续）

设计应注意的问题	说　　明
19.1.5　零件安装部位应该有必要的倒角 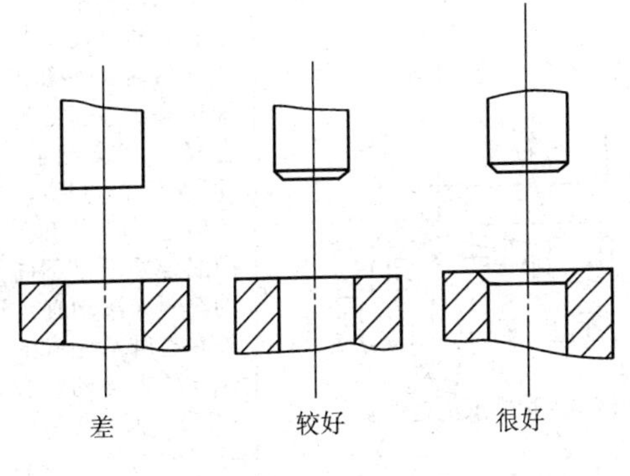	对用机械手安装的零件应该有倒角，以保证零件装入时的柔顺性。如果有一个零件有倒角，则装配柔顺性较好，如两个零件都有倒角则柔顺性很好
19.1.6　要为拆装零件留有必要的操作空间 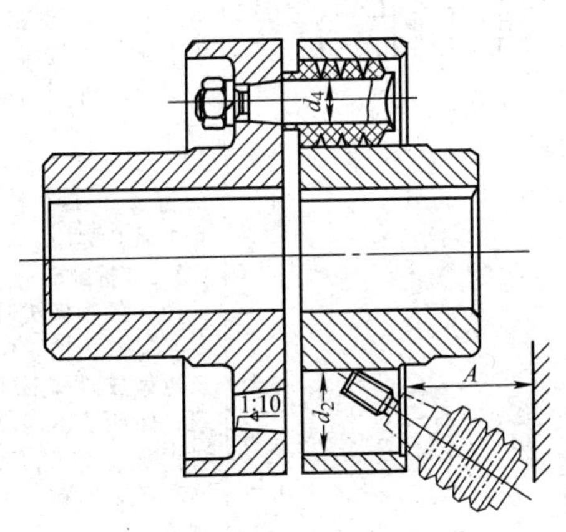	如果栓连接应为拧紧螺母留有必要的扳手空间，弹性套柱销联轴器的弹性柱销，应在不移动其他零件的条件下自由装拆。在联轴器标准中，尺寸 A 有一定要求，就是为拆装弹性柱销而定

（续）

设计应注意的问题	说　明
19.1.7　应尽量避免轴上多个零件具有同一配合尺寸 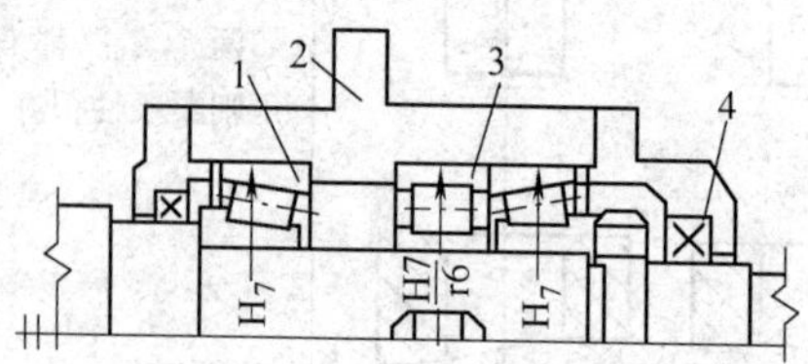 a）座套孔径尺寸相同影响轴承配合性质 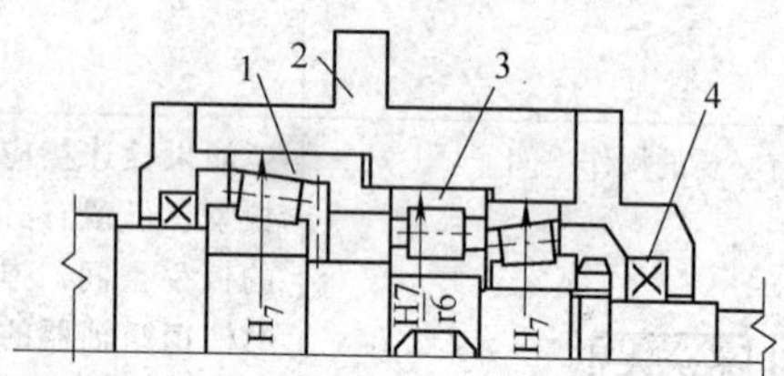 b）座套采用阶梯形孔径保证不同零件的配合要求 1—滚动轴承　2—座套 3—超越离合器　4—密封	图 a 为轴系组件，轴上装有滚动轴承与超越离合器。但是滚动轴承及超越离合器内、外圈与轴和轴承座套的配合尺寸完全相同。此设计的缺点是： 1）零件与轴和孔的配合要求是不同的，例如滚动轴承外圈与轴承座套的配合要求为动配合（H7），而超越离合器外圈与轴承座套的配合要求为过盈配合（H7/r6），若采用同一孔径尺寸，则过盈配合的零件在装配时必然使得孔径胀大，从而影响到轴承外圈的配合要求 2）增加了不必要的精加工工作量，增加加工成本 3）装拆困难 图 b 的轴做成阶梯形轴径，轴承座套也做成阶梯形孔径，保证了不同零件的配合要求，又有利于装拆和便于加工

（续）

设计应注意的问题	说　明
19. 1. 8　避免在箱体上切螺纹装观查窗 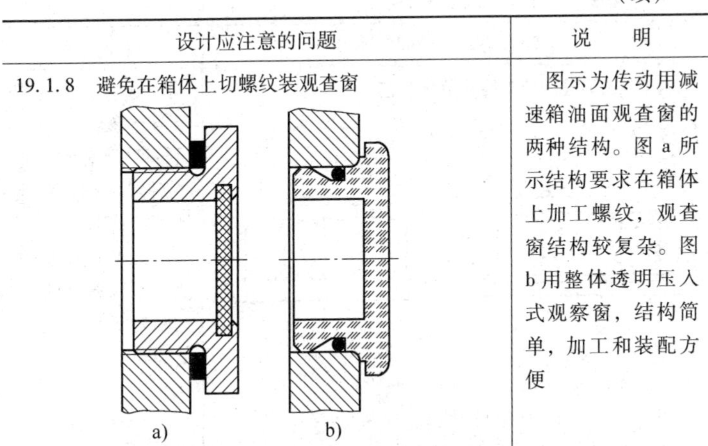 	图示为传动用减速箱油面观查窗的两种结构。图 a 所示结构要求在箱体上加工螺纹，观查窗结构较复杂。图 b 用整体透明压入式观察窗，结构简单，加工和装配方便

19. 2　避免错误安装

设计应注意的问题	说　明
采用特殊结构避免错误安装 M16　M16 M16　M18 较差　较好	有些零件有细微的差别，安装时很容易弄错，应在结构设计中突出显示差异。如图中所示双头螺柱，两端螺纹都是 M16 但长度不同，安装时容易弄错。如将其中一端改用细牙螺纹 M16 × 1.5（另一端仍用标准螺纹 M16 螺距为 2 mm）则不易错装。如将另一端改为 M18 则更不易装错，但加工较难

19.3 安装不影响正常工作

设计应注意的问题	说　明
19.3.1 采用对称结构简化装配工艺 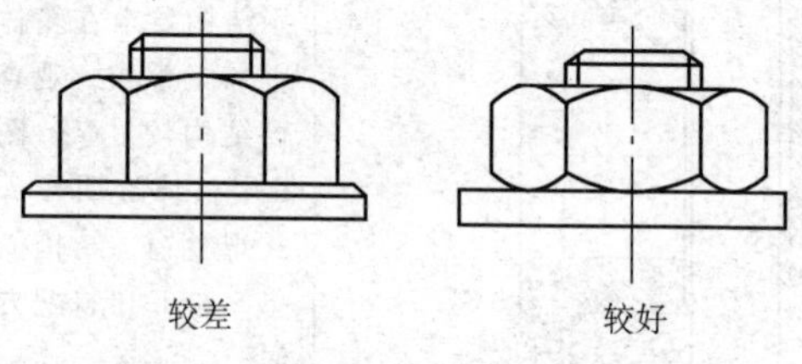 较差　　较好	如图中所示的螺母与垫圈，在改进后，两面对称，不必判别方向，装上即可。这种结构对自动化装配更为重要，可以省去一个判断零件正反方向的步骤
19.3.2 避免因错误安装而不能正常工作 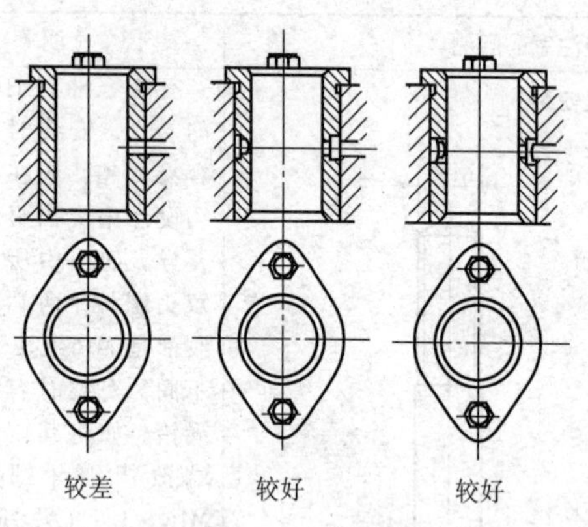 较差　　较好　　较好	错误安装对装配者而言是应该尽量避免的。但设计者也应考虑到万一错误安装时，不致引起重大的损失，并采取适当措施，这些措施不应该是很昂贵的。如图中所示轴瓦上的油孔，安装时如反转 180°装上轴瓦，则油孔不通，造成事故，如在对称位置再开一油孔，或再加一个油槽，则可避免由错误安装引起的事故

19.4 减少安装时的手工操作

设计应注意的问题	说　明
19.4.1 简化装配运动方式 槽 避免：插入需三个方向运动 卡扣 改进：只需单方向运动插入	对于需要连接固定的零件装配时，应尽量减少装配运动方式，这对自动化装配尤为重要。如图中所示结构，把原来的结构改为卡扣连接，把原来需要作三个方向的运动改为一个方向的运动，使装配操作大为简化
19.4.2 尽量减少现场装配工作量	有些设备，如重型机床、起重机、矿山设备等，必须分为若干部分运至现场进行装配。现场与制造厂条件不同，困难较多，应尽量减少现场装配工作
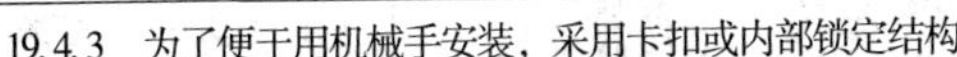19.4.3 为了便于用机械手安装，采用卡扣或内部锁定结构 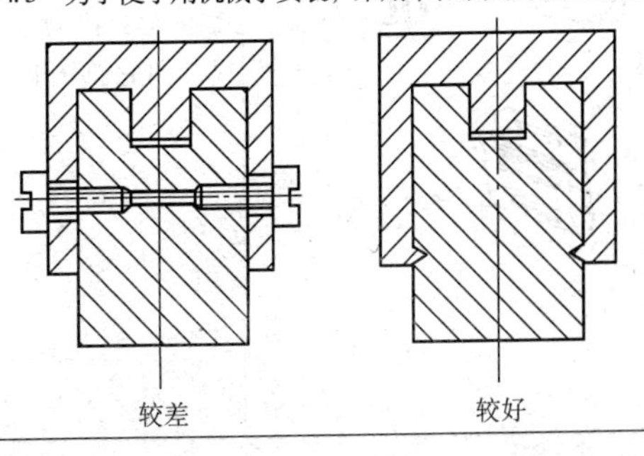 较差　　较好	对于用机械手安装的零件，采用止口定位，螺钉固紧的结构不便于安装。采用卡扣或内部锁定结构，一经压入便连接牢固，是值得推荐采用的结构

19.5 自动安装时零件容易夹持和输送

设计应注意的问题	说　明
19.5.1 紧固件头部应具有平滑直边，以便拾取 较差 较好	用机械手装配的紧固件头部不应该采用半球形、锥形等形状，不便于抓取。应该用六角形，圆柱形钉头
19.5.2 自动上料机构供料的零件，应避免缠绕搭接  正	用自动上料机构供料的自动装配机构（如用振动式料斗供料），应避免零件在运动中互相缠绕搭接，以致必须人工将它们分开

19.6 避免试车时出现事故

设计应注意的问题	说 明
19.6.1 避免凸轮机构试车时电动机反转，造成失效 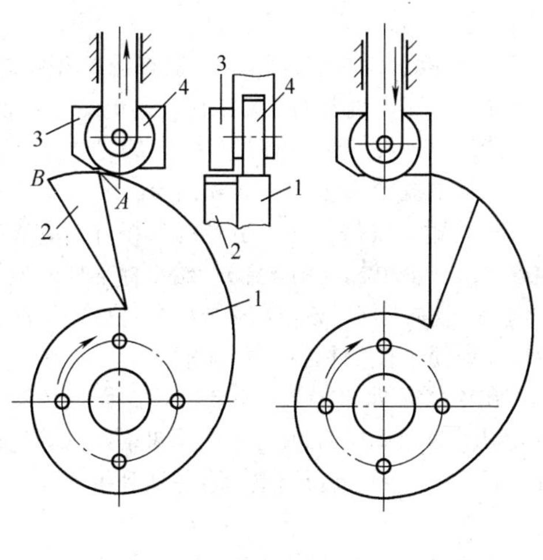	凸轮机构，在试车时如果由于连线不合适，电动机转向与规定（顺时针方向）相反，凸轮的凸起部分与从动件相撞，使该机构损坏。在传动系统中加入一个超越离合器使凸轮只能按一个预期方向转动即可避免产生此种事故 注：图示凸轮机构中，凸轮 1 推动滚轮 4 上升，在经过凸轮 *A* 点后，改为由凸轮的附加轮廓2推端块3，至右图位置时，从动件突然下落，实现冲击效果
19.6.2 齿轮安装正确位置应该标示 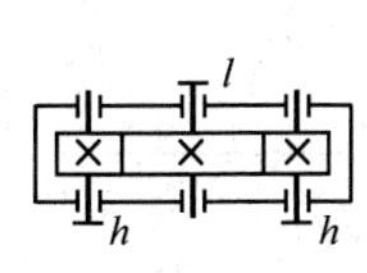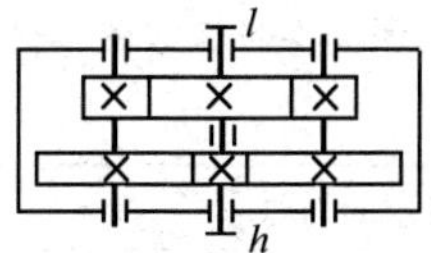	图示中心驱动式齿轮减速器，由于安装时轮齿错位一个齿，用减速器箱盖压紧后，齿轮有相当大的载荷，结果在未加载荷空运转时，即发生齿面胶合磨损。应在设计时规定在齿轮上面标示正确啮合的安装位置

第 20 章　考虑维修的结构设计

概述

机械装置在使用一个阶段以后，应该定期进行检查维护和修理，有些零件要按规定进行更换，以保证机器的正常工作，避免发生事故。因此，对于机器设备，设计师应该在机械设计过程中，编写技术文件时，认真编写使用说明书，其中规定维护的时间和内容。要求用户按使用说明书进行保养和维护。对于维修时应该更换的易损件，应该给出明确的报废标准和检查方法（如电梯的钢丝绳），给出标准件的型号（如滚动轴承、密封件等）对于加工件应该给出必要的备件或加工的图样。此外，在设计时应该保证便于监测机器是否正常运行，容易发现机器运转不正常的现象。在维修时拆卸方便，不会因拆卸而损坏零件（如内径 300mm 以上的大型滚动轴承应特别注意其拆卸条件，避免拆卸时断裂）。在重新装配时，尽量避免重新调整，容易达到机器原来的状态。

对于考虑维修的零件结构设计，本书提醒要注意以下问题：

1）尽量用标准件。

2）合理划分部件。

3）易损件容易拆卸。

4）避免零件在使用中碰坏。

5）注意用户的维修水平。

6）设计零件时应考虑到维修时修复该零件的可能。

20.1　尽量用标准件

设计应注意的问题	说　　明
20.1.1　尽量采用标准件	标准件对于修配特别重要，采用标准件便于修理和更换

（续）

设计应注意的问题	说　　明
20.1.2　孔用弹簧挡圈应该有拆卸用的结构 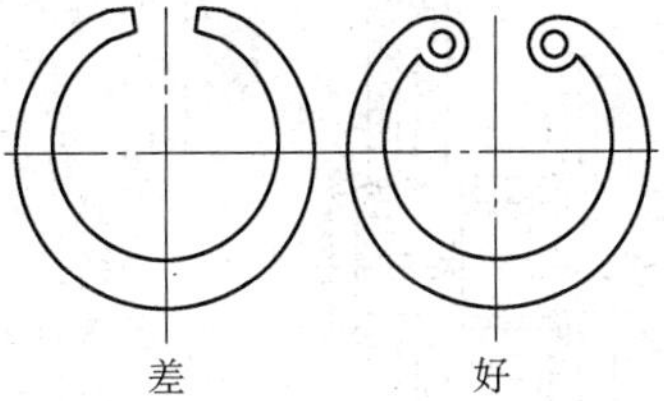 差　　　好	左图是自行设计的孔用弹簧挡圈，拆卸困难。右图中是国家标准孔用弹簧挡圈的形状，上面有拆卸用工具插入的孔，拆卸方便
20.1.3　键要考虑拆卸问题 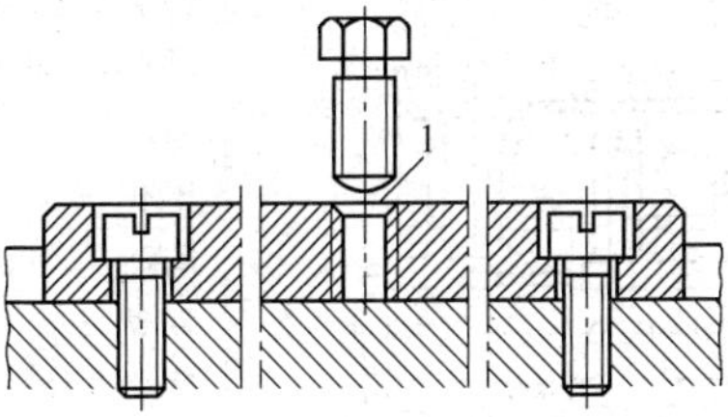 1	图示为一较长的导向平键，轴上零件可以沿轴向滑动。用螺钉把键固定在轴上。拆卸时，拧下螺钉以后，由于键与键槽配合较紧，键不易取出，需要在中间的拆卸螺钉孔中拧入螺钉，取出键

20.2　合理划分部件

设计应注意的问题	说　　明
20.2.1　对一个机械应合理划分部件	一台机械设备如果能合理地划分为若干部件，分别平行作业进行装配，然后总装，可以减少装配时间。在修理时，可以更换损坏的部件，加快修理进度、提高修理质量

（续）

设计应注意的问题	说　明
20.2.2　同一轴的两个轴承，不宜用独立的轴承座 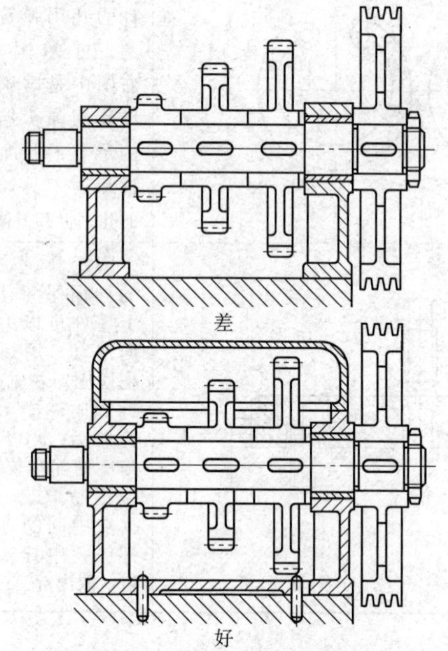 差 好	上图中同一轴的两个轴承，由两个独立的轴承座支承。安装、调整、修理都很费时间，而且齿轮传动啮合精度不高。改为下图的结构时，两个轴承安放在一个刚性的轴承座上面，机座孔的对中很好，不但安装、调整、修理方便，而且齿轮传动啮合精度高
20.2.3　齿轮传动装置中，各轴的轴承座不应分离 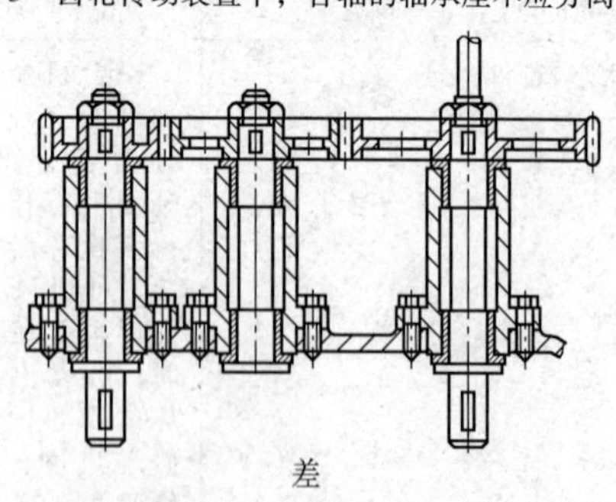 差	上图中的齿轮传动装置，各轴分别用独立的支架固定在同一个机座上面，安装、调整、修理都很费时间，而且齿轮传动啮合精度不高。改为统一的箱体，有很大的改善，而且齿轮传动的润滑条件较好

（续）

设计应注意的问题	说　明
20.2.3　齿轮传动装置中，各轴的轴承座不应分离 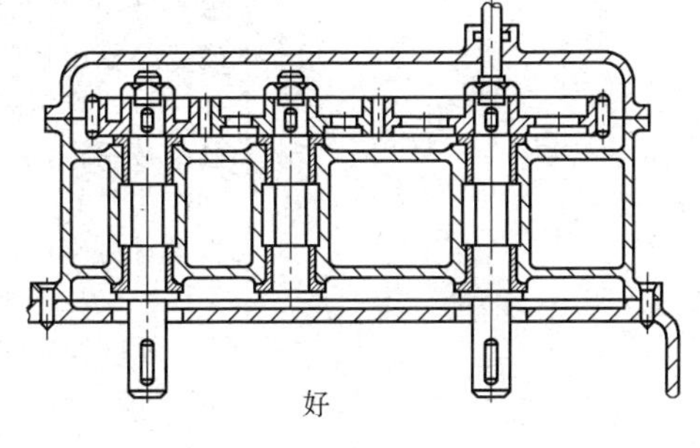 好	上图中的齿轮传动装置，各轴分别用独立的支架固定在同一个机座上面，安装、调整、修理都很费时间，而且齿轮传动啮合精度不高。改为统一的箱体，有很大的改善，而且齿轮传动的润滑条件较好

20.3　易损件容易拆卸

设计应注意的问题	说　明
20.3.1　拆卸一个零件时应避免必须拆下其他零件（一） 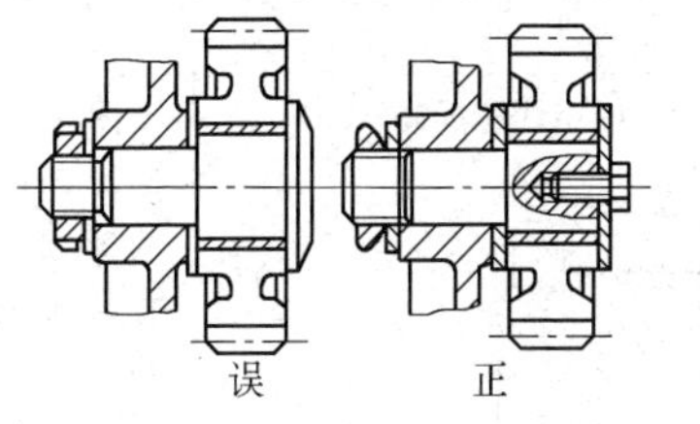 误　　　正	在设计时应避免各零件之间的装配关系相互纠缠。其中主要零件可以单独拆装，这样就可以避免许多安装中的反复调整工作。如图中的小齿轮拆下时，不应必须拆下固定齿轮的轴。拆下轴承盖时，底座不应同时被拆动，这样在调整轴承间隙时，底座的位置不必重新调整
20.3.2　拆卸一个零件时应避免必须拆下其他零件（二） 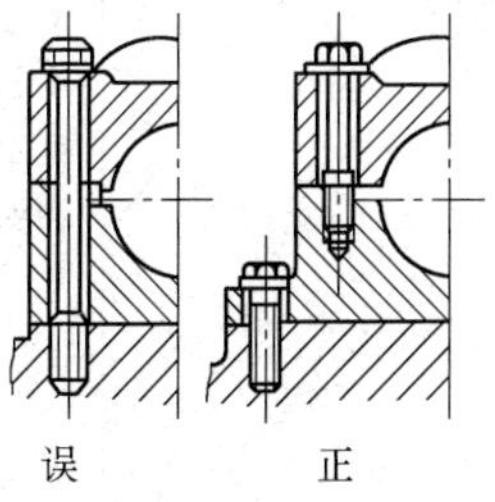 误　　　正	

（续）

设计应注意的问题	说　明
20.3.3　零件在损坏后应易于拆下，回收材料	在设计时应考虑到由于磨损、疲劳等原因使零件失效，甚至整机报废后，机械零件（尤其是由贵重材料制成的零件）应易于拆下。可以按类分组，回收再用
20.3.4　锥形轴端上的轮毂，可以用油压拆卸 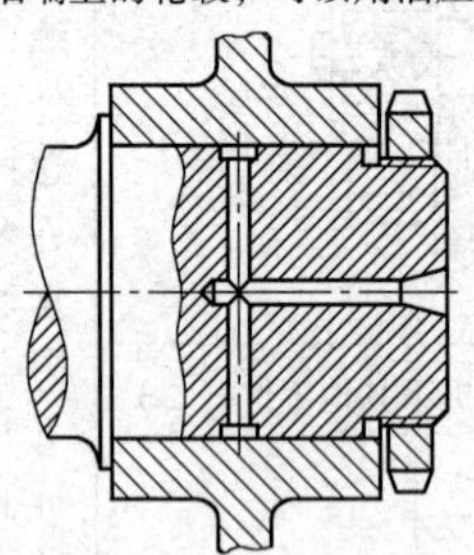	图示与锥形轴端配合的轮毂结构形状。在轴上有一油孔，在拆卸时，由油孔打入高压油，可以靠油的压力把轮毂顶出。此种结构拆卸方便，而且不会损伤轮毂和轴的配合表面

（续）

设计应注意的问题	说　　明
20.3.5　与孔配合紧密的套筒，应有考虑拆卸的结构 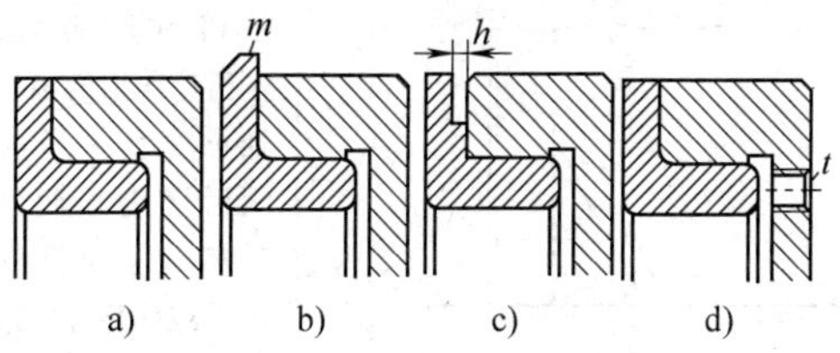 	图示套筒与孔有较紧密的配合。最左边的 a 图拆卸时，很难放入工具，拆卸困难。其余三个图可以用工具推、打 m 处，插入间隙 h，或用螺钉拧入钉孔 t，把套筒向左推出
20.3.6　维修一个部件时，不要拆卸其他部件 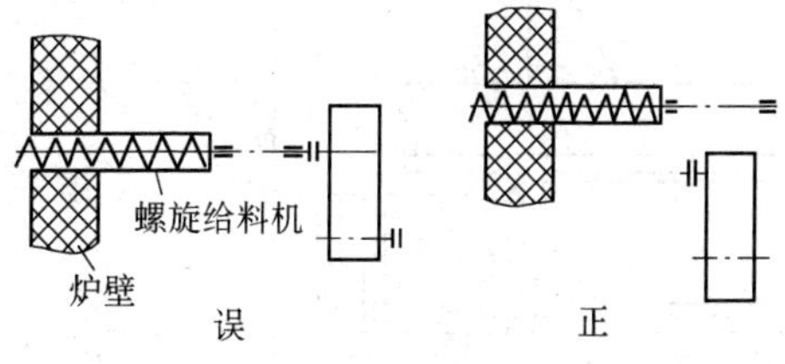 	螺旋给料机的螺旋磨损很快，要经常拆卸更换。但左图中在拆卸它时，必须拆卸传动装置（减速箱、电动机等）。改为右图结构，增加一级链传动（图中未画出），使拆卸工作简化

（续）

设计应注意的问题	说　　明
20.3.7　注意维修时螺钉拆卸方便 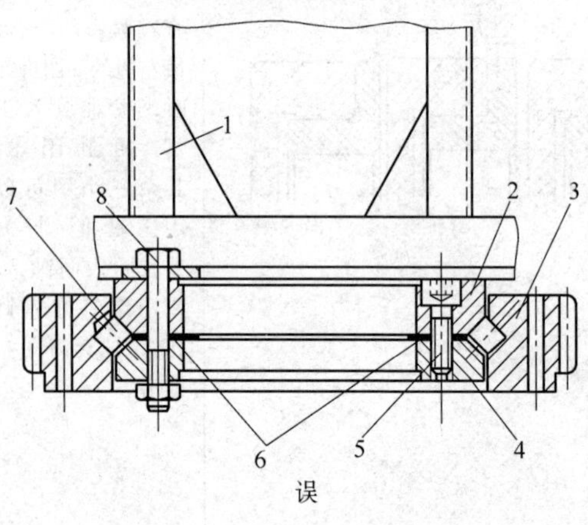 误 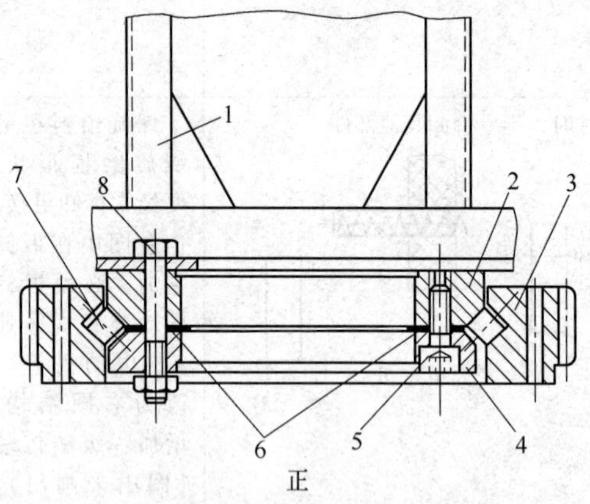 正 1—搭身　2—轴承内圈（上）　3—齿轮 4—轴承内圈（下）　5—螺钉　6—薄片 7—滚子　8—螺栓	图示为塔式起重机旋转装置，在齿轮3内的滚柱轴承工作一段时间后因磨损而间隙增大。须拆开轴承减薄垫片6进行调整。此时须拆卸螺栓8和螺钉5。其中螺钉5必须向上取出，因此必须拆卸上面的塔身1。改为右图的结构，螺钉4可由下面拧松，使维修简化

（续）

设计应注意的问题	说　　明
20.3.8　检修时只进行局部拆卸，设置维修孔 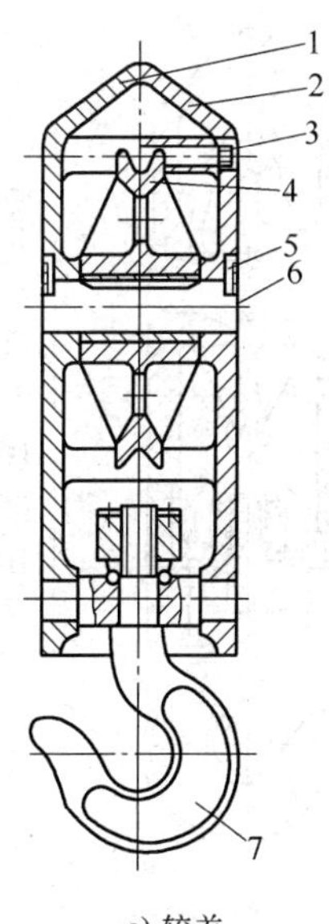 a) 较差 1—吊钩壳体Ⅰ　2—吊钩壳体Ⅱ　3—螺钉 4—滑轮　5—压板　6—滑轮轴　7—吊钩	图a所示为起重设备吊钩，原设计壳体为剖分式，两半用螺钉3连接，工作时因碰撞容易损坏。改为下图b中整体式结构，并在壳体上设置装拆用的维修孔，以便于拆装。使安装时调整的工作量减少，而且提高了该部件的强度

（续）

设计应注意的问题	说　明
20.3.8　检修时只进行局部拆卸，设置维修孔 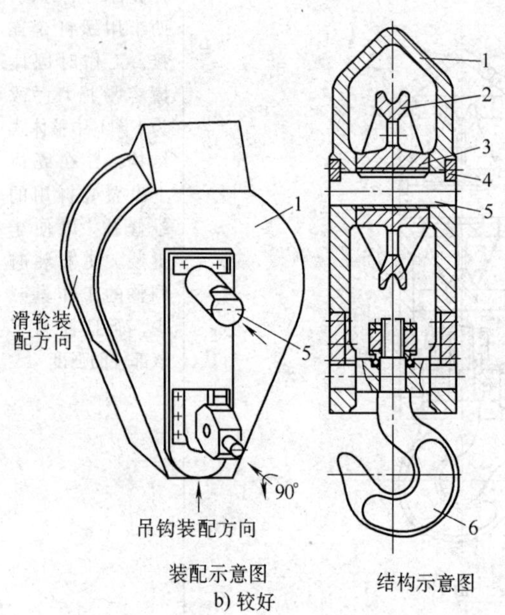 装配示意图　　结构示意图 b) 较好 1—吊钩壳体　2—滑轮　3—滑轮套 4—压板　5—滑轮轴　6—吊钩	图b所示为起重设备吊钩，原设计壳体为剖分式，两半用螺钉连接，工作时因碰撞容易损坏。改为右图中整体式结构，并在壳体上设置装拆用的维修孔，以便于拆装。使安装时调整的工作量减少，而且提高了该部件的强度

20.4 避免零件在使用中碰坏

设计应注意的问题	说 明
20.4.1 薄弱的零件不应暴露在容易损坏的部位 好 差	图示为向机器供应润滑油的油嘴，左图油嘴暴露在外，容易被碰坏，增加维修的工作量和成本。右图所示油嘴受到其他零件的保护，延长了使用寿命。但是这样的设计在加油时不容易找到加油的位置，应该在机器上面加一个加油位置图。在油嘴上面涂以特殊的颜色（如红色）油漆，以便识别
20.4.2 保证在拆卸时不损坏螺纹 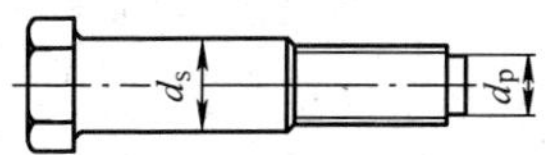 铰制孔用螺栓（GB/T 27—1988） 钉杆 d_s 的公差为 m6 或 u8	铰制孔螺栓钉杆直径 d_s 的公差为 m6 或 u8，以保持钉杆与孔有较好的贴合。其端部有直径为 d_p 的圆柱体，在拆除螺栓时可以推、敲此处以免损坏螺纹

20.5 注意用户的维修水平

设计应注意的问题	说　明
设计者应考虑使用者的维修水平，认真负责地编写使用说明书	有些机械设备由非机械行业使用，如游戏机、自动扶梯、电梯等，其用户多为园林、商业、服务等行业使用。对这些设备的使用说明书必须认真编写。在说明书中应详细说明保养维护的详细要求，检修的时间规定，必须检验的项目和零件的更换标准

20.6 设计零件时应考虑到维修时修复该零件的可能

设计应注意的问题	说　明
设计时零件尺寸预留修复所需的裕量 保留加工的定位基准  误（未保留顶尖孔） 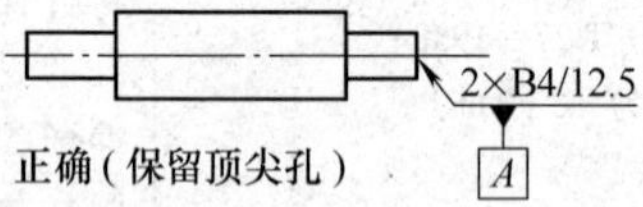 2×B4/12.5 A 正确（保留顶尖孔）	轴颈磨损后修复的方法有二类： 1）原设计轴颈适当加大，磨损后重磨，轴颈减小，配以相应内径的滑动轴承 2）用喷涂、刷镀等方法加大磨损的轴颈，再机械加工。为实现以上两种方法都要保留原来加工轴颈的顶尖孔

第21章　螺纹连接结构设计

概述

螺纹连接是在各种机械装置和仪器仪表中广泛使用的连接型式。螺纹连接工作可靠，拆装方便，标准化程度高，有多种结构型式供设计者选择，可以满足各种工作要求。由于螺纹连接使用量大，而且很多螺纹连接处于很重要的部位，所以正确设计螺纹连接有很重要的意义。

在设计螺纹连接时要求它在使用中不断、不松——既不会产生断裂等失效，也不会松脱。此外还要求螺纹连接件和被连接的零件加工、装配、修理、更换方便，经济合理，保证安全。

螺纹紧固件种类很多，有二百多个国家标准，规定了它的形状、尺寸、材料、性能、检验方法等，《机械设计手册》摘录了常用的国家标准，设计者应该了解并熟悉常用的国家标准，正确地选择和使用它们。我国的国家标准与国际标准化组织（ISO）联系密切，常随着ISO改进，每年都公布一些新的国家标准，设计者应该“与时俱进”，及时掌握和使用最新的国家标准。

对于螺纹连接结构设计，本书提醒要注意以下问题：

1）合理选择螺纹连接的型式。

2）螺纹连接件的合理设计。

3）被连接件合理设计。

4）螺栓或螺栓组的合理布置。

5）考虑装拆的设计。

6）螺纹连接防松结构设计。

21.1 合理选择螺纹连接的型式

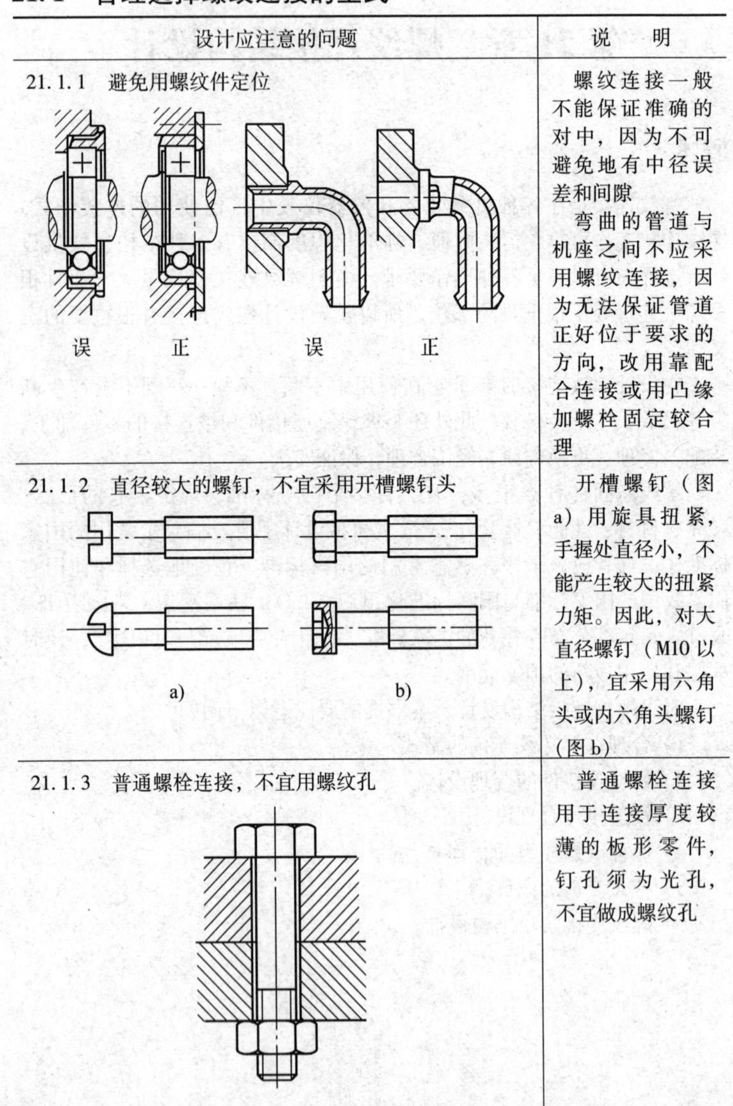

设计应注意的问题	说　明
21.1.1 避免用螺纹件定位 误　正　误　正	螺纹连接一般不能保证准确的对中，因为不可避免地有中径误差和间隙 弯曲的管道与机座之间不应采用螺纹连接，因为无法保证管道正好位于要求的方向，改用靠配合连接或用凸缘加螺栓固定较合理
21.1.2 直径较大的螺钉，不宜采用开槽螺钉头 a)　b)	开槽螺钉（图a）用旋具扭紧，手握处直径小，不能产生较大的扭紧力矩。因此，对大直径螺钉（M10以上），宜采用六角头或内六角头螺钉（图b）
21.1.3 普通螺栓连接，不宜用螺纹孔	普通螺栓连接用于连接厚度较薄的板形零件，钉孔须为光孔，不宜做成螺纹孔

（续）

设计应注意的问题	说　　明
21.1.4　对经常装拆的场合不宜采用螺钉连接 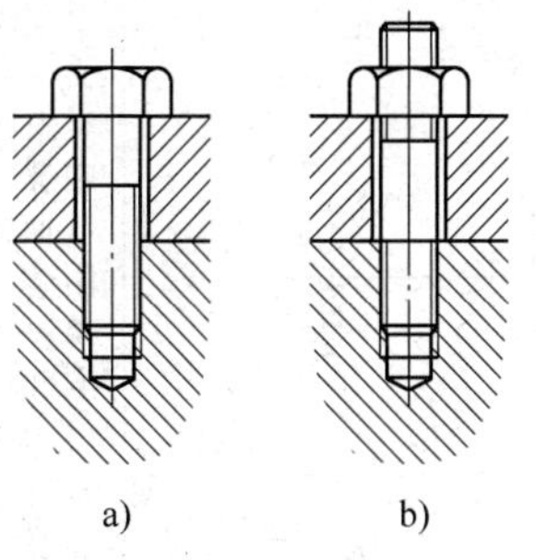 a)　　b)	当被连接件之一厚度较大时，若经常装拆则不宜采用螺钉连接（图 a），以免由于钉孔磨损，使被连接件损坏。此种情况下，应采用双头螺柱（图 b）
21.1.5　用多个沉头螺钉固定时，各埋头不可能都贴紧 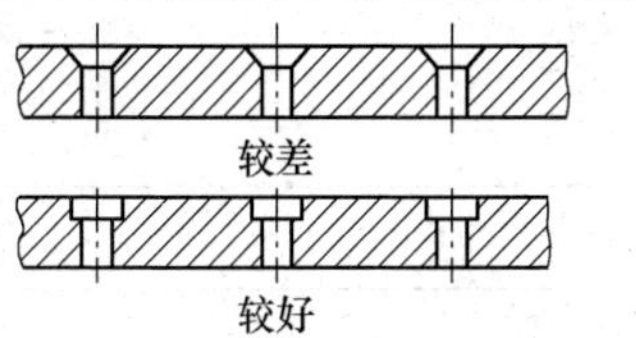	用多个锥端沉头螺钉固定一个零件时，如有一个钉头的圆锥部分与钉头锥面贴紧，则由于加工孔间距误差，其他钉头不能正好贴紧。如改用圆柱头沉头螺钉固定，则可以使每个螺钉都压紧，为了提高固定的可靠性，可安装二个定位销

（续）

设计应注意的问题	说　明
21.1.6　吊环螺钉应采用标准件 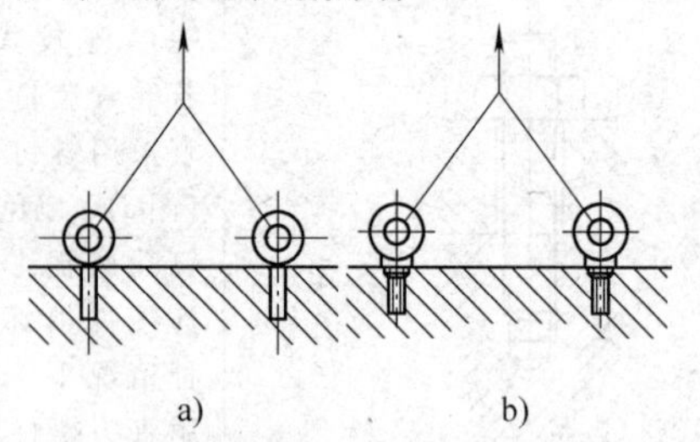 a)　　b)	吊环螺钉在用钢丝绳倾斜方向受力时，若没有紧固座面（图 a）则螺钉受很大的弯曲应力。应按国家标准 GB/T 825—1988 选择标准的吊环螺钉（图 b）
21.1.7　铰链应采用销轴，不可用螺钉 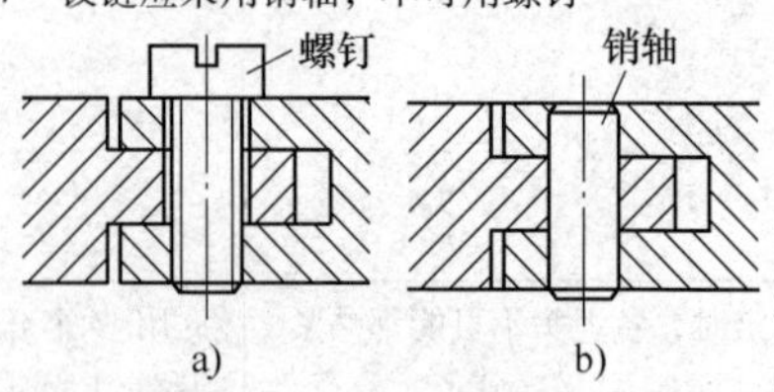 a)　　b)	螺纹有间隙不能精确定位，因此不宜用螺钉做销轴。销轴应采用销连接，为避免销从孔中滑出，可采用带孔销（GB/T 880—2008）或销轴（GB/T 882—2008）

21.2　螺纹连接件合理设计

设计应注意的问题	说　明
21.2.1　避免螺杆受弯曲应力 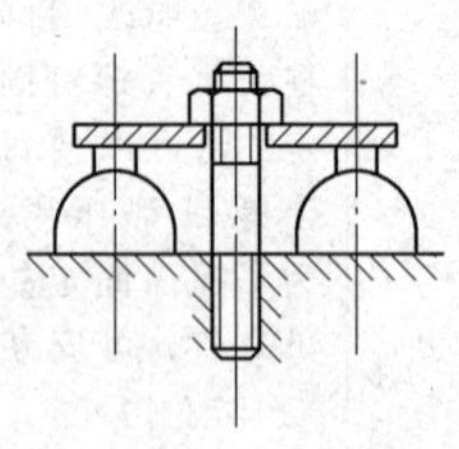 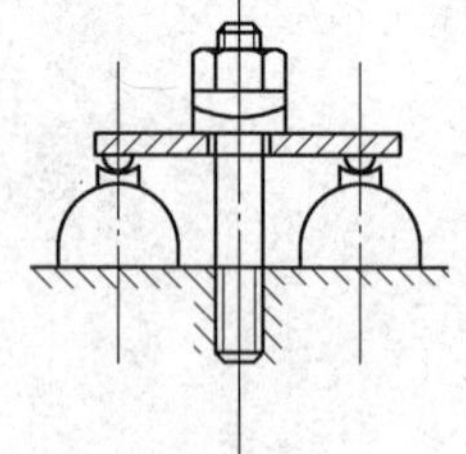	螺栓受弯曲应力时，强度将受到严重削弱。当两个零件高度不等，使压板歪斜时，在拉杆中引起弯曲应力，在螺母下放一球面垫圈，压板端部设计为球面，可以避免产生弯曲应力

（续）

设计应注意的问题	说　　明
21.2.2　受弯矩的螺杆结构，应尽量减小螺纹受力 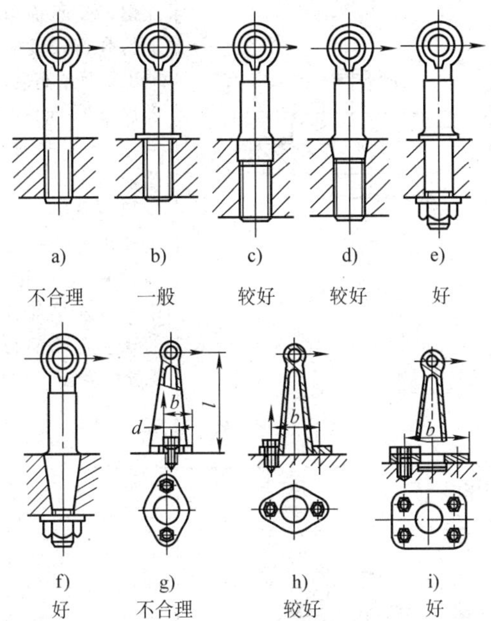 	主要考虑螺钉的受力条件，其中a、g螺钉所受应力大，e、f圆柱和圆锥配合面抗弯强度高，结构最为合理，i采用四个螺钉，提高了强度
21.2.3　螺母与零件的接触面为锥形时，其锥顶角不可太小 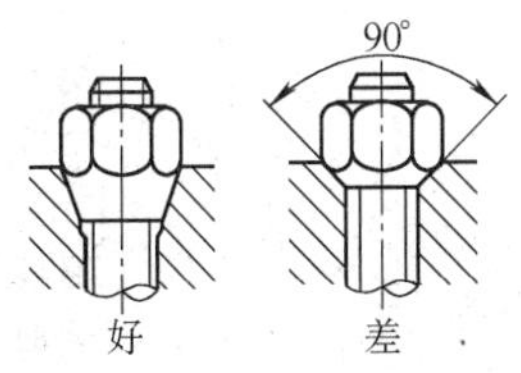 	螺母与零件的接触面为锥形，可以增加螺母的摩擦转矩，有利于防松和对中。但是若其锥顶角过小，则在转动螺母时圆锥部分产生过大的摩擦力矩，不利于安装（左图）。右图中，此角为90°，比较适当

（续）

设计应注意的问题	说　明
21.2.4　受剪螺栓钉杆应有较大的接触长度 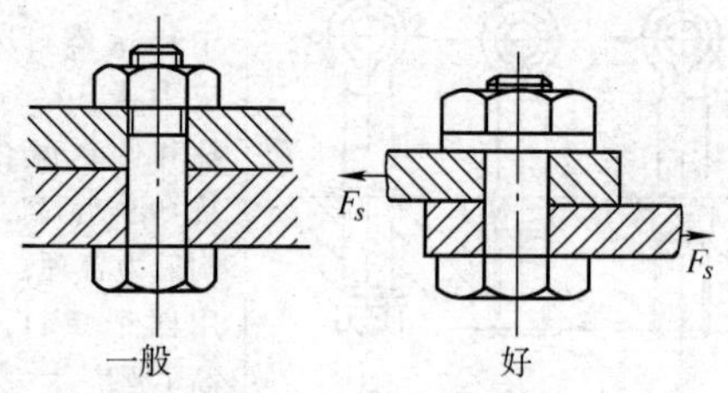	螺栓螺纹部分在螺母支承面以下的余留长度和伸出螺母的高度，都应按标准。用受剪螺栓连接时，此余留螺纹长度应尽可能小，可以采用补偿垫圈容纳螺纹收尾，以使被连接部分的孔壁全长都与螺栓杆接触
21.2.5　减小螺母的摩擦面 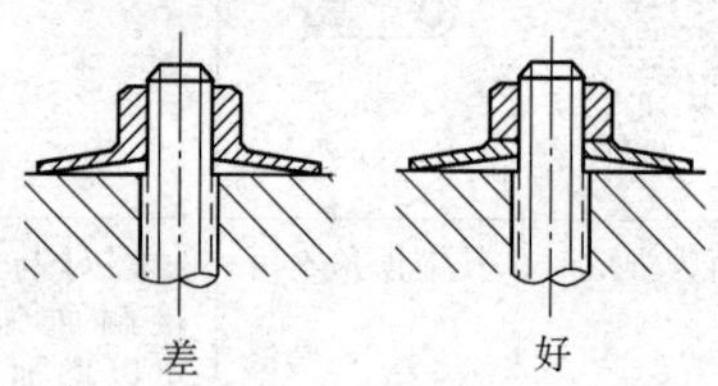	为了减小安装螺母时所需的转矩，可以减小螺母的摩擦面尺寸，如图原设计螺母与垫圈为一个零件，转动螺母所需克服的摩擦转矩大。分开为两个零件以后，只有螺母转动，垫圈固定不动。安装时省力。但是其锁紧效果较差

（续）

设计应注意的问题	说　　明
21.2.6　铝制垫片不宜在电气设备中使用	拧紧螺母时，其支承面与垫片相互摩擦，使铝制垫片表面有一些屑末落下，如落至电气系统中，会引起短路
21.2.7　表面有镀层的螺钉，镀前加工尺寸应留镀层裕量	表面镀铬或镍的螺钉，镀层厚度可达0.01mm左右。在制造这种螺钉时，应留有足够的裕量，使镀后尺寸符合国家标准，镀前切削加工尺寸必须留有裕量
21.2.8　经常拆装的外露螺栓头要避免碰坏 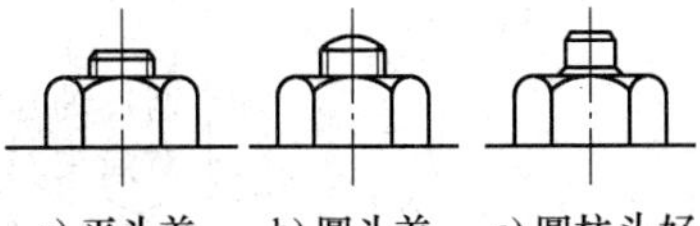 a) 平头差　b) 圆头差　c) 圆柱头好	对于经常拆卸螺母的场合，螺栓头部容易被碰坏，因此不宜采用平头或圆头的结构，而应把外露的螺纹切去，制成圆柱头

（续）

设计应注意的问题	说　明
21.2.9　必须保证螺母全高范围内所有螺纹正确旋合 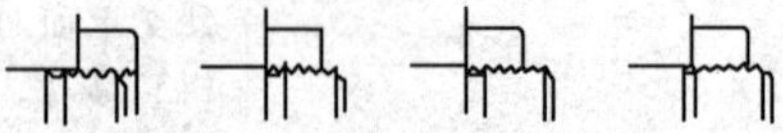 螺纹旋合不足　a)　b)　拧不紧 c)　好 d)	螺母全高范围内各扣螺纹都与螺杆的螺纹旋合，才能保证足够的强度（图 d），不能保证全部旋合的结构（图 a、b、c）都是不允许的
21.2.10　防松要求较高的螺栓连接，不能只锁紧螺母 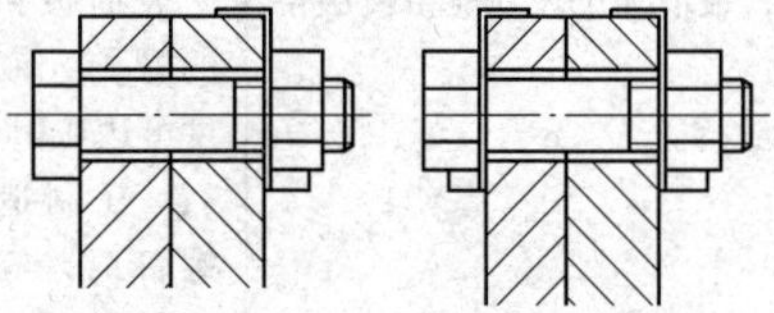 a)　b)	必须把螺钉和螺母都加锁紧装置才能保证可靠的锁紧（图 b）只锁紧螺母（图 a）不够可靠
21.2.11 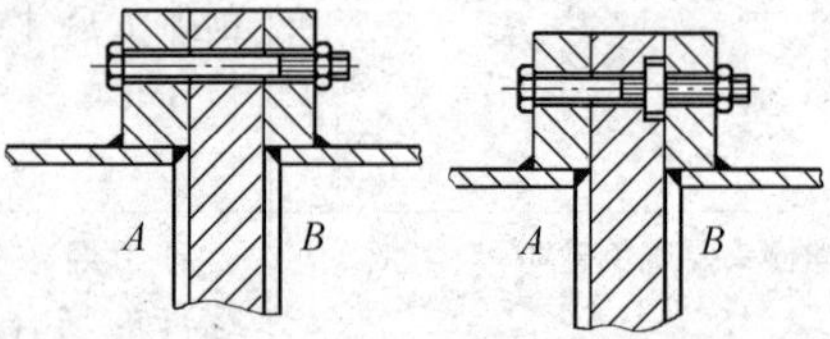 A　B　a)　A　B　b)	图示换热器中间有隔板的结构，形成 *A*、*B* 两个空间，连接处由三层板组成。空间 *A*、*B* 的压力差比较大，用同一直径的螺栓连接（图 a）难以兼顾两边的压力载荷对强度和刚度的要求。而且维修时不能只拆一部分，而维修不便。可以按压力要求设计成不同直径的带凸肩的螺栓连接（图 b）

（续）

设计应注意的问题	说　明
21.2.12　螺钉装配要采用适当的工具 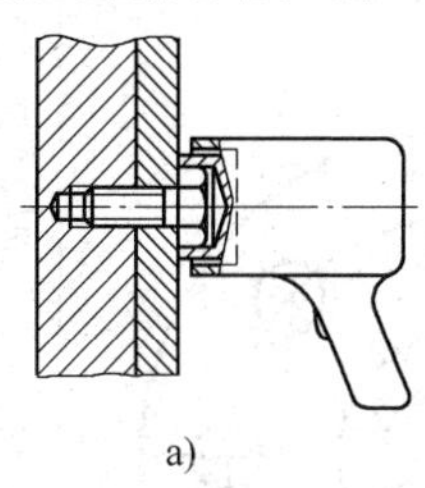 a) 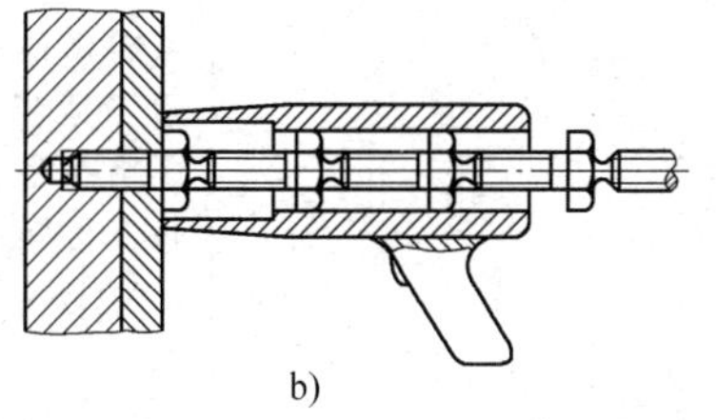 b)	螺钉装配工作量大，而准确地控制扭紧力矩，对提高它的性能和可靠性有很大的关系。图a是普通的扭紧工具。而图b的装置，一次装入几个螺钉，提高了工作效率，在达到一定转矩时，连接处细杆部分扭断，而自动控制扭紧力矩，但破断处不美观，而且能碰伤人手，还要进一步改进

21.3　被连接件合理设计

设计应注意的问题	说　明
21.3.1　避免在拧紧螺母（或螺钉）时，被连接件产生过大的变形 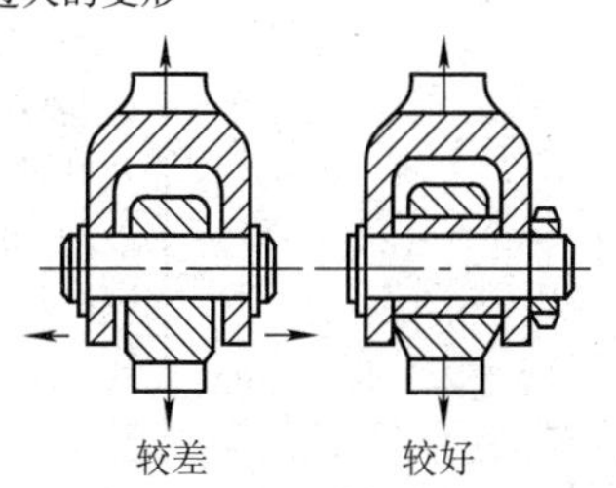	由于螺钉的预紧力过大，使叉形零件变形，杆件不能灵活转动，加一套筒撑住叉形零件，使叉形零件变形受到限制，保证了转动的灵活性

（续）

设计应注意的问题	说　明
21.3.2　法兰结构的螺栓直径、间距及连接处厚度要选择适当 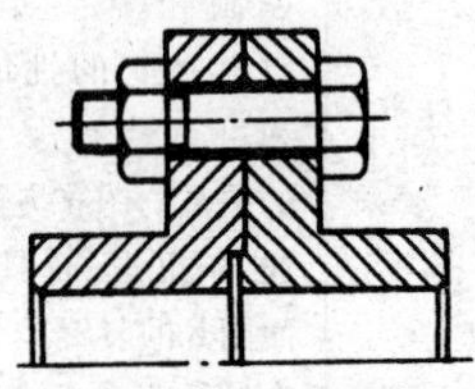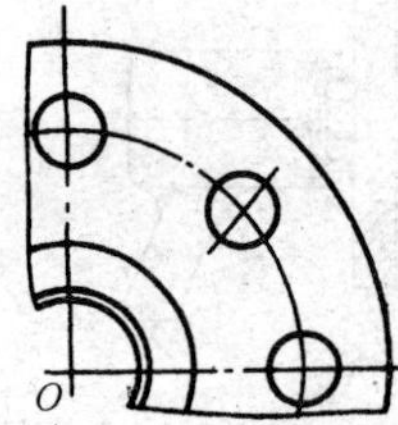	化工设备的管接头法兰或热交换器的设计要执行规定的有关标准 对于有压力密封要求的连接，螺栓强度、法兰的刚性、螺栓的紧固操作三个要素中任何一个要素不适当，都会影响在密封面全长上接触压力的均匀性
21.3.3　不要使螺孔穿通，以防止泄漏 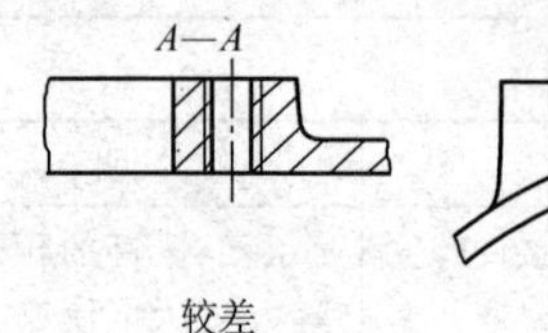 较差 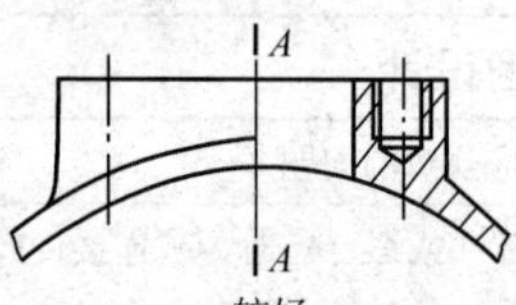 较好	在壁厚不够的位置尽量不开螺纹孔（或者不开通孔），否则容易发生泄漏现象。因为螺栓与螺纹孔之间有间隙（主要在螺纹顶部及根部），由此可以产生泄漏

（续）

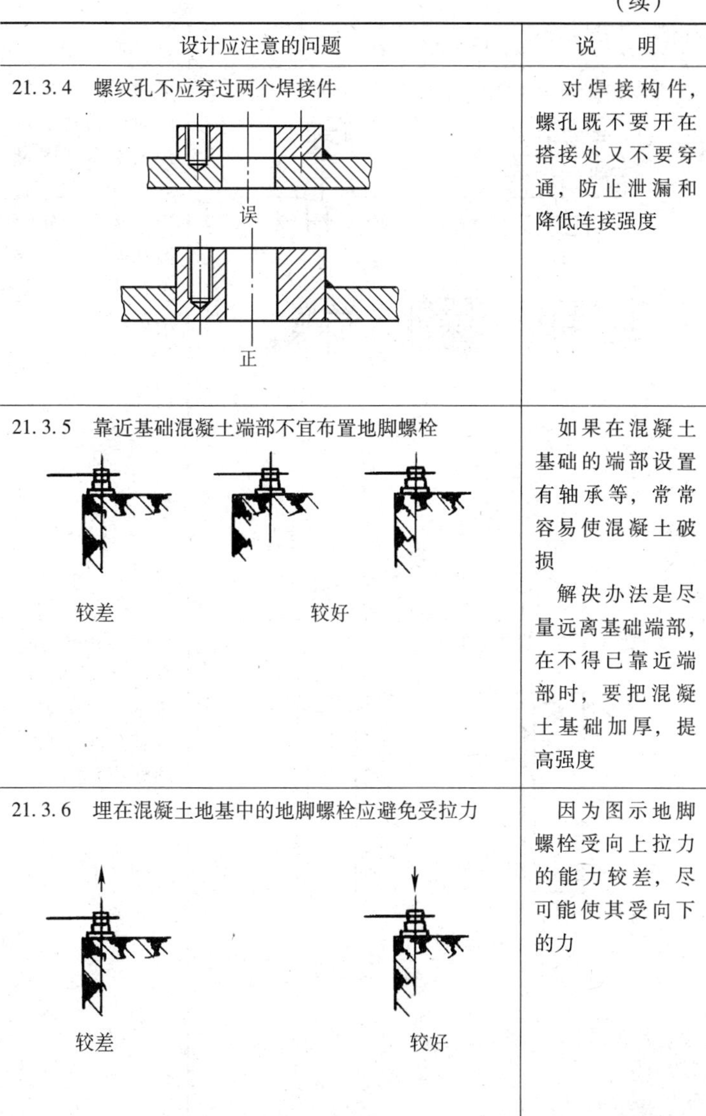

设计应注意的问题	说　　明
21.3.4　螺纹孔不应穿过两个焊接件	对焊接构件，螺孔既不要开在搭接处又不要穿通，防止泄漏和降低连接强度
21.3.5　靠近基础混凝土端部不宜布置地脚螺栓	如果在混凝土基础的端部设置有轴承等，常常容易使混凝土破损 解决办法是尽量远离基础端部，在不得已靠近端部时，要把混凝土基础加厚，提高强度
21.3.6　埋在混凝土地基中的地脚螺栓应避免受拉力	因为图示地脚螺栓受向上拉力的能力较差，尽可能使其受向下的力

（续）

设计应注意的问题	说　明
21.3.7　高速旋转体紧固螺栓的头部不要伸出 误　正 误　正　正	如果高速旋转轴的联轴器的螺栓的头部、螺母等超出法兰面，由于高速旋转而搅动空气，造成不良影响，也是不安全因素
21.3.8　螺孔的孔边要倒角 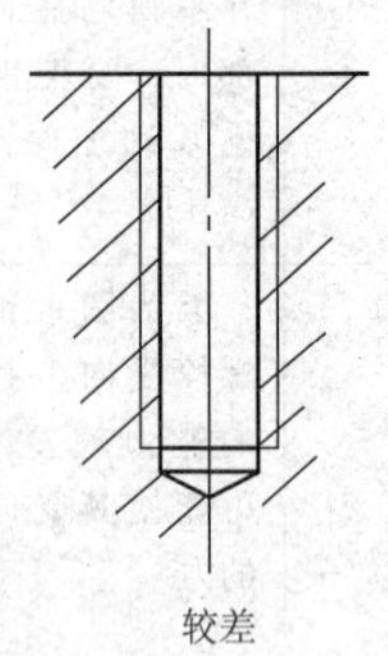 较差 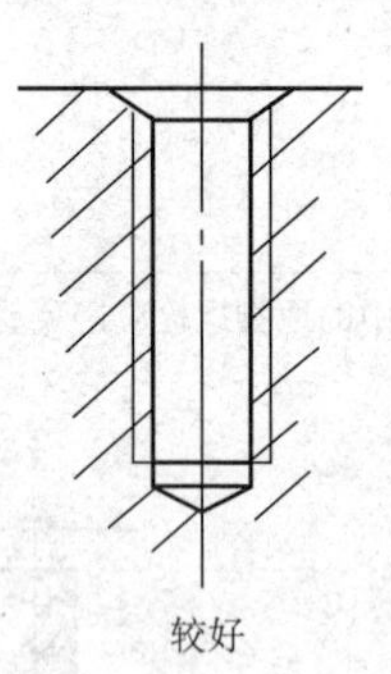 较好	螺纹孔孔边的螺纹容易碰坏，碰坏后产生装拆困难，将钉孔口倒角可以避免

（续）

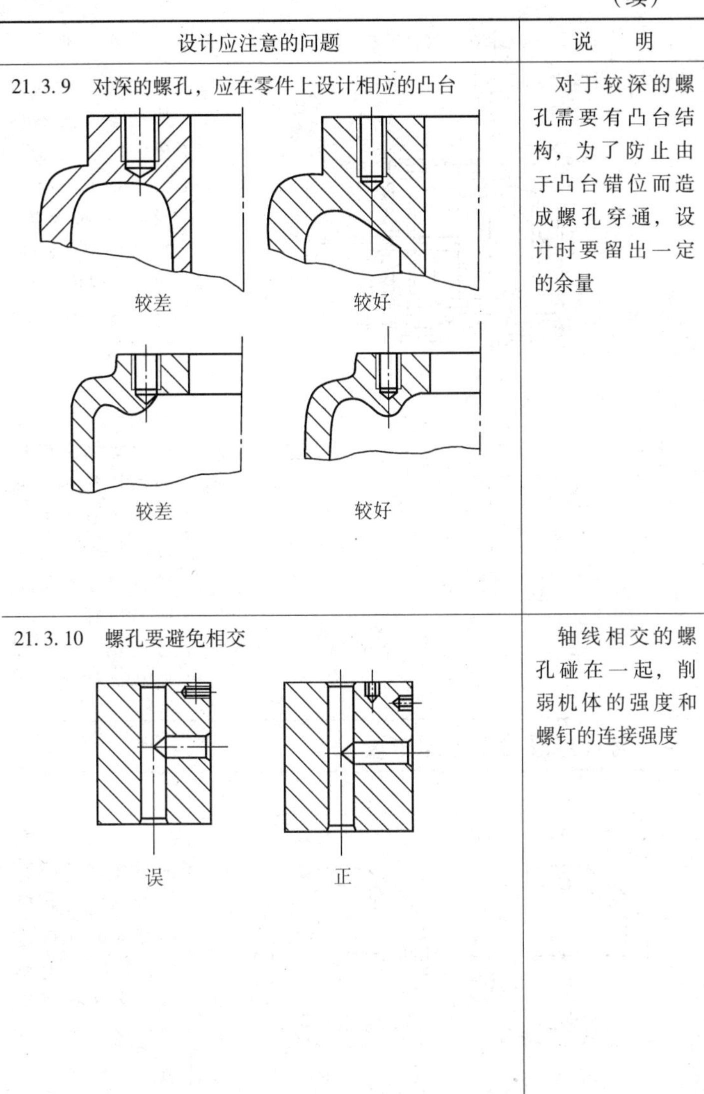

设计应注意的问题	说　明
21.3.9　对深的螺孔，应在零件上设计相应的凸台 较差　较好 较差　较好	对于较深的螺孔需要有凸台结构，为了防止由于凸台错位而造成螺孔穿通，设计时要留出一定的余量
21.3.10　螺孔要避免相交 误　正	轴线相交的螺孔碰在一起，削弱机体的强度和螺钉的连接强度

（续）

设计应注意的问题	说　明
21.3.11　避免螺栓穿过有温差变化的腔室 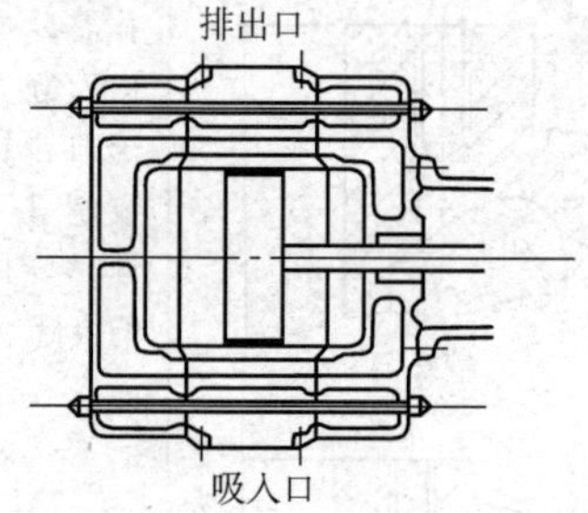 	如图所示，当螺栓穿过按环圈分为三块的压缩机气缸时，穿过吸入侧的螺栓，在停止和运转时的温度变化不大，因为这一部分的气缸有水冷却。穿过排出侧腔室的螺栓，由于温度的变化使拉紧的螺栓松弛，再拧紧又增加了应力，因此，在这样的地方要避免使用螺栓，在不得已的情况下，使用高强度螺栓

21.4　螺栓或螺栓组合理布置

设计应注意的问题	说　明
21.4.1　法兰螺栓不要布置在正下面 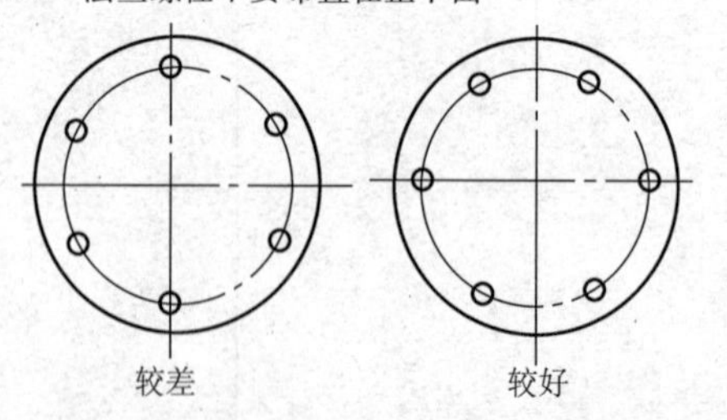 	法兰的正下面的螺栓容易受泄水的腐蚀，而影响螺栓的连接性能，且易产生泄漏，适当改变螺栓布置，效果较好

（续）

设计应注意的问题	说　明
21.4.2　侧盖的螺栓间距，应考虑密封性能 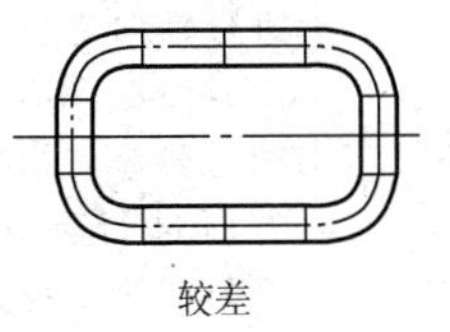 较差 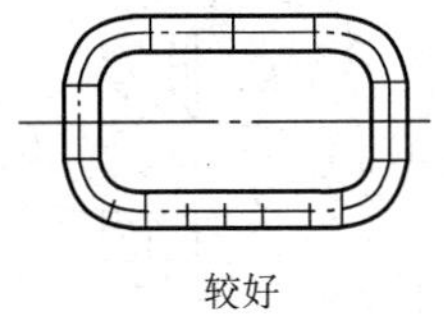 较好	容器侧面的观察窗等的盖子，即使内部没有压力，也会有油的飞溅等情况，从而产生泄漏，特别是在下半部分产生泄漏 为了避免泄漏需要把下半部分的螺栓间距缩小，一般上半部的螺栓间距是下半部分间距的两倍
21.4.3　螺钉应布置在被连接件刚度最大的部位 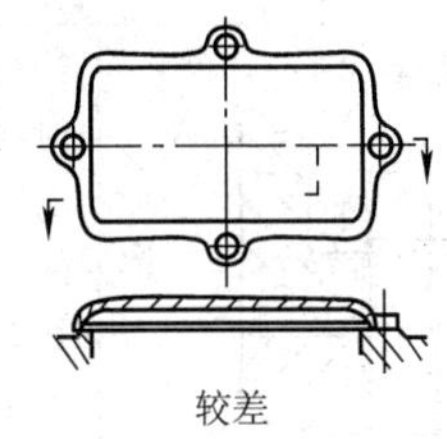 较差 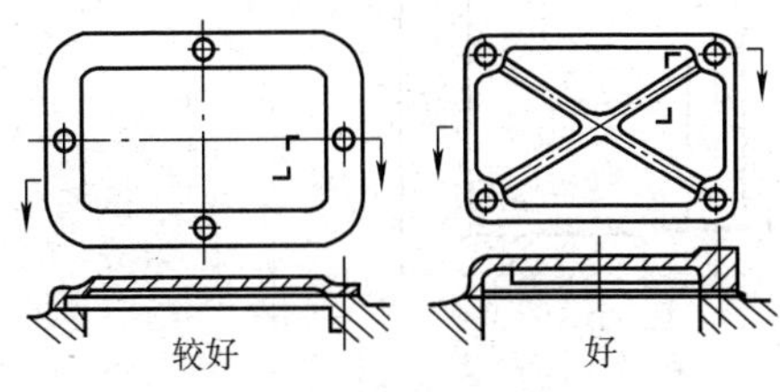 较好　　好	螺钉布置在被连接件刚度较小的凸耳上不能可靠地压紧被连接件 加大边缘部分的厚度，可使结合面贴合得好一些 在被连接件上面加十字或交叉对角线的肋，可以提高刚度，提高螺钉连接的紧密性

（续）

设计应注意的问题	说　明
21.4.4　紧定螺钉只能加在不承受载荷的方向上 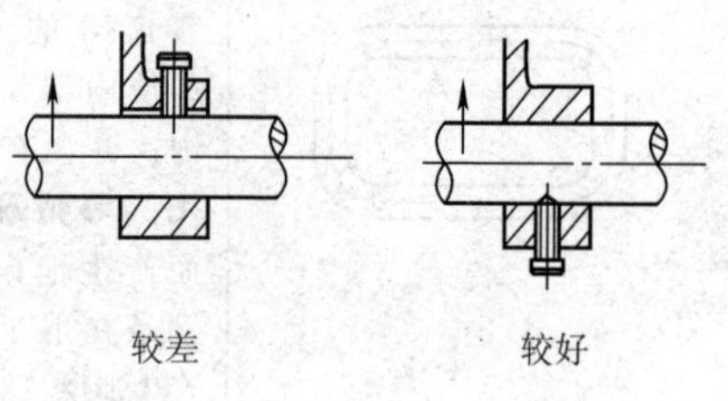 较差　　　　较好	使用紧定螺钉进行轴向定位止动时，要在不受轴的载荷作用的方向进行紧定，否则会简单地压坏，不起紧定作用 当轴承受变载荷时，用紧定螺钉止动是不合适的

21.5　考虑装拆的设计

设计应注意的问题	说　明
21.5.1　要保证螺栓的安装与拆卸的空间 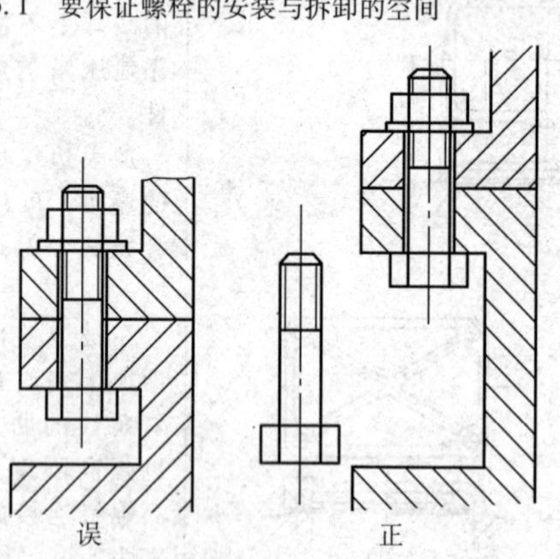 误　　　　正	进行结构设计时要留出螺栓的安装与拆卸的空间，以保证螺栓在装拆时有足够的空间使螺栓能顺利地装入或取出

（续）

设计应注意的问题	说　明
21.5.2　螺杆顶端螺纹有碰伤的危险时，应有圆柱端以保护螺纹 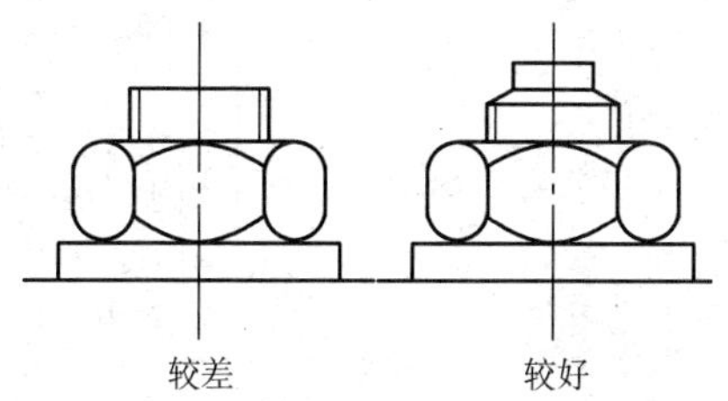 	螺杆头部为平端时，螺纹易被碰坏，使螺母装拆困难。在螺杆端部倒角，并设置圆柱以保护螺纹。参见六角头铰制孔用螺栓（GB/T 27—1988）
21.5.3　考虑螺母拧紧时有足够的扳手空间 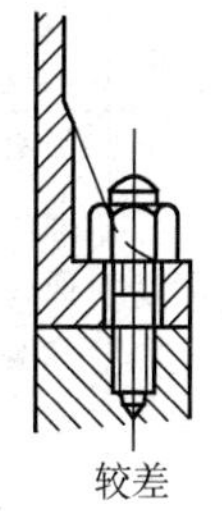 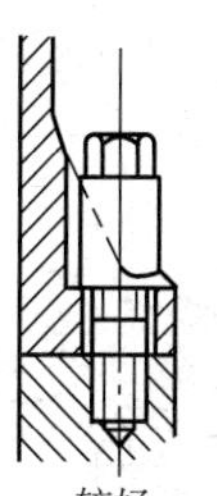 	部分箱体的接合面法兰部分和箱体壁面有壁厚差。因为希望壁厚变化尽量平缓，又希望螺栓中心尽量接近壁面，还希望缩小螺栓间距。因此容易造成锪孔非常深，或由于螺母太靠近壁面而扳手空间不够而不容易拧紧，甚至拧不紧。可以设法提高钉头或螺母的位置，以加大扳手空间

（续）

设计应注意的问题	说　明
21.5.4　受倾覆力矩的螺栓组，螺栓的位置应远离对称轴线 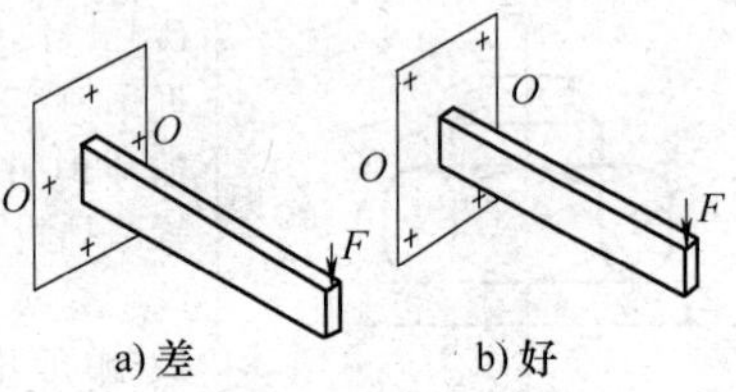 a) 差　　b) 好	图示悬臂杆端受力 F，该零件用 4 个螺栓固定在墙壁上。由于 F 力的作用，零件有绕轴线 OO 翻转的倾向。为减小螺栓受力，其位置应远离绕其翻转的对称轴线 OO（图 b），更不宜把螺栓布置在 OO 线上（图 a）
21.5.5　避免从多个方向安装螺钉 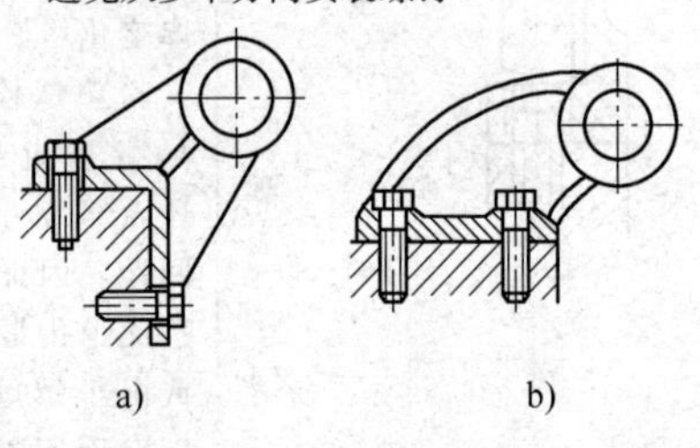 a)　　b)	图 a 从不同方向安装螺钉，结合面、螺孔的加工和装配都很困难。图 b 合理
21.5.6　紧固件应该布置在容易装拆的位置 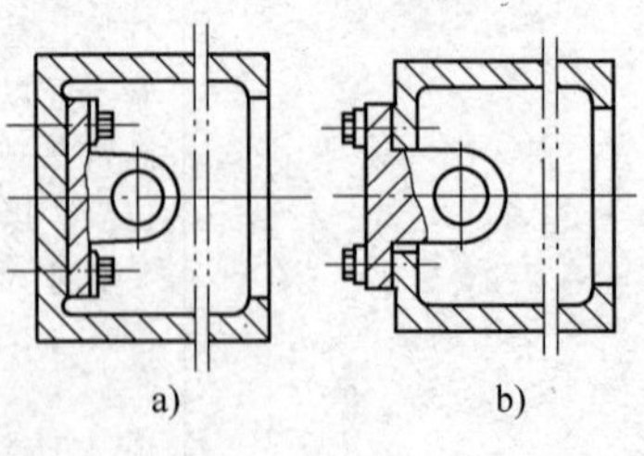 a)　　b)	图 a 螺钉布置在箱体内，拆装、加工都很困难，图 b 较好

（续）

设计应注意的问题	说　明
21.5.7　考虑螺钉安装的可能性 a)　b)	图 a 中螺钉 1 无法安装，图 b 可行。又图 a 要求配合的面太多，加工困难，图 b 较合理

21.6　螺纹连接防松结构设计

设计应注意的问题	说　明
21.6.1　对顶螺母高度不同时，不要装反 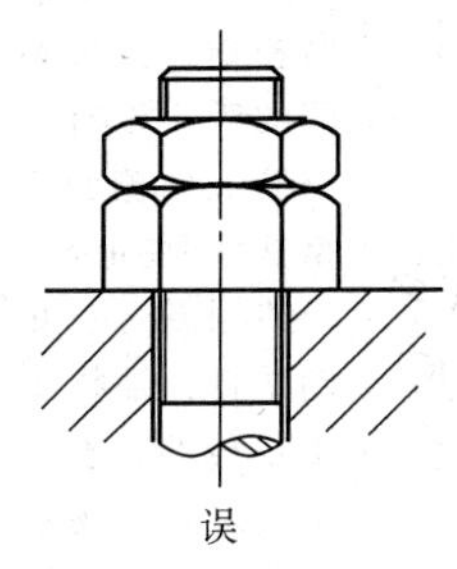 误 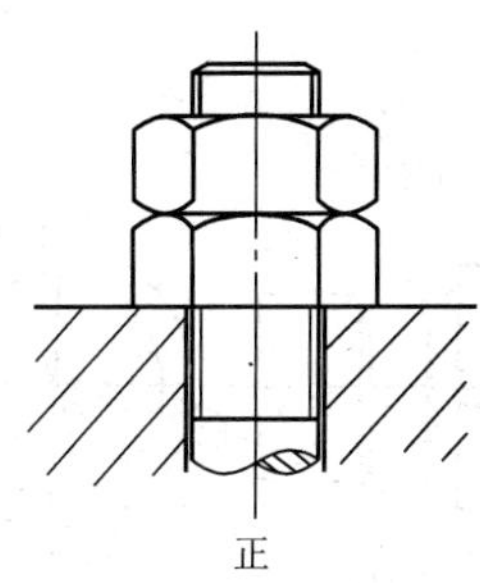 正	使用对顶螺母是常用的防松方法之一。两个对顶螺母拧紧后，使旋合螺纹间始终受到附加的压力和摩擦力的作用。根据旋合螺纹接触情况分析，下螺母螺纹牙受力较小，其高度可小些。但是，使用中常出现下螺母厚，上螺母薄的情况，这主要是由于扳手的厚度比螺母厚，不容易拧紧，通常为了避免装错，两螺母的厚度取相等为最佳方案

（续）

设计应注意的问题	说　明
21.6.2　防松的方法要确实可靠 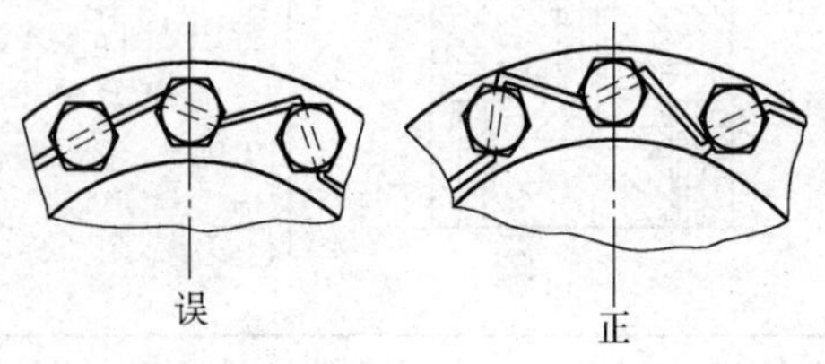	用钢丝穿入各螺钉头部的孔内，将各螺钉串起来，以达到防松的目的时，必须注意钢丝的穿入方向
21.6.3　防松方法结构应简单 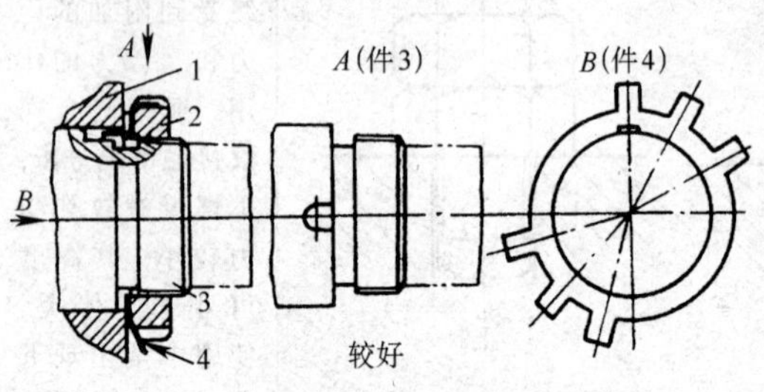 1—被紧固件　2—圆螺母　3—轴 4—新型圆螺母止动垫圈	采用止动垫圈防松时，如果垫圈的舌头没有完全插入轴侧的竖槽里则不能止动 使用新螺母止动垫圈，轴槽加工量较少，省去了去除螺纹毛刺工作，防松的可靠性达到100%，对轴强度削弱较少

（续）

设计应注意的问题	说　明
21.6.4　带锁紧装置的调整螺钉，要求容易调整、锁紧可靠 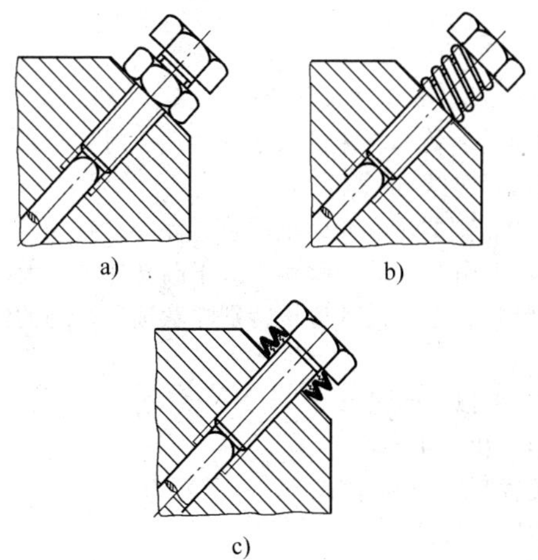	图示调整螺钉对调整方便和可靠锁紧两项要求常难以同时满足 图 a 用防松螺母，锁紧可靠，但难以精确调整，尤其对于比较狭窄的环境 图 b 用螺旋弹簧，容易调整，但容易因为振动而自动改变其预先设定的位置 图 c 用带齿的盘形弹簧，在机器工作中可以迅速地调整

第 22 章　键连接和花键连接结构设计

概述

键是常用的轴与轮毂的连接零件。键的种类有：平键、半圆键、斜键、花键等。按轴的尺寸、传递转矩的大小和性质、对中要求、键在轴上是否要作轴向运动等选择键的型式和尺寸。

键槽会引起应力集中，削弱轴和轮毂的强度，此外，有些类型的键会引起轴上零件的偏心，引起振动和噪声。对于高转速的、大转矩或大直径的键连接和花键连接结构设计应该特别注意选择合理的键连接结构型式、尺寸和材料。

在设计键连接时要注意以下问题：

1）正确选择键的型式和尺寸。

2）合理设计被连接轴和轮毂的结构。

3）合理布置键的位置和数目。

4）考虑装拆的设计。

22.1　正确选择键的型式和尺寸

设计应注意的问题	说　　明
22.1.1　钩头斜键不宜用于高速	钩头斜键打入后，使轴上零件对轴产生偏心，高速零件离心力较大而产生振动。外伸钩头容易引起安全事故，高速下更危险

（续）

设计应注意的问题	说　明
22.1.2　平键加紧定螺钉引起轴上零件偏心 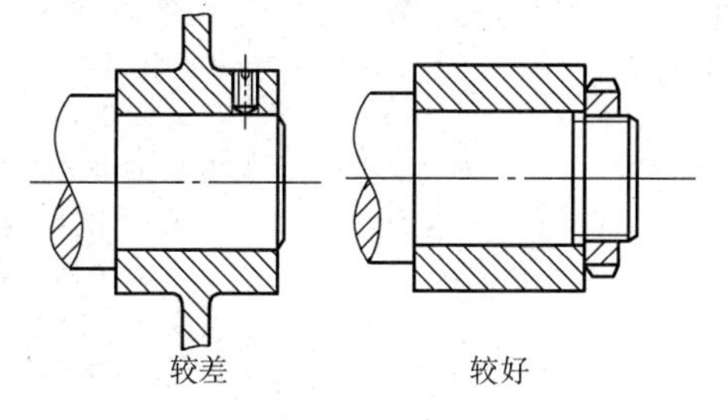 	用平键连接的轴上零件，当要求固定其轴向位置时，需附加轴向固定装置。如安装一紧定螺钉，顶在平键上面，虽可固定其轴向位置，但使轴上零件产生偏心
22.1.3　按照平键和半圆键的新国标，键断面尺寸与轴直径无关	按1979年发布，1990年确认的平键、半圆键国家标准，键的宽度 b、高度 h 由所在轴的直径确定。而按照2003年～2004年公布的有关平键和半圆键的新国标，不再推荐按轴直径的确定键断面尺寸，键的宽度 b、高度 h 按实际需要选择。给设计者更大的选择余地。有些手册，为了设计者的方便，仍把1979年国家标准的有关轴直径尺寸列入，作为参考值

（续）

设计应注意的问题	说　明
22.1.4　轴上两个平键，如果能够满足传力要求，键的截面应该取相同尺寸	轴上不同轴段上的两个平键（或半圆键），如果能够满足传递力矩的要求，按新的国家标准，应该选用同一的宽度 b 和高度 h，以便加工和测量
22.1.5　双向转动的轴使用切向键时不可只用一对 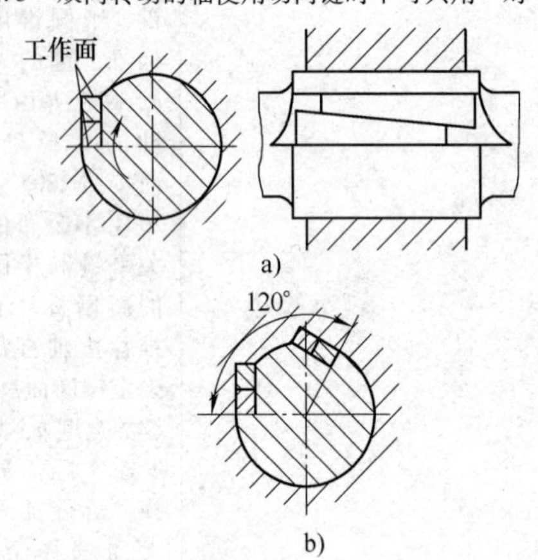 a) b)	切向键有 1∶100 的斜度，要成对使用，一对切向键只能传递单向传动的动力（图 a）。双向转动的轴必须用两对切向键（图 b）。实际上为了轴和轮毂的位置确定，单向转动的轴也用两对切向键

22.2 合理设计被连接轴和轮毂的结构

设计应注意的问题	说　明
22.2.1　键槽长度不宜开到轴的阶梯部位 误　　　　正	阶梯轴的两段连接处有较大的应力集中。如果轴上键槽也达到轴的过渡圆角部位，则由于键槽终止处也有较大的应力集中，使两种应力集中源重叠起来，对轴的强度不利
22.2.2　键槽不要开在零件的薄弱部位 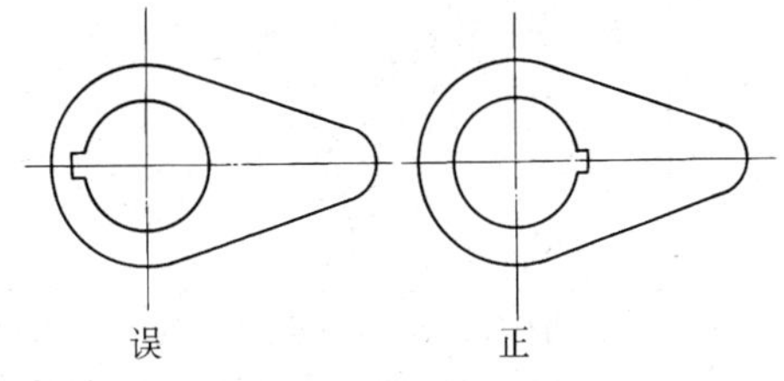 	轮毂或轴上开键槽后，其强度即被削弱，因此应避免在轮毂很薄、距轴上零件薄弱部位（如齿轮的齿根，零件上的螺钉孔、销钉孔等）很近的地方开键槽

（续）

设计应注意的问题	说　明
22.2.3　键槽底部圆角半径应该够大 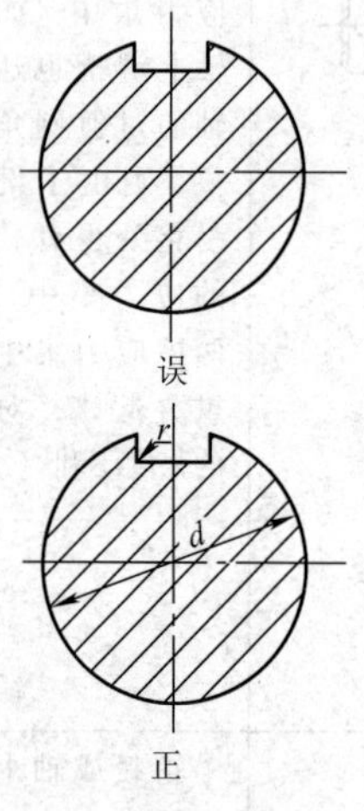 	键槽底部的圆角半径 r 对应力集中系数影响很大。键槽底部的应力由两种原因引起，一是由轴所受的转矩，另外是由于键打入键槽时，如果配合很紧，则在键槽根部引起较大的应力，而上述二者联合作用，再加键槽根部应力集中的影响，对轴强度影响很大。根据资料的数据，r/d 应大于0.03，至少应大于0.015（d—轴直径）
22.2.4　使用键连接的轮毂应该有足够的厚度（参见22.2.2图）	键槽与轮毂外缘应该有一定的距离，以免轮毂因受力过大而损坏。建议轮毂厚度可以参考下表选取（单位：mm）

轴直径 d		20	60	100	140	180	220	260
轮毂外直径 D	钢轮毂	30	86	140	190	235	285	335
	铸铁轮毂	34	90	145	195	245	295	345

（续）

设计应注意的问题	说　明
22.2.5　平键两侧应该有较紧密的配合 误　　误　　正	平键的两侧应该与轴和轮毂的键槽有较紧密的配合，当受冲击较大时，配合应更紧些。键的顶面与键槽底面有0.2～0.4mm的间隙。如能按国家标准确定键和键槽尺寸和公差，则能保证以上要求
22.2.6　锥形轴用平键尽可能平行于轴线 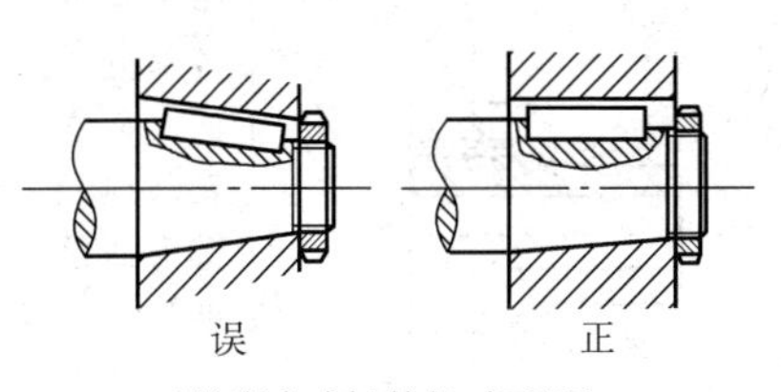 误　　正 （锥度大或键较长时可用）	锥形轴上安装的平键有两种结构，平行于轴线的，键槽加工方便，但键两端嵌入高度不同，适用于锥度较小的轴当锥度较大（大于1∶10）或键较长时，宜采用键槽平行于轴表面的结构

（续）

设计应注意的问题	说　　明
22.2.7　花键轴端部强度应予以特别注意 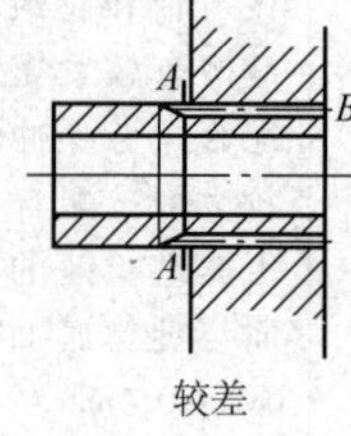 较差 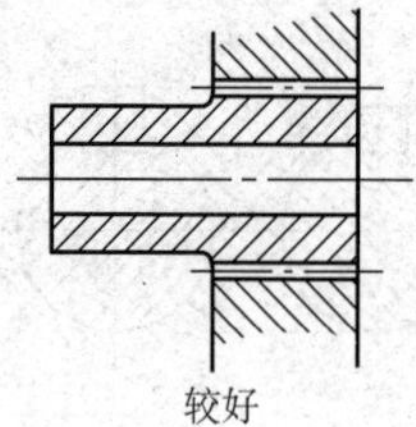 较好	花键连接的轴上零件，由 *B* 至 *A*，轴所受扭矩逐渐加大，在 *A-A* 断面不但所受扭矩最大，还有花键根部的弯曲应力。因此这一断面的强度必须满足，可以把花键小径加大到比轴直径大15%～20%
22.2.8　注意轮毂的刚度分布，不要使转矩只由部分花键传递 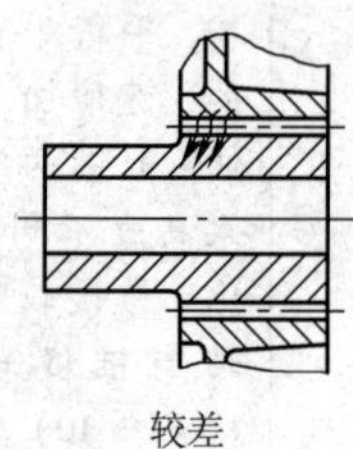 较差 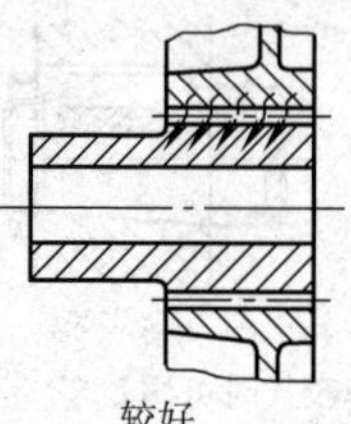 较好	当轮毂刚度分布不同时，花键各部分受力也不同，应适当设计轮毂刚度，使花键齿面沿整个长度均匀受力。原结构（左）的右部轮毂刚度很小，主要由左部花键传力，不合理

（续）

设计应注意的问题	说　明
22.2.9　有冲击和振动的场合，斜键应有防脱出的装置 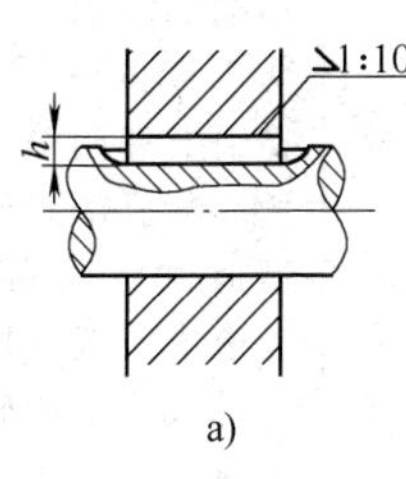 a) 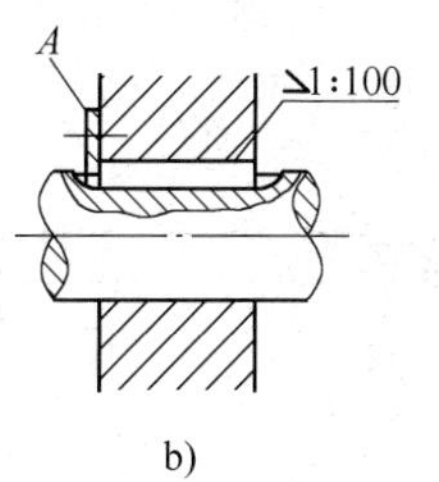 b)	由于斜键有1:100的斜度（图a）在冲击振动作用下，由键槽中脱出。某重型设备中，由于未能及时发现而发生严重事故。此种情况下应有防止斜键在键槽内由轴向滑出的装置*A*（图b），此装置应有足够的强度和可靠性
22.2.10　用盘铣刀加工键槽，刀具寿命比用指状铣刀高 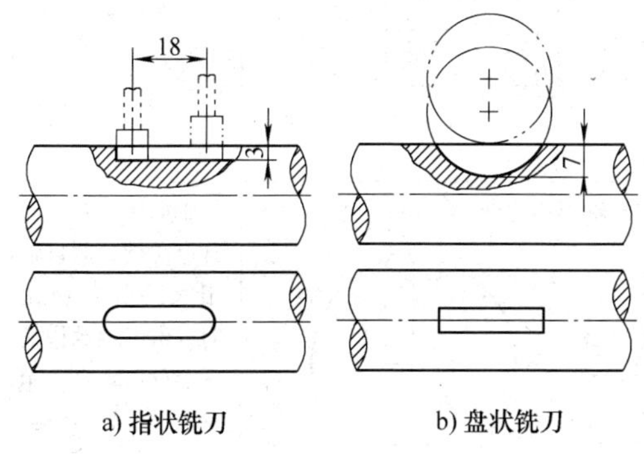 a) 指状铣刀　　b) 盘状铣刀	盘铣刀的强度高于圆柱形的指状铣刀，不但刀具寿命高，而可以承受较大的切削力，提高加工速度。因此可以用盘铣刀代替指状铣刀加工键槽，当轴的强度较高时，可以用半圆键代替平键

22.3 合理布置键的位置和数目

设计应注意的问题	说明
22.3.1 轴上用平键分别固定两个零件时，键槽应在同一母线上 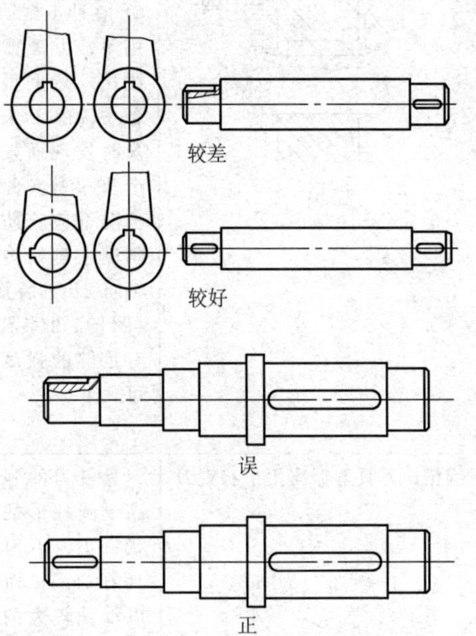 	在一根轴上，用平键分别固定两个零件时，要在轴上开两个键槽，为了铣制键槽时加工方便，键槽应布置在同一母线上。如轴上两零件要求错开某一角度，则以零件上键槽位置来确定轴上零件位置为好，轴上键槽仍应在同一母线上
22.3.2 一面开键槽的长轴容易弯曲 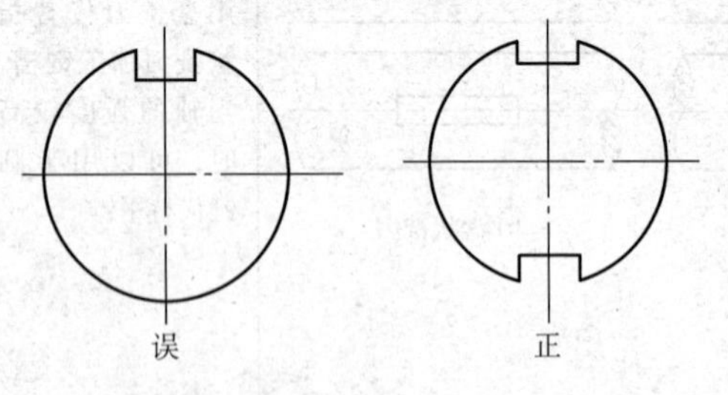 	轴如果只有一面开有键槽，而且轴很长，则在加工时，由于轴结构的不对称性容易产生弯曲。如果在180°处对称的再开一同样大小的键槽，则轴的变形可以减轻

（续）

设计应注意的问题	说　　明
22.3.3　有几个零件串在轴上时，不宜分别用键连接 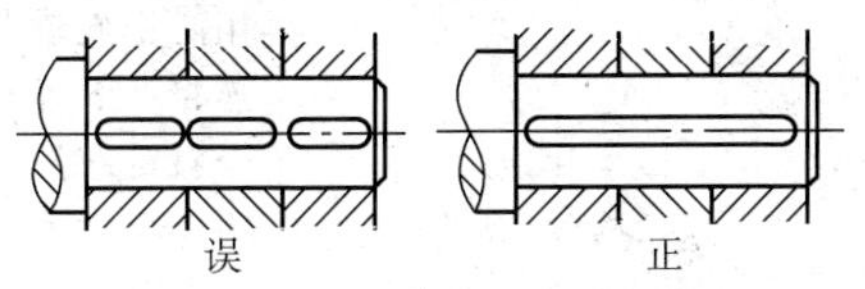 	如一个轴上有几个零件，孔径相同，与轴连接时，不应用几个键，分段连接。因为由于各键方向不完全一致，使安装时推入轴上零件困难，甚至不可能安装。宜采用一个连通的键
22.3.4　当一个轴上零件用两个平键时，要求较高的加工精度 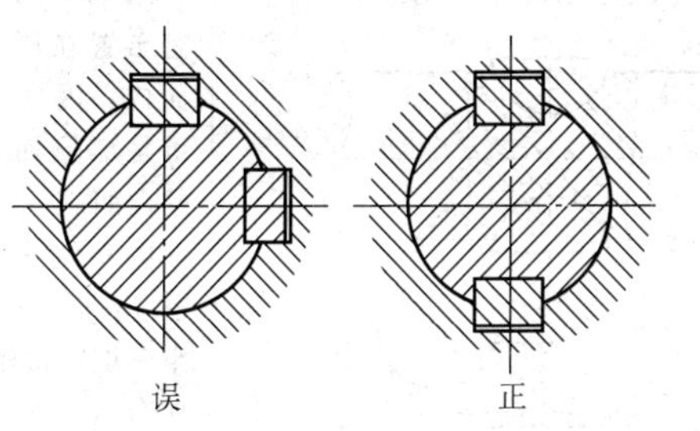 	轴上零件与轴如采用平键连接传递转矩，当因转矩较大必须用双键时，两键应位于一个直径的两端（即相差180°），以保证受力的对称性。为保证两键均匀受力，键和键槽的位置和尺寸都必须有较高的精度

（续）

设计应注意的问题	说　明
22.3.5　采用两个斜键时要相距 90°～120° 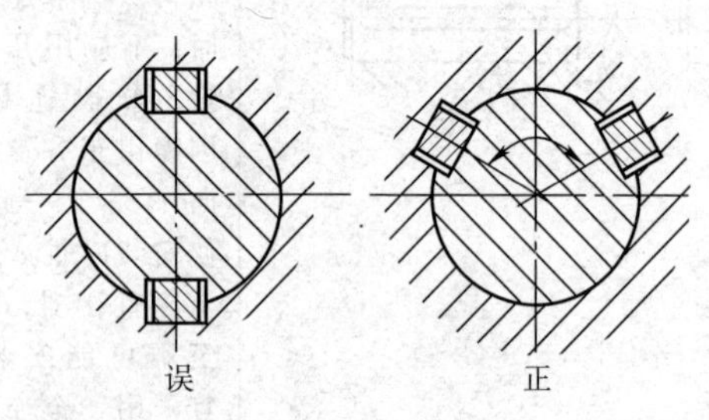 	同一零件如采用两个斜键与轴连接，不可将两个斜键布置为相距 180°，因为这样布置能传递的转矩与一个键相同。布置为相距 90°～120°效果最好，如两键相距更近，虽对传转矩有利，但是因为键槽相距太近，使轴强度降低较多
22.3.6　用两个半圆键时，应在轴向同一母线上 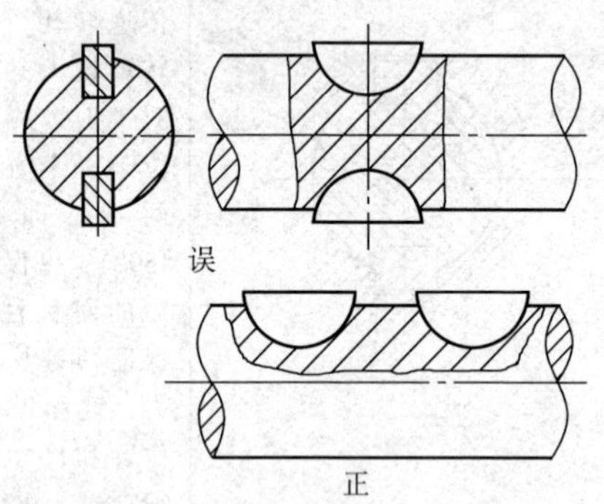 	两个半圆键不宜布置在同一剖面内。因为半圆键是靠侧面传力的，如在一个剖面内布置则应相差 180°。但因为半圆键键槽较深，如布置在同一剖面内，对轴的强度削弱严重。由于半圆键长度较短，可在同一母线上，沿轴向安排两个键

22.4 考虑装拆的设计

设计应注意的问题	说　明
一般情况不宜采用平头平键（B 型） 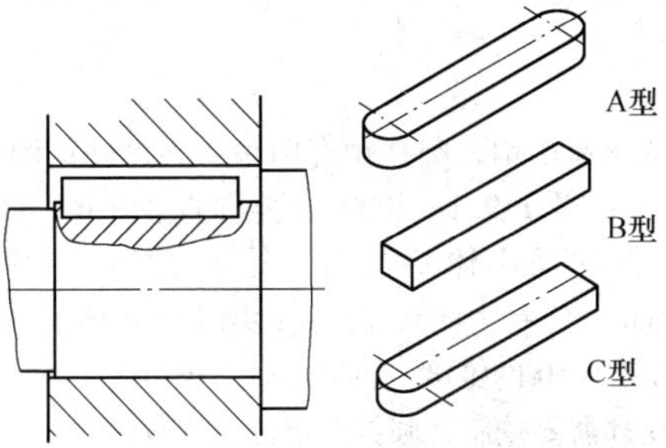 A型 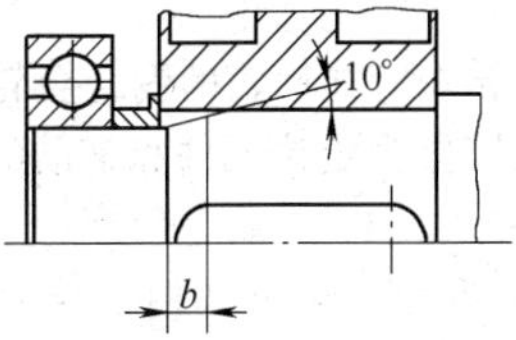 B型 C型 a) 10° b b)	在装配时，先把键放入轴上键槽中，再沿轴向安装轴上零件（如齿轮）。采用平头平键（图 a，B 型）时，若轮毂上键槽与轴上的键对中有偏差，则压入轮毂发生困难，甚至发生压坏轮毂的情况。采用圆头平键（图 a，A 型）则可以自动调整，顺利压入。图 b 轴端有 10° 的锥度，起引导作用，装配更方便，特别适用于过盈配合的轴与孔

第23章　定位销和销连接结构设计

概述

常用的销钉有圆柱销和圆锥销，圆柱销有两种：不淬硬钢圆柱销和奥氏体不锈钢圆柱销（GB/T 119.1—2000），公称直径0.6~50mm，公差为m6或h8，淬硬钢和马氏体不锈钢圆柱销（GB/T 119.2—2000），公称直径1~20mm，公差为m6，分为A型（普通淬火）和B型（表面淬火）。圆锥销有1∶50的锥度。拆装比较方便。

为了定位准确，销孔都需要铰制，圆锥销定位精度较高。

对于在加工、装配、使用和维修过程中，需要多次装拆而能准确地保持相互位置的零件，采用定位销来确定零件的相互位置。因此要求定位销定位准确，装拆方便。

销钉也可以用于传递力或转矩，如蜗轮的铜合金轮缘与铸铁轮心用螺栓连接，还可以装两个销钉作为定位元件和辅助的传力手段，帮助螺栓传递转矩。

设计时应注意使销钉定位有效，装拆方便，受力合理。还应注意不要因为在零件上有销钉孔而使零件强度严重削弱，导致断裂失效。

为了装拆方便，还有弹性圆柱销（GB/T 13829.1~GB/T 13829.9多种结构型式），可以多次装拆，但定位精度较差。槽销上有三条纵向沟槽，销孔不必铰制，不易松脱，用于有振动和冲击的场合。

此外销轴（GB/T 882—2008）和无头销轴（GB/T 880—2008）可以做短轴或铰链用。

对销钉连接的结构设计，提示注意以下问题：

1）避免销钉布置在不利的位置。

2）避免不易加工的销孔。

3）避免不易拆卸的销钉。

4）注意使销钉受力合理。

23.1 避免销钉布置在不利的位置

设计应注意的问题	说　　明
23.1.1 两定位销之间距离应尽可能远 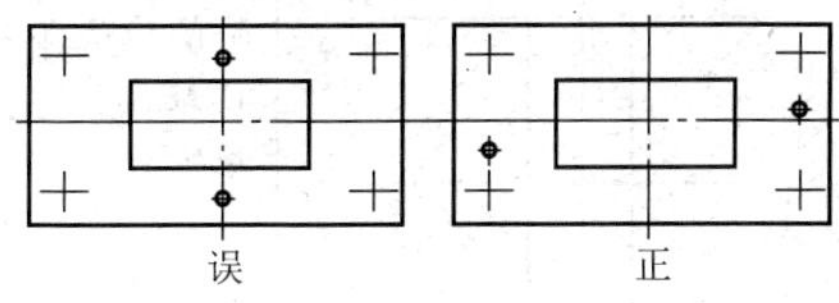 	为了确定零件位置，常要用两个定位销，这两个定位销在零件上的位置，应尽可能采取距离较大的布置方案。这样可以获得较高的定位精度
23.1.2 对称结构的零件，定位销不宜布置在对称的位置 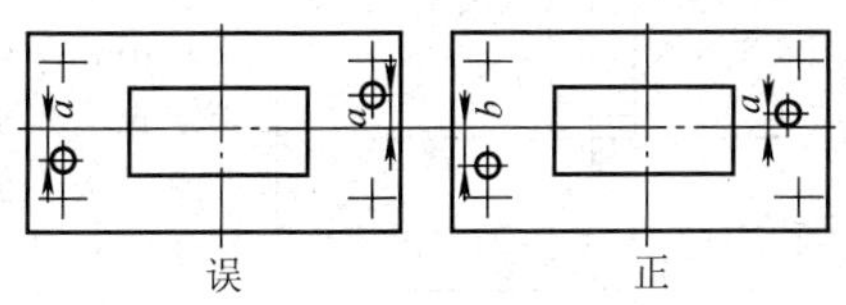 	对称结构的零件，为保持与其他零件的准确的相对位置，不允许反转180°安装。因此定位销不宜布置在对称位置，以保证不会反转安装
23.1.3 两个定位销不宜布置在两个零件上 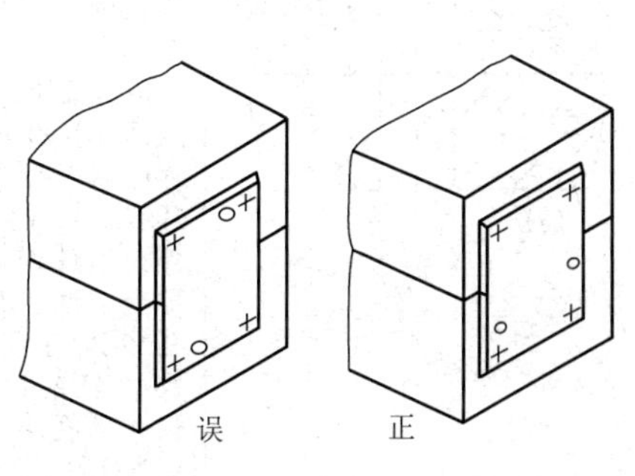 	如图所示的箱体由上下两半合成，用螺栓连接（图中未表示），侧盖固定在箱体侧面，不宜在上下箱体各布置一个定位销，一般以把定位销固定在下箱上比较好

23.2　避免不易加工的销孔

设计应注意的问题	说　明
23.2.1　定位销要垂直于接合面 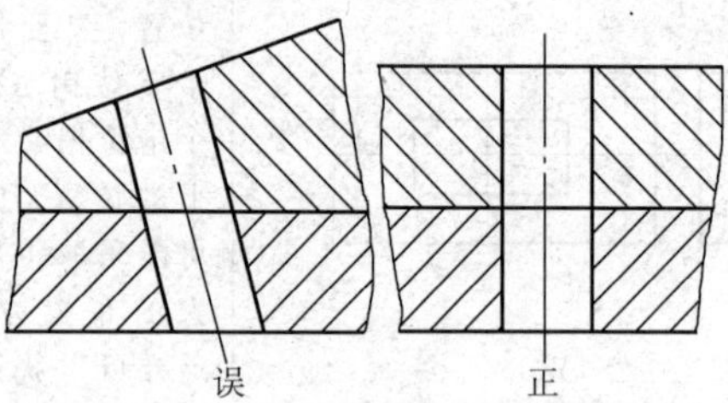 误　正	定位销与接合面不垂直时，销钉的位置不易保持精确，定位效果较差
23.2.2　相配零件的销钉孔要同时加工 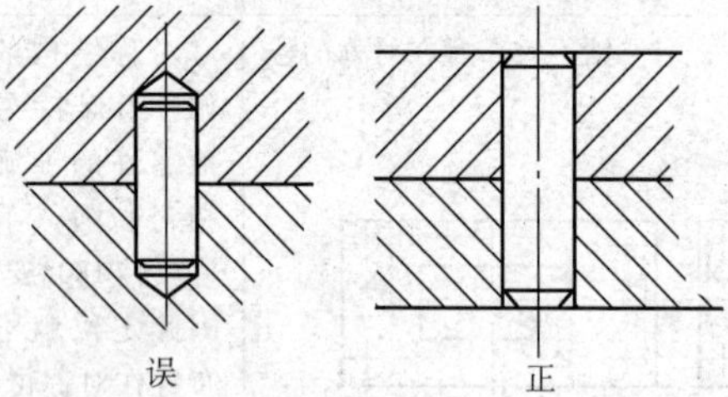 误　正	对相配零件的销钉孔，一般采用配钻、铰的加工方法，以保证孔的精度和可靠的对中性。用划线定位，分别加工的方法不能满足要求
23.2.3　淬火零件的销钉孔也应配作 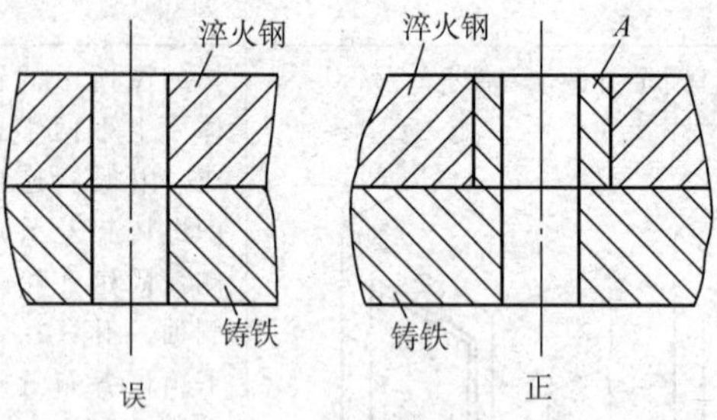 淬火钢　铸铁　误 淬火钢　A　铸铁　正	淬火零件的销钉孔也必须配作，但淬火后不能配钻、铰，可以在淬火件上先作一个较大的孔（大于销钉直径），淬火后，在孔中装入由软钢制造的环形件 *A*，此环与淬火钢件作过盈配合。再在件 *A* 孔中进行配钻、铰（配钻以前，件 *A* 的孔小于销钉直径）

23.3 避免不易装拆的销钉

设计应注意的问题	说　明
23.3.1 必须保证销钉容易拔出 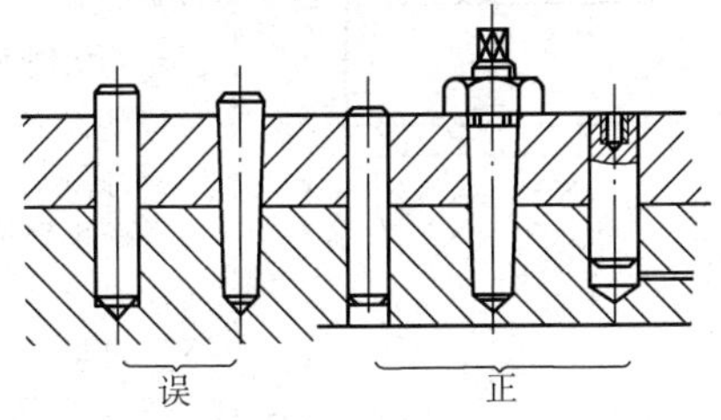	销钉必须容易由销钉孔中拔出。取出销钉的方法有：把销钉孔作成通孔，采用带螺纹尾的销钉（有内螺纹和外螺纹）等，对不通孔，为避免孔中封入空气引起装拆困难，应该有通气孔
23.3.2 对不易观察的销钉装配要采用适当措施 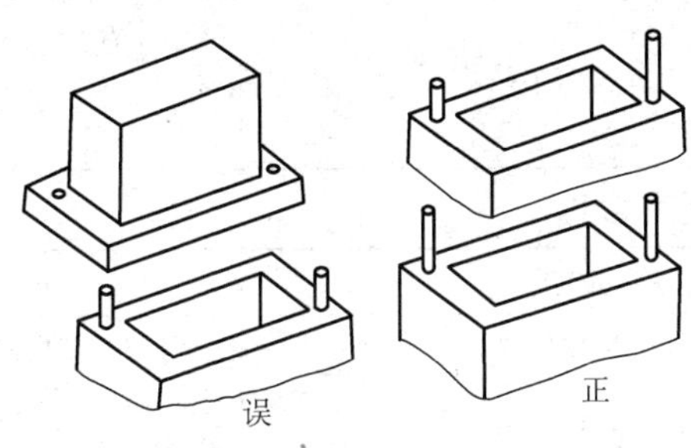	如图所示在底座上有两个销钉，上盖上面有两个销孔，装配时难以观察销孔的对中情况，装配困难。可以把两个销钉设计成不同长度，装配时依次装入，比较容易。也可以将销钉加长，端部有锥度以便对准

（续）

设计应注意的问题	说　明
23.3.3　安装定位销不应使零件拆卸困难 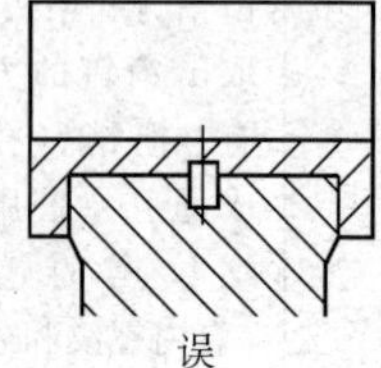 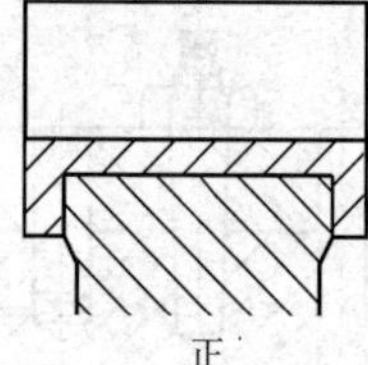 	有时，安装定位销会妨碍零件拆卸。如图所示，支持转子的滑动轴承轴瓦，只要把转子稍微吊起，转动轴瓦即可拆下，如果在轴瓦下部安装了防止轴瓦转动的定位销，则上述装拆方法不能使用，必须把轴完全吊起，才能拆卸轴瓦（防转销还是必要的，请思考安放位置）

23.4　注意使销钉受力合理

设计应注意的问题	说　明
23.4.1　在过盈配合面上不宜装定位销 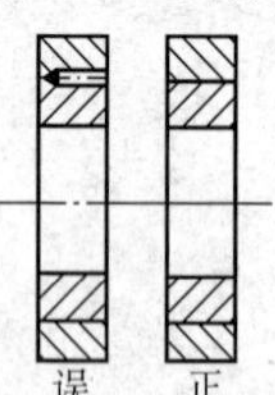 	对过盈配合面上，如果设置定位销，则由于钻销孔而使配合面张力减小，减小了配合面的固定效果

（续）

设计应注意的问题	说　明
23.4.2　用销钉传力时要避免产生不平衡力 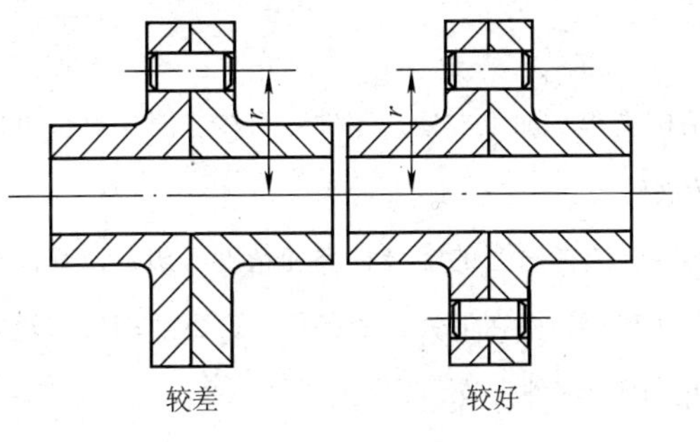 较差　　较好	如图所示的销钉联轴器，用一个销钉传力时，销钉受力为 $F=T/r$，T 为所传转矩，此力对轴有弯曲作用。如果用一对销钉，每个销钉受力为 $F'=T/2r$，而且二力组成一个力偶，对轴无弯曲作用

第 24 章　过盈连接结构设计

概述

过盈配合连接结构简单，加工方便，零件数目少，对中好，可以用于在较高转速下传递转矩。

设计过盈配合连接要选择适当的配合种类和精度等级，使其最小过盈能够传递足够大的转矩，而在最大过盈条件下，不致因轴和轮毂装配引起的应力使相互配合零件失效。

过盈配合连接结构设计，应该考虑装拆方便，对中好，避免配合表面损坏等。

圆锥过盈配合、油压装配过盈配合、胀紧套连接（有 Z1 ~ Z5 五种结构）等在传递转矩、保证对中精度、适应高速离心力影响过盈配合压紧力、装拆方便等方面比一般的过盈配合有所改进和提高，取得了效果。尤其是需要在现场装拆的大直径过盈配合，难以使用很大的加压设备。因此，不需要庞大加压设备的油压装配过盈配合、胀紧套连接等有明显的优点，受到了重视和推广。

对过盈配合连接的结构设计，提示注意以下问题：

1）避免拆卸困难的过盈配合结构。

2）注意影响过盈配合性能的因素。

3）锥面过盈配合设计应注意的问题。

24.1 避免装拆困难的过盈配合结构

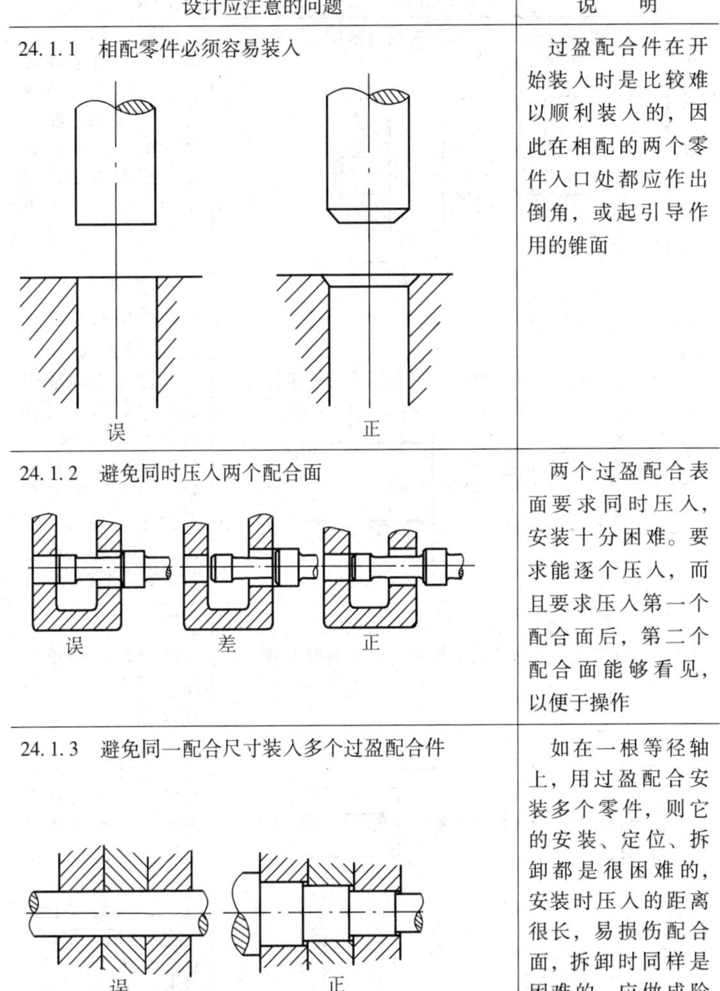

设计应注意的问题	说　明
24.1.1 相配零件必须容易装入 误　正	过盈配合件在开始装入时是比较难以顺利装入的，因此在相配的两个零件入口处都应作出倒角，或起引导作用的锥面
24.1.2 避免同时压入两个配合面 误　差　正	两个过盈配合表面要求同时压入，安装十分困难。要求能逐个压入，而且要求压入第一个配合面后，第二个配合面能够看见，以便于操作
24.1.3 避免同一配合尺寸装入多个过盈配合件 误　正	如在一根等径轴上，用过盈配合安装多个零件，则它的安装、定位、拆卸都是很困难的，安装时压入的距离很长，易损伤配合面，拆卸时同样是困难的。应做成阶梯轴，或采用锥形紧固套结构

（续）

设计应注意的问题	说　明
24.1.4　不要令两个同一直径的孔作过盈配合 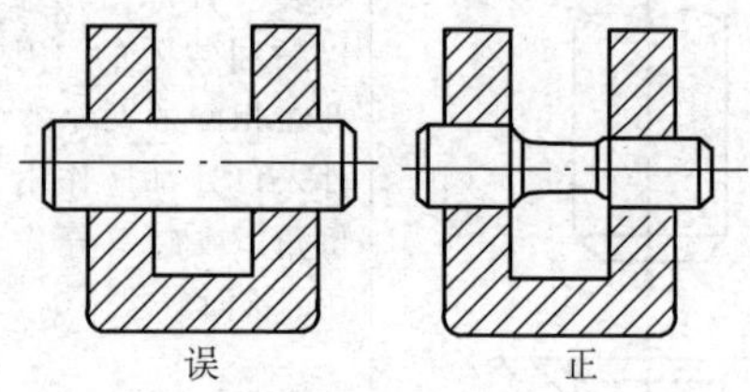 	在同一轴线上的两个孔，如果直径相同，则压入的轴为一等径轴，此轴压入第一个孔后难免有些歪斜或表面损伤。此轴压入第二个孔时将十分困难。在这种情况下，两孔直径应不同，而且不应同时压入（参见 24.1.2）
24.1.5　过盈配合的轴与轮毂，配合面要有一定长度 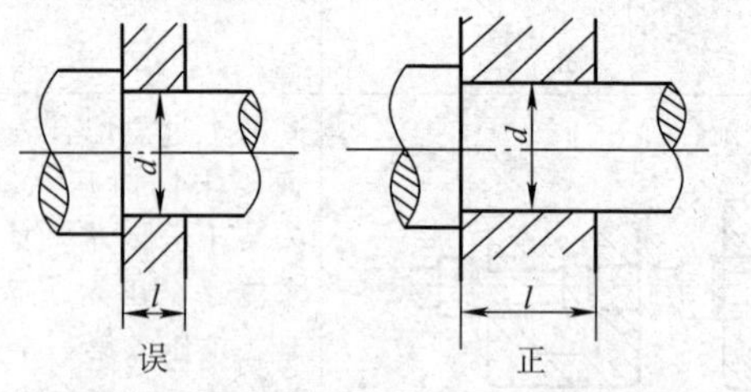 	当轮毂与轴采用过盈配合时，配合面要有一定长度，否则轴上零件容易发生晃动。若配合直径为 d（mm），配合部分长度 l（mm）的最小值推荐为 $l_{min}=4d^{2/3}$
24.1.6　过盈配合与键综合运用时，应先装键入槽 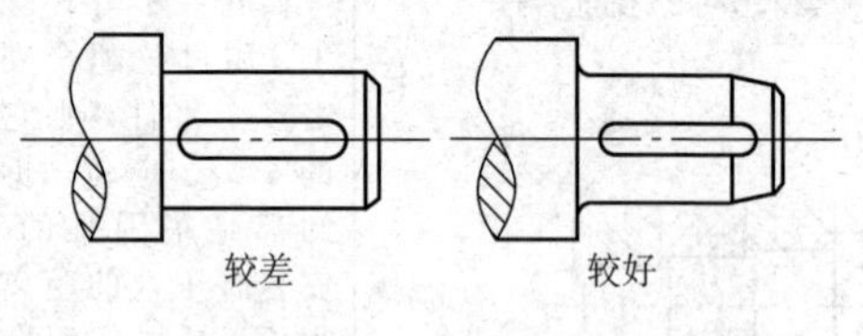 	过盈配合的轴毂连接面上，如果还有键连接，当过盈配合压入一段后，键与键槽有一些未对准，则无法靠平键的圆头使轴转动来调整轴的位置使之插入键槽。因此设计结构时，应使键先插入键槽（如右图减小轴端直径），然后再装入过盈配合。也可把轴端作出较大锥度以利于装配

（续）

设计应注意的问题	说　明
24.1.7　过盈配合件应该有明确的定位结构 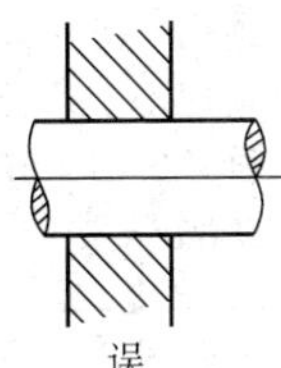 误 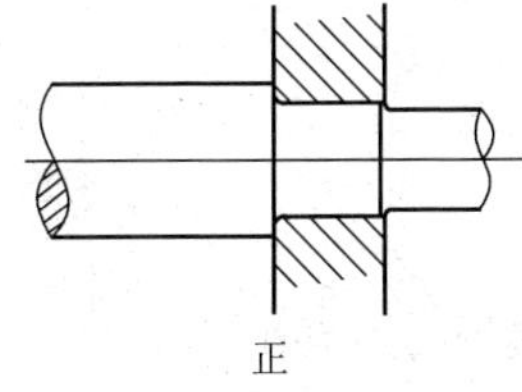 正	过盈配合件相配时，应该有轴肩、轴环、凸台等定位结构，装入的零件靠在定位面上即为安装到位。这是因为过盈配合在压入或用温差法装配时，不易控制零件的位置，完成安装后，又不好调整其位置。在不便于作出轴肩、轴环、凹台时，可以用套筒，定位块定位，甚至可以在安装到位后，再把为安装方便设置的临时定位结构拆除
24.1.8　对过盈配合件应考虑拆卸方便 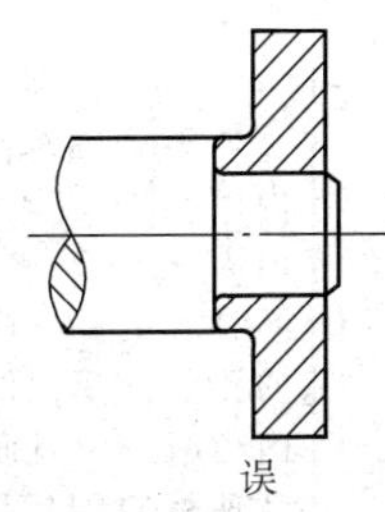 误 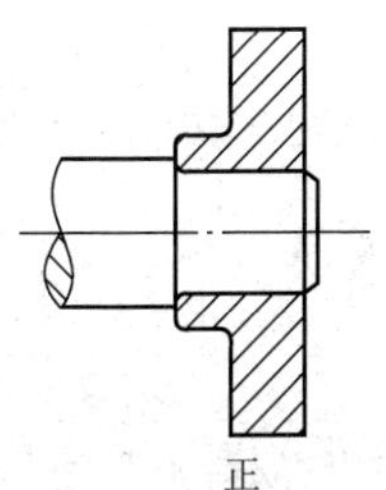 正	过盈配合件由于配合很紧，拆卸往往要用较大的力。因此在零件上应有适当的结构以便于拆卸时加力

24.2 注意影响过盈配合性能的因素

设计应注意的问题	说　明
24.2.1　注意工作温度对过盈配合的影响	当过盈配合的两个零件由不同材料制造时（如钢制的轴与轻合金制的转子相配），如果工作温度较高，则由于两个零件的线膨胀系数不同，使实际过盈量减小。设计时必须考虑而采取适当的措施
24.2.2　注意离心力对过盈配合的影响	对于高速转动零件间的过盈配合连接（如高速转动的轴与转子），由于离心力的作用，使转子的孔直径增大，因而使轴与轮毂之间的过盈减小，降低了过盈配合的可靠性，设计时必须考虑
24.2.3　要考虑两零件用过盈配合装配后，其他尺寸的变化	如滚动轴承，其内圈与轴装配后，内圈的外径增大。同时，外圈与机座的孔装配后，外圈内径减小，因而滚动轴承装配后，其游隙减小

（续）

设计应注意的问题	说　　明
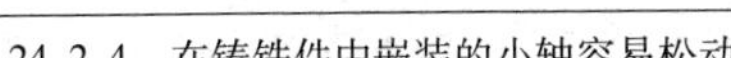 24.2.4　在铸铁件中嵌装的小轴容易松动 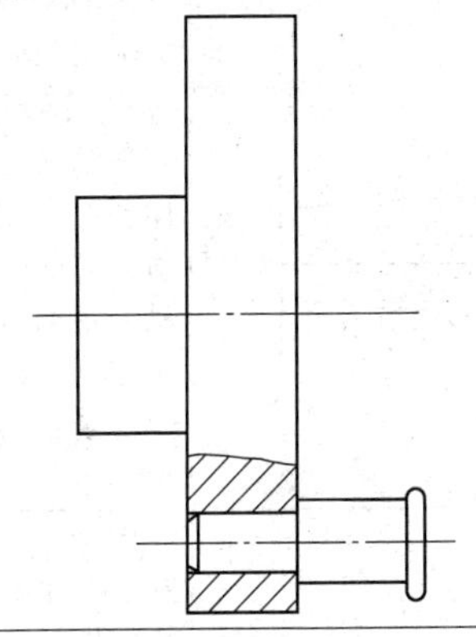	由于铸铁没有明显的屈服强度，在铸铁圆盘上用过盈配合安装的曲柄销，在外载荷的作用下，配合孔边反复承受压力而产生松动。不宜采用铸铁材料
24.2.5　不锈钢套因温度影响会使过盈配合松脱 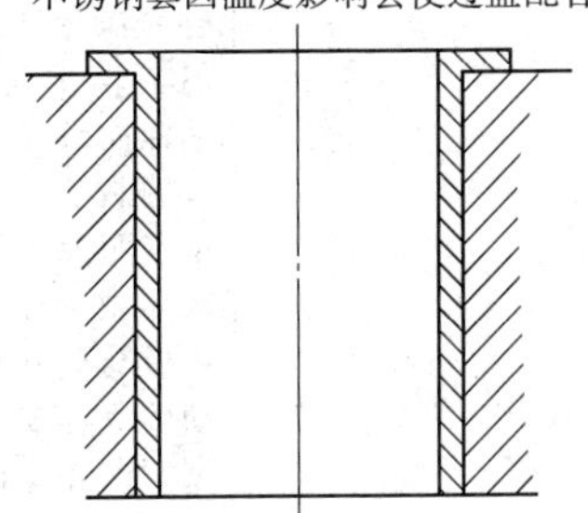	在铸铁座内安装的不锈钢套，因受热后，线膨胀系数不同，不锈钢套受到较大的热应力。又由于不锈钢没有明显的屈服强度，受压后由于塑性变形使气缸套与铸铁座之间原有的过盈配合发生松动
24.2.6　避免过盈配合的套上有不对称的切口 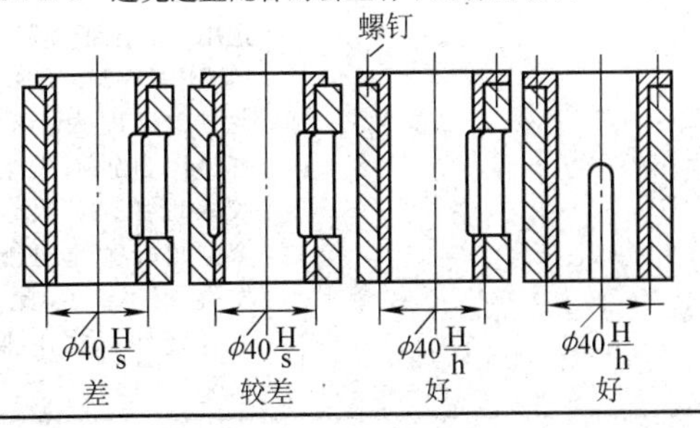	由于套形零件一侧有切口时，其外形将有改变，不开口的一侧将外凸，在切口处将包围件的尺寸加大，可以避免装配时产生的干涉。最好的方案是用H/h配合，端部作成凸缘用螺钉固定，或用H/h配合，在套上作开通的缺口，用螺钉固定

24.3 锥面过盈配合设计应注意的问题

设计应注意的问题	说　明
24.3.1 锥面配合不能用轴肩定位 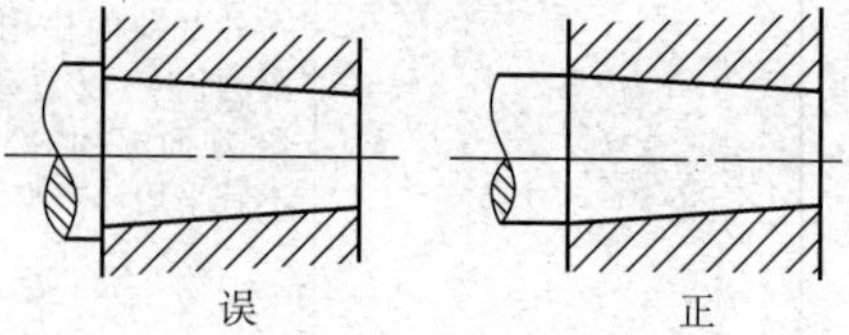 误　　正	锥面配合表面，靠轴向压入得到配合面间的压紧力，实现轴向定位并靠摩擦力传递扭矩。对锥面配合不能在轴上用轴肩固定轴上零件，否则可能得不到轴向的压紧力
24.3.2 锥面配合的锥度不宜过小	对于锥面配合，如果所用的锥度太小，则为了产生必要的压紧力，以及加工误差的影响，其轴向移动量变化范围较大。因为当锥度很小时，为了产生必要的压力，锥形套要在轴向移动较大距离。据国家标准（GB/T 15755—1995）圆锥过盈配合的计算和选用，推荐锥度选用1:20，1:30，1:50。此外，锥度太小时容易因自锁而发生咬入现象，对铝合金锥角较大也可能发生咬入，因此，铝合金件不宜用锥面配合

第 25 章　传动系统结构设计

概述

机械设备大多数要实现一定的运动要求，因此传动系统是很多机械的重要组成部分。传动系统的功能有减速、增速、变速、改变运动形式（旋转运动变位直线运动或曲线运动等）。改变运动方式（连续运动变为简谐运动等）、单向运动变为往复运动等。

实现这些功能可以采用机械传动、气压传动、液压传动、电磁传动等方式。目前由于计算机和控制技术的发展，传动装置可以简化，用于传动的机械零件可以减少，但是，由于机械传动结构简单、性能可靠、不易受电、磁、热等外界因素的影响，加工修理方便，目前仍得到广泛的应用。

我们看到把现有的机械传动形式巧妙地搭配，可以很好地满足多种工作要求。

这一章重点讨论传动简图设计和传动系统结构设计问题。

对于传动系统结构设计，本书提醒要注意以下问题：

1）机构必须有确定运动。

2）注意机构死点问题及其利用。

3）改善机构的运动性能。

4）传动件的选择和布置。

25.1 机构必须有确定运动

设计应注意的问题	说　明
设计多杆机构必须检查其自由度 F 是否等于1 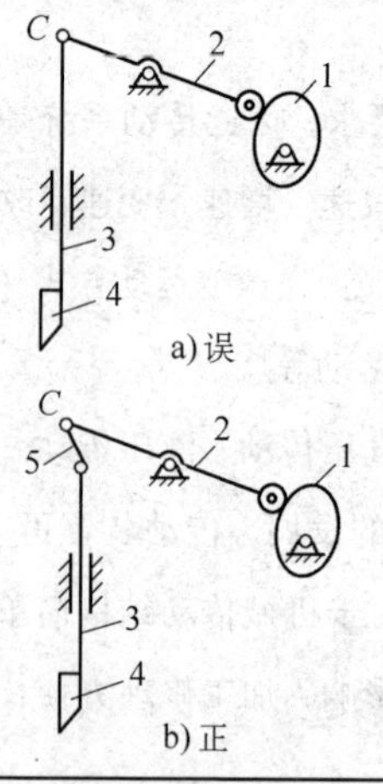 a) 误 b) 正	在机构设计中采用基本机构时，其自由度是否等于 1 的问题可以不用考虑。但有时要采用多杆机构或组合机构，就必须检查其自由度是否等于 1，否则会出错误 例如图 a 为简易冲床机构，凸轮 1 为主动件，它通过杆 2 带动导杆 3，使连接在导杆上的冲头 4 完成上、下冲压动作。经过分析这机构是错误的，因为运动副 C 既是杆 2 上的点又是导杆 3 上的点，杆 2 作摆动运动而导杆 3 作移动，结果发生矛盾。检查其自由度 $F=3n-2P_L-P_H=3\times3-2\times4-1=0$，故机构不能运动。必须添加一根连杆 5，如图 b 所示，其自由度 $F=3\times4-2\times5-1=1$，此机构正确

25.2 注意机构死点问题及其利用

设计应注意的问题	说　明
25.2.1　避免铰链四杆机构的运动不确定现象 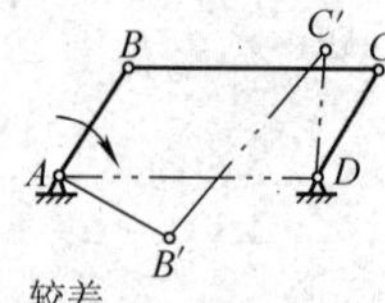 较差 AB杆经过水平位置时CD杆可能反转 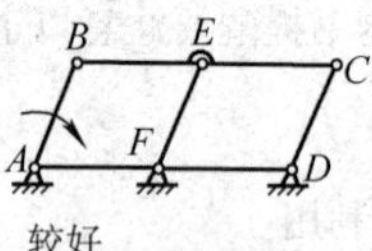 较好 加EF杆可避免反转 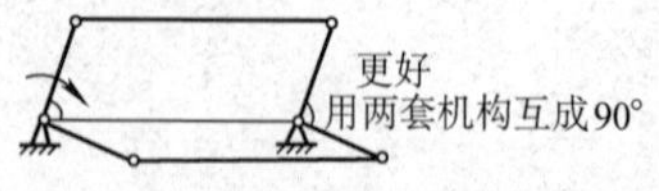 更好 用两套机构互成90°	平行四边形机构，当以长边为机架时，在长短边四杆重合的位置可能发生运动不确定现象，导致从动杆反转，破坏四杆的平行四边形关系。增加一根与短边平行且相等的杆，可以避免运动不确定，但此时出现虚约束，要求精度高。除上例所示的情况以外，凡最短杆与相邻最长杆之和等于另两杆之和的铰链四杆机构都可能出现运动不确定现象，可加大从动件惯性以避免之。用两套机构错开 90°，则更好（参见 1.4.2）

（续）

设计应注意的问题	说　明
25.2.2　注意机构的死点 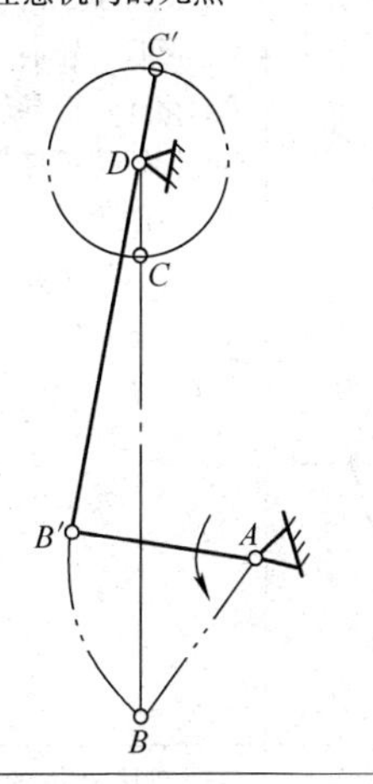	有连杆机构在运动过程中出现死点，如图示曲柄摇杆机构，当摇杆主动时，在曲柄与连杆在一条直线上时，摇杆不能对曲柄产生推动力矩即为死点，对转动缓慢、惯性很小的机械，在死点可能停止转动或反转。加大曲柄的惯性（如加一飞轮），或使工作速度加快，都有利于使机械顺利通过死点
25.2.3　注意传动角不得过小 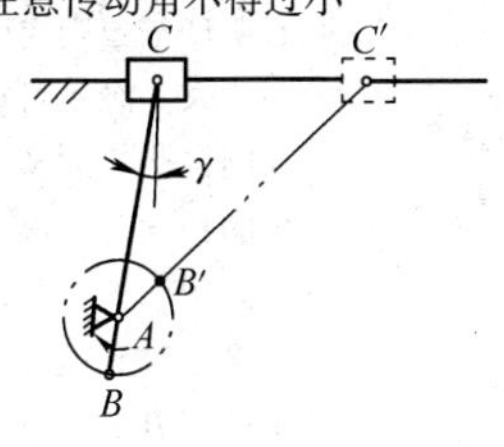 误 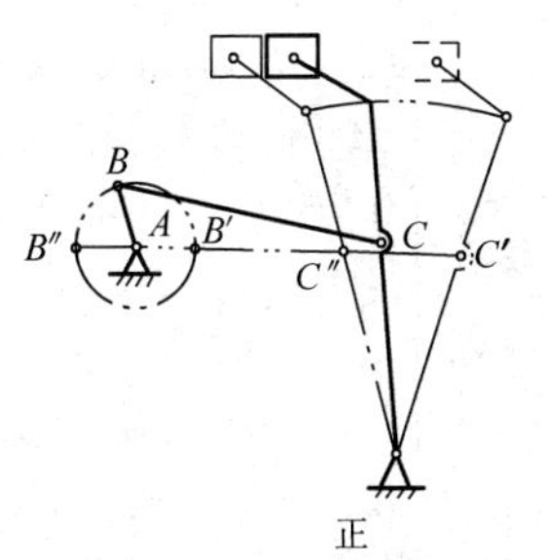 正	传动角过小时，推动从动件的有效分力很小，而无效（一般有害）分力很大。应改变构件尺寸比例或改变连杆机构形式。如图，原设计传动角 γ 很小，改为摇杆机构后有很大改善

（续）

设计应注意的问题	说　明
25.2.4　正确安排偏置从动件盘形凸轮移动从动件的导轨位置 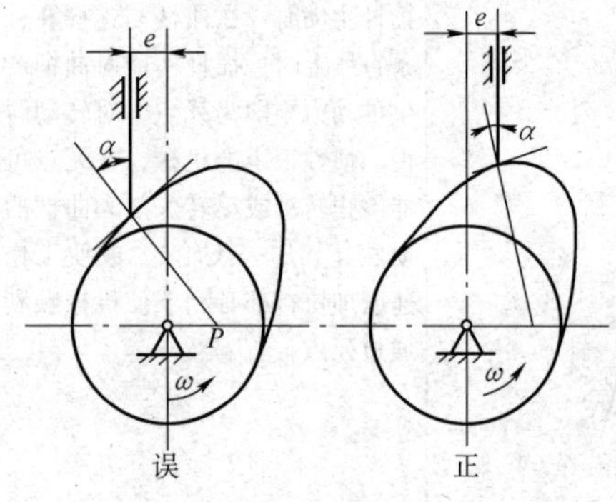	如图所示，两个凸轮的尺寸、形状、转向、从动件形状都相同。但导轨对凸轮中心的偏置位置在通过凸轮中心垂线的不同侧，以在右侧的较好，压力角较小，运转灵活
25.2.5　摆动从动件圆柱凸轮的摆杆不宜太短 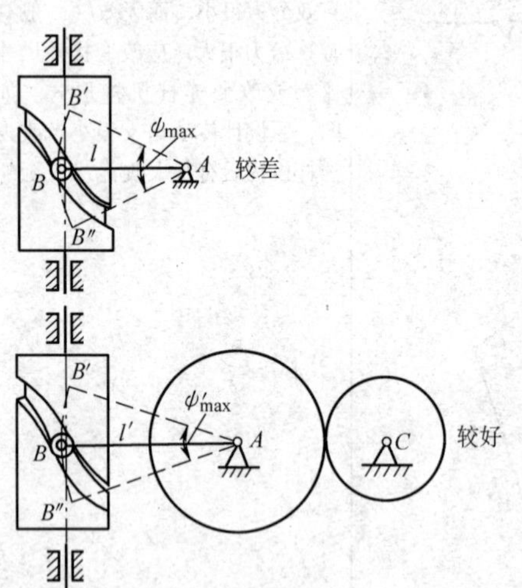	摆动从动件的圆柱凸轮，若摆杆愈短则滚子轨迹的曲率愈大。滚子可能滑出槽外与圆柱凸轮脱离。加大摆动杆的长度时，滚子轨迹逐渐趋向于平直，与圆柱凸轮槽的接触得到改善。但如果滚子行程 $B'B''$ 不变则摆杆加长时其转角减小，$\psi'_{max} < \psi_{max}$。为使转角输出值仍能达到原来的 ψ_{max} 值，可用一对齿轮 A、C 以增大输出的转角

（续）

设计应注意的问题	说　明
25.2.6　避免导轨受侧推力 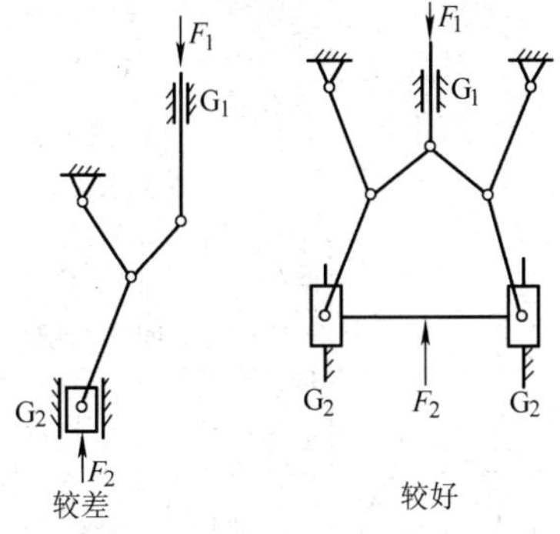 	如图所示连杆机构可以用较小的推力 F_1，产生较大的推力 F_2。但原机构中导轨 G_1 和 G_2 受很大的侧推力。改用两套对称的机构互相联在一起，则产生的侧推力互相平衡，导轨免受侧推力，机械效率较高，运动灵活 图中：F_1—驱动力 F_2—工作阻力 注意改进的机构中有虚约束，对机构精度（如导轨 G_2 的平行度、对称杆长度等）要求较高
25.2.7　限位开关应设置在连杆机构中行程较长的构件上 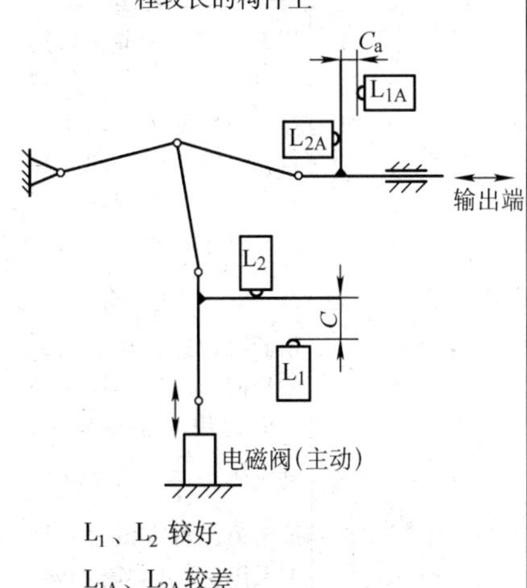 L_1、L_2 较好 L_{1A}、L_{2A} 较差	图中所示机构电磁阀的运动经连杆机构由连杆端部输出。由于这一机构利用死点附近的运动使电磁阀的拉力得到放大，但行程缩小。为限制运动行程开关应装在 L_1、L_2 的位置其行程 C 较大。不应装在 L_{1A}、L_{2A} 的位置，其行程 C_a 较小，控制的精度较低

25.3 改善机构的运动性能

设计应注意的问题	说　明
25.3.1 设计间歇运动机构应考虑运动系数 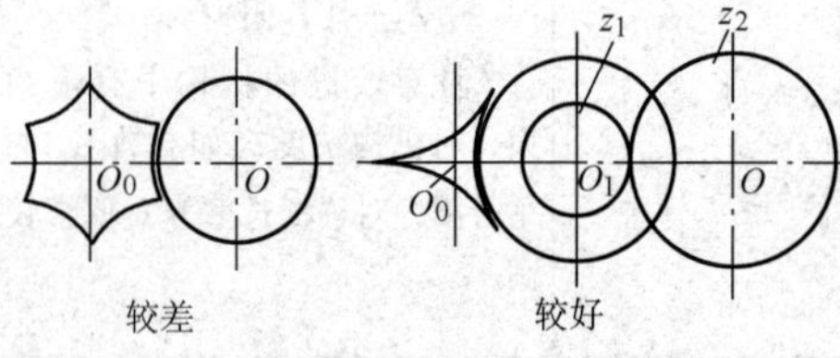 较差　　较好	设用间歇运动机构带动一工作台转动，该工作台有六个工位，工作台停止时进行加工和操作，工作台转动时不能进行加工。工作台转动时间 t_m 与工作台转动与停止的总时间 t 之比称为运动系数 $\tau=t_m/t$。τ 值应尽可能减小以提高工作效率。但应注意 τ 愈小则惯性力加大。如图所示 6 槽的槽轮机构，槽轮转一圈停六次，可安排六个工位，其运动系数 $\tau=\frac{z-2}{2z}=\frac{6-2}{2\times6}=\frac{1}{3}$ 用3 个槽的槽轮，再用一对 $z_2/z_1=2$ 的齿轮减速，用齿轮 2 带动工作台，齿轮 2 转一圈时也停六次，可安排六个工位，但其运动系数 $\tau=\frac{3-2}{3\times3}=\frac{1}{9}$ 由此可以看出用 3 槽的槽轮时，可用于操作的时间比用 6 槽槽轮多，其比值为 $\frac{2}{3}:\frac{5}{6}=4:5$，即用第二种方案时机械的工作效率可提高 25%

（续）

设计应注意的问题	说　　明
25.3.2　要求改善性能的机构宜用组合机构 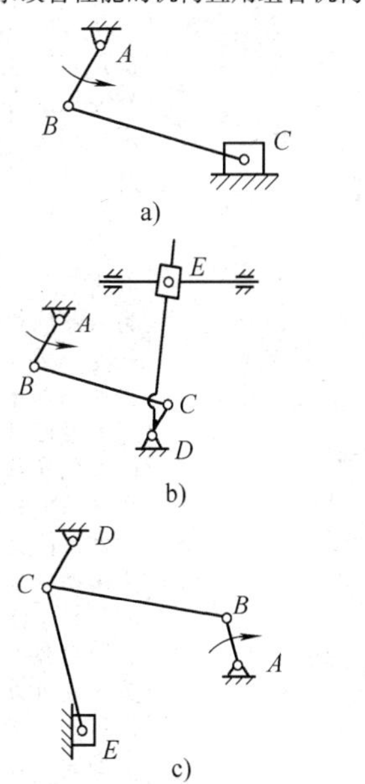 	要求用于改善性能，例如增程、增力、改善运动或动力特性等机构，若采用简单的、单一的机构不仅不易实现，还会导致机构尺寸大、性能不好等问题，此时宜采用机构的组合。例如要求实现大行程，若采用曲柄滑块机构则滑块行程受曲柄长度的限制，不宜增大，因此采用串联组合六杆机构（图b），利用运动放大原理，在曲柄 AB 长度不变的条件下，获得了大的行程。图c为一六杆增力机构，它利用了机构接近死点位置的传力特性，能使末端滑块 E 产生较大的压力
25.3.3　利用瞬停节分析锁紧装置的可靠性 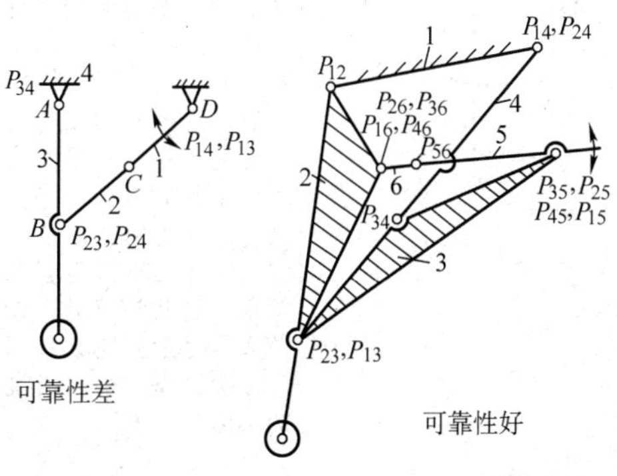 	瞬停节是这样一种速度瞬心：与该点有关的相邻两构件和该机构中另一构件的两个速度瞬心重合，因此该构件具有两个以上的速度瞬心，相当于瞬时固接。瞬停节的存在，对机构从运动上提供了更多的约束。因此瞬停节越多，锁紧越可靠。图中所示为两种飞机起落架机构示意图。左图只有一个瞬停节 P_{34}，右图有四个瞬停节：P_{12}、P_{23}、P_{34}、P_{14}，因而右图结构可靠性好

（续）

设计应注意的问题	说　明
25.3.4　考虑调节运动参数的可能性 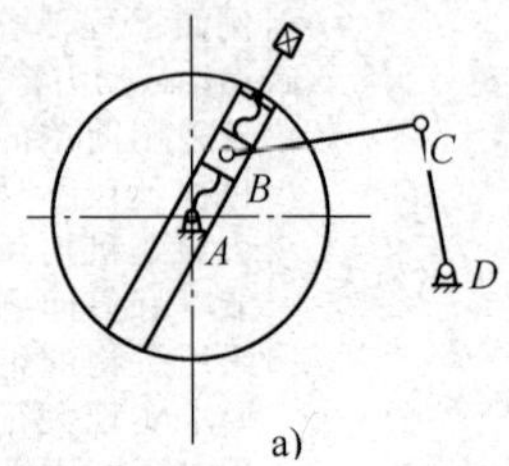 a) 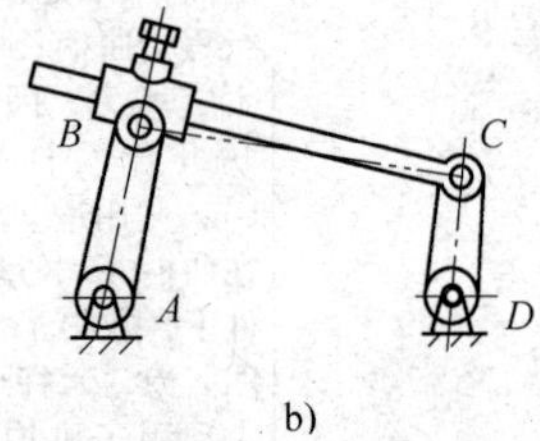 b) 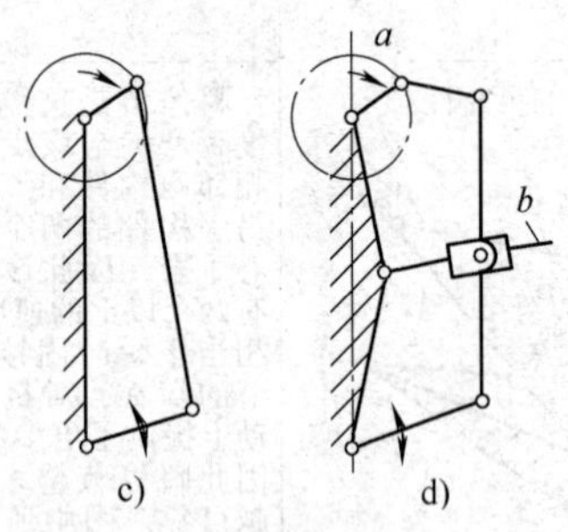 c)　d)	有些机构在工作中，运动参数（如行程、摆角）需要调节，或为了安装调试方便也需要有调节环节，因此在设计机构时要考虑有这种调节的可能 调节机构运动参数的方法很多，常用的如图 a 为用螺旋机构调节曲柄长度；图 b 为用紧定螺钉调节连杆的长度等。还可以设计具有两个自由度的机构来实现，两个自由度机构有两个原动件，使其中一个输入主运动以完成工艺动作的运动，使另一个为调节原动件，调节它的位置，就可以使机构从动件运动参数改变。当调节到需要的位置后，它固定不动，则机构就成一个自由度的系统。如图 c 为一普通曲柄摇杆机构，摇杆的极限位置和摆角都不可能调节，如设计成图 d 的二个自由度的机构，其中 a 是主动原动件，b 为调节原动件，改变构件 b 的位置，摇杆的极限位置和摆角都会相应变化。调节适当之后，使 b 杆固定，就变成一个自由度的机构了

（续）

设计应注意的问题	说　明
25.3.5　连杆机构各构件的运动忌发生干涉 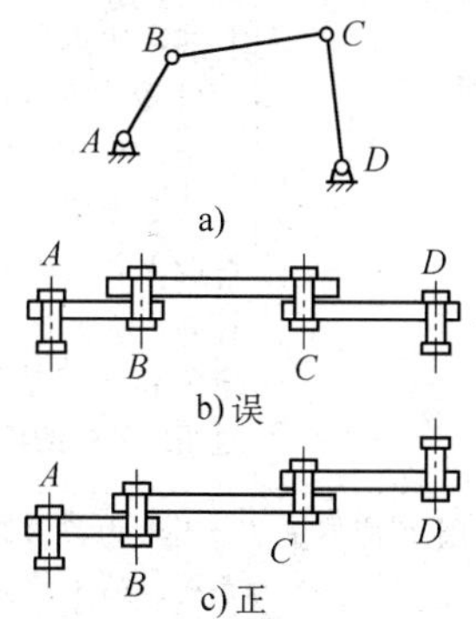 	平面连杆机构各构件的运动并不在同一平面内，如果构件安装位置不当，有可能使杆件运动发生干涉。图 a 铰链四杆机构，如果按图 b 安装，杆件 AB 与 DC 共面，当 $DC \geqslant AD$，杆 DC 碰到 A 轴，运动发生干涉。改为图 c 安装，各构件不共面，一般不会发生运动干涉。对多杆机构的设计与安装，尤其必须注意杆件的干涉问题
25.3.6　平面连杆机构的平衡 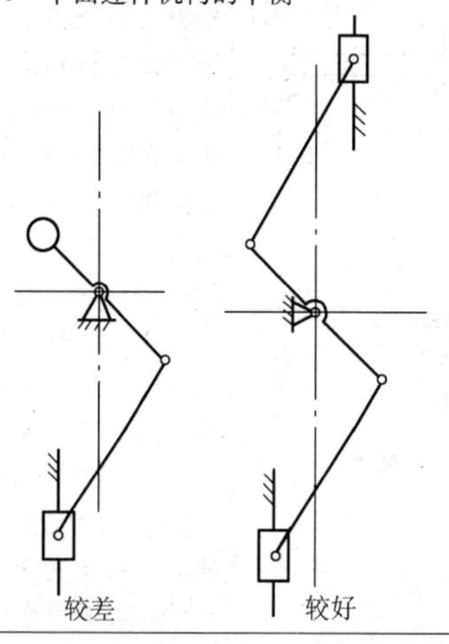 	连杆机构的平衡是比较困难的。对一单曲柄滑块机构，在曲柄上加配重只能达到部分平衡。采用相同机构对称布置的方法，可使机构的总惯性力和惯性力矩达到完全平衡
25.3.7　机械要求反转时，一般可考虑电动机反转	有些机械要求能正反两方向转动，设计时应首先考虑采用电动机正反转的方案。对内燃机、汽轮机等不能反转的原动机则必须采用在传动系统中设置反向装置的方案

（续）

设计应注意的问题	说　明
25.3.8　必须考虑原动机的起动性能	有些工作机可以空载起动，如机床。有些工作机必须负载起动，如汽车，对它的传动系统必须考虑原动机的起动性能，必要时要安排摩擦离合器或液力偶合器，避免起动力矩过大，超过了原动机的负荷能力
25.3.9　具有手动监控或调节的，传动系统应尽量避免手动控制低速级轴 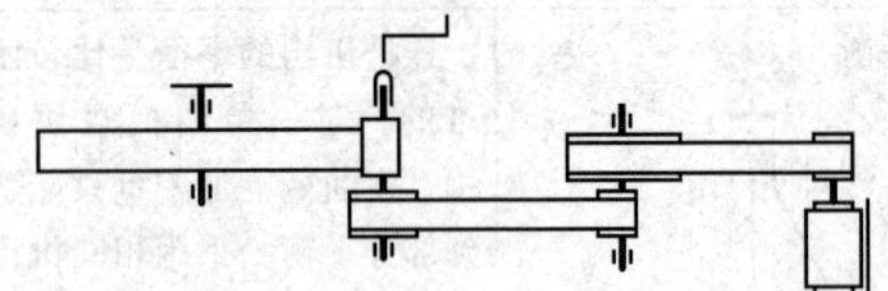 a) 手动监控摇柄布置在主动小齿轮轴端 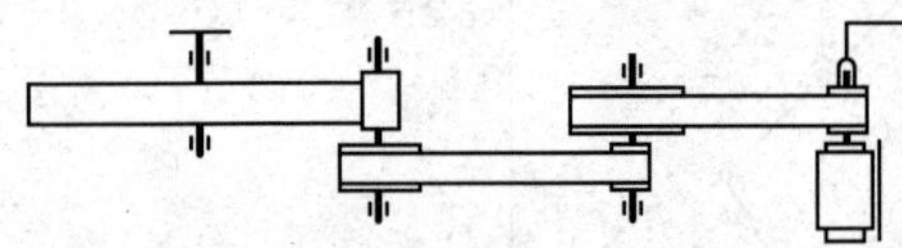 b) 手动监控摇柄布置在主动带轮轴端	图 a 为三级减速传动系统，第 1 级及第 2 级为带传动，其传动比分别为 3.21 和 2.05，第 3 级为齿轮传动，其传动比为9.17。第1级和第2级的累计传动比为 6.58，总传动比为 60.44。手动监控摇柄装在第 3 级主动齿轮轴端，用手转动比较费力。图 b 是将手动监控摇柄装在第 1 级的主动带轮轴端，手动控制力矩则为图 a 的 1/6.58，大为省力，减少疲劳，易于操纵控制，并且从动大齿轮转速也大为降低，也便于监测。

25.4 传动件的选择和布置

设计应注意的问题	说　明
25.4.1 起重机的起重机构中不得采用摩擦传动 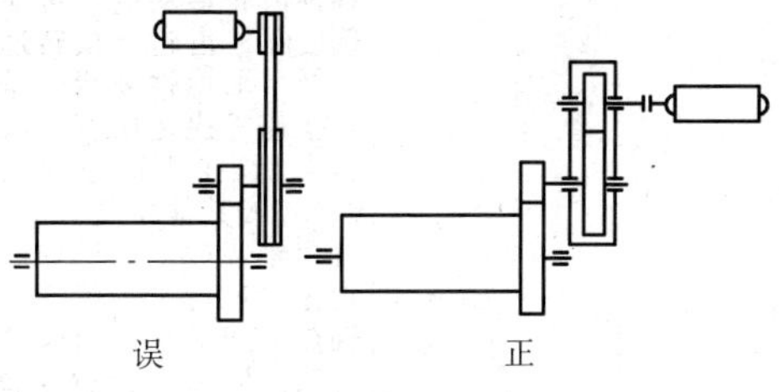 	在一般情况下，传动系统中的摩擦传动，在过载时可以打滑，起安全装置的作用。但是在起重机构中，如果重物起吊在高空，摩擦传动打滑将引起严重的事故。因此，起重传动系统必须有足够的安全系数，不得采用摩擦传动，也不能采用安全离合器
25.4.2 带传动不宜布置在低速级，链传动不宜布置在高速级 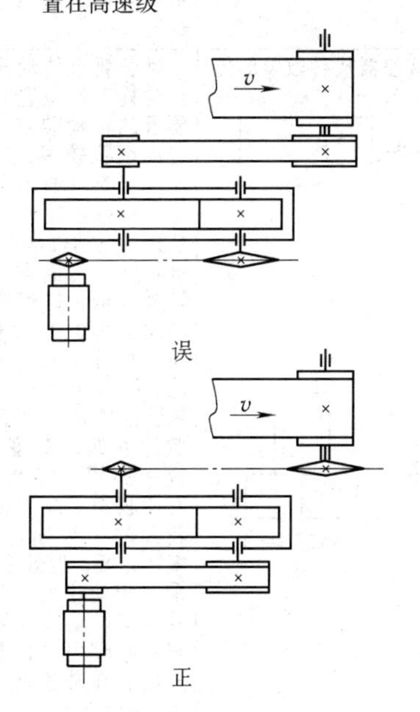 	在传动系统中为了减小带传动的外廓尺寸并发挥其过载保护和缓冲吸振作用，一般应将其布置在高速级（例如与电动机相连），把带传动安放在低速级是不合理的 由于链传动在高速级工作时易产生横向跳动和链条纵向运动的不均匀性，增加了链条的磨损和掉链事故，且高速时振动和噪声较大，所以在图示传动中链传动宜布置在低速级而不要布置在高速级

（续）

设计应注意的问题	说　明
25.4.3　选择齿轮传动类型，首先考虑用圆柱齿轮	在传动系统中，对于各种齿轮传动应尽可能选用圆柱齿轮（按转速高低、平稳性要求、是否变速等决定用直齿或斜齿）。在两轴必须成90°（或其他角度）时，可用锥齿轮。交错轴斜齿轮副也可用于传递两轴在空间成某一角度的传动，但为点接触、磨损大，只用于传递运动，传递功率很小。蜗杆传动只用于要求传动比大、自锁，两轴空间成90°的场合，因为它的效率低，不宜用在大功率连续传动
25.4.4　采用大传动比的标准减速器代替散装的传动装置 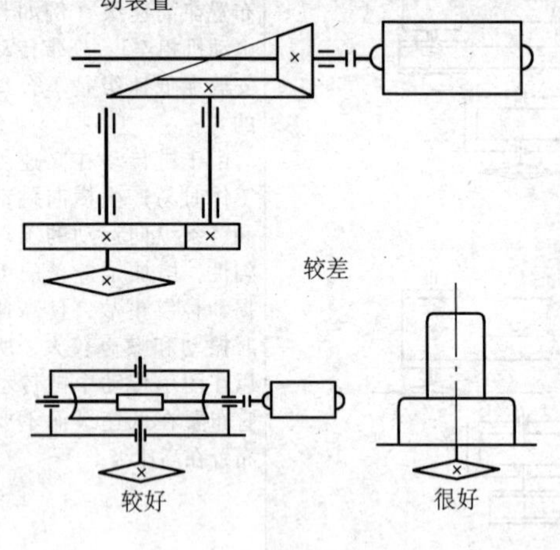 	对于要求传动比大而且对其工作位置有一定要求的传动装置，往往传动级数较多，结构也比较复杂。如图所示为链式悬挂运输机的传动装置。电动机水平放置，链轮轴与地面垂直而且转速很低，这就要求传动比大而且轴要成90°角。原设计采用了锥齿轮、圆柱齿轮传动的结构，这些传动装置作为散件安装，精度不高，缺乏润滑，安装困难，寿命较短。改为传动比较大的一级蜗杆传动，安装方便，但效率较低。采用传动比大，效率高的行星传动或摆线针轮减速器改用立式电动机直接装在减速器上，是很好的方案

（续）

设计应注意的问题	说　明
25.4.5　采用轴装式减速器，可降低时安装的要求 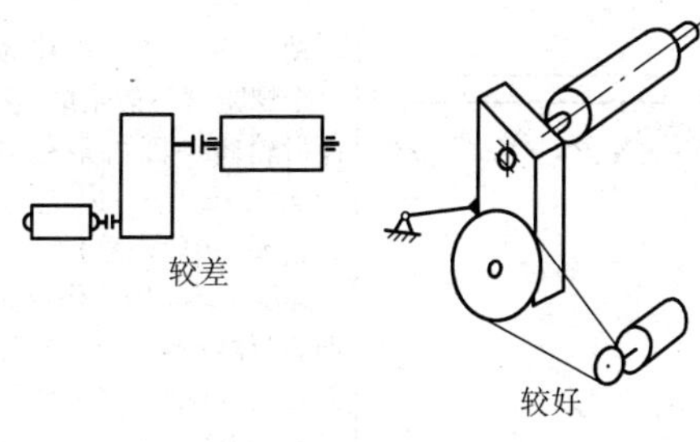 	许多机械的传动装置，常可以分为电动机、减速器、工作机（图中所示为运输机滚筒）三个部分，各用螺栓固定在地基或机架上。各部分之间用联轴器连接，这些联轴器一般都用挠性的，即对其对中要求较低。但是为了提高传动效率，减小磨损和联轴器不对中产生的附加力，在安装时还是尽量提高对准的精度，这就使安装工作繁重。改用轴装式减速器，用带传动联接电动机和减速器，就避免了安装联轴器的麻烦。减速器输出轴为空心轴，套在滚筒轴上，并用键连接传递转矩。为避免减速器摆动，装有一个拉杆
25.4.6　传动系统各部件宜安装在同一底座上 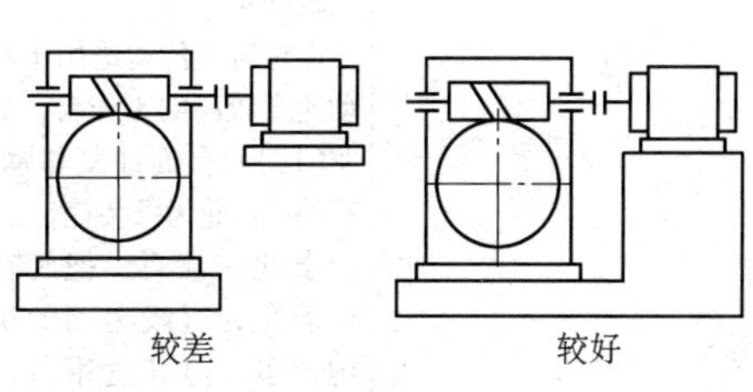 	传动系统中的电动机，减速器等部件应尽量安装在同一底座上，因为当底座为分别设置时，电动机和减速器或其他传动部件之间不易对中，运转中若有一底座松动，会造成运转不平稳且阻力增加，影响传动质量。将底座设计为一整体后，可以更好保证传动质量

（续）

设计应注意的问题	说　明
25.4.7　对于要求慢速移动的机构，螺旋优于齿条 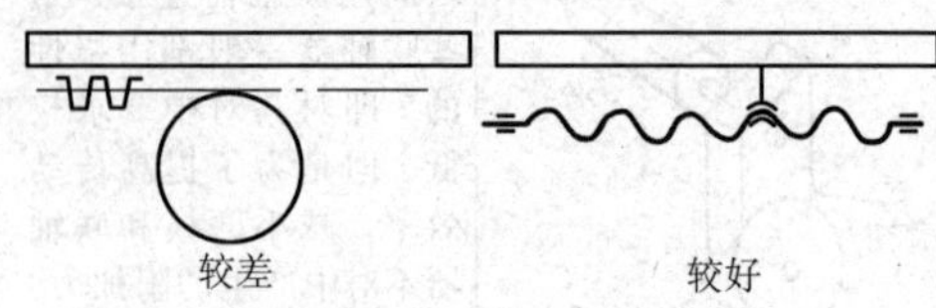 较差　　　　较好	对于要求慢速移动的工作台，用电动机通过传动装置带动时，可以采用螺旋螺母或齿轮齿条等把旋转运动化作直线运动的机构。但螺旋转动一圈工作台只移动一个螺距（一般用单线）而齿轮转一圈齿条移动量为 πmz（z—齿轮齿数，m—齿轮模数） 螺旋每转一圈工作台移动的距离一般为几毫米，而齿轮转一圈齿条移动的距离为十几、甚至几十毫米。当电动机转速 n_l 和要求工作台移动速度相同时，螺旋转速 n_l 可以比齿轮转速 n_l 高很多。而采用螺旋的传动比 $i_l = n_l/n_l$ 比用齿轮的传动比 $i_c = n_l/n_c$ 小很多。所以对于低速移动的工作台采用螺旋传动时，传动系统比较简单 齿轮齿条传动适用于移动速度较高的工作台，如龙门刨的台面往复移动，有的用齿轮齿条装置 由此应注意，把旋转运动变为直线运动的机构很多，但其适用条件各不相同

（续）

设计应注意的问题	说　明
25.4.8　用减速电动机代替原动机和传动装置 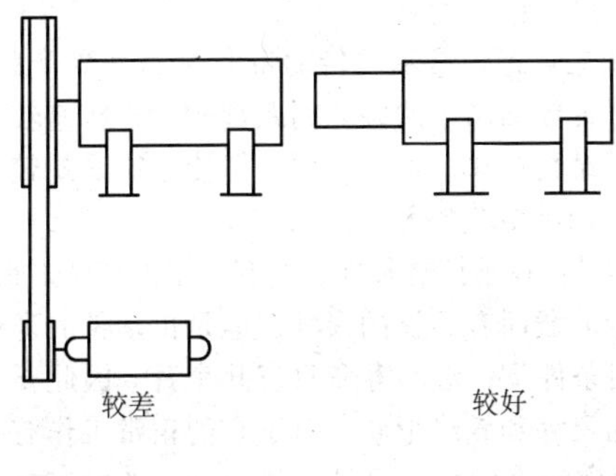	目前有把电动机和减速器作为一个整体的减速电动机，作为一个标准部件供应。不但可以简化传动装置，而且可以减少工作机受力 图示螺旋输送机，原设计为用电动机经V带传动，带动螺旋旋转。V带的拉力对螺旋输送机有使之移动、倾覆和转动的作用，各联接部位都应考虑这些力的作用，有足够的强度。改用带有减速器的电动机，选用带法兰式端面安装结构，不但简化了结构，减小了支撑件受力，还节省占地面积

第 26 章　带传动结构设计

概述

带传动的种类很多，使用广泛。常用的传动带有 V 带、窄 V 带、平带、多楔带、同步带等。带传动用于两轴之间距离较大，转速较高的场合。带传动工作平稳、结构简单、加工方便，但传动比误差较大(同步带除外)，不宜用于传动比要求严格的工作。

带传动正常工作的条件是：在不打滑条件下具有一定的疲劳寿命。因此，要求带轮的直径和带的截面有足够的尺寸，但是传动带的寿命还是比较短的，在一般使用条件下，带的寿命只有几个月，因此要保证传动带更换方便。带轮的尺寸和轮缘形状，对于它的正常工作有很大关系，因此，要求按照国家标准的规定设计轮槽尺寸。还应该考虑高速带轮的平衡问题。还应该要求带轮表面足够光滑，以减小带的磨损。

为了加大带在轮上的包角，特别是小带轮包角，或保持带的初张力，使用张紧轮，张紧轮的位置、尺寸等也是带轮结构设计的重要问题。

对于带传动结构设计，本书提醒要注意以下问题：

1）合理选择带传动型式。

2）正确确定带传动主要参数。

3）带传动布置设计。

4）带传动张紧装置设计。

5）带轮结构设计。

26.1　合理选择带传动型式

设计应注意的问题	说　　明
26.1.1　要求尺寸紧凑时不宜采用平带传动	由于 V 带的楔形接触面增大了摩擦力，其尺寸比平带传动紧凑，而齿形带啮合传动尺寸更小

（续）

设计应注意的问题	说　明
26.1.2　高速带传动不宜采用V带	V带本身重量较大，不宜用于高速，高速传动应采用薄的平带。（参见26.2.3图）
26.1.3　要求传动比准确的不宜采用平带和V带	内燃机曲轴和凸轮轴转速有传动比为2的严格要求，可以用齿形带而不可以采用平带和V带
26.1.4　V带传动不宜只用1或2条V带	V带传动常用3～8条V带组成，个别带损坏时，不会使传动中断，有安全作用，而1或2条V带则没有这一作用。而带数过多容易使各带受力不均严重，也是不合理的

26.2　正确确定带传动主要参数

设计应注意的问题	说　明
26.2.1　小带轮直径不宜过小 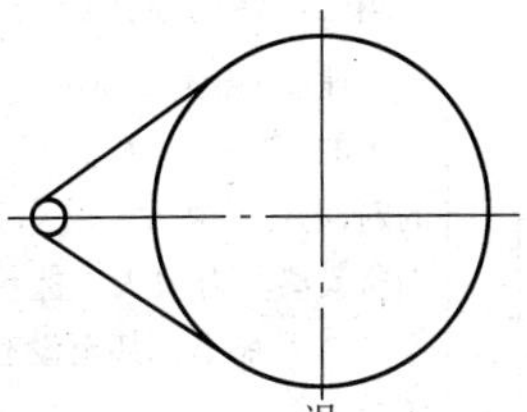 误 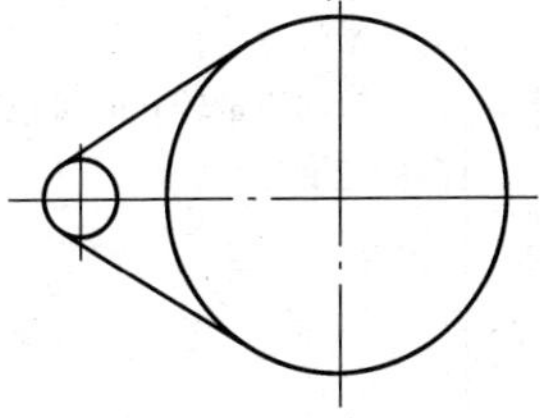 正	当大轮直径一定时，减小小带轮直径虽然可以加大带传动的传动比，但它使小轮包角减小，传递功率一定时，要求的有效拉力F加大（要求$F=F_1-F_2$加大），容易打滑。而且减小小轮直径使带所受弯曲应力加大，带寿命降低。对小轮直径，设计资料中有推荐值

（续）

设计应注意的问题	说　明
26.2.2　带轮中心距不能太小 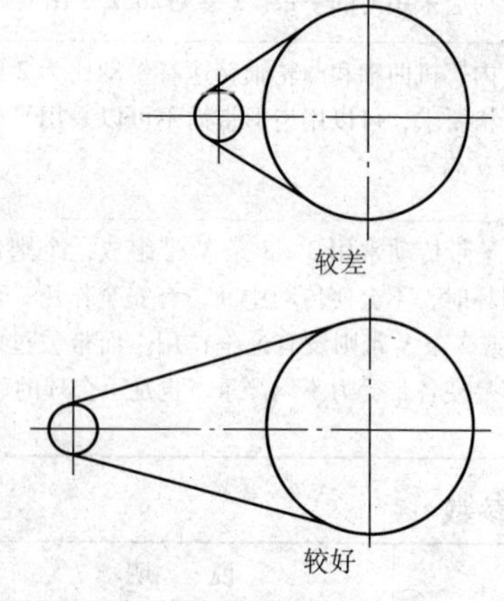 较差 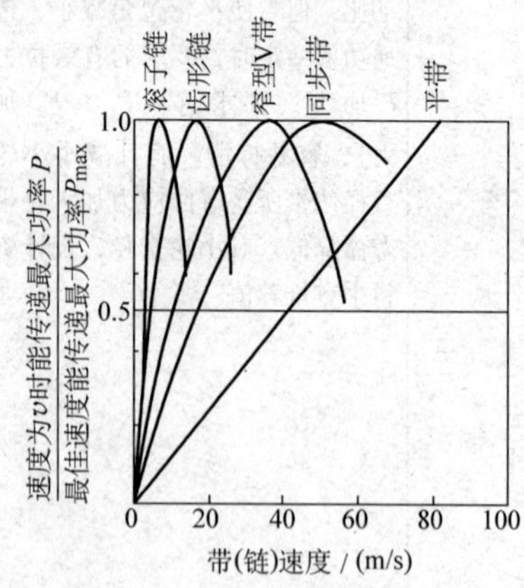 较好	带传动中心距一般大于齿轮传动。为求紧凑，常减小其中心距。但中心距小时，小轮包角随之亦减小，因此，带传动中心距以在一定范围以内为宜（见设计资料推荐）
26.2.3　带传动速度不宜太低或太高 滚子链 齿形链 窄型V带 同步带 平带 纵轴：$\dfrac{\text{速度为}v\text{时能传递最大功率}P}{\text{最佳速度能传递最大功率}P_{\max}}$　1.0　0.5 横轴：带(链)速度 / (m/s)　0　20　40　60　80　100 挠性件的最佳圆周速度	当带传动传递功率 P 一定时，若其速度 v 很低，则由于 $P=Fv$，要求的有效拉力 F 很大。要求带的断面尺寸很大。若带速太高，则所受离心力很大，能传递的工作拉力 F 很小，甚至没有传递工作拉力的余力。此外当速度很高时，带将发生振动，不能正常工作。带的质量较轻时可以达到较高的速度

（续）

设计应注意的问题	说　明
26.2.4　带传动应注意加大小轮包角 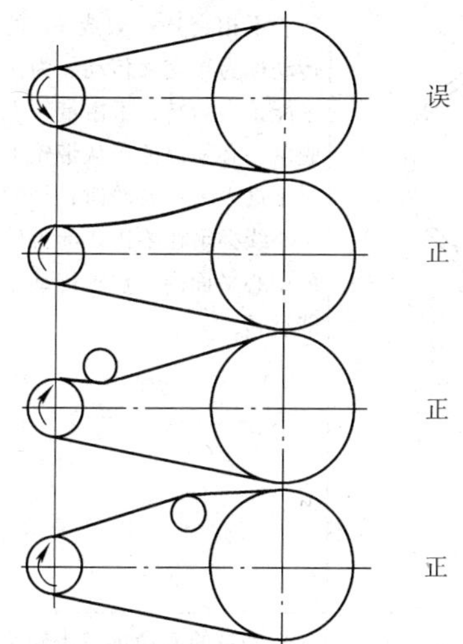	据欧拉公式，带传动紧边拉力 F_1 与松边拉力 F_2，按打滑的临界条件，有如下关系 $$\frac{F_1}{F_2}=e^{\mu\alpha}$$ 式中：μ—带与轮间摩擦因数；α—小轮包角；e—自然对数的底。因此应尽量加大小带轮包角 带传动应紧边在下。紧边下垂较小，松边下垂较大，如紧边在上则下面的松边下垂使下轮包角减小。如紧边在上，松边的下垂反而使包角加大。压紧轮应装在松边上，因松边力小，应靠近小轮以加大包角。如采用由内向外撑的张紧轮，则应靠近大轮，因为大轮包角大，有潜力。对 V 带一般不用张紧轮

26.3　带传动布置设计

设计应注意的问题	说　明
26.3.1　两轴处于上下位置的带轮，应使带的垂度有利于加大包角 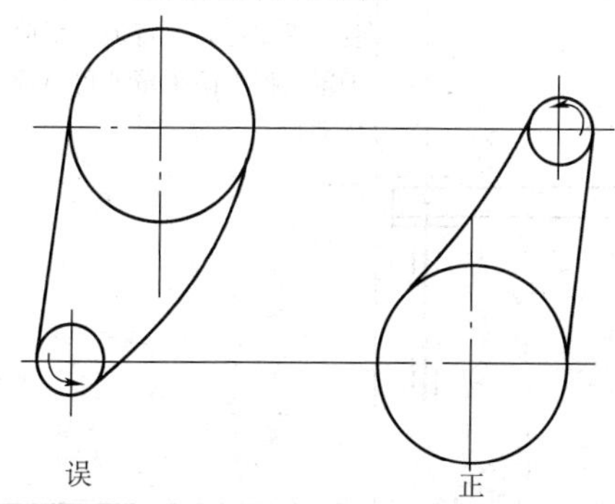	如果带轮两轴平行，而一个在上，一个在下。则布置两位置和轮的转向时应注意，松边的垂度较大，应使松边处于当带产生垂度时，有利于增大小轮包角的位置。此外，由于带本身重量下垂，使下面的轮与带间摩擦力减小，小轮包角小，易打滑，不应在下

（续）

设计应注意的问题	说　明
26.3.2　半交叉平带传动不能反转 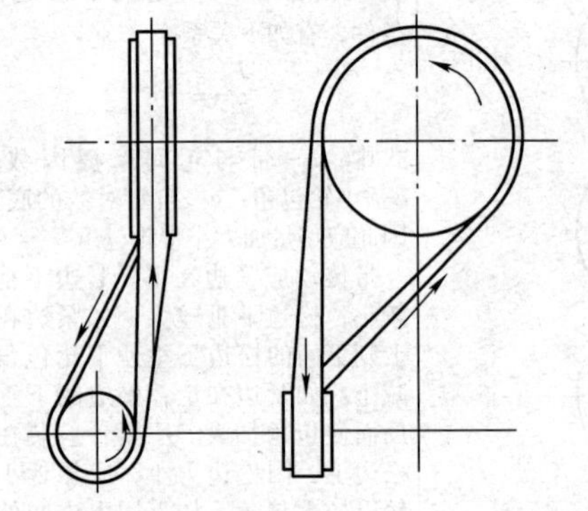	两轴在空间交错（不平行、不相交）一般成 90°的传动称为半交叉传动。为使带能正常运转，不由带轮上脱落，必须保证带从带轮上脱下进入另一带轮时，带的中心线必须在要进入的带轮的中心平面内。这种传动不能反转
26.3.3　带要容易更换 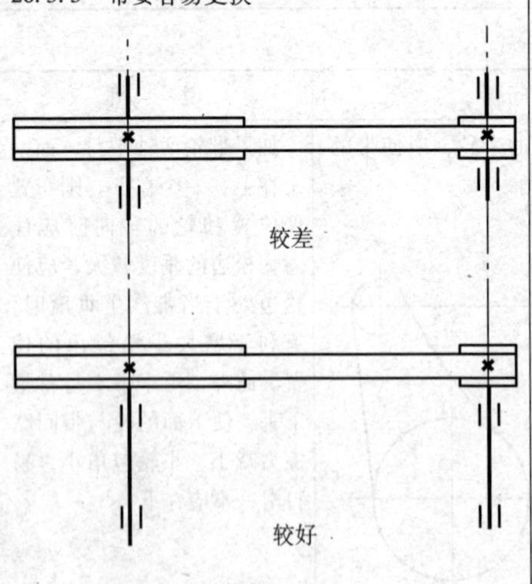	传动带的寿命远较齿轮为低，有时几个月就要更换。V 带传动有几条一起工作时，有一条损坏即要全部更换。对于无端的传动带（无接头）带轮最好为悬臂安装，暴露在外，可加一层防护罩。拆下防护罩即可更换传动带

（续）

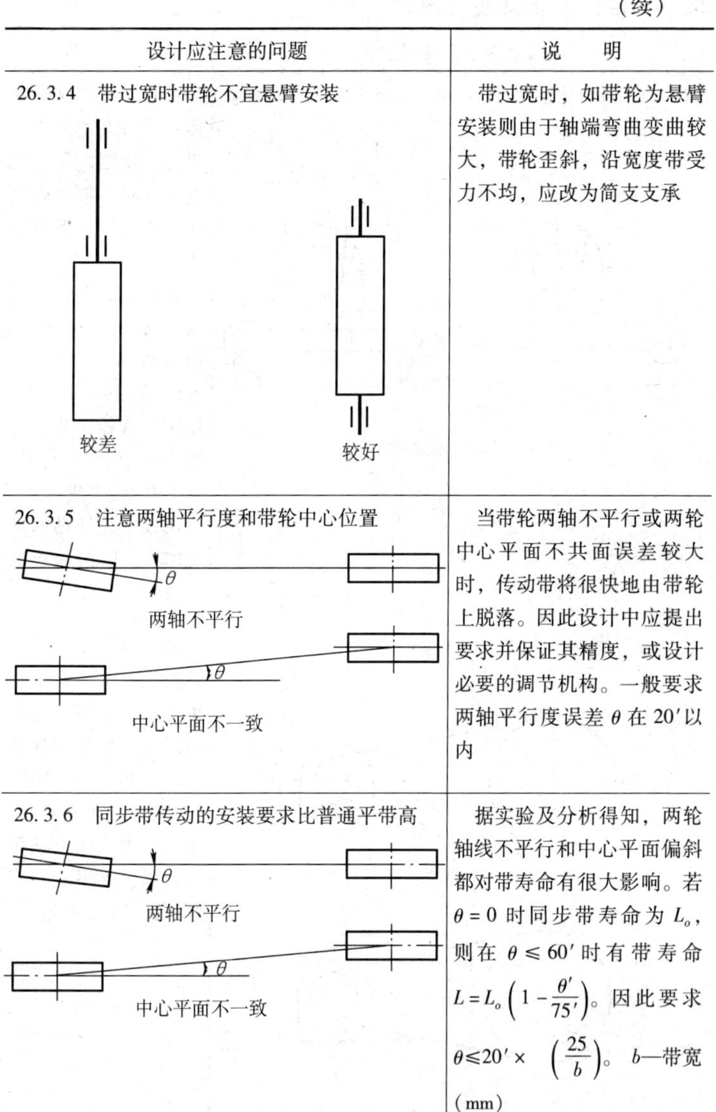

设计应注意的问题	说　明
26.3.4　带过宽时带轮不宜悬臂安装 较差　较好	带过宽时，如带轮为悬臂安装则由于轴端弯曲变曲较大，带轮歪斜，沿宽度带受力不均，应改为简支支承
26.3.5　注意两轴平行度和带轮中心位置 θ 两轴不平行 θ 中心平面不一致	当带轮两轴不平行或两轮中心平面不共面误差较大时，传动带将很快地由带轮上脱落。因此设计中应提出要求并保证其精度，或设计必要的调节机构。一般要求两轴平行度误差 θ 在 20′以内
26.3.6　同步带传动的安装要求比普通平带高 θ 两轴不平行 θ 中心平面不一致	据实验及分析得知，两轮轴线不平行和中心平面偏斜都对带寿命有很大影响。若 $\theta=0$ 时同步带寿命为 L_o，则在 $\theta\leqslant 60'$ 时有带寿命 $L=L_o\left(1-\frac{\theta'}{75'}\right)$。因此要求 $\theta\leqslant 20'\times\left(\frac{25}{b}\right)$。 b—带宽(mm)

26.4 带传动张紧装置设计

设计应注意的问题	说　明
26.4.1 靠自重张紧的带传动，当自重不够时要加辅助装置 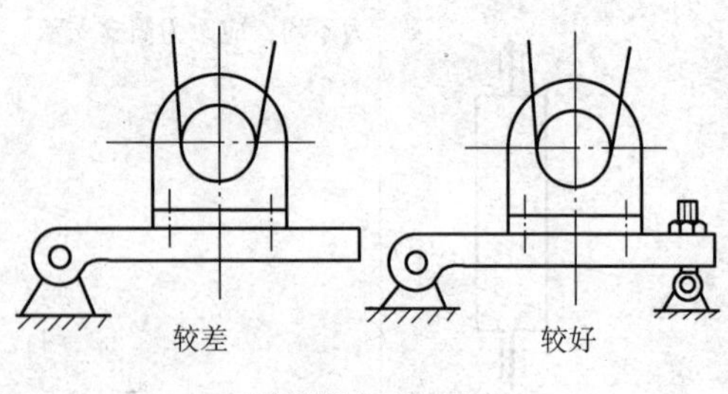 （当张紧力不足时）	有些带传动靠一些传动件的自重产生张紧力。如图所示，把电动机和小带轮固定在一块板上，板用铰链固定在机架上，由于电动机、带轮的自重在带中产生张力。但当传动功率过大、或起动力矩过大时，传动带将板上提，上提力超过其自重时，会产生振动或冲击。可在板上加辅助的螺旋加力，以消除板的振动
26.4.2 带传动中心距要可以调整 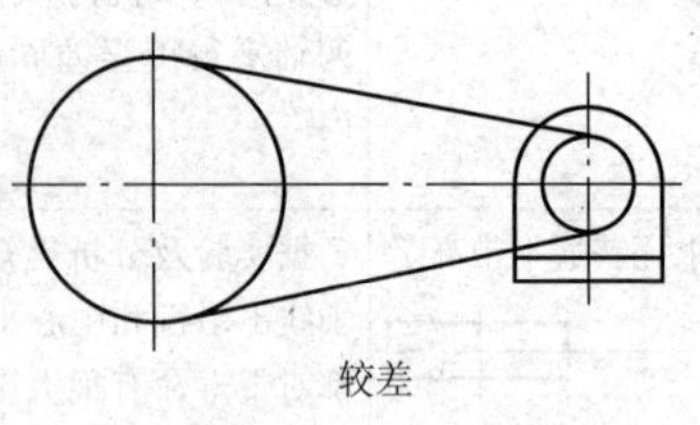 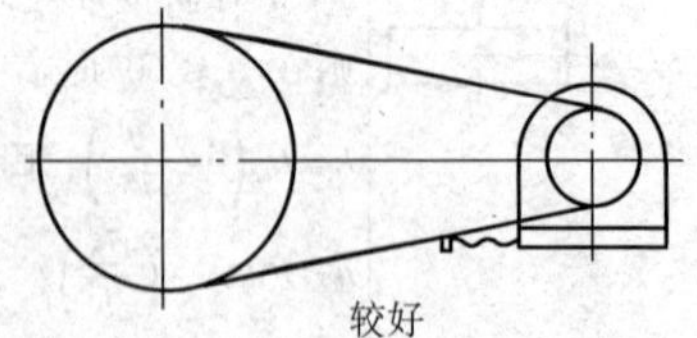 	带传动长度尺寸误差较大，而且在工作中它的长度不断增加（被拉长）。为了保持一定的初拉力，实现带与轮间的摩擦传动，带轮的中心距应该可以调整，或用其他张紧装置（如张紧轮）

（续）

设计应注意的问题	说　明
26.4.3　张紧轮直径不宜太小	张紧轮直径太小时，当带速为一定值的情况下，其转速较高，张紧轮轴承的转速高则其轴承寿命低。此外张紧轮直径小则产生的弯曲应力大，带的寿命低
26.4.4　V 带应该能够调整中心距 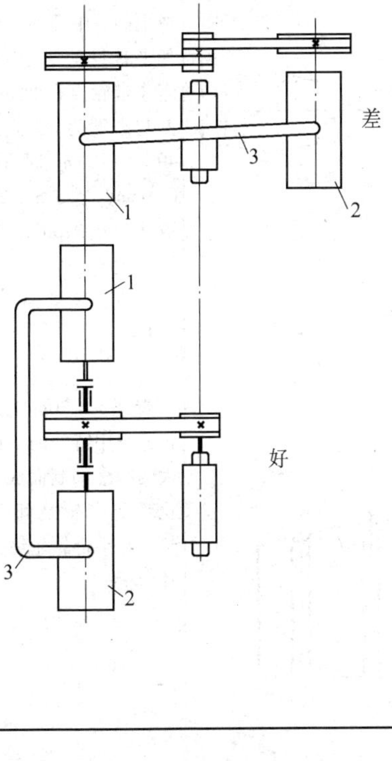 差 好	图中由电动机带动两个互相串联的压缩机 1、2，压缩机之间有管道 3 连接。上图中由于管道的限制带轮张力不能调整。下图中的 V 带张力可以调整

26.5　带轮结构设计

设计应注意的问题	说　明
26.5.1　带轮工作表面应光洁	因为带与带轮之间有弹性滑动，在正常工作时，不可避免地有磨损产生。为增加带与轮间的摩擦故意把带轮表面加工得很粗糙是错误的。一般带轮表面粗糙度要求 $Ra=3.2\mu m$
26.5.2　平带传动小带轮应作成微凸 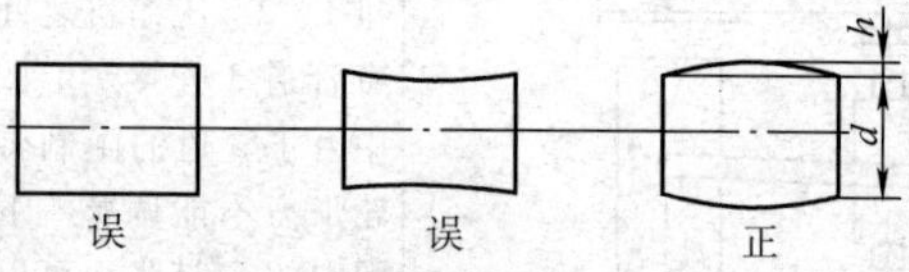 h　d 误　误　正	为使平带在工作时能稳定地处于带轮宽度中间而不滑落，应将小带轮制作成中凸。中凸的小带轮有使平带自动居中的作用。若小带轮直径为 d，中间凸起高度为 h，则当 $d=40\sim112mm$ 时取 $h=0.3mm$，当 $d>112mm$ 时取 $h/d=0.003\sim0.001$，d/b 大的 h/d 取小值，（b—带轮宽度，一般 $d/b=3\sim8$）
26.5.3　高速带轮表面应开槽 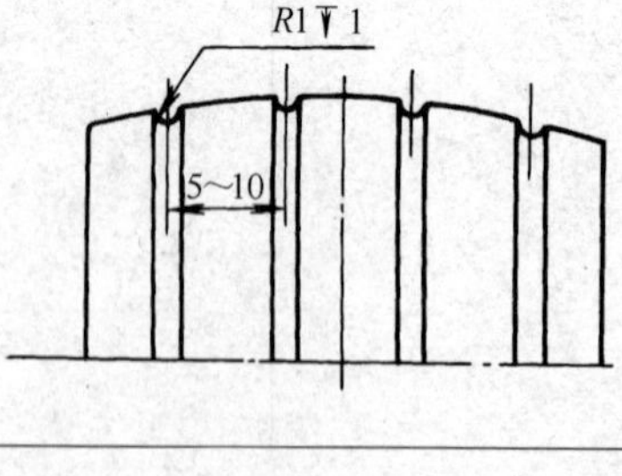 R1▼1 5~10	带速 $v>30m/s$ 为高速带，采用特殊的轻而强度大的纤维编制而成。为防止带与带轮之间形成气垫，在小带轮轮缘表面开环形槽

（续）

设计应注意的问题	说　明
26.5.4　同步带轮应该考虑安装挡圈 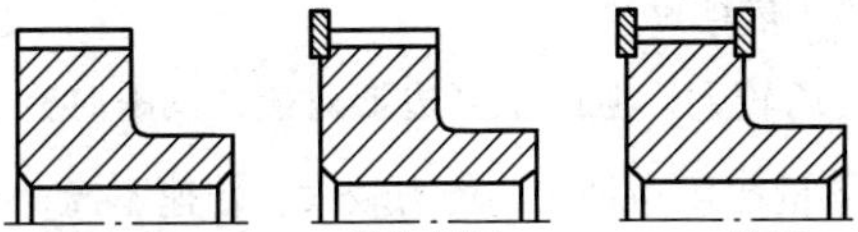 无挡圈　单边挡圈　双挡圈	为避免同步带滑落，应按具体条件考虑在链轮侧面安装挡圈。可参照以下建议： 1. 在两轴传动中，两个带轮中必须有一个带轮两侧装有挡圈，或两带轮的不同侧边各装有一个挡圈 2. 在中心距超过小带轮直径8倍以上时，由于带不易张紧，两个带轮的两侧均应装有挡圈 3. 在垂直轴传动中，由于同步带的自重作用，应使其中一个带轮的两侧装有挡圈，而其他带轮均应在下侧装有挡圈
26.5.5　增大带齿顶部和轮齿顶部的圆角半径 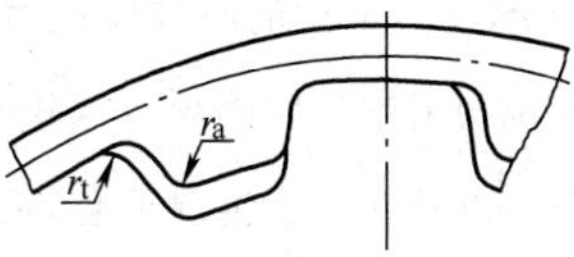 r_a　r_t	同步带的齿与带轮的齿属非共轭齿廓啮合，所以在啮合过程中二者的顶部会发生干涉和撞击，因而引起带齿顶部产生磨损。适当加大带轮齿和带齿顶部的圆角半径，可以减少干涉和磨损，延长带的寿命
26.5.6　同步带外径宜采用正偏差	给同步带外径正偏差，可以增大带轮节距，消除由于多边形效应和在拉力作用下使带伸长变形，产生的带的节距大于带轮节距的影响。实验证明在一定范围内，带轮外径正偏差较大的，同步带的疲劳寿命较长

第 27 章　链、绳传动结构设计

概述

链传动和绳传动等都属于挠性传动。

链传动用于两轴之间距离较大，但由于多边形效应，其瞬时传动比不稳定，而且传动链的重量比传动带大，传力较大，转速不高，要求传动比精确性较低的传动装置，也可以用于把转动变位直线运动或反之。链传动结构设计的主要问题有：传动链的型式选择，链轮齿形和链轮结构尺寸设计，链传动的润滑装置和张紧方法，链传动的防护罩设计等。传动链应该易于检查和更换。

绳传动常用于卷筒钢丝绳起重装置。起重用的钢丝绳长度一般较长，达数十米甚至更多，应减小钢丝绳的磨损，注意卷筒和滑轮的轮槽形状和钢丝绳的润滑。在钢丝绳释放到最后的时候应保留若干圈，以减小钢丝绳固定装置受力。使用说明书中应明确规定钢丝绳的定期润滑，保养维护的注意事项和方法，以及在什么情况下必须更换钢丝绳。

对于链、绳传动结构设计，本书提醒要注意以下问题：

1）链传动合理布置。

2）保持链传动正常运转的措施。

3）绳传动的布置。

4）保持绳传动正常运转的措施。

5）绳传动装置结构设计。

27.1 链传动合理布置

<table>
<tr><th>设计应注意的问题</th><th>说明</th></tr>
<tr><td>27.1.1 链传动应紧边在上
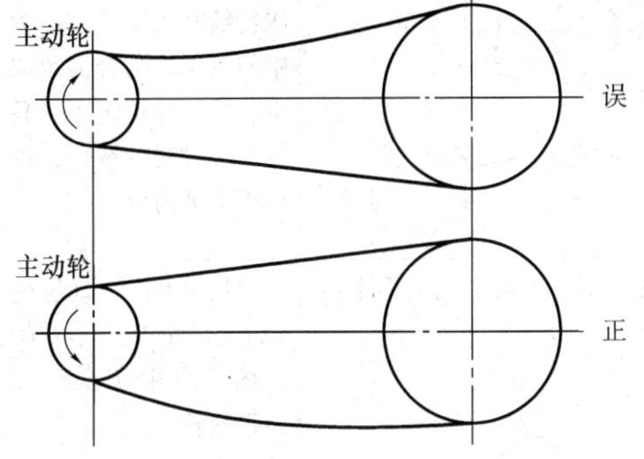
</td><td>与带传动相反，链传动应该紧边在上。当松边在上时，由于松边链下垂度较大，链与链轮不易脱开，有卷入的倾向。尤其在链离开小链轮时这种情况更加突出和明显。如果链条在应该脱离时未脱离而继续卷入，则有将链条卡住或拉断的危险</td></tr>
<tr><td>27.1.2 两链轮上下布置时，小链轮应在上面
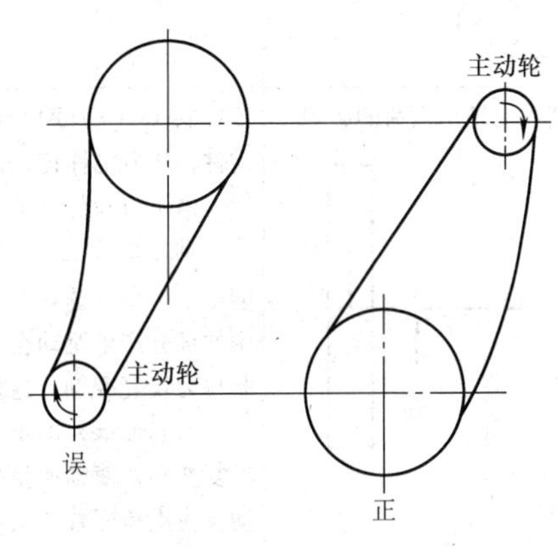
</td><td>两轮上下布置时，由于链条本身重量的作用使链条下垂，因而下面的链与链轮齿有脱开的倾向（或接触部分减少），而小轮的啮合齿数比大轮少，因此大轮在下比较合理。还应避免因链条松边下垂而卡链的现象</td></tr>
</table>

（续）

设计应注意的问题	说　明
27.1.3　不能用一个链条带动一条水平线上多个链轮（一） 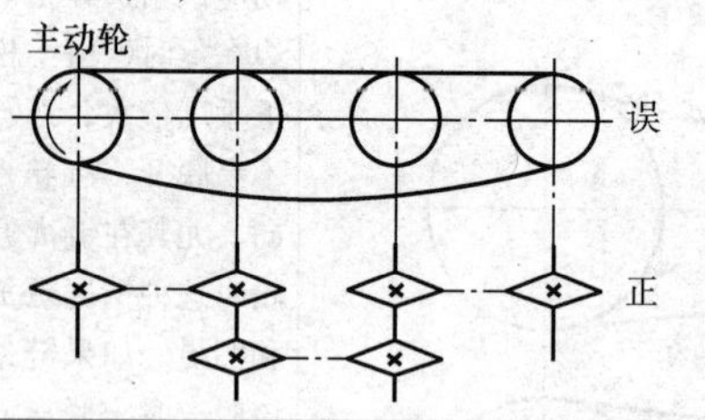 	在一条直线上有多个链轮时，不能一根链条将一个主动轮的功率依次传给其他链轮，因为中间链轮的啮合齿数太少。在这种情况下，只能用一对对的链轮，进行逐个轴的传动
27.1.4　不能用一个链条带动一条水平线上多个链轮（二） 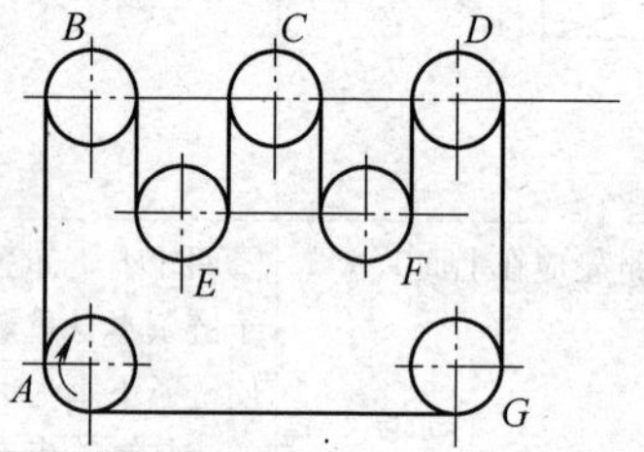 	这是用一个主动链轮 A 带动链轮 B、C、D 的简图。图中 E、F、G 为张紧轮
27.1.5　注意挠性传动拉力变动对轴承负荷的影响 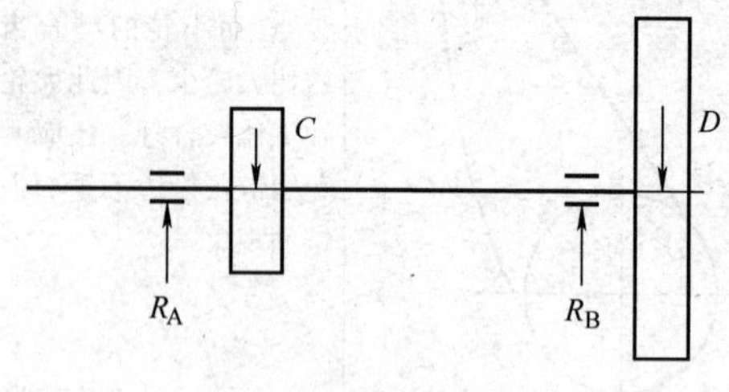 	在轴上有 CD 两个传动件，D 为挠性传动的轮。由于力和位置的配置左轴承的反力 R_A 可能很小。带、链等在空中的部分产生跳动会引起拉力反复变动，这样就会引起轴承 A 的负荷反复变动，使轴产生振动。应重新配置传动件的位置与受力方向，使 R_A 方向固定

27.2 保持链传动正常运转的措施

设计应注意的问题	说　明
27.2.1　带与链传动应加罩	带与链传动加罩的目的首先是为了保证安全。对链传动还有防尘和保持润滑油以及避免飞溅的作用
27.2.2　链条卡簧的方向要与链条运行方向适应 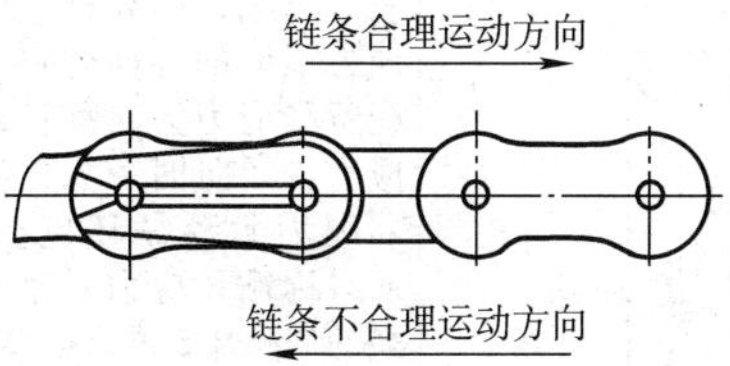 链条合理运动方向 链条不合理运动方向	使链条首尾相接的链节，要用一个卡簧锁住。应注意止锁零件方向与链条的运行方向相适应，以免冲击、跳动、碰撞时卡簧脱落
27.2.3　链条用少量的油润滑为好 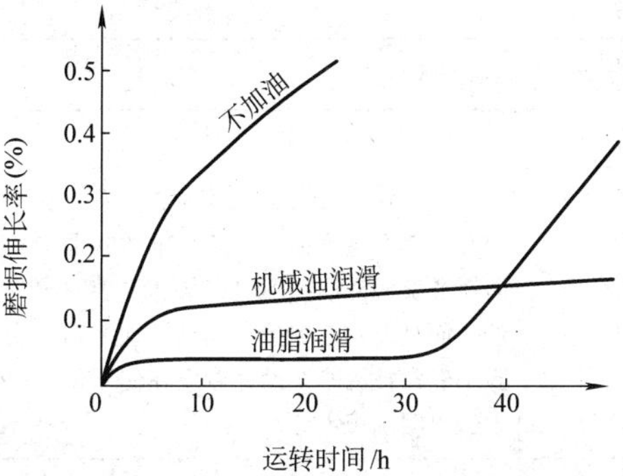 磨损伸长率(%) 0.5 0.4 0.3 0.2 0.1 不加油 机械油润滑 油脂润滑 0 10 20 30 40 运转时间/h	润滑可以显著地延长链传动的寿命。由图可知，不加油磨损明显加大，润滑脂只能短期有效。润滑良好可以起到冷却、降噪声、减缓啮合冲击、避免胶合的效果。但不应使链传动潜入大量润滑油中，以免搅油损失过大
27.2.4　链传动的中心距应该能调整	链传动在安装以后需要调整中心距以达到链条松紧适度。工作一段时间后链节伸长，要求进一步调整

27.3 绳传动的布置

设计应注意的问题	说　明
27.3.1 绳轮直径不得任意减小	为了保证绳的寿命，必须限制它所受的弯曲应力，因而绳轮直径必须符合规范的要求，否则对其寿命影响很大
27.3.2 应避免钢丝绳反复弯曲 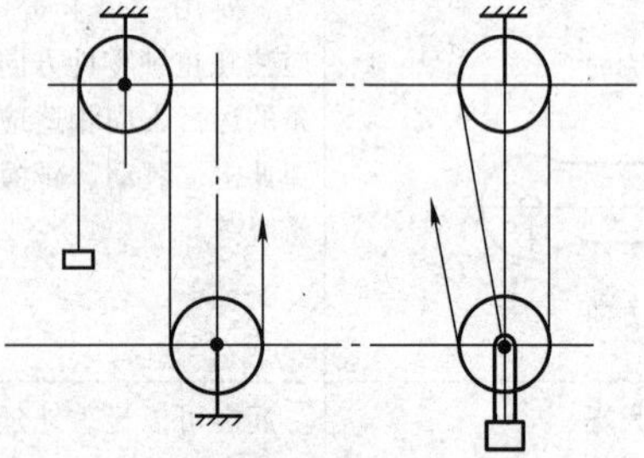 	钢丝绳经过多个滑轮时，每经过一次就产生一次弯曲，如果这些弯曲为不同的方向则钢丝绳所受应力为对称循环应力，如向同一方向弯曲则为脉动循环应力。而对称循环应力对钢丝绳的危险性要严重得多

27.4 保证绳传动正常运转的措施

设计应注意的问题	说　明
27.4.1 钢丝绳必须定期润滑	钢丝绳各股之间、钢丝绳和滑轮、卷筒都有可能产生磨损。为减轻钢丝绳磨损和防锈要加润滑油。不仅在最初安装时要加油，而且要定期维护、加油。这一点在实际中经常被忽略，设计者应在使用说明书中给以明确规定
27.4.2 设计者必须严格规定钢丝绳的报废标准	按有关专业规范规定，钢丝绳使用中如果出现断丝数或磨损，到达一定程度时即应更换钢丝绳，以免发生事故。这些指标常用钢丝绳每个捻距中的断丝数或表面钢丝的磨损率表示。在使用说明书中必须明确地写明检查和报废标准

27.5 绳传动装置结构设计

设计应注意的问题	说　明
27.5.1　封闭式钢丝绳头，锥孔直径不能太小 终端套筒 1:8 1:5 差　　好	图示为封闭式钢丝绳头，把钢丝绳头穿入锥形套，浇铸熔化的金属（常用纯锌），凝固后形成可靠的连接。此锥度不应太小，否则浇铸空间太小，金属不能充分灌入，连接不可靠（实践结果，1∶8不可，1:5可用）
27.5.2　为了避免钢丝绳乱绳，应装导绳器 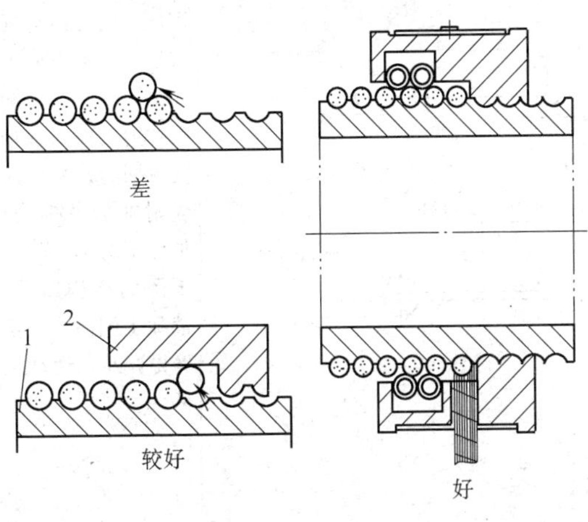 	卷在卷筒上面的钢丝绳，当没有载荷时拉紧钢丝绳时特别容易出现乱绳。为了避免钢丝绳乱绳，应装导绳器。最简单的导绳器就是一块钢板。但是钢板导绳器还是不够可靠，有时会产生钢丝绳重叠、乱绳。右图所示导绳螺母靠弹簧压紧钢丝绳，并能沿卷筒轴向移动，有效地防止了乱绳和跳槽

（续）

设计应注意的问题	说　　明
27.5.3　卷筒表面应该有绳槽 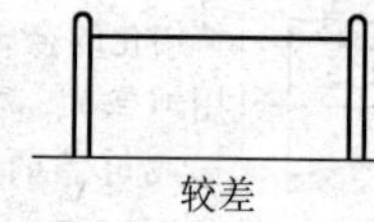 较差 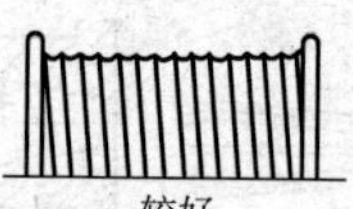 较好	卷筒表面应切出圆弧形的螺旋线绳槽。有了绳槽可以减小绳与卷筒接触时的接触应力
27.5.4　注意钢丝绳产生的侧向拉力 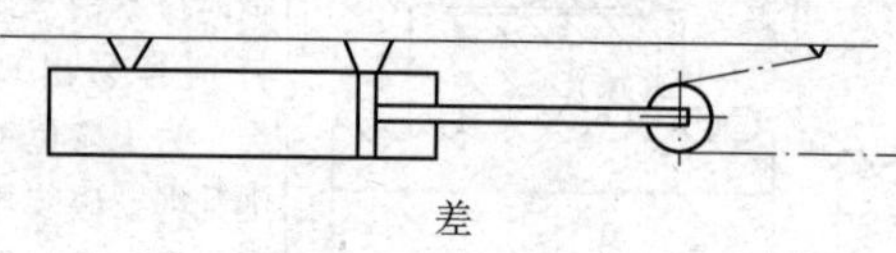 差 改进后的设计 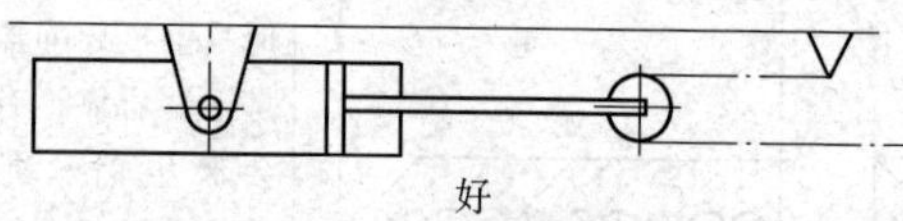 好	图示气缸拉动钢丝绳用以提起闸门。上图上面一支钢丝绳的方向与气缸活塞运动方向不完全一致，产生侧向拉力，使活塞杆受侧向力，从而产生附加的摩擦力，加大了磨损。改为下图的结构以后，消除了侧向力，使摩擦减小，运动灵活

(续)

设计应注意的问题	说　明
27.5.5　调整钢丝绳长度的布置应有最大的调整效果 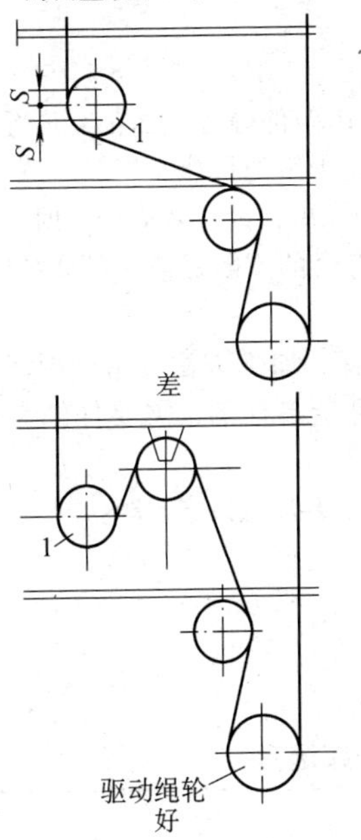 	图示索道用钢丝绳长度调整装置。绳轮1为调绳轮，移动调绳轮即可增加索道长度和张力。上图中调绳轮移动距离 S，索道钢丝绳长度增加量也是 S。下图中调绳轮移动距离 S，索道钢丝绳长度增加量为 $2S$。其要点是：调绳轮上面的两支钢丝绳方向应与调绳轮运动方向一致。但应注意，下图中钢丝绳多经过一个绳轮，而且弯曲方向相反，钢丝绳寿命会降低，应加大绳轮直径
27.5.6　注意防止钢丝绳的弹射作用 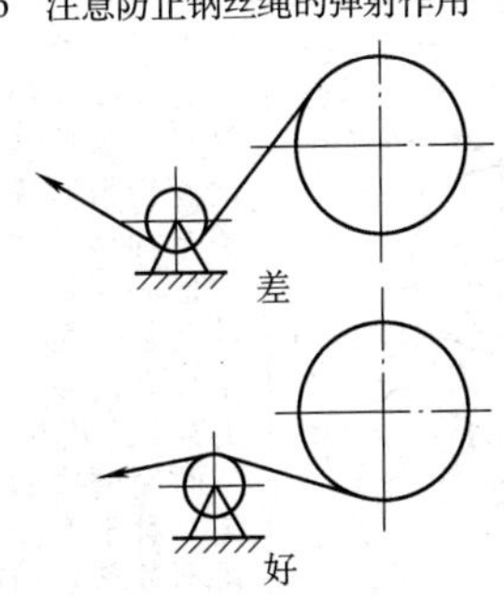 	钢丝绳一般受力很大，由于它的弹性，拉紧时储存很大的变形能，如果钢丝绳断裂或有关零件损坏，由于钢丝绳的弹射作用会产生很大的危险。如上图中的钢丝绳压紧轮，如果固定压紧轮的螺栓断裂，钢丝绳的弹力使压紧轮弹出，是非常危险的。改为下图的结构，钢丝绳把压紧轮压向地面，比较安全

第 28 章　齿轮传动结构设计

概述

齿轮传动在传递功率、转速、使用条件等各方面都有广泛的适用性，它的加工方法和热处理技术及其所用的机床、刀具、测量仪器、热处理设备等也日新月异，有飞速的发展，设计者应该及时掌握和引用。齿轮的主要发展趋势是精度和寿命的不断提高，尺寸持续减小，硬齿面齿轮使用日益广泛。

齿轮的材料和热处理、毛坯选择、加工方法、精度要求、结构设计等,在各种机械零件中是最为复杂多样的，需要仔细考虑和处理。

对于齿轮传动结构设计，本书提醒要注意以下问题：

1）齿轮传动的合理布置和参数选择。

2）齿轮的合理结构设计。

3）齿轮在轴上的安装。

4）保持齿轮传动正常运转的措施。

28.1　齿轮传动的合理布置和参数选择

设计应注意的问题	说　明
28.1.1　相互啮合的一对齿轮齿数不宜互成整倍数 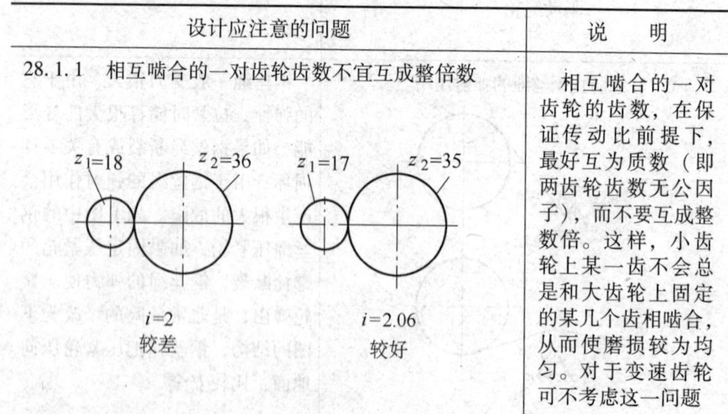 	相互啮合的一对齿轮的齿数，在保证传动比前提下，最好互为质数（即两齿轮齿数无公因子），而不要互成整数倍。这样，小齿轮上某一齿不会总是和大齿轮上固定的某几个齿相啮合，从而使磨损较为均匀。对于变速齿轮可不考虑这一问题

（续）

设计应注意的问题	说　明
28.1.2　配对的大、小齿轮齿面硬度宜保持一定的硬度差（对于齿面硬度小于 350HBW 的软齿面齿轮）	由于单位时间内小齿轮的啮合次数比配对的大齿轮多，小齿轮硬度比大齿轮硬度高些有利于提高小齿轮的磨损寿命 对于软齿面齿轮，配对的两齿轮齿面硬度差应保持为 30 ~ 50HBW 或更多。当两齿轮齿面的硬度差较大时，则运转过程中较硬的小齿轮对较软的大齿轮，会起较显著的冷作硬化效果，从而提高了大齿轮的接触疲劳强度
28.1.3　利用齿轮的不均匀变形补偿轴的变形 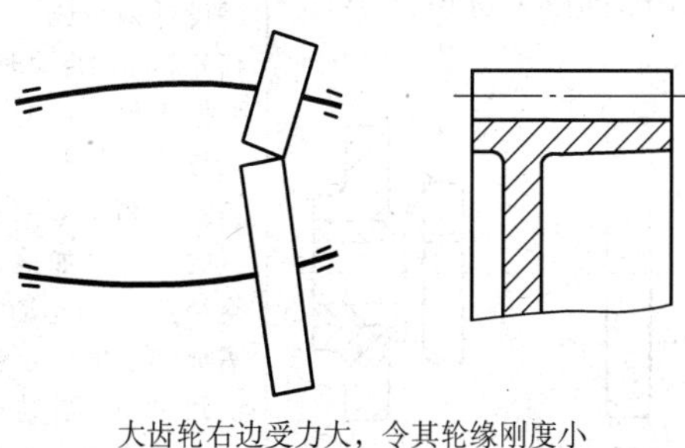 大齿轮右边受力大，令其轮缘刚度小	当轴和轴承的刚度较差，由于轴和轴承的变形使齿轮沿齿宽不均匀接触造成偏载时，可改变轮辐的位置和轮缘形状，使沿齿宽受力大处齿轮刚度较小，受力小处刚度较大，利用齿轮的不均匀变形补偿轴和轴承的不均匀变形。其结果使沿齿宽受力均布。这一方案的实现要用有限元等方法进行精确计算

（续）

设计应注意的问题	说　明
28.1.4　齿轮布置应考虑有利于轴和轴承受力 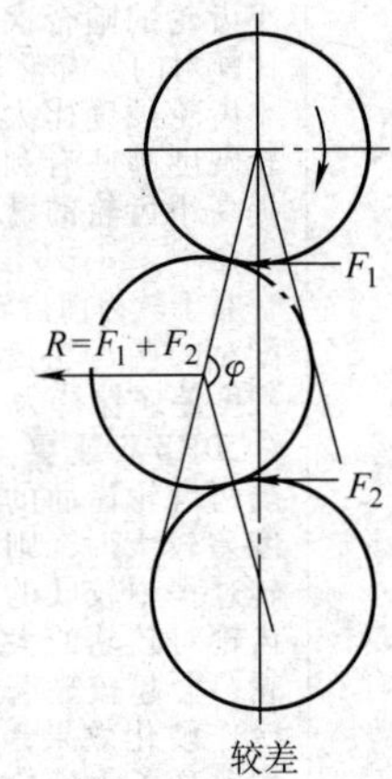 较差 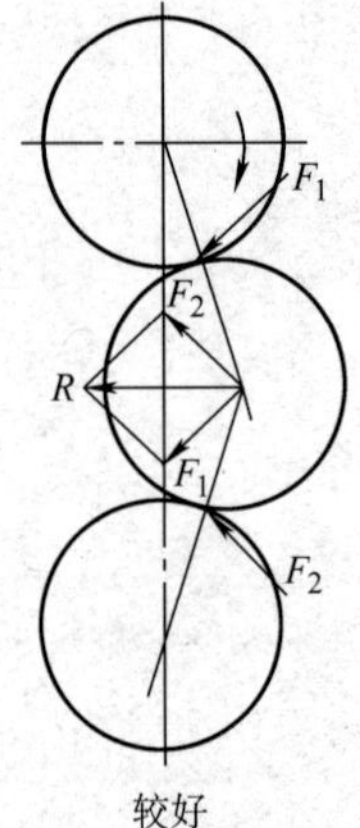 较好	对于受二个或更多力的齿轮，当布置位置不同时，所受的力或叠加或抵消，轴承和轴受力有较大的不同，设计时应仔细分析。如图所示，中间齿轮位置不同时，它的轴和轴承受力有很大差别，决定于齿轮位置和 φ 角大小。左图中间齿轮所受的力正好叠加起来，受力最大，右图则可以互相抵消一部分。图中 $\varphi=180°-2\alpha$，α—压力角

28.2　齿轮的合理结构设计

设计应注意的问题	说　明
28.2.1　齿轮块要考虑加工齿轮时刀具切出的距离 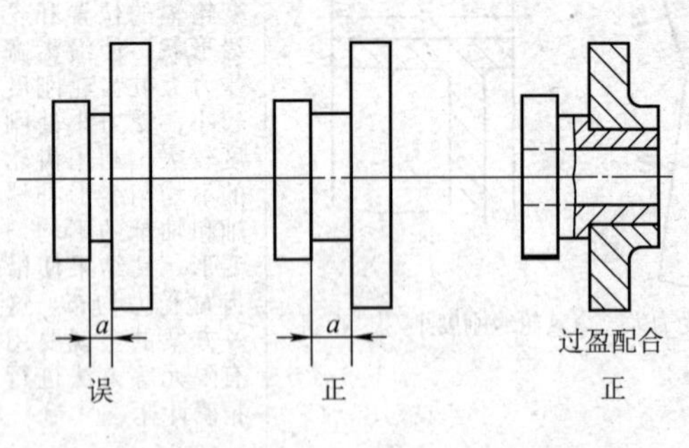 误　　正　　正	设计两个或三个齿轮相联的齿块时，要按齿轮轮齿的加工方法（插齿、滚齿等）和所采用刀具的尺寸（如滚刀直径）、刀具运动的需要等。定出足够的尺寸 a。当结构要求 a 值很小不能满足要求时，可采用过盈配合结构

（续）

设计应注意的问题	说　明
28. 2. 2　注意保证沿齿宽齿轮刚度一致 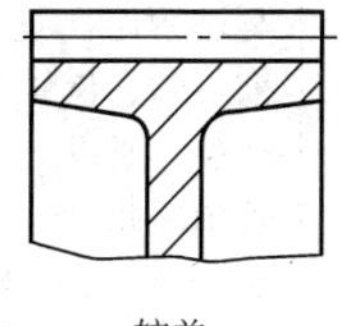 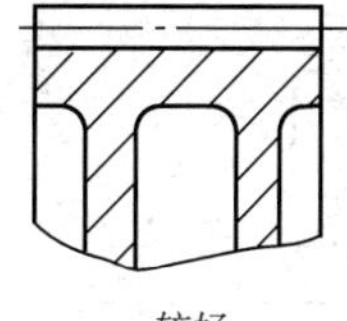 较差　　较好 （齿轮宽度很大）	当齿轮的宽度比较大，而且受力也比较大时，在有辐板支撑的部分轮齿刚度较大，而其他部分刚度较小。宜加大轮缘厚度，并采用双辐板或双层辐条，以保证沿齿宽有足够的刚度，使啮合受力均匀（这里设轴的刚度很好）
28. 2. 3　剖分式大齿轮应在无轮辐处分开 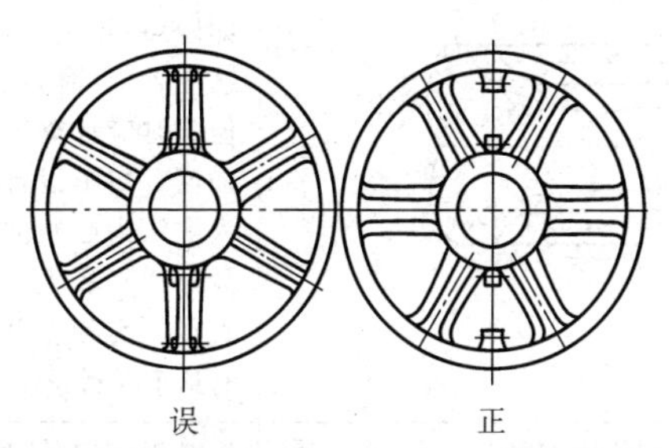	当齿轮尺寸太大时，铸造有困难，常分为两半制造。分开部位应该在两齿之间，不应该在轮辐之间分开。因为在轮辐处分开，被分开的轮辐结构将不合理。连接两半齿轮的螺钉或双头螺柱，应分别靠近轮缘和轮毂
28. 2. 4　轮齿表面硬化层不应间断 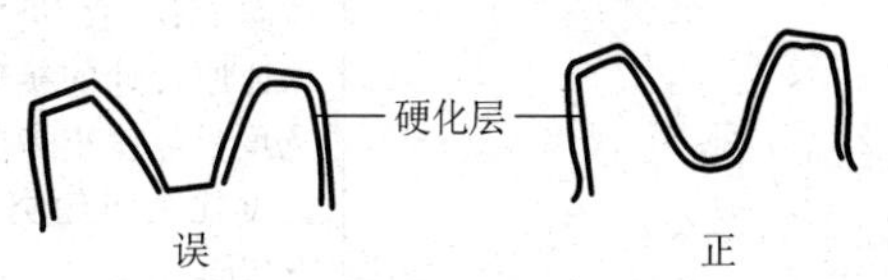	渗碳淬火和表面淬火的齿轮，齿的硬化表面应连续不断。否则齿面的软硬相接的过渡部分强度将很低

（续）

设计应注意的问题	说　明
28.2.5　齿轮直径较小时应做成齿轮轴 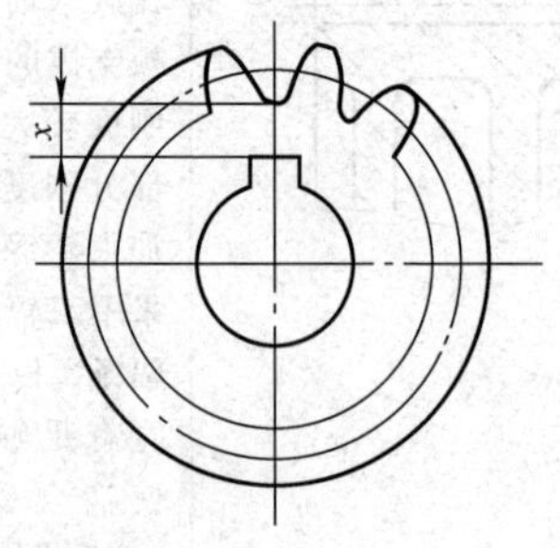 	一般规定 $x \leqslant 2.5m$ 时，由于齿根与键槽距离近，强度不够，齿轮容易断裂，要设计成齿轮轴。此外，若齿轮与轴直径相近（有的资料推荐当齿顶圆直径小于轴直径的两倍时）也可以设计成齿轮轴，这样可以节省加工轴、孔、键、键槽的时间
28.2.6　齿轮根圆直径可以小于轴直径 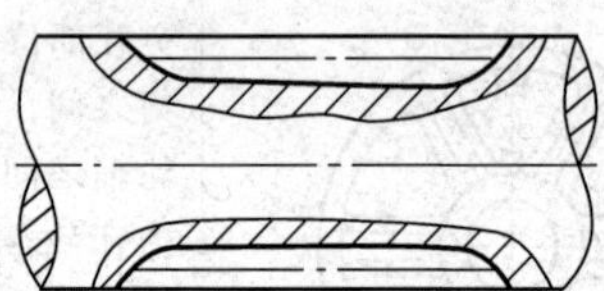	必要时可以设计成如图所示的结构，即齿顶圆直径等于甚至小于轴直径。但此时应计算轴的强度。初学设计的人常认为必须要求齿根圆直径大于轴直径。实际上并没有这个限制
28.2.7　小齿轮宽度要大于大齿轮宽度	对于固定传动比的齿轮，为保证即使安装时齿轮轴向位置有误差，仍能保证原设计的接触宽度，常使小齿轮宽度比大齿轮宽5～10mm

（续）

设计应注意的问题	说　明
28.2.8　非金属材料齿轮要避免形成阶梯磨损 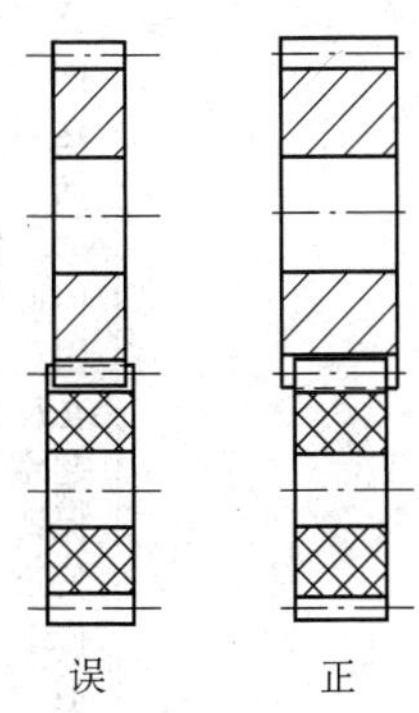 	对高速、轻载及精度不高的齿轮传动，为了降低噪声，常用非金属材料，如夹布塑胶、尼龙等做小齿轮，大齿轮仍用钢或铸铁制造。为了不使小齿轮在运行过程中发生阶梯磨损，小齿轮的齿宽应比大齿轮的齿宽小些，以免在小齿轮上磨出凹痕
28.2.9　批量生产的齿轮，其形状要适宜叠装加工 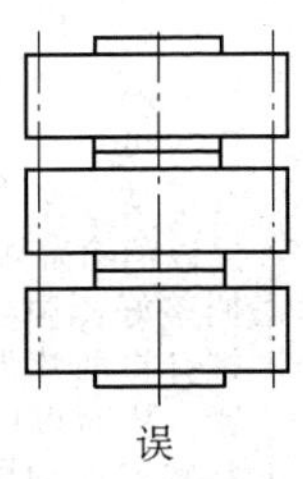 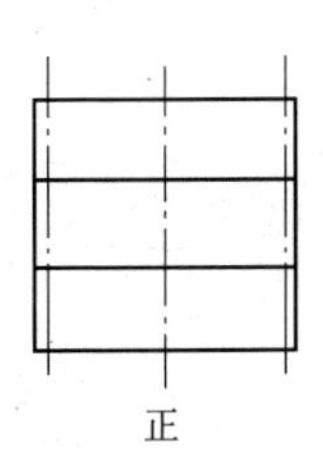 	对于批量生产的齿轮，设计时应考虑便于叠装法加工的形状，以提高生产效率。如果齿轮轮毂宽度大于齿宽，不仅叠装的数量少，叠装后间隙大，切齿时会产生振动，影响加工质量，因此轮毂宽度与齿宽相同的齿轮较好

（续）

设计应注意的问题	说　　明
28.2.10　双向回转精密传动的齿轮应控制空回误差 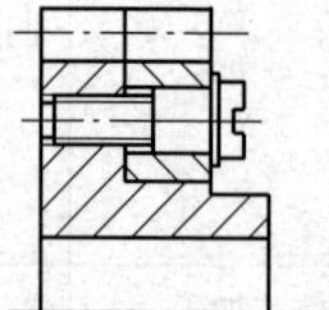	在齿轮传动中，为了润滑和补偿制造误差的需要，相互啮合的齿轮副之间是有齿侧间隙的，这对一般传动及单向回转是没有问题的。但是对正反双向回转的精密传动，因齿侧间隙的存在，在反向传动中会引起空回误差，难以保证从动轮的回转精度。因此在精密传动中必须控制或消除空回误差的影响 改进措施除了提高齿轮传动的制造精度外，还可在结构方面改进，以消除空回误差。例如可将传动中的一个齿轮设计成双片（也可三片）齿轮组合式，两片齿轮之间可以沿周向相互错动一个微小角度以消除齿侧间隙，调整好侧隙后，用螺钉将两片齿轮固紧，从而可以保证精密双向回转，该方法结构简单易行，缺点是磨损后不能自动调整 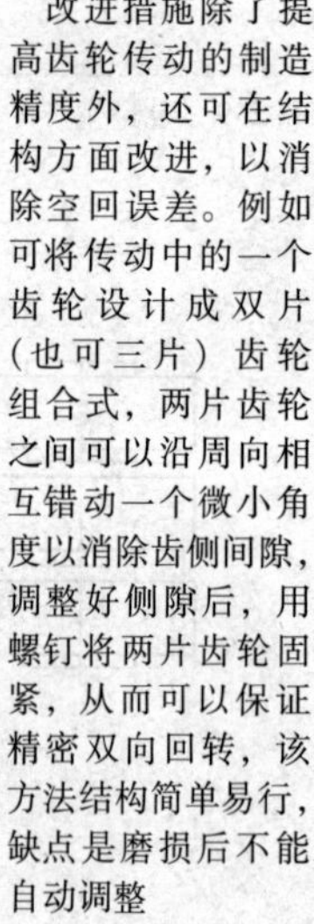

（续）

设计应注意的问题	说　明
28.2.11　锥齿轮的轮毂不应超过根锥 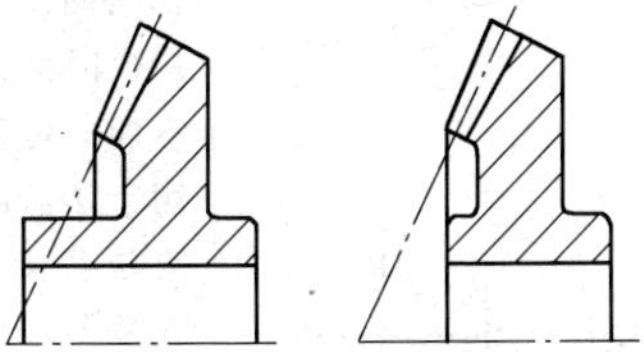 误　正	锥齿轮的外形常常与轮齿加工方法有关。齿轮的轮毂长度及形状除考虑强度，刚度及与轴的配合要求外，还应考虑加工方法的要求。例如，用切齿刀盘加工，齿轮的轮毂不应超过根锥
28.2.12　组合锥齿轮结构中螺栓要不受拉力 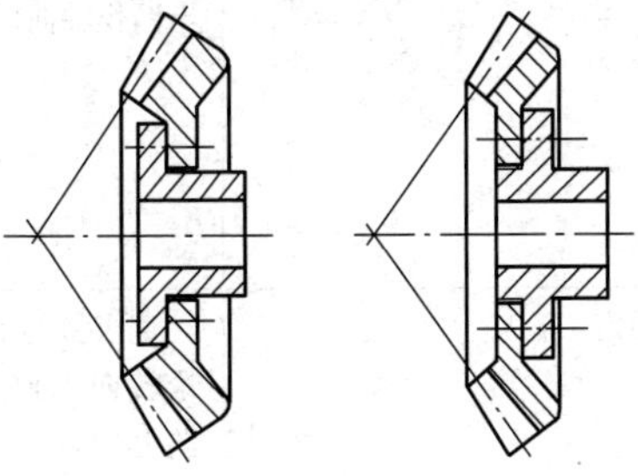 误　正 （对直齿圆锥齿轮）	直齿圆锥齿轮只受单方向的轴向力，所以组合的锥齿轮结构应注意轴向力由支承面承受，螺栓不受拉力。而曲齿锥齿轮可能受由大端至小端的轴向力，其结构应调整仍使螺栓不受轴向力

28.3　齿轮在轴上的安装

设计应注意的问题	说　明
28.3.1　斜齿轮轴向力应指向轴的定位轴肩 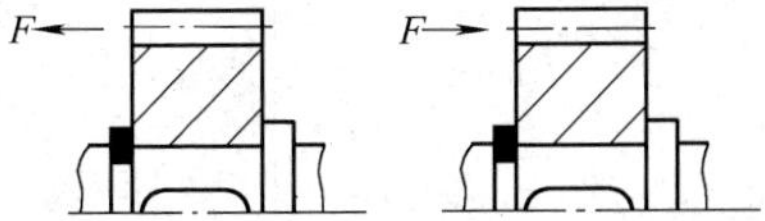 F　F 误　正	在斜齿轮传动中，如果转动方向不变，则产生的轴向力方向也不变，因此将斜齿轮固定在轴上时，原则上应使轴向力指向定位轴肩，这样不易引起轴向松动，而且定位精确可靠

（续）

设计应注意的问题	说　明
28.3.2　齿轮与轴的连接要减少装配时的加工 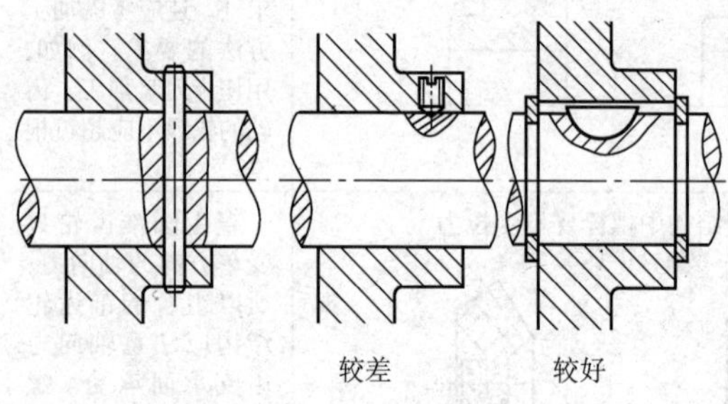 	为将齿轮轴向和切向固定，可以采用径向锥销和半圆键加紧定螺钉的固定方法。但这两种方法都要求配作，在装配时，进行这些加工效率是比较低的，应尽量避免。可以采用轴用弹簧卡圈作轴向固定
28.3.3　锥齿轮轴必须双向固定 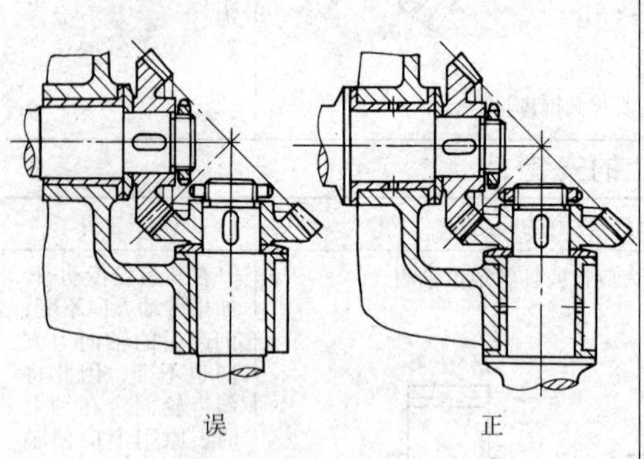 	直齿圆锥齿轮不论转向如何，其轴向力始终向一个方向，即指向大端，但仍应双向固定其轴系的轴向位置。否则将有较大的振动和噪声

（续）

设计应注意的问题	说　明
28.3.4　大小锥齿轮轴都应能作轴向调整 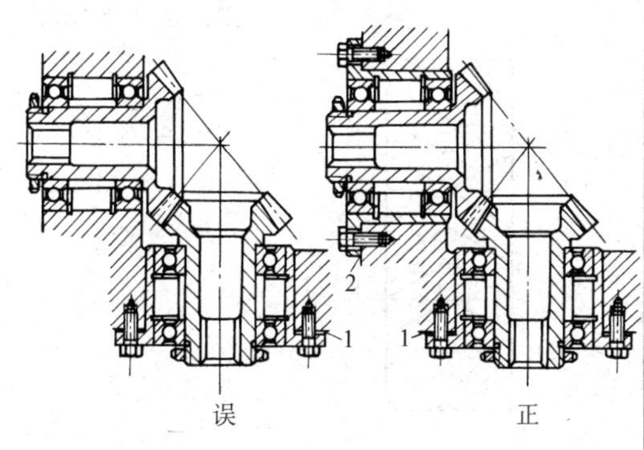 	为了锥齿轮能正常啮合，要求大小锥齿轮的锥顶在安装时重合，其啮合面居中而靠近小端，承载后由于轴和轴承的变形使啮合部分移近大端。为了调整锥齿轮的啮合，在其轴系中设置垫片，靠增减垫片调节锥齿轮的轴向位置。图中左图只有一个齿轮能作轴向调整，不能满足要求

28.4　保持齿轮传动正常运转的措施

设计应注意的问题	说　明
28.4.1　高速齿轮的喷油润滑宜从啮出侧给油 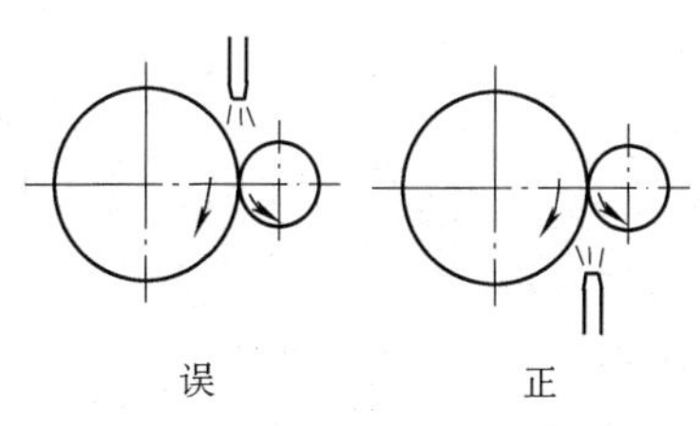 	高速齿轮（$v \geqslant 25\text{m/s}$）采用喷油润滑时，喷嘴应位于啮出的一侧自下而上喷射，以便借润滑油及时冷却啮合过的轮齿并同时进行润滑，需要注意不要发生喷出来的油达不到齿面的情况。对于速度为 12～15m/s 的齿轮传动，喷嘴无论从啮入侧或啮出侧给油则影响不大 对于斜齿轮传动可从端面喷油

（续）

设计应注意的问题	说　明
28.4.2　人字齿轮的两方向齿结合点（A）应先进入啮合 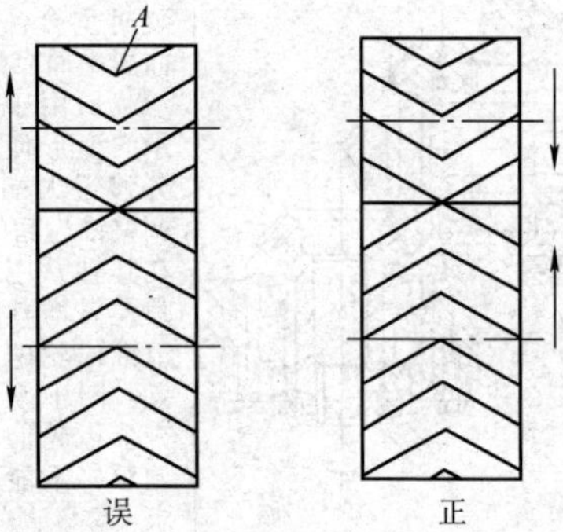 A 误　　正	人字齿轮啮合时，如两端先进入啮合，则到达 A 点处时，为挤出润滑油可能产生很大的力，发生振动。如果 A 点先进入啮合则工作比较平稳

第 29 章　蜗杆传动结构设计

概述

蜗杆传动可以达到很大的传动比，结构紧凑，传动平稳，可以自锁，在许多场合是一种难以替代的传动方式。蜗杆传动效率低、发热大、磨损大，常需要用耐磨性好的铜合金制造，因而成本高。设计时要求在材料选择、润滑条件、散热等方面采取必要的措施。

蜗杆传动的型式很多，圆柱蜗杆传动（分为普通圆柱蜗杆传动，圆弧圆柱蜗杆传动），环面蜗杆传动，锥蜗杆传动三大类。其中普通圆柱蜗杆传动使用较多。

对于蜗杆传动结构设计，本书提醒要注意以下问题：

1）正确选择蜗杆传动的主要参数。

2）注意发挥蜗杆传动的优点，避免缺点。

3）合理设计蜗杆、蜗轮的结构和选择材料。

29.1　正确选择蜗杆传动的主要参数

设计应注意的问题		说　　明
29.1.1	须按国家标准（GB/T 10085—1988）选择普通圆柱蜗杆传动主要参数	普通圆柱蜗杆的主要参数（包括模数 m、蜗杆头数 z_1、蜗杆分度圆直径 d_1 等）。选择标准值可以容易得到加工蜗轮所需的滚刀
29.1.2	对于两轴交角 $\Sigma=90°$ 的传动，蜗轮的端面模数 m_t = 蜗杆的轴向模数 m_s = 标准模数 m	斜齿圆柱齿轮的法向模数 m_n 为标准值，而蜗轮的端面模数规定为标准值。是为了车制或磨制蜗杆或蜗轮滚刀时，可以很方便地利用机床进给传动机构，调整到要求的传动关系

（续）

设计应注意的问题	说　明
29.1.3　不宜采用头数为3或5的蜗杆	按 GB/T 10085—1988只规定了头数为1、2、4、6的蜗杆，可以减少刀具的规格
29.1.4　蜗轮的齿数不宜太少也不能过多	蜗轮齿数，影响传动平稳性，一般最小齿数应不少于28齿，如果齿数再减少，则传动效率低，啮合区显著减少，甚至可能发生根切与干涉，对于动力传动，蜗轮齿数一般不大于80齿，齿数过多，将使蜗轮直径很大，使相啮合的蜗杆两支承点间的跨距加长，蜗杆挠曲大，影响正常啮合；当蜗轮直径不变时，齿数越多，模数就越小，将使轮齿的抗弯强度削弱
29.1.5　蜗杆刚度不仅决定于工作时受力	蜗杆变形不仅会造成轮齿的载荷集中，而且影响蜗杆蜗轮的正确啮合。因此要控制蜗杆的变形。但是对于受力较小而要求精度高的蜗杆传动（如用于精密机械的蜗杆传动），上述刚度计算很容易满足，但是在加工蜗杆时（车、磨）蜗杆必须有足够的刚度，以保证加工质量

(续)

设计应注意的问题	说　　明
29.1.6　不宜对蜗杆进行变位 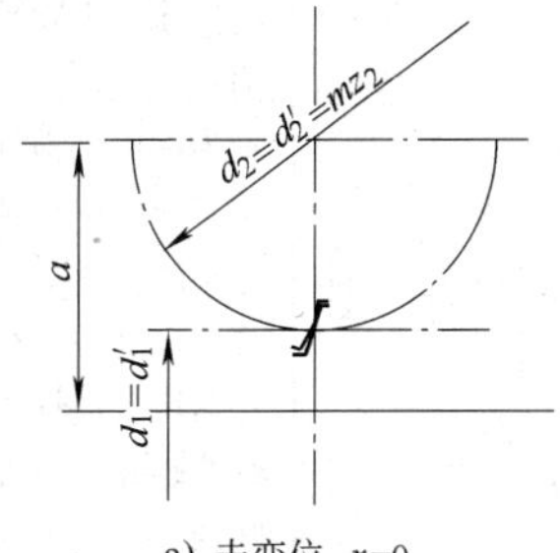 a) 未变位, $x=0$ 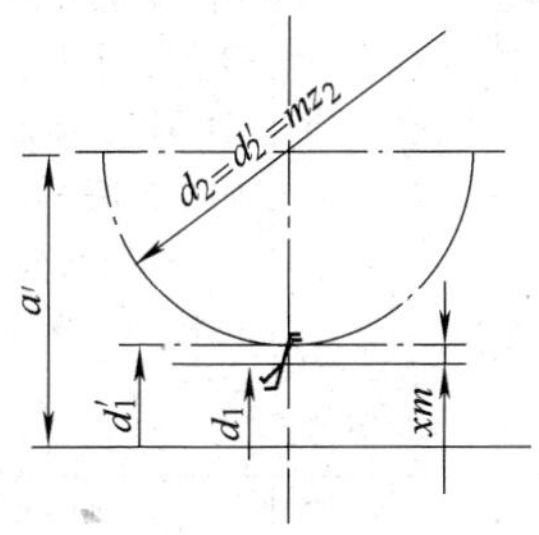 b) 变位凑中心距例, $x>0$	为了配凑中心距或凑传动比，使之符合推荐值，常采用变位蜗杆传动。变位方式与齿轮相同，也是在切削时把刀具位移。但在蜗杆传动中，由于蜗杆的齿廓形状和尺寸要与加工蜗轮的滚刀形状和尺寸相同，所以为了保持刀具尺寸不变，蜗杆尺寸是不能变动的，即不能对蜗杆进行变位，因而只能对蜗轮进行变位。变位以后，只是蜗杆节圆有所改变，而蜗轮节圆永远与分度圆重合。图示为未变位与凑中心距变位时的对比

29.2　注意发挥蜗杆传动的优点，避免缺点

设计应注意的问题	说　　明
29.2.1　蜗杆传动不宜用于传动比小，功率大连续运转的传动中	在传递动力的大功率连续运转的场合，蜗杆传动效率低、发热量大、使用有色金属等不利条件成为显著的缺点。在小功率间歇传动，大传动比的场合，蜗杆传动的优点表现比较突出

（续）

设计应注意的问题	说　明
29.2.2　自锁蜗杆传动不宜用于有较大惯性力的机械 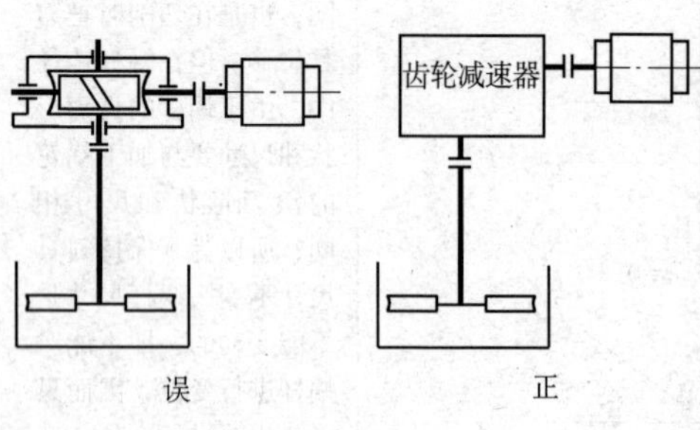 	一些具有较大惯性力的机械，不宜采用自锁蜗杆直接传动。例如图示为一大型搅拌机，采用了自锁蜗杆传动，当停车时，电动机和蜗杆停止转动，然而由于搅拌器巨大惯性力作用会继续转动，与搅拌器相联的蜗轮也继续转动，由于自锁作用，蜗轮是不可能作为主动轮而驱动蜗杆，结果导致蜗轮轮齿拆断事故发生。在这种情况下应另选用其他传动，改齿轮传动为宜
29.2.3　蜗杆自锁不可靠 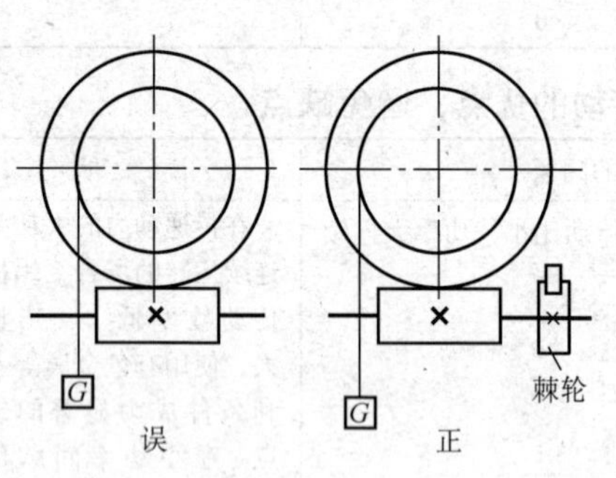 	在一般情况下，可以利用蜗杆自锁固定某些零件的位置。但是对一些自锁失效会产生严重事故的情况，如起重机、电梯等，不能只靠蜗杆传动自锁的功能把重物停止在空中。要采用一些更可靠的制动方式，如棘轮

（续）

设计应注意的问题	说　明
29.2.4　蜗杆受发热影响比蜗轮严重	蜗杆传动中，蜗杆和蜗轮相互啮合，但受发热影响的大小二者不同。在蜗杆传动中蜗杆转一圈，蜗轮转过 z_1 个齿（z_1—蜗杆线数），因而蜗杆工作比蜗轮频繁得多，造成热量在蜗杆上的积聚。另外，由于蜗杆轴距啮合点比蜗轮近，因而蜗杆受发热影响比蜗轮和蜗轮轴严重。在设计蜗杆轴承时应允许较大的热变形
29.2.5　蜗杆位置与转速有关 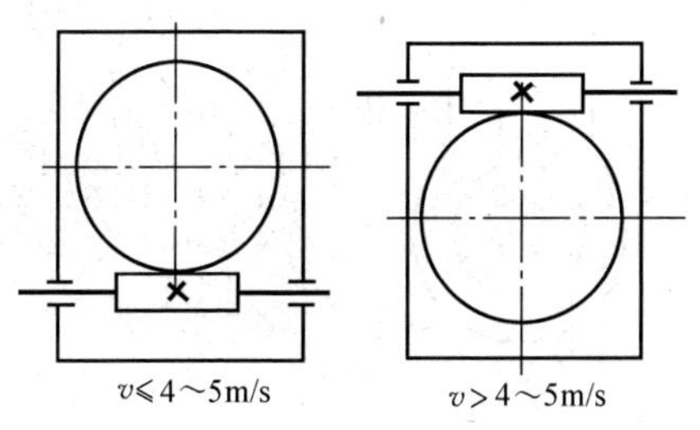 	蜗杆发热和磨损比较严重，因而尽可能地把它安排在蜗轮下面，至少一个齿高浸入油中，以保证润滑和冷却。当蜗杆圆周速度较大时（$v>4\sim5$m/s），搅油损失过大，应将蜗杆放在蜗轮上面，使蜗轮下部浸入油中，将油带到啮合处，以利于润滑

（续）

设计应注意的问题	说　明
29.2.6　蜗杆传动的作用力影响传动灵活性 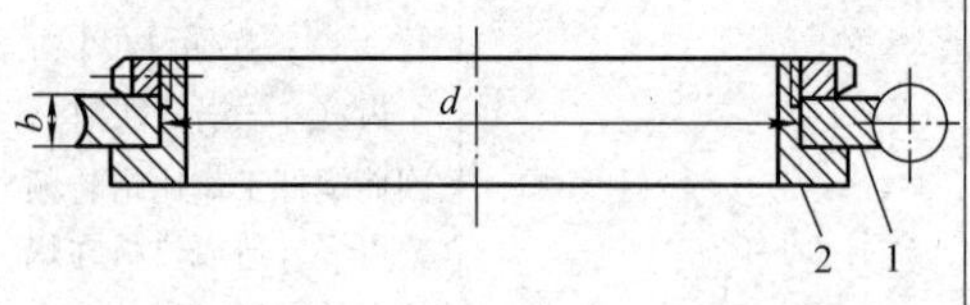 	有一机构简图如图所示。由手转动蜗杆带动蜗轮1，在机座2中转动。由于直径 d 较大（100mm），蜗轮宽度 b 较小（5mm），蜗轮1与套2之间间隙较大，转动蜗杆时，蜗轮除切向力、径向力外，受到轴向力，使蜗轮偏斜，以至手转不动蜗杆。但此时蜗杆可以反转，但反转一圈左右，又卡住。这是因为大直径小宽度的配合面，在轴向力作用下，产生偏斜和自锁。采用直齿圆柱齿轮或加大 b 减小 d，可得到改进
29.2.7　蜗杆传动受力复杂影响精密机械精度 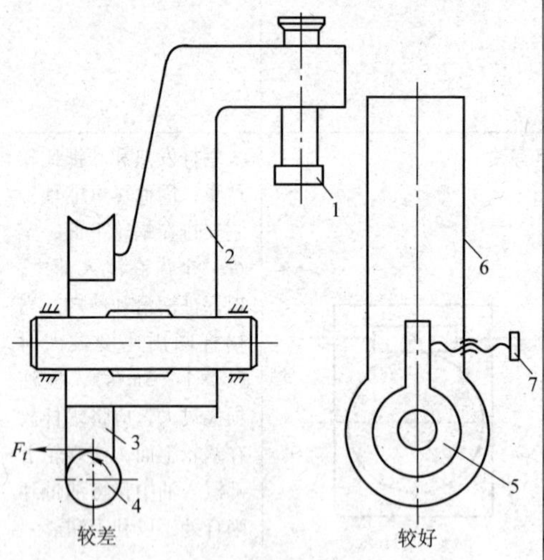 1—显微镜　2—立柱　3—蜗轮　4—蜗杆 5—零件　6—立柱　7—传动螺旋	如图所示为一万能工具显微镜立柱结构示意图。立柱2支持在轴上，在滑动轴承中转动。立柱上装有显微镜1。用手转动蜗杆4，带动蜗轮3，使立柱2转动（连接件未示出）。由于蜗杆的切向力 F_t 对蜗轮为轴向推力，对立柱有轴向推动和在纸面内转动两种作用。致使显微镜晃动，影响了仪器的精度。采用螺旋传动时，件5为固定件，传动螺旋7时由于螺母相对螺旋运动使立柱6转动。这种结构受力比较简单，能达到要求的精度

29.3 合理设计蜗杆、蜗轮的结构和选择材料

设计应注意的问题	说　明
29.3.1 组合式蜗轮合理结构（一） 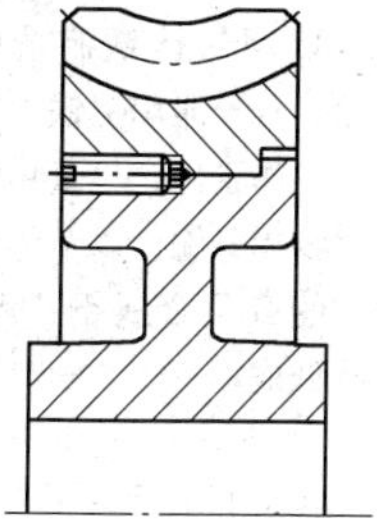 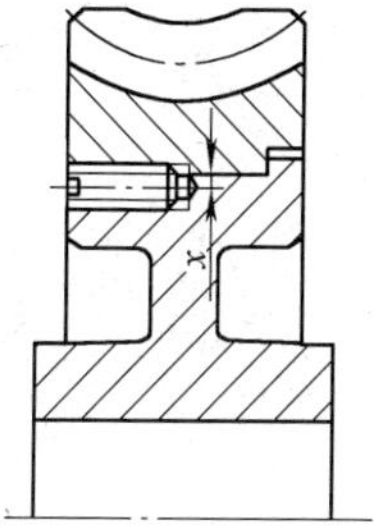 螺孔中心在接合缝上加工困难 不合理 螺孔中心偏向较硬的轮芯 2～3mm 合理	为了节约贵重的有色金属，常将蜗轮制成组合式结构，轮缘为青铜，轮芯为铸铁或钢 组合式蜗轮采用较多的有齿圈压配式和螺钉连接式。压配式常用配合为 H7/r6，应注意这种配合还需要在接合缝处加装 4～6 个紧定螺钉，以增强连接的可靠性，螺孔中心不能钻在接合缝上，否则加工困难
29.3.2 组合式蜗轮合理结构（二） 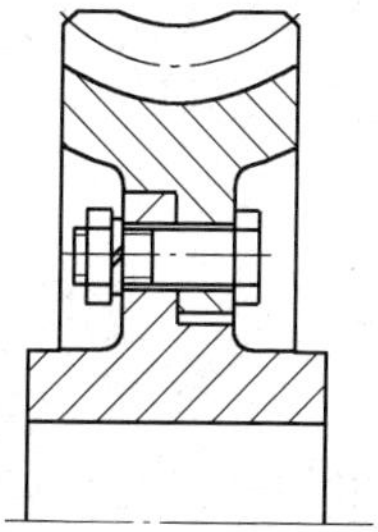 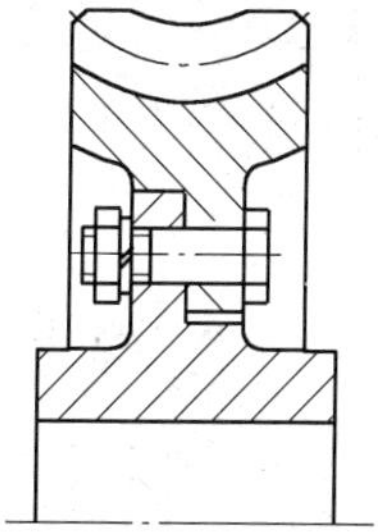 用普通螺栓 较差 用铰制孔螺栓 合理	用螺栓连接时，由于螺栓所受的是横向力，所以用铰制孔螺栓比用普通螺栓合理

（续）

设计应注意的问题	说　明
29.3.3　应注意节约铜合金	对于要求不高，滑动速度 $v \leqslant 2\text{m/s}$ 的蜗轮，可以用灰铸铁制造蜗轮。对于能用铝铁青铜的工作条件，尽量用它代替锡青铜，以节约贵重的有色金属铜、锡，降低成本
29.3.4　考虑材料代用	铸造锌合金 ZA27 为美国 Zn、Al 系铸造合金，曾用于滑动轴承轴瓦，现试用于制造蜗轮轮缘，使用的锌合金为 ZZnAl27Cu2Mg，已用于生产实际

第 30 章　螺旋传动结构设计

概述

螺旋传动能够把旋转运动变化为移动，或反之，能够实现自锁，结构比较简单，运动平稳，能够达到较高的精度。是机械、仪器等行业广泛运用的机构。其主要用途有：起重、传递运动、测量、调整等。按工作原理可以分为滑动螺旋和滚动螺旋两大类，滑动螺旋使用广泛，滚动螺旋摩擦小、效率和精度高（不能自锁），但结构复杂、加工精度高，用于要求高的场合。

在设计螺旋传动结构时提示注意的问题本书归纳为以下几个方面：

1）正确选择螺纹类型。

2）合理选择螺旋机构的型式。

3）提高螺旋强度、刚度和耐磨性的设计。

4）提高螺旋精度的设计。

5）滚珠螺旋设计应注意的问题。

30.1　正确选择螺纹类型

设计应注意的问题	说　明
30.1.1　尽量避免采用矩形螺纹	矩形螺纹有比较高的效率，但是不可以磨削，因此不能淬火热处理，精度较低，耐磨性差，由于齿根较薄，强度差。虽然效率较高，只用于要求不高的低速传力螺旋，如起重千斤顶
30.1.2　小尺寸测量螺纹一般不采用梯形螺纹	小尺寸的测量螺纹常采用三角形螺纹，在螺纹磨床上直接磨出螺纹，可以达到很高的精度

（续）

设计应注意的问题	说　明
30.1.3　锯齿形螺纹用于单方向受力 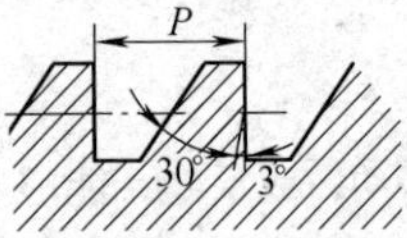 P　30°　3°	锯齿形螺纹只宜于斜角为3°的螺纹面为受力螺旋面，它的效率较高。不可用于两方向受力的螺旋传动
30.1.4　精密测量螺旋只用单线螺纹	当螺纹线数 $n \geqslant 2$ 时，其运动精度较低，不适用于要求精密定位的螺旋传动，而且一般测量装置都不要求速度高，因此不必采用线数 $n \geqslant 2$ 的螺旋

30.2　合理选择螺旋机构的型式

设计应注意的问题	说　明
30.2.1　图a中结构不适用于移动范围大的场合 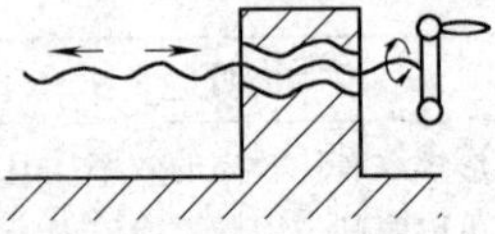 a) 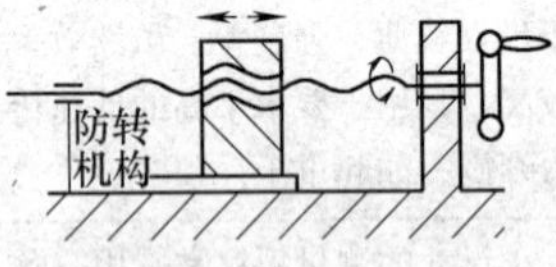 防转机构 b)	螺旋传动有下表所列四种（cd两种图未示出） <table><tr><td>种类</td><td>a</td><td>b</td><td>c</td><td>d</td></tr><tr><td>螺母</td><td>固定</td><td>移动</td><td>转动+移动</td><td>转动</td></tr><tr><td>螺旋</td><td>转动+移动</td><td>转动</td><td>固定</td><td>移动</td></tr></table>其中结构a不适用于移动范围大的场合，如加工工件长达数米的车床丝杠，因为此机构占据空间为螺母移动范围的两倍以上。而方案b较适合移动范围大的工作情况，c、d两种结构精度较差，使用较少
30.2.2　螺旋不适宜受横向力	螺旋是一个细长的杆状零件，当横向力（与螺旋轴线垂直方向的力）作用在螺旋上面时，产生弯曲应力。影响螺旋的强度、刚度和精度

30.3 提高螺旋强度、刚度和耐磨性的设计

设计应注意的问题	说　明
30.3.1 受压螺旋应尽量避免受偏心载荷 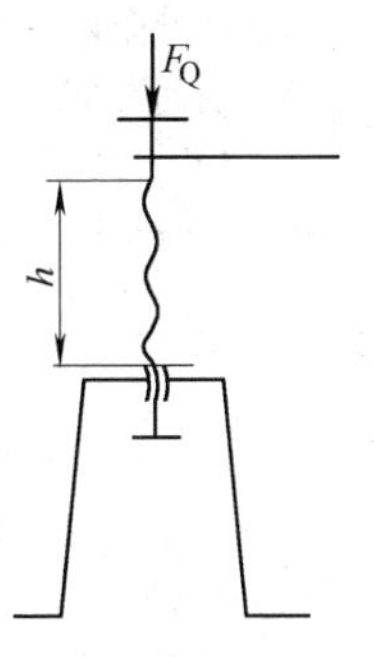 	图示起重螺旋，若轴向载荷 F_Q 不通过螺旋中心，则产生弯曲力矩，不但显著加大了螺旋的应力，而且使螺杆在螺母中歪斜，引起螺母的边缘局部磨损 此外当螺旋升高至最高点时，应根据尺寸 h 校核其压杆稳定性问题，当受偏心载荷时，更容易发生压杆失稳
30.3.2 螺母座、轴承座及其固定螺钉应该有足够的强度和刚度	传动螺旋受力都经过螺母座、轴承座及其固定螺钉传递到有关固定零件上面，这些零件应该有足够的强度，应该注意不但校核螺纹，而且包括校核各受力环节的强度
30.3.3 为提高螺纹副的耐磨性，螺纹的螺距不可太小 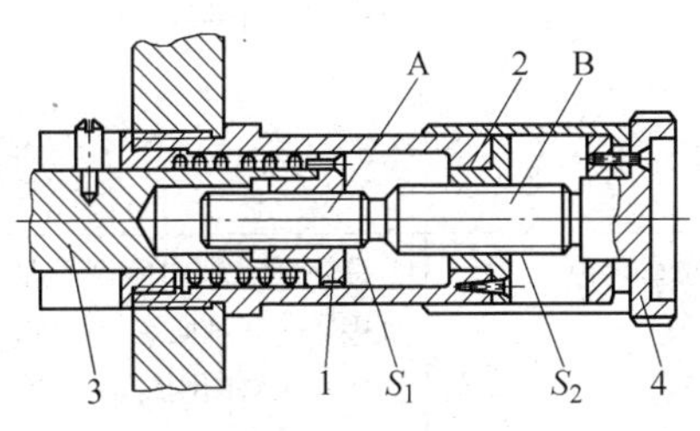 	螺距很小的螺纹，很容易磨损，而精密调整的螺纹又要求螺旋每旋转一圈前进距离很小，为此，可以选用差动螺旋机构。图示螺旋是螺距为 S_1 = 0.7mm，S_2 = 0.75mm，其旋向相同，手柄 4 转动一圈，螺母 1 实际移动的距离为 $S = S_1 = 0.7$，$S_2 - S_1 = 0.75 - 0.7 = 0.05$mm。如果选用螺距为 0.05mm 的螺旋，则螺纹很小，容易磨损，寿命很短

（续）

设计应注意的问题	说　明
30.3.4　螺纹牙型角 α 应该保证一定的精度要求	螺纹牙型角 α 误差，影响螺旋和螺母牙侧的接触面积，因而影响其寿命，一般允许误差为 $\pm 10'$

30.4　提高螺旋精度的设计

设计应注意的问题	说　明
30.4.1　避免精密螺旋的轴向跳动 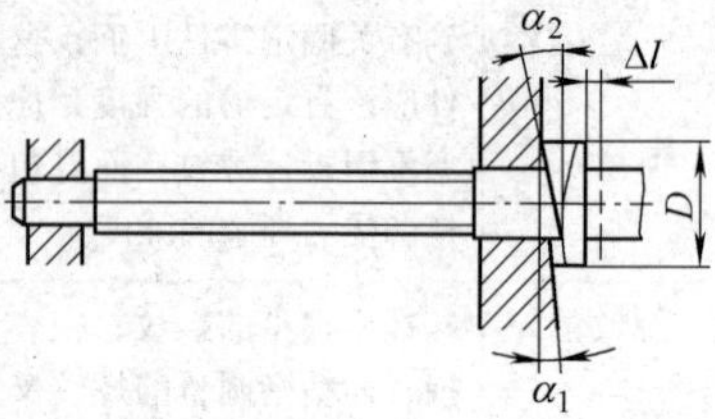 α_2　Δl　D　α_1	图示精密螺旋由滑动轴承确定其轴向位置。若轴承有倾斜角 α_1，螺旋支承面有倾斜角 α_2，α_1 与 α_2 不相等，而且都不等于零。其中较小的为 α_{min}，D 为轴肩直径，则螺旋转动一周，产生的最大轴向跳动为 $\Delta l_{max} = D\tan\alpha_{min}$ 还应该指出，由于接触面倾斜角不相等，其接触点很小，因而磨损严重，也影响螺旋的轴向位置
30.4.2　加大螺旋轴向定位轴承的轴向刚度	螺旋轴承轴向刚度不足直接影响其轴向定位精度，应该有足够的刚度

（续）

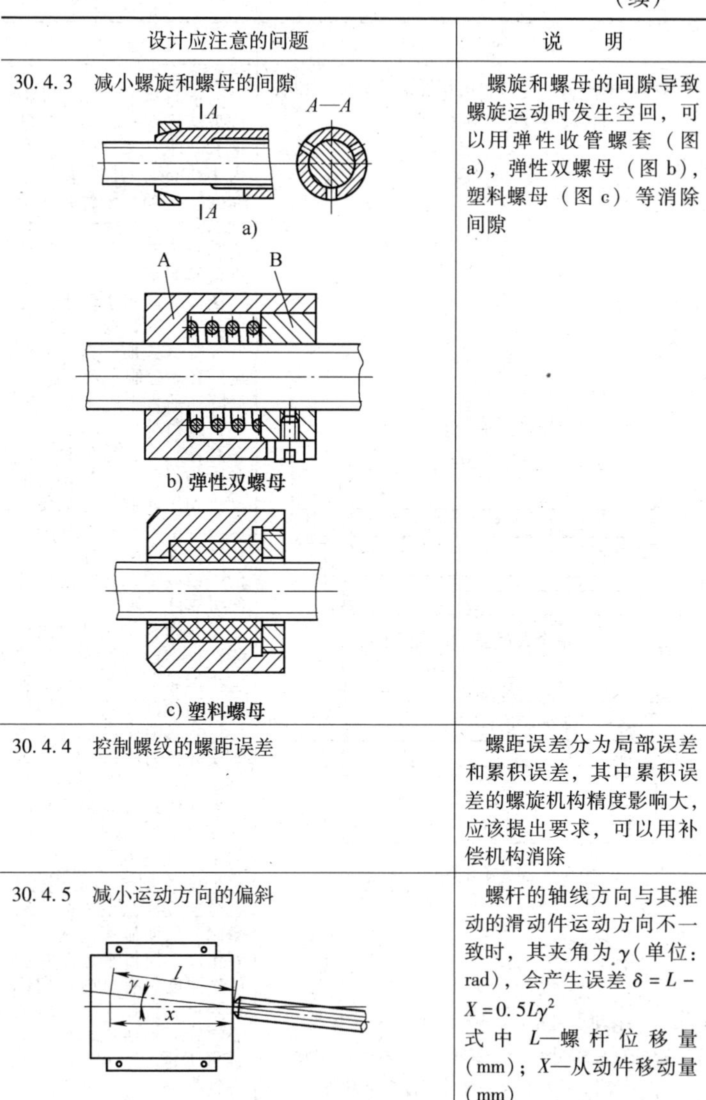

设计应注意的问题	说　　明
30.4.3　减小螺旋和螺母的间隙 a) b) 弹性双螺母 c) 塑料螺母	螺旋和螺母的间隙导致螺旋运动时发生空回，可以用弹性收管螺套（图 a），弹性双螺母（图 b），塑料螺母（图 c）等消除间隙
30.4.4　控制螺纹的螺距误差	螺距误差分为局部误差和累积误差，其中累积误差的螺旋机构精度影响大，应该提出要求，可以用补偿机构消除
30.4.5　减小运动方向的偏斜	螺杆的轴线方向与其推动的滑动件运动方向不一致时，其夹角为 γ（单位：rad），会产生误差 $\delta = L - X = 0.5L\gamma^2$ 式中 L—螺杆位移量（mm）；X—从动件移动量（mm）

（续）

设计应注意的问题	说　明
30.4.6　采用误差补偿和相互抵消的原则，以提高传动螺旋的升降精度 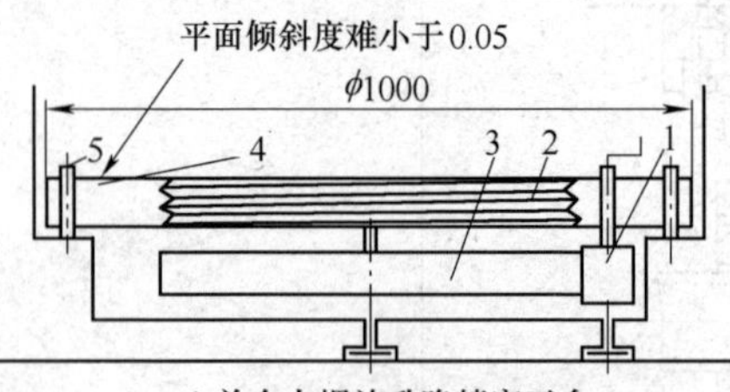 a) 单个大螺旋升降精密平台 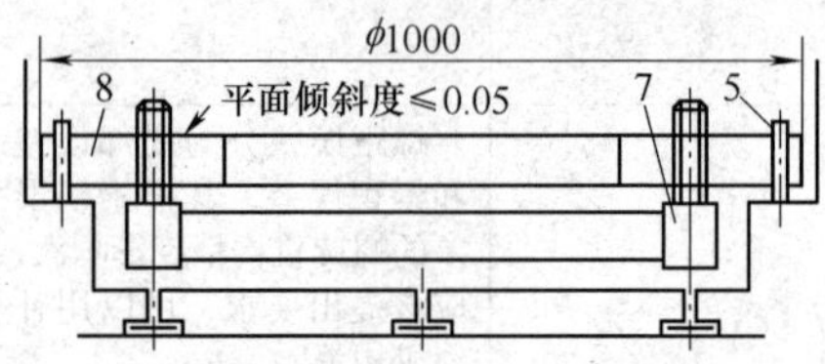 b) 6 个小螺旋升降精密平台 1—手动小齿轮　2—大螺旋　3—大齿轮 4—平台（螺母）　5—导销　6—六个小螺旋 7—六个小齿轮　8—平台（有 6 个螺母）	图示为利用立式传动螺旋带动精密升降平台的结构。设计要求：平台直径为 1000mm，其要求的平面度为 0.05，平台利用螺旋副升降，升降最大行程为 5mm，升降后仍要保持平台的平面度 图 a 为利用手动小齿轮驱动单个大齿轮，大齿轮和大螺旋连成一体，大螺旋的转动控制平台（螺母）升降，平台上有多个均布导销进行导向，但由于平台直径较大，导销的导向长度相对很短，其导向精度受到了限制，更主要的原因是单个精密螺旋副的传动误差又很难保证平台的平面度要求，因此设计的可靠性很低 图 b 为利用大齿轮驱动 6 个小齿轮（大齿轮是被手动小齿轮驱动的，图中未表示），6 个小齿轮分别和 6 个小螺旋连成一体，小螺旋的转动使平台（6 个螺母）升降，虽然每个小螺旋副的传动误差仍然难以保证平台的不平度要求，但多个小螺旋同时驱动，每个螺旋副产生的误差，有可能互相抵消、补偿和牵制，从而显著提高了升降精度，使得平台升降后的平面度仍有可能达到设计要求。实践表明：多个小螺旋驱动要比单个大螺旋驱动的设计可靠度可由不到 20% 提高到 80% 以上

30.5 滚珠螺旋设计应注意的问题

设计应注意的问题	说　明
30.5.1 尽可能选择专业厂生产的产品	国内外有不少专业厂生产滚珠螺旋，对于一般要求，采用专业厂生产的产品在质量、时间等方面，都是有利的
30.5.2 滚珠螺旋不能自锁	因为滚珠螺旋摩擦小，效率高，不能自锁，因此，一般必须采用锁紧装置，以保证其按要求停止在所需的位置
30.5.3 应该使螺旋和螺母同时受拉或压 a)　b)　c)　d)	当螺旋和螺母一个受拉，一个受压时，引起各扣螺纹受力不均匀，图中四种方案评价见下表：

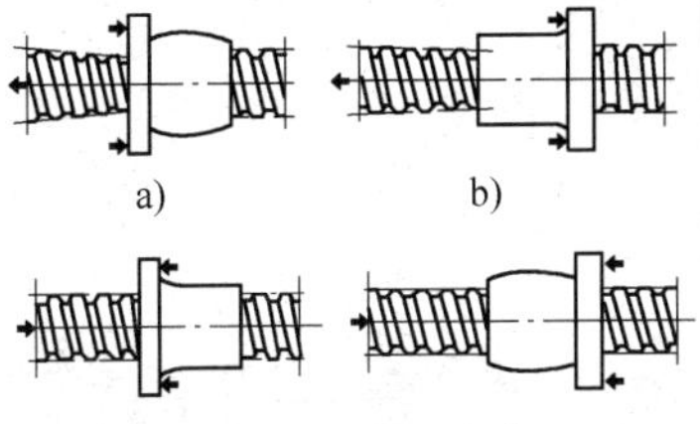

序号	a	b	c	d
螺母	受压	受拉	受拉	受压
螺旋	受拉	受拉	受压	受压
评价	差	好	差	好

（续）

<table>
<tr><th>设计应注意的问题</th><th>说　明</th></tr>
<tr><td>30.5.4　全面综合考虑确定滚珠螺旋的主要尺寸参数</td><td>选择滚珠螺旋的主要尺寸参数可以参考下表，调整各参数值
<table>
<tr><th colspan="2">主要尺寸参数</th><th>刚度</th><th>位移精度</th><th>惯量</th><th>驱动力矩</th><th>寿命</th></tr>
<tr><td rowspan="2">丝杠直径</td><td>增大</td><td>增大</td><td>—</td><td>增大</td><td>增大</td><td>—</td></tr>
<tr><td>减小</td><td>减小</td><td>—</td><td>减小</td><td>减小</td><td>—</td></tr>
<tr><td rowspan="2">导程</td><td>增大</td><td>—</td><td>降低</td><td>—</td><td>增大</td><td>—</td></tr>
<tr><td>减小</td><td>—</td><td>提高</td><td>—</td><td>减小</td><td>—</td></tr>
<tr><td rowspan="2">预紧力</td><td>增大</td><td>增大</td><td>提高</td><td>—</td><td>增大</td><td>降低</td></tr>
<tr><td>减小</td><td>减小</td><td>降低</td><td>—</td><td>提高</td><td>—</td></tr>
<tr><td rowspan="2">有效圈数</td><td>增大</td><td>增大</td><td>—</td><td>增大</td><td>增大</td><td>提高</td></tr>
<tr><td>减小</td><td>减小</td><td>—</td><td>减小</td><td>减小</td><td>降低</td></tr>
</table></td></tr>
</table>

第 31 章　减速器结构设计

概述

减速器是在原动机和工作机之间的单独的减速用的部件，一般做成闭式传动装置，传动件和轴、轴承等装在铸铁或焊接的箱体中，称为减速器或减速箱。

减速器种类很多，如渐开线圆柱齿轮减速器、双圆弧圆柱齿轮减速器、摆线针轮减速器、NGW 型行星齿轮减速器、三环减速器、圆弧圆柱蜗杆减速器等。设计中应该首先选用标准减速器[14,16,18]，便于设计、制造、修理和更换。

选不到适用的标准减速器时，则设计专用的减速器，在设计时，应该考虑的主要问题有：传动型式、传动布置、传动参数设计，传动件、支承件和箱体等的设计，润滑和密封设计及散热等。还可以进行优化设计以提高设计质量。

由于采用了硬齿面齿轮和设计制造技术的不断提高，传递同样的功率和减速比，减速器的尺寸不断减小，所以散热问题越来越突出，应该参考齿轮热功率计算技术文件。

对于减速器结构设计，本书提醒要注意以下问题：

1）减速器总体设计和选型。

2）非标准减速器合理设计。

3）减速器箱体设计。

4）减速器润滑和散热。

31.1　减速器总体设计和选型

设计应注意的问题	说　　明
31.1.1　首先选择标准的减速器成品	减速器有多种规格批量生产，选用标准成品则设计、生产、使用、更换都方便、迅速而且经济

（续）

设计应注意的问题	说　明
31.1.2　传动装置应力求制成一个组件 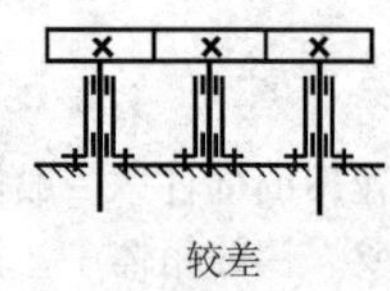 较差 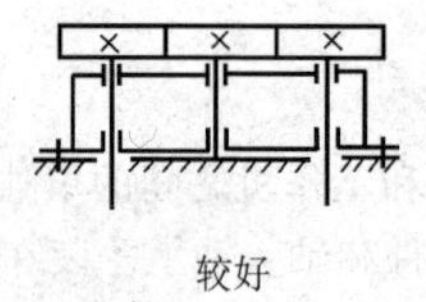 较好	如图所示的三个齿轮的传动机构，原方案各用一个支座分别固定在机座上，改进后三对轴承共用一个机座，传动质量、安装工艺性等都有明显地提高
31.1.3　传动装置应形成一个封闭的独立部件 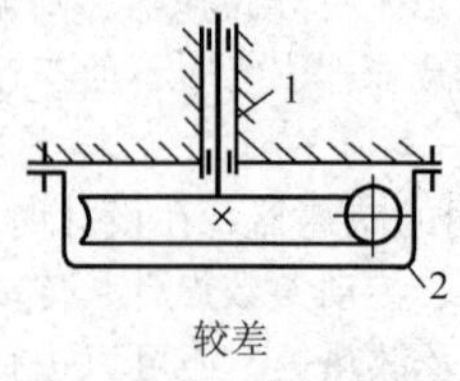 较差 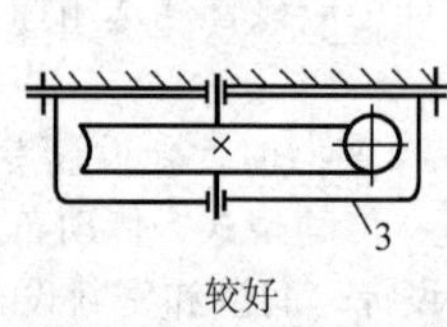 较好	图中所示蜗杆传动原设计蜗轮装在机座1上，蜗杆固定在箱体2中，再把箱体2固定在机座1上，安装调整困难，而且难达到高精度。改进后，蜗杆、蜗轮都安装在箱体3中，再将箱体3固定在机座上，质量有很大提高

31.2　非标准减速器合理设计

设计应注意的问题	说　明
31.2.1　为改善齿轮和轴承工作受力条件，大型圆柱齿轮减速器宜采用分流式减速器 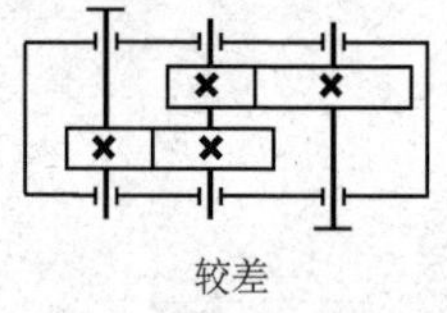 较差 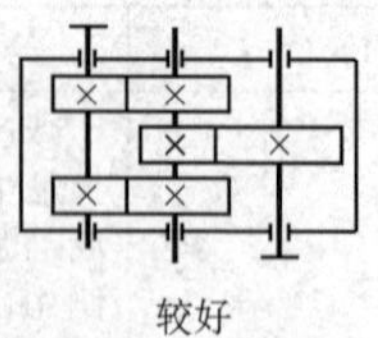 较好	分流式减速器的高速级齿轮常采用斜齿，一侧为左旋，另一侧为右旋，轴向力能互相抵消，两侧轴承载荷比较均匀。为了使左右两对斜齿轮能自动调整以便传递相等的载荷，其中较轻的小齿轮轴在轴向应能作小量游动。此型减速器可用于较大功率，变载场合

（续）

设计应注意的问题	说　明
31.2.2 传动功率很大时，宜采用双驱动式或中心驱动式减速器 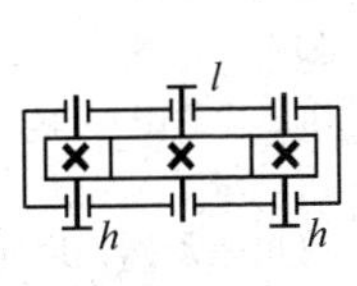 a) 双驱动式 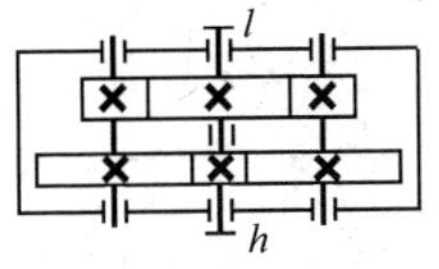 b) 中心驱动式	双驱动式或中心驱动式减速器的布置方式是由两对齿轮副分担载荷，因此有利于改善受力状况和降低传动尺寸。设计这种减速器时应设法采取自动平衡装置使各对齿轮副的载荷均匀分配，例如采用滑动轴承或弹性支承 （h—高速轴，l—低速轴）
31.2.3 以动力传动为主的传动，宜采用蜗杆—齿轮减速器 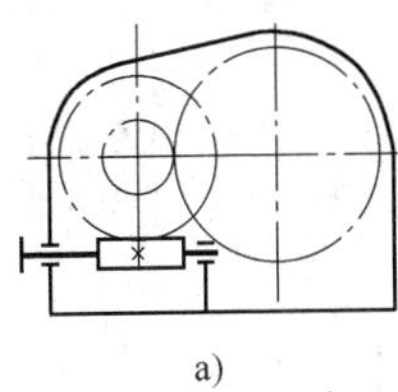 a) 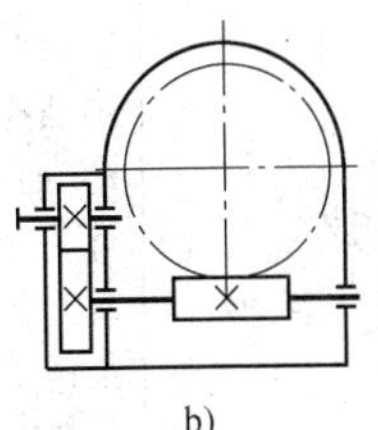 b)	对于以动力传动为主，长期连续运转、功率较大的传动，宜采用蜗杆—齿轮减速器（图 a），这是因为蜗杆传动在高速级时，滑动速度 v_s 较高，有利于齿面油膜形成，从而使摩擦因数下降，蜗杆传动效率提高。若传动功率不大，或以传递运动为主，则可以采用齿轮—蜗杆减速器（图 b），这可以使结构较紧凑

（续）

设计应注意的问题	说　明
31.2.4　一级传动的传动比不可太大 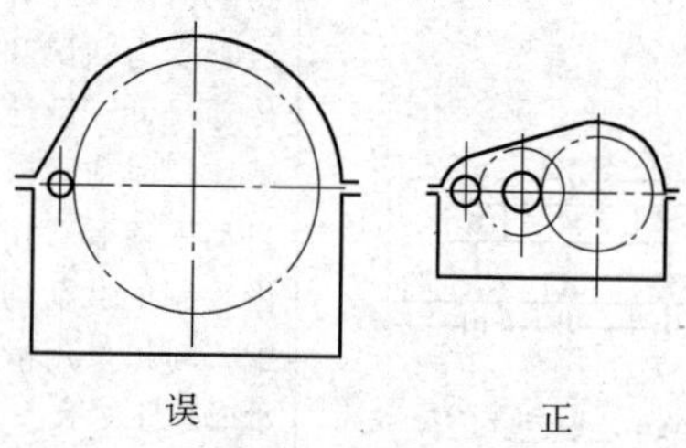 误　　　正	在减速或增速传动中，每一级传动的传动比不宜太大。一级传动比太大时，大小轮相差悬殊，反而不如用两级传动合理。如图，减速传动，要求总传动比 $i=16$，采用一级传动，大小齿轮相差悬殊，尺寸很不紧凑。采用两级传动，每级传动比为 4，$i=4\times4$，则较为合理
31.2.5　行星齿轮减速器应有均载装置 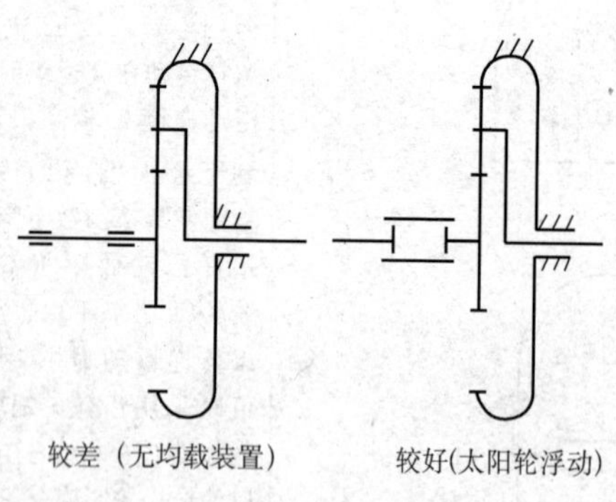 较差（无均载装置）　　较好(太阳轮浮动)	行星齿轮减速器一般用 3～5 个行星轮。由于制造误差等这些行星轮之间的载荷分配常会出现不均匀现象。为了使各行星轮均载，有各种均载装置。[12] 常用的有基本构件浮动和采用柔性结构两大类。对于静定结构用基本构件浮动(如太阳轮浮动)即可。对非静定结构(如有四个行星轮)，则应采用柔性结构，如行星轮用弹性支承

（续）

设计应注意的问题	说　明
31.2.6 不对称齿轮轴系中，宜将小齿轮安排在远离转矩输入端 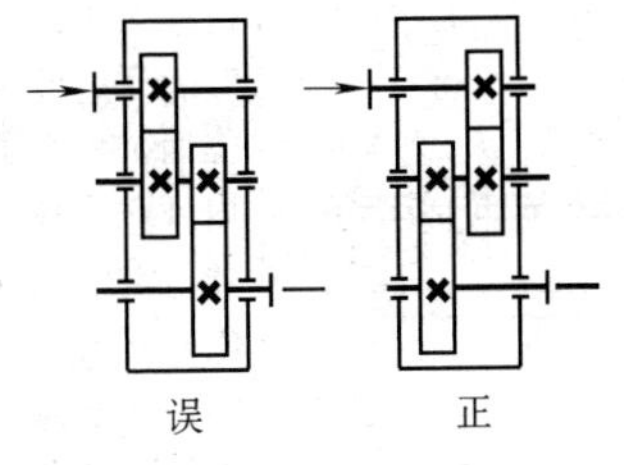 	在二级或多级展开式齿轮减速器中，因齿轮在轴承间不对称布置，当轴弯曲和扭转变形后，会使轮齿沿齿宽载荷分布不均匀。综合考虑弯曲和扭转变形的影响，应当将小齿轮安排在远离转矩输入端，则由于扭转变形可以抵消一部分由轴的弯曲变形而引起的齿宽载荷不均匀现象，因而改善了齿面接触，提高了承载能力
31.2.7 二级锥齿轮减速器中，锥齿轮传动应布置在高速级 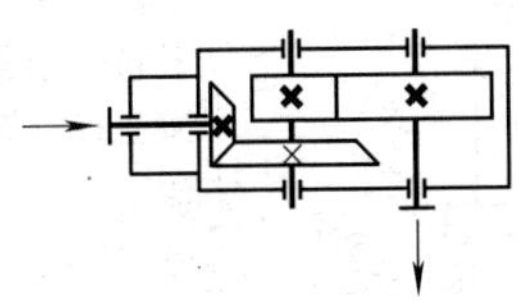	二级和二级以上锥齿轮减速器常由锥齿轮和圆柱齿轮组成。因为大尺寸的锥齿轮较难精确制造，且小锥齿轮又常常悬臂安装在轴上，为了使其受力小些，因此应把锥齿轮传动布置在高速级，以减小其尺寸，便于提高制造精度

31.3 减速器箱体设计

设计应注意的问题	说明
31.3.1 注意减速器内外压力平衡 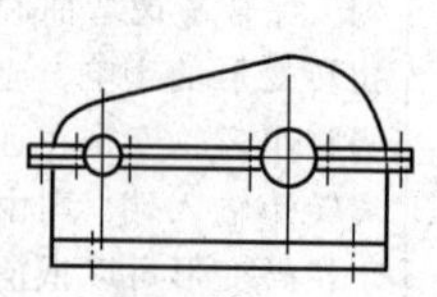 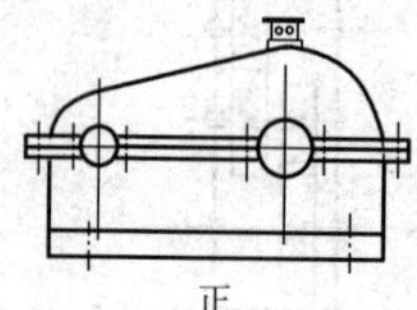 	减速器工作时，由于机械件摩擦发热，使箱内空气温度上升，压力增大，箱内压力大于箱外大气压力。由此会引起箱体的密封装置、分箱面等部位漏油。为了平衡箱内外压力应安装通气器。实践证明，不仅没有通气器是不允许的，甚至通气器不够大也不能满足要求
31.3.2 分箱面不宜用垫片 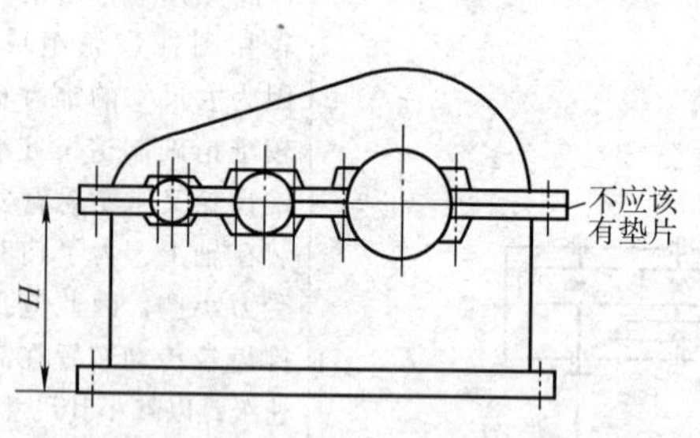 	剖分式减速器由上下两半组成，由轴承中间把箱体分为两半。这种剖分方法打开箱盖即可任意装拆各轴系，装拆方便。上下分箱面加工后合拢上下箱，用螺钉固定，加工轴承孔。为保证轴承孔圆度，在分箱面处不应加任何垫片

（续）

设计应注意的问题	说　　明
31.3.3　尽量避免采用立式减速器 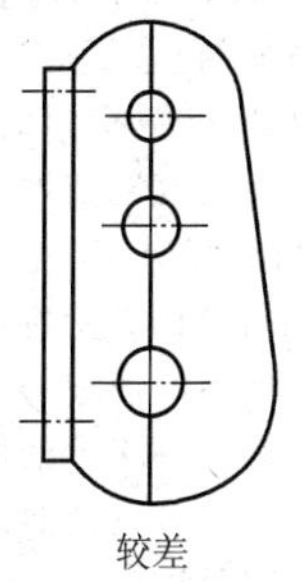 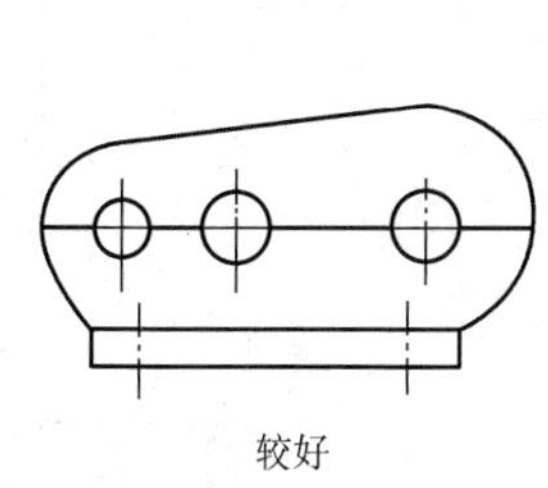 较差　　　　较好	减速器各轴排列在一条垂直线上时，称为立式减速器，其主要缺点是最上面的传动件润滑困难，分箱面容易漏油。在无特殊要求时，采用普通卧式减速器较好
31.3.4　立式箱体应防止剖分面漏油 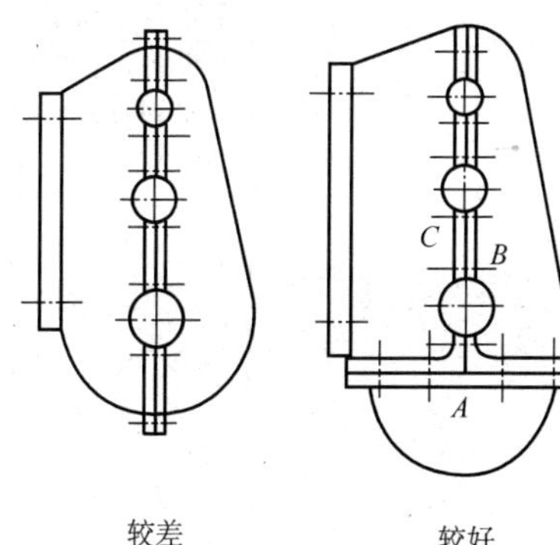 较差　　　　较好	立式减速器的箱体最下部的分箱面处是最容易漏油的部位。因此可以把箱体分为 *A*、*B*、*C* 三块，用螺栓连接起来。最下面的 *A* 是一个整体的零件，可以较好地解决漏油问题。这种结构适应于中心距较大的传动

31.4 减速器润滑和散热

设计应注意的问题	说　　明
31.4.1 减速器中应有足够的油并及时更换	减速器所用润滑油必须作为一个重要问题来考虑，润滑油(包括添加剂)选择适当，在其他条件相同时，可显著提高减速器的承载能力 润滑油的数量应足够，足够的油量一是可以减小润滑油的温度，二是可以使磨屑能沉淀到箱底 设计者应在说明书中标明减速器用油的种类、牌号、更换时间。一般第一次换油时间较短(开始工作跑合磨屑较多)，以后周期正常。在室外工作的设备，在有些地区冬季和夏季要用不同的润滑油

(续)

设计应注意的问题	说　明
31.4.2　各级传动齿轮浸油深度忌差别过大 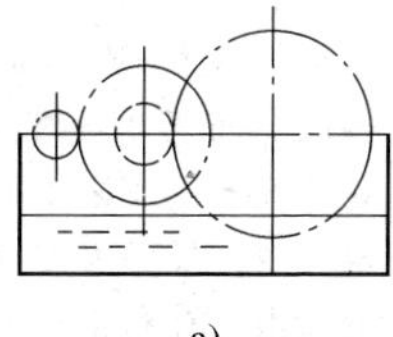 a) 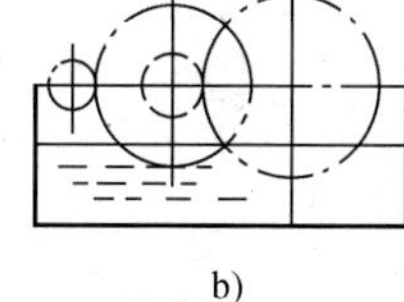 b) 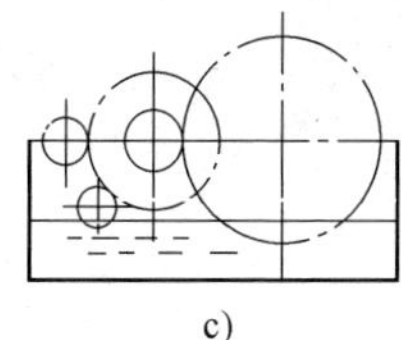 c) 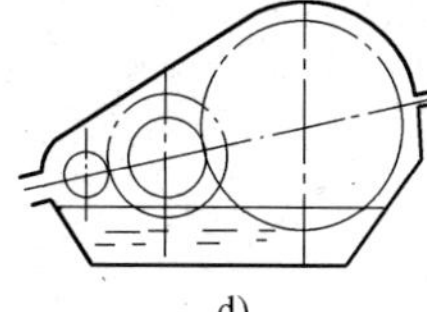 d)	在二级或多级齿轮减速器中，为保证良好的润滑状况，通常应使各级传动大齿轮浸入油中深度近于相等，如果发生某一级大齿轮浸不到油，而另一级大齿轮又浸油过深(图 a)而增加搅油损失时，应采取措施改进 1)合理分配传动比，例如二级展开式圆柱齿轮减速器可取高速级传动比 $i_1 \approx (1.3 \sim 1.5) i_2$($i_2$ 为低速级传动比)可使两级大齿轮直径近于相等(图 b) 2)将高速级采用惰轮蘸油润滑(图 c) 3)将减速器箱盖和箱座的剖分面做成倾斜的，从而使高速级和低速级传动的浸油深度大致相等(图 d)

（续）

设计应注意的问题	说　明
31.4.3　圆周速度较高的齿轮减速器，不宜采用油池润滑	圆周速度 $v>12\mathrm{m/s}$ 的齿轮减速器，由于浸入油池中的齿轮速度较高，由齿轮带上的油会被离心力甩出去而送不到啮合处；由于搅油而起泡沫，将使油温升高并使润滑油快速老化；搅油会搅起箱底油泥，使齿轮和轴承加速磨损。因此圆周速度高的齿轮减速器不宜采用油池润滑，最好采用喷油润滑，有利于迅速带出热量，降低温度

（续）

设计应注意的问题	说　明
31.4.4　导油沟与回油沟忌错用 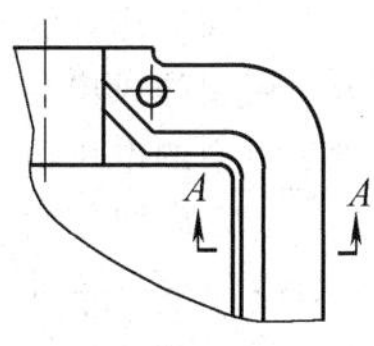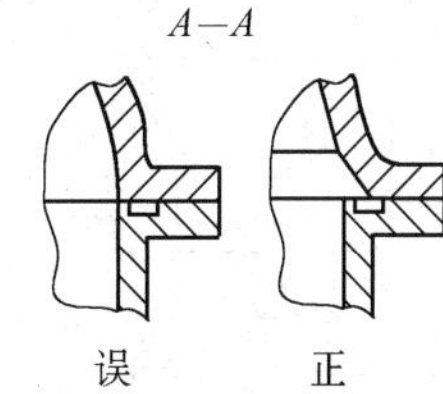 a)导油沟 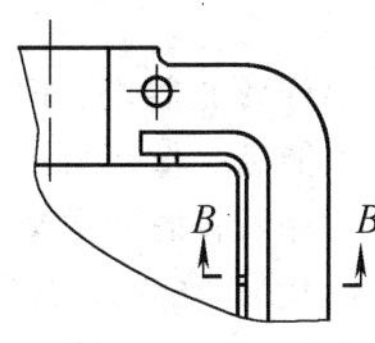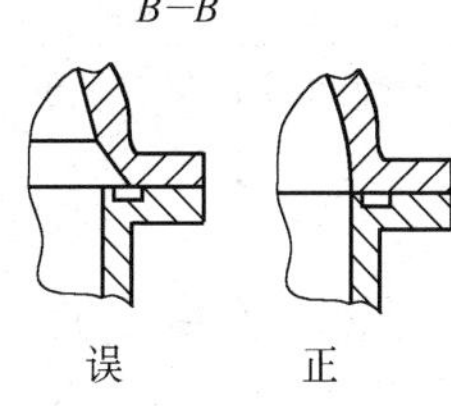 b)回油沟	在减速器剖分面上常开有油沟，设计时要注意油沟的作用不同其结构也不同 为了润滑轴承而设的油沟称导油沟。在箱盖的剖分面处有斜边，能使飞溅至箱盖上的油顺利流入导油沟再经导油沟流至轴承内(图a) 为了提高密封性能，防止油从剖分面处渗出而设的油沟称回油沟。与导油沟不同的是箱盖剖分面处不做斜边，使飞溅至箱盖上的油直接流回油池。回油沟不与轴承相通，从剖分面处渗出的油流至回油沟后再经若干斜槽流回油池，从而防止外渗(图b)

（续）

设计应注意的问题	说　明
31.4.5　蜗杆减速器冷却用风扇宜装在蜗杆轴上 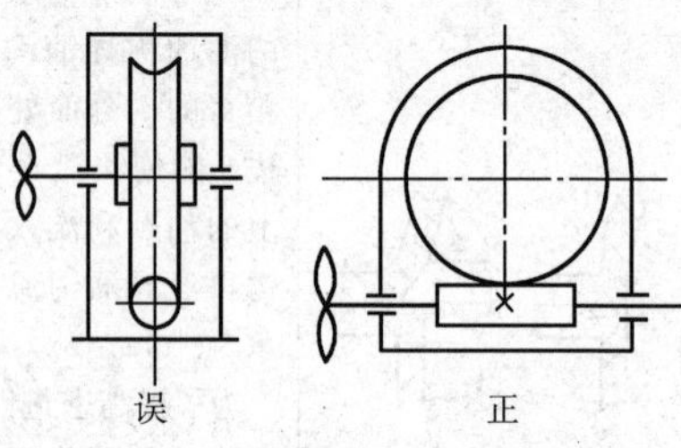 误　　正	当蜗杆传动发出的热量只靠自然通风不能达到散热要求时，可以采用风扇吹风冷却。吹风用的风扇应装在蜗杆上而不应装在蜗轮上，因为蜗杆的转速较高。冷却蜗杆传动所用的风扇与一般生活中的电风扇不同，电风扇向前吹风，而冷却蜗杆传动的风扇向后吹风，风扇外有一个罩起引导风的作用
31.4.6　蜗杆减速器外面散热片的方向与冷却方法有关 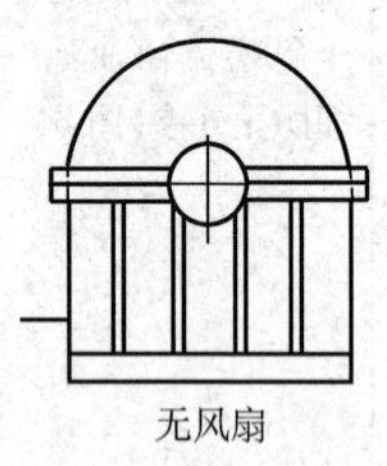 无风扇 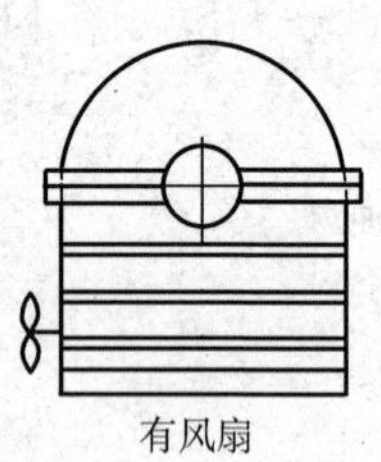 有风扇	蜗杆减速器表面面积不能满足散热要求时，要在表面加散热片以增加散热面积。当没有风扇时，靠自然通风冷却，因为空气受热后上浮，散热片应取上下方向。有风扇时，风扇向后吹风，散热片应取水平方向

第 32 章　变速器结构设计

概述

变速器分为有级变速器和无级变速器两大类。有级变速器常采用齿轮传动，如金属切削机床的变速箱，其传动比只能按既定的设计要求通过操纵机构分级改变传动比。机械式无级变速器多有摩擦传动组成，可以在一次范围内得到任意的传动比。一些变速器已经有标准产品供选用。

设计变速器时，应该考虑的主要问题有：传动型式、变速范围、变速级数及级比规律；据此确定转速数列、变速组传动副数目及布置；承载能力及参数设计；材料及热处理选择；传动件、支承件、箱体等结构设计；加压装置、操纵机构设计；润滑和密封、散热等。

摩擦轮与无机变速器关系密切，所以有关摩擦轮设计的一些问题也在本章一起讨论。

对于变速器结构设计，本书提醒要注意以下问题：

1）参数选择和总体布置。

2）变速器传动件结构设计。

3）摩擦轮和摩擦无级变速器结构设计。

32.1 参数选择和总体布置

设计应注意的问题	说　明
32.1.1 变速器移动齿轮要有空档位置 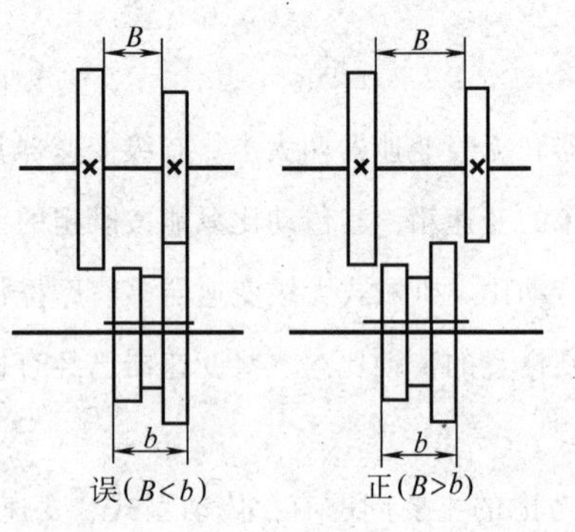 	变速器用齿轮块变速时，两个固定齿轮之间的距离应大于相邻齿轮的宽度。即齿轮在改换啮合齿轮时，移到中间应该有一个空档的位置。否则，齿轮在要进入第二对齿轮啮合时，第一对齿轮尚未脱开，无法转动齿轮使两齿轮的齿与齿间相对，进入啮合
32.1.2 三联齿轮在滑移时，两侧齿轮不能与另一轴中间齿轮相碰 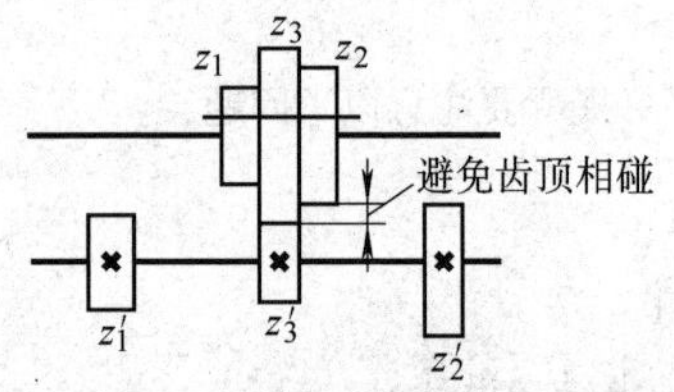 	变速器中采用三联滑移齿轮时，应注意将尺寸大的齿轮 z_3 放在中间。两侧的齿轮齿顶在滑移时需要避免同另一轴上中间的那只齿轮的齿顶相碰 对于相同模数的标准齿轮（不是变位齿轮或短齿）不相碰的条件是： 齿轮的最大齿轮与次大齿轮的齿数差应大于或等于4，即 $z_3 - z_2 \geqslant 4$（$z_3 > z_2 > z_1$）。齿数差正好等于 4 时，z_2 和 z'_3 的齿顶圆直径可采 用负偏差

（续）

设计应注意的问题	说　明
32.1.3　有级变速转速数列分级排列，宜按等比级数排列	变速器变速范围和转速数列分级排列一般可以根据使用要求选择。合理的有级变速转速数列分级排列应按等比级数排列，设转速数列分级为 n_1，n_2，$\cdots n_z$ 按等比级数排列时有 $\frac{n_2}{n_1}=\frac{n_3}{n_2}=\cdots=\frac{n_z}{n_{z-1}}=\varphi$ 即任意两相邻转速之比为常数，φ 称为公比，它应选择标准数值 按等比级数分级的优点是：1）相邻两转速差值相等，因而对生产率的影响在转速范围内相同。2）在结构上易于实现，便于采用较简单的双联或三联齿轮来组成变速系统，且所需齿轮对数最少

（续）

设计应注意的问题	说　明
32.1.4　分配传动比宜“前慢后快”，安排传动组级数宜“前多后少” 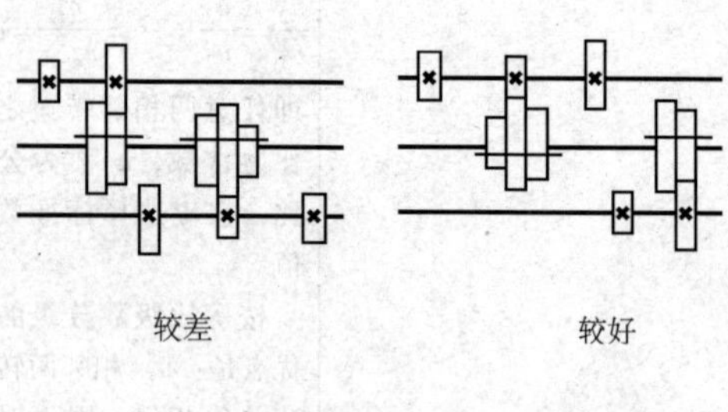 较差　　较好 传动组级数的排列	变速器传动链总的趋势是降速传动，在分配各传动组的传动比时应按“前慢后快”原则，即传动链前面的传动组降速小些，后面的降速大些，这样可以使中间轴的最低转速尽量提高，轴及轴上零件受力较小，尺寸可以减小，使结构紧凑 在安排传动组的级数时应按“前多后少”的原则排列，例如应把三联滑移齿轮放在双联滑移齿轮的前面，这样变速系统中小尺寸的零件就会相对地多一些

（续）

<table>
<tr><th>设计应注意的问题</th><th>说　明</th></tr>
<tr><td>32. 1. 5　变速组内齿轮排列宜尽量缩短轴向尺寸
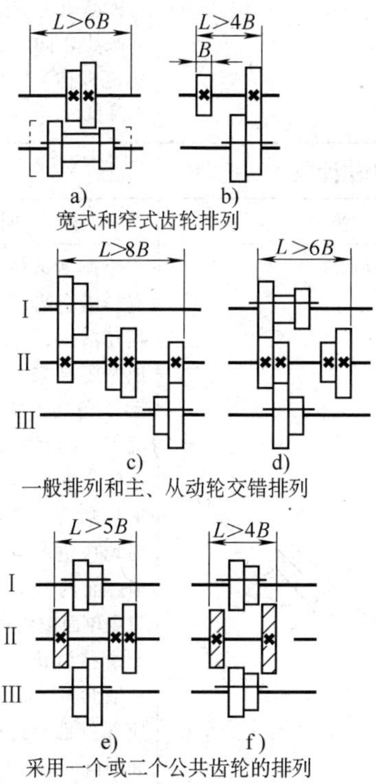
a)　b)
宽式和窄式齿轮排列
c)　d)
一般排列和主、从动轮交错排列
e)　f)
采用一个或二个公共齿轮的排列</td><td>一个变速组内齿轮的轴向排列如无特殊原因，应尽量缩短其轴向尺寸，使变速器结构紧凑。下面是可缩短轴向尺寸的几种主要排列方式
1）滑移齿轮在轴上的排列有宽式（图 a）和窄式（图 b）两种。采用滑移齿轮相互靠近的窄式排列可使轴向尺寸大大缩短，结构紧凑
2）两个相邻变速组的齿轮排列有一般排列（图 c）和交错排列（图 d）两种。采用主动齿轮和被动齿轮交错排列方式轴向尺寸较小
3）采用公用齿轮排列不仅可以缩短轴向尺寸，而且可以节省齿轮个数。双公用齿轮（图 f）比单公用齿轮（图 e）排列的轴向尺寸更短，但应注意公用齿轮比其他齿轮使用次数多，齿面和齿端磨损较快</td></tr>
</table>

（续）

设计应注意的问题	说　明
32.1.6　采用多速电动机简化变速机构	采用双速或三速电动机加变速器的方案，能减少一个或二个齿轮传动组，不仅使尺寸减少，同时也简化变速机构，使生产成本降低

32.2　变速器传动件结构设计

设计应注意的问题	说　明
32.2.1　变速器齿轮要倒角和圆齿 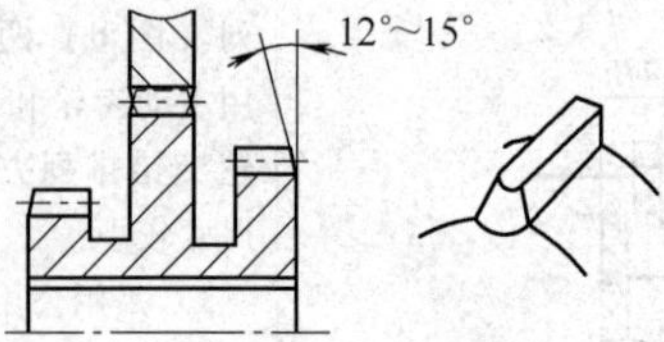 12°~15°	变速器齿轮，为了变换啮合齿轮时容易相互滑入，在啮入的地方要有12°~15°的大倒角且齿端要进行圆齿。三联滑移齿轮中间齿轮因需要双向滑移啮合，齿轮的两面均应进行倒角和圆齿。而两侧的齿轮则只需单面倒角和圆齿。与滑移齿轮相配的另一轴上固定齿轮的相应部位也要进行倒角和圆齿

（续）

设计应注意的问题	说　明
32.2.2　滑移齿轮要有安装拨叉的地方 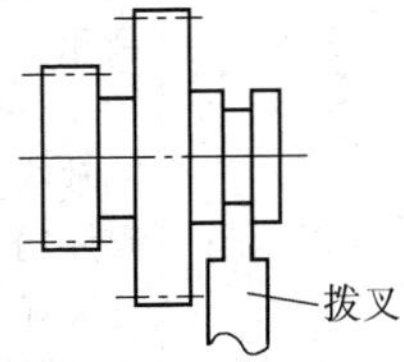 	在变速器中，常见的变换转速的方法是通过手柄、摆杆和滑块，拨叉等组成的操纵机构来移动滑移齿轮进行变速，因此在滑移齿轮结构上要有安装拨叉或滑块的地方如凹槽等。为保证滑移齿轮在轴上滑移时导向比较好，轮孔的长度不要太小，最好应大于（1.5～2）d，d是孔的直径
32.2.3　滑移齿轮布置在转速高的主动轴上滑动省力 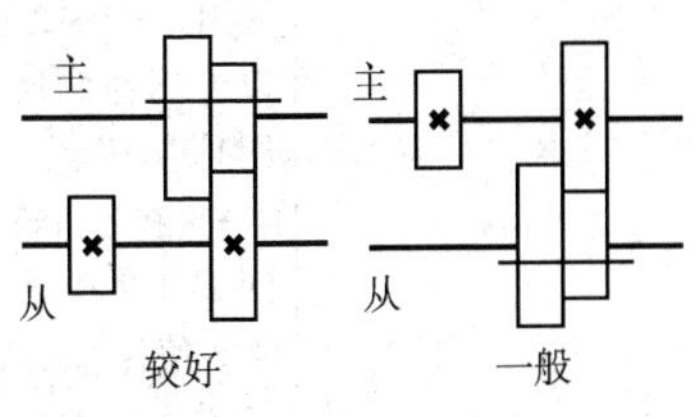 	变速器中的滑移齿轮，在可能的情况下最好布置在主动轴上，这是由于传动多为降速传动，主动轴比从动轴转速高，可使滑移齿轮尺寸小，重量轻、滑动省力。若由于结构原因，如主动轴上无法布置滑移齿轮或因操纵方便的需要也可将滑移齿轮布置在从动轴上

（续）

设计应注意的问题	说　明
32.2.4　齿轮布置宜尽量缩小径向尺寸 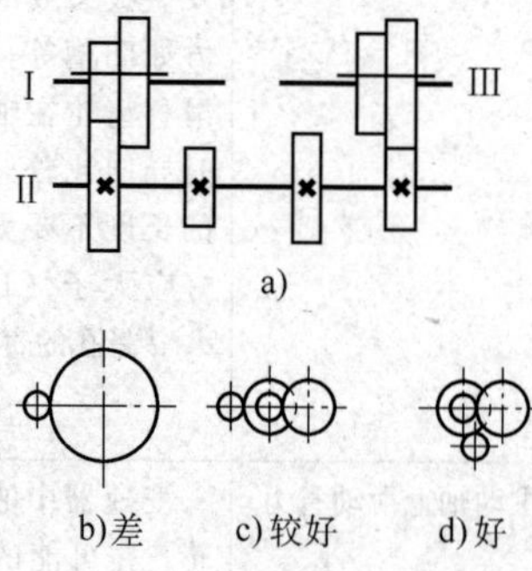 a) b)差　c)较好　d)好	合理布置变速组剖面图内各轴和齿轮可使变速器径向尺寸减少，结构紧凑，例如 1）使传动中某些轴线相互重合，如图 a 中Ⅰ、Ⅲ轴布置在同一轴线上，虽然轴向尺寸稍大，但径向尺寸明显缩小，而且减少了箱体上孔的排数，改善了加工工艺 2）在保证强度的条件下选用较小齿数和，使轴间距减少。一对齿轮的传动比应尽量少用 $i \geqslant 4$ 的传动方案，如有必要宁可多加一对降速齿轮，即采用 $i = 2 \times 2$ 的方案以缩小径向尺寸，如图 b、c 所示 3）在各齿轮和轴之间不发生碰撞的情况下，使各轴合理安排，如图 c 布置改为图 d 水平尺寸减少较多，而垂直尺寸增加不多使整体结构紧凑

（续）

设计应注意的问题	说　明
32.2.5　避免传动件超速现象 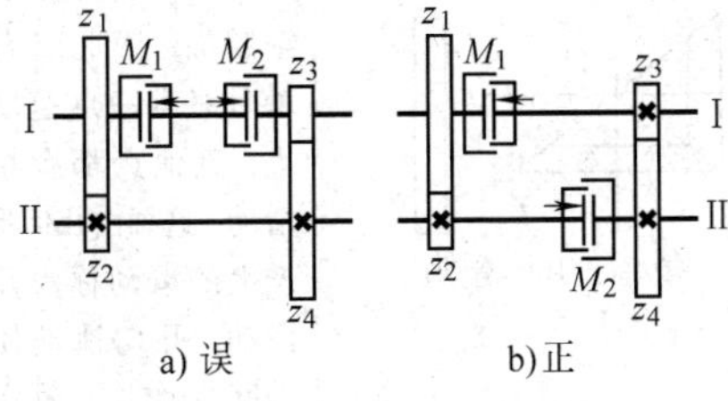 a) 误　　　　b) 正	在一些采用斜齿轮传动的变速器中不能用滑移齿轮变速而要用离合器进行变速。离合器安放位置要注意两个问题，一是尽量放置在高速轴上，可减小传递转矩，缩小离合器尺寸；二是要避免空载超速现象，即当接通某一传动路线时，在另一条传动路线上出现传动件（如齿轮、轴）高速空转现象，这种现象不论用滑移齿轮变速或离合器变速都是不能允许的，它将会加剧传动件的磨损，增加空载功率损失和噪声 图 a 中Ⅰ为主动轴，Ⅱ为从动轴，z_1、z_3 均空套在轴Ⅰ上，当接通 M_1、脱开 M_2 时，小齿轮 z_3 出现空载超速。图 b 将离合器 M_1、M_2 分别装置在大齿轮上则避免了超速现象

32.3 摩擦轮和摩擦无级变速器结构设计

设计应注意的问题	说　明
32.3.1 摩擦轮和摩擦无级变速器应避免几何滑动 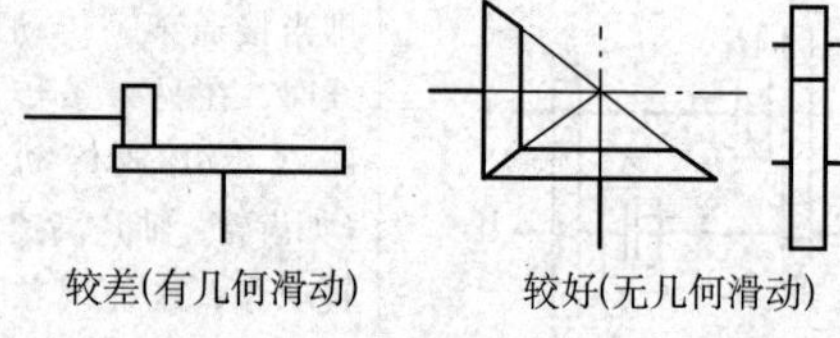 较差(有几何滑动)　　较好(无几何滑动)	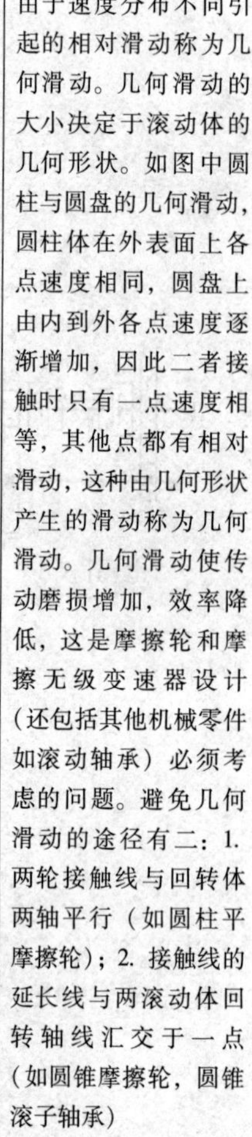 两滚动体在接触区由于速度分布不同引起的相对滑动称为几何滑动。几何滑动的大小决定于滚动体的几何形状。如图中圆柱与圆盘的几何滑动，圆柱体在外表面上各点速度相同，圆盘上由内到外各点速度逐渐增加，因此二者接触时只有一点速度相等，其他点都有相对滑动，这种由几何形状产生的滑动称为几何滑动。几何滑动使传动磨损增加，效率降低，这是摩擦轮和摩擦无级变速器设计（还包括其他机械零件如滚动轴承）必须考虑的问题。避免几何滑动的途径有二：1. 两轮接触线与回转体两轴平行（如圆柱平摩擦轮）；2. 接触线的延长线与两滚动体回转轴线汇交于一点（如圆锥摩擦轮，圆锥滚子轴承）

（续）

设计应注意的问题	说　明
32.3.2　主动摩擦轮用软材料	若两个相互结合的摩擦轮中有一个表面为软材料（如塑料、皮革），另一个为硬材料（如钢、铸铁），则应把软材料轮缘的摩擦轮作为主动轮。因为当过载打滑时，主动轮转动（原动机尚未停止）而从动轮停止（摩擦轮主动轮带不动从动轮），主动轮作均匀磨损。反之，如从动轮表面为软材料，则当打滑时较硬的主动轮将把从动轮表面磨出一个凹坑。这样就影响摩擦轮的正常工作了
32.3.3　圆锥摩擦轮转动，压紧弹簧应装在小圆锥摩擦轮上 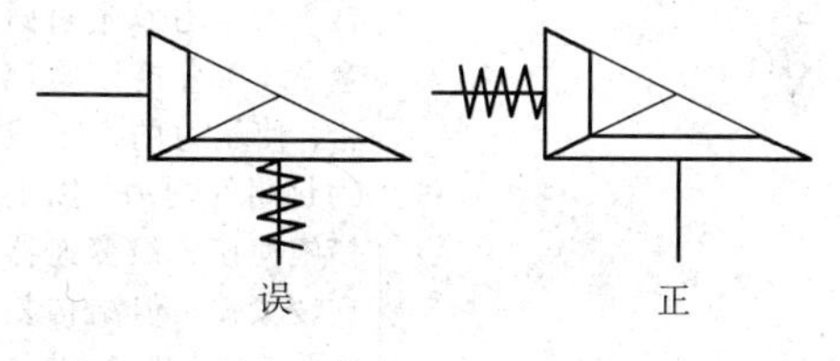 	一对圆锥摩擦轮工作时，靠轴向压紧弹簧产生摩擦力带动工作。为产生一定的压力，大小轮的轴向力不同，小轮轴向力小，大轮轴向力大，因此如果弹簧装在小轮上则所需轴向力较小，弹簧尺寸可以小一些

（续）

设计应注意的问题	说　明
32.3.4　设计应设法增加传力途径，并把压紧力化作内力 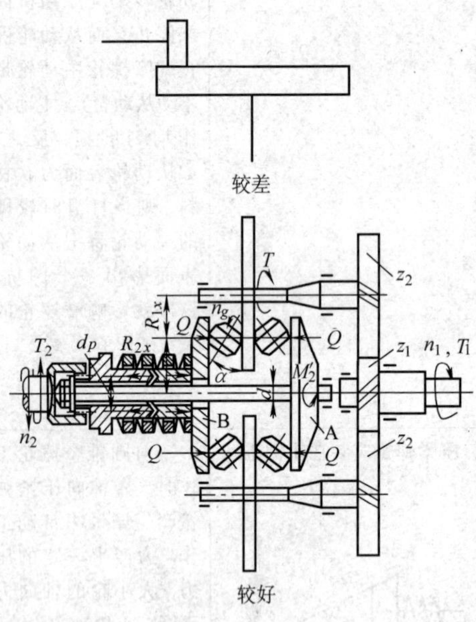 较差 较好	摩擦轮传动和摩擦无级变速器的缺点之一是所需压力较大。如转动所需圆周力为 Ft，轮间摩擦因数为 μ，则所需压力为 $N = Ft/\mu$。若摩擦因数为 $\mu = 0.05 \sim 0.2$，则 $N = (5 \sim 20)\ Ft$。为减小所需压力的措施常用的有：1. 增加传力途径，2. 把压力化为内力。滚锥平盘式（FU 型）无级变速器较好地运用了以上二个方法。传动输入转矩 T_1，输出转矩 T_2。输入转矩经齿轮 z_1、z_2 分两路传给圆盘，每个圆盘通过两个滚锥传给中间圆盘，共有四个接触点传递摩擦力（四个途径）。最后带动两个中间圆盘 A、B，输出合成转矩 T_2。由弹簧产生的压力 Q 通过圆盘 A、B 直接压紧滚锥，使压力的产生成为封闭的内力。以上措施使该无级变速器比较紧凑。但结构复杂要求制造技术较高

（续）

设计应注意的问题	说　明
32.3.5　无级变速器的机械特性应与工作机和原动机相匹配 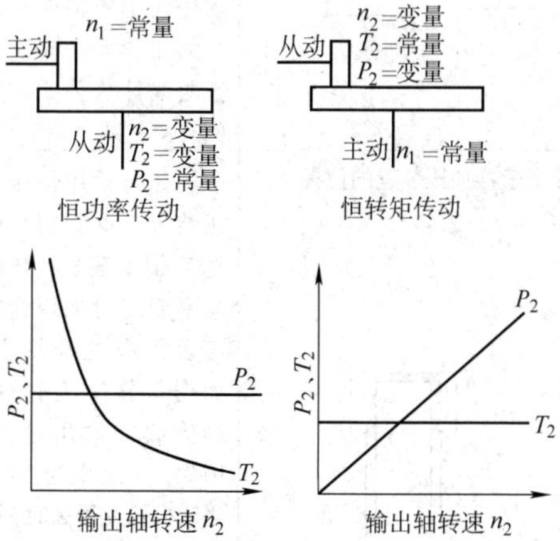 恒功率传动　　恒转矩传动 	在输入轴转速 n_1 一定时，输出轴转速 n_2 与受摩擦无级变速器的限制，输出轴能输出的最大功率 P_2，最大转矩 T_2 之间的关系，称为该无级变速器的机械特性。各种无级变速器的机械特性曲线是有差异的。常见的有恒转矩与恒功率两种。恒功率传动能充分利用原动机的全部功率，机床的主传动系统在变速范围内，传递功率基本恒定，适用恒功率无级变速传动（如V带式，滚锥平盘式、菱锥锥轮式无级变速器等）而机床进给系统，则工作转矩基本恒定，适用恒转矩无级变速器。恒功率式无级变速器一般变速范围较小。如果原动机—传动装置—工作机系统机械特性不匹配，则造成某一部分工作能力不能充分发挥而产生浪费

（续）

设计应注意的问题	说　明
32.3.6　V带无级变速器的带轮工作锥面的母线不是直线 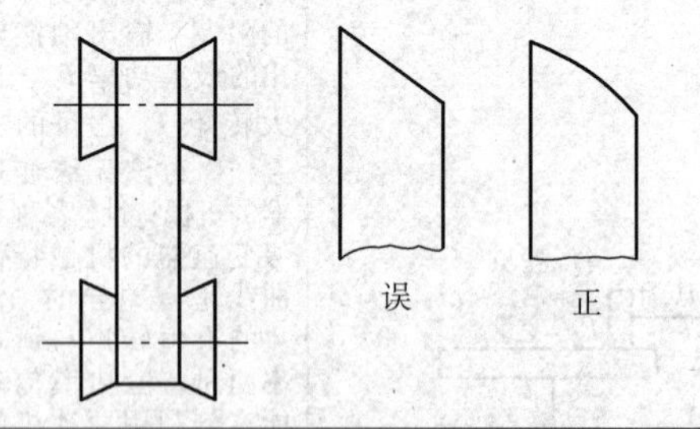	靠在轴向移动主动与从动圆锥，改变V带在轮上的位置以实现无级变速的，称为V带无级变速器。带轮工作面采用曲面是保证带长为一定值时，在任何位置都能有适当的张紧力。盘面圆弧曲线计算公式可查阅有关资料
32.3.7　合理设置摩擦无级变速器加压装置的位置 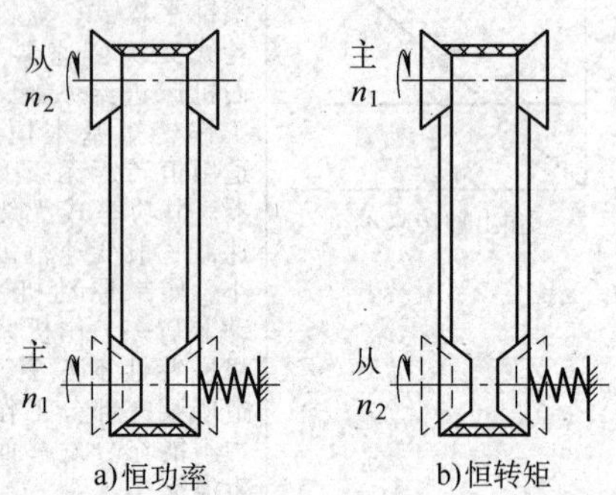 a)恒功率　b)恒转矩	例如对采用恒压加压装置（如弹簧）的宽V带变速器，作恒功率变速时加压弹簧应设置在主动轴上；而作恒转矩变速时，则应放在输出轴上。因为，恒功率变速时，当输出转速最高时，两片主动轮彼此靠得最近，弹簧放松，压紧力最小；反之，输出转速最低时，则弹簧压紧力最大。所以压紧力大致与输出转速成反比，基本上可获得恒功率输出特性。恒转矩变速时，输出转速最低时，两片从动轮靠得最近，弹簧压

（续）

设计应注意的问题	说　明
32.3.7　合理设置摩擦无级变速器加压装置的位置	紧力最小。输出转速最高时，则弹簧被压缩，压紧力最大，这样也基本上获得了恒转矩输出特性 从保证可靠而又灵敏的加压要求出发，自动加压装置一般应装在转矩最大的轴上。即降速型变速器，加压装置应设在从动轴上，升、降速型变速器，主、从动轴上各设一个加压装置
32.3.8　无级变速器宜布置在传动系统中的高速端	当传动系统中有机械无级变速器时，对恒功率的传动，应将无级变速器布置在高速端，最好与电动机直接连接，以便充分发挥其允许的传动功率，使外廓尺寸缩小，减小制造困难；对于恒转矩的传动，则无级变速器的位置一般不受限制

（续）

设计应注意的问题	
32.3.9　无级变速器与有级变速器串联时，有级变速器的变速范围宜略小于无级变速器的变速范围	在传动系统中，若无级变速器的机械特性符合要求，但变速范围较小，不能满足要求，则可以将有级变速器与其串联，以扩大变速范围。串联时应注意：1）无级变速器应置于高速级；2）有级变速器的变速范围 R_2 应略小于无级变速器的变速范围 R_1，以保证在全部变速范围内能实现连续的无级变速。 一般取 R_2 = （0.94～0.96）R_1

第 33 章　轴系结构设计

概述

轴的作用是支承轴上零件作旋转运动，并传递动力。因此轴必须满足强度和刚度要求，要考虑轴和轴上零件的布置和定位。要采用合理的固定形式，合理受力，轴承类型、结构和尺寸，轴的加工和装配工艺要求，以及节约材料、减轻重量等。对高速轴还要考虑振动和动平衡问题。

对于轴系结构设计，本书提醒要注意以下问题：

1）提高轴的疲劳强度。

2）加工方便的轴系设计。

3）安装方便的轴系设计。

4）轴上零件应可靠固定。

5）保证轴的运动稳定可靠。

33.1　提高轴的疲劳强度

设计应注意的问题	说　　明
33.1.1　尽量减小轴的截面突变处的应力集中 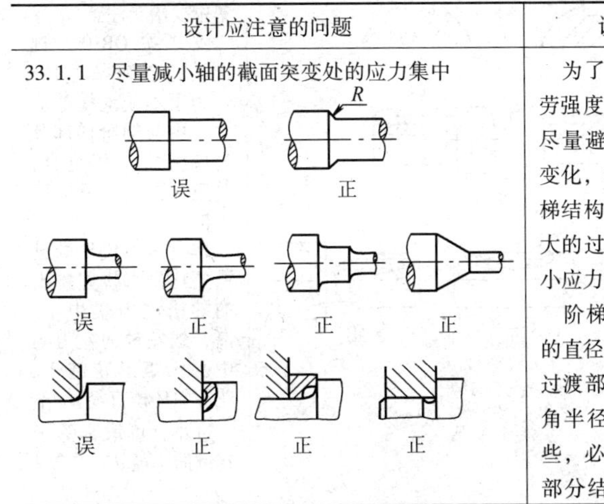 	为了改善轴的抗疲劳强度，轴的结构应尽量避免形状的突然变化，若需要制成阶梯结构时，宜采用较大的过渡圆角，以减小应力集中 阶梯形轴相邻轴段的直径不宜相差太大，过渡部分要平缓，圆角半径应尽可能取大些，必要时可将过渡部分结构增设一阶梯

（续）

设计应注意的问题	说　明
33.1.1　尽量减小轴的截面突变处的应力集中 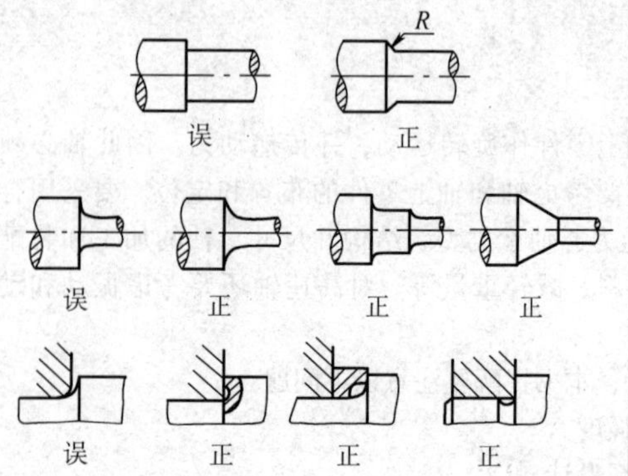 	轴段或锥形轴段，借以缓和轴的截面变化 如轴肩或轴环处的圆角半径受到固定在轴上零件的限制，则可用凹切圆角或加装隔离肩环 为了磨削退出砂轮或为了放置弹性卡圈以固定轴上零件而必须设置的环形槽，由于有较大的应力集中，则只允许在受轻载的轴段上或轴端使用
33.1.2　要注意轴上键槽引起的应力集中的影响 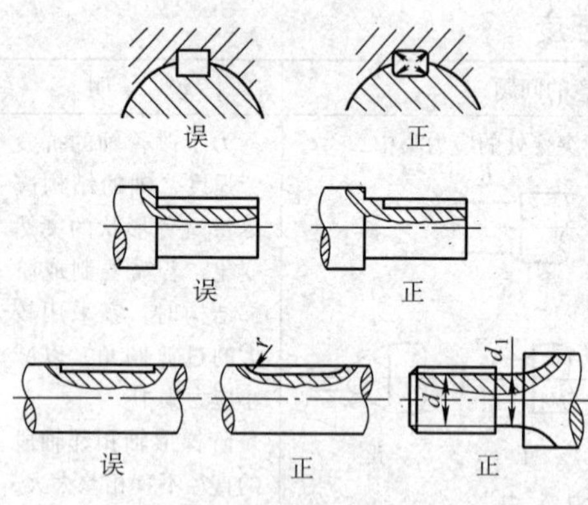 	轴上有键槽部分一般是轴的较弱部分，因此对这部分的应力集中要给予注意 必须按 GB1095 规定给出键槽圆角半径 r 为了不使键槽的应力集中与轴阶梯部分的应力集中相重合，要避免把键槽铣削至阶梯部 用盘铣刀铣出的键槽要比用端铣刀铣出的键槽应力集中小。渐开线花键的应力集中要比矩形花键小。花键的环槽直径 d_1 不宜过小，可取其等于花键的小径 d

(续)

设计应注意的问题	说　明
33.1.3　要减小轴在过盈配合处的应力集中 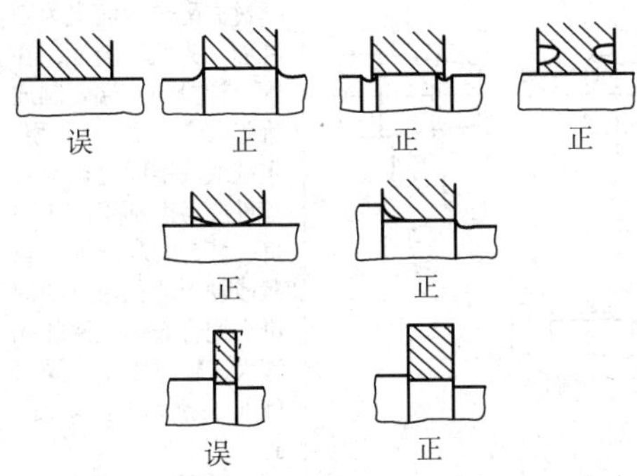	当轴上零件与轴为过盈配合时，轴上配合边缘处为应力集中之源，从而使局部应力增大。为此，除应保证传递载荷的前提下尽量减小过盈量外，还可以采用增大配合处直径，轴上开减载槽和零件轮毂两端开减载槽等结构以减小配合边缘处的应力集中 另外，还可以采用逐渐减少过盈配合端部的过盈量。对于阶梯轴，为不使由过盈引起的端部应力集中和阶梯部分应力集中相叠加，也要考虑逐渐减少阶梯部分附近的过盈量等减轻应力集中的措施 将轴向宽度比较薄的零件用过盈配合装到轴的阶梯部分上时，由于应力集中的影响会使零件产生变形而弯向一侧。为了避免这种情况的出现，要适当加大零件的宽度

（续）

设计应注意的问题	说　明
33.1.4　要减小过盈配合零件装拆的困难 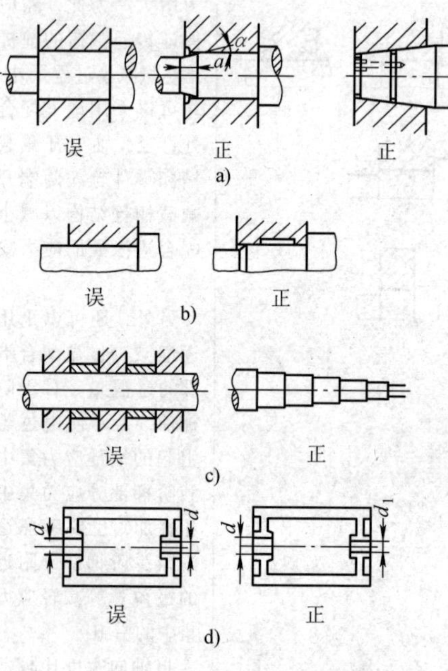 a)　b)　c)　d)	过盈配合零件一般要用压入法或加热法进行安装，装拆都不甚方便，所以要特别注意减小其装拆困难 过盈配合表面多为圆柱面，为便于装配，在配合轴段的一端要制成锥形结构。对于大型、重载或圆锥面过盈配合零件要考虑利用液压装拆，装拆时高压油从轮毂或轴中油孔通过油沟进入配合表面，使毂孔涨大、轴颈缩小，同时施加一定轴向力（图a） 过盈配合表面较长，装拆也很困难，因此在满足传递载荷的条件下，要使过盈配合的长度限制在必要的最小尺寸，而使其余部分稍有间隙（图b） 在一根轴上安装有多个过盈配合的零件，要在各段逐一给予少许的阶梯差，安装部分以外不要加过盈量。同一零件在轴上有几处过盈配合时也要符合上述要求。在不能给予自由的微小尺寸的阶梯差的场合（如用滚动轴承支承的多支点轴），应考虑利用带斜度的紧固套配合

（续）

设计应注意的问题	说　明
33.1.5　改善轴的表面品质，提高轴的疲劳强度	轴的表面品质对轴的疲劳强度有很大的影响，因此必须注意改善表面状态 由于疲劳裂缝常发生在表面粗糙的部位，应十分注意轴的表面粗糙度的参数值，即使是自由表面也不应忽视。合金钢对应力集中更为敏感，降低表面粗糙度（参考值）尤为重要 采用辗压、喷丸、渗碳淬火、氮化、高频淬火等表面强化方法，可以显著提高轴的疲劳强度
33.1.6　轴上多键槽位置的设置要合理 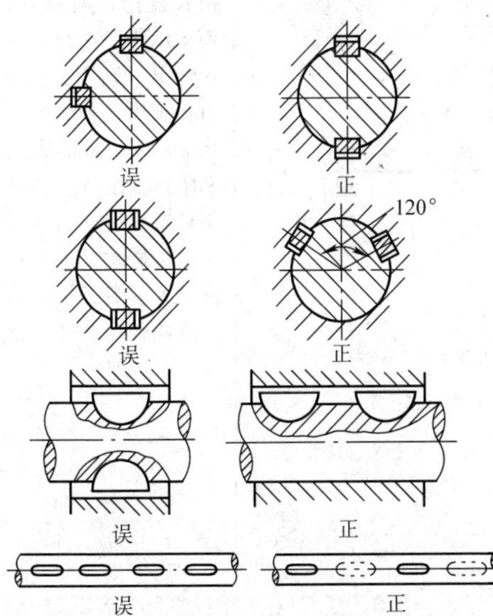 	轴毂采用两个键连接时，轴上键槽位置要保证有效的传力和不过分削弱轴的强度 当采用两个平键时一般设置在同一轴段上相隔180°的位置，有利于平衡和轴的截面变形均匀性。当采用两个楔键时，为不使轴毂之间传递转矩的摩擦力相互抵消，两键槽应相隔120°左右为好。当采用两个半圆键时，为不过分削弱轴的强度，则常设置在轴的同一母线上 在长轴上要避免在一侧开多个键槽或长键槽，因为这会使轴丧失全周的均匀性，易造成轴的弯曲。因此，要交替相反在两侧布置键槽，长键槽也要相隔180°对称布置

（续）

设计应注意的问题	说　明
33.1.7　空心轴的键槽下部壁厚不要太薄 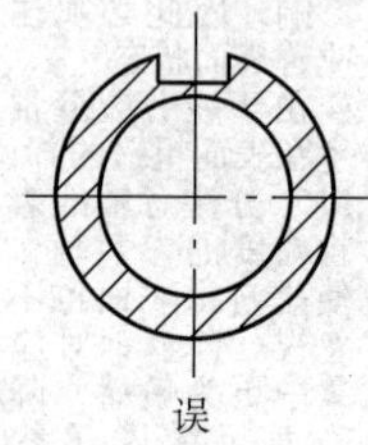 误 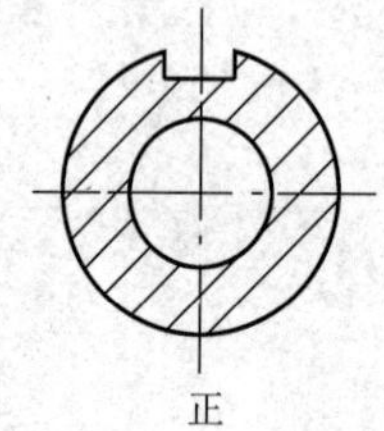 正	在空心轴段上采用键连接时，要注意空心轴的壁厚 如果键槽下部太薄，就有可能使其过分变弱而导致轴的损坏
33.1.8　传动轴的悬伸端受力应靠近支承点 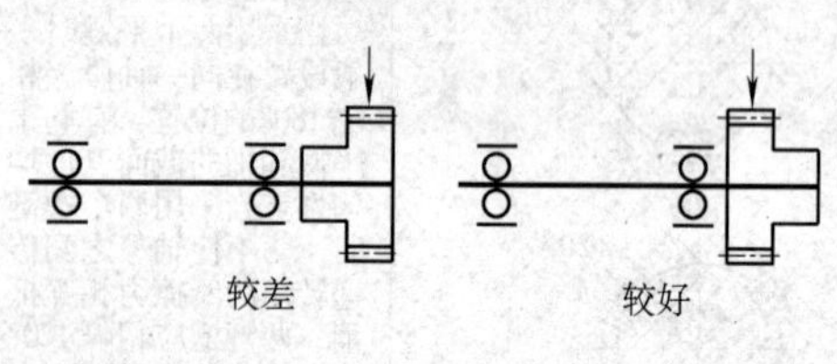 较差　较好	具有悬伸端的传动轴，传动件的悬臂受力长度应尽可能小，而支承跨距在结构允许情况下则宜大，这有利于改善轴的受力状况，提高轴的强度和刚度，在高速条件下悬臂端引起的变形和不平衡重量也会相应减小。另外，还应注意减轻传动件的重量

（续）

设计应注意的问题	说　明
33.1.9 合理布置轴上零件和改进结构，以减小轴的受力 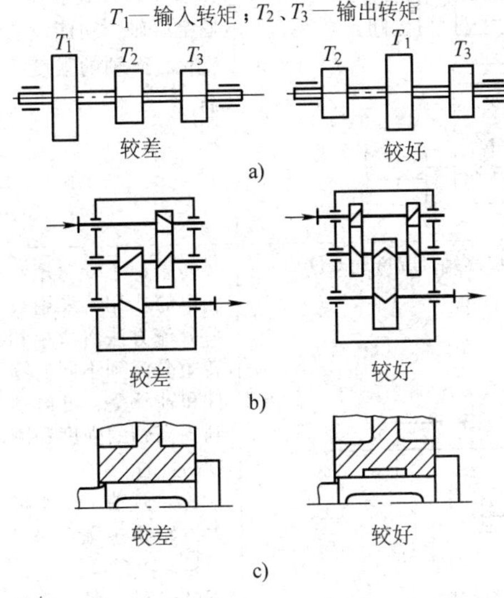 	轴主要承受转矩和弯矩，为了减小轴的直径和提高轴的承载能力，合理布置轴上传动零件和改进轴上零件结构可以减小轴所受的转矩和弯矩 当动力需用两个或两个以上的轮输出时，将输入轮布置在输出轮中间，就可以减小轴的转矩（图 a） 在轴上有斜齿轮时会产生一个轴向力，增大了轴的弯矩和变形。若改为人字齿轮时则轴向力抵消（图 b） 把轮毂与轴的配合面分为两段，不仅减小轴的弯矩，提高了轴的强度和刚度，而且也改善了轴孔的配合（图 c）

（续）

设计应注意的问题	说　明
33.1.10　使轴由承受对称循环应力改为静应力，以提高轴的强度 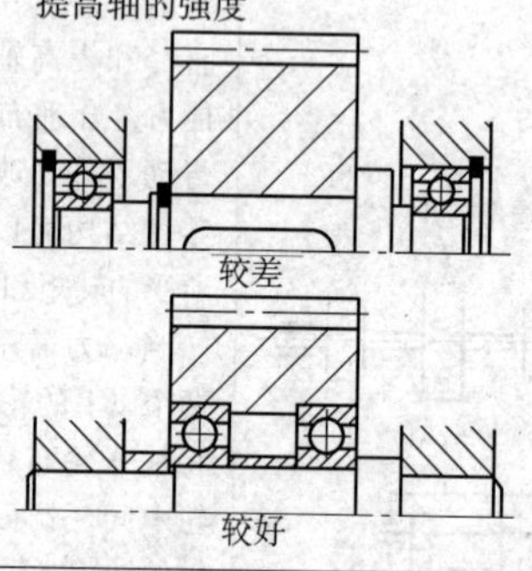 较差 较好	将轴由承受对称循环应力改为承受静应力，有利于改善轴的受力情况。图示齿轮轴由原转动心轴改为固定心轴，功能没有变化，而轴的强度提高
33.1.11　采用载荷分流以提高轴的强度和刚度 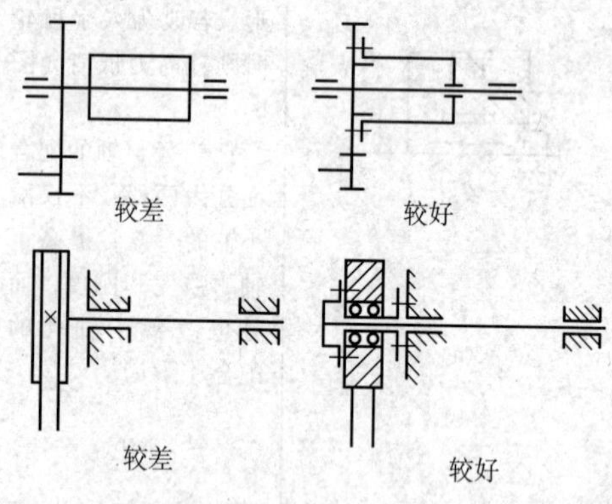 较差　较好 较差　较好	转轴都承受弯矩和转矩的作用，采用载荷分流方法将弯矩和转矩分流到不同的零件和轴承受，可以达到提高轴的强度和刚度的目的 在卷筒轴中，如将大齿轮和卷筒装配在一起，转矩经大齿轮直接传到卷筒，卷筒轴则只承受弯矩而不传递转矩，使轴的强度提高 某些机床主轴的悬伸端装有带轮，刚度低。采用卸荷结构可以将带传动的压轴力通过轴承及轴承座分流给箱体，而轴承仅受带轮所传递的转矩，减小了弯曲变形

（续）

设计应注意的问题	说　明
33.1.12　采用中央等距离驱动，以防止两端扭转变形差 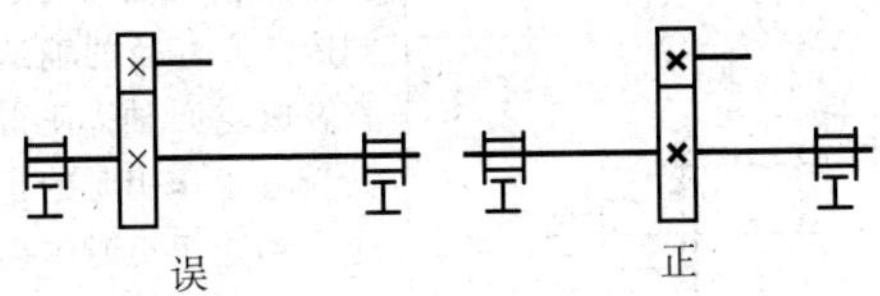 	在轴的两端上被驱动的是车轮或杠杆一类的构件，要求两端的扭转变形相同，否则会产生相位差，从而导致相互动作失调 为了防止产生左右两端的扭转变形的差别，要采取等距离的中央驱动，轴的直径也应大一些为好
33.1.13　轴颈表面要求有足够硬度	通常，轴是支承在滑动轴承或滚动轴承上，为了保证轴颈的磨损寿命，轴颈表面必须具有足够的硬度 与轴承合金配转的轴颈，可以用软钢制造，轴的硬度不应低于200HBW，与铝和铜合金配转的轴颈，则应有300HBW的最低硬度，如为高载荷时，轴颈的硬度推荐用50HRC 与滚动轴承相配的轴颈，虽然与轴承内圈间没有直接的转动关系，但为了保证配合可靠精确以及减轻装拆时表面受损，理论上，轴颈应有的最低硬度为40HRC，并采用磨削成形。如果在特殊情况下，例如无内圈滚针轴承直接与轴颈接触使用的情况，轴颈表面硬度应不低于58HRC

（续）

设计应注意的问题	说　明
33.1.14　空心轴节省材料 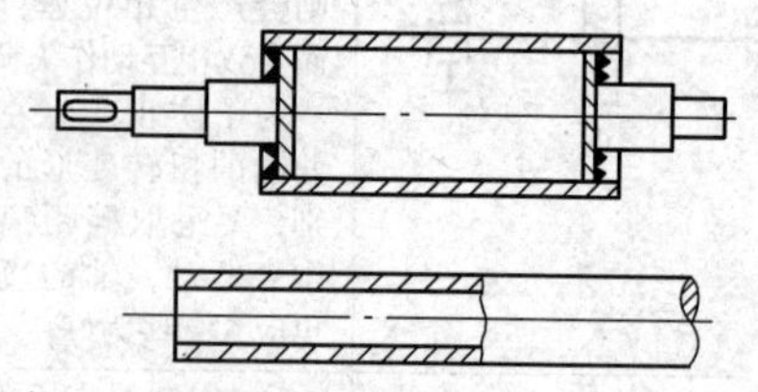	一般对小直径的轴多采用实心轴以便于制造，大直径的轴适宜做成空心轴，使得其受弯矩作用时的正应力和受扭矩时的切应力都分布得较为合理。因此，在满足强度和刚度条件下与实心轴相比空心轴可大大节省材料，如用管材作为原材料则尤为经济 当轴段的工作直径与轴颈直径相差较大时，可以做成焊有轴颈的空心轴

33.2　加工方便的轴系设计

设计应注意的问题	说　明
33.2.1　一根轴上的键槽应在同一母线上 误　　正	一根轴上在两个以上的轴段都有键槽时，应置于同一加工直线上，槽宽应尽可能统一，以利加工
33.2.2　刨削的键槽要求有退刀槽 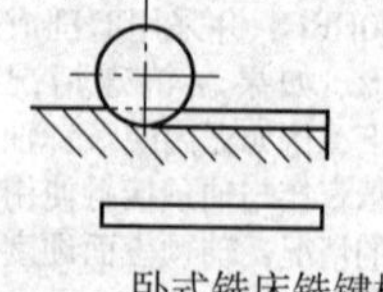 卧式铣床铣键槽 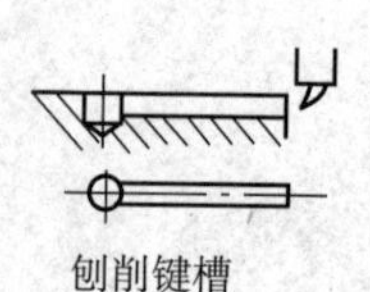 刨削键槽	在轴上加工键槽时，要考虑因加工设备和加工方法的不同而需要相适应的退刀槽，否则会带来加工困难

（续）

设计应注意的问题	说　明
33.2.3　在轴上钻细长孔很困难 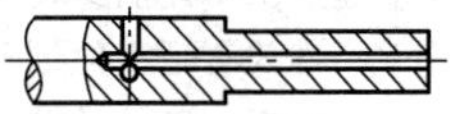 误 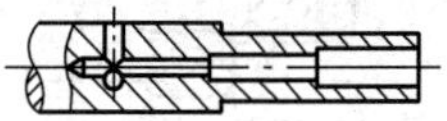　正	在轴上钻小直径的深孔非常困难，钻头易折断。钻头折断了，取出也非常困难 要根据孔的深度尽可能选稍大的孔径，或者采用向内递减直径的结构
33.2.4　合理确定轴的毛坯及其外形要求 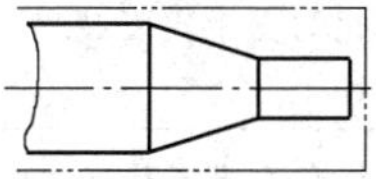 误 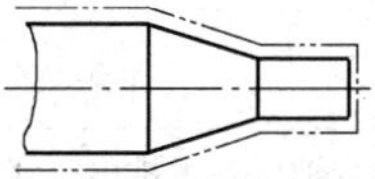　正	转轴坯料采用大棒料，不但车削工作量大，而且将表层力学性能好的部分切削掉了，只保留了强度低的心部，使轴的实际强度降低。如果采用锻造毛坯，并尽量锻造成接近最终形状，既保持了轴热处理的力学性能又减少了机加工量
33.2.5　不宜在大轴的轴端直接连接小轴，或将大轴的一端车成很小直径的轴 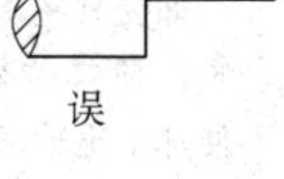 误 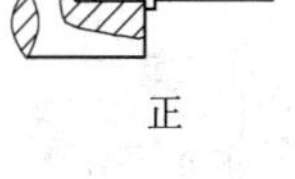　正	不宜在大直径轴一端直接车削出小直径的轴，这不仅材料利用率低，棒料心部力学性能下降，且由于两轴直径差大会给热处理工艺带来困难，在运输过程中也易损坏

33.3 安装方便的轴系设计

设计应注意的问题	说　　明
33.3.1　装配起点不要成尖角，两配合表面起点不要同时装配 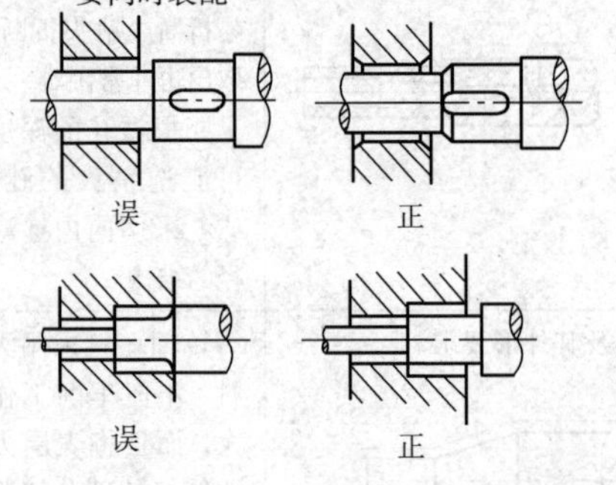 	为了使安装容易和平稳，两零件的装配起点，或者至少其中一件要有适当的倒角或锥度，键尽量靠近装配起点 两处装配起点的尺寸为同时安装时，要错开两处的相关位置，首先使一处安装，以此为支承再安装另一处
33.3.2　不通孔中装入过盈配合轴应考虑排出空气 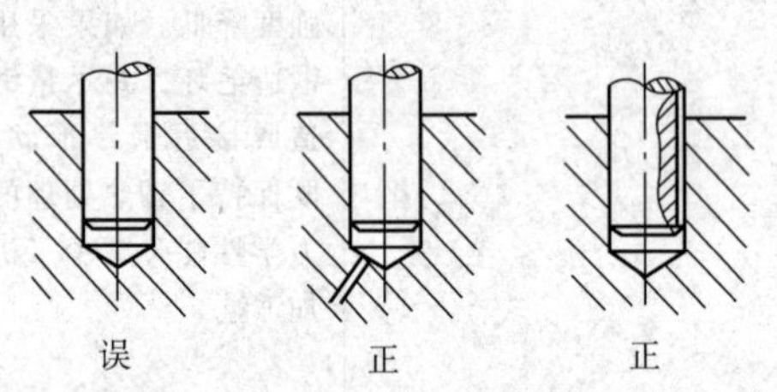 	在不通孔中装入过盈配合轴，如果孔内部形成封闭空间，则使安装困难，在拔出时由于内部成为真空，则拔出更为困难 为避免形成封闭空间，必须设置供通气用的小孔或沟槽
33.3.3　轴上零件的定位要采用轴肩或轴环 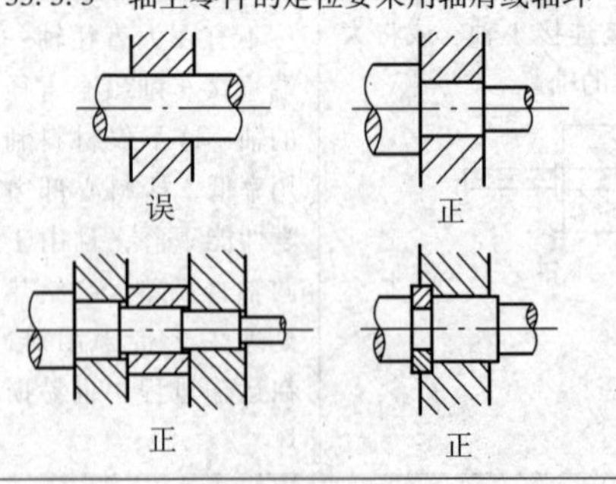 	为了将零件安装到轴的正确位置上，轴必须制成阶梯形轴肩或轴环 如受某些条件限制，轴的阶梯差很小或不便加工出轴肩的地方，可采用加定位套筒，或者加对开的轴环进行定位

（续）

设计应注意的问题	说　　明
33.3.4　圆锥面配合不能轴向精确定位 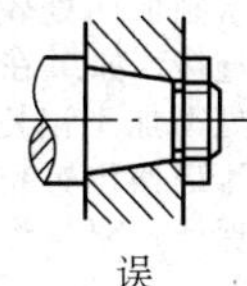 误 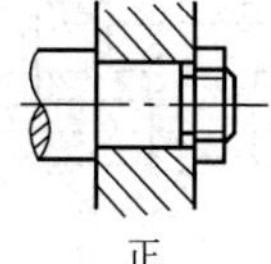 正	圆锥形轴端能使轴上零件与轴保持较高的同心度，且连接牢靠，拆装方便，但是不能限定零件在轴上的正确位置。需要限定准确的轴向位置时只能改用圆柱形轴端加轴肩才是可靠的
33.3.5　轴的结构一般不宜设计成等径轴 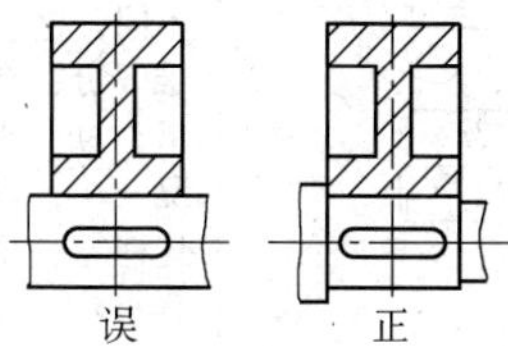 	轴的外形决定于许多因素；如轴的毛坯种类，工艺性要求，轴上受力的大小和分布，轴上零件和轴承的类型、布置和固定方式等，为满足不同要求，实际的轴多做成阶梯形轴。如图所示轴一方面阶梯轴的轴肩可以限定轴上零件的正确位置和承受轴向力，另一方面又使零件装配容易，轴的重量减小 只有一些简单的心轴和一些有特殊要求的转轴，才会将其做成等径轴

(续)

设计应注意的问题	说　明
33.3.6　轴与滚筒零件连接，不要在两轮毂处都加工出键槽 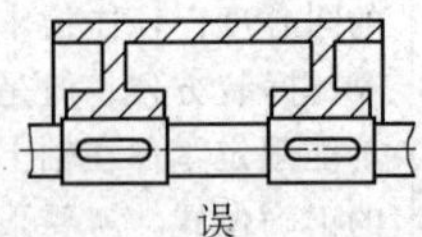 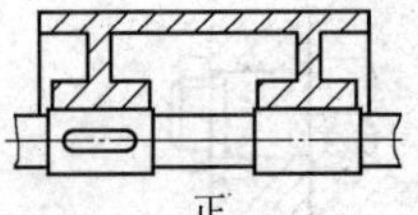 	轴与滚筒类零件连接，由于滚筒较长，常制成两处轮毂与轴连接，如果在两轮毂处都加工出键槽，由于键槽位置精度不易保证，轴与滚筒的装配有困难。因此，在满足传递力矩的情况下，应只在一个轮毂处加工出键槽
33.3.7　在同一设备中，材料及热处理不同的轴或销轴，其外形尺寸应有区别 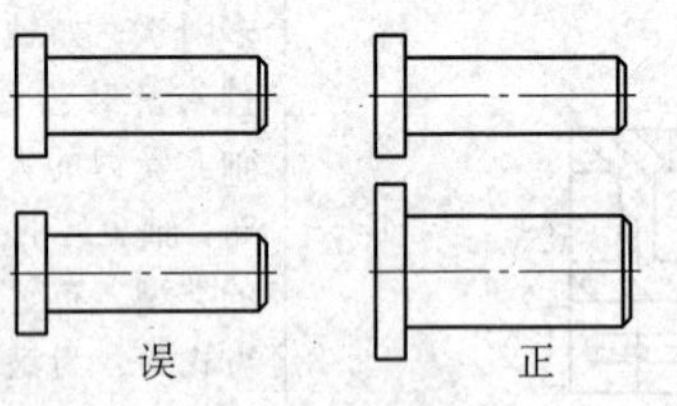 	同一机器或部件中，采用的轴或销轴零件，其外形尺寸完全相同，仅材料及热处理方式不同，这在装配时很难区分，有可能会装错，为了避免这种情况发生，设计时应使这种零件的外形尺寸有明显区别

33.4　轴上零件应可靠固定

设计应注意的问题	说　明
33.4.1　保证轴与安装零件的压紧的尺寸差 要求轴向压紧 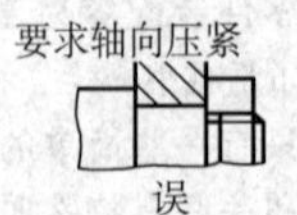 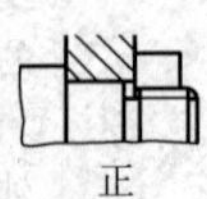 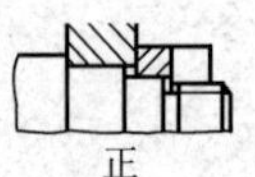 	用螺母压紧安装在轴上的零件时，要使轴的配合部分长度稍短于安装零件的宽度，以保证有一定的压紧尺寸差 如果在安装零件和螺母（或其他定位零件）之间有隔离套筒，也要按照上述原则保证有关部分的尺寸差

（续）

设计应注意的问题	说　明
33.4.2　确保止动垫圈在轴上的正确安装 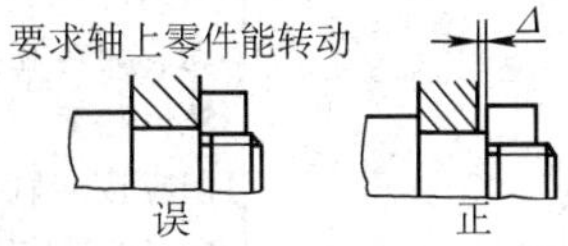 要求轴上零件能转动　Δ 误　正	确保安装时内侧舌片处于轴的沟槽内而不是在退刀槽内 如果在止动垫圈安装的周围有障碍或受空间限制，会出现不能弯折卡爪的情况，在这样的场合要改用其他止动方法
33.4.3　保证轴与安装零件间隙的尺寸差	如果要求安装件在轴上转动或在轴向有一定游动时，不应依靠调整螺母的松紧来给出间隙，而要拧紧螺母，使其与轴的阶梯接触。在这种情况下，是依靠轴的配合部分长度稍大于安装件的宽度，以保证预定的间隙
33.4.4　要避免弹性挡圈承受轴向力 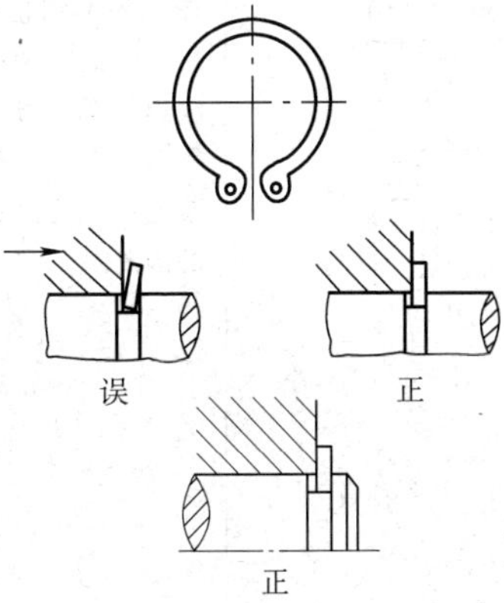 误　正 正	为了固定轴上零件有时使用弹性挡圈，这种挡圈除定位以外，最好不要用于承受轴向推力，因为它只是为了防止零件脱出，而不适用于承受轴向力的场合。再者，如果把弹性挡圈不适当地装入槽内或倾斜地安装，即使在轻微的轴向力反复作用下，弹性挡圈也容易脱落。因此，一定要把挡圈装牢在轴上的槽中 由于挡圈槽对轴的削弱作用，这种固定方式只适用于受力不大的轴段或轴端部

（续）

设计应注意的问题	说　明
33.4.5　在旋转轴上切制螺纹，要有利于紧固螺母的防松 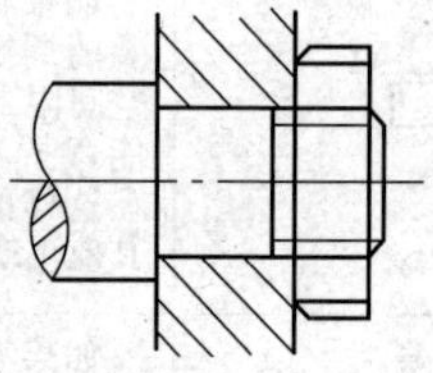	轴上零件常用螺母紧固，为了不致在启动、旋转和停车时使螺母松动，螺纹的切制应按照轴的旋转方向有助于旋紧的原则 轴向左旋转就取左旋螺纹。如果向右旋转则取右旋螺纹。但是，在驱动一侧如果装有制动器，反复进行快速减速和急停车的轴系例外且应与此相反
33.4.6　确保止动垫圈在轴上的正确安装 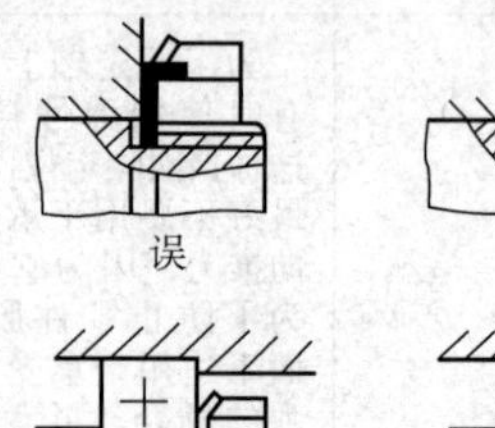 误　误 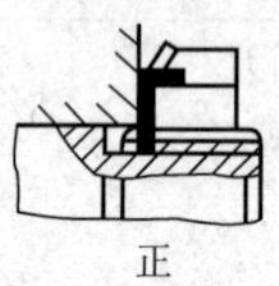 正 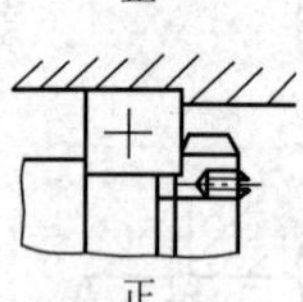 正	要注意止动垫圈内侧舌片如处于轴上螺纹退刀槽部分时，往往就起不到止转的作用。因此，轴上的螺纹退刀槽必须加工得靠里一些，以确保安装时内侧舌片处于轴的沟槽内

33.5 保证轴的运动稳定可靠

设计应注意的问题	说　明
33.5.1　避免轴的支承反力为零	在轴的两个滑动轴承中，如果有其中一个的支反力为零或接近于零，则在这个载荷为零的轴颈中心位置很不稳定，容易发生油膜振荡，使轴产生强烈振动 避免的方法是首先合理安排好轴上传动零件和轴承位置，不使轴承上的载荷为零。如果不能避免这种情况，则务必采用稳定性好的轴承
33.5.2　不要使轴的工作频率与其固有频率相一致或接近	必须使轴的工作频率避开其固有频率运转，若轴的工作频率很高时，还应考虑使其避开相应的二次、三次或四次高阶固有频率
33.5.3　高速轴的挠性联轴器要尽量靠近轴承 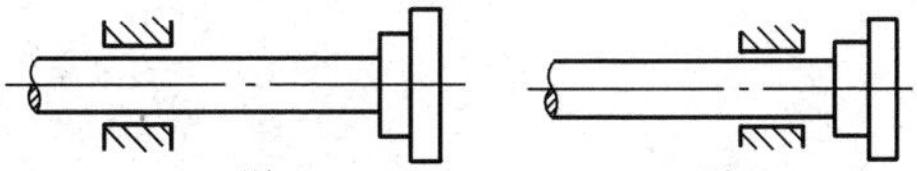 误　　　　正	在高速轴的悬臂端上安装有挠性联轴器的场合，如果悬伸量越大和不平衡重量越大，则轴的固有振动频率越降低，容易引起轴的振动 因此，要尽量将联轴器设置在靠近轴承的位置上，并且尽可能选择重量轻的联轴器

（续）

设计应注意的问题	说　明
33.5.4 转轴上的润滑油要从小轴段处进油，大轴段处出油 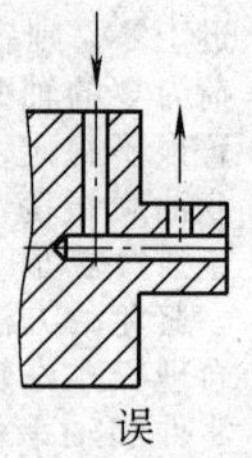 误 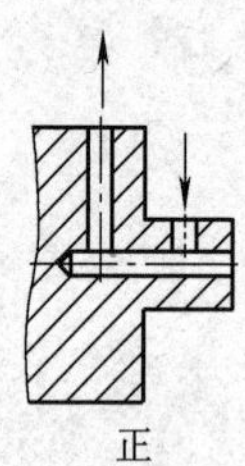 正	在同样转速下的转轴上，大直径轴段的离心力大于小直径轴段的离心力。因此，在设计轴上的润滑油路孔时，不要从大直径轴段处进油，这是因为逆着大离心力方向注油，油不易注入。如设计成从小直径轴段进油，再向大直径轴段出油，油易顺大离心力方向流动，从而保证润滑点的供油

第 34 章　联轴器、离合器、制动器结构设计

概述

很多常用的联轴器、离合器、制动器已经标准化，而且组织的专业厂生产可以直接购得。生产厂可以由互联网查到。还可以参考机械设计手册和专门的手册。

如果现有的标准产品性能不能满足要求，则必须设计专用的联轴器、离合器或制动器。这样做不但在设计和制造时费时、费力，而且在修理时也有一些麻烦。总之，以选用标准产品为好。对于联轴器、离合器、制动器结构设计，本书提醒要注意以下问题：

1）联轴器类型选择。

2）联轴器结构设计。

3）离合器类型选择。

4）离合器结构设计。

5）制动器类型选择。

34.1　联轴器类型选择

设计应注意的问题	说　　明
34.1.1　联轴器应首先考虑选用标准件	现在已有多种标准的联轴器，每种都有若干型号，适用场合广泛，便于查用。设计者应优先考虑选用，特别是选用专业厂的产品

（续）

设计应注意的问题	说　明
34. 1. 2　不宜选择不合用的联轴器型式 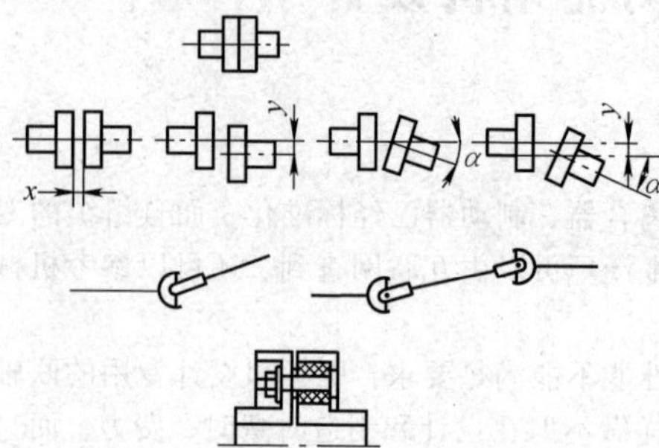 	安装在同一机座上或基础上的部件，工作载荷平稳，被连接两轴能严格对中和工作时不会发生相对位移的场合，可以采用刚性联轴器 如果被连接的两轴分别安装在两个机座上，由于制造和安装误差，或由于机座的刚性较差，不易保证两轴轴线都能精确对中，则宜采用无弹性元件的挠性联轴器 如果被连接的两轴有较大的角位移或径向位移，宜采用万向联轴器 对于高速、受变载荷、冲击载荷以及起动频繁的机器，宜采用有弹性元件的挠性联轴器，这类联轴器都具有一定的补偿轴线位移的功能
34. 1. 3　滚子链联轴器不宜用于逆向传动和高速传动	滚子链联轴器结构简单，尺寸紧凑，维护、装拆方便，有一定补偿性能和缓冲作用。由于链条的套筒与其相配件间有间隙，反转时有空行程，因此不宜用于逆向和起动频繁的传动或立轴传动。同时，由于离心力过大会加速各元件间的磨损和发热，也不宜用于高速传动

（续）

设计应注意的问题	说　明
34.1.4　使用有凸肩和凹槽对中的联轴器，要考虑轴的拆装 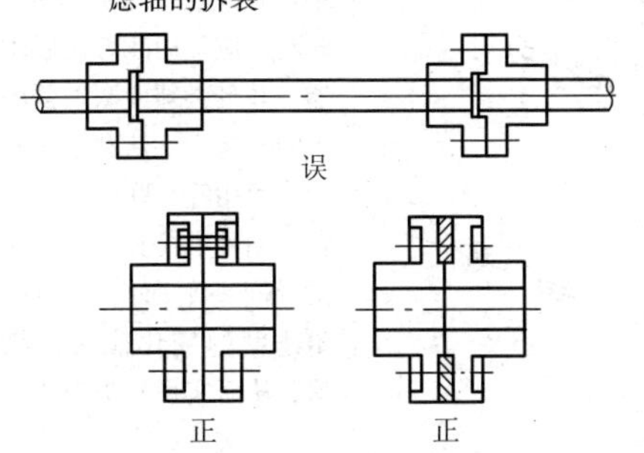 误 正　正	采用具有凸肩的半联轴器和具有凹槽的半联轴器相嵌合而对中的凸缘联轴器时，要考虑在拆装时，轴必须作轴向移动。如果在轴不能作轴向移动或移动很困难的场合，则不宜使用这种联轴器 因此，为了能对中而轴又不能作轴向移动的场合，要考虑其他适当的连接方式，例如采用铰制孔精配螺栓对中，或采用剖分环相配合而对中
34.1.5　轴的两端传动件要求同步转动时，不宜使用有弹性元件的挠性联轴器 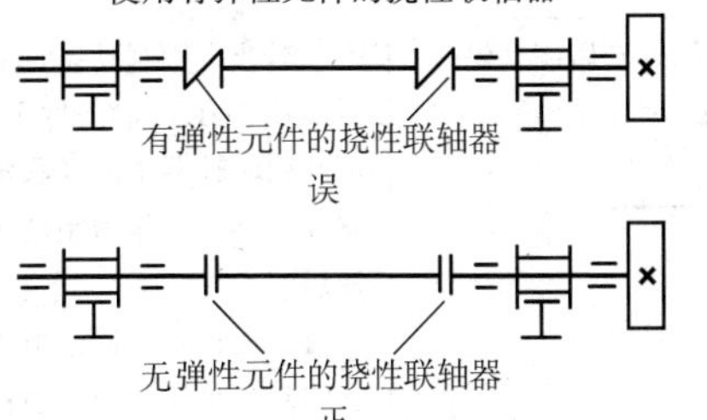 误 正	在轴的两端上被驱动的是车轮等一类的传动件，要求两端同步转动，否则会产生动作不协调或发生卡住 如果采用联轴器和中间轴传动，则联轴器一定要使用无弹性元件的挠性联轴器，否则会由于弹性元件变形关系使两端扭转变形不同，达不到同步转动
34.1.6　中间轴无轴承支承时，两端不要采用十字滑块联轴器 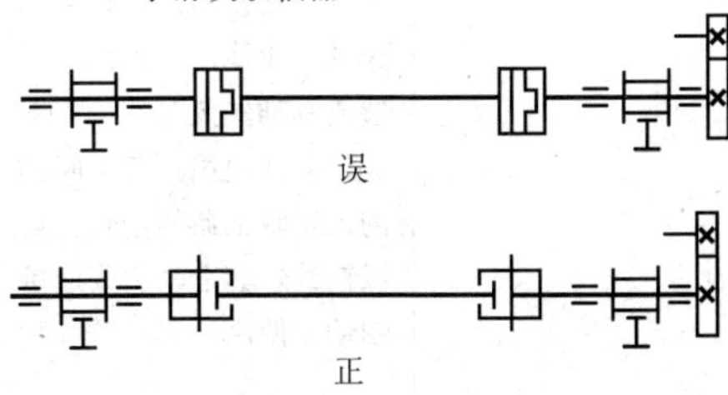 误 正	通过中间轴驱动传动件时，如果中间轴是没有轴承支承的，则在其两端不能采用十字滑块联轴器与其相邻的轴连接 因为十字滑块联轴器中的十字盘是浮动的，容易造成中间轴运转不稳，甚至掉落，在这种情况下，可以采用具有中间轴的齿轮联轴器

（续）

设计应注意的问题	说　明
34.1.7　单万向联轴器不能实现两轴的同步转动 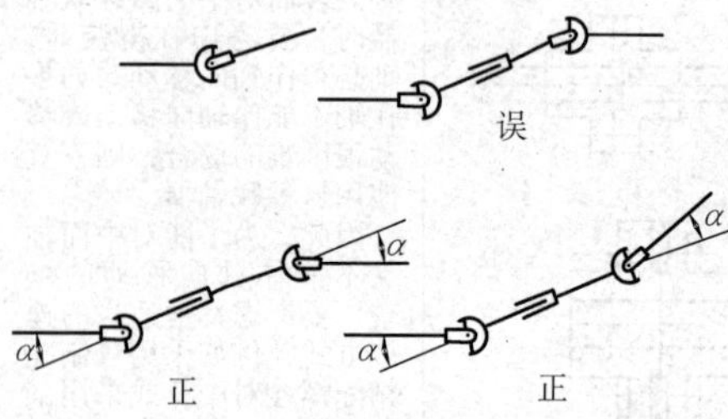 	若要求在相交的两轴或平行的两轴之间实现同步转动，应采用双万向联轴器，并且必须使联轴器的中间轴与主、从动轴之间的夹角相等，联轴器中间轴两端叉形接头的叉口应位于同一平面内。这样，角速度的变化能相互抵消，从而实现同步转动
34.1.8　不要利用齿轮联轴器的外套做制动轮 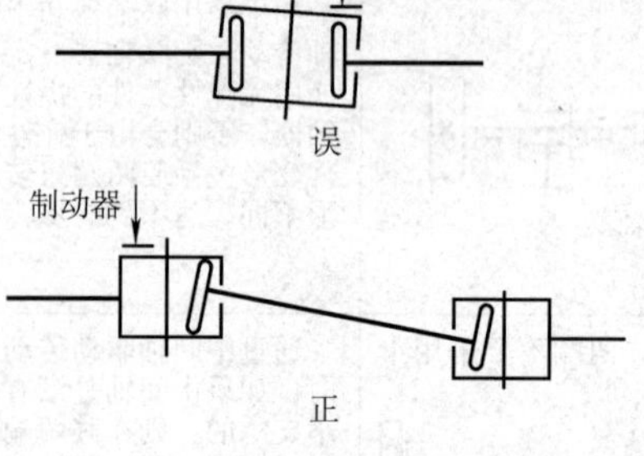 	在需要采用制动装置的机器中，在一定条件下，可利用联轴器中的半联轴器改为钢制后作为制动轮使用 对于齿轮联轴器，由于它的外套是浮动的，当被连接的两轴有偏移时，外套会倾斜。因此，不宜将齿轮联轴器的浮动外套当作制动轮使用，否则容易造成制动失灵 只有在使用具有中间轴的齿轮联轴器的场合，可以在其外套上改制或连接制动轮使用

（续）

设计应注意的问题	说　　明
34.1.9　弹性套柱销联轴器和十字滑块联轴器应分别设置在减速器的高速轴和低速轴，而不宜相反设置 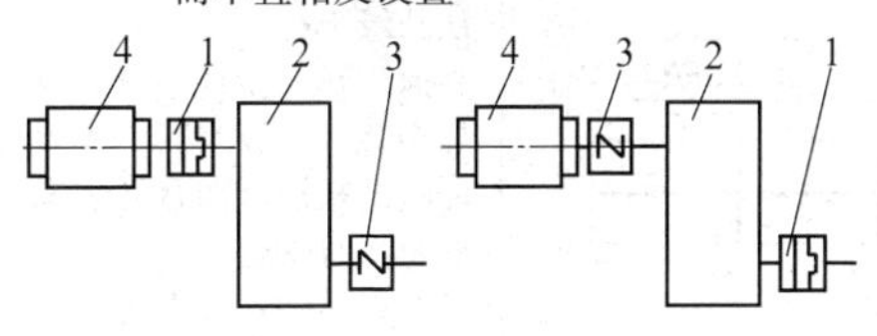 1—十字滑块联轴器 2—减速器 3—弹性套柱销联轴器 4—电动机	在减速传动中，减速器的输入轴和输出轴有时都需要采用联轴器 十字滑块联轴器由于无缓冲减振作用，工件易磨损，在安装有径向误差时，有较大的离心力，不适用于转速高的两轴连接，因而不宜将其布置在减速器的高速轴端，而弹性套柱销联轴器也不宜布置在减速器的低速轴端，因为低速轴端受力大，致使联轴器尺寸大且又不能充分发挥其缓冲吸振的优点。因此，这两种联轴器应相互对调其位置
34.1.10　尽可能不采用十字滑块联轴器（浮动盘联轴器） 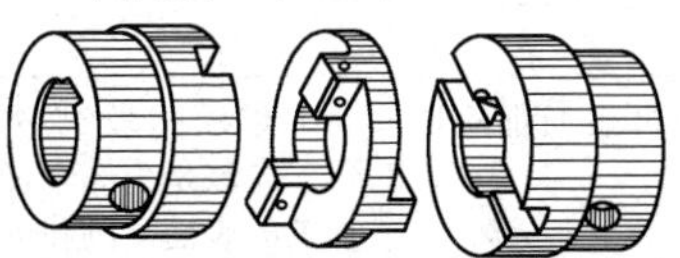	图示联轴器结构简单，允许径向位移，但有径向对中误差时，离心力大。不宜用于高速，轴直径 $d \leqslant 100\text{mm}$ 时，$n_{\max}=250\text{r/min}$，轴直径 $d \leqslant 150$ 时，$n_{\max}=100\text{r/min}$。这种联轴器没有国家标准，不推荐选用。参考资料见［15］卷3

34.2 联轴器结构设计

设计应注意的问题	说 明
34.2.1 高速旋转的联轴器不能有突出在外的突起物 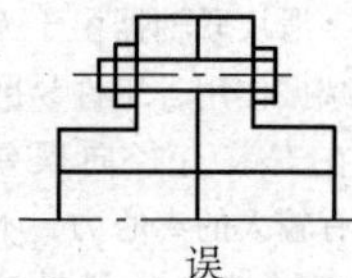 误 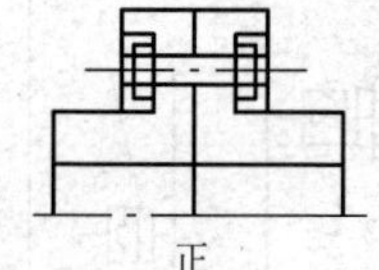 正	在高速旋转的条件下，如果联轴器连接螺栓的头，螺母或其他突出物等从凸缘部分突出，则由于高速旋转而搅动空气，增加损耗，或成为其他不良影响的根源。而且还容易危及人身安全 所以，一定要考虑使突出物埋入联轴器凸缘的防护边中
34.2.2 有滑动摩擦的联轴器要注意保持良好的润滑条件	有些联轴器，例如十字滑块联轴器、齿轮联轴器、链条联轴器、万向联轴器等挠性联轴器，它们相互接触元件间会产生滑动摩擦，工作时需要保持良好的润滑条件 因此，在联轴器上必须要考虑相应的加油润滑系统，并经常保持良好的润滑，注意定期检查，及时更换新油和已损坏的密封件
34.2.3 工作转速较高的联轴器全部表面都应切削加工 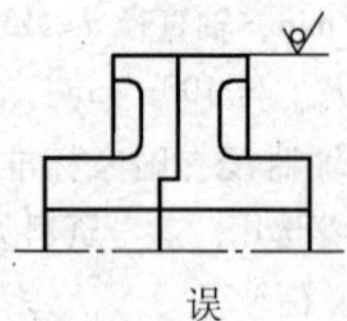 误 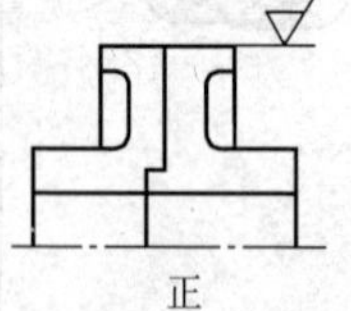 正	工作转速较高的联轴器，应该是全部经过切削加工的表面，以利于平衡 为了调整两轴的相互位置以达到对中的要求，要利用联轴器外圆作为基准面或是测量面，因此外圆表面必须要求一定的精度，表面粗糙度和与轴孔的同心度

（续）

设计应注意的问题	说　明
34.2.4　对于经常装拆及载荷较大、有冲击振动的场合，宜用圆锥形轴孔的联轴器 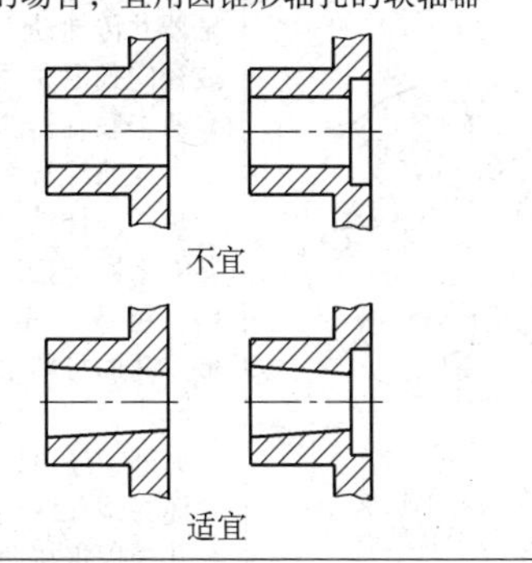	联轴器采用圆柱形轴孔制造比较方便，选用与轴的适当配合，可获得良好的对中精度。但是，装拆不便，经多次装拆后，过盈量减少，会影响配合性质 圆锥形轴孔的制造较费时，但依靠轴向压紧力产生过盈连接，保证有较高的对中精度。因此，对于经常装拆、载荷较大，工作时有振动和冲击以及双向回转工作的传动，宜采用圆锥形轴孔的联轴器
34.2.5　齿轮联轴器中，不能没有润滑剂 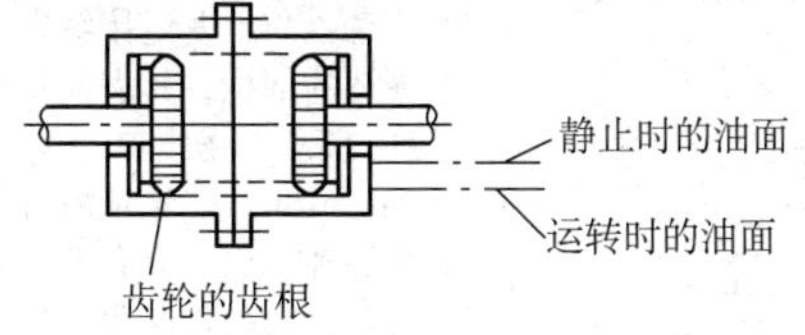	为了减小磨损，必须对齿轮联轴器进行润滑。要注意不应采用油脂润滑，因为润滑脂被齿挤出来后不会自动流回到齿的摩擦面上，齿轮联轴器只应采用润滑油进行润滑，润滑油在运转时由于离心力的作用均匀分布在外周的所有齿上，停止时油集中在下部。所以，在任何情况下都不要将油加到密封部，否则会造成漏油甩出
34.2.6　联轴器连接两轴的支承应具有同一种型式 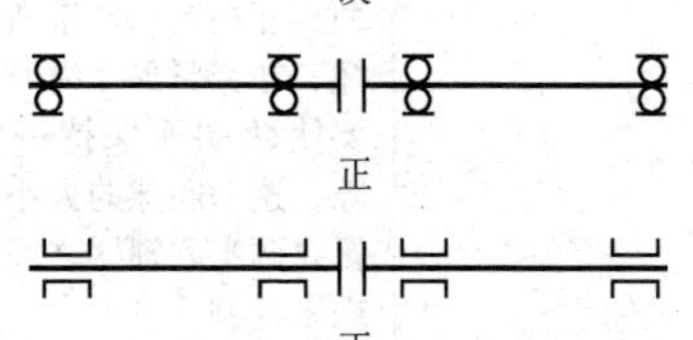	用联轴器连接两轴，如果一根轴用滑动轴承支承，另一根轴用滚动轴承支承，在这种支承条件下，不推荐采用刚性联轴器，也尽量避免采用挠性联轴器。这是由于滑动轴承的间隙和磨损比滚动轴承大，会使滚动轴承受到较大附加载荷，甚至造成滚动轴承破坏

(续)

设计应注意的问题	说　　明
34.2.7　尼龙绳联轴器的两半联轴器端面不能贴紧 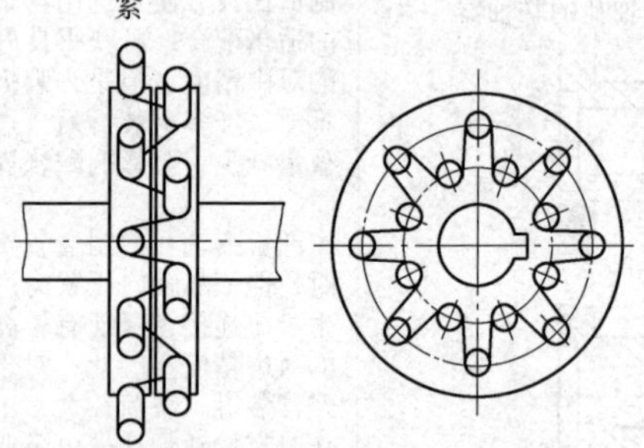 轴向式尼龙联轴器 径向式尼龙联轴器(一个半联轴器凸缘外径小于另一半联轴器凸缘外径) 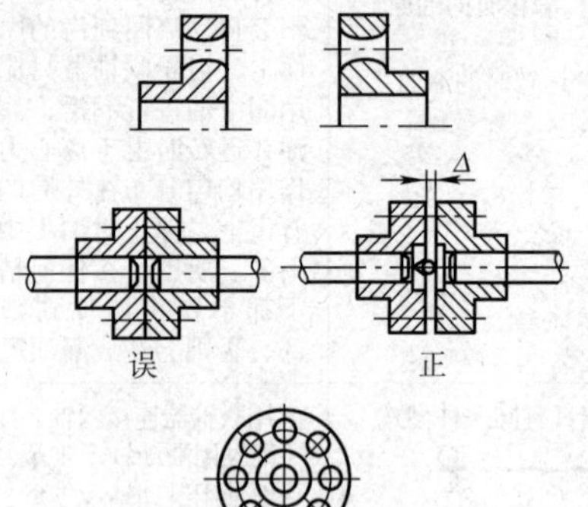 	尼龙绳联轴器是以尼龙绳为弹性元件连接两半联轴器并传递动力。轴向式或径向式尼龙绳联轴器是在两半联轴器的凸缘外表面上或凸缘端面上安装若干短的圆柱销，然后将尼龙绳来回交错地绕过圆柱销，组成一个封闭的环形，从而将两半联轴器连接起来 另外，还可以直接将尼龙绳穿绕在两半联轴器凸缘孔中以连接两半联轴器 使用尼龙绳联轴器必须注意：与尼龙绳接触发生摩擦的部位，其表面粗糙度值一般应小于 $Ra1.6\mu m$，必要时进行抛光处理，更不应有毛刺和尖角；为防止尼龙绳松弛或脱落，结头处必须牢固，在柱销处应采用钢丝箍紧等防松措施；穿绕的凸缘孔两端边缘应制成喇叭形或较大的圆角，使尼龙绳不致过早被切断以延长使用寿命 为防止两半联轴器的端面相互贴紧而产生滑动摩擦，在穿紧尼龙绳时一定要使两端面保持一定间隙，这一间隙的大小由设置在两半联轴器之间的滚珠来控制

34.3 离合器类型选择

设计应注意的问题	说　明
34.3.1 在转速差大的场合进行接合时，不宜采用牙嵌式离合器	牙嵌式离合器接合牙为金属制成，刚性大，在转速差大接合时，会产生相当大的冲击，引起陡振和噪声，特别是在有负载情况下高速接合，有可能使凸牙因受冲击而断裂。因此，牙嵌式离合器只能用在两轴静止时或两轴的转速差很小，在空载或轻载情况下进行接合的传动系统
34.3.2 要求分离迅速的场合不要采用油润滑的摩擦盘式离合器 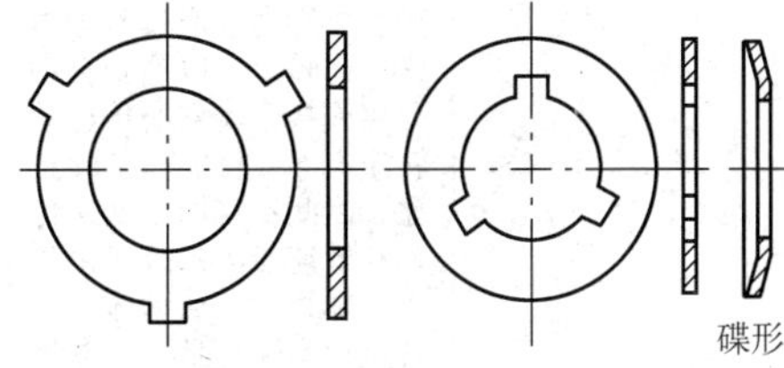 	在某些场合下，主、从动轴的分离要求迅速，在分离位置时，没有拖滞。此时，不宜采用油润滑的摩擦盘式离合器 由于润滑油具有粘性，使主、从动摩擦盘间容易粘联，致使不易迅速分离，造成拖滞现象。若必须采用摩擦盘式离合器时，应采用干摩擦盘式离合器或将内摩擦盘做成碟形，松脱时，由于内盘的弹力作用可使迅速与外盘分离
34.3.3 在高温工作的情况下，不宜采用多盘式摩擦离合器	多盘式摩擦离合器能够在结构空间很小的情况下传递较大的转矩，这有利于它的广泛应用 但是要注意，对于承受高温的离合器，在滑动时间长的情况下会产生大量热量，容易导致损坏，因此，宁可采用摩擦面少的离合器，例如单盘摩擦离合器

（续）

设计应注意的问题	说　明
34.3.4　避免将离合器设置在传动系统的输出端 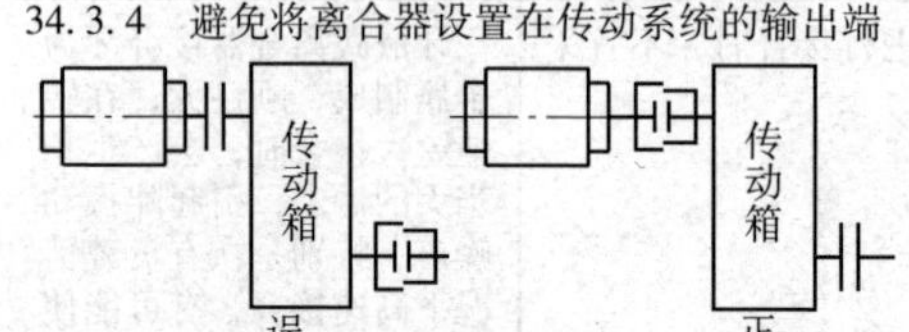 	在机器中应尽量避免将离合器设置在传动系统或传动箱的输出端，因为当离合器脱开时，虽然工作机构并不工作，但传动箱中的轴、轴承及齿轮等均在转动，功率作了无用的消耗，且使箱中机件磨损加快，寿命降低。所以，如非特殊需要，一般应将离合器设置在传动系统输入端，即电动机的输出端上，还有利于较为平稳起动工作，减少有害冲击
34.3.5　离心离合器不宜用于变速传动和起动过程太长的场合	离心离合器是靠离心体产生离心力，通过摩擦力来传递转矩，以达到自动分离或接合。它所传递的转矩与转速的平方成正比，因此不宜用于变速传动和低速传动系统。由于离心体相对于从动体的接合过程实际上是一个摩擦打滑过程，在主、从动侧未达到同步前，伴随有摩擦发热和磨损及能量的消耗，所以离心离合器也不宜用于频繁起动工况和在起动过程太长的场合应用
34.3.6　带负载直接起动困难的机械，宜用离合器取代联轴器 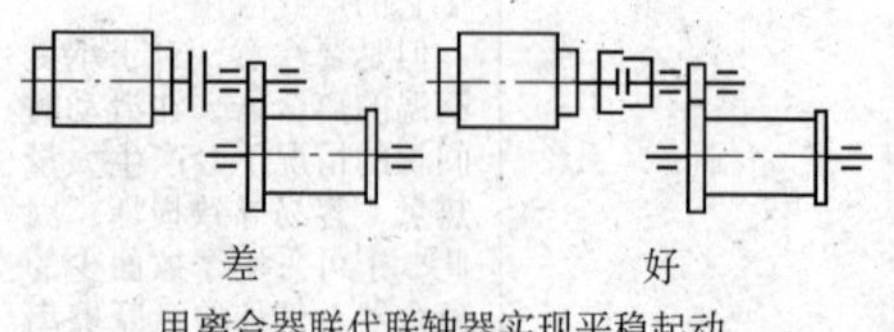 用离合器联代联轴器实现平稳起动	某些大型机械带负载直接起动困难，且起动功率和转矩很大，宜用离合器代替联轴器以实现平稳起动，例如将柱销联轴器改为气压离合器，实现分离起动，起动平稳，延长了电动机和机械设备的寿命

（续）

设计应注意的问题	说　　明
34.3.7　起动频繁且需要经常正反转的传动系统中，宜设置离合器 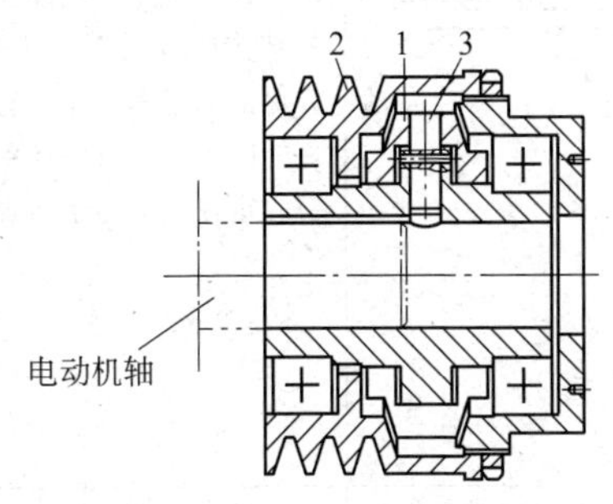 1—离心块　2—轮缘　3—导销	在传动系统中，如果电动机起动频繁，且需要经常正反转，在较大的起动电流作用下，电动机容易发热烧毁，在这种情况下，宜在传动系统中设置离合器，使电动机能实现空载起动 例如，一般机械常在电动机轴上安装主动带轮，如在带轮内设置离心离合器，电动机起动时离合器处于分离状态，随着电动机转速增加，离合器的三块锥面离心块 1 沿导销 3 作径向移动，直至与轮缘 2 内锥面紧紧接触，从而带动带轮作正向转动。当电动机反向时，其过程必然是逐渐减速到零再反转，离心块 1 上的离心力也逐渐减少直至零，离心块与带轮内缘分离。当电动机反转逐渐增速时，离心块又受离心力作用沿导销飞出，使离心块压紧带轮内锥面，从而带动带轮作反向转动。由此不论正转或反转均实现了空载平稳起动，保护了电动机

34.4 离合器结构设计

设计应注意的问题	说　明
34.4.1 牙嵌式离合器需要设置对中装置 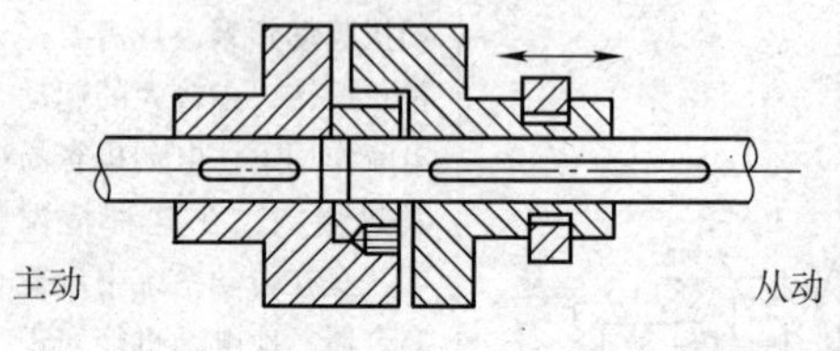 设置对中环	牙嵌离合器由于没有弹性，它对被连接的轴在径向方向和角度方向上不大的位移很敏感，所以在它的结构中要设置对中环，以保证两半离合器能有良好的同心度。对中环用螺钉固定在主动的半离合器上
34.4.2 离合器操纵环应安装在与从动轴相连的半离合器上（图同上）	多数离合器采用机械操纵机构，最简单的是由杠杆、拨叉和滑环所组成的杠杆操纵机构 由于离合器在分离前和分离后，主动半离合器是转动的而从动半离合器是不转动的，为了减少操纵环与半离合器之间的磨损，应尽可能将离合器操纵环安装在与从动轴相连的半离合器上

（续）

设计应注意的问题	说　　明
34.4.3　注意剪切销式安全离合器的受力不平衡现象 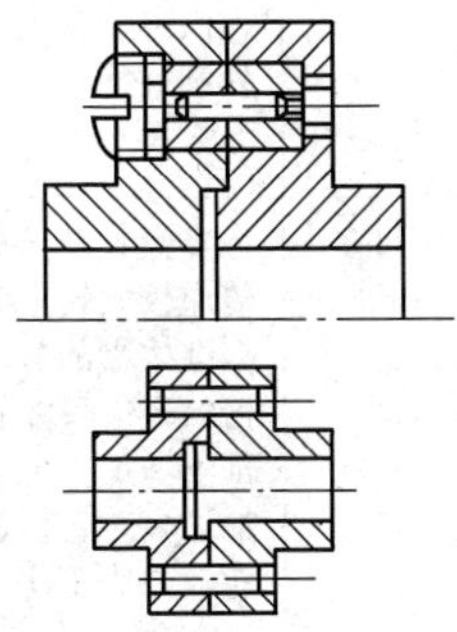	采用剪切销式安全离合器是为了限定所传递的转矩不超过预定的安全值，从而保护机器的重要零件不受损坏 若限定的安全转矩要求尽可能准确时，宜采用单销，且应正确选择销的材料。在预计的剪切面处可以加工出 V 形环槽，这时其剪切载荷的变化范围较小 也可以采用双销。此时，对称两销的切向载荷方向相反，可避免轴和轴承所承受的附加径向载荷。但双销有可能因载荷分配不匀而使安全转矩的准确度降低 为了使圆柱销被剪断后断口的毛刺不致损坏半联轴器的端面，通常要在半联轴器的销孔中设置经过淬火的硬质钢套 为避免销的疲劳强度影响，应尽可能将这种离合器装设在转速较低的轴上。这种联轴器不适用于频繁过载的场合

（续）

设计应注意的问题		说　明
34.4.4	要保证圆锥摩擦离合器在磨损时接合面的正常接触 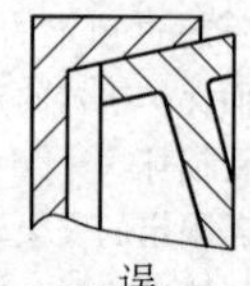 误  正	圆锥摩擦离合器在使用一定时间后，接合面会发生磨损影响接合锥面正常接触。为保证两接合面磨损后仍能正常接触，必须在内外锥轮面上加工出内外圆柱面
34.4.5	多盘式摩擦离合器的摩擦盘数不宜过多	多盘式摩擦离合器，当传递较大转矩时，可以增多摩擦盘的数目，而离合器的径向尺寸和轴向压力都不增加。但摩擦盘数增加过多时，传递转矩并不能随之成正比增大，还会影响分离动作的灵活性。摩擦盘数一般限制在 10 ~15 对以下

34.5 制动器类型选择

设计应注意的问题		说　明
34.5.1	对于重要的机械装置，不要用自锁的蜗杆机构当制动器使用 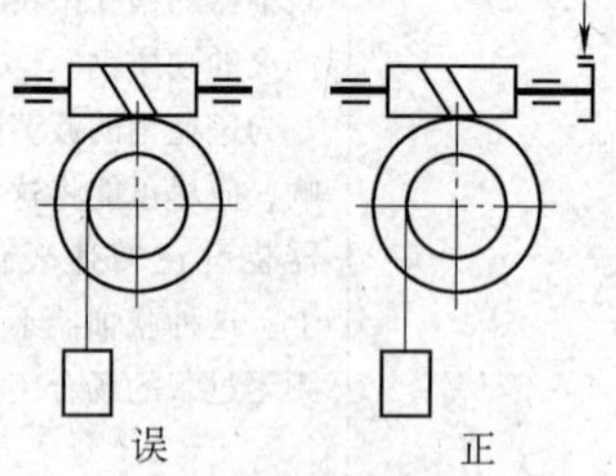 误　　　　正	蜗杆机构的自锁作用是不够可靠的，因当它磨损时就有可能失去自锁作用，会导致发生严重事故，因此对于起重装置、电梯等，自锁失效会引起严重后果的重要机械装置，不要用自锁的蜗杆机构当制动器使用。如采用蜗杆机构传动时，必须另设制动器或停止器，蜗杆机构本身只起辅助的制动作用

（续）

设计应注意的问题	说　　明
34.5.2　尽量不采用单瓦块制动器 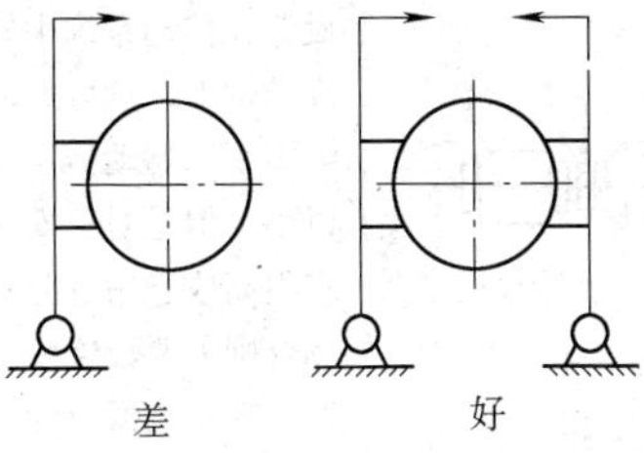 差　　　好	瓦块制动器结构简单，但无论是外抱式瓦块或内胀式瓦块都尽量不采用单瓦块制动器，因为在制动时，制动轮轴将承受严重的弯曲 采用对称布置的双瓦块制动器，在制动时可使制动轮轴免受弯曲，因而得到了广泛的应用
34.5.3　要注意带式制动器中制动轮轴的回转方向 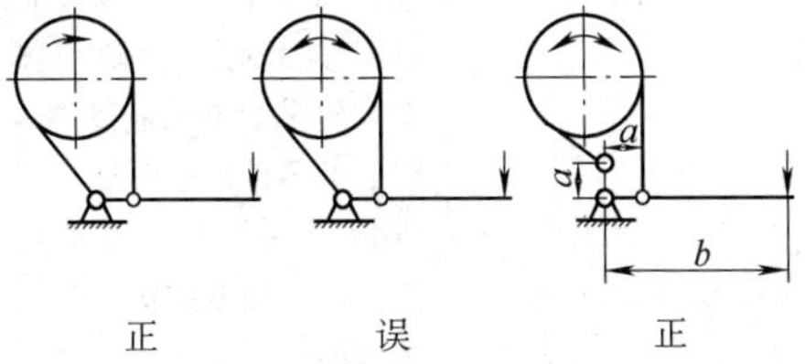 a　a　b 正　　误　　正 双向回转带式制动器	带式制动器结构简单、紧凑，可以产生比较大的制动力矩，但是制动轮轴的回转方向是有一定要求的。图示简单的带式制动器在正常情况下制动轮轴应按顺时针方向回转，如果回转方向改变时，则制动力矩要减小，因此不宜用于需要双向回转的机械中
34.5.4　要注意带式制动器中制动轮轴的回转方向	如果制动轮轴需要双向回转，则应使用带的两端力臂相同的制动器，这样制动力矩就不受制动轮轴回转方向的影响了

（续）

设计应注意的问题	说　明
34.5.5　对于高安全性的传动系统，应设置两级以上制动器 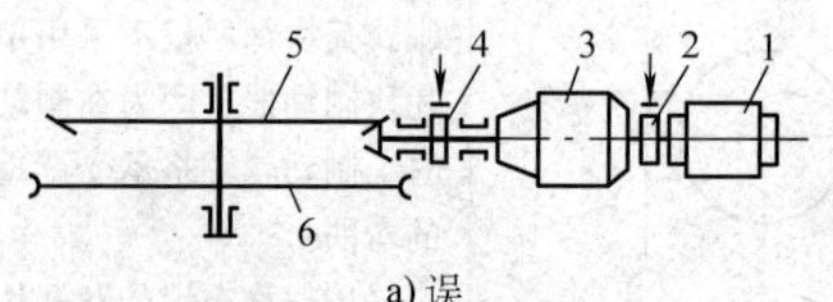 a) 误 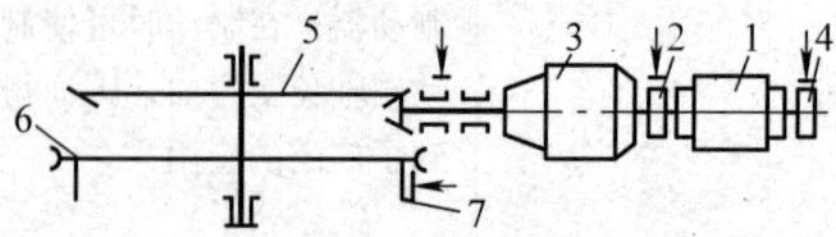 b) 正 1—电动机　2、4—电磁制动器 3—减速器　5—齿轮　6—绳轮 7—制动轮	一般情况下，制动器应设置在传动系统中转速较高的轴上，这样所需制动力矩小，制动器尺寸就可以小。但是对于安全性要求很高或起吊危险物品等场合则需要设置两级制动器，甚至在低速轴上也有必要加装有足够大的制动力矩的制动器 例如图 a 为一客运索道传动机构，在行星齿轮减速器 3 前后各装一电磁制动器 2 和 4，调整两级制动可使索道平稳制动停车。但是如电磁制动器 4 以后的零件发生断裂，则索道失去控制，发生危险。改为图 b 结构，在低速级驱动绳轮 6 上设置事故制动轮 7，可保证安全，在电动机 1 两端设置制动器 2、4 可以达到两级制动效果 另外，在提升机构中用一个原动机来驱动几个机构时，每个机构也应单独设置制动器

第 35 章　滑动轴承结构设计

概述

滑动轴承逐渐被滚动轴承代替，如火车轴承。目前也有一些设备还在使用滑动轴承，例如内燃机曲轴（用滚动轴承安装困难），还有些大型、高速、要求径向尺寸很小的轴承还采用滑动轴承。

滑动轴承的承载面是面接触，受冲击能力高于滚动轴承。为了使滑动轴承保持正常工作，在轴与轴承工作面之间应该有一层稳定的油膜，应保证充分供油、减少发热。

设计滑动轴承应正确选择轴承型式和尺寸、保证良好的加工和安装条件，按规定进行保养维护，及时检修。注意出现问题时进行调整和维修。

对于滑动轴承结构设计，本书提醒要注意以下问题：

1）必须保证良好的润滑。

2）避免严重磨损和局部磨损。

3）保证较大的接触面积。

4）拆装、调整方便。

5）轴瓦、轴承衬结构合理设计。

6）合理选用轴承材料。

7）特殊要求的轴承设计。

35.1 必须保证良好的润滑

设计应注意的问题	说明
35.1.1 轴承应开设油沟，使润滑油能顺利地进入摩擦表面 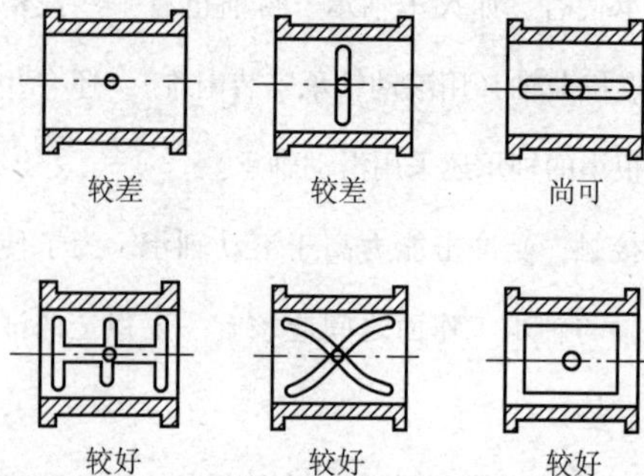 	为使润滑油顺利进入轴承全部摩擦表面，要开油沟使油、脂能沿轴承的周向和轴向得到适当的分配 油沟通常有半环形油沟、纵向油沟、组合式油沟和螺旋槽式油沟，后两种可使油在圆周方向和轴向方向都能得到较好的分配。对于转速较高，载荷方向不变的轴承，可以采用宽槽油沟，有利于增加流量和加强散热。油沟在轴向方向都不应开通 对液体动压润滑轴承，不允许将油沟开在承载区，因为这会破坏油膜并使承载能力下降。对非液体摩擦润滑轴承，应使油沟尽量延伸到最大压力区附近，这对承载能力影响不大，却能在摩擦表面起到良好的贮油和分配油的作用 用于分配润滑脂的油沟要比用于分配稀油的要宽些，因为这种油沟还要求具有贮存干油的作用

（续）

设计应注意的问题	说　　明
35.1.2　润滑油不应从承载区引入轴承 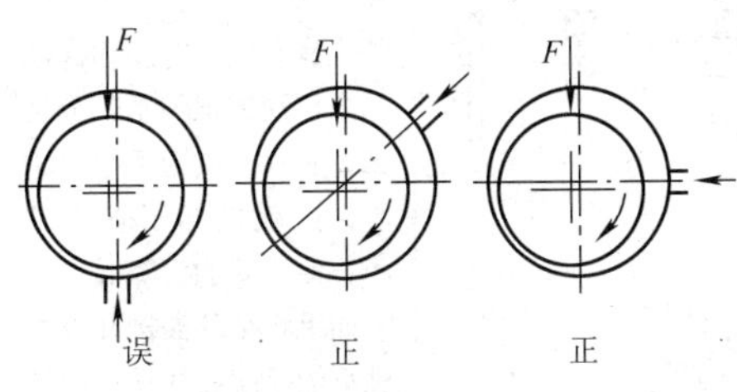 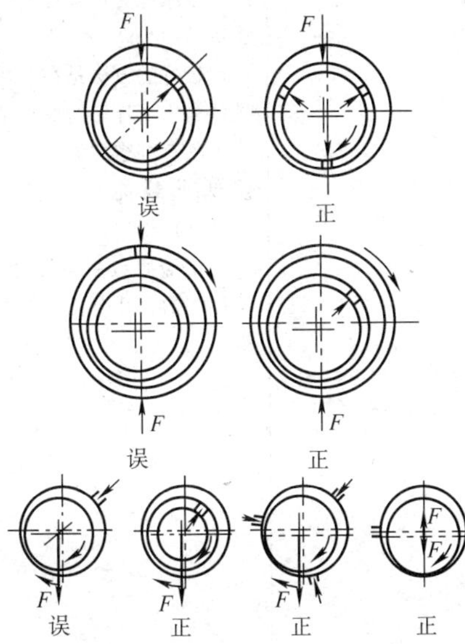 	不应当把进油孔开在承载区，因为承载区的压力很大。显然，压力很低的润滑油是不可能进入轴承间隙中，反而会从轴承中被挤出 当载荷方向不变时，进油孔应开在最大间隙处。若轴在工作中的位置不能预先确定，习惯上就把进油孔开在与载荷作用线成45°角之处，对剖分轴瓦，进油孔也可开在接合面处 因结构需要从轴中供油时，若油孔出口在轴表面上，则轴每转一转油孔通过高压区一次，轴承周期性地进油，油路上易产生脉动，因此最好作出三个油孔 当轴不转，轴承旋转，外载方向不变时，进油孔应从非承载区由轴中小孔引入 当作用在轴上的载荷方向随轴的旋转而变化时，应从轴上小孔中引入润滑油，油孔应大致位于载荷方向的对面。如果因结构需要从轴承中进油时，不能采用一个油孔，因为轴每转一次，进油孔会被高压区压住一次，造成供油不连续，所以应采用三个进油孔。当轴受上下方向的交变载荷时，油孔可开在轴瓦的两侧

（续）

设计应注意的问题	说　　明
35. 1. 3　不要使全环油槽开在轴承中部 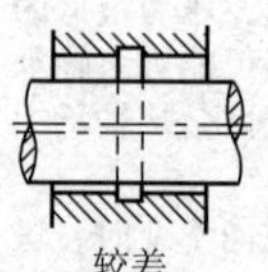 较差 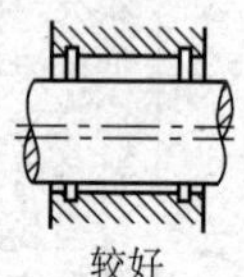 较好 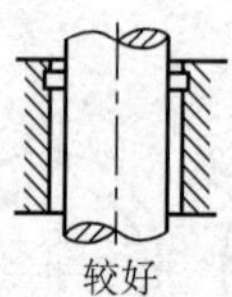 较好	为了加大供油量和加强散热，有时在轴承中切有环形油槽，布置在轴承中部，具有较大宽度和深度的全环油槽把轴承一分为二，实际上成为两个短轴承，这就破坏了轴承油膜，使承载能力降低 如果将全环油槽开设在轴承的一端或两端，则油膜的承载能力可降低得较少些 比较好的方法是在非承载区切出半环形的宽槽油沟，既有利增加流量又不降低承载能力（参见 34. 1. 1） 对于竖直放置的轴承，全环油槽宜开设在轴的上端

（续）

设计应注意的问题	说　明
35.1.4　不要形成润滑油的不流动区 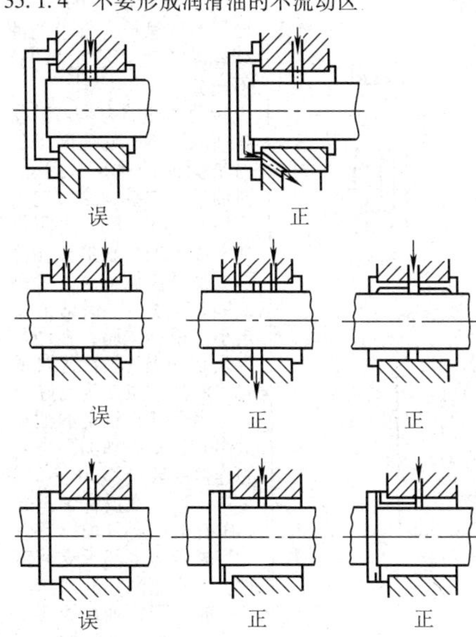 	对于循环供油，要注意油流的畅通，如果油存在着流到尽头之处，则油在该处处于停滞状态，以致热油聚集并逐渐变质劣化，不能起正常的润滑作用，这是造成轴承烧伤的原因 如果轴承端盖是封闭的或轴与轴承端部被闷死，则油不流向端盖或闷死的一侧，那里将成为高温区。由于在端盖处设置了排油通道，从轴承中央供给的油才能在轴承全宽上正常流动 在同一轴承中从两个相邻的油孔处给油，润滑油向里侧的流动受阻，那里油流停滞会造成轴承烧伤，改进的办法是在轴承中部空腔处开泄油孔或使油由轴承非承载区的空腔中引入 对于承受轴向力的带有凸缘的轴承，由于油的出口被轴上的止推轴肩所封闭，也使油流受阻，轴瓦凸缘抵住轴肩的过渡圆角，这同样使油的侧向流动受阻。在那里还同时发生非常强烈的磨损。正确的结构可在止推表面作出径向槽或在非承载区作出通油的纵向槽。凸缘要有倒角，不使抵住轴肩圆角

（续）

设计应注意的问题	说　　明
35.1.5　要使油环给油充分可靠 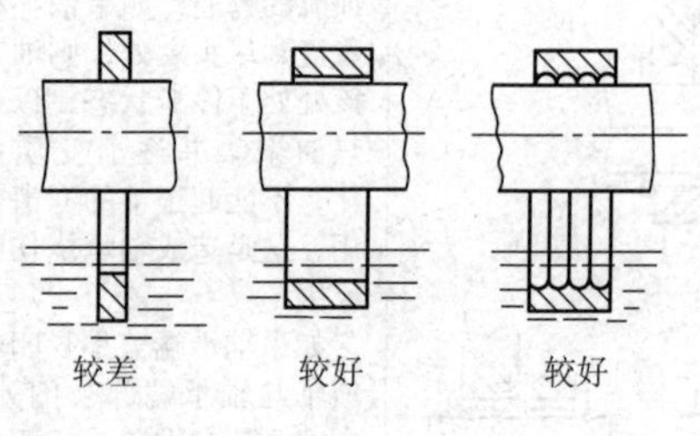 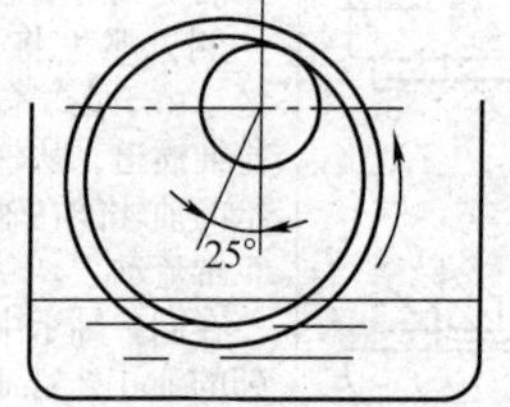 自由悬挂式油环的位移	使用油环润滑的场合，要尽量使悬挂在轴上的油环容易转动，否则给油就不充分 转动油环的力是与轴接触面的摩擦，妨碍转动的力是侧面的摩擦。因此，对油环要选择宽度方向大而厚度方向小的截面尺寸，以增加与轴的接触面积。油环应做得重些（钢或铜合金），以保证滑动很小。根据试验，在油环内表面开若干条纵向槽时，润滑效果最为良好 自由悬挂在轴上的油环工作时，轴心和油环中心的连接线要位移20°～25°左右，这点在设计轴承壳和轴瓦时，必须加以考虑 当轴承的上部承受载荷时，不宜用油环润滑，因为这时必须在轴瓦受载荷的部位开槽。轴作摆动运动时也不宜采用油环润滑
35.1.6　剖分轴瓦的接缝处宜开油沟 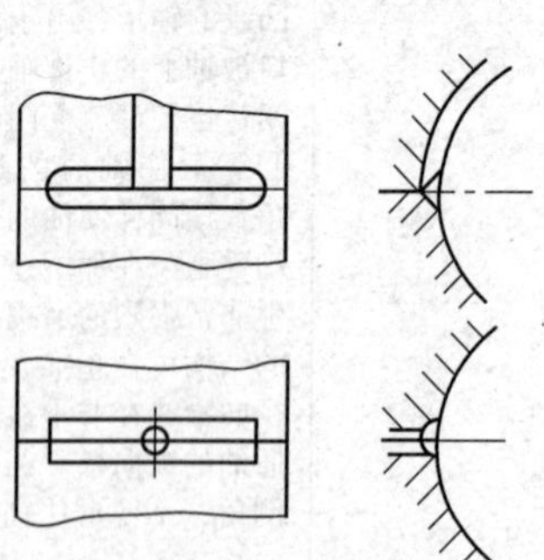	在上、下两轴瓦组成的剖分式轴承中，通常在两侧接缝处开有不太深的油沟或油腔，这可以消除轴瓦接缝处向里弯曲变形对轴承工作的有害影响，同时可以将磨屑等杂质积存在油沟中，以减少发生擦伤的危险，要注意接缝处的油沟也不宜开得太宽，有的也可以作成一个倒角，以免对承载油膜产生不良的作用

（续）

设计应注意的问题	说　明
35.1.7　防止出现切断油膜的锐边或棱角 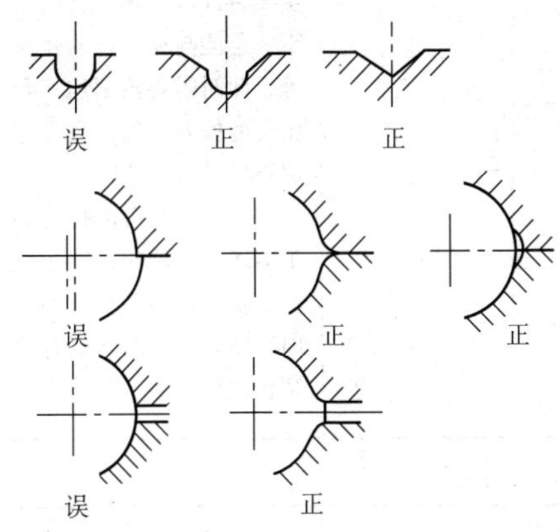	为使供给的油顺畅地流入润滑面，轴瓦油槽、剖分面处要尽量做成平滑的圆角而不要出现锐边或棱角，因为尖锐的边缘会使轴承中油膜被切断并有刮伤的作用 轴瓦剖分面的接缝处，相互之间多少会产生一些错位，错位部分要做成圆角或不大的油腔 在轴瓦剖分面处加调整垫片时，要使垫片侧面离轴颈远一些
35.1.8　加油孔不要被堵塞 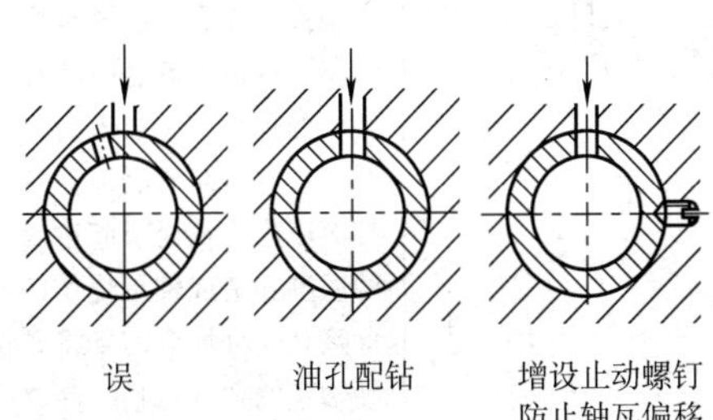 误　油孔配钻　增设止动螺钉防止轴瓦偏移	加油孔的通路部分，如果由于安装轴瓦或轴套时其相对位置偏移或在运转过程中其相关位置偏移，其通路就会被堵塞，从而导致润滑失效 所以，在组装后对加油孔可采用配钻方法，以及对轴瓦增设止动螺钉

（续）

设计应注意的问题	说　　明
35.1.9　设环状储油槽，使加油孔畅通 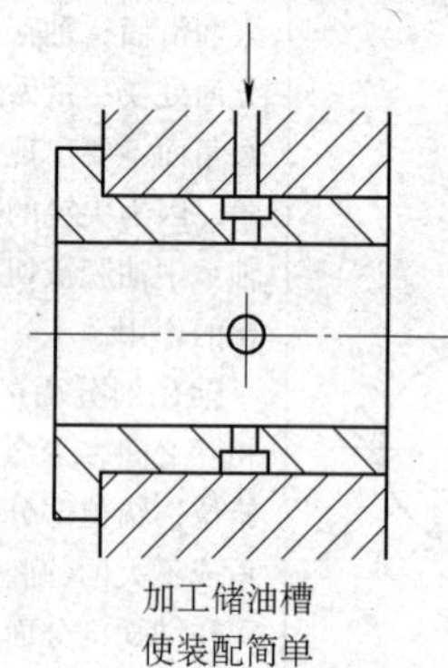 加工储油槽 使装配简单	对于组装前单独加工了孔的轴瓦或轴套，或者在更换备件等场合，其位置不一定能与相配合的孔对准，此时需要根据加工和组装的偏差程度，预先考虑不使其发生故障 在轴瓦外圆进油孔处加工出环状储油槽，则在装配轴瓦时不须严格辨别方向，使装配简单，更有效防止油孔堵塞

35.2　避免严重磨损和局部磨损

设计应注意的问题	说　　明
35.2.1　防止发生阶梯磨损 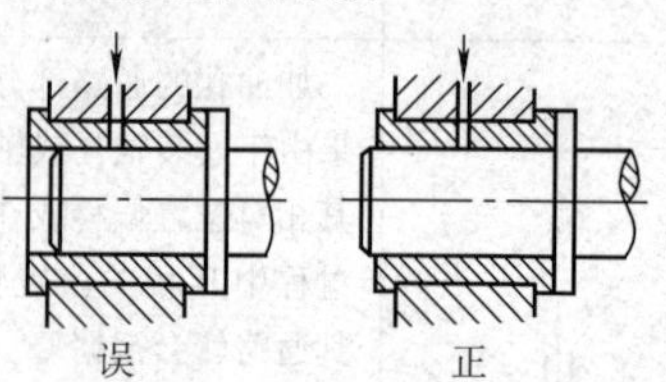 误　　　　正	相互滑动的同一面内如果存在着完全不相接触部分，则由于该部分未磨损而形成阶梯磨损 轴颈工作表面在轴承内终止，轴颈在磨合时将在较软的轴承合金层上磨出凸肩。它将防碍润滑油从端部流出，从而引起过高的温度和造成轴承烧伤的危险。这种场合需要将较硬轴颈的宽度加长，使之等于或稍大于轴承的宽度

（续）

设计应注意的问题	说　明
35.2.2　轴颈表面不可有环形槽 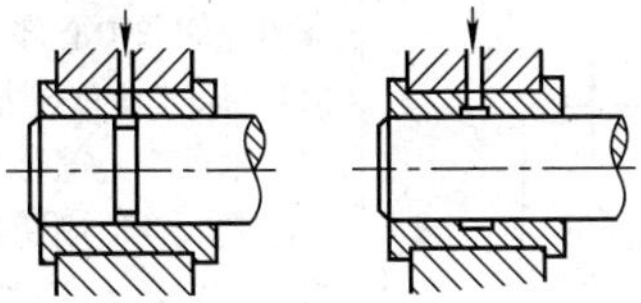 误　正	在轴颈上加工出一条位于轴承内部的环形油槽，这同样会造成危险，即在磨合过程中形成一条棱肩，应尽量将油槽开在轴瓦上
35.2.3　轴瓦表面不可有环形槽 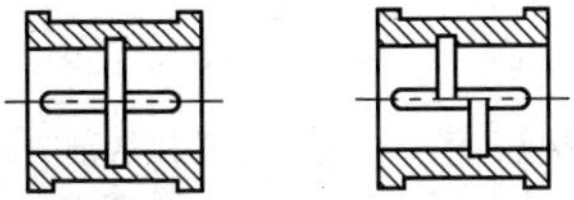 误　正	对于青铜轴瓦等高载荷低速轴承轴瓦，在相当于圆周上油槽部分的轴颈也发生阶梯磨损，这种场合有时需要将上下半油槽的位置错开以消除不接触的地方
35.2.4　避免止推轴承局部磨损 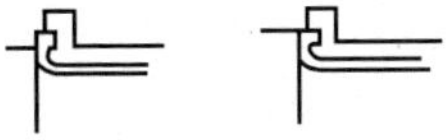 误　正 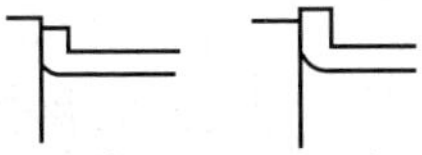 误　正	轴的止推环外径小于轴承止推面外径时，也会造成较软的轴承合金层上出现阶梯磨损，原则上其尺寸应使磨损多的一侧全面磨损 但是，在有的情况下，由于事实上不可避免双方都受磨损，最好是能够避免修配困难的一方（如轴的止推环）出现阶梯磨损

（续）

设计应注意的问题	说　　明
35.2.5　推力轴承与轴颈不宜全部接触 误　　正 误　　正	非液体摩擦润滑推力轴承的外侧和中心部分滑动速度不同，磨损很不均匀，轴承中心部分润滑油难以进入，造成润滑条件劣化。为此，轴颈与轴承的止推面不宜全部接触，在轴颈或轴承的中心部分切出凹坑，不仅改善了润滑条件，也使磨损趋于均匀
35.2.6　不要使轴瓦的止推端面为线接触 误　　误 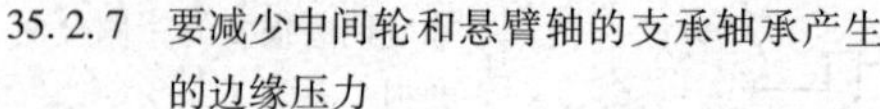 正　　正	滑动接触部分必须是面接触，如果是线接触时，则局部压强异常增大而成为强烈磨损和烧伤的原因 轴瓦止推端面的圆角必须比轴的过渡圆角大，并必须保持有平面接触
35.2.7　要减少中间轮和悬臂轴的支承轴承产生的边缘压力 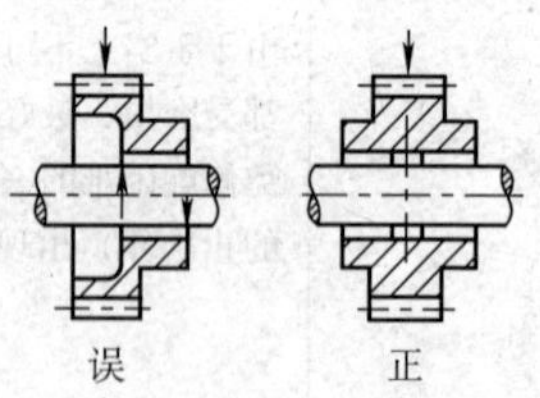 误　　正	中间轮的支承装置不宜做成悬臂的，因为作用在轴承上的力是偏心的，它使得轴承一侧产生很高的边缘压力，加速了轴承的磨损。比较好的结构是力的作用平面应通过轴承中心 悬臂轴的支承轴承最易产生边缘压力，支承在一个轴承中的齿轮轴

(续)

设计应注意的问题	说　明
35.2.8　不可以用一个轴承支持悬臂安装的齿轮 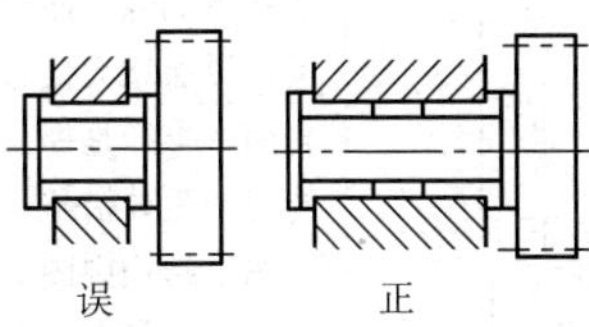 	左图是一种不合理的结构，在接近于齿轮一侧轴承边缘压力大，齿轮容易歪斜，把轴承分成两个，加工比较简单，边缘压力可以减少，缺点是两个轴承载荷不相等，比较合理的结构应使接近于齿轮一侧的轴承直径大一些，使两个轴承压强大致相等
35.2.9　在轴承座孔不同心或在受载后轴线发生挠曲变形条件下，要选择自动调心滑动轴承 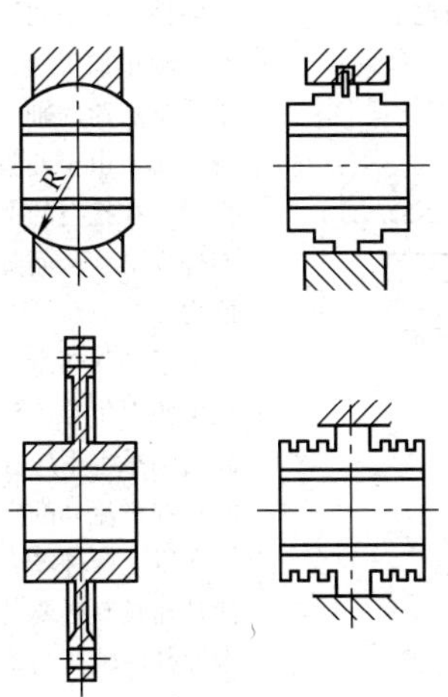 	轴颈在轴承中过于倾斜时，靠近轴承端部会出现轴颈与轴瓦的边缘接触，使轴早期损坏。对于铸铁之类脆性材料的轴瓦，边缘接触特别有害。消除边缘接触的措施一般是采用自动调心轴承 轴瓦外支承表面呈球面，球面的中心恰好在轴线上，这种结构承载能力高 轴瓦外支承表面为窄环形突起，靠突起的较低刚度也可达到调心目的 依靠柔性的膜板式轴承壳体和采用降低轴承边缘刚度的办法也能达到部分调心目的

35.3 保证较大的接触面积

设计应注意的问题		说　明
35.3.1	球面推力轴承宜采用综合曲率半径大的接触副 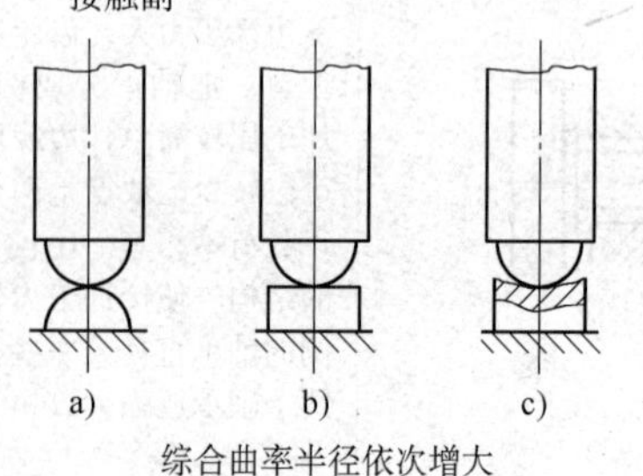 综合曲率半径依次增大	球面接触的推力轴承其接触强度和接触刚度都与接触点的综合曲率半径有关，设法增大接触点的综合曲率半径是提高其工作能力的重要措施 图示结构中图 c 的综合曲率半径最大，有利于改善球面支承的接触强度和刚度，也有利于形成油膜改善润滑性能
35.3.2	承受重载荷或温升较高的轴承，不要把轴承座和轴瓦接触表面中间挖空 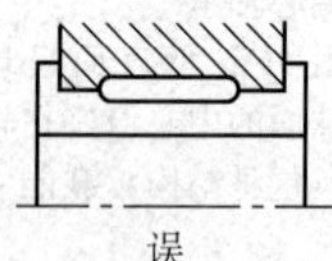 误 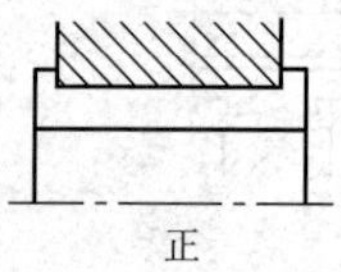 正	通常，轴瓦与轴承座的接触面，在中间开槽或挖空以减小加工量，可是对承受重载荷的轴承，如果轴瓦薄，由于油膜压力的作用，在挖空的部分轴瓦向外变形，从而降低承载能力 为了加强热量从轴瓦向轴承座上传导，对温升较高的轴承也不应在两者之间存在不流动的空气包 在以上两种场合，都应使轴瓦具有必要的厚度和刚性并使轴瓦与轴承座全面接触

35.4 拆装、调整方便

设计应注意的问题	说　　明
35.4.1 不要发生轴瓦或衬套等不能装拆的情况 误　　正 误　　正	整体式轴瓦或圆筒衬套只能从轴向安装、拆卸，所以要使其有能装拆的轴向空间，并考虑卸下的方法
35.4.2 考虑磨损后的间隙调整 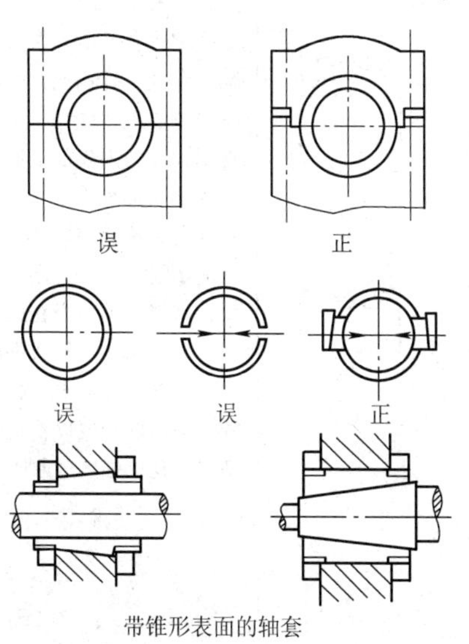 带锥形表面的轴套	滑动轴承在工作中发生磨损是不可避免的，为了保持适当的轴承间隙，要根据磨损量对轴承间隙进行相应调整 磨损不是全周一样，而是有显著的方向性，需要考虑针对此方向的易于调整的措施或结构 剖分轴瓦在剖分面间加调整垫片，三块或四块瓦块组成可调间隙轴承和带锥形表面轴套的轴承等都是可供考虑的结构 对于结构上不可调间隙的轴承，如果达到极限磨损量就要更换新的轴瓦

35.5 轴瓦、轴承衬结构合理设计

设计应注意的问题	说　明
35.5.1 轴瓦和轴承座不允许有相对移动 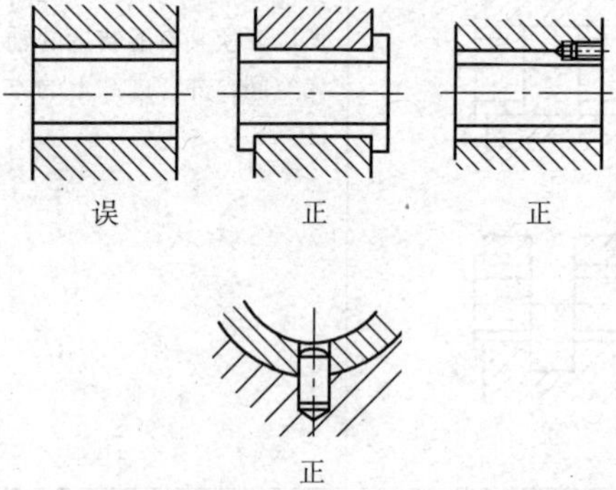 误　　正　　正 正	轴瓦装入轴承座中，应保证在工作时轴瓦与轴承座不得有任何相对的轴向和周向移动 为了防止轴瓦沿轴向和周向移动，可将其两端做出凸缘来作为轴向定位和用紧定螺钉或销钉将其固定在轴承座上
35.5.2 要使双金属轴承中两种金属贴附牢靠 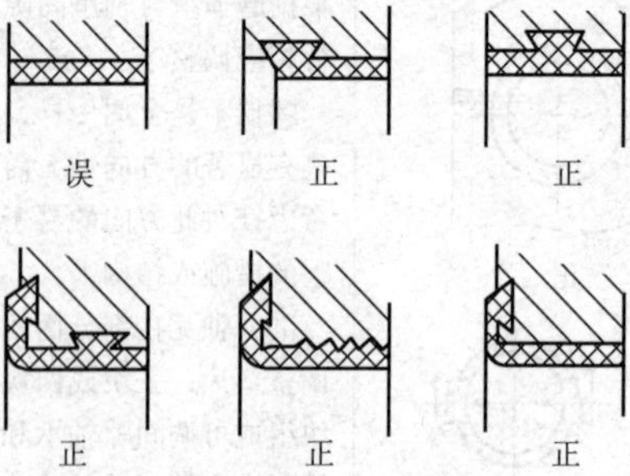 误　　正　　正 正　　正　　正	为了提高轴承的减摩、耐磨和跑合性能，常应用轴承合金、青铜或其他减摩材料覆盖在铸铁、钢或青铜轴瓦的内表面上以制成双金属轴承 双金属轴承中两种金属必须贴附得牢靠，不会松脱，这就必须考虑在底瓦内表面制出各种形式的榫头或沟槽，以增加贴附性，沟槽的深度以不过分削弱底瓦的强度为原则

（续）

设计应注意的问题	说　明
35.5.3　白合金轴承衬不宜用铸铁轴瓦	铸铁中碳的质量分数2%以上，而按体积分数则超过10%。白合金与碳的粘接强度很差，因而白合金与铸铁轴瓦连接牢固性很低。常把连接表面作出燕尾槽等形状加固。结构钢中含碳质量分数一般不大于0.045%，与白合金轴瓦连接较牢固。而青铜中含碳极少，连接最牢固，而且由于青铜是一种很好的耐磨材料，在白合金磨损以后，青铜轴瓦可以起安全作用
35.5.4　设计塑料轴承不能按金属轴承同样处理 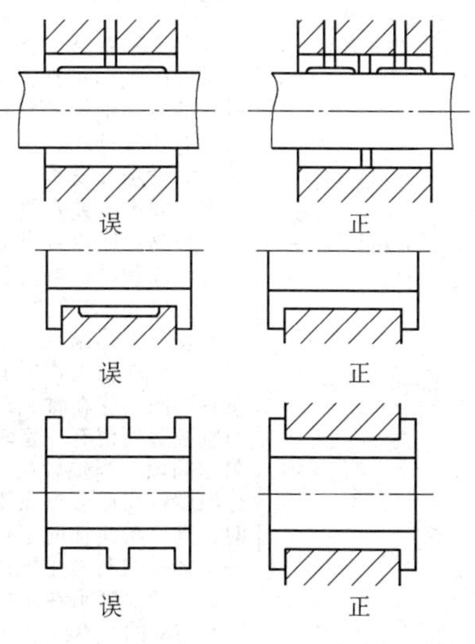 	塑料轴承的导热性差，线膨胀系数大，吸油吸水后体积会膨胀，故应充分注意轴承的润滑和散热。建议塑料轴承间隙应取得尽可能大一些，壁厚在允许范围内做成最薄，轴承宽径比 B/d 也应小一些。如果在不得已情况下，必须采用宽轴承时，则建议将轴瓦分成两段 塑料的抗弯强度低，塑料轴瓦与座接触应全部密贴而不要中间有空 考虑塑料弹性大，轴瓦应尽量壁厚均匀相等，中间不要有凸突部

（续）

<table>
<tr><th>设计应注意的问题</th><th>说　明</th></tr>
<tr><td>35.5.5　确保合理的运转间隙
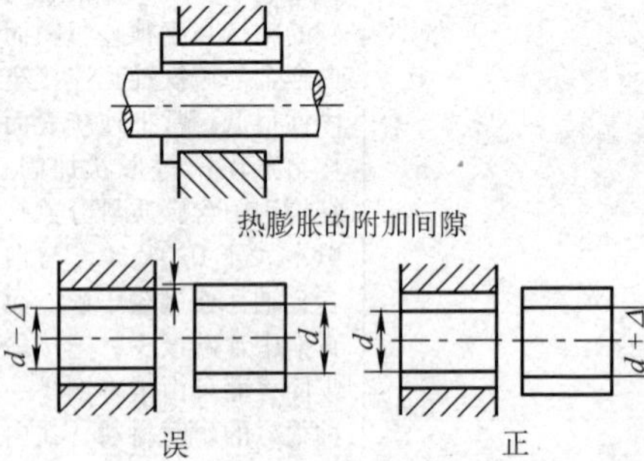

热膨胀的附加间隙
过盈配合装配</td><td>滑动轴承依据使用目的和不同的工作条件需要合适的间隙
轴承间隙因轴承材质、轴瓦装配条件、运转引起的温度变化及其他因素的不同而发生变化，所以事先要对这些因素进行预测，然后合理选择间隙
工作温度较高时，需要考虑轴颈热膨胀时的附加间隙。尼龙等非金属材料轴瓦，由于导热系数低，易膨胀，也需要考虑附加间隙
对轴承衬套用过盈配合装入轴承的情况，此时由于存在装配过盈量，安装后衬套内径比装配前的尺寸缩小</td></tr>
<tr><td>35.5.6　保证轴工作时热膨胀所需要的间隙
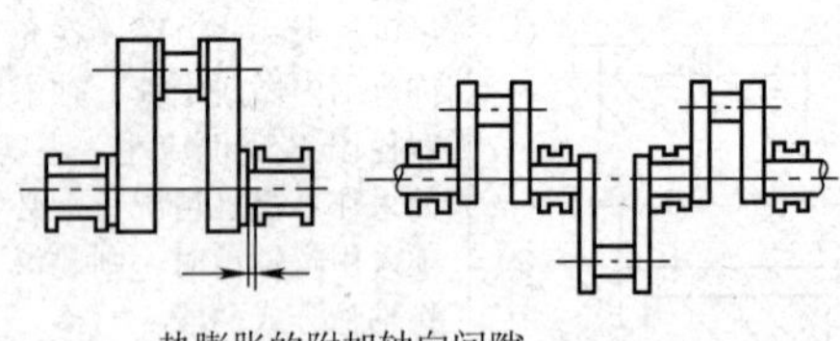
热膨胀的附加轴向间隙</td><td>为保证轴系能正常工作且不发生轴向窜动，支承轴系的滑动轴承的轴瓦通常带有止推凸缘，运转中轴的温度和其支承机架的温度之间产生差别则发生相对伸缩，所以各轴承的轴瓦凸缘和轴接触时就有可能发生卡住的现象
对普通工作温度下的短轴，为允许轴工作时有少量热膨胀，应在轴瓦凸缘与轴接触处留有一定轴向附加间隙。当轴较长、工作温度较高或多支点支承时，则只需使轴向定位的一个轴承的凸缘止推面接触，而其他轴承在轴向全部是游动的，不接触</td></tr>
</table>

（续）

设计应注意的问题	说　明
35.5.7　滑动轴承不宜和密封圈组合 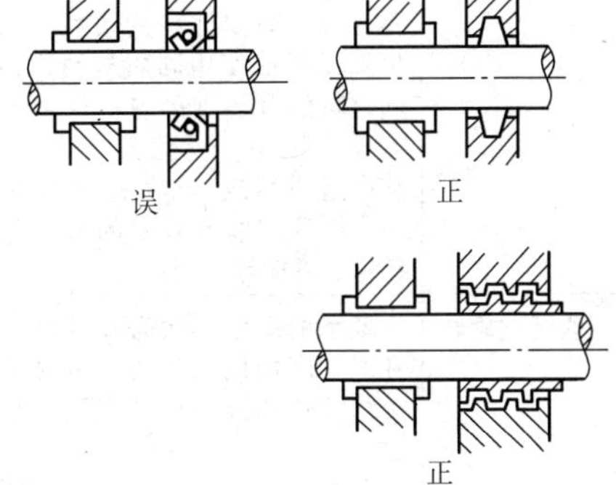 	滑动轴承在工作中会产生磨损，如果磨损了就会发生轴心的偏移。密封圈不适用于轴心偏移的地方，特别是动态移动的地方 如果必须使用滑动轴承和密封组合，密封要采用即使轴心偏移也不致发生故障的其他密封方法或使密封圈与滚动轴承相组合
35.5.8　在轴承盖或上半箱体提升过程中不要使轴瓦脱落 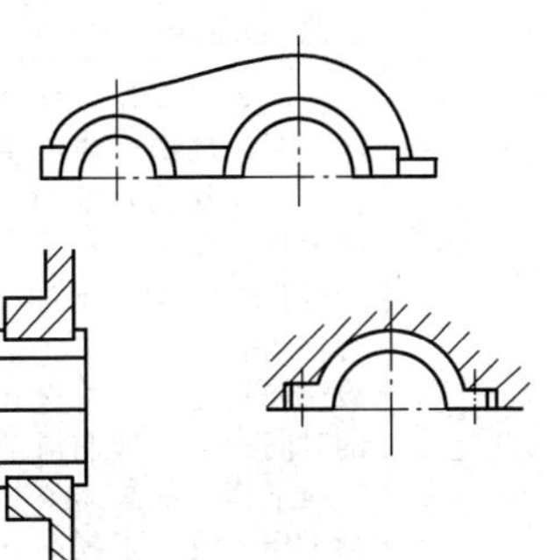	在一些大型机器中，提升轴承盖或上半箱体时，轴承上的轴瓦，由于油的渗入而贴在轴承盖或箱体上，最初常常是一起上升，在提升过程中轴瓦有脱落的危险 为了防止轴瓦脱落，要将轴瓦用螺钉或其他装置固定在轴承盖或箱体上

35.6 合理选用轴承材料

设计应注意的问题	说明
35.6.1 轴瓦和轴不宜用相同的材料	轴瓦材料不仅要求有一定的强度和刚度，而且需要较好的跑合性、减摩性和耐磨性。如果轴瓦和轴使用同质材料，相同材料的摩擦副最容易产生粘着胶合现象，导致胶合失效，从而造成事故。轴瓦材料应采减摩性和耐磨性较好的材料如铸铁、青铜等
35.6.2 含油轴承不宜用于高速或连续旋转的用途	轴承的润滑，除为降低摩擦和减少磨损的目的外，对轴承进行散热和冷却也是主要目的之一 含油轴承和其他的自润滑轴承所含润滑油仅是为自身减摩降磨的目的，然而在高速或连续运转的场合，还应考虑摩擦热的散发和冷却滑动的需要 因此，含油轴承一般只宜用于平稳无冲击载荷及中低速度发热不大的场合
35.6.3 含油轴承并非完全不用供油	含油轴承是用不同金属粉末经压制、烧结而成的多孔质轴承材料。其孔隙度约占总容积的15%～35%。在轴瓦的孔隙中可预先浸满润滑油，因而具有自润滑性。一般在速度较低、载荷较轻的场合可以在相当长的时间内，不加润滑油仍能很好地工作。如果需要长时间连续工作，或为了提高含油轴承使用效果和寿命，仍建议附设供油装置，以定期补充供油。另外，当含油轴承使用一定时间后，也需要重新浸油

35.7 特殊要求的轴承设计

设计应注意的问题	说　明
35.7.1 在高速轻载条件下使用的圆柱形轴瓦要防止失稳	圆柱形轴瓦在高速轻载的场合使用容易失稳，使轴发生剧烈振动而失效，因此需要采取措施予以防止 减少轴承面积，增大压强是最为简单易行的措施之一，如减少轴承的宽径比或尽量扩展油槽的宽度，使接触面积变窄以减少轴承面积，轴承压强增大以后则轴承偏心率增加，有利于消除不稳定现象 增大轴承间隙有利于增加轴的稳定性，缺点是旋转精度降低，故不宜用于精密机械 现场中常通过提高供油温度的办法，使润滑油粘度下降，或通过提高供油压力，以增加轴的稳定性 对于重要的机器由于不允许偏心率过大，则需要采用抗振性好的轴承

（续）

设计应注意的问题	说　明
35.7.2　高速轻载条件下使用的轴承要选用抗振性好的轴承 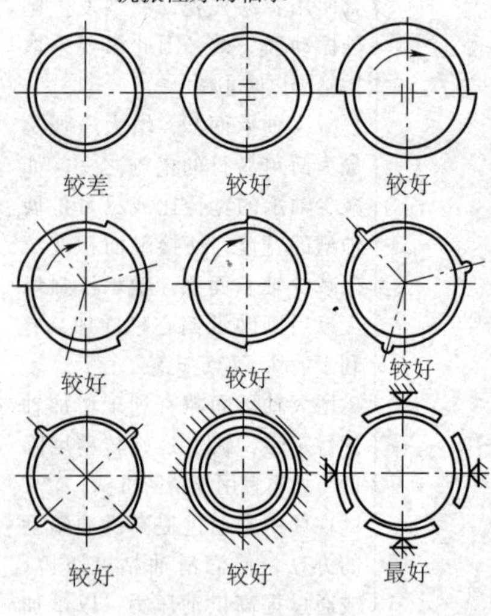 	高速旋转轴的轴承载荷非常小或接近零的场合，由于轴承偏心率很小，轴颈在外部微小干扰力的作用下而偏离平衡位置，油膜有可能出现不稳定状态，并引起半速涡动和油膜振荡，使轴发生强烈振动而导致轴承工作失稳 为防止轴承工作失稳，需要选择抗振性能好的轴承。双油楔、多油楔和多油叶形状轴承或浮环轴承等的抗振性能都比普通圆形轴瓦好 可倾瓦块轴承，轴瓦由 3 ~ 5 块扇形块组成，扇形块背面有球面形支承，轴瓦的倾斜度可随轴颈位置不同而自动调整，以适应不同的载荷、转速、轴的弹性变形和偏斜，是抗振性最好的轴承
35.7.3　重载大型机械的高速旋转轴的启动需要有高压顶轴系统的轴承	重载大型机械的转子自重大，起动转矩非常大，在起动时也容易产生异常磨损和烧伤 在一些场合应用一种“高压顶轴系统”，由高压油使转子浮起，以解决启动瞬间轴与轴承金属摩擦带来的困难 动静压轴承特别适用于要求带载起动而又要长期连续运行的场合。重载大型机械中的动静压轴承多有两套供油系统。一套高压小流量系统用于满载起动、制动或减速时。一套低压大流量系统供正常工作时轴承润滑

（续）

设计应注意的问题	说　　明
35.7.4　对于单向回转的可倾瓦动压滑动轴承轴系，其支点不应布置在弧形瓦的几何中心 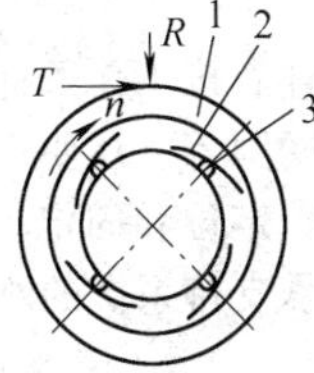 a) 可倾瓦支点位于瓦块几何中心 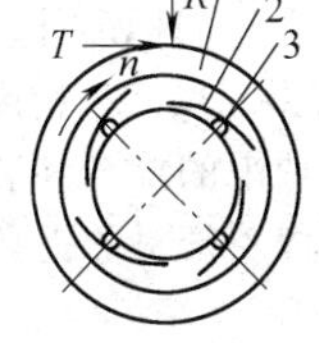 b) 可倾瓦支点偏于出口 1—从动大齿圈　2—可倾瓦动压轴承　3—支点	可倾瓦动压滑动轴承由多个弧形瓦组成，当轴单向运转时，瓦可顺着轴颈的转向绕支点摆动，以形成不同楔角的多个油楔，支承运转的轴系。油楔的进出口处的油膜厚度h1 和h2 之比（h1/h2）称之为间隙比，它反映了楔角的大小。是影响可倾瓦轴承承载能力的主要参数。在弧形瓦一定的弧长和瓦宽情况下，油楔的支点位置的改变会使间隙比变化，楔角也随之改变，使承载能力大小受到影响。液体动压润滑理论指出：为得到最大承载能力和最优间隙比，支点要偏于出口，而不是在几何中心，具体数据可从有关资料中查阅。当轴颈双向回转，则只能采取折中方案，支点取在几何中心处 图中示出从动大齿圈 1，它采用了 4 块可倾瓦 2 组成径向滑动轴承支承，承受切向力 T 及径向力 R 图 a 的可倾瓦支点 3 选在瓦块几何中心处，不能发挥出轴承最大的承载能力 图 b 的可倾瓦支点 3 位置是根据液体动压润滑理论，在选定的弧形瓦长宽比情况下，由最大承载能力及最优间隙比决定，它靠近出口

第 36 章　滚动轴承结构设计

概述

滚动轴承是由专业工厂大量生产的标准件，设计者按工作条件选择合适的标准型号，包括轴承类型、尺寸、精度、间隙等。还要正确设计轴承的组合结构，考虑滚动轴承的配合和装拆、定位和固定、轴承与相关零件的配合、轴承的润滑、密封和提高轴承支持系统的刚度等。

正确合理的支承结构设计对于提高轴承的寿命、精度和可靠性都有重要作用。

对于滚动轴承结构设计，本书提醒要注意以下问题：

1）滚动轴承类型选择。

2）轴承组合的布置和轴系结构。

3）轴承座结构设计。

4）保证轴承装拆方便。

5）滚动轴承润滑设计。

6）钢丝滚道轴承设计。

36.1　滚动轴承的类型选择

设计应注意的问题	说　明
36.1.1　安装和拆卸比较频繁时，宜采用可分离型轴承 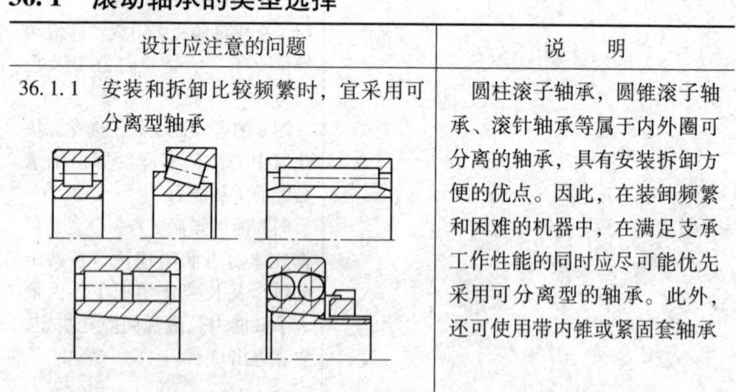	圆柱滚子轴承，圆锥滚子轴承、滚针轴承等属于内外圈可分离的轴承，具有安装拆卸方便的优点。因此，在装卸频繁和困难的机器中，在满足支承工作性能的同时应尽可能优先采用可分离型的轴承。此外，还可使用带内锥或紧固套轴承

（续）

设计应注意的问题	说明
36.1.2　不宜用于高速旋转的滚动轴承 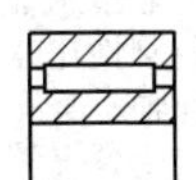 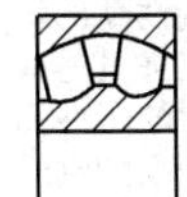 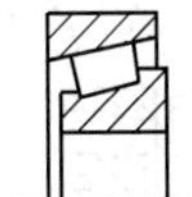 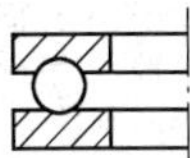 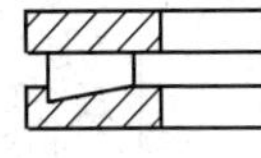	滚针轴承的滚动体是直径小的长圆柱滚子，相对于轴的转速滚子本身的转速高，无保持架的轴承滚子相互接触，摩擦大，且长而不受约束的滚子具有歪斜的倾向，因而限制了它的极限转速。承受大的径向载荷，径向结构要求紧凑，低速是这种类型轴承的适用范围 调心滚子轴承适合于承受大的径向载荷或冲击载荷，还能承受一定程度的轴向载荷。但是，由于结构复杂，精度不高，接触区的滑动比圆柱滚子轴承大，所以这类轴承也不适用高速旋转 圆锥滚子轴承在承受大的径向载荷的同时，还能承受较大的单向轴向载荷。由于滚子端面和内圈挡边之间呈滑动接触状态，且在高速运转条件下，因离心力的影响要施加充足的润滑油变得困难，因此它的极限转速一般只能达到中等水平 推力球轴承在高速下工作时，因离心力大，钢球与滚道、保持架之间，摩擦和发热比较严重。推力滚子轴承，在滚动过程中，滚子内、外尾端会出现滑动。因此，推力轴承都不适用于高速旋转的场合 其他类型滚动轴承在内径相同的条件下，外径越小，则滚动体越轻小，运动时加在外圈滚道上的离心惯性力也越小，因而超轻、特轻及轻系列轴承更适于在高转速下工作

（续）

设计应注意的问题	说　明
36.1.3　要求支承刚性高的轴，宜使用刚性高的轴承 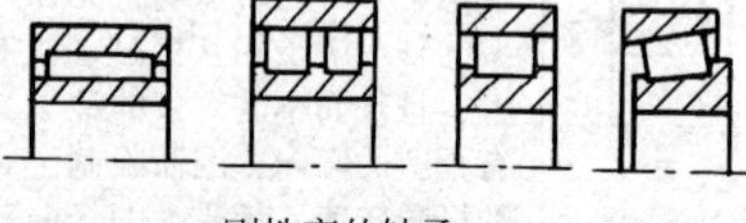 刚性高的轴承	提高支承的刚性，首先应选用刚性高的轴承。一般滚子轴承（尤其是双列）的刚性比球轴承的刚性高。滚针轴承具有特别高的刚性，但由于容许转速不高，应用受到很大限制。圆柱滚子和圆锥滚子轴承也具有很高的刚性，角接触球轴承的刚性虽然比上述轴承小，但与同尺寸的向心球轴承相比较，仍具有较高的径向刚性 承受轴向力的推力轴承轴向刚性最高。其他类型的轴承的轴向刚性则取决于轴承接触角的大小，接触角大则轴向刚性高。圆锥滚子轴承的轴向刚性比角接触球轴承高
36.1.4　角接触轴承的不同排列方式对支承刚性影响的设计 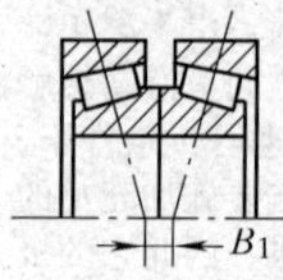 正安装（X型） 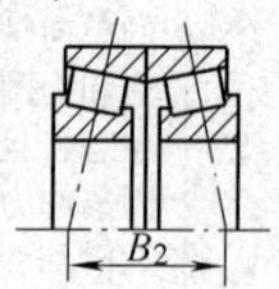 反安装（O型） 圆锥滚子轴承的并列组合 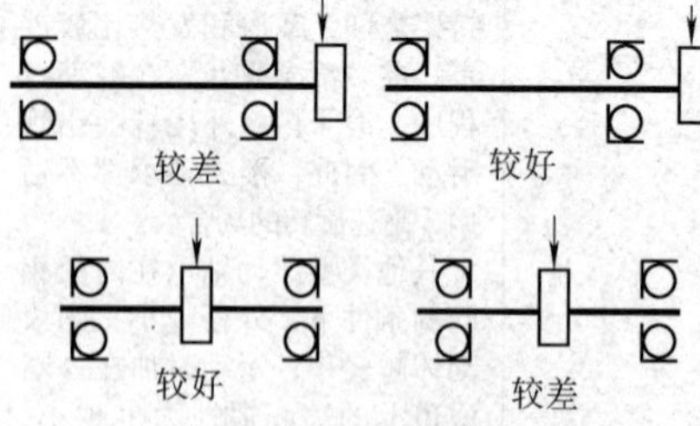 角接触轴承组合的刚性	同样的轴承作不同排列，轴承组合的刚性将不同。一对角接触轴承（或圆锥滚子轴承）可以有正安装（X型）和反安装（O型）两种排列方案 一对圆锥滚子轴承并列组合为一个支点时，反安装方案两轴承反力在轴上的作用点距离 B_2 较大，支承有较高的刚性和对轴的弯曲力矩具有较高的抵抗能力。正安装方案两轴承反力在轴上的作用点距离 B_1 较小，支承的刚性较小。如果估计到可能发生轴的弯曲或轴承的不对中，就应选用刚性较小的正安装方案 一对角接触轴承分别处于两支点时应根据具体受力情况分析其刚性。当受力零件在悬伸端时，反安装方案刚性好，当受力零件在两轴承之间时，正安装方案刚性好

（续）

设计应注意的问题	说　明
36.1.5　利用预紧方法提高角接触轴承的支承刚性 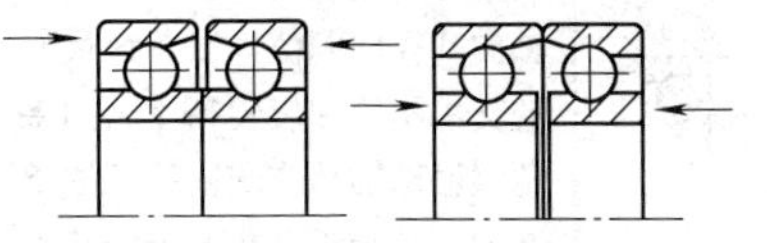 磨窄座圈控制预紧量 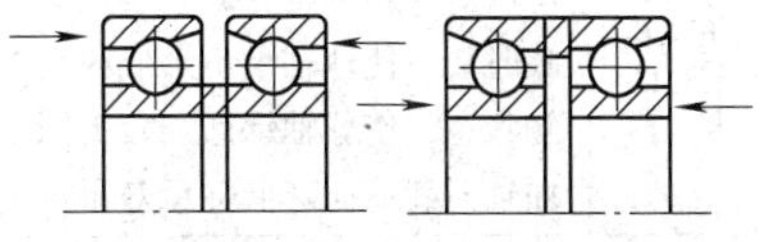 加装垫片控制预紧量 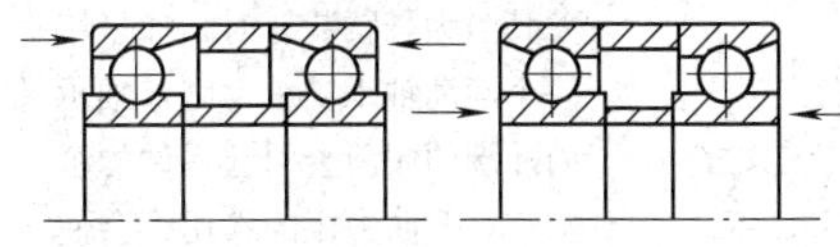 改变套筒长度控制预紧量	在成对使用的角接触轴承中，常利用预紧方法来提高轴承的支承刚度。轴承的预紧是指在安装时采取一定措施使轴承中的滚动体和内、外圈之间产生一定量的预变形，以保持内、外圈处于压紧状态。通过预紧可以增加轴承的刚性及精度，减小工作时的噪声和振动 预紧获得的方法有：通过磨窄座圈控制预紧量；通过在座圈间加装垫片控制预紧量；通过改变座圈间的套筒长度控制预紧量等 预紧量的大小要严格控制，因为预紧的作用会使轴承摩擦阻力增大，工作寿命降低
36.1.6　角接触轴承同向串联安装，宜用于需要承受一个方向的极高轴向载荷的场合 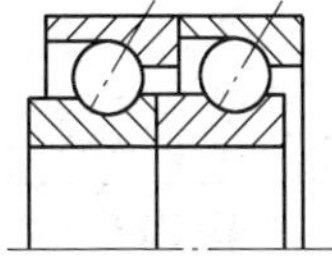 同向串联 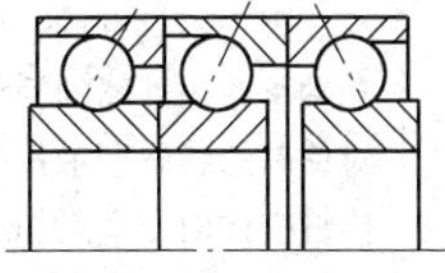 串联反安装	一对角接触轴承同向串联安装为一个支点时，用于需要承受一个方向的极高轴向载荷，特别是由于速度和空间地位的限制，不允许使用较大的轴承或较简单的安排时。对于异常高的轴向载荷也可以使用三个以上同向串联的组合。当一个方向的轴向载荷很大而另一个方向也存在一定的轴向载荷时，那就应该使用两个同向串联和另外一个单独的轴承组成反安装形式。成为“串联反安装”。如果两个方向的轴向载荷都很大，那么可以使用两对同向串联轴承组成反安装的形式

（续）

设计应注意的问题	说　明
36.1.7　角接触轴承不宜与非调整间隙轴承成对组合 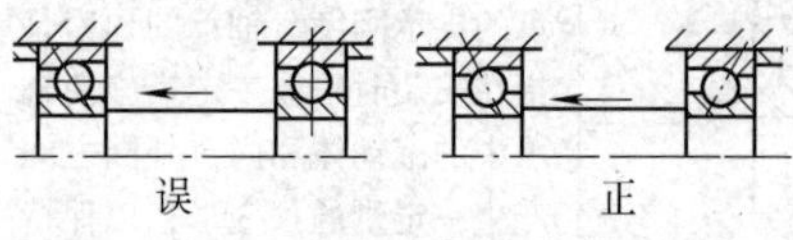 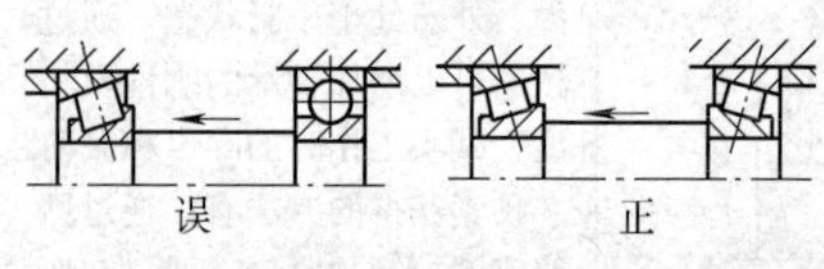 	成对使用的角接触轴承的应用是为了通过调整轴承内部的轴向和径向间隙，以获得最好的支承刚性和旋转精度，如果角接触球轴承或圆锥滚子轴承与向心球轴承等非调整间隙轴承成对使用，则在调整轴向间隙时会迫使球轴承也形成角接触状态，使球轴承增加较大附加轴向载荷而降低轴承寿命
36.1.8　游轮、中间轮不宜用一个滚动轴承支承 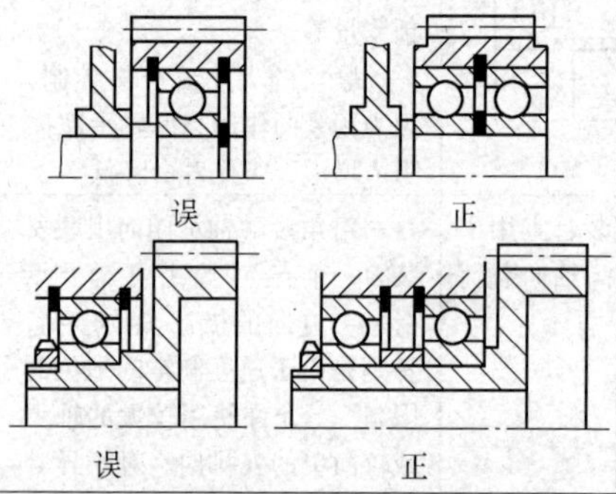 	游轮、中间轮等承载零件，尤其当为悬臂装置时，如采用一个滚动轴承支承，则球轴承内外圈的倾斜会引起零件的歪斜，在弯曲力矩的作用下会使形成角接触的球体产生很大的附加载荷，使轴承工作条件恶化并导致过早失效。正确的结构应采用二个滚动轴承支承
36.1.9　在两机座孔不同心或在受载后轴线发生挠曲变形条件下使用的轴，要选择具有调心性能的轴承 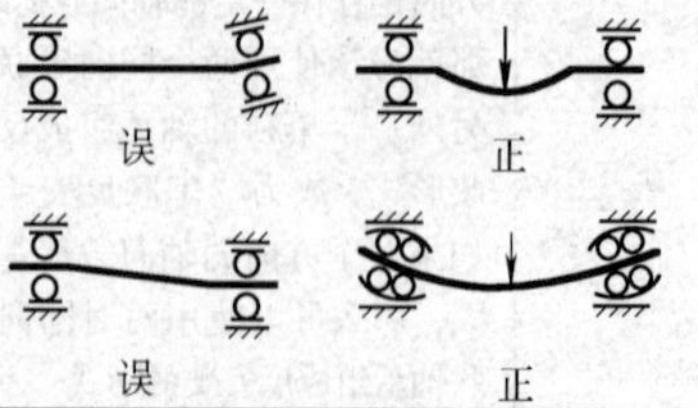 	当两机座孔不同心或轴挠曲变形较大，会使轴承内外圈倾斜角较大，此时应选用调心轴承。因为不具有调心性能的滚动轴承在内外圈的轴线发生相对偏斜的状态下工作时，滚动体将楔住而产生附加载荷，从而使轴承寿命降低

（续）

设计应注意的问题	说　明
36.1.9　在两机座孔不同心或在受载后轴线发生挠曲变形条件下使用的轴，要选择具有调心性能的轴承 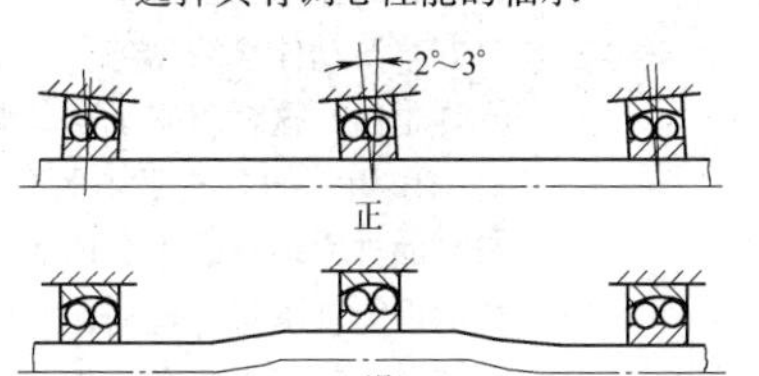 	即使采用了调心轴承也不能在多支点轴承的轴承座孔间有过大的偏心，这时只允许有2°~3°的偏转
36.1.10　设计等径轴多支点轴承时，要考虑中间轴承安装的困难 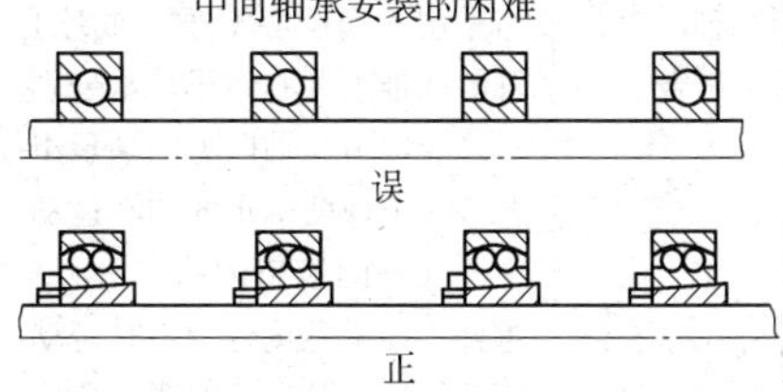 	因为滚动轴承的尺寸是标准的，在长轴上安装几个滚动轴承时，里面的轴承安装非常困难，此时，要使用装有锥形紧定套的轴承，以使装拆无困难
36.1.11　调心轴承应合理配置 较差　较好 差　好 误　正	当轴采用调心轴承和深沟球轴承支承时，由于轴和机座孔的加工和安装的同心度误差，轴在工作中发生的挠曲变形，使深沟球轴承内外圈中心线不可能保持重合，会产生一定的偏斜，造成滚动轴承内部接触应力分布不均，导致轴承寿命降低。圆柱滚子轴承对此种情况更加敏感。所以在刚性较差的轴的支承中，不宜采用上述轴承配置，而应使用成对调心轴承

（续）

设计应注意的问题	说　明
36.1.11　调心轴承应合理配置	将普通的平面推力轴承与调心轴承配置在一个支承上也是不适宜的，为使推力轴承工作良好，滚动体承载均匀，轴不允许歪斜，这就阻碍了自动调心的作用。如要求调心性能，将平面推力轴承改为带球面座垫的推力轴承是合理的，但球面座垫的球面中心必须与调心轴承的球面中心重合，否则也不能实现正常的自动调心
36.1.12　径向调心轴承和推力调心轴承组合时，两调心运动中心忌不重合 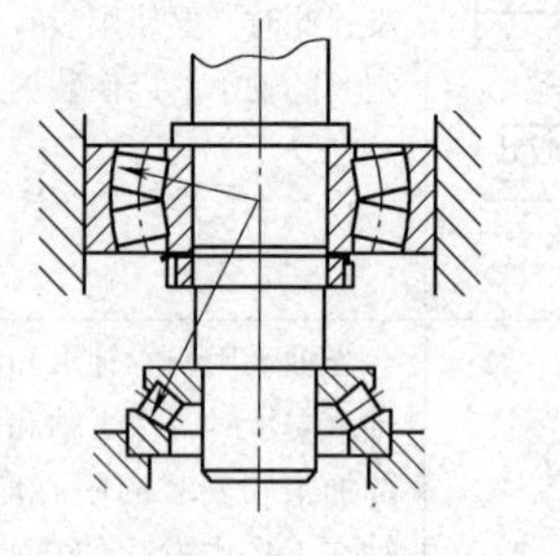 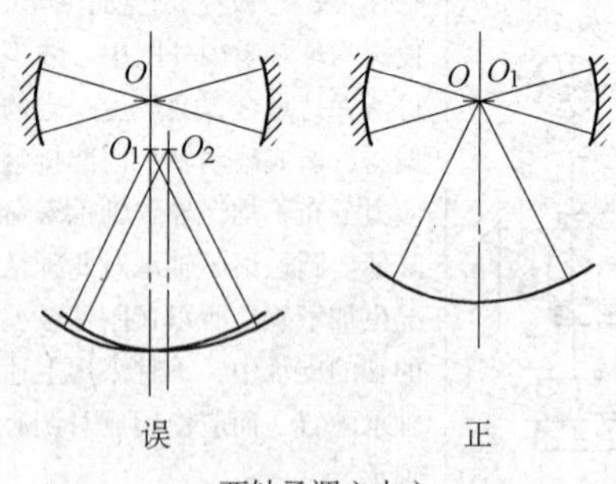 误　　正 两轴承调心中心	采用双列调心滚子（或球）轴承和推力调心滚子轴承分别承受径向力和轴向力的轴承组合，必须使两轴承的调心运动中心（外圈滚道的曲率中心）重合。如果不重合调心时运动相互干涉，既达不到调心自位目的，轴承又容易损坏

（续）

设计应注意的问题	说　明
36.1.13　带球面座垫的推力轴承，不宜用于轴摆动大的场合 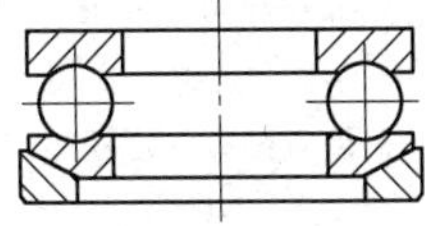	带球面座垫的推力球轴承，可以补偿安装时存在的外壳配合面的角度误差；但是当轴在运转中因挠曲变形或其他误差产生的横向摆动大时，不宜靠它来进行调整，因为球面接触面的摩擦过大
36.1.14　滚动轴承不宜和滑动轴承联合使用 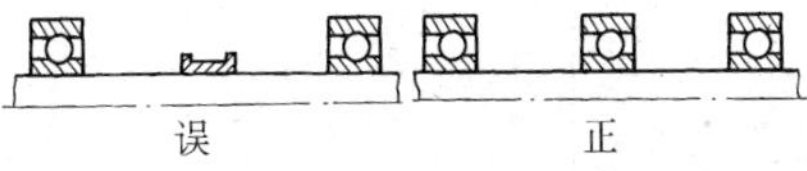 误　正 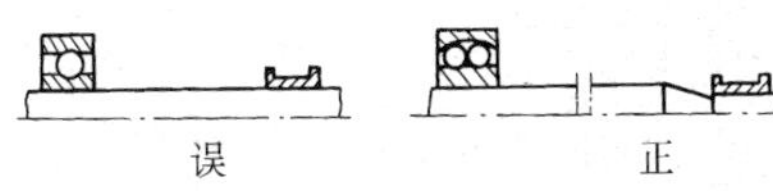 误　正	一根轴上既采用滚动轴承又采用滑动轴承的联合结构不宜使用，这是因为滑动轴承的径向间隙和磨损比滚动轴承大许多，因而会导致滚动轴承过载和歪斜而滑动轴承又负载不足 如果因结构需要不得不采用这种装置的话，则滑动轴承应设计得尽可能距滚动轴承远一些，直径尽可能小一些，或采用具有调心性能的滚动轴承
36.1.15　用脂润滑的滚子轴承和防尘、密封轴承容易发热 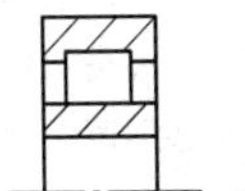 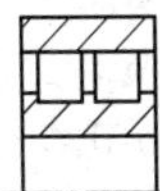 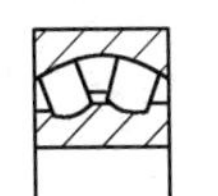	由于滚子轴承在运转时搅动润滑脂的阻力大，如果高速连续长时间运转则温升高，发热大，润滑脂很快变质恶化而丧失作用。因此，用脂润滑的滚子轴承不适于高速连续运转，以限于低速或不连续使用为宜 具有将润滑脂密封，组装后不需补充等性能的防尘密封轴承用于安装后不能补充润滑剂的场合很合适，并且能用于高速旋转，但由于是密封的，如果用在连续高速情况下则温升发热是不可避免的

（续）

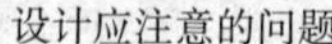

设计应注意的问题	说　明
36.1.16　要求紧凑的轴承可以采用特殊的结构 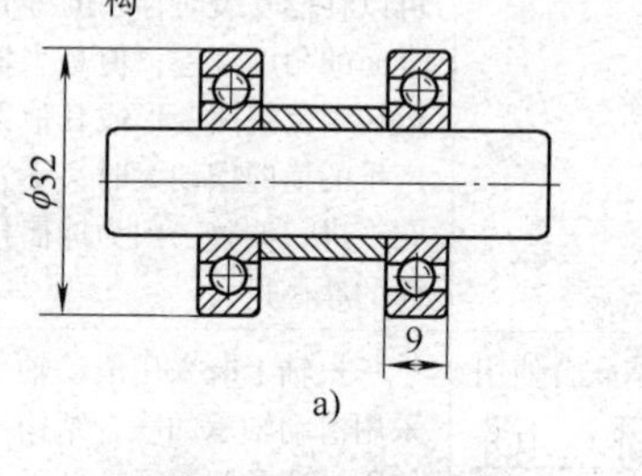 a) 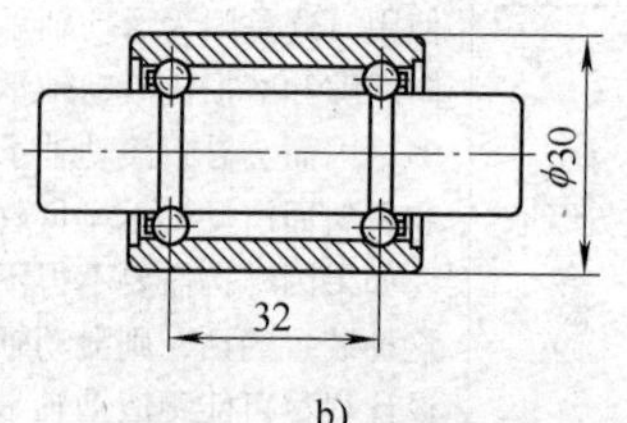 b)	图示水泵支座用滚动轴承（图 a），为使结构紧凑，采用轴套和滚珠结构（图 b）。新结构尺小较小，安装迅速，但是应该有一定的生产批量

36.2　轴承组合的布置和轴系结构

设计应注意的问题	说　明
36.2.1　轴承组合要有利于载荷均匀分担 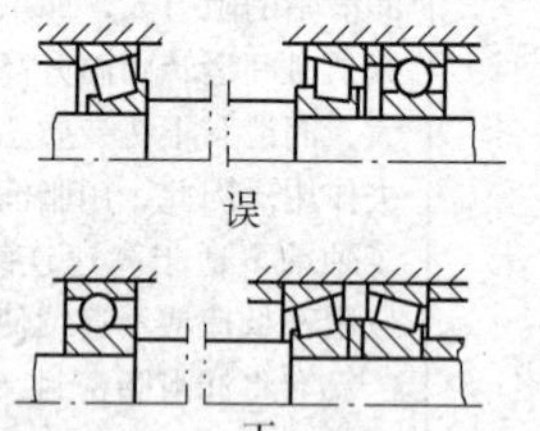	同一支承处使用可调整和不可调整间隙的两种不同类型的轴承是不合适的，因为圆锥滚子轴承在装配时必须调整以得到最适宜的间隙，而向心轴承的间隙是不可调整的，因此有可能由于径向间隙大而没有受到径向载荷的作用。合理的结构是将同一类型的两个圆锥滚子轴承组合为一个支承，而向心轴承安置在另一支承上

（续）

设计应注意的问题	说　明
36.2.1　轴承组合要有利于载荷均匀分担 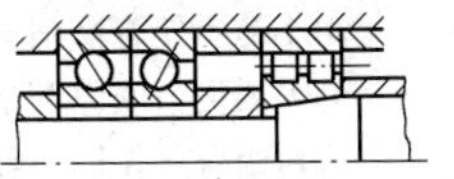 角接触球轴承不受径向力的结构 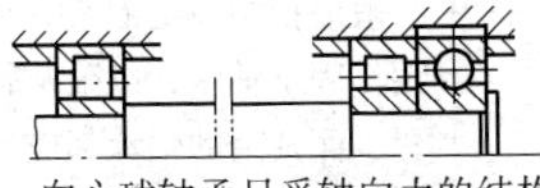 向心球轴承只受轴向力的结构	若同一支承处需要使用两种类型轴承时，角接触轴承可成对使用并自行相互调整间隙，其内圈或外圈可与轴颈或轴承座孔间留有间隙，则轴向载荷和径向载荷分别由两种类型轴承承担 如果径向力较大而轴向力不大时，可用圆柱滚子轴承承受径向力，用向心球轴承承受不大的轴向力，但其外圈与机座孔间应留有间隙，以保证只承受纯轴向力而不承受径向力
36.2.2　轴承的固定要考虑温度变化时轴的膨胀或收缩的需要 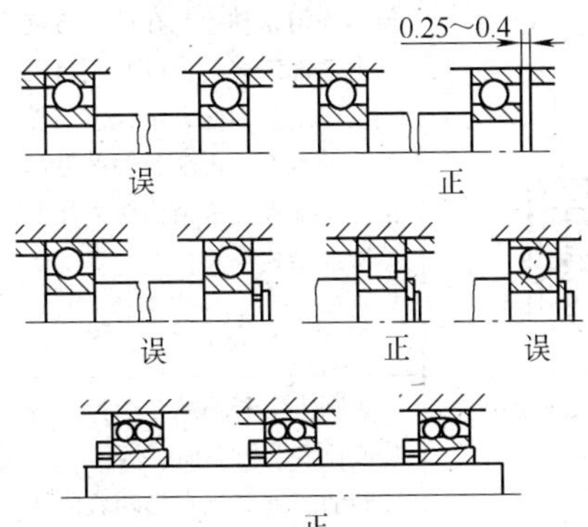	由于工作温度的变化而引起轴的热膨胀或冷收缩，将使两端都固定的支承结构产生较大的附加轴向力而使轴承提前损坏，应避免发生这种情况 普通工作温度下的短轴（跨距≤400mm）采用两端固定方式时，为允许轴工作时有少量热膨胀，轴承安装应留有约0.25～0.4mm的间隙，间隙量常用垫片或调整螺钉调节 当轴较长或工作温度较高时，轴的伸缩量大，宜采用一端固定、一端游动的方式，由游动端保证轴伸缩时能自由游动。采用外圈或内圈无挡边的圆柱滚子轴承，依靠内圈相对于外圈作小的轴向移动也能达

（续）

设计应注意的问题		说　明
36.2.2	轴承的固定要考虑温度变化时轴的膨胀或收缩的需要	到轴向游动的目的。角接触轴承不适于作游动轴承，因为它们需要进行间隙调整，它只能成对组合用作固定轴承 在长度很大的多支点轴上，一般应把中段上的某一个轴承用作固定轴承，以限定轴的位置，而其余的轴承都应当是游动的
36.2.3	当轴的轴向位置由其他零部件限定时，轴的两个支承不应限制轴的轴向位移 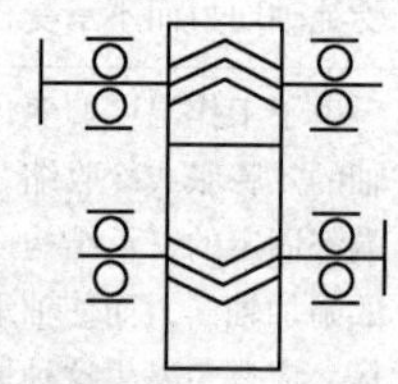 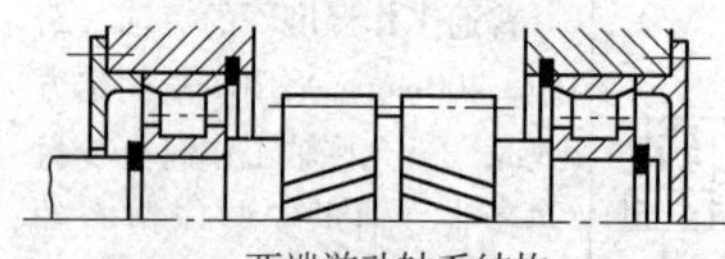 两端游动轴系结构	在一些轴系中，如人字齿轮传动，当大齿轮轴的轴向固定由轴承限定后，小人字齿轮的轴向位置即由相互啮合的大人字齿轮的轮齿限定。为了补偿制造、安装误差、消除齿面磨损不均匀，轴应能在两个方向自由地轴向移动，以起到自动调位作用。因此，小人字齿轮轴的轴承不应再限制轴的轴向位移，轴系支承结构应采用两端游动型式
36.2.4	考虑内外挡圈的温度变化和热膨胀时，圆锥滚子轴承的组合 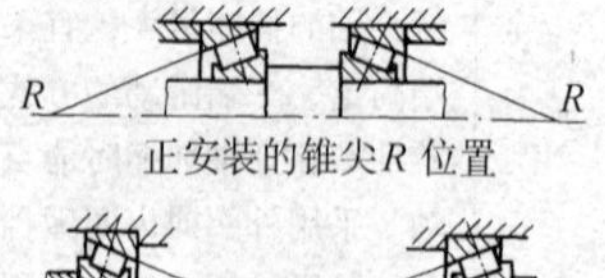 正安装的锥尖 R 位置 a)	对圆锥滚子轴承在选择正安装或反安装方案时，要考虑内外圈的温度变化和热膨胀的影响，为此，应根据外圈滚道延长线与轴承轴线的交点即外滚道锥尖 R 的位置来决定

（续）

设计应注意的问题	说　明
36. 2. 4　考虑内外挡圈的温度变化和热膨胀时，圆锥滚子轴承的组合 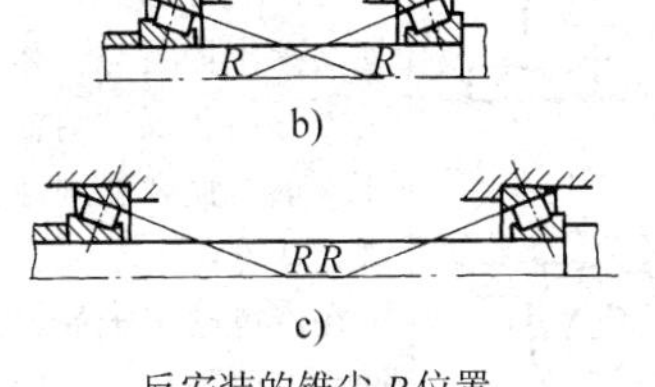 反安装的锥尖 R 位置	工作时，一般轴的温度高于机座孔的温度，轴的轴向和径向膨胀大于机座孔，这样在正安装（X 型）结构中就减小了预先调整好的间隙 反安装（O 型）结构须分三种情况，如果两个外滚道锥尖 R 重合，则轴向和径向膨胀得到平衡而使预先调整的间隙保持不变。反之，轴承间距小时外滚道锥尖 R 交错，则径向膨胀比轴向膨胀对轴承间隙的影响大，这样间隙就会减小。第三种情况是当轴承间距大时，外滚道锥尖 R 不能相交，则径向膨胀比轴向膨胀对轴承间隙影响小，这样间隙就会增大。所以装配时对轴承可不留间隙甚至可以采用少量预过盈
36. 2. 5　要求轴向定位精度高的轴，宜使用可调轴向间隙的轴承 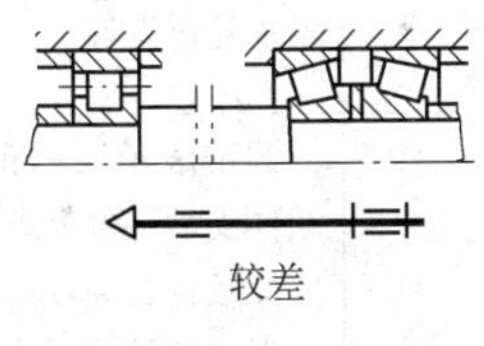 较差 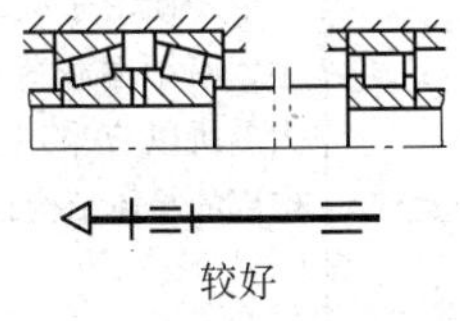 较好	轴向定位精度要求高的主轴，宜使用可调整的角接触轴承或推力轴承来固定轴的轴向位置，固定轴承应装置在靠近主轴前端，另一端为游动端，热胀后，轴向后伸长，对轴向定位精度影响小，轴向刚度也高

36.3 轴承座结构设计

设计应注意的问题	说　明
36.3.1　轴承座受力方向宜指向支承底面 较差　较好 较差　较好	安装于机座上的轴承座，轴承受力方向应指向与机座联接的接合面，使支承牢固可靠。如果受力方向相反，则轴承座支承的强度和刚性会大大减弱 在不得已用于受力方向相反的场合，要考虑即使万一损坏轴也不会飞出的保护措施
36.3.2　轴承箱体形状和刚性对滚动体受力分布的影响 	在重载荷时如采用薄壳带加强肋的箱体结构，由于无加强肋的部位刚性小，承受大载荷时即产生变形，成为虚线所示形状。有加强肋的部位承受的载荷量大，易引起早期损伤。所以载荷增大时也应当相应地增加箱体壁厚
36.3.3　一般轴承座各部分刚度应接近 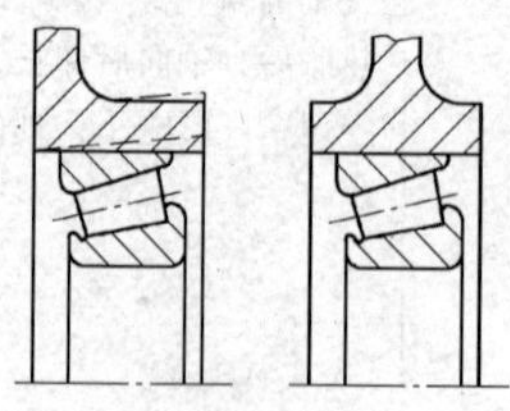	圆锥滚子轴承箱体中箱体支承部位靠近一侧，壁厚较薄的部分易产生变形，使滚子大端承载小，而小端载荷反倒很大。所以应采用支承在中部的箱体结构较好

(续)

设计应注意的问题	说　明
36.3.4　按轴承各点受力情况，调整轴承座刚度 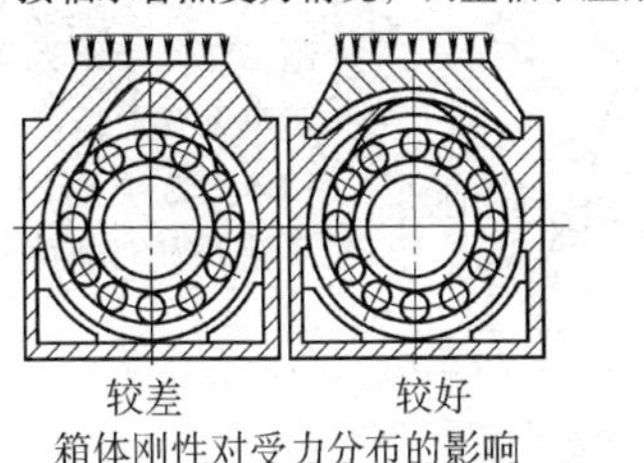 箱体刚性对受力分布的影响	承受径向载荷的无间隙轴承理论上是半圈滚动体受力，各滚动体之间受力极不均匀。合理设计轴承箱结构，使之具有不同的刚性，可以改善各滚动体受力不均匀状况。例如，在铁路轴承箱中，具有一定柔性的箱体结构比刚性结构对改善各个滚动体受力分布有利
36.3.5　轴承座厚度不可以太薄，两支点距离不可太近 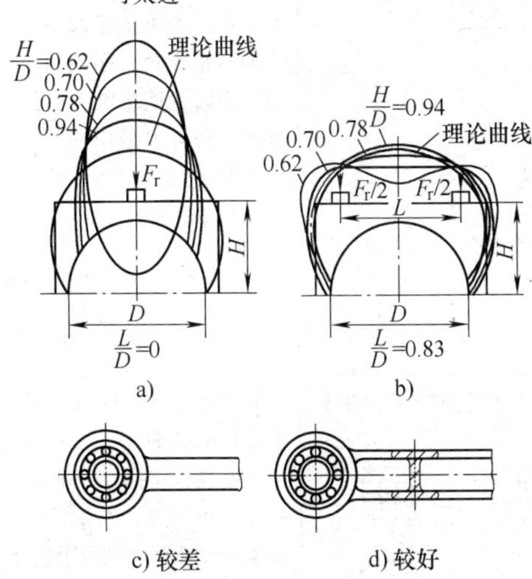 c) 较差　　d) 较好	图中 D 为滚动轴承外径，H 为轴承座厚度，L 为两支点之间的距离。图 a 轴承座由一个支点传力（$L=0$），图 b 轴承座由距离为 $L=0.83D$ 的两个支点支持。由图 a 可知一个支点时轴承座壁厚不同时，对各滚动体受力影响响很大，轴承寿命短。而两个支点距离适当时，H/D 的变化影响较小，轴承寿命较长。图 c、图 d 为按以上考虑设计的连杆结构

（续）

设计应注意的问题	说　明
36.3.6　支点距离是重要的影响因素 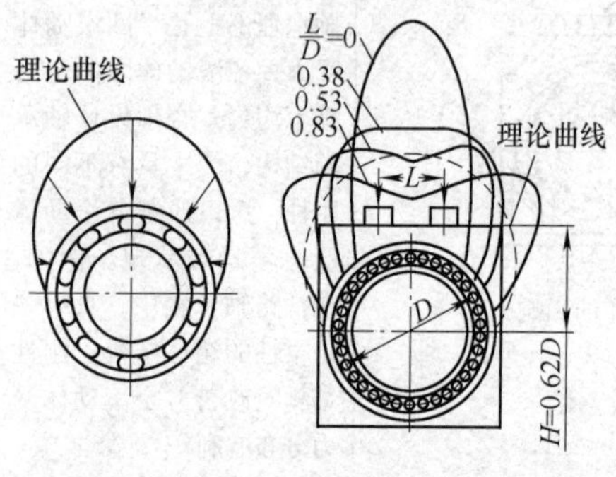	为了使上一问题更明晰，在此介绍无间隙、轴承座无变形情况下，各滚动体受力（理论曲线）及不同 L/D 对载荷分布的影响
36.3.7　定位轴肩圆角半径应小于轴承圆角半径（轴承内圈与轴） 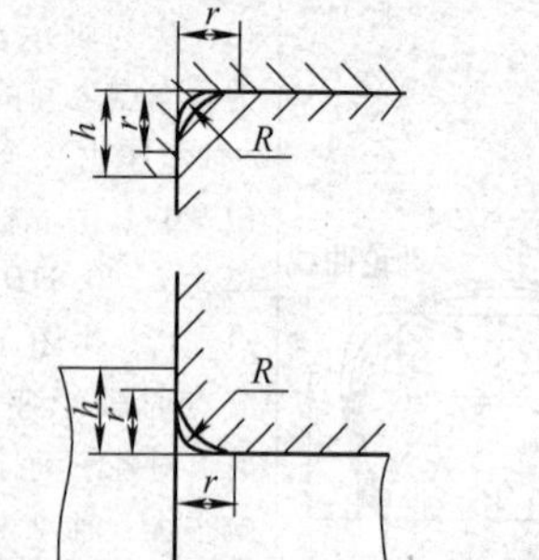	为了使轴承端面可靠地紧贴定位表面，轴肩的圆角半径必须小于轴承的圆角半径，如果由于减小轴肩的圆角半径，使轴的应力集中增大而影响到轴的强度，则可以采用凹切圆角或加装轴肩衬环，使轴肩圆角半径不过小
36.3.8　定位轴肩圆角半径应小于轴承圆角半径（轴承外圈与孔） 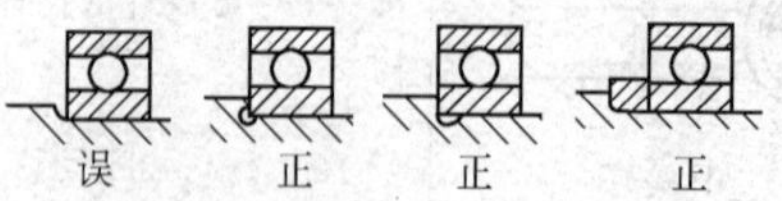	同理，轴承外圈如靠轴承座孔的孔肩定位，孔肩圆角半径也必须小于轴承外圈圆角半径，轴承的圆角半径尺寸可查轴承手册

（续）

<table>
<tr><th>设计应注意的问题</th><th>说　明</th></tr>
<tr><td>36.3.9　机座上安装轴承的各孔应力求简化镗孔
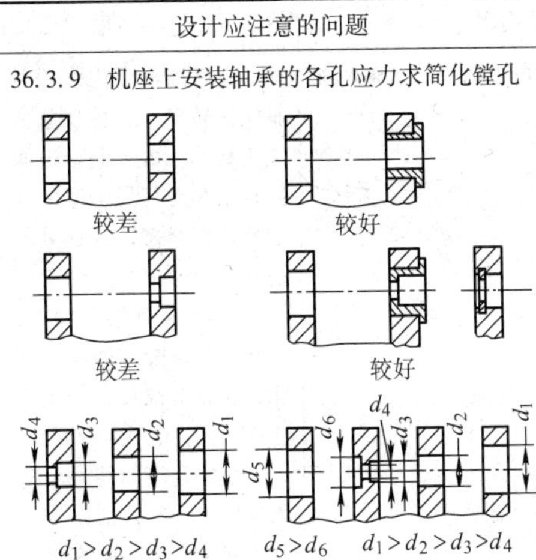
</td><td>对于一根轴上的轴承机座孔须精确加工，并保证同心度，以避免轴承内外圈轴线的倾斜角过大而影响轴承寿命
同一根轴的轴承孔直径最好相同，如果直径不同时，可采用衬套的结构，以便于机座孔一次镗出。机座孔中有止推凸肩时，不仅增加成本，而且加工精度也低，要尽可能用其他结构代替，例如，用带有止推凸肩的套筒，当承受的轴向力不大时，也可以用孔用弹性挡圈代替止推凸肩
如果采用联动镗床加工时，各孔直径可以阶梯式地缩小</td></tr>
<tr><td>36.3.10　不宜采用轴向紧固的方法来防止轴承配合表面的蠕动
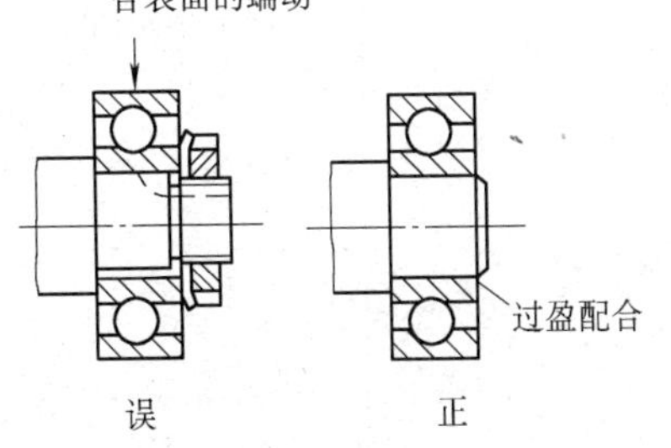
</td><td>承受旋转负荷的轴承套圈应选过盈配合。如果承受旋转负荷的内圈选用带间隙配合的松配合时，负荷将迫使内圈绕轴蠕动。因为配合处有间隙存在，内圈的周长略比轴颈的周长大一些，因此，内圈的转速将比轴的转速略低一</td></tr>
</table>

（续）

设计应注意的问题		说　明
36. 3. 10	不宜采用轴向紧固的方法来防止轴承配合表面的蠕动	些，这就造成了内圈相对轴缓慢转动，这种现象称之为蠕动。由于配合表面间缺乏润滑剂呈干摩擦或边界摩擦状态，当在重负荷作用下发生蠕动现象时，轴和内圈急剧磨损，引起发热，配合面间还可能引起相对滑动，使温度急剧升高，最后导致烧伤 避免配合表面间发生蠕动现象的唯一方法是采用过盈配合。采用圆螺母将内圈端面压紧或其他轴向紧固方法不能防止蠕动现象，这是因为这些紧固方法并不能消除配合表面的间隙，它们只是用来防止轴承脱落的 合理的轴承配合是保证轴承正常工作，使之不发生有害蠕动的必要条件。不同工作条件下轴承配合的选择可参见 GB/T275—1993

（续）

设计应注意的问题	说　明
36.3.11　轴承游隙大，则其滚子受力不均匀性增大，轴承寿命低 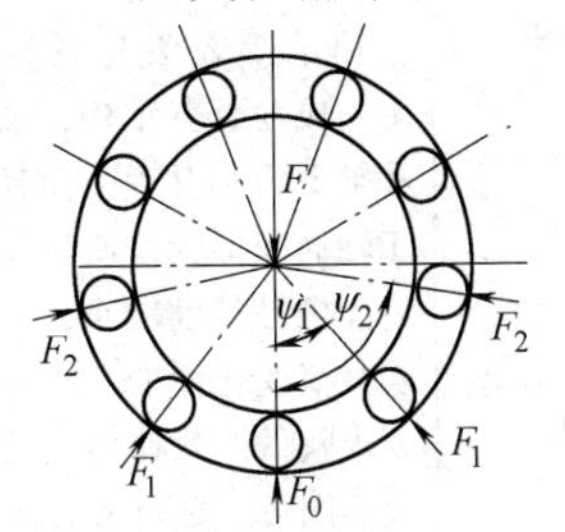	如图所示6208型深沟球轴承受径向载荷 $F=1000\mathrm{N}$，当径向游隙 u_r 为0、25μm、50μm时，各滚动体受力（N）如下表： 由此可知，随着径向游隙增大，滚动体的最大载荷相应增大。而滚动轴承寿命与滚动体载荷的三次方成反比，因此游隙对轴承寿命有显著影响
36.3.12　在轴向载荷 F_a、径向载荷 F_r 和倾覆力矩 M 联合作用下，加大游隙使轴承寿命降低 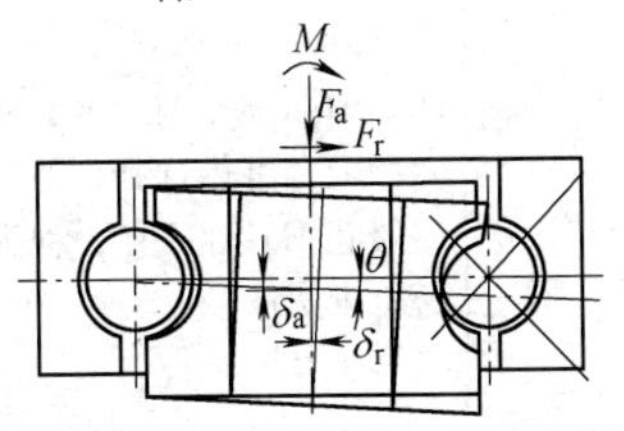	有论文分析了单排四点接触球转盘轴承的游隙对载荷分布的影响。取轴承游隙 G 分别为 -0.04、0、0.04、0.08时，承担载荷的滚动体数目逐渐减少，而承受载荷最大的滚动体受力增大

u_r \ ψ	0°	±40°	±80°	±120°	±160°
0	467	327	35	0	0
25μm	560	294	0	0	0
50μm	623	255	0	0	0

（续）

设计应注意的问题	说　明
36.3.13　锥齿轮轴应避免悬臂结构 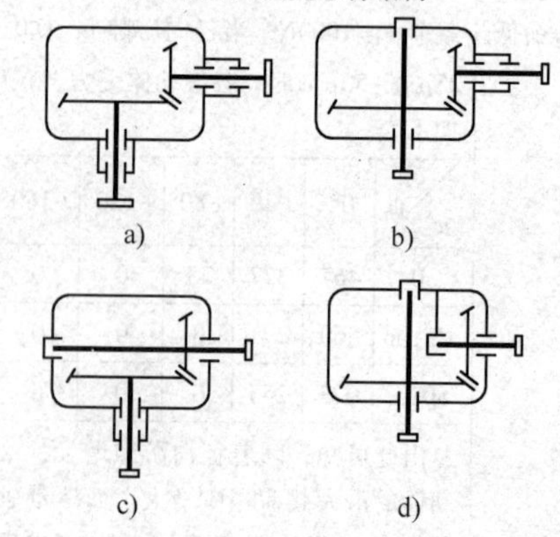 a)　b)　c)　d)	图a中锥齿轮轴系结构比较简单，但每个轴的两个轴承都在齿轮的同一侧，成为悬臂结构，轴承和轴受力不合理，而且由于轴的变形大，使齿轮沿齿向接触长度较小，而且随载荷变化而变化。用于要求较低，载荷稳定的传动。图b、图c为有一根轴为简支的结构，工作情况有改善，图b结构应用最广。图d避免了悬臂结构，但布置有难度
36.3.14　与滚动轴承内圈配合的轴不可按一般的基孔制过盈配合选择公差 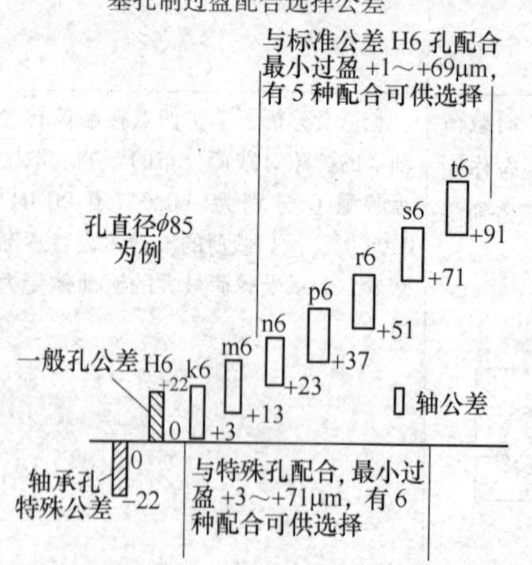	因为滚动轴承内圈较薄，其间隙对过盈大小比较敏感，为了精细地控制过盈，把孔公差设定为负值，用一般的过渡配合得到过盈配合，而过渡配合级别差较小。如图以ϕ85之孔为例，最小过盈为3～71μm，对轴承孔，轴有k6、m6、n6、p6、r6、s6六种配合可供选择，而对一般孔H6则只有5种配合可供选择

36.4 保证轴承装拆方便

设计应注意的问题	说　明
36.4.1 对于内外圈不可分离的轴承在机座孔中的装拆应方便 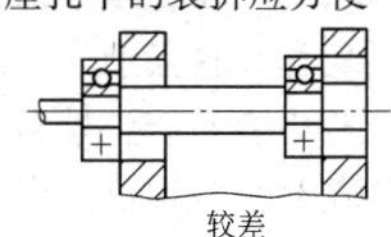 较差	一根轴上如果都使用两个内外圈不可分离的轴承，并且采用整体式机座时，应注意装拆简易方便 图中因为在安装时两个轴承要同时装入机座孔中，所以很不方便，如果依次装入机座孔则比较合理
36.4.2 必须考虑轴承装拆 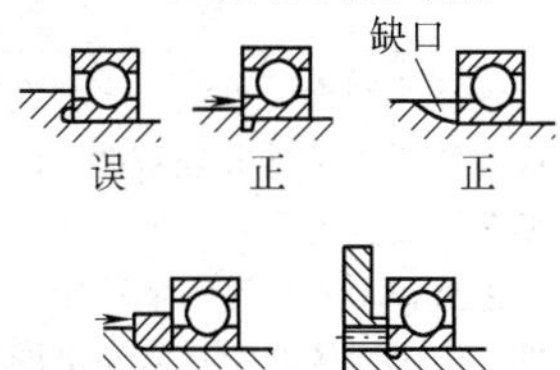 正　正 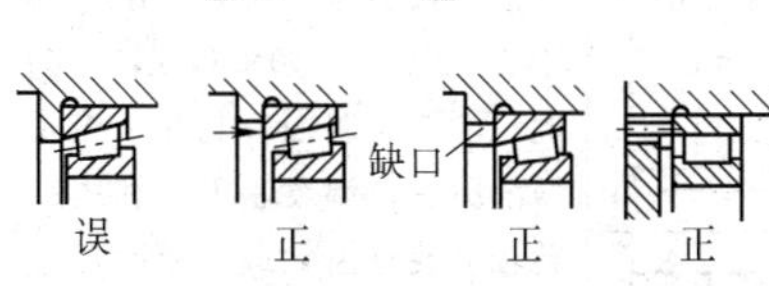 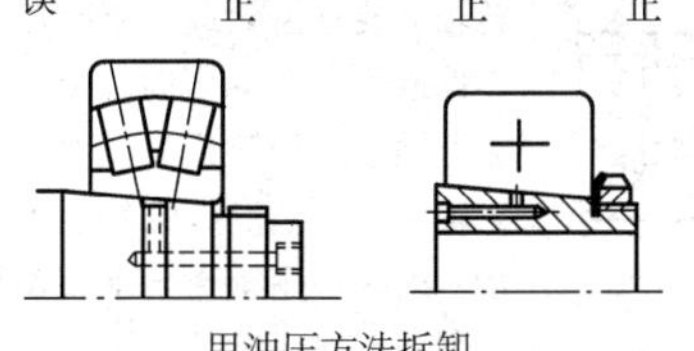 用油压方法拆卸	滚动轴承的安装和拆卸都要注意不使力作用于滚动体和内外圈滚道面之间，目的是避免轴承损坏。从轴颈上拆卸轴承时施力于内圈，从轴承座中取出轴承时则施力在外圈上 因此，轴承的定位轴肩或孔肩应有一个适当的尺寸，它的高度既要提供足够的支承面积，又要不妨碍轴承的拆卸，一般情况不应超过座圈厚度的2/3～3/4，如不得不超过上述界限时，应在结构设计上采取措施，使得轴承能够拆卸，如开设供拆卸用的缺口、槽孔或螺孔等，有些特殊的结构不保证拆卸要求，则零件与轴承同时更换 对于大型轴承拆卸是非常困难的，往往不能用一般的拆卸工具或压力法来进行拆卸，此时应考虑特殊的装卸方法如借助油压方法拆卸，为此需要在轴上设置孔，从孔中输入压力油而把内孔扩张。在一些带紧定套的滚动轴承中，紧定套或退卸套中就已设有这些油孔可供输油之用

（续）

设计应注意的问题	说　明
36.4.3　避免在轻合金或非金属箱体的轴承孔中直接安装轴承 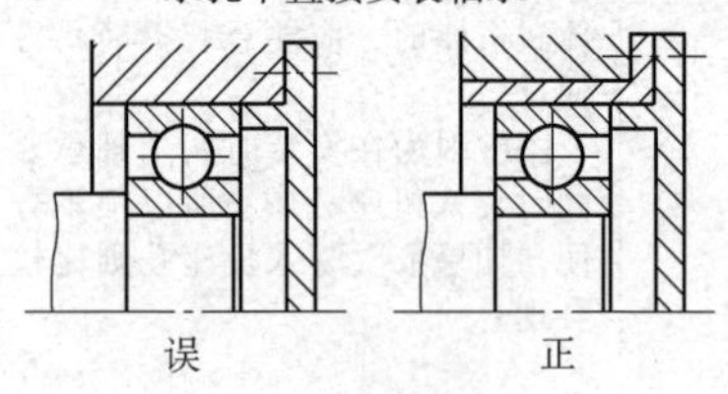 	在轻合金或非金属材料箱体的轴承孔中，不宜直接安装轴承，因为箱体材料强度低，轴承在工作过程中容易产生松动。所以应加钢制衬套与轴承配合，不仅增加了轴承相配处的强度，也增加轴承支承处的刚性

36.5　滚动轴承润滑设计

设计应注意的问题	说　明
36.5.1　按工作情况选择润滑方法 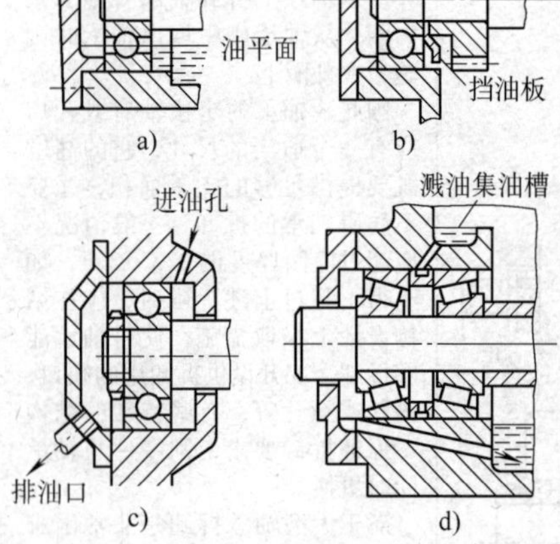 	轴承油润滑的方法很多，但应注意使用条件和经济性，以期获得最佳效果 油浴和飞溅润滑一般适用于低、中速的场合。油浴润滑的浸油不宜超过轴承最低滚动体中心（图a），如果是立轴，油面只能稍稍触及保持架，否则搅油厉害，温度上升。利用旋转轴上装有齿轮或简单叶片等零件进行飞溅润滑时，齿轮宜靠近轴承，为防止过量的油进入轴承和磨屑、异物等进入轴承，最好采用密封轴承或轴承一侧装有挡油板（图b） 循环润滑用于高速重载和需要排出相当大热量的场合，进油口和排油口应设计在轴承两侧（图c），为使轴承箱内的油不致积存并有利排出磨损微

（续）

设计应注意的问题	说　明
36.5.1　按工作情况选择润滑方法 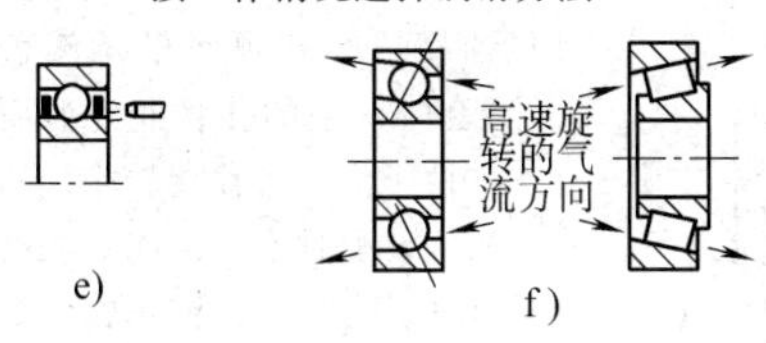 	粒，排油口一定要比进油口大。利用轴承的非对称结构进行油循环是最简单的（图 d），如正安装或反安装的圆锥滚子轴承，以保持架较小直径一侧输入油，由离心力的作用即可驱动油通过轴承 喷油润滑用于高温、高速和重载等非常严酷的场合。在极高速时，由于滚动体和保持架也以相当高的速度转动，在轴承周围形成了较强气流，很难将油输送到轴承中去，这时必须用油泵将高压油喷射进去，喷嘴设置在轴承保持架和内圈间的间隙处润滑最为有效（图 e）深沟球轴承如承受有轴向力，则应以轴向力作用的方向喷入，如果使用角接触轴承，在高速旋转时，从外圈锥孔大端即喷出强力气流（图 f），如果喷射油流与气流方向相反，润滑油就很难喷入轴承中，设计时应当考虑轴承箱内的气流方向。喷嘴的数量可以是一个、两个或三个，视供油量的大小而定。供量太大时，轴承箱中会积存很多油，导致油温急剧上升而烧伤轴承，必须用油泵排出积油

（续）

设计应注意的问题	说　明
36.5.2　保证油流通畅	有些轴承的润滑是通过箱体的油槽或油孔再经轴承端盖（或套筒）上的孔将润滑油输入，由于油孔直径比较小，其位置在装配时不一定能对准箱体油孔，会造成油流不畅，影响润滑效果。要避免这种情况，应将端盖上相应部分开出环形油槽，进油小孔也可多加工至2～4个；或者可将端盖端部开缺口，相应端部直径取小些
36.5.3　避免填入过量的润滑脂，不要形成润滑脂流动尽头 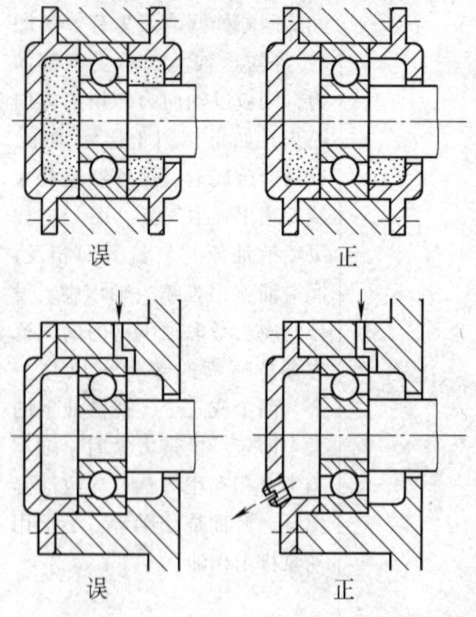	采用脂润滑的滚动轴承不需要特殊的成套设备，密封也最简单 在低速、轻载或间歇工作的场合，在轴承箱和轴承空腔中一次性加入润滑脂后就可以连续工作相当长时间而无需补充或更换新脂。一般用途的轴承箱，其内部宽度约为轴承宽度的1.5～2倍为宜，而润滑脂的填入量以占其空间容积1/2～1/3为佳。若加脂太多，由于搅拌发热，使脂变质恶化或软化而丧失作用 在较高速度和载荷的情况下使用脂润滑，则需要有脂的输入和排出的通道，以便能定期补充新的润滑脂并排出旧脂，若轴承箱盖是封闭的，则进入

（续）

设计应注意的问题	说　明
36.5.3　避免填入过量的润滑脂，不要形成润滑脂流动尽头	这一部分的润滑脂就没有出口，新补充的脂就不能流到这一头，持续滞留的旧脂恶化变质而丧失润滑性，所以一定要设置润滑脂的出口。在定期补充润滑脂时，应该先打开下部的放油塞，然后从上部打进新的润滑脂
36.5.4　用脂润滑的角接触轴承安装在立轴上时，要防止发生脂从下部脱离轴承 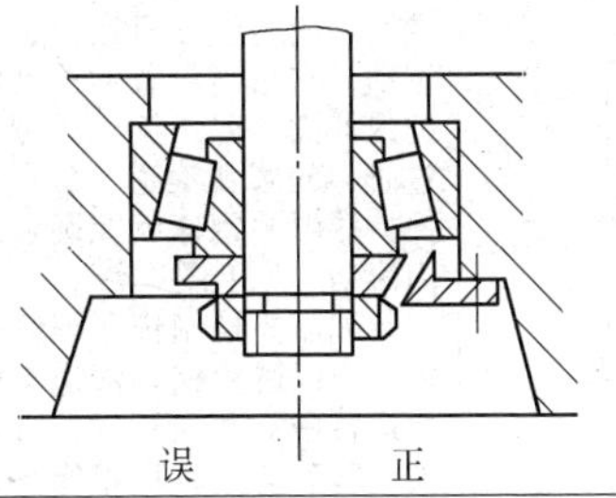 	安装在立轴上的角接触轴承，由于离心力和重力的作用会发生脂从下部脱离轴承的危险。对于这种情况，就安装一个与轴承的配合件构成一道窄隙的滞流圈来避免
36.5.5　用脂润滑时要避免油、脂混合 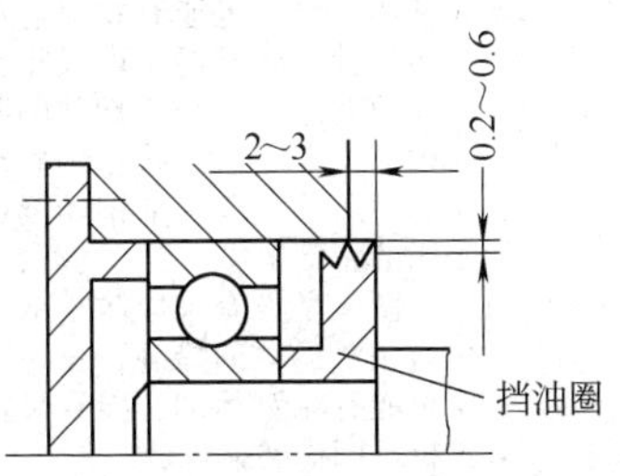 	当轴承需要采用脂润滑，而轴上的传动件又采用油润滑时，如果油池中的热油进入轴承中，会造成油、脂混合，脂易被冲刷、熔化或变质，导致轴承润滑失效 为防止油进入轴承及脂流出，应在轴承靠油池一侧加置挡油圈，挡油圈随轴旋转，可将流入的油甩掉，挡油圈外径与轴承孔之间的间隙为0.2～0.6mm

36.6 钢丝滚道轴承设计

设计应注意的问题	说　明
36.6.1 钢丝滚道轴承的钢丝要防止与机座有相对运动 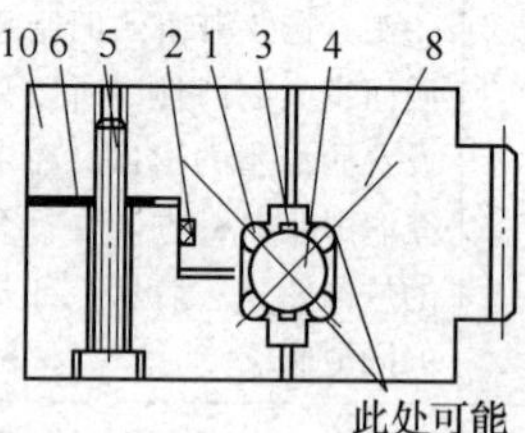 a) 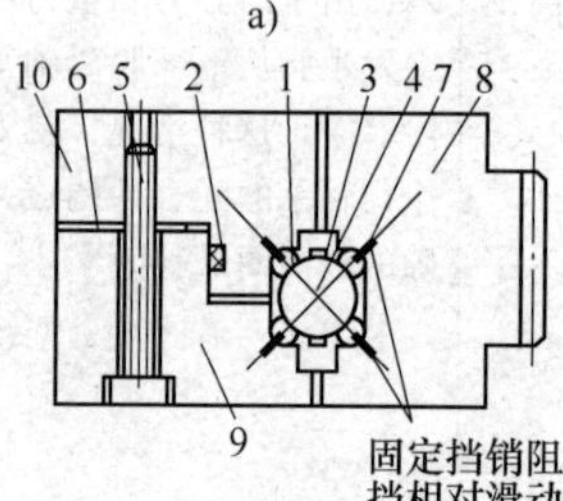 b) 1—钢丝滚道　2—密封　3—塑料保持器　4—钢球　5—锁紧螺钉　6—调整垫片　7—固定挡销　8—齿轮　9—机座　10—压圈	钢丝滚道轴承作为于大型回转支承普遍应用于军工、纺织、医疗器械及大型的回转的科学仪器中。它的特点是总体尺寸可很大（最大范围直径可超过10mm），但断面尺寸却极为紧凑（可小于10mm^2），既能承受径向载荷，又能承受轴向载荷，还能承受倾翻力矩。它由四条经过淬火的合金钢丝、钢球和塑料保持器组成，四条钢丝分别嵌入在相对回转和相对固定的机座环形凹槽内形成滚道，分离的机座用螺钉锁紧，使钢丝和机座没有相对运动，它相当于普通滚动轴承的内外圈，四条钢丝内侧为经过研磨的圆弧滚道，装在塑料保持器内的钢球就在圆弧滚道内滚动。见上图 装配需要控制锁紧螺钉的锁紧力，以避免钢丝滚道与机座在运转中有相对运动，否则会使机座和运动件凹槽磨损，间隙增大，轴承松弛，导致钢丝滚道轴承失效。但经过长时间使用，仍然可能有相对运动发生，针对此问题，可以在钢丝间隙处的机座和运动件的凹槽内插入固定销来防止钢丝滚道相对运动。以保证钢丝滚道轴承的正常工作 图a是没有采取防止钢丝滚道相对运动的措施，长期工作可能有相对运动，导致齿轮和机座凹槽磨损 图b是在齿轮和机座内插入固定挡销，防止钢丝滚道的相对运动

（续）

设计应注意的问题	说　明
36.6.2　钢丝滚道轴承的每条钢丝安装在机座中，两端不能接触，应留有热胀间隙 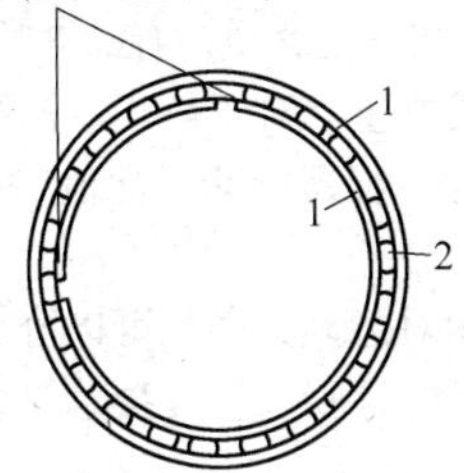 钢丝滚道两端应具有热胀间隙，并且要相互错开90° 1—钢丝滚道　2—钢球	钢丝滚道轴承在运转过程中会升温，因而引起钢丝的热伸长，所以在装配过程中应磨短两端面，使其装配后留有热胀间隙，间隙大小与钢丝长度、型号和温升有关。一般取为钢丝直径的1/3
36.6.3　钢丝滚道轴承的四条钢丝的接头间隙应相互错开安装	钢球滚动到钢丝接头间隙处，尽管间隙很微小，也必然会影响到钢丝滚道轴承平稳运转，所以在装配时，应将四条钢丝的接头间隙在圆周方向相互错开90°进行安装。见36.6.2的图

第 37 章　密封结构设计

概述

有些机械装置中装有油、气、水或其他介质，有的介质压力很高，可以达到几百兆帕，有些则要求形成真空。对于航天、深海工作的容器外部存在着高压或真空。为保证这些容器能够正常地工作，必须采用可靠的密封。

按密封的零件表面之间有没有相对运动，密封可以分为静密封和动密封两大类。静密封采用密封垫、密封胶和直接接触三种形式，动密封有接触式和非接触式两种。

对密封的要求有：①密封性能好，没有泄漏现象；②密封可以长时间可靠地工作（耐磨损、耐高低温、耐腐蚀介质、抗老化等）；③摩擦阻力小，摩擦产生的热量少；④对于零件的安装误差和变形有适应性；⑤容易加工；⑥经济性好。

对于密封结构设计，本书提醒要注意以下问题：

1）密封垫片选择和接触面设计。

2）密封圈的选择和设计。

3）填料密封的设计。

4）活塞环的设计。

37.1　密封垫片选择和接触面设计

设计应注意的问题	说　　明
37.1.1　静密封垫片之间不能装导线 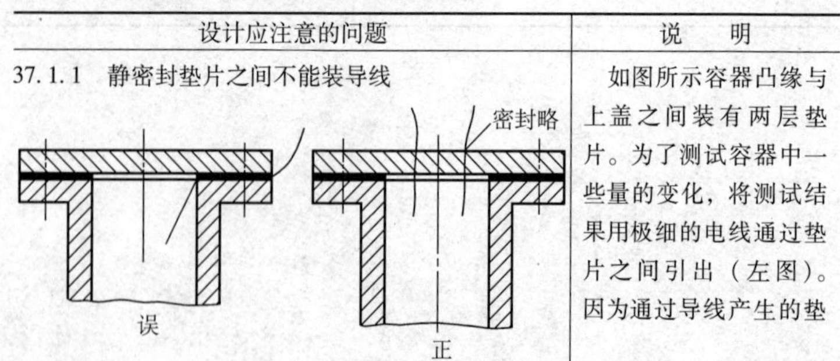 	如图所示容器凸缘与上盖之间装有两层垫片。为了测试容器中一些量的变化，将测试结果用极细的电线通过垫片之间引出（左图）。因为通过导线产生的垫

（续）

设计应注意的问题	说　明
37.1.1　静密封垫片之间不能装导线	片间的空隙，容器间的介质将会泄出，甚至在连接上盖与容器的螺栓产生的压力作用下，导线的压力会使垫片被切开 导线应设法由其他部位引出（右图）
37.1.2　静连接表面的表面粗糙度应较好	对于静连接表面，如果用垫片或O形圈密封，则机械零件的表面仍须有一定的粗糙度（不能太粗糙），不能完全靠垫片变形补偿粗糙度对于泄漏的影响。有些国家对粗糙度的要求有一定的规定
37.1.3　用不通螺纹孔可保证不泄漏 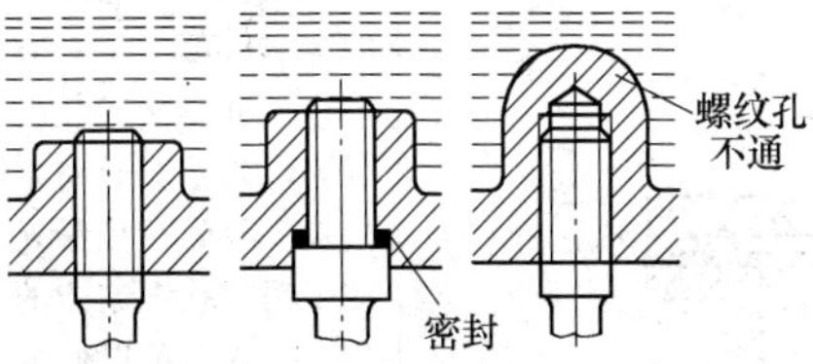 螺纹孔不通 密封 a) 较差　b) 较好　c) 好	图a在扭紧螺钉时会损坏垫圈，而且螺纹缝隙处有泄漏。图b可防螺纹泄漏，但扭紧螺钉时会损坏密封垫。图c保证不会泄漏

（续）

设计应注意的问题	说　明
37.1.4　高压容器密封的接触面宽度应该小 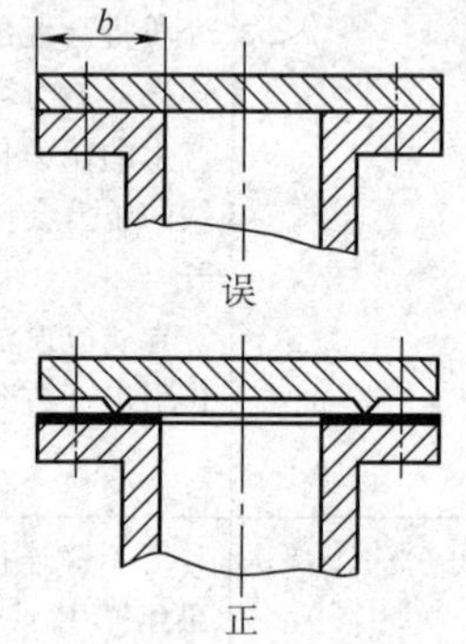	有些容器中有高压的介质，为了密封，要用螺栓扭紧上盖和容器。为了有效地密封，不应该增加接触面的宽度 b。因为接触面愈大，接触面上的压强就愈小，愈容易泄漏。有效的方法见下图：在盖上作出一圈凸起的窄边，压紧时可以产生很高的压强。但是应注意这一圈凸起必须连续不断，凸起的最高点处（刃口）不得有缺口，而且必须有足够的强度和硬度，避免在安装时碰伤或产生过大的塑性变形
37.1.5　用刃口密封时应加垫片 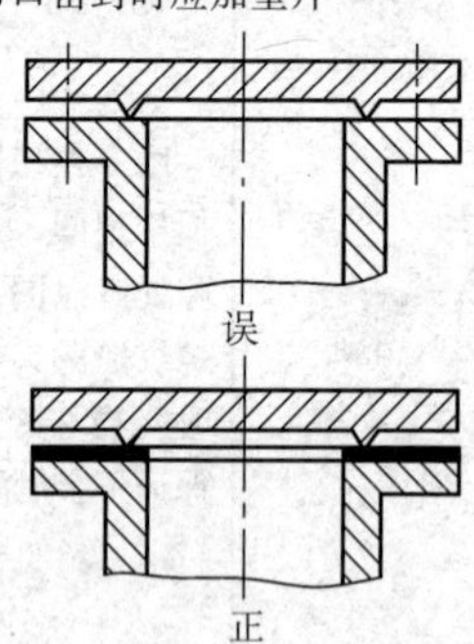	采用凸起的刃口作为高压容器的密封时，若不加垫片则由于接触点压力很大，必然使下面的容器口部产生一圈凹槽。经过几次拆装就会因为永久变形而使密封失效。因此在接触处应加用铜或软钢制造的垫片，一方面可以使盖上的一圈凸起（刃口）不致损伤，又可以在拆装时便于更换，以保证密封的可靠性

（续）

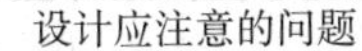

设计应注意的问题	说　　明
37.1.6　防止垫片损坏，避免螺纹泄漏 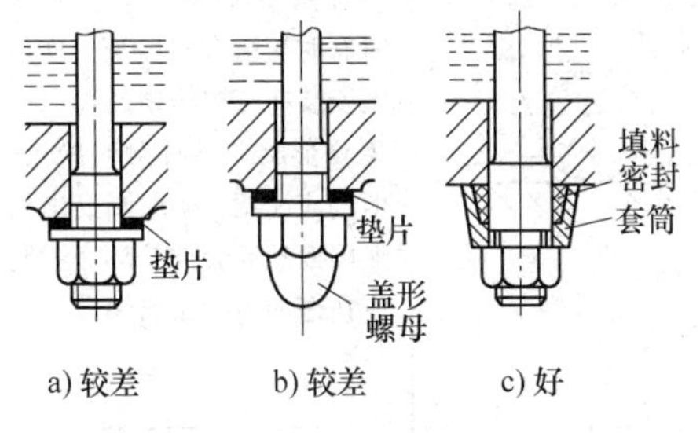 a) 较差　　b) 较差　　c) 好	拧紧螺母时容易损坏垫片，且液体会从螺纹缝隙渗漏 b）采用盖形螺母，液体不会从螺纹缝隙渗漏，但拧紧盖形螺母时容易损坏垫片 c）采用套筒保护填料密封，螺母不直接接触填料，不会损坏填料
37.1.7　避免在安装时因为摩擦损坏垫片 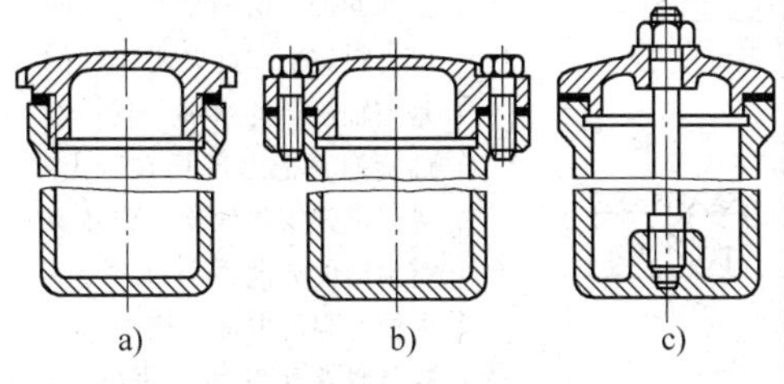 a)　　b)　　c)	图 a 结构在拧紧时会损坏垫片，图 b、图 c 的结构可以避免这一问题，不会泄漏。但图 b 要在垫片上钻孔，图 c 在容器中要设螺杆，应按具体条件选择

37.2　密封圈的选择和设计

设计应注意的问题	说　　明
37.2.1　O 形密封圈用于高压密封时，要有保护圈 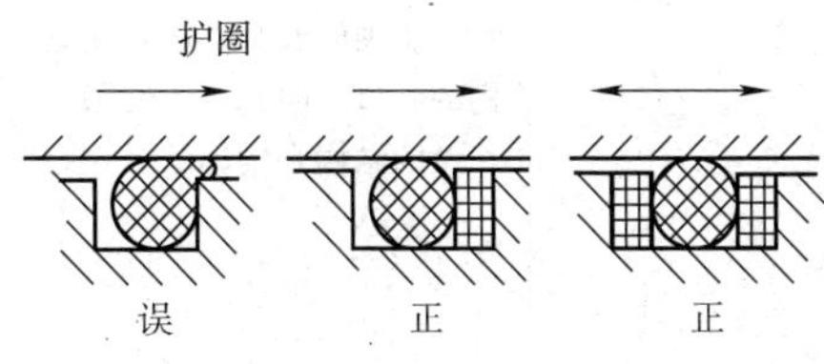 误　　正　　正	O 形密封圈用于高压时，密封圈因被压挤而变形，被挤入间隙而将密封圈夹坏，导致密封被破坏。在密封圈一边或两边加保护圈可以避免此种现象发生

（续）

设计应注意的问题	说　明
37.2.2　避免O形密封圈边缘凸出被剪断 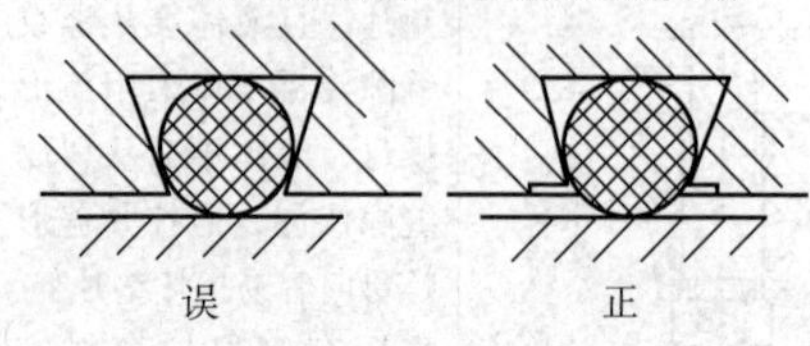	有些O形密封圈，工作时有时接触有时脱离。O形圈安装在燕尾槽中，可以避免O形圈在不接触时脱出。但仍应注意，O形圈突出到燕尾槽外面会被挤坏。因此应在槽的边缘做出缺口
37.2.3　正确使用皮圈密封   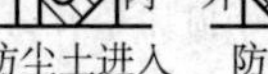 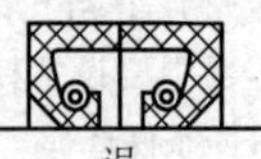 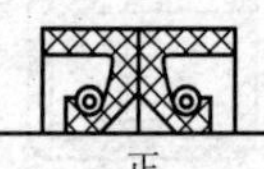	皮圈密封用的皮圈是由耐油橡胶或皮革制成的。有的在外面加一层钢制的外壳制成密封皮碗。起密封作用的是与轴接触的唇部。有一圈螺旋弹簧把唇部压在轴上，可以增强密封效果。要注意密封唇的方向，密封唇应朝向要密封的方面。密封唇向箱外是为了防止尘土进入，密封唇向箱内是为了避免箱内的油漏出。如果既要避免尘土进入，又要避免润滑油漏出，则应采用两个皮圈密封。正确的安装方法是使它们的唇口方向相反。使唇口相对的结构是错误的

（续）

设计应注意的问题	说　明
37.2.4　当与密封接触的轴中心位置经常变化时，不宜采用接触式密封 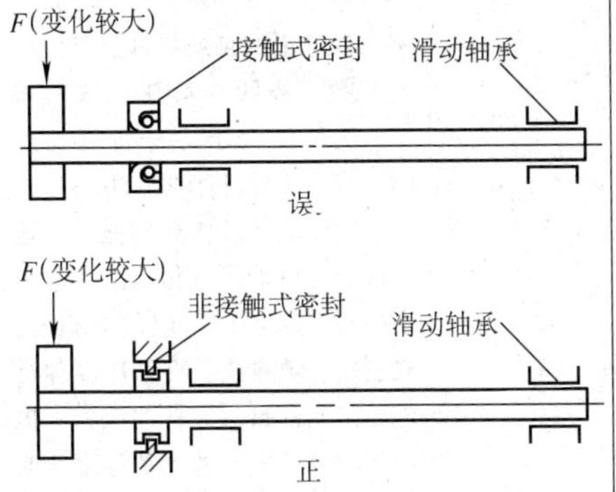 	轴的刚度较差，而且在外伸端作用着变动的载荷时，轴用滑动轴承支持，由于轴承间隙和磨损轴的位置变化较大等，与伸出端密封相接触的轴径位置有较大的变化。接触式密封的接触情况经常变化，工作情况处于不稳定状态，磨合困难，因而密封效果较差。对于这种情况，宜采用非接触式密封

37.3　填料密封的设计

设计应注意的问题	说　明
37.3.1　填料较多时，填料孔深处压紧不够 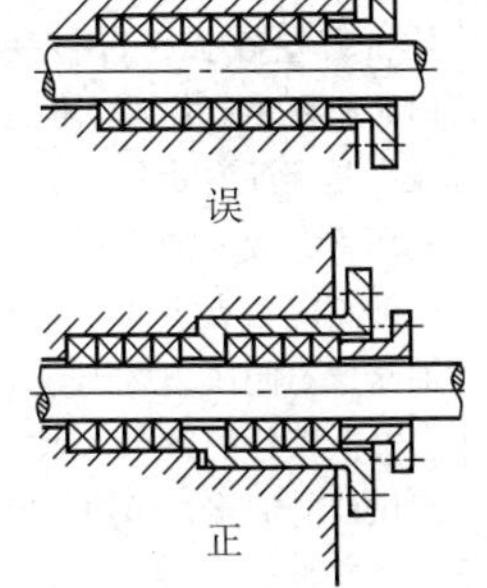 	在高压下工作的阀或泵，为了防泄漏需要多个填料重叠。若在外部用一个压盖压紧，则由于填料与器壁间的摩擦，使填料的压力迅速逐级减小，使密封效果下降。为使填料压力比较均匀，可以用两个压盖逐级压紧，或在中间设一压紧装置先压紧里边的一组，然后压紧外面

（续）

设计应注意的问题	说　明
37.3.2　要防止填料发热	当密封圈或填料与运动件压得很紧或相对运动速度很高时，由于摩擦会大量发热，甚至导致被密封件包围的轴或导杆温升过高而变色、烧毁。尤其当填料很多，其长度大于导杆行程长度时，有一段导杆始终在填料中摩擦，由于填料的传热性能差，这一段导杆可能发热很高。为避免发热过高，可以采取的措施有：对密封、填料或导杆采用冷却措施，限制密封对导杆的压力，提高相对运动表面的光洁程度，改用摩擦因数较小的材料对相对运动表面加润滑剂（可用循环润滑兼作冷却）等
37.3.3　密封件的不同部位应分别供油 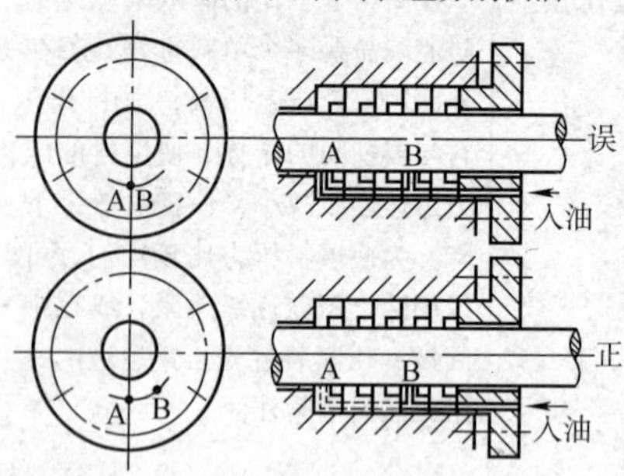 	为降低密封装置的发热，在密封的相对运动表面要加入润滑油以减小摩擦。当密封装置两端介质压力差较大，密封装置较长时，常要多点供油。但密封中的压力是逐渐变化的，这些供油点的压力有较大的差别，如果用同一油路向各点供油，即等于通过油路把不同压力区连通了，必然会降低密封的效果。因此向不同点供油的油路，必须是单独供油

（续）

设计应注意的问题	说　明
37.3.4　不宜靠螺纹旋转压盖来压紧密封的填料 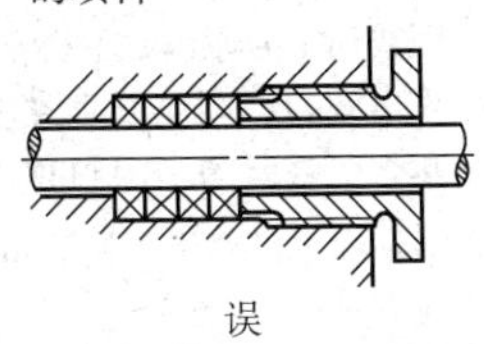 误 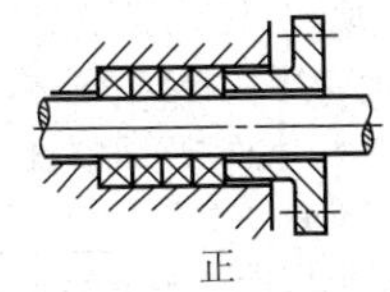 正	对于承受很高工作压力的往复式泵的活塞杆或阀杆，可采用多层填料密封。这些密封必须压紧，与杆作紧密的接触才能达到密封要求，可达数千个大气压（几百兆帕）。压紧这些填料时，常用一个法兰，但不宜采用法兰外表面与箱壁用螺纹配合的结构，因为螺纹直径愈大，扭紧力矩愈大，同时，法兰与填料接触的端面也有端面摩擦，进一步加大的扭紧所须的力矩。此外法兰与填料的摩擦会使填料损坏。由于法兰端面与填料的接触可能不均匀，产生的压力也不均匀。改为用若干个螺钉扭紧压缩填料，则由于螺钉直径比法兰小，而且没有法兰端面摩擦，扭紧省力。由于是多个螺钉扭紧，压紧力均匀，可以保证填料合理地压紧
37.3.5　用油润滑密封装置时，要保持油面有一定高度 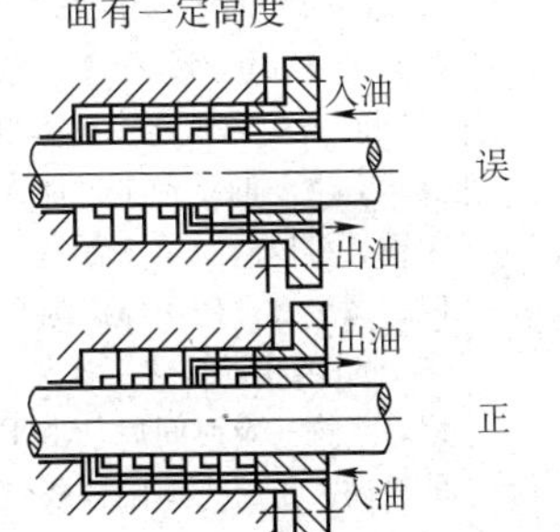 	油润滑的密封，要使密封装置和移动（或转动）轴之间得到充分的润滑，即油面必须高于轴的最高点。因此，应该把进油口安排在轴下面，出油口安排在轴上面，当润滑油达到一定高度时才能由出油口流出。若出油口位置较低，则使润滑油能顺利地泄出，无法达到预期的高度

（续）

设计应注意的问题	说　明
37.3.6　当密封圈有缺口时，多层密封圈的缺口应错开	密封圈最好是无缺口的，其密封效果较好。但有时为了安装方便或加工的原因，不得不在其上作出缺口，则应要求在安装时，将多层密封圈的缺口逐个错开，以提高密封效果。单层密封圈不应有缺口
37.3.7　压盖与阀杆之间的间隙不可过大	填料密封压盖与阀杆之间的间隙过大时，填料容易损坏。一般尺寸的阀，此间隙可取为不超过0.1～0.2mm
37.3.8　阀杆表面不可太粗糙	为保证密封装置有较长的寿命，阀杆与密封有相互摩擦部分的表面粗糙度 *Ra* 值不应超过2.5μm，常用范围0.32～1.25μm
37.3.9　密封圈的压紧力应适当 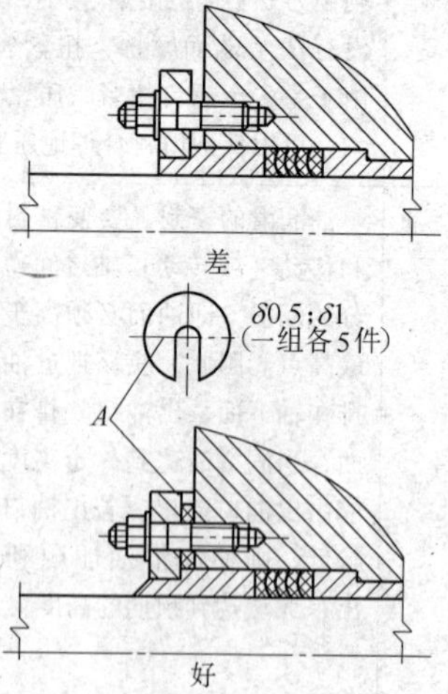 差 $\delta 0.5; \delta 1$ （一组各5件） *A* 好	上图中的密封圈要求适当的压紧力。如果压紧力过小则密封效果差，如果预紧力过大则密封的摩擦阻力大，寿命短。另一方面，螺纹连接要求较大的预紧力，否则容易松脱。如果按螺纹连接不松脱的要求扭紧，则密封压紧力过大。因此上图的结构无法同时满足螺纹连接和密封圈的要求。下图的结构中，加入止动垫圈，可以解决以上矛盾。装配时，每个螺柱使用厚度为0.5mm和1mm的止动垫圈 *A* 各5个为一组，经过一定时间后，由于密封的松动，每组去掉同样数目的止动垫圈

（续）

设计应注意的问题	说　明
37.3.10　压紧螺母不可与填料直接接触 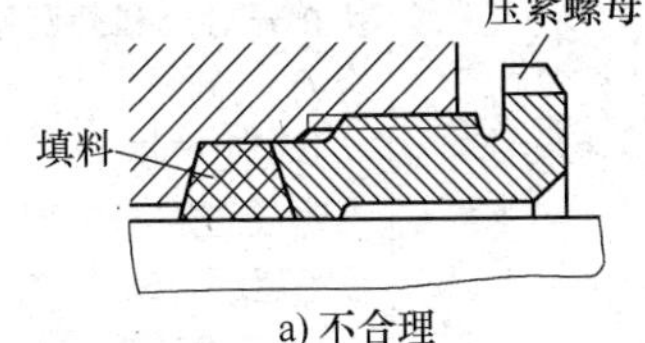 a) 不合理 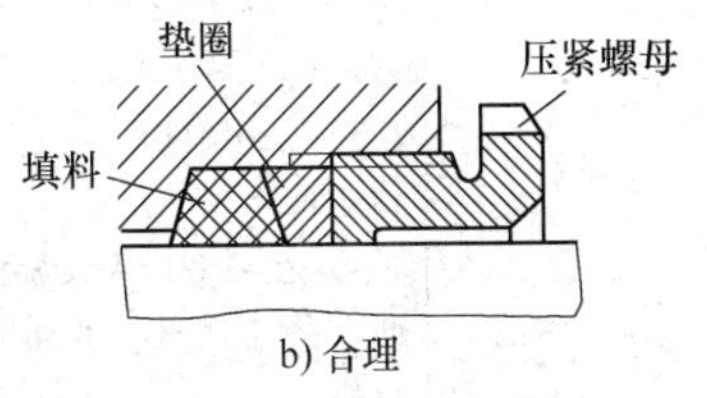 b) 合理	图 a 中的压紧螺母扭紧时，其端面与填料摩擦，会使填料损坏，发生泄漏。图 b 在压紧螺母与填料间有一个垫圈，避免填料损坏

37.4　活塞环的设计

设计应注意的问题	说　明
37.4.1　活塞杆上避免有损伤密封的结构 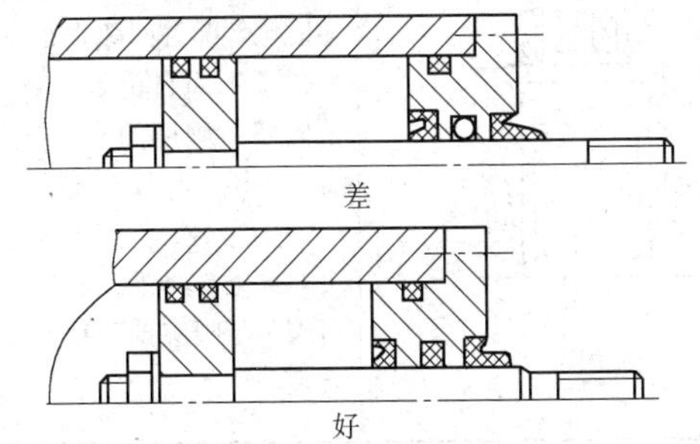	上图活塞杆上面的连接螺纹与活塞杆尺寸相同，安装时会损伤密封圈。下图的螺纹直径较小，有倒角，并去掉锐边、毛刺，可以避免安装时密封圈表面擦伤

（续）

设计应注意的问题	说　明
37.4.2　注意防止活塞环泄漏	活塞环的泄漏主要发生在开口处和外圆不贴合处 其避免措施有： 1）活塞环外表面粗糙度不超过1.25～2.5μm 2）间隙适当，缸径在250～500mm之间时，取间隙0.03～0.05mm 3）采用斜切口或搭切口活塞环 4）在一个槽中，叠放两个薄活塞环，并将切口错开 5）同一活塞上各活塞环的缺口错开，切口均布 6）尽量减小缺口尺寸
37.4.3　合理选择阀杆与阀座的配合 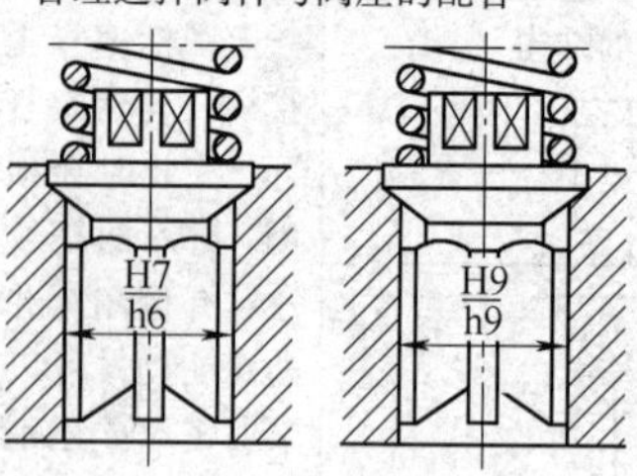 $\frac{H7}{h6}$　　$\frac{H9}{h9}$ a)　　b)	图a中，阀杆与阀座用H7/h6配合，安装阀芯时尾部配合间隙很小，妨碍了锥面自由定心影响阀芯与阀座的密封配合，不合理；b）选用H9/h9配合，间隙较大可对阀芯起导向作用又可阀芯与阀座自动对中，合理

第 38 章　油压和管道结构设计

概述

现代机械设备中，液压与管道系统使用越来越多了。管道联系机械的有关部分，或安装在机械设备之间。要求管道畅通，无泄漏，对温度变化不敏感，耐腐蚀，拆装容易，便于检修。

管道系统中的元件如管、接头、阀、泵、过滤器等都已标准化。设计者可以按要求进行计算和选择，由有关手册可以查得。

对于油压和管道结构设计，本书提醒要注意以下问题：

1）管道系统设计。

2）管道结构设计。

3）管道运转中的问题及避免的措施。

38.1　管道系统设计

设计应注意的问题	说　　明
38.1.1　管道低处应注意排水 误 正	在输送液体的管道或装液体的容器的最底处，经一段时间运转以后会聚有残渣。而在输送气体的管道或装气体的容器的最底处，会有凝结水。在这些部分应装有排污或排水阀，以便定期排除积存在该处的物质。在设计中应注意，不要在不希望有沉积物的部位，由于设计不善形成低洼而导致沉积物在该处积聚。也应注意在长的水平管道中，会在各处形成沉积而很难清除。因此，可以把水平输送管道设计成有约 1/200 的斜度，在适当位置设有低洼处和阀，以便排出沉积

（续）

设计应注意的问题	说　明
38.1.2　排出管道应避免因合流而互相干扰 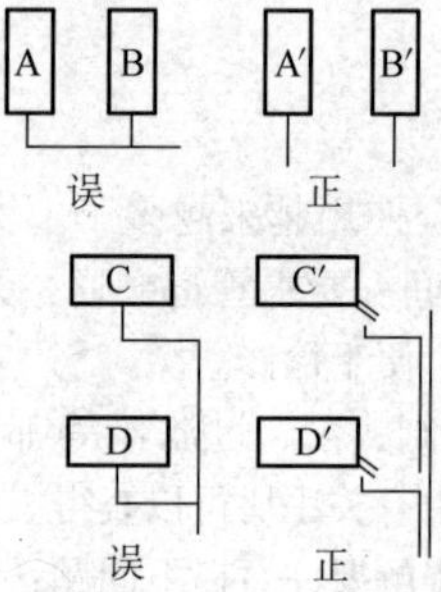 A　B　A′　B′ 误　正 C　C′　D　D′ 误　正	由机械或容器中排出液体的管道，应由机械或容器的最低处引出，以免有残留或沉积物排不出。此外，应避免二条排出管道合流（如A、B），这种情况下会造成A、B两者之间的互相干扰，应如A′、B′那样分别排出。如C、D那样布置，则更不合理，两个容器高低不同，会造成由高处排出的液体倒灌入低处的容器。这种情况下，应分别排入与大气联通的一条管道
38.1.3　避免因管道伸缩引起的应力	连接在两个机械设备（或同一设备的两个部分）之间的管道，由于工作介质或其他原因引起的温度变化，会导致管道伸缩。当管道伸缩受到限制时，会产生应力和变形。为避免应力的产生，可以在这一段管道中安装伸缩管接头，或使一个设备安装在可以自由移动的支撑上面
38.1.4　管道系统中要求经常操作、观察的部位应容易操作	需管道系统中有很多阀门等要经常开关调整，也有些部位要经常观察。这些部位应设计安排在容易达到、安全、开阀的场所。不宜太高、太低，附近不应有复杂的管道，应与热源、电源有足够的距离。阀门附近应有足够的操作空间

（续）

设计应注意的问题	说　明
38.1.5　排污水管道应该有弯曲，以免污染 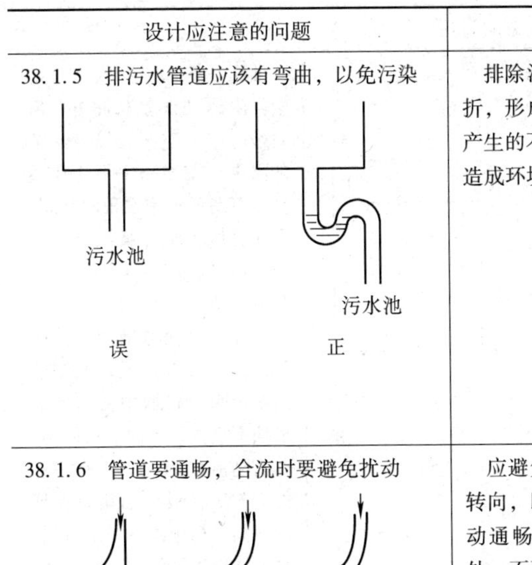 	排除污水的管道应设有弯折，形成水封，避免污水池产生的不良气体由管道返回，造成环境污染
38.1.6　管道要通畅，合流时要避免扰动 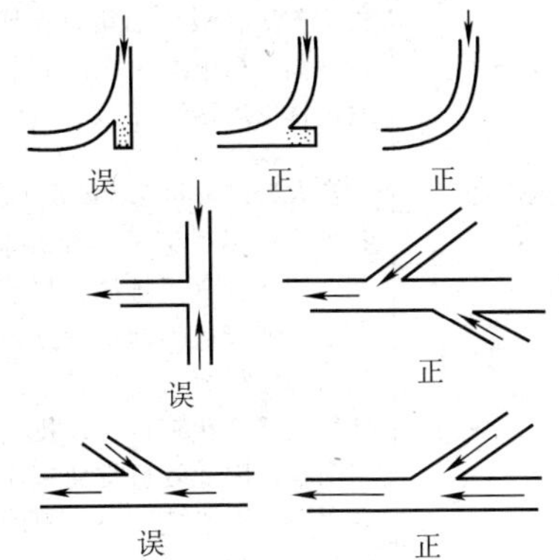 	应避免管道突然的弯折和转向，以保证介质在管中流动通畅。对于90°角的转弯处，不要正对流入的管道有沉积物质，否则会由于流体的冲击或搅动而被流体带入机械中。两股流体合流时，应避免它们对面冲击汇合，应使其流向相近。如有两个分支进入主管道，则应令其先后与主管道汇合，以避免同时进入造成较大的扰动

（续）

设计应注意的问题	说　明
38.1.7　要避免油压管道中混入空气 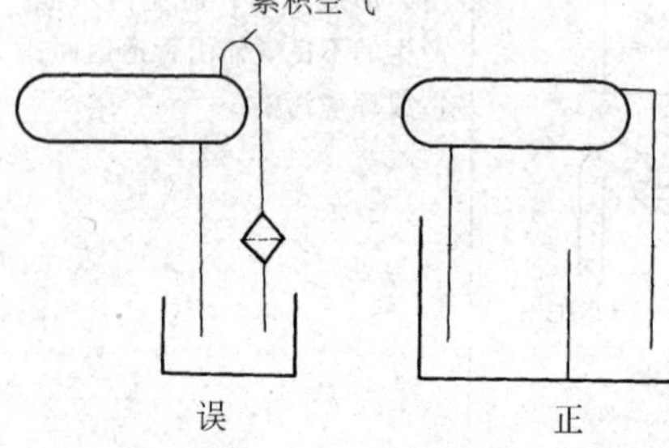 	油压系统如果混入空气则会发生运动误差和冲击。齿轮泵中进入空气会发生异常的噪声。在油路中不应在最高点有造成气泡累积的空间。在靠负压由油箱吸入润滑油的入口处，应减小负压的值和吸入管道的阻力，以免吸入气体。过滤器增加油路的阻力，不宜放在吸入油路管道中。刚由机器中流出的润滑油不宜立即泵回机械使用，因为刚流出的油中常有一些气泡，应在设计油箱时保证润滑油在箱中停留一定时间，气泡排出后再使用
38.1.8　管道排列要便于拆装和检查	在大型设备和成套设备中，各种管道纵横交叉，密如蛛网，如不妥善安排使其整齐平顺，则安装拆卸都十分困难，而且很容易产生错误连接，一旦产生错误，查找也很困难。因此管道排列有序就成为一个必须十分重视的问题。即使管道不多，也应使其排列整齐，这对机器的外观有较大影响，而且可以避免碰坏。设计者对于管道的布置，应根据机器各部分的结构和功能，以及装拆、检修、搬运等的需要，进行全面考虑，作出妥善的安排

（续）

设计应注意的问题	说　明
38. 1. 9　液压泵的内装溢流阀不应常用 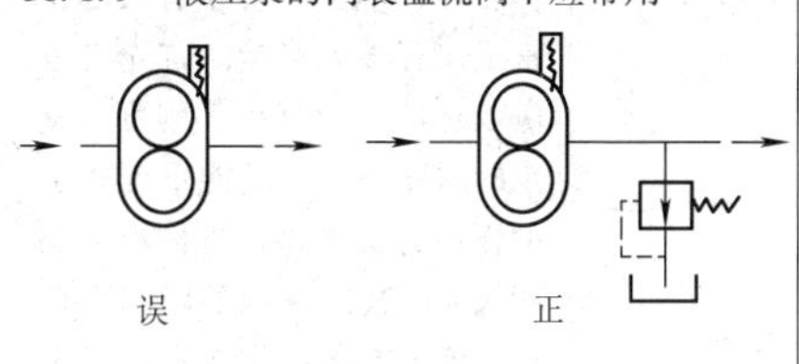 	有些齿轮泵中有内装的溢流阀。此阀如经常工作便会大量发热，使油温升高。此阀只是作为安全阀使用。当泵容量大，经常要有多余的油返回油箱时，应采用专门的回油路

38. 2　管道结构设计

设计应注意的问题	说　明
38. 2. 1　管道的接头不宜用左右螺纹 左旋　右旋　误 右旋　右旋　正	对于一般管道的螺纹接头，有的设计成左右螺纹。其设想是管道较长，用左右螺纹时，只要扭紧接头即可把管道连接好，不必扭动较长的管子。而实际上，两端很难作到同时达到扭紧要求，而当有一端较松时，如扭动管道使其达到预期的紧固要求时，又会使另一端松开。此外，这种接头即使同时扭紧，经过一段时间，如接头有一点转动则可以松开。而采用同向螺纹，如接头转动则一端变松，一端变紧，实际上阻止了接头转动，起了防松作用。用左右螺纹则不能自动防松

（续）

设计应注意的问题	说　明
38.2.2　注意管道支承设计	管道支承设计对于管道的正常工作有很大影响。首先支承应该有足够的强度、刚度，支承的高度适当，既能承受管道的作用力又能保证管内液体顺利流动。其次支承的距离和位置正确，支承应靠近在管道上安装的阀门、法兰等较重的零件，以减小管道应力。另外，支承的位置直接影响管道的自振频率，应注意正确安排支承位置以避免共振。此外，还应保证管道在温度变化时，允许管道自由胀缩，留有变形的余地
38.2.3　大直径管的Y形接头强度很差 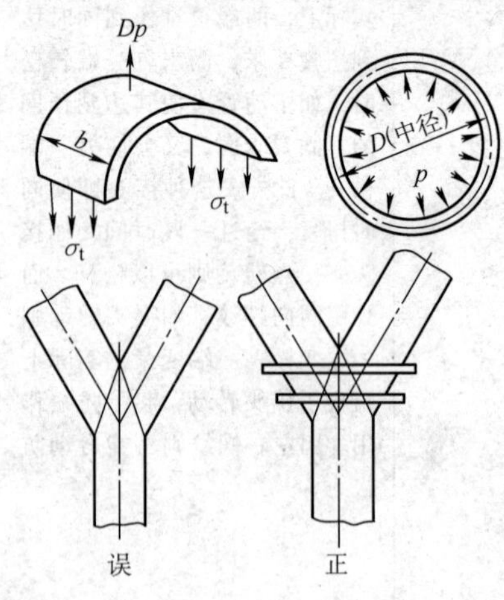 	各种圆形和其他形状断面的大直径管道强度差，能承受的内压力 p 低。它的切向应力计算式 $\sigma_t=\dfrac{Dbp}{2b\delta}=\dfrac{Dp}{2\delta}$。由此可知，当壁厚 δ 一定时，管直径 D 愈大，能承受的压力愈小 大直径管道接成Y形接头时，其强度更差。因此应在接头处设置加强结构（如焊接附加的加强板等）

（续）

设计应注意的问题	说　明
38.2.4　拆装管道时不宜移动设备 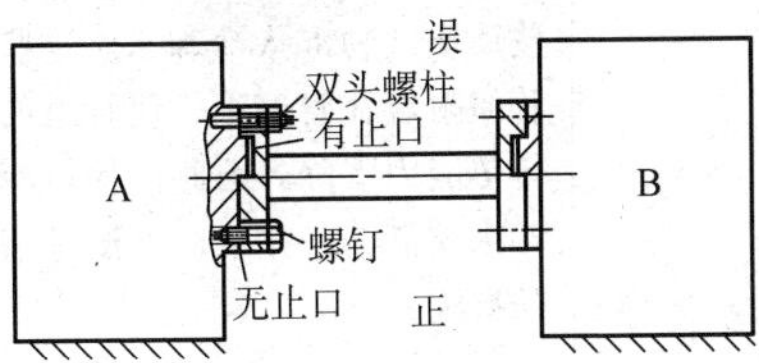 	连接在设备之间的管道，在拆装时，不应由于结构的互相干涉而必须移动某些设备，以节省装配时间。如图示在A、B二设备中间有管道连接，用螺纹紧固件将法兰盘固定在设备的端面上以实现连接。如果采用双头螺柱，则在松开螺母以后，由于双头螺柱尚在A、B设备中，管道不能取下，必须至少移动一个设备。如果用螺钉连接，则在取下螺钉后，可以顺利地拆下管道。此外如果在管道法兰端面上有定位用的突出的止口，也将影响装拆
38.2.5　避免软管受附加应力 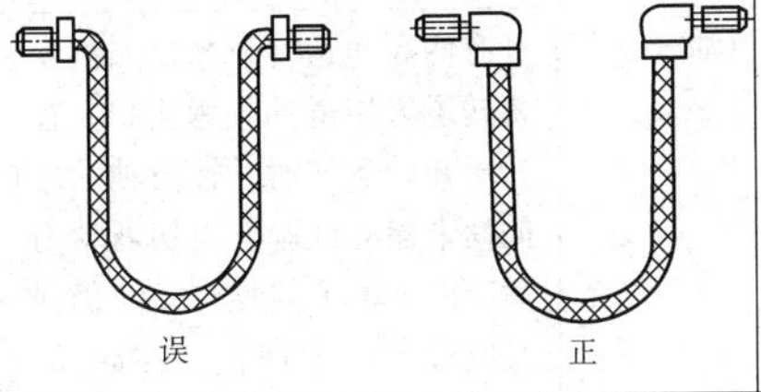 	用软管输送介质时，应避免在安装时软管受拉伸或扭转。特别应注意避免软管有曲率半径很小的弯曲。因为在这种情况下，软管将受很大的弯曲应力
38.2.6　软管内介质压力为脉冲变化时，软管应固定 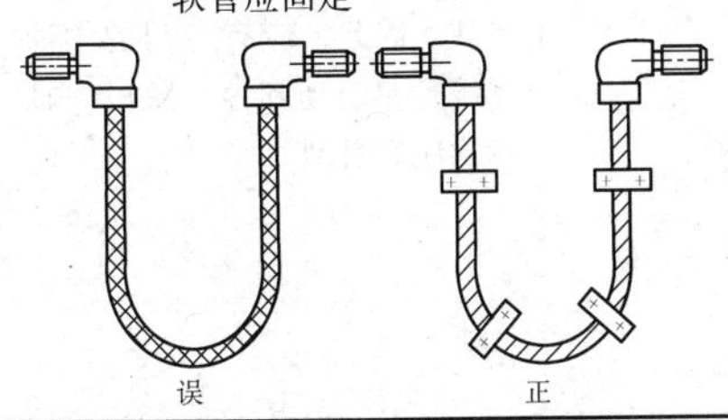 	当软管内的介质压力脉动变化时，软管将随着压力变化而改变其形状，发生抖动。为此应增加软管厚度以减小抖动变形，并用固定装置固定住软管

38.3 管道运转中的问题及避免的措施

设计应注意的问题	说明
38.3.1 冷却水污染会使冷却能力降低	由于各种原因会使一些化学物质或杂物混入冷却水。这些物质附着在管壁上，使管道的传热能力下降。因此应保持冷却水质清洁，并采取过滤等清洁措施
38.3.2 防止冷却水管表面结露	在室内工作设备上的冷却水管，由于室内温度高，空气与温度较低的管道表面接触时，会在管道表面凝结出露水。这些露水会弄湿机械零件和电气器件，引起机械金属件腐蚀和电气器件失效，甚至短路而引起事故。为避免冷却水管表面结露，应采取各种隔热措施
38.3.3 要考虑起动和停车时的供油	有些高速运转机械，如汽轮机转子等用滑动轴承支持。在转子开始运转时，轴与轴承之间尚未建立油膜。当切断动力后，由于转子的惯性，它仍能继续转动一段时间。在起动、停车时如润滑油供应不充分，会引起较大的磨损，甚至引起事故。因此，应有专门的供油系统，在起动和停车阶段向轴承供应润滑剂

（续）

设计应注意的问题	说　明
38.3.4　避免突然关闭管道时的液击（水锤）现象	系统中介质流速越大，泵停转或阀门关闭越迅速，则由于液体流动突然停止而产生的液击力量越大，可能使管道破裂，造成泄漏，甚至使管道和设备损坏。其解决途径有：缓慢地关闭阀门，在管道系统中加入自闭式水锤消除器或逆止阀
38.3.5　避免管道共振	当往复式压缩机等的自振频率与管道的自振频率相一致时，就会引起共振。可计算出共振管的长度范围或用实验或试渗的方法得出管的合理长度
38.3.6　注意油压、气动设备的滞后现象 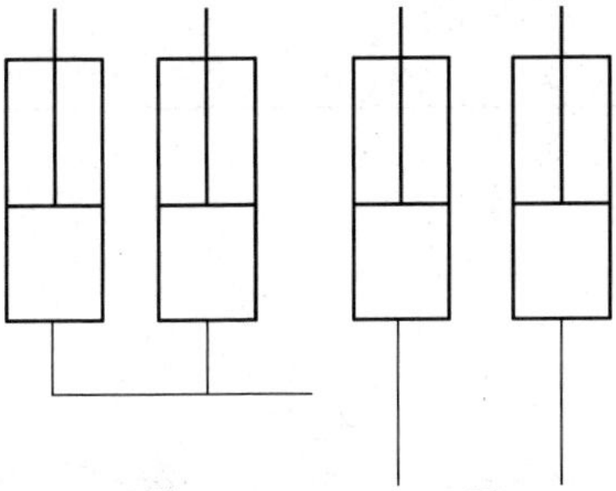 误　　正	油压、气动系统的工作介质在管道中运动时，由于管道的阻力，介质压力在管道中传递需要一定的时间。这对于要求同步工作的几个设备的运动准确性有明显的影响。当进入设备以前的管道长度不同时，设备的动作将有先后之分。因此对于要求同步运动的设备，由分路点至各设备的距离应尽量缩短，各段管道长度应相等
38.3.7　防止在振动时阀的手轮转动	由于振动等原因，阀门的手轮可能自动转动而改变阀门开度。应采取措施将手轮锁住

（续）

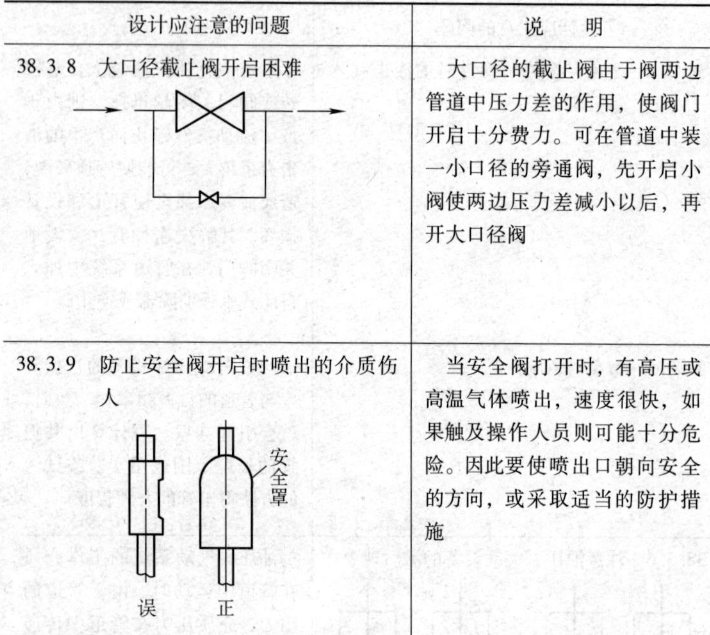

设计应注意的问题	说　明
38.3.8　大口径截止阀开启困难	大口径的截止阀由于阀两边管道中压力差的作用，使阀门开启十分费力。可在管道中装一小口径的旁通阀，先开启小阀使两边压力差减小以后，再开大口径阀
38.3.9　防止安全阀开启时喷出的介质伤人	当安全阀打开时，有高压或高温气体喷出，速度很快，如果触及操作人员则可能十分危险。因此要使喷出口朝向安全的方向，或采取适当的防护措施

第 39 章　机架结构设计

概述

机架是机器的基础零件，例如机座、床身及箱体等。机器的许多重要零部件直接或间接固定在机架上而保持其应有的相对位置。所以机架不仅与机器的总体布置有密切联系，而且对于机器的造型与美观有重要影响。减轻汽车机架重量对节省燃油有明显效果。

机架设计还应该注意其强度、刚度、精度、尺寸稳定性、吸振性及耐磨性等，此外还要求造型美观、结构工艺性合理。机架的壁厚、肋板布置等对于其承载能力、材料消耗、质量和成本等都有很大的影响。

固定式机器的机架、箱体和结构较复杂的机架多用铸铁制造，受力较大的用铸钢件，生产批量很小或尺寸很大铸造困难的用焊接机架。为了减轻机械或仪器重量用铸铝做机架，而要求高精度的仪器（如高精度经纬仪）用铸铜机架，以保证尺寸稳定性。载荷较轻的机器可以采用塑料机架。

对于机架结构设计，本书提醒要注意以下问题：

1）机架必须有足够的强度和刚度。

2）机架应该有良好的工艺性。

3）节约材料。

39.1　机架必须有足够的强度和刚度

设计应注意的问题	说　　明
39.1.1　防止铸造机架变形 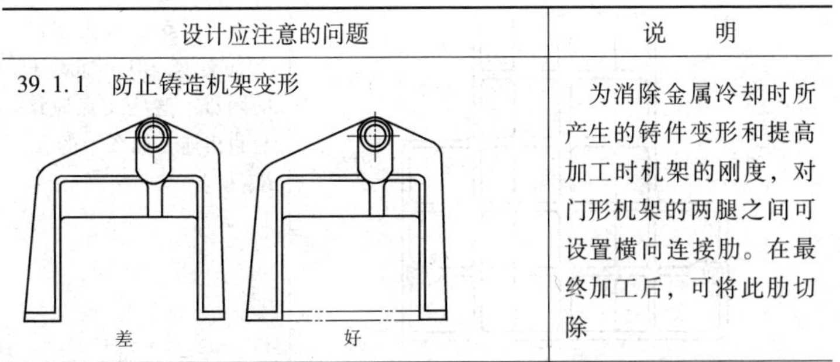	为消除金属冷却时所产生的铸件变形和提高加工时机架的刚度，对门形机架的两腿之间可设置横向连接肋。在最终加工后，可将此肋切除

（续）

设计应注意的问题	说　明
39. 1. 2　喉口处结构应加固 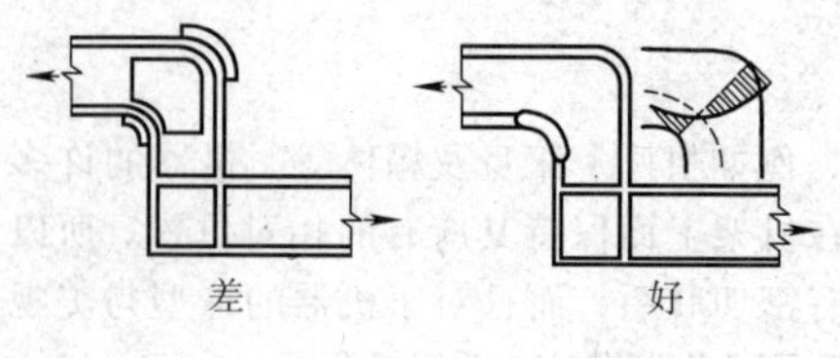 	在零件转折的喉口处，受力较大容易损坏。如图所示受拉机架的喉口结构，内侧受拉，是最危险的部位（特别对铸铁零件）。加强部位应该安排在内侧板而不是在外侧板
39. 1. 3　注意加强底座的抗扭转强度 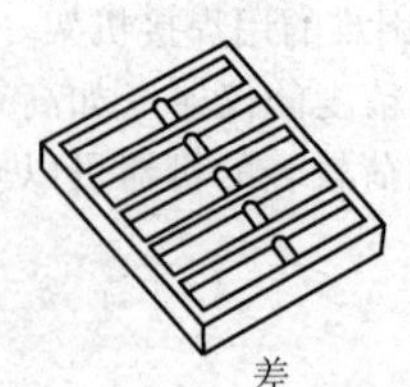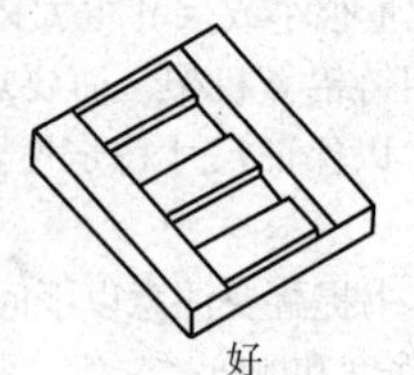 	图中所示为两种底座的结构模型，一种为由细杆组成的框架形结构，另一种为由曲折的板构成的板形结构。框架形结构扭转刚度差，无法承受生产、吊装、运输时由于不均匀受力产生的扭转载荷。改为板形结构，底座的抗扭转刚度显著地得到改善
39. 1. 4　机座的支承点应该与肋相连 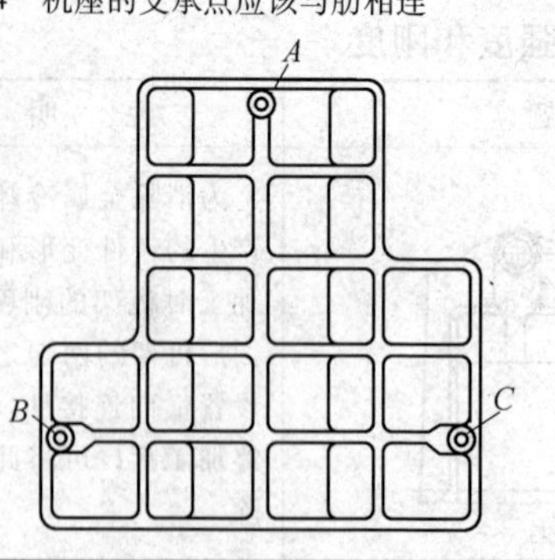 	机器底座至少由 3 点支承，较大的底座可以有 4 个、6 个或更多的支点支承，但增加调平的困难。这些支点应该与肋相连，如图中的 *A*、*B*、*C* 点

（续）

设计应注意的问题	说　明
39.1.5　确定支点位置时，应考虑机架自重产生的变形 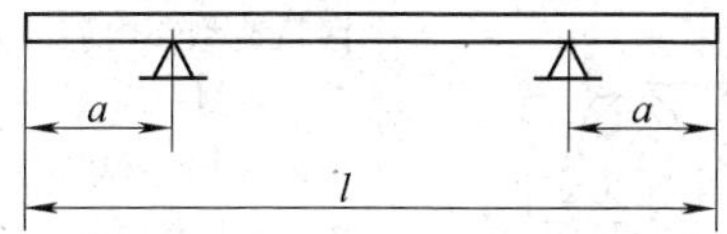 	等截面杆由两支点支承时，由于自重杆将变形。恰当选择支点位置可使变形最小，确定支点位置 a 的计算公式如下： 长度变化最小　$a=0.22031l$ 两端平行度变化最小　$a\approx\frac{4}{19}l$ 全长上挠度最小　$a=0.2232l\approx\frac{2}{9}l$ 中央挠度为零　$a=0.2386l\approx\frac{6}{25}l$
39.1.6　尽量避免悬伸式结构 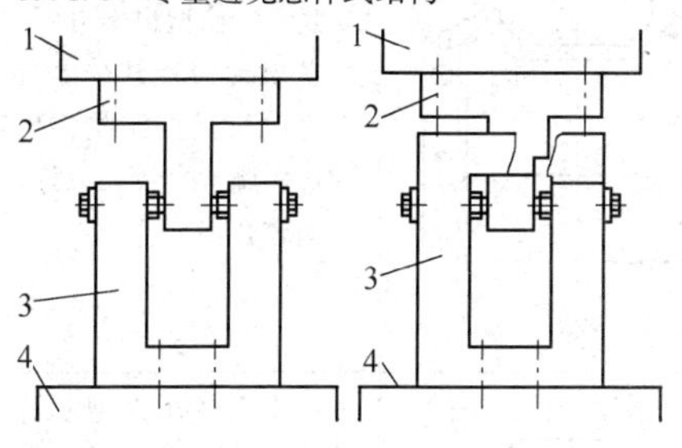 a) 开口型传力架　　b) 闭口型传力架 1—工作台　2—受力杆　3—传力架　4—机架	图 a 表示将工作台上的载荷传到机架的结构。在工作台上固定有 T 形受力杆，在机架上固定有∏形传力架，全为铸铁材料。当工作台承受往复性水平载荷时，力就通过 T 形受力杆，传到锁紧在∏形传力架的紧定螺钉上，从而将力传到机架上 图 a 的∏形传力架是开口式结构。两侧的悬伸性结构受有较大力矩，为了可靠地工作，设计对∏形传力架的材料性能及尺寸都提出了严格的要求 图 b 的传力架改成了闭口的口字形（图中为表示后面结构断开），则避免了悬伸式结构，降低了最大弯矩，使材料性能得到更充分发挥，提高了零件的可靠性

39.2 机架应该有良好的工艺性

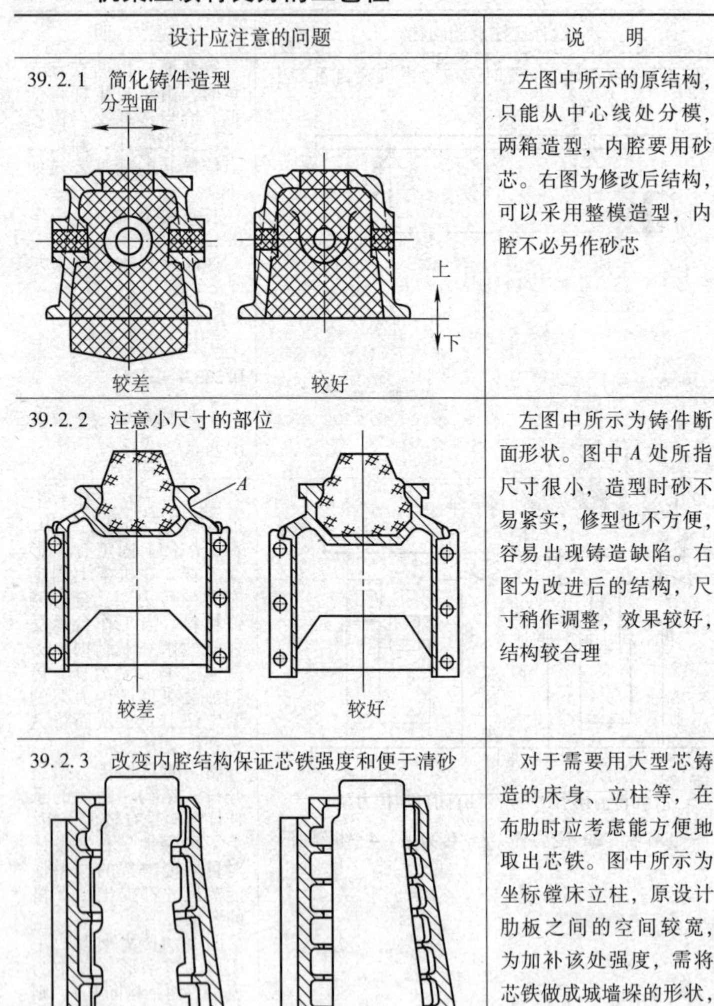

设计应注意的问题	说明
39.2.1 简化铸件造型 分型面 上 下 较差 较好	左图中所示的原结构，只能从中心线处分模，两箱造型，内腔要用砂芯。右图为修改后结构，可以采用整模造型，内腔不必另作砂芯
39.2.2 注意小尺寸的部位 A 较差 较好	左图中所示为铸件断面形状。图中 *A* 处所指尺寸很小，造型时砂不易紧实，修型也不方便，容易出现铸造缺陷。右图为改进后的结构，尺寸稍作调整，效果较好，结构较合理
39.2.3 改变内腔结构保证芯铁强度和便于清砂 较差 较好	对于需要用大型芯铸造的床身、立柱等，在布肋时应考虑能方便地取出芯铁。图中所示为坐标镗床立柱，原设计肋板之间的空间较宽，为加补该处强度，需将芯铁做成城墙垛的形状，这种形状不利于清理和回收。改进后结构（右图）比较合理

（续）

设计应注意的问题	说　明
39.2.4　减少型芯数目 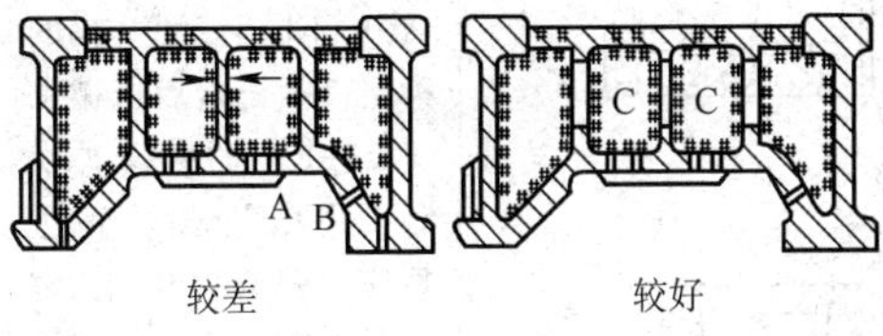 较差　　　　较好	图示龙门刨床床身，原设计有三条肋板，将整个床身隔成彼此不相通的四个部分，要用四个型芯。为固定中间两块型芯，要在导轨面上安放型芯撑 A，斜面上安放型芯撑也很困难。在肋上开方形孔 C，使四块型芯连成一体，在下面开两个孔支承型芯，可不要型芯撑
39.2.5　避免用型芯撑以防渗漏 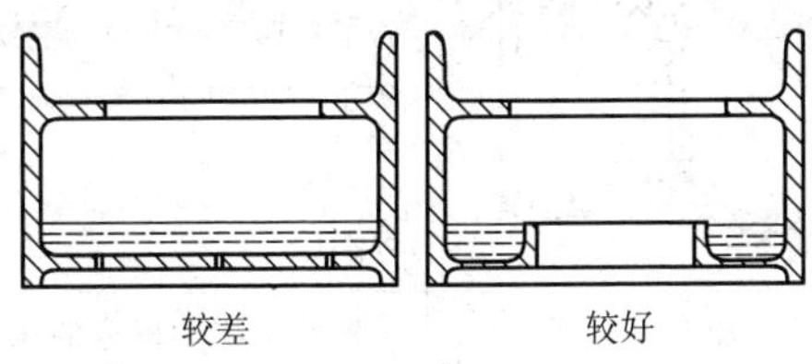 较差　　　　较好	有些铸件，底部为油槽（如床身铸件底部有储存切削液的油槽），要注意防止漏油。在铸造油槽时，要安放型芯撑以支持型芯，而这些有型芯撑的部位会引起缺陷，产生渗漏。把槽底面设计成有高凸台边的铸孔，油槽部分的型芯可通过型头固定，避免缺陷

（续）

设计应注意的问题	说　明
39.2.6　改进结构，省去型芯 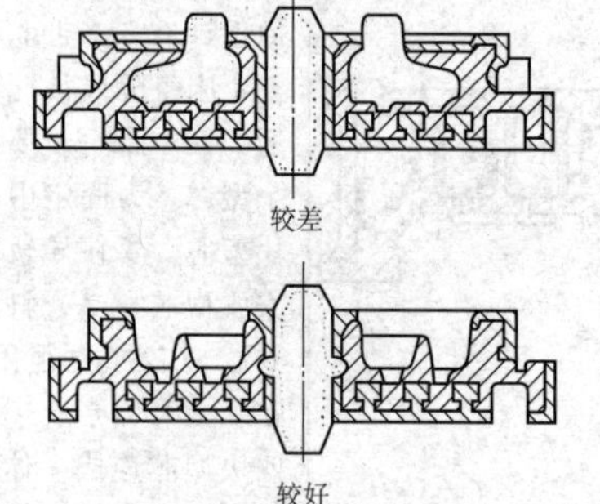 较差 较好	图中所示为圆形回转工作台，工作台面向下（图中不同剖面线方向的外层表示铸造后机械加工要去掉的材料）。原设计要用几个型芯，改进后使内腔成为开式，省去了型芯，简化了铸型的装配
39.2.7　改善铸件冷却状况 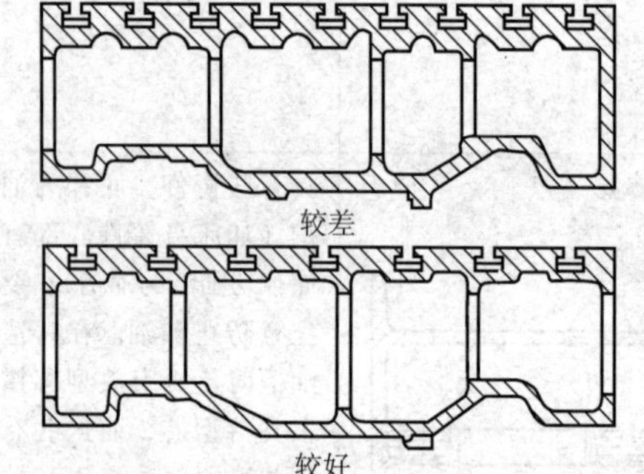 较差 较好	图中所示为机床工作台。原结构不够合理，改进后减少了T形槽的数量，减小了铸件的壁厚，加大了T形槽之间凹槽的尺寸。新结构改善了T形槽的冷却状况，防止产生缺陷
39.2.8　机架的连接螺钉应便于加工和装配 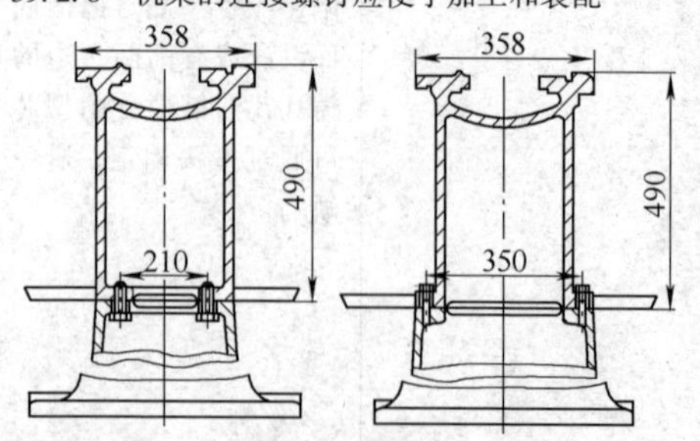 	图示机架为机床的床身，分为上下两个部分，中间插入一个托盘，上下用螺钉连接。左图螺钉设计在机架内部，不便于加工和装拆。右图结构可避免这些缺点

（续）

设计应注意的问题	说　　明
39.2.9　大型机架运输用的吊耳应简化 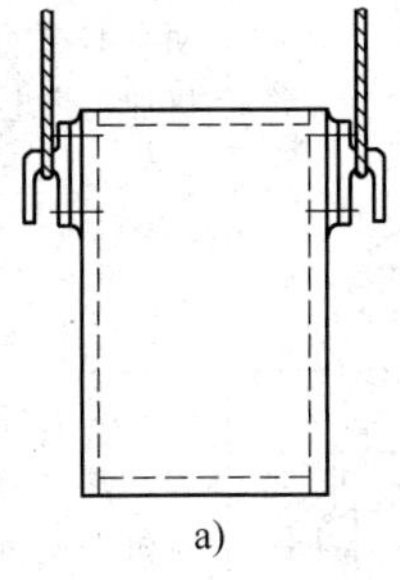 a) 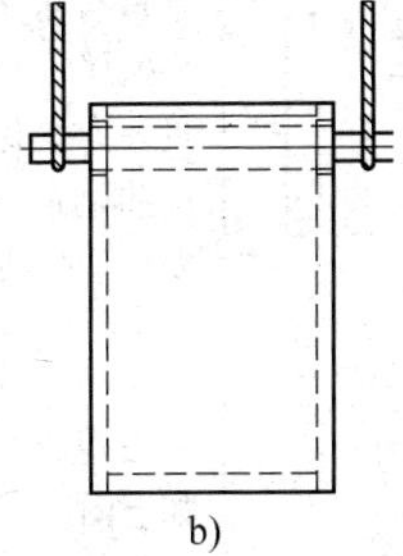 b)	图 a 所示吊耳是铸造吊耳固定在机架上面，铸造和加工都比较复杂。图 b 在机架上做出螺纹孔，拧入一头有螺纹的圆杆，不用时可以拆下，加工比较容易，外形也更美观

39.3 节约材料

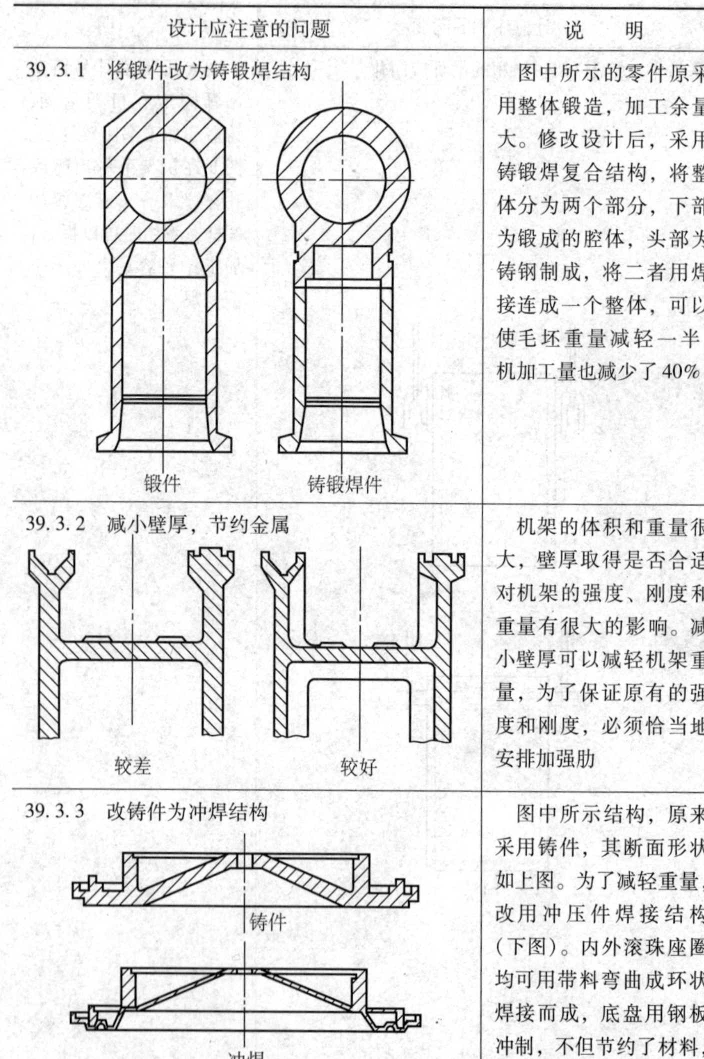

设计应注意的问题	说　明
39.3.1 将锻件改为铸锻焊结构 锻件　铸锻焊件	图中所示的零件原采用整体锻造，加工余量大。修改设计后，采用铸锻焊复合结构，将整体分为两个部分，下部为锻成的腔体，头部为铸钢制成，将二者用焊接连成一个整体，可以使毛坯重量减轻一半，机加工量也减少了40%
39.3.2 减小壁厚，节约金属 较差　较好	机架的体积和重量很大，壁厚取得是否合适对机架的强度、刚度和重量有很大的影响。减小壁厚可以减轻机架重量，为了保证原有的强度和刚度，必须恰当地安排加强肋
39.3.3 改铸件为冲焊结构 铸件 冲焊	图中所示结构，原来采用铸件，其断面形状如上图。为了减轻重量，改用冲压件焊接结构（下图）。内外滚珠座圈均可用带料弯曲成环状焊接而成，底盘用钢板冲制，不但节约了材料，而且节约机加工工时

第 40 章　导轨结构设计

概述

导轨用于支承和引导运动的工作台作直线或回转运动，如机床床身上面的直线运动导轨或圆导轨。对导轨的要求主要有：精度、刚度、运动灵活性和耐磨性。导轨多与箱形零件如床身、立柱作成一体，因此最常用的材料是铸铁。特别需要时采用钢导轨或塑料导轨。

按运动件结构，有滑动导轨和滚动导轨两大类。滑动导轨结构简单，使用维护方便，能够承受较大的载荷。滚动导轨摩擦阻力小，运动灵活，能够达到较高的运动精度，但制造较难，成本较高，精密机械使用较多。

对于导轨结构设计，本书提醒要注意以下问题：

1）导轨合理选型。

2）保证导轨的强度、刚度和耐磨性。

3）保证导轨的精度。

4）保证导轨的运动灵活性。

5）提高导轨的工艺性。

40.1　导轨合理选型

设计应注意的问题	说　　明
40.1.1　导轨的温度变化较大时，导向面之间的距离不应太大 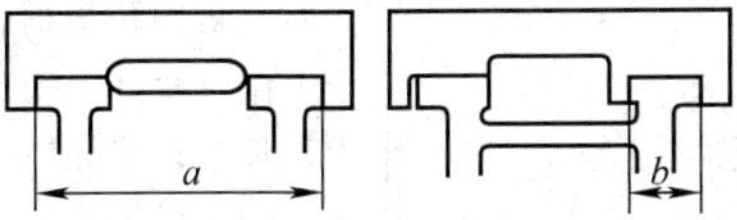 a　　　　b 较差　　　　较好	双矩形导轨利用两侧面作为导向面。用距离较远（a）的两面导向时，导轨的摩擦力是对称的，工作比较平稳。但是当温度变化较大时，间隙变化较大，可能产生较大的晃动或卡得太紧。采用一侧导轨的两侧导向，两导向面距离 $b<a$，受温度影响较小，适用于温度变化较大的场合

（续）

设计应注意的问题	说　明
40.1.2　一般情况下不宜采用双 V 导轨 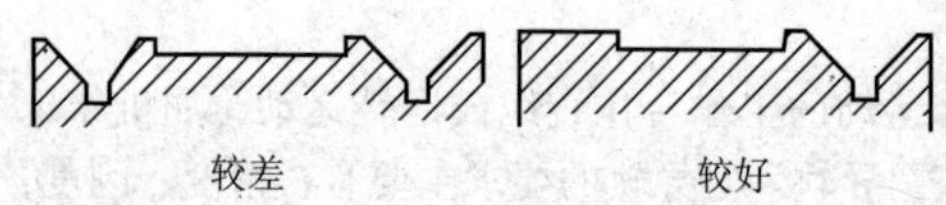 	双 V 导轨由于两条导轨都有导向作用，在一般情况下，难以达到两条导轨都密切接触。因此导轨的导向和支承作用不易圆满地实现。一般以采用 V－平导轨比较合适。采用双 V 导轨必须有很高的加工精度，以保持两条导轨平行、等高、尺寸一致等，这种导轨的精度比较稳定，但造价很高

40.2　保证导轨的强度、刚度和耐磨性

设计应注意的问题	说　明
40.2.1　工作台与导轨应“短的在上” 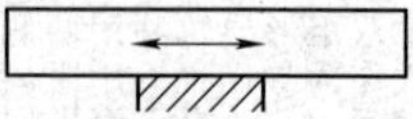 较差 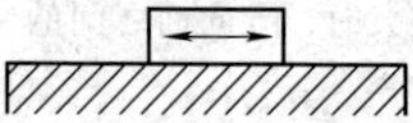　　较好	在床身上通过导轨支承着工作台，二者之间有相对运动。如上面的移动件较长，而下面的支承件较短，则当移动到左右极限位置时，由于工作台及其上工件的重量偏移，使导轨受力不均匀，产生不均匀的磨损

（续）

设计应注意的问题	说　明
40.2.2　导轨的压板固定要求接触良好，稳定可靠 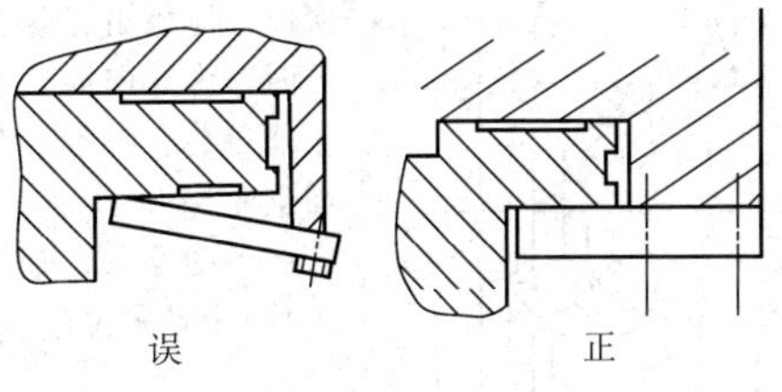 	固定工作台用的压板常与下导轨面接触。在工作台受向上的力或翻转力矩时，压板起固定作用。因此压板与下导轨面必须全面、密切接触。由于压板受力时相当于悬臂梁，压板与床身之间不能只用一个螺栓固定。压板应有足够的厚度，以保证刚度满足要求

40.3　保证导轨的精度

设计应注意的问题	说　明
40.3.1　避免扭紧固定螺钉时，引起导轨变形而影响精度 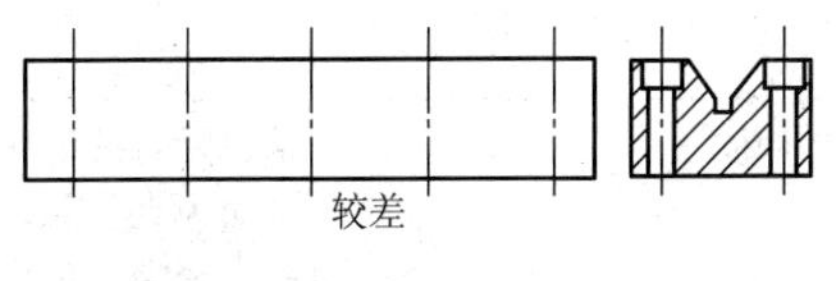 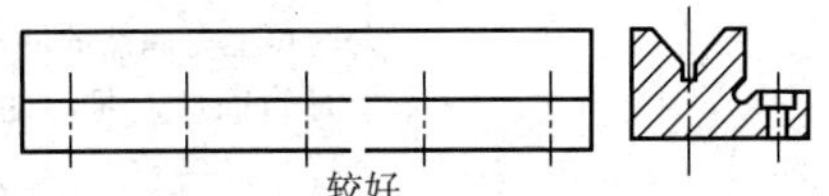 	如图所示，当拧紧螺钉时，螺钉使导轨下凹，形成波浪形，影响了导轨的直线性。若改变导轨的剖面形状，使导轨部分成为一个独立的、刚度较大的部分。而螺钉固定部分与导轨部分用有较大柔性的小截面相连，以减小固定螺钉引起的变形对导轨直线性的影响

（续）

设计应注意的问题	说　　明
40.3.2　镶条应装在不受力面上 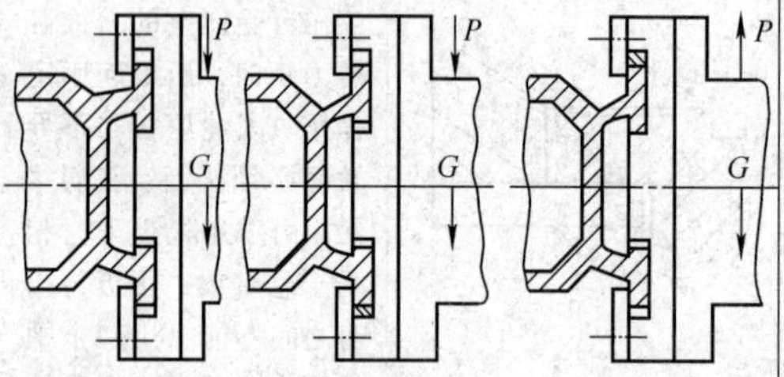 P　P　P G　G　G 不合理　合理　较好	有镶条的表面导向精度和承载能力较差。所以不应该用有镶条的面作为导向面。当不能避免有镶条的表面也要受力时，应使有镶条的导向表面处于受力较小的位置
40.3.3　导向面应不变 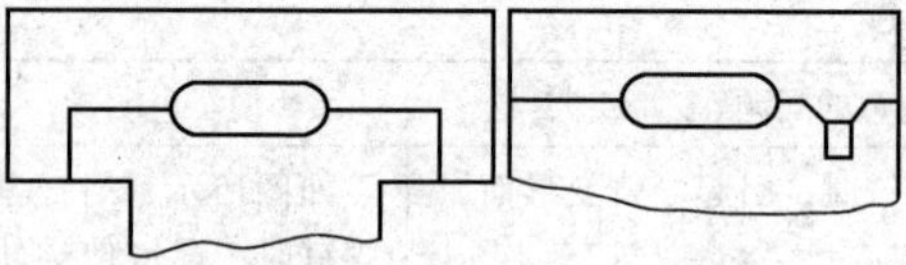 较差　较好	在工作台受力变化时，应避免因改变导向面引起的误差，即应保持导向面不变。所以采用V－平导轨的导向精度比双矩形导轨好
40.3.4　滚珠导轨应有足够的硬度	滚珠导轨的滚珠与导轨面为点接触，接触应力较大，在装配时可能有偶然的冲击，导轨面应有足够的硬度（一般大于60HRC）。否则容易产生塑性变形（凹坑）

40.4 保证导轨的运动灵活性

设计应注意的问题	说　明
40.4.1　导轨支持的工作台，驱动力作用点应使两导轨的阻力矩平衡 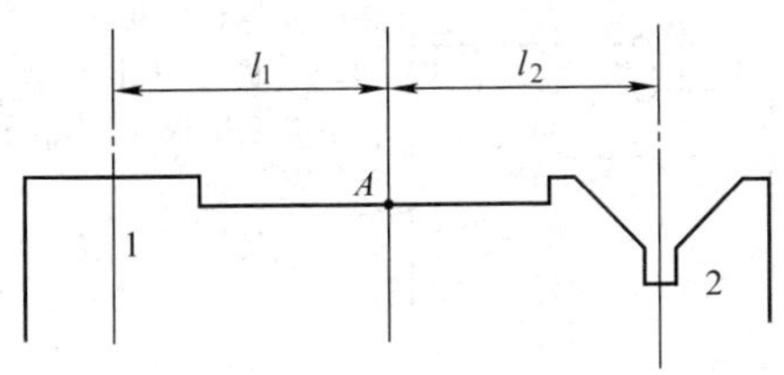 $l_1=l_2$ 较差 $l_1 \cdot F_1=l_2F_2$ F_1 F_2为二导轨摩擦力 较好	用螺旋驱动的工作台，螺旋中心 A 的位置应适当选择，使两条导轨产生的摩擦力 F_1、F_2 对 A 的摩擦力矩互相平衡，即 $F_1l_1=F_2l_2$。否则将产生不平衡的摩擦力矩，在工作台反向时，由于摩擦力矩的作用，使工作台在水平面内旋转一个角度（决定于导轨刚度和间隙大小）
40.4.2　避免在导轨上面运动的零件卡滞 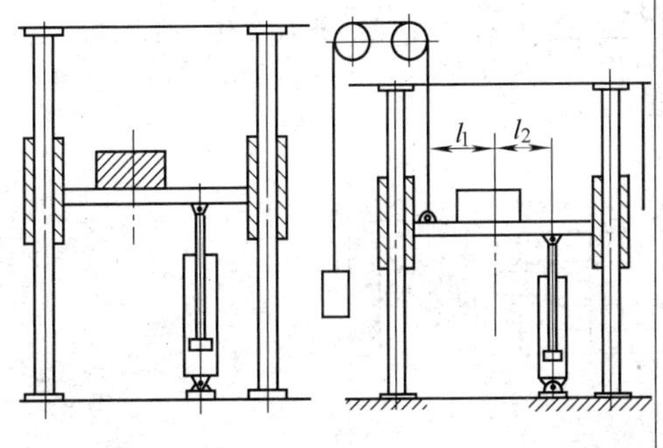 	左图所示工作台在两个圆导轨上面移动，用液压缸推动它上下移动。卡滞的原因有：左右两个圆导轨不平行，两个导套太短、两导轨距离太近或导套与导轨之间间隙太大产生倾斜或自锁，推力作用中心不通过工作台（及台上物品）的重心。右图增加一个重锤，使重锤拉力 F_1 和液压缸推力 F_2 和力作用点位置 l_1、l_2 有以下关系：$F_1l_1=F_2l_2$，则运动灵活

（续）

设计应注意的问题	说　明
40.4.3　压板要有尺寸分界 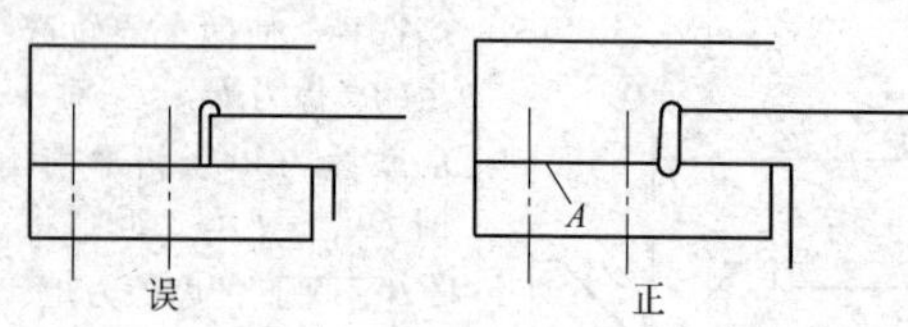 	为了调整压板与导轨底面之间的间隙，常采用加工压板 A 面的方法。在压板与导轨和床身之间结合面处开出沟槽，便于加工压板 A 面以调整间隙
40.4.4　导轨上面运动的零件与丝杠不要作刚性连接 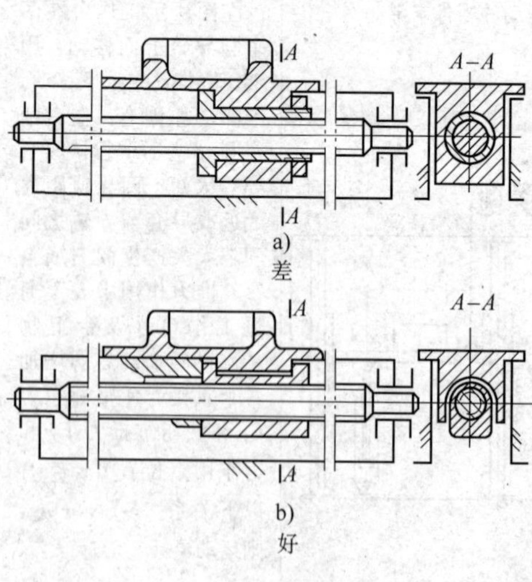 a) 差 b) 好	上图螺母与工作台为刚性固定连接，丝杠与导轨如果不互相平行，则运动不灵活发生卡滞现象。下图的连接只保证丝杠能够推动工作台运动，其他方向允许一定的自由移动或转动。丝杠与工作台二者如果平行度有一些误差，也不会导致运动不灵活，或发生卡滞现象

（续）

设计应注意的问题	说　　明
40.4.5　双矩形导轨要考虑调整间隙 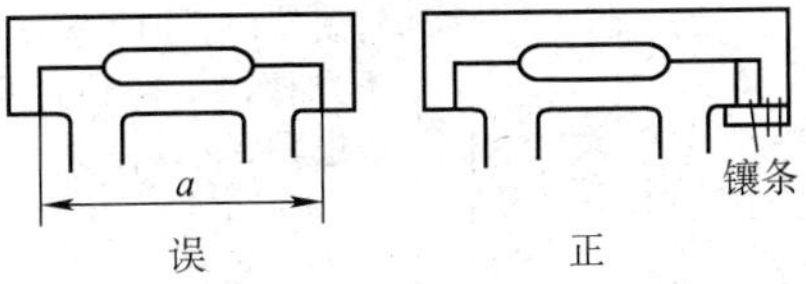 镶条 a 误 正	双矩形导轨用侧面导向时，靠加工精度以保持导向面两边良好接触是困难的。应采用镶条调整间隙
40.4.6　尽量避免采用刮研导轨	刮研导轨工作量大，劳动条件差，应设法改变导轨结构，以磨制工艺代替刮研

40.5　提高导轨的工艺性

设计应注意的问题	说　　明
40.5.1　镶钢导轨不宜用开槽沉头螺钉固定 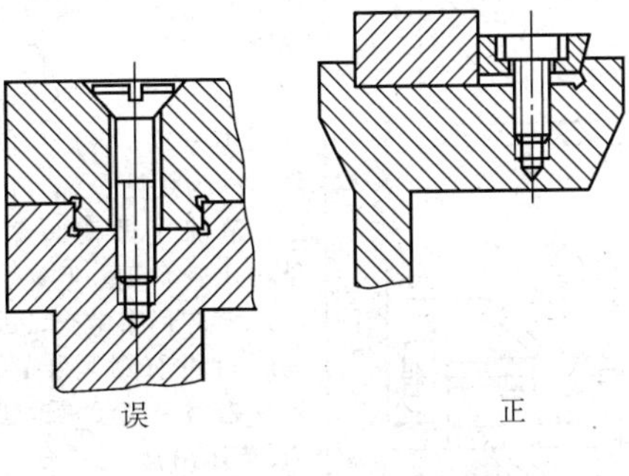 误 正	在机座上安装镶钢导轨时，机座上常先加工出凸台或凹槽以定位镶钢导轨，也可以采用定位销来定位。在已有定位装置的情况下，就不宜再采用头部为锥面，有定心用的开槽沉头螺钉。因为这种螺钉在导轨已定位的情况下，常因无法调整位置而使头部锥面不能全部均匀接触

（续）

设计应注意的问题	说　明
40.5.2　固定导轨的螺钉不应斜置 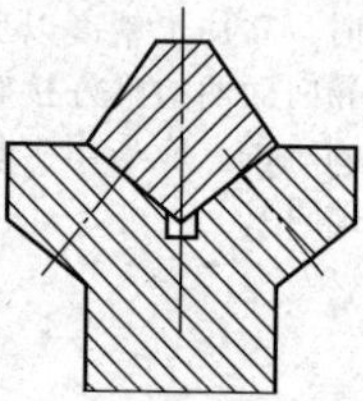 较差 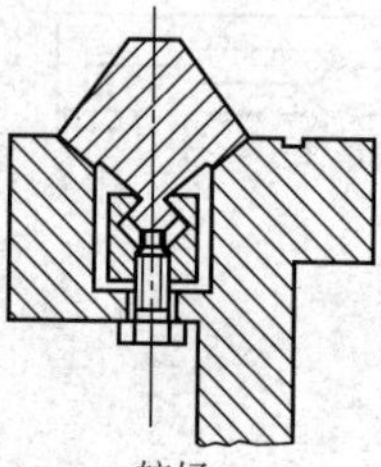　　较好	如图所示结构，当螺钉斜置时，加工装配都不方便，结构不合理。改进后结构较合理
40.5.3　导轨支承部分应该有较高的刚度 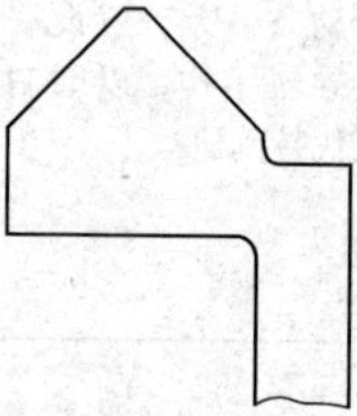 误 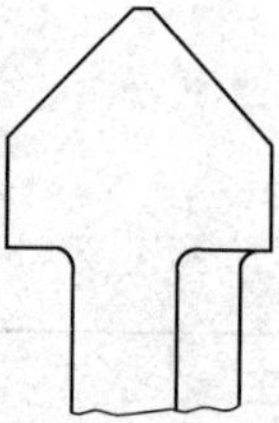　　正	当导轨与铸造床身为一体时，应保证导轨的支承部分有足够的强度和刚度。不应把导轨设计成悬臂的结构，应该用箱壁支承在导轨下面，并设有必要的肋
40.5.4　镶条调整应无间隙 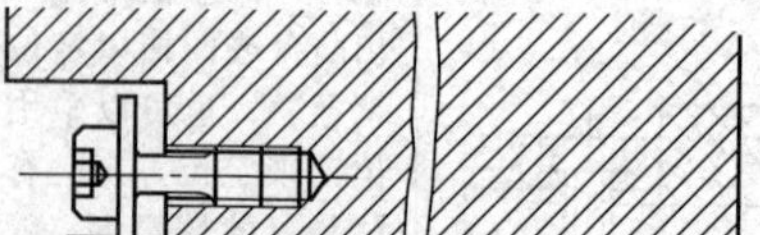 较差 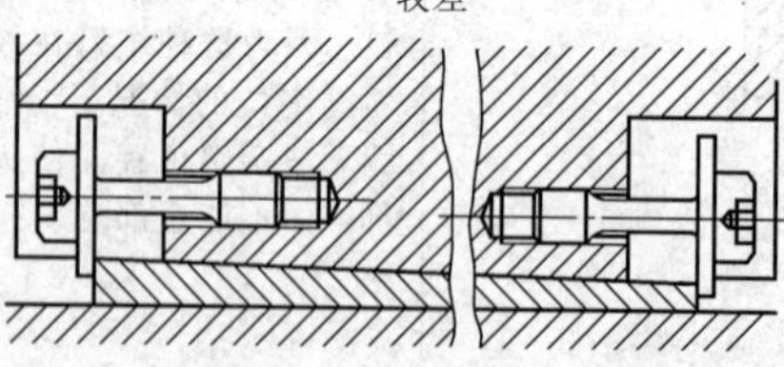 较好	图中用一个螺钉调整镶条位置，结构虽然简单，但螺钉头与镶条凹槽之间有间隙，工作中引起镶条窜动，使导轨松紧不一致，会产生间隙。改为用两个螺钉固定，消除了凹槽间隙，结构比较合理。但这一改进结构仍有缺欠，因为螺钉没有锁紧装置，容易松脱。应予以改进(图未示出)

（续）

设计应注意的问题	说　明
40.5.5　避免导轨铸造缺陷 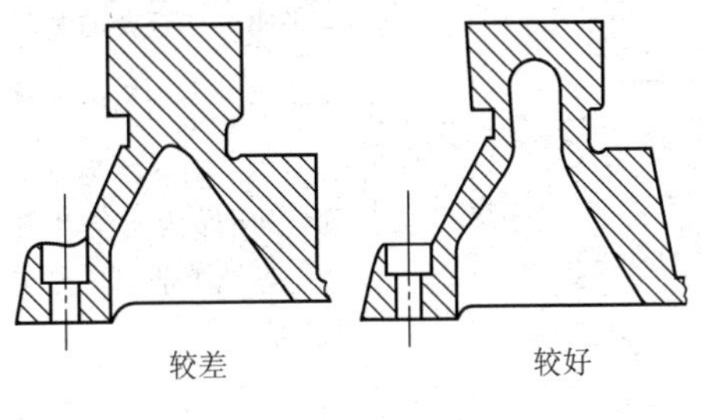 	铸造与机座连接在一起的导轨，浇铸时应使导轨处于最低的位置以保证铸造质量。此外应使导轨壁厚均匀以避免铸造缺陷
40.5.6　要防止滚动件脱出导轨，安装限位装置 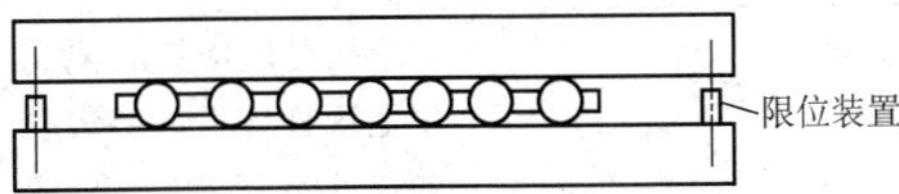 	滚动导轨的滚珠是在导轨上自由运动的。长期工作之后滚珠可能从导轨的一端脱出。因此应在导轨两端设置限位装置以防滚珠脱出
40.5.7　减少导轨安装的调整工作 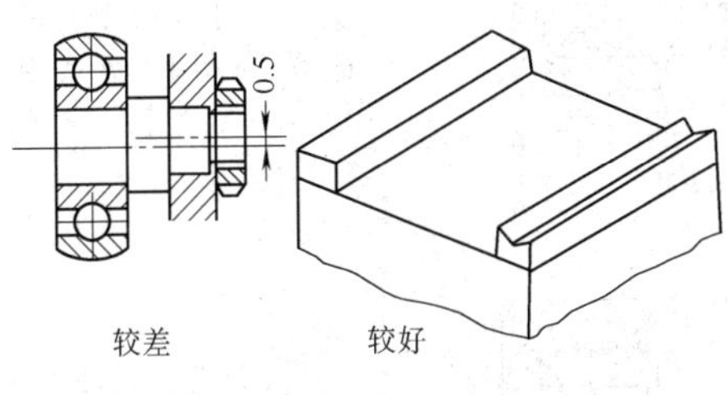 	对于高精度导轨，应尽量减少调整工作。例如万能工具显微镜导轨，原设计用滚动轴承支持，滚动轴承轴有 0.5mm 的偏心，靠调整达到要求的精度。改为用 V-平滚珠导轨，用磨床磨制导轨工作面以达到要求精度。这样改进以后，在保证原有精度情况下，生产率明显提高

（续）

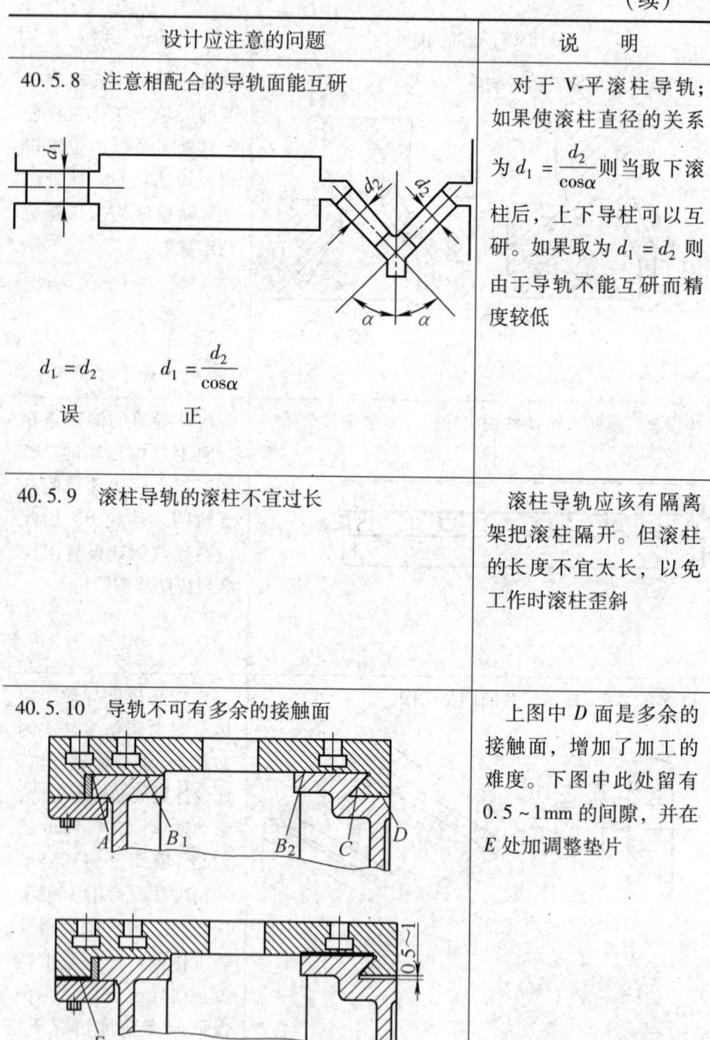

设计应注意的问题	说　明
40.5.8　注意相配合的导轨面能互研 $d_1 = d_2$　　误 $d_1 = \dfrac{d_2}{\cos\alpha}$　　正	对于V-平滚柱导轨；如果使滚柱直径的关系为 $d_1 = \dfrac{d_2}{\cos\alpha}$ 则当取下滚柱后，上下导柱可以互研。如果取为 $d_1 = d_2$ 则由于导轨不能互研而精度较低
40.5.9　滚柱导轨的滚柱不宜过长	滚柱导轨应该有隔离架把滚柱隔开。但滚柱的长度不宜太长，以免工作时滚柱歪斜
40.5.10　导轨不可有多余的接触面	上图中 D 面是多余的接触面，增加了加工的难度。下图中此处留有0.5~1mm的间隙，并在 E 处加调整垫片

第 41 章　弹簧结构设计

概述

弹簧由于它的结构特点，可以产生很大的弹性变形。它的主要功能有：缓冲或减振、控制运动、储存能量、测量力等。弹簧的受力与变形之间多为线性的，必要时可以设计非线性弹簧。有些弹簧内部的摩擦力很大，有较好的阻尼作用。

弹簧的设计计算可以查阅相关资料。在制造弹簧时应该注意控制其尺寸，否则，设计计算结果，与实测的力和变形的关系会有较大的误差。

为了弹簧正常工作，弹簧两端的固定结构设计是很重要的问题。对于弹簧结构设计，本书提醒要注意以下问题：

1）弹簧类型选择。

2）正确确定弹簧参数。

3）螺旋弹簧结构设计应注意的问题。

4）其他弹簧结构设计。

41.1　弹簧类型选择

设计应注意的问题	说　　明
41.1.1　首先选用圆柱螺旋弹簧	圆柱螺旋弹簧制造方便，性能好，采用变螺距或锥形弹簧可以实现变刚度要求，使用最广泛，是优先选择的类型

（续）

设计应注意的问题	说　明
41.1.2　圆柱螺旋压缩弹簧比拉伸弹簧安全 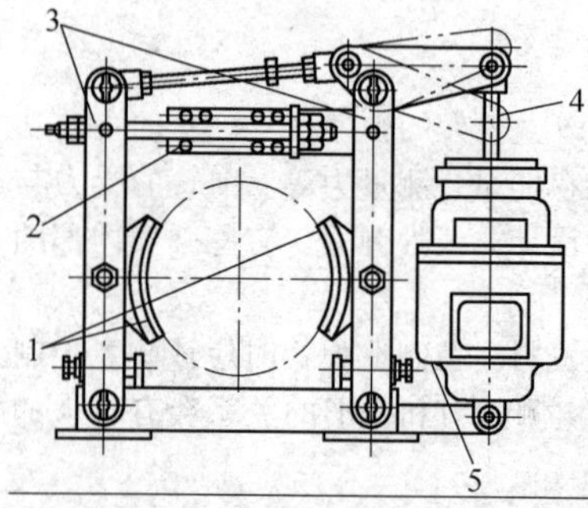 	压缩弹簧当所有各圈压并时，就不会损坏，有安全作用。起重机制动器利用压缩弹簧把制动臂和闸瓦拉向制动轮产生压力的结构。即用压缩弹簧代替了拉伸弹簧的作用
41.1.3　受重载荷的弹簧可采用碟形弹簧或环形弹簧	碟形和环形弹簧承载能力大，缓冲、减振能力强，用于重型机械

41.2　正确确定弹簧参数

设计应注意的问题	说　明
41.2.1　螺旋压缩弹簧受最大工作载荷时应有一定余量	随着弹簧受力不断增加，螺旋压缩弹簧的弹簧丝逐渐靠近。在达到工作载荷时，各弹簧丝之间必须留有间隙，以保证此时弹簧仍有弹性。否则，在最大载荷下，弹簧各丝并拢，失去弹性，无法工作
41.2.2　圆柱螺旋弹簧的旋绕比 C 不宜太大或太小	圆柱螺旋弹簧的旋绕比 $C=D/d$，D—弹簧中径，d—弹簧丝直径，推荐 $C=4\sim16$（GB/T 23935—2009）C 太小缠绕困难，C 太大弹簧形状不稳定

（续）

设计应注意的问题	说　明
41.2.3　尽量避免选用非标准规格的材料	应优先选用国家标准（或部颁标准）规定的尺寸规格和截面形状。正方形或矩形截面弹簧钢丝制造的螺旋弹簧，吸收能量大，可减小弹簧体积，但来源不如圆形截面弹簧钢丝广泛，价格高、成形难，应避免选用

41.3　螺旋弹簧结构设计应注意的问题

设计应注意的问题	说　明
41.3.1　弹簧应有必要的调整装置	对于要求弹簧的力或变形数值比较精确的弹簧，只靠控制弹簧尺寸往往难以达到要求。例如螺旋拉压弹簧，其变形量 λ 可由下式计算： $\lambda=\dfrac{8FD^3n}{Gd^4}$ 式中：F—弹簧载荷；D—弹簧中径；n—弹簧有效圈数；G—弹簧材料的切变模量；d—弹簧截面直径。 由以上公式可以看出 D、d 的较小误差会引起变形 λ 较大的变化。调整装置具体结构可参见有关资料
41.3.2　拉伸弹簧应有安全装置	压缩弹簧设计应使弹簧丝所受应力接近其屈服强度时，弹簧丝并拢，此时如外载再加大，弹簧应力不再加大，起安全作用。但拉伸螺旋弹簧没有自己保护作用，必须对它的最大变形予以限制。最简单的方法是在弹簧内装一棉线绳，拴在弹簧两端，至载荷达极限值时绳张紧，限制了弹簧继续伸长

（续）

设计应注意的问题	说　明
41.3.3　组合螺旋弹簧旋向应相反 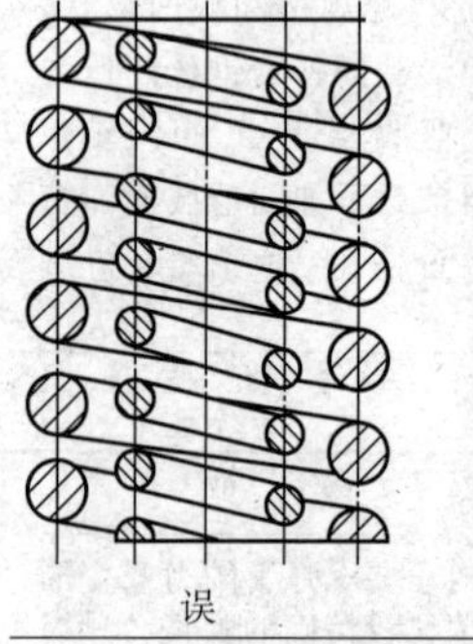 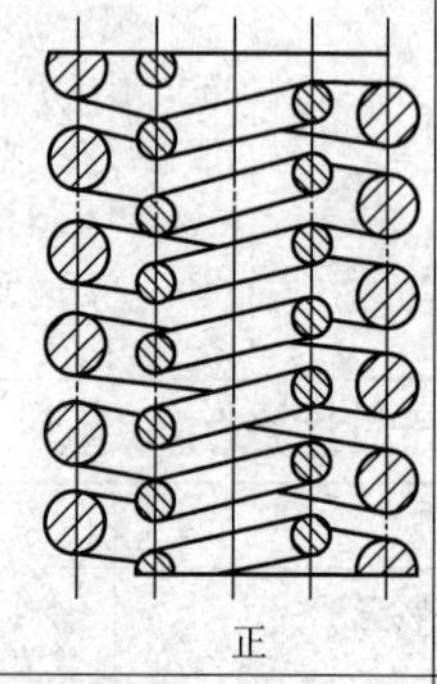 	圆柱螺旋弹簧受力较大而空间受到限制时，可以采用组合螺旋弹簧，使小弹簧装在大弹簧里面，可做成双层甚至三层的结构。为避免弹簧丝的互相嵌入，内外弹簧旋向应相反。此外，为避免内外弹簧相碰，应使弹簧端面平整
41.3.4　注意螺旋扭转弹簧的加力方向 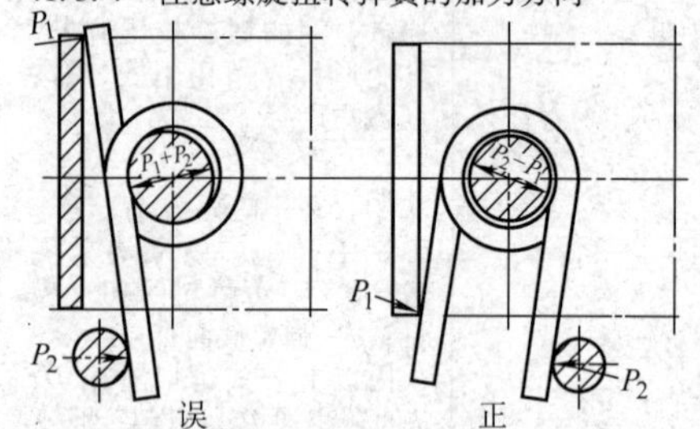 	圆柱螺旋扭转弹簧工作中承受扭矩，如因外力 P_1、P_2 对弹簧产生扭矩作用。左图结构弹簧轴受力为 P_1+P_2，受力较大，而右图的结构，P_1、P_2 方向相反，使弹簧轴受力较小
41.3.5　自动上料的弹簧要避免互相缠绕，弹簧应采用封闭端结构  误 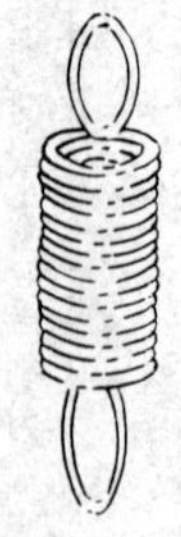 正	有些弹簧在机械上自动装配，用自动上料装置送到装配工位。这种弹簧设计应避免有钩、凹槽等，以免在供料时互相接触而嵌入纠结。如图示拉伸弹簧端部的钩宜改为环状

（续）

设计应注意的问题	说　明
41.3.6　用弹簧保持零件定位时，要求有一定的预压力 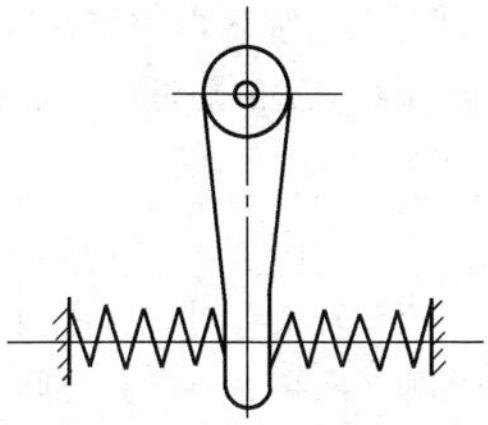	图示装置要求中间零件在没有外力作用时，停留在一定中间位置。如果此时两个弹簧的受力均为零，则在中间零件离开中间位置后不能克服轴承等的阻力，自动回到原来的位置。因此，两个弹簧必须有足够的初压力，作为中间零件的复原力
41.3.7　弹簧应避免应力集中	弹簧多由高屈服强度的材料制造，含碳量较高，并经过热处理以提高其屈服强度。因此弹簧材料对应力集中敏感，又加弹簧多在变载荷下工作，由于应力集中会引起疲劳失效。所以，弹簧应避免剧烈的弯折，太小的圆角等

41.4　其他弹簧结构设计

设计应注意的问题	说　明
41.4.1　多片碟簧叠合使用时，应有导向定位装置	当碟簧受变载荷作用时，载荷多次循环变化时其中心将发生径向位移。为避免径向位移在孔中装钢制导向杆。导向杆表面须经渗碳淬火，渗碳厚度达0.8mm，硬度高于碟簧，达55HRC以上，表面粗糙度不超过$Ra2.5\mu m$

（续）

设计应注意的问题	说　明
41.4.2　碟簧叠合片数不可超过3片	承受变载荷的碟形弹簧如果片数过多，则各片之间的摩擦会产生大量的热，如叠合片数达到4片时，作用给弹簧的能量有20%将转化为热量
41.4.3　应注意板弹簧销的磨损和润滑 板弹簧销	板弹簧工作时，支持弹簧的销与板弹簧两端的环形套之间有相对转动。这一部位会发生磨损，因此必须有注油孔、油沟，有时甚至采用青铜套
41.4.4　环形弹簧应考虑其复位问题 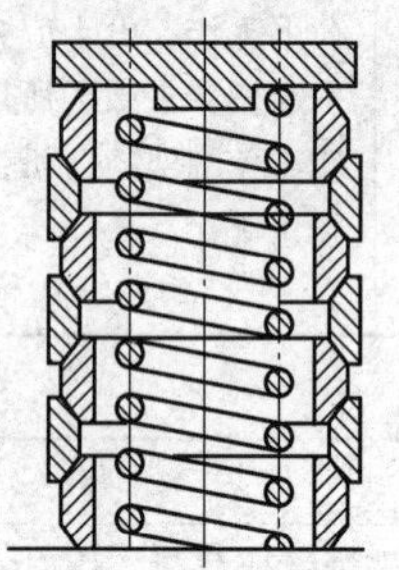	环形弹簧靠内环的收缩和外环的胀大产生变形，圆锥面相对滑动产生轴向变形。这种弹簧摩擦很大，摩擦所消耗的功可占加载所做功的60%～70%。因此对这种弹簧应设置另一圆柱螺旋压缩弹簧以帮助其复位

第 42 章　避免机械制图方面的错误

概述

机械图是机械设计的重要文件和设计成果的体现，也是机械加工的依据。由于各种原因在设计图样中常出现一些错误，本章是作者在多年工作中，遇到的设计图样发生的典型错误的集中概括。在设计工作中应该注意图样的绘制和检查，避免发生类似的问题。

本章提示注意的问题，归纳为以下几个方面：

1）机械装置的全部图样要有总体规划。

2）机械制图要符合国家标准。

3）保证图样的正确性。

4）注意图样的审查和修改。

5）标注尺寸、公差、表面粗糙度应注意的问题。

42.1　机械装置的全部图样要有总体规划

设计应注意的问题	说　明
42.1.1　分层次表达机械结构	机械设计图分为：总布置图、部件图、零件图等，分层次表达出机械设备的总体、部件、零件的结构，各有目的和任务，不可缺少也不可有多余无用的图样，多余的图样浪费设计者和制造者的时间
42.1.2　图样不是一次完成的	设计者完成设计图样常需要反复细化、修改和落实，最后完成全部图样，设计者应确定在哪一个设计阶段重点在哪一个设计图样
42.1.3　图样上面必须写出必要的明细表、技术条件等	明细表、技术条件等是图样必要组成部分，必须按设计要求标注清楚

（续）

设计应注意的问题	说　明
42.1.4　技术文件是设计的有机组成部分	设计计算说明书、安装调整说明书、使用说明书等是完成产品制造和正确使用的必要资料，也是贯彻设计师设计意图的必要资料，必须完成这些资料的编写，才可以保证设计顺利实现

42.2　机械制图要符合国家标准

设计应注意的问题	说　明
42.2.1　阶梯剖视图不可出现不完整的结构	阶梯剖视图不可选择在某一结构的中间，如图 a 选择在孔的中心线处，使图中出现不完整的结构形状，图 b 比较合理
42.2.2　开槽螺钉头投影不应画成垂直方向	按机械制图国家标准规定，开槽螺钉头投影应该画成与水平成 45°，图中是几种螺钉头投影的正确画法

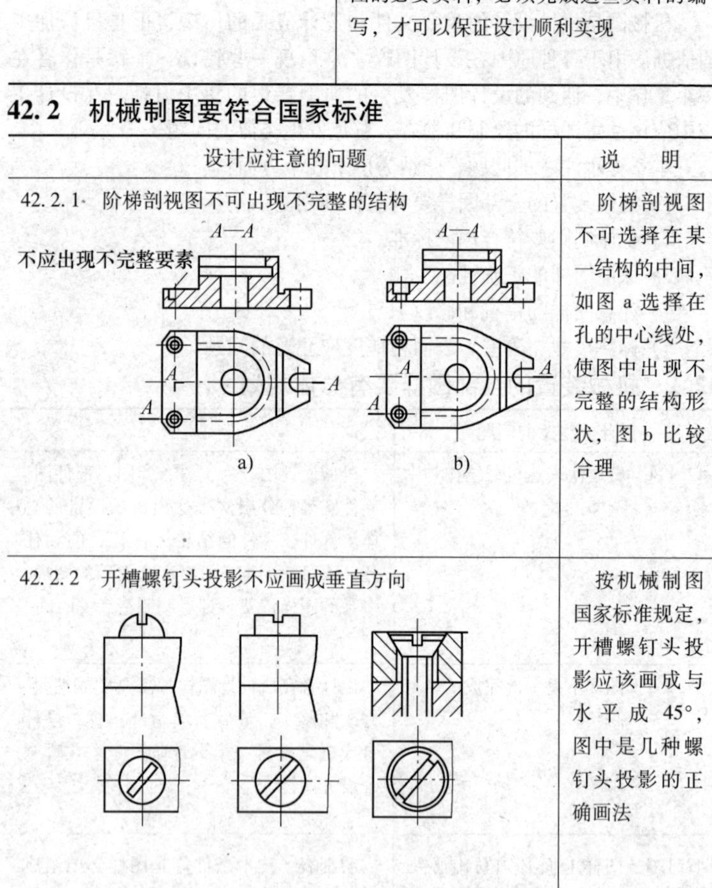

42.3 保证图样的正确性

设计应注意的问题	说　明
42.3.1 装配图尺寸和结构必须正确、准确、明确	装配图必须保证结构正确，尺寸准确，相互关系明确，根据它绘制的大量零件图才能保证准确和准确，不会因此发生很大的修改工作量
42.3.2 按实际尺寸画零件结构图 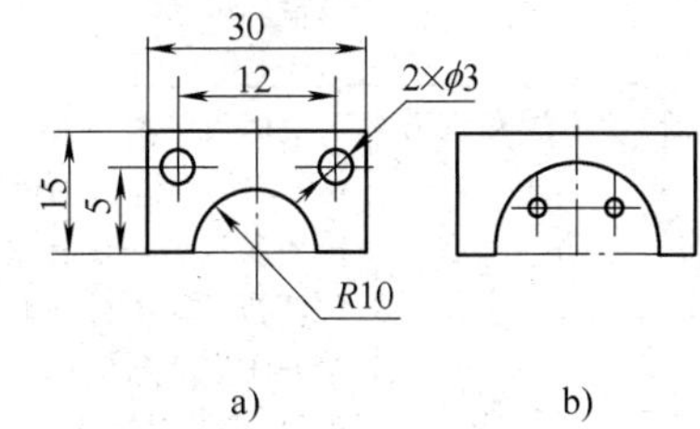 a)　　b)	零件图的必须按尺寸绘制图形，否则有问题不能发现，如图 a 是一个压光学棱镜的压板，用两个螺钉穿过孔压住棱镜。其形状是正确的，由于绘图者没有按照图样尺寸标注，标注的尺寸如图 a，按此图实际生产的压板如图 b，这是不能实现的（图 a 是一个错误的设计） 提示：设计者改动零件图的尺寸时，只改尺寸，不改图形，是有风险的
42.3.3 剖面图不应出现分离的图形（经常发生的几种制图错误举例） 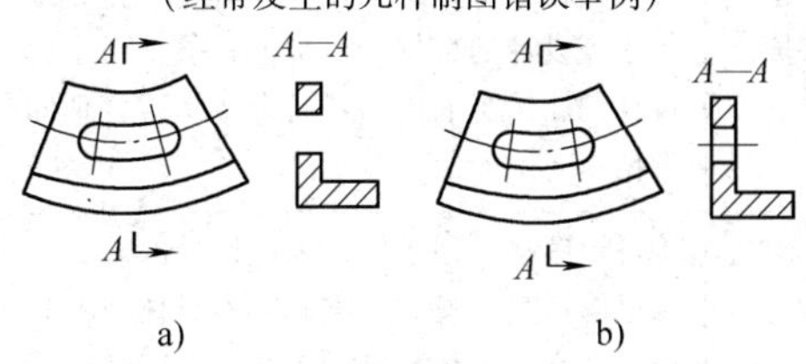 a)　　b)	图 a 所示剖面漏掉了孔的投影线，使图形成为分离的两个部分，图 b 是正确的画法。注意：不要漏画剖开孔边缘的投影线

（续）

设计应注意的问题		说　明
42.3.4	注意弹簧的螺旋角（经常发生的几种制图错误举例） 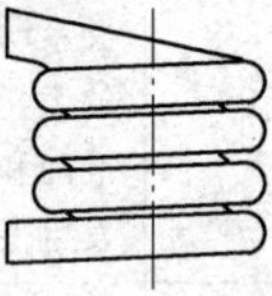	圆柱螺旋弹簧的螺旋角应该是各处相等的，而请读者用虚线画出左图被挡住一半螺旋的螺旋角，就可以看出与此图表示出的螺旋角不相等，这是画螺旋弹簧的最常见错误
42.3.5	及时更新《机械设计手册》，掌握和使用新的国家标准	机械设计离不开《机械设计手册》，而有关机械设计的国家标准经常更新，其中许多是由于ISO（国际标准化组织）更新了标准，我国随之采用的，手册经过一段时间就因为部分内容过时而需要更新。设计者需要及时掌握和使用新的《机械设计手册》

42.4　注意图样的审查和修改

设计应注意的问题		说　明
42.4.1	首先检查设计图是否按满足设计任务书的全部要求	设计任务书是机械设计的基本根据，也是审查设计的根据，审查人必须全面了解设计的原始要求作为判断设计是否合理的根据
42.4.2	注意检查是否已经把机械装置表示清楚	设计图样必须足够，把所设计的装置表示足够清楚，没有不准确，不具体，不充分，会产生歧义的结构设计

（续）

设计应注意的问题		说　　明
42.4.3	注意检查机械装置的工作原理是否正确可行，运动参数、制造工艺性等是否满足要求	按设计任务书检查每一张图样是否正确。有无缺漏、错误、不妥之处。是否正确的使用国家标准。毛坯制造、机械加工、装配、检测、运输、安装、使用、修理、回收等各步骤是否有问题和困难。经济性如何
42.4.4	注意检查设计图样与计算是否一致	图样的参数如齿轮的齿数、模数、齿宽等必须按计算结果绘制，此外还应该注意图样上面标注的齿轮精度、硬度要求、材料和热处理等是否与计算一致。应该把计算书与图样一起检查，互相核对
42.4.5	注意检查各图样之间是否满足相互配合的关系	各张图样之间有许多相互配合的尺寸、结构等必须一致，还包括相配零件的尺寸标注采用的基面是否一致等
42.4.6	注意在修改某一张图时必须相应修改有关的图样	在修改某一张图样时与其相关的图很多，如修改一个齿轮的孔直径，就需要修改与其相配的轴直径，键的尺寸等
42.4.7	绘制反装图是检查图样的好方法	按照一个部件图的全部零件图作为根据，画出装配图，称为反装图，可以发现许多零件图和装配图的问题，是一个行之有效的方法
42.4.8	计算尺寸链是检查图样的有效方法	计算有关尺寸的尺寸链，可以发现许多非常隐蔽的问题，尤其是机架、箱体、底板、轴等与多个零件相关的零件，查对相关尺寸计算各个尺寸链十分必要，可以消除许多错误

42.5 标注尺寸、公差、表面粗糙度应注意的问题

设计应注意的问题	说　明
42.5.1 半径尺寸不可标注在非形状特征视图上 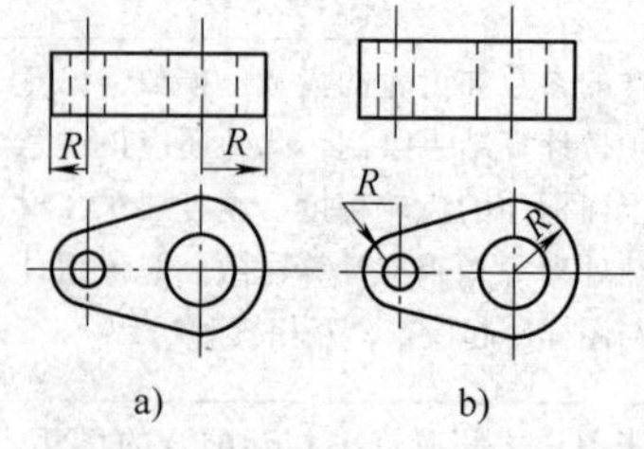 a)　　　　b)	圆弧半径尺寸 R 应该标注在表示出其特征的圆弧视图上面（图 b），而不应该标注在其他视图上面（图 a），这样可以一目了然，避免错误或误读图样
42.5.2 零件图中不应该标注不易测量的尺寸 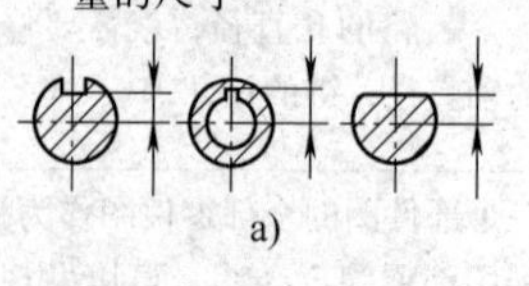 a) 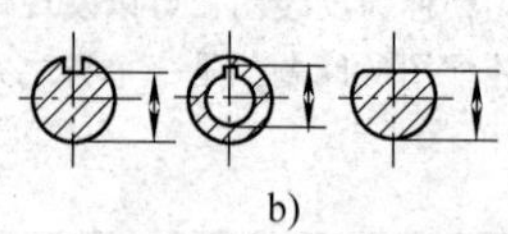 b)	图 a 中的尺寸测量困难，其中圆心不易用测量工具定位，图 b 的尺寸测量比较容易，与 a 图相比较，b 图标注尺寸的方法比较合理

（续）

设计应注意的问题	说　明
42.5.3　精度要求较高的尺寸，不宜作为尺寸链的封闭环 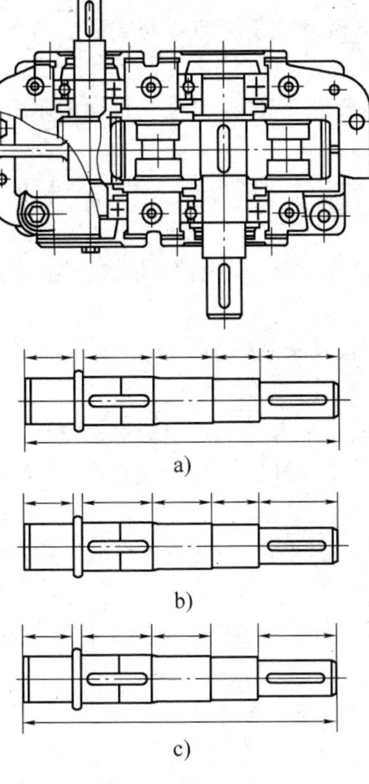 a) b) c)	尺寸链的封闭环误差较大，等于各环尺寸误差之和，因此不可作为要求精度高的尺寸段。如图所示为一个一级圆柱齿轮减速器，其低速轴的轴环宽度尺寸，影响轴承间的距离和调整垫片的调整量，精度要求较高，不宜作为尺寸链的封闭环 图 a 以精度要求较高的尺寸（轴环厚度），作尺寸链的封闭环，不合理的尺寸标注 图 b 缺轴总长度，不合理的尺寸标注 图 c 合理的尺寸标注
42.5.4　对于自由尺寸应该注意其公差的影响	确定自由尺寸公差时，应该注意两个问题： 按规定自由尺寸公差常作为突出的部分尺寸常采用负公差，凹下部分的尺寸常采用正公差

参考文献

[1] 吴宗泽．机械设计禁忌500例［M］．北京：机械工业出版社，1997.

[2] 吴宗泽，王忠祥，卢颂峰．机械设计禁忌800例［M］．2版．北京：机械工业出版社，2006.

[3] 吴宗泽．机械结构设计准则与实例［M］．北京：机械工业出版社，2006.

[4] 于惠力，等［M］．机械零部件设计禁忌［M］．北京：机械工业出版社，2007.

[5] 袁剑雄，等．机械结构设计禁忌［M］．北京：机械工业出版社，2008.

[6] 小栗富士雄，小栗达男．机械设计禁忌手册［M］．陈祝同，刘惠臣，译．北京：机械工业出版社，2002.

[7] 方键．机械结构设计［M］．北京：化学工业出版社，2006.

[8] 卢耀祖，郑惠强．机械结构设计［M］．上海：同济大学出版社，2004.

[9] 杨文彬．机械结构设计准则及实例［M］．北京：机械工业出版社，1997.

[10] 蔡兰．机械零件工艺性手册［M］．北京：机械工业出版社，2007.

[11] 王成焘．现代机械设计——思想与方法［M］．上海：上海科学技术文献出版社，1999.

[12] 杨汝清．现代机械设计——系统与结构［M］．上海：上海科学技术文献出版社，2000.

[13] Neil Sclater，Nicholas P Chironis. 机械设计实用机构与装置图册［M］．邹平，译．北京：机械工业出版社，2007.

[14] 吴宗泽．机械设计师手册［M］．北京：机械工业出版社，2009.

[15] 闻邦椿．机械设计手册［M］．5版．北京：机械工业出版社，2010.

[16] 吴宗泽．机械设计实用手册［M］．3 版．北京：化学工业出版社，2010.

[17] 吴宗泽，卢颂峰，冼建生．简明机械零件设计手册［M］．北京：中国电力出版社，2010.

[18] 程乃士．减速器和变速器设计与选用手册［M］．北京：机械工业出版社，2007.

[19] 文斌．联轴器设计选用手册［M］．北京：机械工业出版社，2009.

[20] 文斌．管接头和管件选用手册［M］．北京：机械工业出版社，2007.

[21] 王少怀．机械设计师手册：上册，中册［M］．北京：电子工业出版社，2006.

[22] 机械设计实用手册编委会．机械设计实用手册［M］．北京：机械工业出版社，2008.

[23] 陈乐怡．合成树脂及塑料速查手册［M］．北京：机械工业出版社，2006.

[24] 吴宗泽，肖丽英．机械设计学习指南［M］．北京：机械工业出版社，2005.

[25] 吴宗泽，黄纯颖．机械设计习题集［M］．3 版．北京：高等教育出版社，2002.

[26] 柳百成，黄天佑．中国材料工程大典：第 17，18 卷．材料铸造成形工程［M］．北京：化学工业出版社，2006.

[27] 黄伯云，李成功．中国材料工程大典：第 4 卷．有色金属材料工程：上册［M］．北京：化学工业出版社，2006.

[28] 李妍缘．高速齿轮轴失效原因分析［J］．机械传动，2009（5）：79—80.

[29] 刘小龙．回转减速机座断裂分析［J］．机械传动，2009（1）：76—79.

[30] 王灵玲．曳引机用蜗轮的制造研究与实践［J］．机械传动，2009（1）：95—97.

[31] 李云峰，等．游隙对单排四点接触球转盘轴承载荷分布的影响［J］．机械传动，2010（3）：56—58.

[32] 刘泽九，贺士荃．滚动轴承的额定负荷与寿命［M］．北京：机械工业出版社，1982.

[33] 归正，史玉涛，郭欣．大型起重机回转支承钢轮空心度分析［J］．机械设计，2010（4）：91—93.

[34] Andrew D Dimarogonas. Machine Design A CAD Approach［M］. New York：John Wiley & Sons Inc，2001.

[35] 李文成．机械装备失效分析［M］．北京：冶金工业出版社，2008.

[36] 吴宗泽，高志．机械设计［M］．2 版．北京：高等教育出版社，2009.

[37] 大卫 G 乌尔曼．机械设计过程［M］．黄靖远，刘莹，等译．北京：机械工业出版社，2006.

[38] 陶寄明．机械连接设计示例与分析［M］．北京：机械工业出版社，2010.

[39] 张善钟．精密仪器结构设计手册［M］．北京：机械工业出版社，1993.

[40] 全国金属切削机床标准化技术委员会．GB/T 17587.4—2008 滚珠丝杠副第 4 部分：轴向静刚度［S］．北京：中国标准出版社，2008.

[41] 全国金属切削机床标准化技术委员会．GB/T 17587.5—2008 滚珠丝杠副第 5 部分：轴向额定静载荷和动载荷及使用寿命［S］．北京：中国标准出版社，2008.

[42] 全国滚动轴承标准化技术委员会．GB/T 24604—2009 滚动轴承机床丝杠用推力角接触球轴承［S］．北京：中国标准出版社，2009.

[43] 全国金属切削机床标准化技术委员会．JB/T 2886—2008 机床梯形丝杠、螺母技术条件［S］．北京：机械工业出版社，2008.

[44] 全国滚动轴承标准化技术委员会．JB/T 8564—1997 滚动轴承机床丝杠用推力角接触球轴承［S］．北京：机械科学研究院，1997.

[45] 陈榕林，陆同理．新编机械设计与制造禁忌手册［M］．北京：科学技术文献出版社，1994.

[46] 朱胜，姚巨坤．再制造设计理论及应用［M］．北京：机械工业出版社，2009.
[47] 何少平，等．机械结构工艺性［M］．长沙：中南大学出版社，2003.
[48] 涂发越．机械零件制造结构设计手册［M］．南宁：广西科学技术出版社，2002.
[49] 汪劲松，向东，段广洪．产品绿色化工程概论［M］．北京：清华大学出版社，2010.
[50] 张耀宸．机械加工工艺设计实用手册［M］．北京：航空工业出版社，1993.
[51] 全国齿轮标准化技术委员会．GB/Z 22559.1—2008 齿轮　热功率　第1部分：油池温度在95℃时齿轮装置的热平衡计算［S］．北京：中国标准出版社，2008.
[52] 全国齿轮标准化技术委员会．GB/Z 22559.2—2008 齿轮　热功率　第2部分：热承载能力计算［S］．北京：中国标准出版社，2008.
[53] 中国机械工程学会中国机械设计大典编委会．中国机械设计大典：第1~6卷［M］．南昌：江西科学技术出版社，2002.
[54] 刘莹，吴宗泽．机械设计教程［M］．2版．北京：机械工业出版社，2008.